TRAUMAUTOS DES 20. JAHRHUNDERTS

VON ARCH BROWN, RICHARD M. LANGWORTH
UND „THE AUTO EDITORS OF CONSUMER GUIDE“®

SMITHMARK

KARL MÜLLER VERLAG

Titel der Originalausgabe: Great Cars of the 20th Century
Übertragung aus dem Englischen und Fachredaktion: Manfred E. Friedri
Redaktion: Dieter Krumbach

Gedruckt in Kroatien

ISBN 3-86070-182-7

Fotos
Die Herausgeber danken den nachstehenden Personen und Organisationen für die Überlassung der Fotos, ohne die dieser Bildband nicht möglich gewesen wäre.

Reg Abbiss, Rolls-Royce Motor Cars Public Relations, USA: 20-21 **Les Bidrawn:** 68-69 **Scott Brandt:** 75, 142-143, 144, 145 **Henry Austin Clark:** 374-375, 376 **Chrysler-Plymouth Public Relations:** 394-395, 397 **Continental Motors:** 388 **Jonathon Day, The National Motor Museum, Beaulieu, England:** 14-15, 22, 23, 28-29, 30, 31, 52-53, 54, 55, 100-101, 102, 174-175, 197, 246-247 **Micro Decet:** 48, 49, 108, 109, 110, 116, 117, 129, 176, 177, 216-217, 218, 219, 220, 221, 222, 248, 249, 274-275, 276, 277, 278-279, 280, 281, 282-283, 284, 285, 344-345, 346, 347, 356-357, 358, 359, 362, 363, 386-389, 404, 405 **Dodge Public Relations:** 396 **Elite Heritage Motors Corp., Elroy, Wisconsin:** 65, 66 **Maria Feifel, Mercedes Benz Museum, Stuttgart:** 9, 63 **Steen Fleron:** 288 **Alex Gabberd:** 296-297, 298, 299, 300-301, 302, 303 **Thomas Glatch:** 126, 127, 200-201, 202, 203, 292-293, 324 **Eddie Goldberger:** 185 **David Gooley:** 154-155, 156, 307, 312-313 **Sam Griffith:** 62, 169, 184, 214, 228-229, 230, 231, 236-237, 238, 262-263, 268, 269, 294, 334, 335, 342, 343, 348-349, 350, 351, 366, 371, 384, 385, 388, 406, 407, 408, 409, 414-415, 416, 417 **Jerry Heasley:** 82, 83, 84, 85 **Fergus Hernandes:** 240 **Bud Juneau:** 40-41, 42, 43, 56-57, 58, 59, 112-113, 114, 132, 133, 141, 146-147, 148, 149, 178-179, 181, 224-225, 226, 227, 253, 258-259, 260, 270-271, 272, 273, 314, 360-361 **Milton Gene Kieft:** 64-65, 67, 70, 78-79, 80, 81, 96-97, 158-159, 160, 161, 194-195, 290, 304-305, 306, 370 **Steve Kimball:** 377 **Rick Lenz:** 99 **Dan Lyons:** 71, 136, 137, 232-233 **Vince Manocchi:** 74, 88, 89, 90-91, 94-95, 104-105, 106, 107, 122-123, 125, 130-131, 166-167, 180, 208-209, 210, 211, 245, 250-251, 252, 266-267, 326-327, 328, 329, 378-379, 380, 381, 382-383 **Mazda Information Bureau:** 410-411, 412 **Doug Mitchel:** 86, 87, 98, 121, 124, 138-139, 140, 150-151, 152, 153, 162-163, 164, 165, 166, 168, 172, 173, 189, 190-191, 192, 193, 215, 239, 254-255, 256, 257, 261, 265, 289, 295, 308-309, 310, 311, 316-317, 318, 319, 336-337, 338 **Autocar & Motor maganzines:** 402, 403 **Mike Mueller:** 32-33, 34-35 **John Owens:** 354 **Klaus Parr, Porsche Archiv, Stuttgart:** 204-205, 206, 207, 320-321, 325, 398-399, 400, 401 **Frank Peiler:** 416 **Maria N. Polleiner, Volkswagen United States, Inc.:** 198, 199 **Richard Spiegelman:** 254-255 **David Temple:** 134-135, 286-287 **Nicky Wright:** 10-11, 12, 13, 24-25, 26, 27, 36-37, 38, 39, 44-45, 46, 47, 50, 51, 60, 61, 72-73, 92, 93, 115, 121, 156, 157, 170-171, 182-183, 186, 187, 188, 196, 234, 235, 241, 242-243, 244, 322, 330-331, 332, 333, 352-353, 364-365, 367, 368-369, 372, 373 **Zoom Photographic:** 354, 355

Editorial
Der Beitrag zum „Packard Twelve" stammt aus dem Buch „The Packard Cormorant" von Maurice D. Hendry, 1978 (Kapitel „The Mighty Twelve"). Der Beitrag zur Lincoln K-Serie stammt aus der Zeitschrift „Car Classics" von Ian Davidson (Pseudonym für Maurice D. Hendry), Juni 1977 (Kapitel „Lincoln's Model K").

Eigentümer
Besonderer Dank gilt den Eigentümern der in diesem Band abgebildeten Automobile für ihre engagierte Unterstützung:

Albie Albertshardt: 202, 203 **Auburn-Cord-Duesenberg Museum, Auburn, Indiana:** 118-119, 120 **Dale P. Aylward:** 150-151, 152, 153 **Ken Baker:** 334, 335 **Jack Bart:** 232-233 **Thomas W. BarrettII:** 60, 61 115 **Paul Batista:** 250-251 **Fred Bausch:** 58 **Robert Beechy:** 370 **M.B. Belden, Lanton Classic Car Museum:** 78-79 **Raymond und Marilyn Benoy:** 254-255, 256 **John Bertolotti:** 40-41, 42, 43 **Blackhawk Auto Collection:** 112-113, 114 **Pete Bogard:** 262-263 **Joseph E. Bortz:** 124, 265 **Terry Buy:** 166 **J. Kim Callahan:** 286-287 **Robert Carlson:** 158-159, 160, 161 **Benjamin R. Caskey, Jr.:** 186, 187, 188 **J.F. Cassan:** 138-139 **Bernie Chase:** 382-383 **Henry Austin Clark:** 374-375, 376 **Collier Automotive Museum, Naples, Florida:** 32-33, 34, 35 **Rick Consiglio:** 371 **Ed Coughlin:** 336-337, 338 **Western Historical Reserve/Frederick C. Crawford Auto-Aviation Museum, Cleveland, Ohio:** 24-25, 26, 27, 36-37, 38, 39 **Duke Davenport:** 76 **Dells Auto Museum, Lake Mills, Wisconsin:** 292-293 **Michael Doyle:** 121 **Hugh Dixon:** 189 **Paul Eggerling:** 236-237 **Jerry Emery:** 132 **Bill und Jan Everitt:** 290 **Bev Ferreira:** 179 **John Finster:** 326-327, 328, 329 **Bob Gautschy:** 215 **Gary Gettlemen:** 224-225, 226, 227 **Richard Giacobett:** 342, 434 **Tom Griffith:** 314, 315 **Robert Halada:** 272, 273 **Torben Stiig Hansen:** 288 **Jack Harbaugh:** 86, 87 **William E. Harrah Foundation, National Automobile Museum, Reno, Nevada:** 10-11, 12, 13, 44-45, 46, 47, 50, 51, 103, 196 **Roger Hayes:** 253 **Barbara Hendrickson:** 324 **William S. Henry:** 194-195 **Bill Hentzen:** 156, 157 **David Hill:** 254-255 **Nancy und Philip Hoffman:** 132 **Harold Hofferber:** 130-131 **Owen Hoyt:** 56-57 **Melvin Hull:** 180 **Ken Hutchinson:** 169, 184 **Jerry Johnson:** 214 **Jonnie Keller:** 70 **Joe Kelly:** 316-317 **Knox Kershaw:** 80 **John J. und Minnie G. Keys:** 208-209, 210 **Steve Kimball:** 377 **Larry Klein:** 59 **Terry Knudsen:** 261 **Edward S. Kuziel:** 264 **Peter Lampert:** 99 **Ron Lipsey:** 134-135 **Bill und Pat Locke:** 308-309, 310, 311 **William Locke:** 354 **Dr. L. Philip Lufty:** 234 **Bud Manning:** 238 **Gerard & Lorraine May:** 71 **Raymond Maranges:** 355 **Ralph Marano:** 149 **Ed McCloughlin:** 366 **Ronald E. Miller:** 332, 333 **Tina Miller:** 330-331 **Tom Mittler:** 322 **Frank Monhart:** 294 **MotorTech, Inc., Barrington, Illinois:** 384, 385 **Dennis M. Murphy:** 172 **Gerald & Katherine Nell:** 126, 127 **Ken Nelson:** 348-349, 350 **Wayne Nelson:** 367 **Chuck Norris:** 350, 351 **Mike Nowicki:** 352-353 **Leo Oser:** 121 **Dan und Barb Pankratz:** 173 **Jack Passey, Jr.:** 88, 89 **David Patterson:** 82, 83, 84, 85 **Robert Peiler:** 257 **Rob Pelty:** 268, 269 **Robert Perez:** 270-271 **N. Gene Perkins:** 92 **Lloyd W. Pettigrew:** 252 **Edsel H. Pfabe:** 164, 165, 168 **Ron Pittman:** 239 **Richard V. Presson:** 228-229, 230, 231 **Hilary Raab, Jr.:** 364-365 **Dr. S. Radtke:** 354 **Terry Radey:** 64-65, 67 **Les Raye:** 304, 306 **Jim Regnier:** 372, 373 **Randall Renbarger:** 368-369 **Wayne Rife:** 241 **Carl M. Riggins:** 68-69 **Chuck Rizzo:** 200-201 **James L. Roman:** 258-259, 260 **Frederick J. Roth:** 211 **Otto T. Rosenbusch:** 242-243, 244 **R. Sauenschell:** 136, 137 **Ric und Miki Schug:** 360-361 **Bruce Sears:** 289 **Harold Sliger:** 93 **William Snyder:** 81 **Les Sterling:** 182-183 **Suburban Motors, Inc., Tucson, Arizona:** 185 **Eugene Tareshawty:** 148 **Mike Thraser:** 142-143, 144, 145 **Gene Troyer:** 133 **Jim Van Gordon:** 240 **Edward H. Wachs:** 62 **Charles und Charlotte Watson, Jr.:** 212-213 **Fred Weber:** 75 **R.S. Williams:** 274-275, 276, 277 **Sherman Williams:** 235 **Joe Witczak:** 318, 319 **Harry Wynn:** 141 **William Young:** 72-73 **P. Alvin Zamba:** 96-97

Inhalt

Vorwort

Traumautos des 20. Jahrhunderts? Der Titel dieses Buches mag auf den ersten Moment etwas hochgestochen klingen. Traumautos des 20. Jahrhunderts verglichen womit? Etwa mit Traumautos des 18. Jahrhunderts? Aber da gab es ja noch keine Autos.

Unbestritten ist wohl, daß das Zeitalter des Automobils ein Phänomen des ins letzte Jahrzehnt eingetretenen 20. Jahrhunderts ist. Woran auch die Tatsache letztlich nichts ändert, daß der Geburtstag des Automobils schon Ende des vergangenen Jahrhunderts ins Stammbuch der Menschheitsgeschichte eingetragen wurde. Dabei hatte dieses Kind des 19. Jahrhunderts bekanntlich gleich zwei Väter – Gottlieb Daimler und Karl Benz, deren Erfindung 1986 mit großem Aufwand besonders in Deutschland, dem Geburtsland des Autos, gefeiert wurde.

Nun gibt es aber auch Leute, die behaupten, das Automobil sei annähernd hundert Jahre älter, als es die Historie vermerkt. Als Beweis für ihre Theorie führen sie die dampfgetriebene riesige dreirädrige Kanonenlafette ins Feld, die der Franzose Nicholas Cugnot 1771 als „Automobil“ präsentierte. Dem Wort nach träfe das sogar zu, weil automobil eben nichts anderes bedeutet als „sich von eigener Kraft vorwärtsbewegend“. So gesehen wäre ja selbst der Mensch ein Automobil. Derlei Debatten um die Auslegung dieses Begriffs Automobil können aber nichts daran ändern, daß Daimler und Benz in der Tat diejenigen waren, die den Traum von der mechanischen Fortbewegung eines Gefährts ohne vorgespannte Pferde verwirklichten. Diese Bestrebungen gehen bekanntlich sogar zurück bis in die Zeit der Renaissance und zu Leonardo da Vinci. Sie erhielten auch wesentlichen Auftrieb, als Mitte des 18. Jahrhunderts in England das Zeitalter der Dampfmaschine eingeleitet wurde, das ebenso eng mit dem Namen George Stephenson verbunden ist wie das des Automobils mit Daimler und Benz. Zu den herausragenden Resultaten dieser Entwicklung gehörten die ersten Eisenbahnen – in Deutschland zum Beispiel der berühmte „Adler“, der 1835 zwischen Nürnberg und Fürth das Eisenbahnzeitalter eröffnete. Und

wer erinnert sich dabei nicht auch an die unvergleichliche Szene aus der „Feuerzangenbowle“ mit Professor Bömmels (Paul Henkels) geradezu klassisch gewordener Frage: „Wat is ene Dampfmaschin?“

Das Automobil als persönliches Transportmittel aber wäre ohne die Erfindung eines anderen Deutschen wohl noch länger ein Traum geblieben. Schon bevor Daimler und Benz ihre Motorwagen präsentierten, hatte der in Holzhausen im Taunus geborene Ingenieur Nikolaus August Otto 1867 das entwickelt, was den Motorwagen überhaupt erst dazu machte – eben den Motor, einen Gasmotor, auf dessen Prinzip auch heute noch die Benzin-Verbrennungsmotoren basieren. Und wenn schon von der Automobilgeschichte die Rede ist, darf letztlich auch Rudolf Diesel nicht vergessen werden, dessen technische Erfindung ebenso nach ihm benannt wurde. Die Ära der Dampfmobile war vorbei, auch die der Elektromobile – aber gerade diese sind jetzt auf der Suche nach alternativen, umweltfreundlichen Antrieben wieder in eine neue Phase der Entwicklung getreten, ohne jedoch auf absehbare Zeit den Verbrennungsmotor ablösen zu können.

Um aber aus der Historie wieder in die Gegenwart und zu diesem Buch über Traumautos des 20. Jahrhunderts zurückzukehren, darf zugleich wohl vorausgesagt werden: Auch das 21. Jahrhundert wird seine Traumautos hervorbringen. Und dies trotz – oder gerade wegen der völlig veränderten Einstellung zum Automobil. Nicht von heute auf morgen, aber mittelfristig werden sich unsere Autos verändern, wie sie sich ja schon seit den Kindertagen verändert haben. Und mit ihnen auch die gesamte automobile Landschaft.

Luftverschmutzung. Das in jüngster Zeit zum Schlagwort gewordene Ozonloch. Urbaner Straßenverkehr. Die auch nicht unerschöpflichen fossilen Quellen zur Herstellung der Kraftstoffe. Die Beseitigung der Altautos, nicht mehr auf dem Wege durch die Shredderanlage zum Schrotthaufen, sondern zum Recycling. Alles das stellt die Weichen für die

Zukunft des Automobils, ohne das in den hochentwickelten Industriestaaten dieser Welt der materielle und soziale Standard nicht erreicht worden wäre und auch in Zukunft nicht denkbar ist.

Auch die Herren Daimler, Benz, Otto und Diesel wären einerseits wohl überrascht, wenn sie erleben könnten, was technisch aus ihren Erfindungen geworden ist. Sie würden andererseits aber wohl ebenso nachdenklich, wenn sie die nicht zuletzt auch vom Automobil verursachte Dunstwolke über den Großstädten und Ballungszentren in Deutschland wie in Amerika oder Japan sehen würden. Kein Zweifel, daß sie sich noch einmal mit ans Reißbrett setzen würden, um mitzuhelfen, dem „entschärften", sprich umweltfreundlichen Automobil durch alle nur erdenklichen Schritte die Zukunft zu sichern. Doch die Automobilindustrie arbeitet weltweit längst an diesen modernen Automobilen und hat sie zu einem erheblichen Teil auch schon realisiert. (Man denke nur an den Katalysator, der neben seiner eigenen umweltentlastenden Funktion obendrein die Notwendigkeit des unverbleiten Kraftstoffs mit sich brachte.)

So dringend und zwingend die Lösung dieser Probleme auch sein mag, eine schwarze Zukunft für das Automobil brauchen sie keineswegs zu bedeuten. Wir werden auch nach dem Jahr 2000 noch hinter dem Lenkrad von Automobilen sitzen. Von solchen Automobilen aber, die sowohl ihrerseits reichlich bestückt sind mit neuen Technologien als auch auf ebensolche Technologien im Umfeld angewiesen sein werden. So wurde zum Beispiel auf Initiative von Daimler-Benz – fast schon als Verpflichtung gegenüber den Firmengründern und Vätern des Automobils – in einer einzigartigen Kooperation aller größeren europäischen Automobilhersteller, ihrer Zulieferer, der europäischen Elektronik-Industrie und zahlreicher Forschungsinstitute bereits 1986 mit der Entwicklung von PROMETHEUS begonnen, einem „**PRO**gram**M** für ein **E**uropäisches **T**ransportwesen mit **H**öchster **E**ffizienz und **U**nerreichbarer **S**icherheit".

Natürlich wird sich, seit Jahren auf den Automobilausstellungen weltweit in Zukunftsstudien präsentiert, auch das Styling unserer Automobile verändern. Vieles aus diesen sogenannten Studien findet – auch dafür lassen sich zahllose Beispiele anführen – sich dann in der Serienproduktion wieder. Was hätten Gottlieb Daimler und Karl Benz wohl – verglichen mit ihren fast filigranen Motorwagen – in den 20er und 30er Jahren zu einem Mercedes SSK gesagt, was zu einem SL Baujahr 1992, was zu all den Traumautos, die wir in diesem Buch vorstellen?

Womit wir wieder beim Buch selbst gelandet wären. Die Autoren haben einhundert Automobile ausgewählt, von denen jedes auf seine Art einen Traum verkörpert. Es hätten ebensogut auch zweihundert und mehr sein können. Denn sie ist viel, viel größer, die Zahl der Traumautos. So wurde auch bei der Auswahl der Modelle für dieses Buch zum Teil sogar recht hitzig debattiert, was hinein soll und was nicht. So kann ein Traumauto für den einen der VW-Käfer sein, der die Weichen für die Massenmotorisierung gestellt hat, für den anderen ein Jaguar E-Typ, der Maßstäbe für seine Klasse setzte, und für den dritten ein Porsche 959 oder Ferrari F40, die Verkörperung der absoluten Exklusivität schlechthin.

So bleibt schließlich der Wunsch der Autoren, den Leser mit diesem reich illustrierten Buch ein großes Kapitel der Geschichte des 20. Jahrhunderts nachvollziehen zu lassen. Das Kapitel von den Traumautos, die dieses Jahrhundert hervorgebracht hat. Und in den letzten sechs Jahren sicher auch noch hervorbringen wird.

Arch Brown, Richard M. Langworth

1901 MERCEDES 35 HP

Auch wenn einige Historiker bis heute noch anderer Meinung sind, gelten die Werke von Gottlieb Daimler und Karl Benz doch unumstritten als die ersten echten Automobile der Welt. Daran ändert auch die Tatsache nichts, daß die Automobilgeschichte im Sinne des Begriffs „automobil" in der Tat schon vor 1886, dem offiziellen Geburtsjahr des Automobils, beginnt. Von eigener Kraft angetriebene Fahrzeuge sind immerhin schon aus dem Jahre 1775 bekannt. Bis um 1885 aber waren dies durch die Bank riesige, schwere und unwirtschaftliche Ungetüme, allesamt in irgendeiner Form von der Dampfkraft abhängig.

Den technischen Durchbruch brachte dann erst der Einsatz von Verbrennungsmotoren auf Petroleumbasis in leichten und hochdrehenden Maschinen, genau jene eben, die Daimler und Benz in ihre Motorwagen einbauten. Bemerkenswert daran war die Tatsache, daß die beiden deutschen Konstrukteure nur etwa 100 Kilometer voneinander entfernt wohnten – voneinander aber nichts wußten, auch nicht, daß beide zur gleichen Zeit am gleichen Objekt experimentierten. Das Unternehmen, das unter ihren Namen zu einem Weltbegriff wurde, ist schließlich auch erst 1924 gegründet worden. Gottlieb Daimler lebte auch nicht mehr, als der Name Mercedes erstmals ein Auto zierte – er starb 1900, zu einer Zeit, als er noch voller Pläne für die Weiterentwicklung des Automobils steckte.

Es darf als bekannt vorausgesetzt werden, soll hier aber dennoch nicht unerwähnt bleiben: Den Namen Mercedes kreierte für die Automobile aus dem Schwabenland ein Österreicher, der in Nizza als Generalkonsul amtierende Emil Jellinek. Er fuhr unter dem Pseudonym Mercedes, dem Vornamen seiner Tochter, verschiedene Rennen und legte damit den Grundstein für einen Markennamen, der die Automobiltechnik prägen sollte. Jellinek plädierte dann auch für leichtere und dadurch wettbewerbsfähige Fahrzeuge im inzwischen aufblühenden Automobilsport. Realisiert wurden diese Pläne dann auch unter der Leitung des später als Produzent exklusiv-luxuriöser und großvolumiger Fahrzeuge selbst berühmt gewordenen Wilhelm Maybach. Das Ergebnis war der 1901 präsentierte Mercedes 35 PS, ein Wagen auf niedrigem Fahrgestell mit Halbelliptik-Federn an beiden Achsen.

Insgesamt sechs Fahrzeuge standen im Januar 1901 auf den Rädern, obwohl Daimler wesentlich mehr erwartet hatte. Da der Start beim Großen Preis von Pau im Februar fest eingeplant war, blieb praktisch keine Zeit mehr, den Wagen eingehenden Tests zu unterziehen. Das Rennen wurde prompt zu einem Fiasko. Probleme mit Getriebe und Maschine beendeten für die Mercedes-Wagen das Rennen schon nach ein paar hundert Metern. In Nizza aber sah es wenig später dann schon ganz anders aus. Dort pilotierte ein Werksfahrer namens Wilhelm Werner den Mercedes – mit aufsehenerregendem Erfolg: Schnellster sowohl auf den Geraden als auch auf den Bergstrecken, Sieger beim Rennen Nizza – Aix (en Provenve) – Senas – Nizza über 393 Kilometer.

Nun, 35 PS für eine 5,9-Liter-Maschine dürften heute wie ein Anachronismus wirken, erst recht bei einem Auto, das fast eine Tonne auf die Waage bringt. Für jene Zeit aber war das fast schon sensationell. Der Vierzylinder mit den in T-Anordnung seitlich stehenden Ventilen und zwei seitlichen Nockenwellen war ausgesprochen fortschrittlich. Dabei wartete dieser Wagen mit einem wesentlich höheren Leistungsgewicht als die meisten der damaligen Automobile auf. Hinzu kam ein Handling, mit dem kaum ein anderes Fahrzeug mithalten konnte. Das Geheimnis lag in der ungewöhnlich tiefliegenden Gürtellinie. Die frühen Daimler, die Jellinek in Rennen gefahren hatte, waren bullige, schwergewichtige und relativ hochbeinige Gefährte auf kurzem Radstand. Die daraus resultierende Instabilität wurde als Hauptursache für den Todessturz

Technische Daten

Motor:	Vierzylinder-Daimler-Reihenmotor, Zylinder paarweise angeordnet, Bohrung x Hub 11,6 x 14,0 cm, Hubraum 5913 ccm, 35 PS bei 950 U/min, zunächst Spritzdüsen- dann Kolbenvergaser, 2 seitliche Nockenwellen
Kraftübertragung:	Frontmotor, Antrieb auf die Hinterräder mittels Ketten, 4-Gang-Getriebe, Kulissenschaltung (rechts außen)
Fahrwerk:	U-Profil-Preßstahl-Rahmen, vorn und hinten Starrachsen mit Halbfedern, Schraubenspindellenkung
Bremsen:	Mechanische wassergekühlte Fußbremse auf die Antriebswelle wirkend, mechanische auf die Hinterräder wirkende Handbremse
Radstand:	nicht bekannt
Gewicht:	1200 kg
Höchstgeschwindigkeit:	zwischen 70 und 75 km/h
Produktion:	Der viersitzige Phaeton kostete 16 000 Mark

eines Fahrers beim Bergrennen von La Turbie 1899 angenommen. Was Mercedes dagegen auf die Räder stellte, war niedriger und schlanker. Die Motorhaube ragte nur wenig über die Räder hinaus, und der Fahrer saß wesentlich besser postiert in Wagenmitte über einem längeren Radstand und hinter einem deutlich günstiger stehenden Lenkrad.

Mit der Konstruktion dieses Automobils war praktisch auch das Ende der pferdelosen Kutsche gekommen, wie die bis dahin gebauten Autos noch zu bezeichnen waren. Im Vergleich mit diesem Mercedes wirkten die vorhergehenden Benz-Motorwagen geradezu archaisch. Und es ist fürwahr nicht übertrieben, dem 35-PS-Mercedes eine Schlüsselposition in der gesamten Automobilentwicklung der frühen Jahre zuzugestehen.

In der Grundkonzeption basierte der Mercedes auf dem System Panhard, die mechanisch arbeitenden Einlaßventile einmal ausgenommen, die in den meisten anderen Motoren immer noch auf „automatischem" Einlaß basierten. Die T-Anordnung der Ventile dagegen ähnelte deutlich den in jenen Tagen in den amerikanischen Autos üblichen Systemen. Das traf auch auf den Guß-Motorblock mit seinen paarweise operierenden und an einer Leichtmetall-Kurbelwelle fixierten Zylindern zu.

Zahlreiche andere Konstruktionselemente aber machten den Mercedes zu einem wahren Trendsetter. Dazu gehörte ein U-Profil-Preßstahl-Rahmen – zu einer Zeit, als viele Hersteller noch mit Rahmen-Konstruktionen aus hölzernen Planken arbeiteten. Bemerkenswert war das Viergang-Zahnradschubgetriebe. Die mit Fußpedal zu bedienende und wassergekühlte Bremse wirkte auf die Hinterräder. Die Kraft der 35 PS wurde vom vorn eingebauten Motor mittels Ketten auf die Hinterräder übertragen, ein System, das bereits andere Hersteller einsetzten und auch bald von weiteren übernommen wurde.

Direkt hinter der Getriebeeinheit war das Differential montiert, von dem zwei Vorgelegewellen, genauer gesagt zwei Gelenkwellen über Zahnräder liefen. Beim Original-Renn-Merecedes war der Schaltknüppel am Fuß der Lenksäule montiert, bei den „Serienfahrzeugen" und den meisten folgenden Modellen aber saß er als Kulissenschaltung rechts außen.

Angesichts aller dieser – sagen wir es einmal Neudeutsch – Innovationen war es letztlich nicht verwunderlich, daß der Mercedes auch ungewöhnliche Fahrleistungen brachte. Was den Generalsekretär des Automobilklubs von Frankreich, Paul Meyan, zu der neidlosen Anerkennung veranlaßte: „Wir sind in das Mercedes-Zeitalter eingetreten!"

Das Mercedes-Benz-Archiv beschreibt dieses Modell als einen Mercedes Simplex von 1902. Sein Reihen-Vierzylinder wurde in Paar-Anordnung gegossen. Aus 5913 ccm aktivierte er 35 PS, beachtliche Werte für jene Zeit. Der Wagen hatte ein Viergang-Getriebe. Ein gepreßtes Stahl-Chassis gehörte damals zu den fortschrittlichsten Konstruktionen.

Der bescheiden, um nicht zu sagen anspruchslos-spartanisch wirkende Curved-Dash war nicht nur der erste Bestseller unter Amerikas Automobilen, sondern zugleich auch ein Produkt, das seinen Schöpfer überleben ließ. Wäre dieses Vehikel nicht so populär gewesen und hätte es nicht obendrein ein verheerendes Feuer im Werk überlebt – Oldsmobile hätte die 20er Jahre wohl kaum erreicht. Der Curved-Dash darf als eines der typischsten Beispiele für die „pferdelosen Kutschen" gelten, die man sich ebenso auch als „Einspänner" vorstellen könnte.

Die Story des Curved-Dash beginnt mit Ransom Eli Olds, geboren 1864 in Geneva (Genf), nicht in der Schweiz, sondern weit weg davon im US-Staat Ohio. Sein Vater betrieb dort eine Reparaturwerkstatt. Die Basis für das, was einmal Oldsmobile werden sollte, war ein Umzug im Jahre 1880, als sich die Familie in Lansing/Michigan niederließ, wo Vater Olds und der ältere Sohn Wallace ihre Dienste als „praktische Maschinisten" im neu gegründeten Unternehmen P. F. Olds & Son anboten – spezialisiert auf Eisenguß und Dampfmaschinen. Ransom absolvierte derweil die Highschool und belegte – zukunftsorientiert – einen Kurs an der lokalen Handelsschule, was ihn befähigte, 1883 ins väterlich-brüderliche Unternehmen einzusteigen, und zwar als Techniker ebenso wie als Buchhalter. 1890 kaufte er dem Bruder dessen Anteile am Geschäft ab und übernahm es 1894 allein, als der Vater sich zur Ruhe setzte.

Während dieser Zeit hatte sich Ransom Eli Olds intensiv mit dem Bau pferdeloser Kutschen beschäftigt und 1887 bereits einen dreirädrigen Dampfwagen konstruiert, dem er 1891 und 1892 zwei verbesserte Vehikel folgen ließ, die inzwischen auf vier Rädern rollten. Das Dreirad aber war und blieb der Grundstein. Das wirkte so überzeugend auf die zwei Industriemagnaten W. Sparrow und Samuel L. Smith, daß sie dem jungen Konstrukteur 30 000 Dollar zur 1890 auch vollzogenen Gründung der Olds Gasoline Engine Works zur Verfügung stellten. Trotz des Firmennamens aber wurden zunächst kleine Dampfmaschinen produziert, die die Bezeichnung Gasoline zumindest dahingehend beanspruchen konnten, daß ihre Kessel auf diese Weise geheizt wurden.

Der junge Olds aber war überzeugt davon, daß der Verbrennungsmotor das einzige Zukunftskonzept für die inzwischen eingeleitete Ära der Automobile sein würde. Im Sommer 1896 hatte er dann auch sein erstes Fahrzeug konstruiert – auf Trab gebracht von einem kleinen 5-PS-Maschinchen mit doppeltem Kettenantrieb, einem Zweigang-Planetengetriebe und einer beachtlichen Geschwindigkeit von immerhin schon 18 km/h. Sparrow und Smith, die beiden Geldgeber, rechneten sich rasch einen ordentlichen Profit aus und machten nochmals 50 000 Dollar locker, um Ransom die Olds Motor Vehicle Company gründen zu lassen. Ransom wollte eine Motorkutsche von möglichst perfekter Art. Seine Arbeiter schafften in drei Monaten vier (einige Insider behaupten fünf) Wagen – und machten dann plötzlich nicht mehr mit. Auch Sparrow, dem das Unternehmen augenscheinlich zu gewagt war, stieg wenig später aus. Smith aber glaubte an den Erfolg und investierte 1899 die gewaltige Summe von 350 000 Dollar in ein neues Unternehmen, das nun Olds Motor Works hieß. Da Smith und seine Söhne Detroiter waren, wurde Ransom Eli Olds eben auch einer und errichtete gemeinsam mit seinen Geldgebern in der Stadt, die einmal Amerikas Autostadt Nummer eins werden sollte, auch die erste spezielle Automobilfabrik.

Im Jahr nach der Gründung konnte Olds Motor Works immerhin schon elf neue Automobile zum Verkauf anbieten, allesamt noch Prototypen zum Preis von 1250 Dollar. Getauft wurden diese Vehikel mit ihrem Zweizylinder-7-PS-Motörchen auf den Namen „Oldsmobile". Großes Interesse aber lösten sie nicht aus. Die Tage des Unternehmens waren bereits gezählt. Ransom selbst schien zudem auch mehr an Spie-

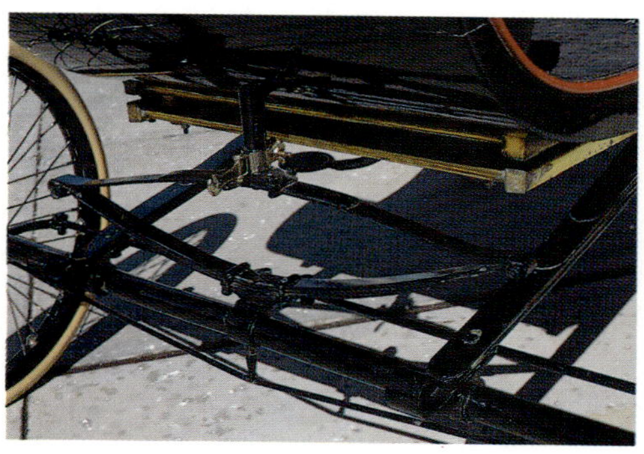

lereien mit Elektroautos interessiert zu sein und baute tatsächlich auch zwei um die Jahrhundertwende. Dahinter steckte augenscheinlich sein Bemühen, eine Reihe von Patenten zu erwerben, wie etwa das für einen Anlasser, den Charles Kettering wenige Jahre später auch perfektionierte, als William C. Durant Oldsmobile dem aufstrebenden neuen Unternehmen General Motors einverleibte.

Da griff das Schicksal 1901 ein, als die Olds-Fabrik von einem Feuer heimgesucht wurde. Sämtliche von Ransom inzwischen entwickelten Prototypen wurden ein Opfer der Flammen. Nein, nicht sämtliche. Ein einsitziger „Runabout" konnte gerettet werden, ein Fahrzeug mit ausgeprägt „kurvenreicher" Frontpartie. Ein Arbeiter, so wurde es lange Zeit dargestellt, hatte dieses kleine Vehikel unter Einsatz von Leib und Leben aus einem der brennenden Gebäude geschoben. Den Tatsachen entspricht aber eher die Version, daß die Firma auf ein „lebendes Objekt" nicht angewiesen war – die gesamten Konstruktionspläne waren gerettet worden, der Nachbau also kein Problem.

So oder so – der Curved Dash (so bezeichnet wegen der erwähnten wohlproportionierten Frontpartie) ging 1901 in Lansing schließlich als erster Oldsmobile in Produktion. Zwar blieben die Olds Motor Works noch für einige Jahre in Detroit, doch errichtete Ransom Eli Olds nahe seiner Heimatstadt eine neue Fabrik.

Aber das nur am Rande. Zurück zum Auto. Dieser – so die offizielle Bezeichnung – „Oldsmobile curved-dash runabout" war wie die meisten Automobile kurz nach der Jahrhundertwende: einfach, und noch immer eher eine Kutsche ohne Pferde denn ein Auto. Die gesamte Antriebseinheit entsprach der von Ransoms erstem Benzin-Modell von 1896, mit Ausnahme eines jetzt eingesetzten Einzylinder-Motors, aber nach wie vor wassergekühlt und mit seitengesteuerten Ventilen, alles unter dem Doppelsitz für die Passagiere „verstaut“. Ein „Unterflur“-Horizontalkühler versorgte das Maschinchen mit Frischluft, das Tempo wurde mit einem Fußhebel gesteuert. Das Zündsystem basierte auf zwei Batterien, deren Lebensdauer kaum länger als ein Vierteljahr betrug. Der Aufbau ruhte auf einem fast quadratischen Fahrgestell mit 1,40 m breiten Stahlrohr-Achsen und einem Radstand von 1,52 m. Die Blattfedern verliefen in Längsrichtung, was verständlicherweise auch noch typisches Fahrverhalten einer Kutsche offenbarte. Gelenkt wurde mit einem Hebel, von einem Lenkrad war da weit und breit noch nichts in Sicht. Die Bremse, oder was man so bezeichnen konnte, wurde mittels Fußpedal bedient. Bemerkenswert an diesem Bremssystem war auch eine Art Notbremse, eine Trommelbremse, die zwischen Langsam- und Rückwärtsgang mit dem Schalthebel direkt auf die Hinterachse wirkte. Die 71-Zentimeter-Räder rollten auf Reifen von 7,5 cm Durchmesser. Alles in allem brachte das Gefährt 317,5 Kilogramm auf die Waage.

Mühelos von jedem Dorfschmied zu reparieren und robust genug, um mit dem fertig zu werden, was man auch in Amerika damals noch Straße nannte, fand der Curved-Dash auf Anhieb sein Publikum, nicht zuletzt auch angesichts des akzeptablen Preises von 650 Dollar. Im Krisenjahr 1901 wurden zwar nur 386 Wagen gebaut, aber man ließ sich in Lansing davon nicht entmutigen – und tat gut daran. Im darauffolgenden Jahr verließen bereits rund 2500 Olds das Werk, das damit für sich in Anspruch nehmen konnte, den ersten Bestseller in den Kindertagen des US-Automobils gebaut zu haben. Und Olds war auch 1903 noch die Nummer eins, mit beachtlichen exakt 4000 verkauften Curved-Dashs. Das Gefährt gab es

inzwischen auch mit einigen Neuerungen. Zu ihnen gehörte beispielsweise ein Rücksitz entgegen zur Fahrtrichtung (Aufpreis 25 Dollar), ein Faltdach in Gummi (25 Dollar) oder Leder (50 Dollar) und ein Wetterschutz, nichts anderes als eine große (und schwere) Decke, sicher nicht unwillkommen – man fuhr ja absolut offen.

Für die Verkaufserfolge von Oldsmobile waren nicht zuletzt auch die Meriten verantwortlich, die bei den in jenen Tagen besonders beliebten Tempo- und Zuverlässigkeitsfahrten erworben wurden. So kutschierte ein Werksfahrer 1901 bereits einen Curved-Dash von Detroit nach New York, wo der Wagen in der National Motor Show präsentiert werden sollte.

Im Jahr darauf sammelte Oldsmobile gleich mehrere Erfolge bei einem Langstreckenrennen, einem Zehnmeilen-Wettbewerb in St. Louis und als Klassensieger bei einer Zuverlässigkeitsfahrt New York – Boston. Natürlich wurden diese Erfolge werbekräftig hinausposaunt. Selbst die US-Post überhörte das nicht und orderte mehrere Oldsmobiles als erste Post-Autos.

In Lansing war man nicht untätig und tat einiges, um den Wagen noch zu verbessern. So erfolgte eine Verlängerung des Radstands um beachtliche 15 Zentimeter (und damit auch eine Aufwertung des Fahrverhaltens). 1904 wartete der Curved-Dash mit einem aufgebohrten und jetzt 7 PS „starken“ Motor auf. Der Preis blieb bei 650 Dollar, es gab inzwischen aber auch eine Version „Express“ für 850 Dollar und – kurios genug – ein Modell „Railway Inspection“, das tatsächlich mit für Eisenbahnschienen geeigneten Rädern ausgestattet war.

Inzwischen aber traten größere und stärkere Automobile in die Szene, gegen die sich der Curved-Dash auf Dauer nicht behaupten konnte. Als 1907 schließlich das letzte Modell gebaut wurde, hatte auch Olds die ersten Vierzylinder im Programm und Sechszylinder in der Endphase der Entwicklung.

Technische Daten

Motor:	Einzylinder-Maschine, seitengesteuert, wassergekühlt, Hubraum 1563 ccm, Bohrung x Hub 12,7 x 15,2 cm (Baujahr 1901 bis 1903), 1925 ccm, Bohrung x Hub gleich (Baujahre 1904 bis 1907), 7 PS.
Getriebe:	Zwei-Gang-Planetengetriebe Vorderrad-Aufhängung: Starrachse mit längsliegenden Blattfedern, Hinterradaufhängung wie vorn
Bremsen:	Kupplungs-Band über das Hauptantriebs-Zahnrad
Radstand:	1524 mm (1901 bis 1903), 1676 mm (1904 bis 1907)
Gewicht:	317,5 kg
Höchstgeschwindigkeit:	6,5 km/h
Produktion:	1901: 386 – 1902: 2500 – 1903: 4000 – 1904-1907: unbekannt, 1904 wurden 5508 Fahrzeuge gebaut, 1905 rund 6000.

Der Panhard-Stab ist heute ein Standardbegriff in der Fahrwerkstechnik. Über die Gesellschaft allerdings, deren Namen er trägt, hat sich für die meisten längst der Mantel des Vergessens gelegt. Dabei ist der letzte Panhard ja erst 1967 gebaut worden. Die Glanztage des Unternehmens Panhard & Levassor liegen weit zurück, bleiben aber Marksteine der Automobilhistorie. Schließlich hat Panhard unschätzbare Pionierarbeit für den heutigen Standard des Frontmotor-Heckantrieb-Konzepts geleistet.

Wie das aber nicht selten der Fall ist, wird mit dem Begriff System Panhard eigentlich der falsche Mann gewürdigt. Tatsächlich nämlich war es sein Partner Emile Levassor. Beide hatten an der berühmten französischen Ecole Centrale des Arts et Manufacteurs studiert und waren dann gemeinsam auch bei Perin & Pauwels, einer Pariser Fabrik von Holzverarbeitungsmaschinen, tätig. Als der Inhaber, Perin, 1886 starb, übernahmen sie den Betrieb und ließen ihn als „Panhard & Levassor" eintragen. Von Maschinen verstanden beide eine Menge, aber nur Levassor hatte Erfahrung, sie zu konstruieren und zu bauen. Dazu hatte er drei wichtige Karten in der Hand – seine Verbindungen zur Deutzer Gasmaschinenfabrik Otto und Langen (dem gleichen Nikolaus August Otto, der den Verbrennungsmotor erfand), zu Gottlieb Daimler (den er von seiner Tätigkeit bei Perin & Pauwels kannte) und seinen Freund Edouard Sarazin, den Pariser Daimler-Agenten. Dank dieser Beziehungen konnte Panhard & Levassor die Lizenz für den Bau der Deutzer Maschinen in Frankreich übernehmen, wobei es sich allerdings weniger um Automotoren, als um Fabrikmaschinen handelte. Dieser Kontrakt endete aber, als Deutz seine eigene Fabrik in Frankreich aufbaute. Sarazin hielt jedoch die Kontakte zu Daimler aufrecht, auch als dieser seine eigene Fabrik im schwäbischen Cannstatt eröffnete.

Panhard war einer der ersten Automobilpioniere und ist mit dem Panhard-System auch in die Automobilgeschichte eingegangen. Die hier abgebildeten Fotos zeigen ein Modell von 1902/1903 mit einigen Details des „Armaturenträgers", wenn man diesen Begriff überhaupt anwenden will. Panhard hatte bereits 1908 das Lenkrad im Interesse des besseren Handlings übernommen.

Vermutlich wäre P&L wohl nie ins Autogeschäft eingestiegen, wenn Sarazin nicht 1887 plötzlich verstorben wäre und seine Frau nicht zuvor noch davon überzeugt hätte, die Zusammenarbeit mit Daimler unbedingt fortzusetzen. So soll er ihr erklärt haben: „Kein Mensch hat heute eine Ahnung davon, was Daimlers Patente eines Tages bedeuten werden." Louise Sarazin blieb Daimlers Agentin in Frankreich, was schließlich zur engen Verbindung mit Levassor führte, den sie dann auch heiratete.

Zunächst sah Levassor keine Zukunft im Bau von Automobilen, wie Daimler und Benz sie bauten. Und obwohl einer der wenigen, die von Daimlers auf der Pariser Ausstellung 1889 präsentiertem „Quadricycle" nicht sonderlich beeindruckt waren, war er es aber zumindest vom Motor. Das hat ihn dann wohl doch überzeugt: Er beschloß, daß Panhard & Levassor die Herstellung von Automobilen neben dem Maschinenbau ins Programm aufnehmen würde.

Die meisten Automobile der Pionierzeit waren – man hatte ja noch keinerlei Erfahrung – zusammengeschusterte Vehikel, gebaut nach Schema F: Motor, je nach Konzeption, vor oder hinter dem Fahrersitz. Levassor verfuhr nach dem gleichen Prinzip. Mit der Plazierung des Motors hinter dem Fahrer unzufrieden, arbeitete er 1891 nach einer anderen Formel: Motor (Daimlers 1,2-Liter mit 3,5 PS) vorn, Kupplung und Getriebe „mittschiffs". Das mag aus unserer Sicht für die damalige Zeit zwar als revolutionär gelten, war es aber keineswegs. Im Gegenteil: Da wurde von der englischen Fachzeitschrift „Thoroughbred and Classic Sports Cars" zum Beispiel das Prinzip des riemengetriebenen Heckmotors als rückständig bezeichnet.

Es war wohl auch so. Ohne Grund wurden schließlich nicht in kurzer Zeit so wesentliche Verbesserungen wie Gummireifen (1892) und neue Getriebegehäuse (1895) sowie ein neuer 2,4-Liter-„Phoenix"-Motor von Daimler mit einem Maybach-Vergaser vorgenommen. Die Devise bei Le-

vassor aber schien stets nur zwei Fakten zu kennen: „Mach den Motor schwer, und du wirst ihn stark machen“ und „Er ist brutal – aber er arbeitet“.

Levassor schickte seine Autos bereits in die ersten Wettbewerbe. Und das mit Erfolg. 1894 teilte sich sein Panhard mit einem Peugeot den Sieg bei Paris-Rouen. 1895 pilotierte er einen Wagen mit dem Daimler-Phoenix-Motor auf der gesamten, über 1777 Kilometer führenden Strecke des Rennens Paris – Bordeaux – Paris, brauchte dafür etwas mehr als 53 Stunden und schaffte das alles mit einer Durchschnittsgeschwindigkeit von 24,1 Kilometer pro Stunde. Levassor blieb auch der traurige Ruhm schließlich nicht erspart, die seitdem lange Liste der Opfer zu eröffnen, die der Automobilrennsport forderte: Er starb 1897 an den Folgen eines Unfalls im Rennen Paris – Marseille. René Panhard übernahm danach die Leitung des Unternehmens, das er bis zu seinem Tode im Jahre 1908 führte. Sein Sohn Hippolyte wurde danach neuer Manager der Firma.

Der technische Fortschritt brachte immer neue Innovationen: Leichtmetall-Getriebegehäuse (1897), echte Lenkräder anstelle der bisherigen Kurbeln, Luftreifen und eine neue Vierzylinder-„Centaur“-Maschine (1898). Die Panhards des Baujahres 1903 wiesen jetzt „automatische“ Einlaßventile, Zentralschmierung, klavierähnlich angeordnete Pedale, ja selbst schon elektrische Zündung auf. Damit und dank weiterer sportlicher Erfolge sowie wegen des Rufs einer exzellenten Konstruktion und unvergleichlicher Zuverlässigkeit wurde den Panhards bescheinigt, Autos für die „Ultrareichen“ zu sein.

So allerdings war es keineswegs. Die Modellpalette bot eine verblüffende, um nicht zu sagen verwirrende Vielfalt an Fahrzeugen in allen Preis- und Leistungsklassen: Drei-, Vier- und Sechszylinder mit Hubräumen von 1,8 bis zu gigantischen 11 Litern und einer Leistungsskala von 8 bis 50 PS. Hinzu kamen 1907 eingeführte Lamellenkupplungen, Schalthebel und Chassis aus Prägestahl (1908), Monoblock-Motoren (1909) und exakte Gangwechsel (1910). Und 1912 schließlich stellte Panhard erstmals einen Motor mit Schieberventilen (den sogenannten Knight-Motor) vor, ein System, das für die folgenden zehn Jahre beibehalten wurde.

Nach dem Zweiten Weltkrieg produzierte Panhard nur noch kleinere und mittlere Typen mit luftgekühlten Boxermotoren und Frontantrieb, ohne jedoch – unverdientermaßen! – große Erfolge zu erzielen. Das Ende zeichnete sich ab. 1955 stieg Citroën bei der Firma ein und übernahm sie 1965 völlig. 1967 wurde der letzte Panhard gebaut – ein Dyna 24 CT.

Technische Daten

Motor:	Zweizylinder-Reihenmotor, seitengesteuert, 1,7 Liter, 7 PS-Vierzylinder-Reihenmotor, seitengesteuert, 673 ccm, Bohrung x Hub 4 x 13,4 cm, etwa 15 PS.
Getriebe:	Dreigang-Getriebe mit Schiebrad
Vorderrad-Aufhängung:	Feststehende Achse an freitragenden elliptischen Blattfedern, Friktions-Dämpfer – Hinterradaufhängung gleich
Bremsen:	Mechanische Trommeln, auf die Hinterräder wirkend
Gewicht:	etwa 907 kg
Höchstgeschwindigkeit:	64 km/h (Vierzylinder)
Produktion:	unbekannt, aber kaum mehr als 250

Nicht nur zu den wohl renommiertesten, sondern auch zu den auf besondere Weise zu ihrem Namen gekommenen Automarken dürfte Cadillac gehören. Angefangen hatte alles damit, daß zum Ausgang des 17. Jahrhunderts ein französischer Offizier im Auftrag des „Sonnenkönigs" Ludwig XIV. am Westufer des Eriesees im Norden der Vereinigten Staaten von Amerika eine Siedlung gründete. Antoine de la Mothe Cadillac, so der Name dieses Offiziers, nannte den von ihm ausgewählten Platz „Ville d'Etroit", was soviel wie „schmale Stadt" bedeutete. Aus dem kleinen Dorf wurde im Laufe der Zeit allmählich eine Stadt, die schließlich auch ihren Namen „veramerikanisierte" und sich Detroit nannte. Das war die Geburt der Hochburg des amerikanischen Automobilbaus.

Auch der Name des Stadtgründers sollte zu einem Markenzeichen werden. Denn schon 1902 rollte in dem von Henry Leland begründeten Unternehmen der erste Cadillac aus der Halle, das Modell A. Leland hatte dabei eine zukunftsträchtige Entscheidung getroffen. Kurz zuvor hatte Detroit Stadtjubiläum gefeiert – den zweihundertsten Jahrestag seiner Gründung durch Antoine de la Mothe Cadillac. Mit der „Taufe" seines ersten Automobils eben auf den Namen Cadillac legte Leland den Grundstein für eine der ganz großen Marken in der Automobil-Historie. Die Krönung des Ganzen war schließlich die Entscheidung, das Familienwappen derer von Cadillac auch zum Firmen-Emblem zu wählen. Und das ist es bis auf den heutigen Tag geblieben.

In den frühen Jahren der Automobilindustrie wurde den amerikanischen Automarken in Europa nur wenig Beachtung geschenkt. Das änderte aber nichts daran, daß auch die Autobauer in Übersee gleichwertige Produkte zu bieten hatten. Einen Durchbruch brachte das Jahr 1908, und das gleich durch zwei markante Ereignisse.

Das erste war ein von der renommierten französischen Zeitung Le Matin organisiertes Rennen, das die beiden Kontinente verbinden sollte – die berühmt gewordene Fernfahrt New York – Paris. Gemeldet waren sechs Fahrzeuge, drei aus Frankreich sowie je eins aus Deutschland, Italien und Amerika. Am Ende des Winters führte die Route zunächst quer durch die USA, zum Teil über Straßen, die keine waren. Dann wurden die Fahrzeuge nach Wladiwostok in Rußland verschifft, von wo aus die Fahrt schließlich durch die Mongolei über Moskau nach Berlin und weiter durch Deutschland und Belgien nach Paris führte. Dies allerdings nur für vier der gestarteten Fahrzeuge, für die beiden anderen endete das Abenteuer schon in Amerika. Von denen, die das Ziel erreichten, sorgte eines für die große Sensation – Sieger wurde keines der favorisierten europäischen Automobile, sondern der Wagen aus der Neuen Welt, ein Thomas Flyer, von dem man in Europa natürlich noch nie etwas gehört hatte. Der Historiker John Bentley registrierte dieses Ereignis kurz und bündig so: „Es hat sich herausgestellt, daß auch die Amerikaner Automobile bauen können, die den europäischen in allen Belangen gleichwertig sind."

Ein anderes Ereignis aber war zweifellos von noch größerer Bedeutung für die US-Autoindustrie als der spektakuläre Erfolg bei New York – Paris. 1904 hatte der Engländer Sir Thomas Dewar erstmals einen Preis ausgeschrieben, den man als Vorgänger heutiger Anerkennungen wie Auto des Jahres oder Goldenes Lenkrad einstufen kann. Diese Trophäe sollte an die Automarke verliehen werden, die während eines Jahres mit den fortschrittlichsten Innovationen aufwartete. Der große Silberpokal ist in die Geschichte als der Nobel-Preis der Autoindustrie eingegangen.

Im Jahre 1908 wurde er erstmals einer US-Marke zuerkannt. Und das kam so: Da saß in London Cadillacs Europa-Repräsentant Frederick S. Bennett, der „scharf" auf den Preis war. Daß verschiedene Modelle einer Marke mit den gleichen Teilen montiert werden konnten, war zu jener

Cadillacs größter Beitrag zur Entwicklung der frühen Automobile war die Austauschbarkeit von Bauteilen, eine Idee, die vornehmlich von Generalmanager Hernry M. Leland stammte. Die hier abgebildeten Fahrzeuge sind K-Modelle der Jahre 1906 und 1907 (gegenüberliegende Seite), der Ausschnitt oben stammt von einem Modell E aus dem Jahre 1905.

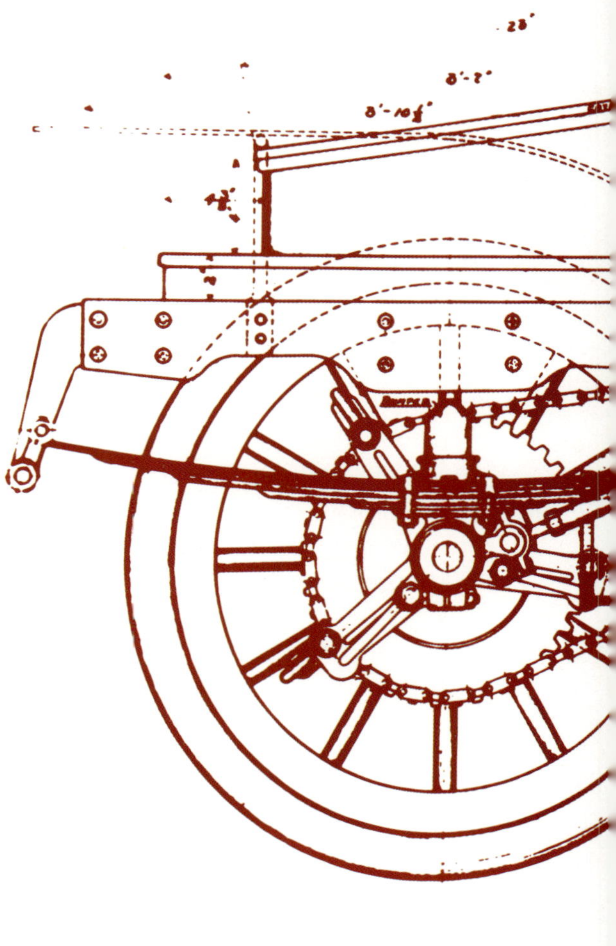

1232

WATER TANK
COOLER
COIL BOX

Das Modell K der Baujahre 1906 und 1907 war mit einem wassergekühlten Einzylinder-Motor mit 1609 ccm Hubraum ausgerüstet. Er leistete 10 PS. Der Wagen hatte ein Zweigang-Planetengetriebe und Kettenantrieb.

Zeit noch völlig ungewohnt – in Europa wie in den USA. Aber Henry M. Leland, Cadillacs General Manager, hatte während des amerikanischen Bürgerkriegs als Waffenschmied gearbeitet und dabei die Idee entwickelt, Teile herzustellen, die in verschiedenen Waffensystemen zum Einsatz kommen konnten, also auch den Austausch untereinander bei Reparaturen zuließen. Und was bei Waffen möglich war, mußte seiner Meinung nach ja auch bei Automobilen möglich sein.

Auf der New York Motor Show 1903 stellte Cadillac dann auch eine Reihe verschiedener Modelle vor, aber alle mit dem gleichen Motor, einem Einzylinder-Leland mit 10 PS. Bei einem Bohrung-Hub-Verhältnis von 12,7:12,7 cm hatte die Maschine einen Hubraum von 1609 ccm. Die Kraftübertragung erfolgte über ein Zweistufen-Planetengetriebe. Im Gegensatz zum damals noch meist üblichen Lenkhebel hatte dieser Cadillac bereits ein richtiges Lenkrad.

1907 präsentierte Cadillac vier unterschiedliche Einzylinder-Modelle in insgesamt sieben Versionen (hinsichtlich der Ausstattung) und bot sie zu Preisen von 750 bis 950 Dollar an. Dieses Jahr 1905 ließ am Horizont schon einmal aufleuchten, welch rosige Zukunft der Marke beschieden sein sollte. Cadillac baute die ersten Vierzylinder, von denen bereits 156 entstanden, allerdings noch recht bescheiden im Verhältnis zu den rund 4000 verkauften Einzylinder-Modellen. Die als D-Typ bezeichneten Vierzylinder brachten fast doppelt soviel Gewicht auf

Auf diesem Foto eines K-Modells von 1907 ist unter dem Wagen zwischen beiden Achsen deutlich das Schwungrad zu erkennen. Das Top-Modell „Victoria" der Baureihe K kostete 925 Dollar.

die Waage wie die kleinen „Einser", der Preis betrug sogar fast das Vierfache.

Alle Teile dieser Cadillacs konnten bei den gleichen Modellen untereinander im Handumdrehen ausgetauscht werden. Exakt das war es, was Frederick S. Bennett (der Name sollte noch durch ein berühmtes Rennen in die Geschichte eingehen) so sicher machte, die Jury der Dewar Trophy von der Fortschrittlichkeit amerikanischer Autos zu überzeugen. Also ließ er drei völlig identische Cadillac-Einzylinder einer auf den Londoner Docks eingetroffenen Schiffsladung herauspicken, um sie den Offiziellen des Royal Automobil Club von England zu präsentieren. Der 29. Februar im Schaltjahr 1908 sollte für die amerikanische Marke in der Tat zu einem Schalttag werden. Unter den Argusaugen der Herren des RAC absolvierten die drei Caddys zunächst den vorgeschriebenen 23-Meilen-Test auf der Rennstrecke von Brooklands. Danach wurden sie „unter Verschluß" genommen und zwei Tage später, natürlich wieder unter akribischer Beobachtung durch das Technische Komitee des RAC, völlig in ihre Bestandteile zerlegt, von den RAC-Herren eigenhändig durcheinandergebracht wie beim Kartenmischen, so daß wirklich nicht mehr festzustellen war, welches Teil von welchem der drei demontierten Wagen stammte. Aus diesem Gemisch wurden drei neue Fahrzeuge gebaut. Und um das Ganze noch überzeugender zu machen, waren von diesen Teilen 89 noch vorher aussortiert und aus dem Ersatzteillager von Bennetts Betrieb in London ergänzt worden.

Der Schlußpunkt unter diese ungewöhnliche Demonstration wurde dann wieder auf dem Brookland-Rennkurs gesetzt, jetzt aber über eine Strecke von 500 Meilen (804 Kilometer) mit einer für damalige Verhältnisse fast schon halsbrecherischen Durchschnittsgeschwindigkeit von 54,7 Kilometer pro Stunde und einem Durchschnittsverbrauch von nur 7,9 Liter auf 100 Kilometer. Das Ende weiß der Leser schon: Die Jury erkannte Cadillac die begehrte Dewar Trophy zu, erstmals überhaupt für ein US-Auto.

Doch auch mit diesem Prestigeerfolg gab sich Bennett noch nicht zufrieden. Zwei der Wagen wurden ins Lager zurückgenommen, der dritte blieb beim RAC unter Verschluß. Im Juni 1908 ließ Bennett ihn dann bei einem vom RAC und dem Schottischen Automobilclub gesponsorten Rennen starten. Natürlich bestand das Risiko, das mit der Dewar Trophy gewonnene Renommee gleich wieder zu verlieren, falls der kleine Amerikaner auf der Strecke bleiben sollte. Er blieb es nicht und erreichte als Klassensieger das Ziel. Nach einer 15-Tage-Tortur über insgesamt 3539 Kilometer von London nach Glasgow, durch die schottischen Highlands, den Lake District, über die Grenze von Wales und Cotwolds zur Rennstrecke von Brooklands.

Es war ein großes Jahr für den kleinen Einzylinder-Cadillac, aber auch sein letztes, nachdem er in den Modellreihen A, B, C, E, F, K, M, S und T gebaut worden war. Neben den erwähnten Erfolgen soll schließlich auch dieser nicht unerwähnt bleiben: 1903, gleich im ersten Jahr, avancierte der Caddy zum Bestseller in den USA, wurde 1904 von Oldsmobile auf den zweiten Rang verwiesen, nahm diesen zugleich aber auch Ford ab und hielt diese Position auch 1905. In den fünf Produktionsjahren sind annähernd 16 000 Einzylinder-Cadillacs entstanden.

Technische Daten	
Motor:	Einzylinder-Motor, wassergekühlt, horizontal eingebaut, 1609 ccm, Bohrung x Hub 12,7 x 12,7 cm, zwei Hauptlager, 10 PS
Getriebe:	Zwei-Gang-Planetengetriebe
Radaufhängung vorn und hinten:	Starrachsen, halb-elliptische Federn
Bremsen:	Mechanisch, auf zwei Räder wirkend
Radstand:	1897 mm
Länge:	2794 mm
Gewicht:	499 kg
Reifen:	30 x 3
Produktion:	1903: 2497 – 1904: 2457 – 1905: 3942 – 1906: 3559 – 1907: 2884 – 1908: 2377. Neunzig Prozent der von 1903 bis 1908 gebauten Modelle hatten den Einzylinder-Motor.

Henry Royce hatte vermutlich nicht im Sinn, das beste Auto der Welt zu bauen, als er im Sommer 1906 einen neuen Sechszylinder konstruierte. Was ihm vorschwebte, war die Ablösung des nicht gerade seidenweich laufenden Sechszylinders „Thirty" durch einen zuverlässigeren und laufruhigeren Motor. Dieses Vorhaben gelang ihm derart vollkommen, daß der auf der Olympia Motor Show präsentierte und später „Silver Ghost" getaufte Wagen lange Zeit hinter Fords T-Modell Platz zwei in der ewigen Rekordliste hielt und erst vom VW-Käfer verdrängt wurde, der den Ford auf Platz zwei verwies und nun hinter dem Rolls-Royce ebenfalls einen Rang nach unten rutschte. Wohlweislich: Es ist die Rede von der Produktionszeit, nicht von den Produktionszahlen!

Rolls-Royce, 1904 in Manchester gegründet, war entstanden durch den Zusammenschluß von Charles S. Rolls, der Panhards verkauft hatte und etwas Luxuriöseres verkaufen wollte, sowie dem eingangs erwähnten Henry Royce, der bis dato Elektro-Kräne vertrieben hatte. Ihre ersten Gemeinschaftsproduktionen bestanden aus verschiedenen Modellen mit Zwei-, Drei-, Vier- und Sechszylindern, mit einem Erfolg, den man Außenseitern eben so zutraute – nicht umwerfend. Die aber, die da glaubten, das Gespann Rolls und Royce würde nicht lange bestehen, kannten die Entschlossenheit des Henry Royce nicht, ein Auto zu bauen, das besser sein sollte als alle anderen.

Charles Stewart Rolls (oben) und Frederick Henry Royce kamen aus verschiedenen Bereichen. Doch 1904 taten sie sich zusammen, um Autos zu bauen und zu verkaufen. Schon nach zwei Jahren präsentierten sie eines der legendärsten Automobile nicht nur der Marke, sondern aller Zeiten: den Silver Ghost.

Er baute dieses Auto, eben den Silver Ghost, der berühmt wurde für den seidenweichen ruhigen Lauf der massiven, sechsfach gelagerten Kurbelwelle. Die Zylinder waren in zwei Blocks zu je drei gegossen, inklusive der Zylinderköpfe, was vor allem die Probleme mit den Zylinderkopfdichtungen ausklammerte. Hochdruck-Schmierung, eine absolut störungsfrei funktionierende Elektrik und nicht zuletzt der mit der Präzision eines Schweizer Uhrwerks gefertigte Vergaser waren weitere wesentliche Qualitätsmerkmale dieses Automobils. Geradezu legendär war die Zuverlässigkeit, gemessen am Standard der damaligen pferdelosen Kutschen. Diese Zuverlässigkeit erwies sich auch bei einem 15000-Meilen-Trial (24135 Kilometer) bereits im ersten Silver-Ghost-Jahr. Vier Jahre später überraschte ein Silver Ghost beim Rennen Edinburgh – London mit einem Durchschnittsverbrauch von nur einer Imperial Gallone auf 24,32 Meilen, was umgerechnet 12,38 Litern auf 100 Kilometer entspricht – und das bei einem Auto, das nicht gerade zu den Leichtgewichten gehörte.

Obwohl der Siebenliter mit seitengesteuerten Ventilen nur mit einer Verdichtung von 3,2:1 arbeitete, übertrug er bei 1500 U/min 48 PS auf die Räder und verlieh dem Wagen eine Höchstgeschwindigkeit von 50 Meilen (rund 80 km/h). Das war mehr, als selbst ein versierter Fahrer auf den meisten der damaligen Straßen zu „rasen" wagte. Wer diesen Wagen einmal wirklich ausfahren wollte, mußte schon auf den Rennkurs von Brookland „ausweichen", der kurz nach der Vorstellung des Silver Ghost eingeweiht, aber natürlich nicht deswegen gebaut worden war. Wer jedoch mit dem Silver Ghost auf das Renn-Oval ging, tat das mit angemessener Um- und Vorsicht – er hatte schließlich wertvollstes Gut in den Händen: Zwischen 985 Pfund, umgerechnet etwa 20000 Mark (eine Riesensumme für damalige Verhältnisse) kostete allein das Chassis, das Fünf- bis Zehnfache des durchschnittlichen Jahreseinkommens eines Arbeiters. Kein Zweifel: Der Silver Ghost war ein Auto für die „Klasse", nicht für die Masse. Daran hat sich ja bis heute nichts geändert.

Der große Erfolg stellte sich für Henry Royce zu einer Zeit ein, als die an Bargeld knappe Gesellschaft dringend einen „Renner" für die Verkaufsliste brauchte. Der Silver Ghost spielte diese Rolle so erfolgreich, daß die Firma, um der Nachfrage nachkommen zu können, die Produktionsstätten ausdehnen und nach Derby verlegen mußte, wo die ersten

Der Silver Ghost ist rund zwei Jahrzehnte produziert worden und war ein Symbol für komfortables Reisen der Luxus-Klasse. Seine Zuverlässigkeit war sprichwörtlich.

AX 201

1907-26 ROLLS-ROYCE SILVER GHOST

Angesichts seiner ungewöhnlichen Qualität war der Rolls Royce Silver Ghost – hier ein Modell aus dem Jahre 1909 – im Preis immer extrem hoch angesiedelt. Leistungsmäßig allerdings waren ihm viele Konkurrenten überlegen.

„Silbergeister" 1908 gefertigt wurden. Siebzehn Jahre lang blieb der Silver Ghost auch das einzige Modell, das Rolls-Royce anbot. Ein in der Geschichte der Automobilindustrie einmaliges Phänomen.

Natürlich wurde der Wagen nicht bis zum Produktionsauslauf 1926 so gebaut, wie er am Anfang war. Schon 1909 erfolgten die ersten technischen Änderungen, als der Hubraum auf 7,4 Liter vergrößert und das ursprüngliche Viergang- durch ein Dreigang-Getriebe ersetzt wurde. Für den Einsatz beim Rennen London – Edinburgh (1911) wurde ein Silver Ghost mit einer Verdichtung von 3,5:1 und modifiziertem Vergaser auf 58 PS gebracht. Änderungen verursachen mitunter die Rückkehr zum alten Standard – so geschehen 1913, als der Ghost wieder ein Viergang-Getriebe erhielt, in Verbindung mit einer freitragenden hinteren Radaufhängung. Im gleichen Jahr überzeugte einer der offenen Wagen mit einer Spitzengeschwindigkeit von 120 km/h, der bei der Alpenfahrt in Österreich die gesamte Konkurrenz auf die Plätze verwies. Übrigens: Der Sieger bei London – Edinburgh existiert noch immer und wechselte unlängst bei einer Auktion in Florida für 1,3 Millionen Dollar den Besitzer, der damit noch immer ein „Schnäppchen" machte, da andere, weniger renommierte „Geister" schon 2,4 und 2,5 Millionen Dollar einbrachten.

Bei Rolls Royce ruhte die Produktion auch während des Ersten Weltkriegs nicht, als viele neue und alte Ghosts mit gepanzerten Karosserien versehen und zum Beispiel im Krieg gegen die Türkei eingesetzt wurden. Ihre Insassen waren immerhin so renommierte Persönlichkeiten wie Lawrence von Arabien und Allenby. Andere Fahrzeuge wurden auch vom Roten Kreuz genutzt. Nach Kriegsende gingen auch bei Rolls Royce die Preise inflationär in die Höhe, auf 2100 Pfund, allerdings mit verbesserter Technik, unter anderem mit kettengetriebenem Anlasser und servounterstützten Bremsen. Die Leistung war inzwischen auf 70 PS gestiegen.

1920 wurde in den USA, genau in Springfield/Massachusetts, Rolls-Royce of America gegründet. Ziel war es, Fahrzeuge für den speziellen amerikanischen Markt zu bauen, um auf diese Weise die hohen Einfuhrzölle zumindest teilweise zu umgehen. Die Sache hatte tatsächlich recht guten Erfolg, endete aber 1931 im Jahr der Rezession. Begonnen hatte die Produktion 1921, wobei auch die englische Rechtslenkung übernommen wurde. Als Motor wurde der 7,4-Liter mit 80 PS eingebaut. 1925 aber paßte man den Wagen auch den amerikanischen Ansprüchen an und ging zur Linkslenkung über. Inzwischen hatte es auch noch eine Kraftspritze auf 85 PS bei 2300 U/min gegeben, die jetzt mit der Hochgeschwindigkeitsübersetzung der Hinterachse gut waren für eine Spitze von über 110 km/h. Lieferbar war der Wagen mit zwei extremen Radständen von 3657 mm und 3822 mm. Von den 2944 in den elf Jahren in Springfield gebauten Fahrzeugen waren 1703 Silver Ghosts.

Der Silver Ghost wurde im Mutterland 1925 vom Phantom I abgelöst, nachdem von 1906 an 6173 gebaut worden waren. Mit den in den USA gefertigten 1703 Einheiten sind es insgesamt 7876 geworden.

Technische Daten

Motor:	Sechszylinder, Motor ist in zwei Blöcken gegossen, seitengesteuerte Integral-Zylinderköpfe, 7036 ccm, Bohrung x Hub 11,4 x 11,4 cm, 7 Hauptlager, doppelte Magnetzündung mit Unterbrecher-Feder, Verdichtung 3,2:1, 48 PS bei 1500 U/min.
Kraftübertragung:	Viergang-Getriebe, Kegelkupplung
Vorderrad-Aufhängung:	Halbelliptische Blattfedern
Hinterrad-Aufhängung:	Halbelliptische Blattfedern mit zusätzlicher querliegender Blattfeder
Bremsen:	Von außen auf den Antriebsstrang wirkend
Radstand:	3441 mm und 3644 mm
Gewicht:	930 kg und 978 kg (Angaben nur für das Chassis)
Höchstgeschwindigkeit:	96 km/h
Produktion:	6173 in Großbritannien, 1703 von 1907 bis 1926 in den USA

Die renommiertesten Karrosserieschneider in Europa und Amerika konstruierten „Aufbauten" für den Silver Ghost. Die beiden hier abgebildeten Modelle stehen für alle: Das Modell aus dem Jahre 1911 (oben) wurde für einen Kunden geschaffen, der ihn als Wagen mit Chauffeurplatz orderte.

Mehr sportlichen Charakter strahlt diese Replica eines 40/50 PS HP „Balloon Car" aus dem gleichen Jahr aus (links).

1908-27 FORD MODELL T

Es war der 1. Oktober 1908. In Amerika wurde ein Automobil präsentiert, von dem niemand ahnte, daß es einmal einen Weltrekord aufstellen sollte, der länger halten würde, als je ein sportlicher Rekord gehalten hat. Mit Sport hatte dieses Vehikel auch nichts im Sinn. Die Rede ist vom Ford Modell T, bis heute eine automobile Legende, wie es nur wenige gibt. Henry Ford, mit seiner Vorliebe für die Einordnung seiner Automobile nach dem Alphabet, ordnete dem Neuling ein T zu, nachdem zwischen A und S schon einige Buchstaben herausgepickt waren. Nach welchem Schema der Firmengründer vorging, blieb eigentlich immer ein Rätsel. Bei T schließlich wäre er nach den Vorgängern dieses neuen Modells noch längst nicht angelangt gewesen.

Das T-Modell wurde zunächst als reiner Tourer konzipiert, und das betont unter dem Aspekt der Zweckmäßigkeit ohne jegliche Ambitionen auf Schönheitspreise oder gar sportliche Erfolge. Aber mit seinem 22-PS-Vierzylinder lief das 544 Kilogramm schwere oder leichte Ding allemal seine 55 bis 65 km/h. Für seine Zeit eine ganz schöne Leistung, und letztlich ja auch genau dem angepaßt, was man auf den Straßen jener Tage gerade so fahren konnte. Technisch war da nichts Aufregendes. Der Motor erhielt seine Kühlung durch die ziemlich primitive Thermo-Siphon-Methode, die Schmierung erfolgte über ein Einspritzsystem. Der Kraftstofftank, unter dem Fahrersitz montiert (man stelle sich das heute vor!), gab den zur Fortbewegung notwendigen Sprit durch die Fliehkraft des Wagens an den Motor weiter, während der Fahrer das Zweistufen-Planetengetriebe mit Fußpedalen bediente. Anfangs waren nicht einmal die Felgen abnehmbar, was sich erst 1919 gegen einen Aufpreis von 25 Dollar machen ließ.

Seinen Namen hatte der kleine Ford vom Publikum schnell weg, wohinter sich zugleich aber auch eine Liebeserklärung verbarg: „Tin-Lizzie", Blech-Liesel, war dazu ausersehen, sich die Herzen der Menschen zu erobern und die Welt – im friedlichen Sinne – mobil zu machen. Drei Zahlen (eine wichtige wird noch folgen) sprechen für sich: Schon die in Liesels Geburtsjahr verkauften 10 000 Einheiten waren ein Achtungserfolg. Fünfzehn Jahre später waren es auf der Höhe der Produktion annähernd zwei Millionen. 1913 wies die Statistik der US-Autoindustrie aus, daß Ford von seinem T-Modell allein mehr Fahrzeuge verkauft hatte als alle anderen amerikanischen Marken zusammen. Ein kleines Auto hatte ein ganzes Land erobert.

Das Rezept, nach dem dieses ungewöhnliche Automobil gebaut wurde, war so einfach wie das Auto selbst. Und es war billig, aber nur im Preis, nicht in der Qualität der Verarbeitung. In mancherlei Hinsicht war es sogar seiner Zeit voraus. Der Motor zum Beispiel bestand aus einem Guß-Block, zu einer Zeit, als die meisten Hersteller noch mit einzelnen Zylindern oder Zylinderpaaren arbeiteten. Und die Zylinderköpfe waren auswechselbar, eine technische Innovation für jene Zeit. Viele Leute, darunter auch so manche „Experten", behaupteten, bei diesem System müsse der Motor lecken. Er tat ihnen diesen Gefallen nicht. Fords Metallurgie, geleitet von C. Harold Wills, lieferte besseres Material, als es die meisten Konkurrenten aufweisen konnten. Der Preis lag anfangs bei 825 Dollar, wurde aber (mein Gott, waren das noch Zeiten!) mit steigenden Verkaufszahlen immer wieder gesenkt, bis er auf dem Höhepunkt der Produktion 1924 auf sage und schreibe 260 Dollar gesunken war. So etwas nennt man heute „Vorteile an den Kunden weitergeben". Bloß tut's keiner, jedenfalls nicht in diesem Umfang!

1913, die Produktion hatte inzwischen die 200 000-Marke erreicht, ließ Henry Ford seinen ursprünglichen Plan fallen, Förderbänder einzusetzen, um die verschiedenen Teile an den Platz der Montage zu bringen. Ihm war etwas anderes eingefallen, womit die Tin Lizzie erneut einen

Henry Ford baute mit dem Modell T ein bemerkenswertes Auto, das Material nur „vom Feinsten", wie zum Beispiel Vanadium-Stahl. Die Version Touring von 1909 (oben) wurde für 850 Dollar angeboten. Davon entstanden 7728 Exemplare. Henry Fords Geniestreich allerdings war die Idee und deren Realisierung, die Fließbandproduktion einzuführen, die es ihm erlaubte, einmal die Produktion erheblich zu steigern und zum anderen ebenso erheblich auch die Preise zu senken, so daß auch der Durchschnittsverdiener sich ein Auto, pardon: ein Ford Modell T leisten konnte. So kostete ein fünfsitziger Touring 1923 ganze 295 Dollar. In jenem Jahr wurden mehr als 900 000 „Tin Lizzies" produziert.

Beim Modell T wurden die von Henry Ford bevorzugten querliegenden Blattfedern eingesetzt, sowohl vorn als auch hinten, mit leicht abweichenden Maßen.

Das Zweigang-Planetengetriebe des T-Modells wurde über Fußpedale bedient. Die Handbremse war links neben dem Fahrer zu bedienen.

Relativ fortschrittlich war der Reihen-Vierzylinder in L-Form. Der Motorblock bestand – buchstäblich – „aus einem Guß". Die Leistung lag bei 20/22 PS.

Markstein in der Automobilgeschichte setzte – die Produktion am Fließband. Jetzt liefen die Komponenten nicht am Montageplatz zusammen, sondern direkt auf von einer Winde getriebenen Bändern den Arbeitern buchstäblich vor die Hände. Ende 1913 erforderte die Montage eines kompletten Modells noch ganze 93 Minuten. Die Konkurrenz dagegen rechnete überwiegend noch in Tages-Maßen!

1914 soll Henry Ford bekanntlich den berühmten Ausspruch getan haben, die Kunden könnten das T-Modell in jeder Farbe haben – vorausgesetzt, diese Farbe sei schwarz. Da mag – zugegeben – eine gewisse Arroganz mitgesprochen haben, aber Henry Ford konnte sie sich leisten. Der so berühmt gewordene Vers aber hatte durchaus einen praktischen Hintergrund. Es gab damals nämlich nur einen Lack, der so schnell trocknete, daß er mit dem Produktionstempo auf Fords Montagebändern mithalten konnte – schwarzer Japan-Emaille-Lack.

In den ersten Jahren wurde auch der Motor des T-Modells noch mit der berühmten Handkurbel buchstäblich angeworfen. Wehe dem Fahrer, der da vergaß, die Zündverzögerung einzustellen, bevor er an der Kurbel drehte! Die Ärzte hatten nicht selten mit „Autlern" zu tun, die diese Vergeßlichkeit mit einem gebrochenen Arm „dank" zurückschlagender Kurbel bezahlten. Erst 1919 wurde dieses Problem gelöst, als ein elektrischer Starter angeboten wurde, allerdings zu einem Preis von 75 Dollar – fünfzehn Prozent des Gesamtpreises für eine Tin Lizzie! Die meisten drehten da lieber weiter an der Kurbel...

Ein T-Modell zu fahren, erforderte schon einige Gewöhnung. War die Kurbel gedreht und der Motor „in action", mußte die Zündung aktiviert und der Zündschlüssel dabei von „battery" auf „magneto" gestellt werden. Dann konnte es losgehen. Aber wie! Die

Die ersten T-Modelle wurden rot, grau und grün lackiert, rot vornehmlich für die Touring-Version. Erst 1914 fiel Fords Entscheidung, den Wagen nur noch in Schwarz auszuliefern. Bei diesem Touring von 1909 setzt die Verwendung von viel Messing die Akzente.

Handbremse, links neben dem Fahrer postiert, hatte null Wirkung. Ihr eigentlicher Zweck bestand praktisch nur darin, das Getriebe zu neutralisieren, sobald die Bremse angezogen war. Dann hatte der Fahrer die Handbremse zu lösen und ein bißchen Handgas zu geben (ein Gaspedal im Fußraum gab es nicht). Und wenn er schließlich das linke Pedal durchtrat, ging es im Langsamgang allmählich an, mit einem fast schon heulenden Ton. Hatte Liesel dann etwa 15 km/h erreicht, hieß es, den Fuß wieder (schön langsam) vom Pedal zu nehmen, das Getriebe schaltete damit automatisch in den höheren Gang über. Bei Neulingen, die den Fuß zu schnell vom Pedal nahmen, gab es anfangs einen kräftigen Ruck. Nach einiger Praxis aber hatten T-Modell-Fahrer ihre Liesel sicher im Griff. Das Armaturenbrett bestand serienmäßig aus einem einzigen Instrument – einem Amperemeter. Wer wollte, bekam für ein paar Dollar auch einen Tacho eingebaut. Um festzustellen, ob noch genug Sprit im Tank war, mußte der Fahrer schon mit einem Peilstab im Tank nachsehen. Kühlwasseranzeige? Fehlanzeige! Wenn das Kühlwasser kochte, sah man es ja auch – an der weißen Dampfsäule, die aus dem Kühler aufstieg.

Angesichts des riesigen Erfolgs war Henry Ford fest entschlossen, das T-Modell unbegrenzt weiterzubauen, wenngleich mit einigen Veränderungen und Verbesserungen. Aber 1924, als das zehnmillionste Fahrzeug von den Bändern lief, schien die Zeit doch reif für ein neues Modell, wenn Ford wettbewerbsfähig bleiben wollte. Ernest Kranzler, Schwager und enger Vertrauter von Edsel Ford und obendrein auch Vizepräsident des Unternehmens, teilte diese Ansicht dem großen Boß mit – und war seinen Job los.

Henry Ford ließ sich immerhin zu der Verbesserung überreden, das T-Modell ab 1925 mit Ballonreifen (gegen Aufpreis) anzubieten, die den Fahrkomfort zweifellos deutlich verbesserten. Und im Jahr darauf gab es die Tin Lizzie doch tatsächlich wenn auch nicht in allen, so doch in einigen anderen Farben als Schwarz! Auch ein paar Verzierungen werteten das Auto optisch auf. Zwar nicht seine Tage, aber seine Jahre waren dennoch gezählt. Mitte der 20er Jahre gab es für rund 150 Dollar mehr als für ein T-Modell von Ford schon ein Renommier-Modell von Chevrolet, und das mit modernerem Getriebe, schneller, leiser, schöner und deutlich komfortabler als die gute alte Lizzie.

Fords Marktanteile waren in der Zwischenzeit gefallen, die von Chevrolet dagegen gestiegen. Ironie des Schicksals, daß zu jener Zeit bei Chevy William S. Knudsen als General Manager tätig war, ein früherer leitender Ford-Mann. Und der hatte versprochen, Ford Schritt für Schritt zu überholen. Mit dem T-Modell konnte Ford dagegen nicht mehr antreten. Am 26. Mai 1927 lief die letzte Tin Lizzie vom Band. Ja richtig: Eine Zahl hatten wir noch angekündigt. Hier ist sie: 15 007 033 T-Modelle sind gebaut worden. Ein Weltrekord, der bis 1972 hielt. Gebrochen hat ihn der VW Käfer.

Technische Daten

Motor:	L-Form-Vierzylinder, 2748 ccm, Bohrung x Hub 9,5 x 10,2 cm, Verdichtung 4,5:1, 20/22 PS bei 1600 U/min, max. Drehmoment 112 BM
Kraftübertragung:	Zweigang-Planetengetriebe, mit Fußpedalen zu bedienen, 24-26-Scheiben-Kupplung Fahrwerk: querliegende Blattfedern vorn und hinten Bremsen: Kontrakt-Verbindung zur Antriebseinheit, Handbremse auf die Hinterräder wirkend
Radstand:	2540 mm
Länge:	3416 mm
Gewicht:	544 kg (Touring-Version)
Höchstgeschwindigkeit:	56 bis 64 km/h
Produktion:	15 007 033 Fahrzeuge von 1908 bis 1927 (US-Produktion)

1908 LANCHESTER HP

Die ersten Lanchester-Modelle nach der Jahrhundertwende – hier ein Wagen aus dem Jahre 1908 – waren nicht nur innovativ, sie waren unkonventionell. Und sie waren obendrein auch von ausgesprochener Fertigungs-Qualität – aber auch entsprechend teuer. Außerhalb Englands war die Marke jedoch nur wenig bekannt.

Der Name Lanchester ist, wie so viele andere, in den Niederungen der Halbvergessenheit untergetaucht. Die Gesellschaft war und ist außerhalb Englands ohnehin nur bei Insidern bekannt. Dabei aber ist gerade Frederick Lancaster etwas zu verdanken, was er vor immerhin neunzig Jahren konstruierte – die Scheibenbremse und die gegenläufig drehende Ausgleichswelle, die heute – natürlich auf neuestem technischen Stand – auch bei Porsche eingebaut wird, als Lizenz von Mitsubishi. Fred Lanchester, geboren 1868, war im Gegensatz zu vielen anderen Automobilpionieren ein Mann der Renaissance. So beschreibt ihn auch der Historiker Ralph Stein als einen „da-Vinci-Typ, voller Ideen", der, als er sich entschloß, ein Auto zu entwerfen, dies genau auf seine Art tat, einzigartig, unterschiedlich zu allem, was andere schon vor ihm getan hatten. Das Ergebnis war nicht allein das erste britische Automobil überhaupt, sondern eines, das wirklich ein Automobil war, praktisch völlig unbeeinflußt von dem, was andere noch von der Pferdekutsche übernommen hatten. Das Produktionsmodell war erst 1901 vorzeigefertig, auch wenn Lanchester bis dahin schon einige funktionsfähige Prototypen auf die Räder gestellt hatte. Warum aber kam er dann so spät auf den Markt? Auch dazu hat Historiker Stein eine Erklärung: „Lanchester war ein Perfektionist, der sich mit halbfertigen und halb ausgereiften Sachen nicht zufrieden gab." Er war der erste Konstrukteur, der die Idee hatte, Automobile verschiedener Typen zu bauen, deren Teile untereinander austauschbar waren. Dieses Verdienst wird oft fälschlicherweise dem auch in diesem Buch erwähnten Henry Leland von Cadillac zugeschrieben. Um eine solche Produktionsmethode einzuführen, bedurfte es entsprechender Werkzeuge zur Serienherstellung von Einzelteilen – ein Weg, den Lanchester beschritt, den viele andere Hersteller aber für unnütz hielten und ihn später dann doch auch gingen, als sie die Massenproduktion ankurbelten.

Nun, Lanchester als Perfektionist war natürlich nicht interessiert, verschiedene Modelle zu bauen, sondern das beste, das er entwickeln konnte. So beschäftigte er sich auch mit einer Reihe von technischen Problemen, mit denen es die Autohersteller jener Zeit zu tun hatten. Zum Beispiel erreichte er es, sein Fahrzeug weitgehend vibrationsfrei zu konstruieren, und das zu einer Zeit, als Rattern und Rütteln noch Standard waren. Sein erster Motor, ein horizontal montierter luftgekühlter Zweizylinder, war hervorragend ausbalanciert und – wie gesagt – weitgehend vibrationsfrei. Erreicht hatte er dies, indem er jedem Zylinder eine eigene Schwungscheibe und eine eigene Kurbelwelle zugeordnet hatte, die zwar übereinander plaziert waren, aber gegendrehend und mit drei Pleuelstangen je Kolben verbunden, zwei an der Kurbelwelle jedes Kolbens, die dritte an der entgegengesetzten Welle.

Keineswegs schon üblich für jene Zeit war auch eine Schwungscheiben-Magnetzündung, die Henry Ford mehr oder weniger modifiziert für sein T-Modell übernahm. Lanchester hatte darüber hinaus einen neuen Zünder entwickelt, der wie das Verschlußstück eines Gewehrs funktionierte und so den sofortigen Kerzenwechsel ermöglichte, ohne sich die Finger zu verbrennen. Ebenso ungewöhnlich war eine Vorrichtung zum Nachstellen der Kerzen bei laufendem Motor.

Lanchesters Einfallsreichtum beschränkte sich aber nicht nur auf den Motor. Im Gegensatz zu den üblichen Zweistufen-Getriebesystemen hatte er ein Konzept mit drei Gängen entworfen, wobei das Planetengetriebe mit der unteren der beiden Kurbelwellen verbunden war. Anstelle des Kettenantriebs hatte er ein effektiveres und ruhiger arbeitendes Schneckengetriebe entwickelt. Die Hinterräder schließlich drehten sich an keilförmigen Achswellen mit Rollenlagern. Dieses System wurde bald zum Standard. Der ungewöhnlich vielseitige Techniker stellte sogar

Hinter diesem mit Firmen-Symbolen reich dekorierten imposanten Kühlergrill saß ein 30 PS starker und mit hängenden Ventilen arbeitender Vierzylinder. Er brachte den relativ großen und entsprechend schweren Wagen auf etwa 80 km/h „Spitze", für 1908 eine beachtliche Leistung.

Obwohl der Lanchester mit reichlich Messing-Verzierungen aufwartete, verlieh ihm der weit zurückversetzte und schrägstehende Kühlergrill ungewöhnliche Proportionen. Zweifellos: Das Design der ersten Lanchester war ebenso originell wie original – für Kritiker aber nicht unbedingt ästhetisch.

die Lager und das Werkzeug für die Wellen selbst her. Die Federn, konventionelle Blatt-Einheiten, hatte er ebenfalls verbessert, sie garantierten spürbar weicheren Fahrkomfort. Die Sitze waren so positioniert, daß die Insassen in Augenhöhe mit den Fußgängern saßen, was nach Meinung des Konstrukteurs „natürliches Fahren" gestattete und es dem Fahrer zudem ermöglichte, die Entfernungen besser abzuschätzen. Gelenkt wurde der Wagen durch die damals übliche Lenkstange, die außenbords rechts neben dem Fahrer montiert war.

Das Original-Lanchester-Chassis bestand aus einer versteiften Rahmenkonstruktion aus Aluminium- und Stahlträgern, wie es drei Jahrzehnte später (!) auch bei den selbsttragenden Karosserien zum Standard wurde. Bemerkenswert, wie Lanchester selbst schon den Tankeinbau so gestaltete, daß dieser als über die gesamte Breite des Rahmens querliegender Träger die Steifigkeit des Wagens vergrößerte. Teils versenkt in den Tank war ein Dochtverdampfer. Seine Funktionsweise: Die Luft wurde über das entzündliche Gas geführt, wenn dies sich über dem Benzin gebildet hatte, und dann mittels des Dochtes direkt in den Motor geleitet.

Die Konstruktion des Aufbaus war ebenso unkonventionell wie das Chassis. Die in Segmente unterteilten Karosseriebleche konnten im Handumdrehen ohne besondere Werkzeuge abgenommen werden. Sie waren wie ein Puzzle zusammengesetzt, so daß jedes Teil genau zum Nachbarstück paßte, Verwechslung, das heißt Falschmontage also gar nicht möglich war.

Aber es gab noch mehr Innovatives über dieses Auto zu berichten. Das Getriebe hatte ein Vorwahl-System, das bereits ein Vorgriff auf das Wilson-Getriebegehäuse war, das Ende der 30er Jahre im Cord 810 zum Einsatz kam. Dieses Getriebe zu schalten war problemlos. In Wagenmitte befand sich eine Art Konsole mit zwei Hebeln und dem kleinen Vorwahl-Hebel. Mit diesen Hebeln ließen sich in verschiedenen Positionen die Fahrstufen bedienen und selbst die Bremse aktivieren. Die Füße hatten lediglich das Gaspedal – und den Ballon für das Huphorn zu bedienen. Später bot Lanchester auch eine Fußbremse als Option an – mit Scheibenbremsen! Auch da war er wieder der „Trendsetter".

Waren es die relativ hohen Kosten oder die geringe Akzeptanz – die meisten dieser fortschrittlichen Ideen haben sich, zumindest bei Lanchester, nicht durchsetzen können. Fred Lanchester war, wie die meisten Erfinder, nicht gerade geschäftstüchtig. Vielleicht hat er das selbst gewußt. Aber er kapitulierte (zu?) schnell, als das Unternehmen 1904 in finanzielle Schwierigkeiten geriet. Obwohl er als Chefingenieur im Betrieb blieb, übernahm sein jüngerer Bruder George die Leitung der „Lanchester Motor Company".

1902 war ein wassergekühlter Zweizylinder ins Programm aufgenommen worden, der 12 PS leistete, genau zwei mehr als Freds erster luftgekühlter Motor. Zwei Jahre später wurde ein 2,5-Liter-Vierzylinder-Reihenmotor angeboten, mit obenliegenden Ventilen, Druckluftschmierung und 20 PS. Ein Programmwechsel erfolgte 1906 mit der Eliminierung der Zweizylinder und der Einführung der ersten Sechszylinder. 1907 war dann auch das richtige Lenkrad Realität, allerdings als Option. Mit dem steigenden Gewicht war auch das Ende der externen Schaltung gekommen.

Das Modellspiel ging munter weiter. 1911 rollte der erste Lanchester mit einem 38-PS-Sechszylinder an, dem ein Jahr später ein 25-PS-Vierzylinder folgte, was zugleich auch mit einzelnen Schalthebeln und nun drei Fußpedalen verbunden war. Die „mittschiffs" plazierte Maschine wurde bis 1914 beibehalten, als ein neuer „Sporting" mit 40 PS anrollte, ein Sechszylinder mit seitengesteuerten Ventilen.

Das Getriebe des Lanchester arbeitete mit einem Vorgelege. Auf der Mittelkonsole – wie man es heute nennen würde – waren zwei kurze Hebel montiert und zusätzlich ein weiterer kleiner „Drücker" für das Vorgelege. Versierte Fahrer konnten mit diesen Hebeln sowohl die Gänge als auch die Bremsen bedienen.

Lanchester baute weiter seine Fahrzeuge, die sogar mit Rolls-Royce konkurrieren konnten, was die erstklassige Verarbeitung und die technischen Details sowie die geringen Stückzahlen betraf. In einem Punkt aber lagen Welten zwischen beiden – bei Lanchester galt nach wie vor die Devise, nicht nach dem Motto zu produzieren „Koste es, was es wolle – die Leute werden's schon kaufen".

1923 gesellte sich zum 1919 vorgestellten 6,2-Liter-Reihen-Sechszylinder mit obenliegender Nockenwelle ein kleinerer und einfacherer 3,1-Liter mit der Typenbezeichnung „Twenty-One" (21), der aber 1926 bereits wieder zugunsten eines aufgebohrten 3,3-Liter-Triebwerks von der Bildfläche verschwand. Der 6,2-Liter „Forty" von 1919 wiederum trat 1929 zugunsten des 4,5-Liter „Thirty" ab, eines Reihen-Achtzylinders mit obenliegender Nockenwelle. 1931 wurde Lanchester von der BSA-Gruppe übernommen. Da BSA seit der Übernahme von Daimler bereits eine Marke im Programm hatte, die den Markt der gehobenen Klasse versorgte, kam Lanchester nun nur noch die Aufgabe zu, für den Bereich der kleineren, billigeren und leistungsschwächeren Fahrzeuge zu produzieren. Nach dem Zweiten Weltkrieg versuchte Lanchester, wieder auf dem Markt Fuß zu fassen, hielt sich aber nur noch bis 1956. Der letzte Lanchester war der mit dem Daimler-Sechszylinder ausgerüstete Dauphin, von dem jedoch keine großen Stückzahlen mehr hergestellt wurden.

Auf seinem langen, aber stetigen Weg in die Versenkung teilte Lanchester das Schicksal mit Panhard und vielen anderen Marken, die ausgerechnet an ihrem Wagemut scheiterten. Männer wie Frederick Lanchester aber passen auch in unsere heutige Zeit, um das Auto fürs nächste Jahrhundert mit Ideenreichtum zu realisieren.

Technische Daten	
Motor:	Mittschiffs angeordneter Vierzylinder mit obenliegender Nockenwelle, 2485 ccm Bohrung x Hub 10,2 x 7,6 cm, 30 PS
Kraftübertragung:	Dreigang-Planetengetriebe
Fahrwerk:	Starrachse mit freitragenden elliptischen Blattfedern, Friktions-Dämpfer vorn und hinten
Bremsen:	Einzelscheiben in einer Einheit mit der Kupplung
Radstand:	2780 bis 3175 mm
Gewicht:	1133 kg
Höchstgeschwindigkeit:	80 km/h
Produktion:	Keine genauen Angaben, aber kaum mehr als 500

1911-15 MERCER RACEABOUT MODELL 35-R

Obwohl der in New Jersey ansässige Mercer nie unter die Großserien-Hersteller gelangte, schuf sich die Marke dennoch einen weit über diesen Grad hinausreichenden Ruf. Dieser war in erster Linie zweifellos dem Raceabout zu verdanken, einem flachen und schlanken Speedster in Reinkultur.

Wer Mercer sagt, muß auch Raceabout sagen. So läßt sich wohl am besten auf einen Nenner bringen, was sich mit dem Namen dieser Marke verbindet. Denn unter allen Autos, die während des fünfzehnjährigen Bestehens dieser Marke (1910 bis 1925) entstanden, war der sportliche Raceabout zweifelsohne der absolute Imageträger. Aber, etwas überraschend, nicht der Renner auf der Verkaufsliste. Mercer gehörte nie zu den Massenherstellern, ebensowenig wie die Fahrzeuge zu denen mit besonderem Anspruch an Verkehrsraum. Das Angebot umfaßte andererseits aber doch das, was man so als konventionelle Karosserieformen kannte: Roadster, Tourenwagen, Sport-Phaetons und Limousinen. Es gab auch einige Spezial-Karosserien wie sogenannte „town cars", die aber irgendwie mit dem betont sportlich konzipierten Chassis nicht so ganz zusammenpaßten.

Phaeton nannte man – in Erinnerung an den Sohn des griechischen Sonnengottes Helios – vor der Jahrhundertwende offene Pferdewägelchen und übertrug diesen Begriff dann auch auf die ersten offenen zweisitzigen Automobile. Entsprechend hießen die Viersitzer dann auch Doppel-Phaeton. Und Raceabout wie der Mercer 35-R (bei anderen Marken auch als Runabout deklariert) war die Bezeichnung für die nach der Jahrhundertwende in Mode gekommenen spartanischen sportlichen Zweisitzer, die Vorläufer der späteren Roadster. Der Mercer gilt übrigens als der berühmteste Raceabout überhaupt.

Mercer hatte seinen Ursprung in Trenton, Mercer County/New Jersey. Finanziell stand hinter dem Unternehmen eine gutbetuchte Familie Roebling, übrigens die Erbauer der Brooklyn Bridge, mit einem ebenfalls begüterten Kuser-Klan. Wer die ersten Mercer-Autos entwarf, ist nicht ganz klar. Auf alle Fälle rollten die ersten Wagen der Firma 1910 auf die Straßen, ausgestattet mit einem Beaver-Vierzylinder. Angeboten wurden drei Karosserieformen: Tonneau (so bezeichnet wegen der tonnenförmigen Abrundungen der hinteren Sitzlehnen), Touring und Speedster (gleichbedeutend mit Roadster und Raceabout/Runabout). Jeder Typ kostete 1950 Dollar, das waren immerhin etwa zwanzig Prozent mehr als für den in etwa vergleichbaren Cadillac 30.

Die neue Marke hatte einen respektablen Start, obwohl ihre Automobile nicht gerade aus dem Stoff waren, aus dem die Träume gemacht sind. Der junge Washington Roebling II, eines der finanziellen Standbeine des Unternehmens, aber wollte mehr. Nämlich ein schnelles Automobil, bei dem der Komfort nicht ausschlaggebend war. Um diesen Wagen zu konstruieren, engagierte Roebling den talentierten jungen Ingenieur Finley Robertson Porter, redete selbst aber ein gewichtiges Wort mit bei der Entwicklung des Automobils, das als Mercer Raceabout den Ruf und Ruhm der kleinen Automarke begründete.

Der Autohistoriker Ralph Stein beschreibt die Entstehungsgeschichte des Raceabut so: „Washington A. Roebling II hat entscheidenden Anteil vornehmlich am Styling der unnachahmlichen Linie des Raceabout gehabt. Er wollte einen betont flachen Wagen. Genau die Verwirklichung dieser Vorstellung führte schließlich zum unvergleichlichen Design des Raceabout, gegen den alle anderen vergleichbaren Speedster geradezu hochbeinig und schwerfällig wirkten. Der Motor war zwischen den hohen Rädern plaziert, was die Kotflügel praktisch auf Wagenhöhe brachte. Mit den hinteren Kotflügeln bildeten sie eine Welle, zwischen der die kurzen Trittbretter saßen, die aber relativ hoch angesetzt waren. Diese Konstruktion erforderte eine besonders lange Lenksäule, um dem Fahrer das Lenkrad sicher in die Hand zu geben. Durch die tiefliegende Motorhaube konnten die Ledersitze praktisch fast auf gleiche Höhe wie der Wagenboden montiert werden, ohne die Sicht zu beeinträchtigen. Das Ergebnis mit einem Wort: Perfektion!"

Die Einführung des Raceabout fand Ende 1910 statt. Der Wagen war spartanisch, von einer Karosserie im Sinne dieses Wortes konnte kaum die Rede sein. Man saß nicht im, sondern auf dem Raceabout. Hinter dem offenen Abteil war quer zur Fahrtrichtung der Benzintank montiert, eher ein Benzinfaß mit 94 Liter Inhalt. Der Öltank faßte 19 Liter.

Diesen kleinen Roadster trieb ein 4,9-Liter-Vierzylinder mit paarweise angeordneten Zylindern. Die 34 PS machten das Leichtgewicht zu einem Flitzer mit einer Höchstgeschwindigkeit von 120 km/h. Die zunächst eingebaute Lederkupplung wurde 1914 durch eine Mehrscheiben-Feuchtigkeitskupplung ersetzt. Auch das ursprüngliche Dreigang-Getriebe wich 1913 einer Vierstufen-Einheit.

Angesichts der Tatsache, daß der Raceabout so gut wie nichts an Karosserie bot, war sein Preis von 2250 Dollar doch recht happig. Für 500 Dollar mehr gab es auch einen Viersitzer Toy Tonneau, wobei nicht ganz klar war, was das Toy (Spielzeug) in der Typen-

Gemäß seinem vornehmlich fahrerorientierten „Outfit“ war der Raceabout recht spartanisch ausgestattet, einschließlich des Instrumentariums. Immerhin umfaßte dies aber einen Kilometerzähler.

Antriebseinheit des Raceabout von 1912 war ein in zwei Blöcken gegossener Reihen-Vierzylinder mit 4961 ccm und 58 PS

Teil des Raceabout-Instrumentariums waren eine Bosch-Doppelzündspulenzündung mit den Positionen „Rund“ und „Start“. Auch hier unübersehbar – der Messing-Look.

Der Mercer von 1912 war – dieses Foto spricht dabei für sich – ein geradezu klassischer Vertreter der „Messing-Ära“: Armaturen, Lampen, Lenksäule, Sitzfederung, Tankeinfüllstutzen (man beachte: deren zwei!) – alles im Messing-Look. Die Sitze waren ausgesprochene Schalensitze, sehr tiefgelegt für damalige Standards.

bezeichnung ausdrücken sollte. Raceabout und Toy Tonneau erwiesen sich schnell als die Verkaufsschlager des Mercer-Programms. Die Konsequenz wurde postwendend gezogen, die Limousine mit dem Beaver-Motor verschwand aus dem Programm.

Wie Henry Ford schnell erkannt hatte, daß sportliche Erfolge das Image einer Marke aufpolierten, kam auch Washington Roebling schnell dahinter. 1910 erst vorgestellt, standen die Mercer Raceabouts bereits im Jahr darauf sechsmal bei wichtigen Rennen am Start und kamen auf Anhieb fünfmal als Sieger ins Ziel, zweimal auf Platz zwei und einmal als Dritter. Der Name Mercer war – wie es so schön heißt – in aller Munde.

Das erste Rennen, bei dem Mercer das Nachsehen hatte, war 1911 ausgerechnet die erste „Indy 500", bei der es nur zu den Rängen zwölf und 14 langte. Für einen Neuling trotz allem noch beachtlich auf dieser Mensch und Maschine bis an die Grenzen fordernden 500-Meilen-Strecke. 1912 aber wurde für die Mercers dank ihrer Leistung und ihres Handlings ein besonders erfolgreiches Jahr mit Siegen bei zahlreichen Rennen überall in den USA. Es war zugleich aber auch ein Schicksalsjahr für das Unternehmen: Washington Roebling II war unter den Opfern der Titanic-Katastrophe am 15. April 1912.

Der Schock traf das Unternehmen – aber der Entschluß war klar: „The race must go on!", das Renommee der Marke mußte weiter gepflegt werden. Ralph DePalma war Team-Chef. Aber dann beging Finley Porter, keineswegs mit böser Absicht, sondern mit dem Gedanken, daß zwei Champions eben besser sind als einer, einen schweren Fehler – er engagierte als zweiten Fahrer Barney Oldfield. DePalma sah darin einen Eingriff in seine Position, drehte Mercer wütend den Rücken zu, unterschrieb einen Vertrag bei

Diese eher einem überdimensionalem Monokel ähnelnde „Windschutzscheibe" bot dem Fahrer wenig Schutz, wenn ihm Wind und Wetter um die Ohren bliesen. Da war eine Schutzbrille weitaus effizienter.

Mercedes – und kostete seinen Triumph gegenüber seiner alten Marke aus: Auf einem der deutschen Renner gewann er die 500 Meilen von Indianapolis im Jahre 1915.

In der Zwischenzeit hatte Porter selbst auch die Firma verlassen. Er hatte zwar keine sportlichen Ambitionen, aber die Pläne, ein eigenes Auto zu bauen. Er baute es, den F.R.P. – was exakt den Initialen seines Namens entsprach. Der große und teure 100-PS-Wagen blieb ein Einzelstück.

Bei Mercer war es mit den sportlichen Einsätzen derweil weitergegangen. Auch ein neuer Chefingenieur hatte seinen Dienst angetreten, der aus Brooklyn stammende Eric Delling. Er gab dem Unternehmen eine neue Dimension mit der Entwicklung einer 1915 vorgestellten Serie größerer Modelle, für die er selbst einen Vierzylinder konstruiert hatte. Der Raceabout wurde neu eingekleidet, mit einem konventionelleren und komfortableren, aber auch schwereren „Anzug".

Raceabouts gehörten auf den Straßen anno 1912 schon zu den Flitzern. Damit Mercer-Piloten dann die Hände nicht vom Lenkrad nehmen mußten, war das Signalhorn mit einem Fußschalter zu bedienen.

Die Delling-Mercers waren ihrer Zeit in einigen Punkten voraus. Ihre 73-PS-Maschine hatte anstelle des überholten Thermo-Syphon-Systems jetzt eine Zentrifugal-Wasserpumpe. Die gedrehte Kurbelwelle ermöglichte Hochdruck-Schmierung. Die Kolben bestanden aus Aluminium. Eine wesentliche Änderung stellte auch die nun eingebaute Mehrscheiben-Trockenkupplung dar. Zur weiteren Ausstattung der Delling-Mercers zählten ein U.S.L.-Start- und Elektrik-System und die ersten in Amerika zum Einsatz gekommenen hydraulischen Stoßdämpfer.

Delling verließ Mercer bereits 1916 wieder. Bis 1919 wurden die Mercers dann weitgehend unverändert weitergebaut. Als die Brüder Roebling 1919 starben, ging das Unternehmen in den Besitz eines Wall-Street-Syndicats über. 1925 wurde noch ein neues Modell herausgebracht. Der Raceabout war zu diesem Zeitpunkt schon lange nicht mehr im Programm. Und 1925 stand auch Mercer auf der Liste der Automarken, die nur noch Vergangenheit waren.

Technische Daten

Motor:	T-förmig angeordneter Vierzylinder, paarweise angeordnete Zylinder, 4916 ccm, Bohrung x Hub 11,4 x 12,7 cm, 58 PS
Kraftübertragung:	Viergang-Getriebe
Fahrwerk:	Starrachse, halbelliptische Federn vorn und hinten
Bremsen:	Trommeln, in Verbindung mit dem Antriebsstrang wirkend
Radstand:	2743 mm
Gewicht:	1297 kg
Höchstgeschwindigkeit:	112 bis 128 km/h
Produktion:	Von 1911 bis 1915 knapp 1000

1915 CADILLAC V-8, TYPE 51

Fünf Jahre war er 1914 bereits in Produktion, der Cadillac Typ 30 mit dem Vierzylinder – und damit reif, einem Nachfolger Platz zu machen. Nicht, daß er irgendwelche gravierenden Mängel gehabt hätte, er war durchaus ein gutes Auto. Auch viele Jahre später, als David Fergusson, langjähriger Chefingenieur der Pierce-Arrow Motor Car Company, davon sprach, daß Cadillac über Jahre hinaus das beste Modell der mittleren Preisklasse anzubieten hatte, meinte er das Modell 30. Cadillac und mittlere Preisklasse – ist das kein Widerspruch? Ist es nicht. Auf dieser Welt ist eben alles relativ. Und ein Cadillac gehörte 1914, als der billigste Pierce-Arrow 4300 Dollar kostete, mit einem Preis von 1975 Dollar nun einmal zur mittleren Preisklasse.

Trotz seiner Zuverlässigkeit und Langlebigkeit aber war das Modell 30 doch „in die Jahre" gekommen. Vornehmlich der von den Käufern geprägte Trend zum laufruhigeren Sechszylinder hatte die meisten Automobilhersteller den Wechsel vom Vier- zum Sechszylinder vollziehen lassen. Die Konkurrenz war auf dem besten Wege, Cadillac mit seinem rückständigen Konzept in die Ecke zu drängen. Die Zahlen sprachen für sich: Gegenüber den 1913 produzierten 17 284 Fahrzeugen waren im Jahr darauf nur noch 7818 verkauft worden, weniger als die Hälfte!

Glücklicherweise aber wurde Cadillac dabei nicht völlig kalt erwischt. General Manager Henry M. Leland hatte schon seit Jahren mit verschiedenen Motorentypen experimentiert. Und er beschloß, dann auch noch einen Schritt weiterzugehen als der Wettbewerb, statt eines Sechs- gleich einen Achtzylinder zu bringen. Das Prinzip des kompakten V8 hatte es ihm angetan, während beim Reihen-Sechszylinder hohe Drehzahlen wegen der langen Kurbelwelle zu unruhigem Lauf führten. Ein V8 war zu jener Zeit aber noch ein ungewöhnliches Motorenkonzept. Die meisten hatten ein solches Triebwerk noch nie gesehen, wenngleich das Prinzip nicht unbekannt war. Schon mehr als zehn Jahre zuvor hatten zwei Franzosen V8-Triebwerke für den Einbau in Rennwagen konstruiert. In den USA hatte Howard Marmon bereits 1906 einen luftgekühlten V8 demonstriert. Und 1910 schließlich hatte das französische Unternehmen DeDion die ersten Motoren dieser Bauart in Serie auf den Markt gebracht.

Charles Kettering, Kopf der Dayton Engineering Laboratories (DELCO), war eine Art Wegbereiter für den V8 in den USA, als er eines der DeDion-Triebwerke für Forschungszwecke nach Amerika kommen ließ. Gemeinsam mit seinem Kompagnon nahm er die Maschine auseinander, studierte sie in allen Einzelteilen und baute sie wieder zusammen, um sie nun eingehenden Tests zu unterziehen. Auf der Basis der dabei erworbenen Kenntnisse konstruierten beide nun einen eigenen V8 und boten ihn Henry Leland an. Der griff sofort zu und leitete umgehend den Bau eigener Cadillac-V8-Motoren auf der Basis der Kettering-Deeds-Konstruktion ein. Dazu engagierte er den Schotten D. McCall White, der zuvor bei Firmen wie Daimler und Napier gearbeitet hatte. Einigen Herren paßte es zwar nicht, daß sie bei der Entwicklung des für das Haus so wichtigen neuen Motors einen „Fremden" vor die Nase gesetzt bekamen, aber Leland hatte durchaus seine Gründe dafür.

Die Verkaufszahlen bei Cadillac waren 1914 in den Keller gegangen. Insider begründeten dies mit der Tatsache, daß Cadillac zu lange an seinem Vierzylinder-Modell 30 festgehalten hatte – zu einer Zeit, als die meisten der Hersteller von Nobelautos auf Sechszylinder „umgeschaltet" hatten. Cadillac-Gründer Henry M. Leland aber hatte ein As im Ärmel, mit dem er seine Rivalen zu überrunden gedachte, nämlich mit etwas Besserem – dem Modell 51 V-8.

Als ersten schon einmal den, daß bei Cadillac niemand die entsprechende Erfahrung im Bau von Hochgeschwindigkeitstriebwerken hatte. In dieser Hinsicht waren die europäischen Marken den Amerikanern fast um Lichtjahre voraus. Genau diese Erfahrungen aber konnte White aufweisen. Ein weiterer Grund war die Geheimhaltung. Leland wollte – mit einem gewissen Sinn für dramatische Effekte – den neuen Cadillac-V8 als Überraschung präsentieren. Das wäre wohl kaum möglich gewesen, wäre die gesamte Entwicklung im „Stammhaus" und nicht in der neuen Fabrik erfolgt. Denn speziell für diesen Zweck hatte Leland wenige Meilen außerhalb von Detroit in der kleinen Gemeinde Mt. Clemens/

Spartanisches Instrumentarium war 1915 die automobile Norm. Auch Cadillac machte da keine Ausnahme. Das Hauptinstrument war ein Tachometer mit Tages- und Gesamtkilometerzähler. Montiert war dieses Instrumentarium aber nicht, wie es heute von Testern so schön formuliert wird, „im Blickfeld des Fahrers". Der mußte schon zur Seite schauen, um die neben der Lenksäule plazierten Instrumente ablesen zu können. Einige Sekundärinstrumente befanden sich links neben dem Lenkrad.

Michigan einen Gebäudeblock erworben, dessen Betreten außer für die wenigen zu strengster Geheimhaltung (auch den eigenen Frauen gegenüber!) verpflichteten „handverlesenen" Mitarbeiter „Off Limits" war.

Im November 1914 war es soweit – Cadillac präsentierte den neuen V8 als Typ 51. Was diese Typenbezeichnung wirklich bedeutete, blieb ein Rätsel, vermutlich war es nur die Umkehrung der 15, da der Wagen offiziell als Baujahr 1915 eingeführt wurde. Das kümmerte die Kunden ohnehin nicht. Die wollten das Auto – und im Einführungsjahr waren es bereits 13 002 Käufer.

Der neue Achtzylinder war in zwei genau einander gegenüberliegenden Blöcken von je vier Zylindern gegossen worden. Die Kurbelwelle war gedrillt. Volldruckschmierung und eine zentral eingebaute Nockenwelle steuerte die Ventile. Die Wasserzirkulation wurde von einem Gebläserad kontrolliert, mit einem Thermostaten an jedem Zylinderblock.

Cadillac hatte das alte Modell 30 noch mit einer Leistung „von 40 bis 50 PS" angegeben, für 1914 ein respektables Kraftpotential. Das neue V8-Triebwerk dagegen aktivierte aus dem Hubraum von 5137 ccm stolze 70 PS, noch fünf mehr als der Packard 38, für den fast doppelt soviel Dollar hinzulegen waren wie für den neuen Cadillac 51. Die Mehrscheiben-Trockenkupplung des Dreigang-Getriebes war der Lederkupplung des Modells 30 natürlich hoch überlegen. Die Lenkung basierte auf dem Schnecken-Prinzip.

Der V8 wurde in acht Karosserievarianten angeboten. Die populäre offene Version kostete 1975 Dollar, exakt den gleichen Preis wie das Vorjahres-Vierzylinder-Modell des Typs 30. Die Preisskala für die geschlossenen Versionen bewegte sich zwischen 2500 Dollar für das Landaulet Coupé bis zu 3600 Dollar für die Prestige-Limousine „Berlin". In welcher Version auch immer, der Cadillac war in jeder Version ein guter Kauf.

Mit dem Erscheinen von Amerikas erstem Serien-V8 stieg Cadillac natürlich auch entsprechend in die Werbung ein. Dabei nahm sich das Unternehmen mit seinen Versprechungen aber auch selbst in die Pflicht. Da hieß es zum Beispiel in einer großen Anzeige

Herz des Cadillacs von 1915 war der neue 90-Grad-V8 mit einem Hubraum von 5183 ccm und einem maximalen Drehmoment von 244 Newtonmeter.

Auf den Abdeckungen der Radnaben war es nachzulesen: Dieser Wagen hat einen V8-Motor. Reihen-Achtzylinder waren zu jener Zeit noch nicht auf dem Markt.

einer Fachzeitschrift „Die Strafe, vorn zu sein“. Was damit gemeint war, ließ man nicht offen: Cadillac nahm für sich in Anspruch, „Standard der Welt“ zu sein, womit den Kunden das Gefühl vermittelt werden sollte, einen Cadillac zu fahren bedeute, sich aus der Masse herauszuheben und dabei zugleich auch seinen eigenen Geschmack zu demonstrieren.

Bei allen Werbetönen aber war der neue Caddy nicht frei von Kritik. Ein Problem zeigte sich vornehmlich in der Nockenwelle. Zwischen 50 und 60 Meilen (80 bis 95 km/h) lief die Maschine so ruhig, wie man es von einem Achtzylinder erwarten konnte. Gerade im unteren Bereich aber, zwischen 40 und 50 mph (65 bis 80 km/h), einer den damaligen Straßenverhältnissen eher adäquaten Geschwindigkeit, offenbarte auch der Achtzylinder die gleichen unrunden Unarten wie die Vierzylinder jener Zeit. Eine Lösung war erst 1924 mit dem Einbau von besser ausbalancierten Kurbelwellen gefunden.

Trotz dieses Mangels erwies sich der neue Cadillac aber als der erhoffte Erfolg. Im zweiten Verkaufsjahr war bereits ein Plus von 38,5 Prozent zu verzeichnen. 1916 wurde die ohnehin schon eindrucksvolle Leistung nochmals um 10 PS gesteigert. Es stieg auch der Preis um rund 150 Dollar, gleich für alle Modelle. Trotzdem war der Cadillac Typ 51 eines der preiswertesten Automobile auf dem Markt.

In Europa tobte inzwischen der Erste Weltkrieg, in den die Amerikaner ja erst später „einstiegen“. Cadillacs, geordert von den Regierungen der bereits kriegführenden Länder Kanada, England und Frankreich, wurden jedoch schon an den Fronten eingesetzt, als Fahrzeuge der Militärstäbe ebenso wie als Krankenwagen. Als auch die USA 1917 ebenfalls in den Krieg eingriffen, avancierte der siebensitzige Touring zum Standard-Fahrzeug für das amerikanische Offizierscorps. Mehr als 2000 Fahrzeuge dieses Typs wurden mit weiteren 300 Limousinen nach Europa verschifft. Diese Limousinen dienten vornehmlich den höchsten „Chargen“, wie etwa General Pershing, dem Kommandeur der gesamten amerikanischen Expeditions-Armee. Daß die Amerikaner dabei besonders auf ihre Autos schworen, überrascht kaum. Einer der Offiziere, der später Flugmotoren baute, war jedenfalls überzeugt, in ganz Frankreich kein besseres Auto gefunden zu haben. Der erste Kauf, den er bei der Heimkehr tätigte, war dann auch prompt ein Caddy.

Zu Amerikas Renommier-Autos zählte Cadillac damals aber noch nicht unbedingt. Diesen Ruf teilten sich die drei großen P: Packard – Peerless – Pierce-Arrow. Nach Ende des Krieges jedoch waren Giganten, wie sie von diesen Firmen hergestellt wurden, nicht mehr so gefragt. Daß Cadillac mehr und mehr zum bevorzugten Auto vornehmlich bei Familien wurde, hatte seine Ursache schon 1912 – die Einführung des Elektrostarters. Es waren die Frauen, die dieses Komfort-Detail besonders zu schätzen wußten – und dann wohl oft genug beim Autokauf auch das entscheidende Wort sprachen.

Der Cadillac-V8 von 1915 fand bei den Käufern luxuriöser Automobile eine hohe Akzeptanz. Die Zahlen belegen es: Die Produktion wurde von zuvor 7818 auf 13 002 Einheiten gesteigert. Das viertürige Touring-Modell kostete 1975 Dollar. Das waren immerhin 1775 Dollar weniger als der Preis für einen Packard-Sechszylinder.

Technische Daten

Motor:	V8-90-Grad, in zwei Blöcken zu je vier Zylindern gegossen, 5153 ccm, Bohrung x Hub 8,0 x 13,0 cm, Kurbelwelle dreifach gelagert, 70 PS bei 2400 U/min, max. Drehmoment 244 Nm bei 2000 U/min
Kraftübertragung:	Dreigang-Schaltgetriebe, Schalthebel im Fußraum montiert, 15-Scheiben-Trockenkupplung, Achsübersetzung 4,41 hinten
Fahrwerk:	Starrachse und halbelliptische Federn vorn, Starrachse und Kreuzfedern (längs und quer) hinten
Bremsen:	mechanisch, an den Hinterrädern
Radstand:	3175 mm (Spezial-Chassis: 3683 mm)
Spurweite:	vorn und hinten 1422 mm
Gewicht:	1814 kg
Höchstgeschwindigkeit:	112 km/h
Produktion:	20 404 (im Kalenderjahr)

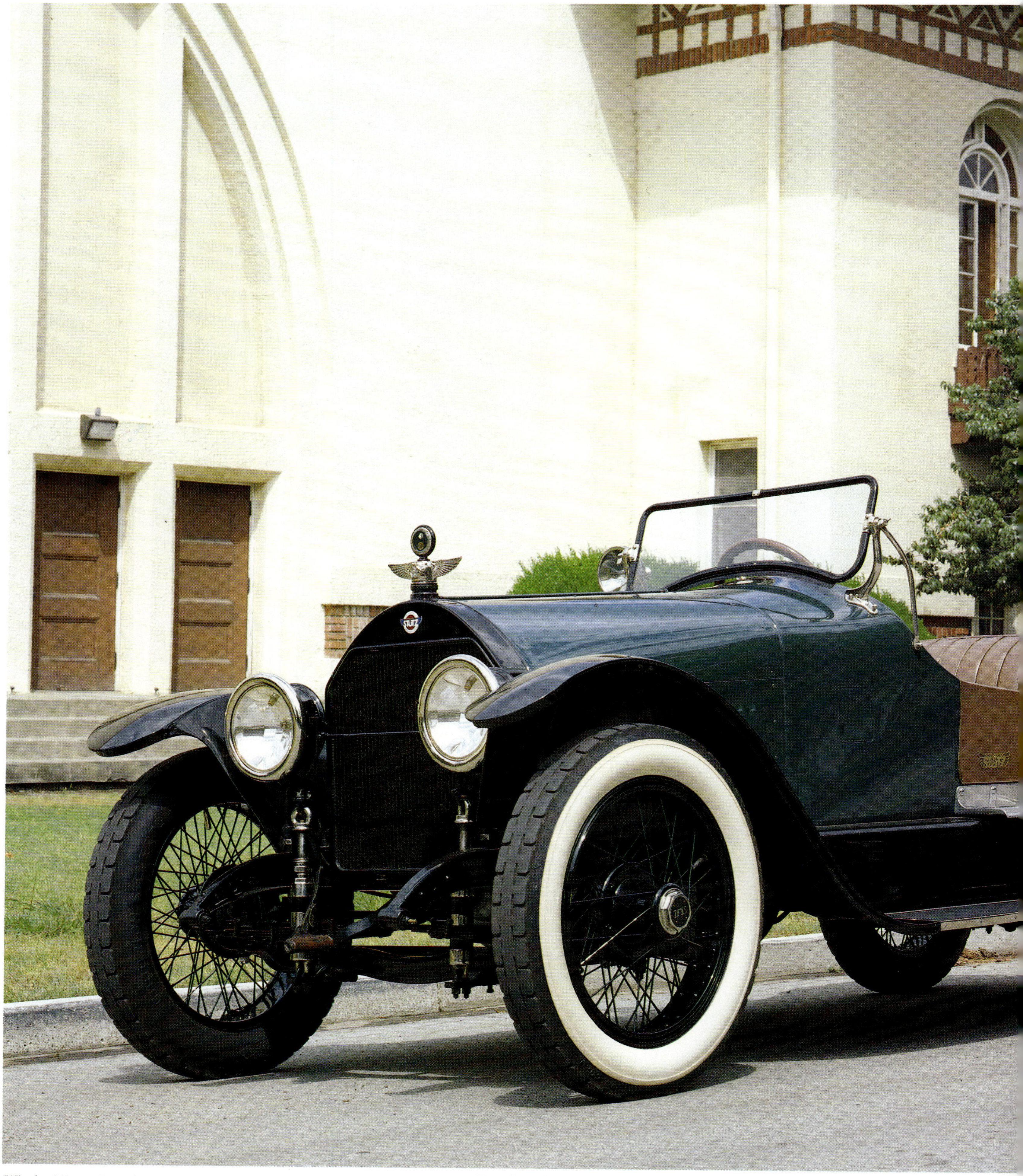

Wie der Mercer Raceabout war auch der Stutz Bearcat ein lupenreiner amerikanischer Sportwagen seiner Zeit. Die Karosserie war so leicht wie möglich konstruiert, um damit die Leistung zu optimieren, was diesem Modell von 1918 auch anzusehen ist. Interessantes Detail: Trittstufe über dem Trittbrett zum leichteren Einstieg.

Zu der Zeit, als Harry C. Stutz den Bearcat präsentierte, das Auto, das die meisten mit seinem Namen verbinden, war er gerade sechs Jahre im Automobilgeschäft. 1906 hatte er sich mit American Motors in Indianapolis zusammengetan, wo er einen kleinen und preiswerten Vierzylinder mit 35 bis 40 PS baute. Das war im Gegensatz zu noch immer andauernden Legenden aber noch nicht der Typ von Automobil, der einmal typisch für American Motors werden sollte. Ein relativ schneller Wagen für seine Zeit aber war er schon, der Bearcat.

Stutz hatte American Motors 1907 den Rücken gekehrt und war als Chefingenieur bei der Marion Motor Car Company, einer anderen Firma in Indianapolis, eingetreten. Die Marke war zu jener Zeit vornehmlich durch den Marion Flyer bekannt. Heute allerdings erinnern sich Kenner eher an den sportlichen Bobcat von 1913. Mit einem Finanzier namens Campbell als Geldgeber eröffnete Stutz die Stutz Auto Parts Company, um hier ein eigenes Fahrwerk im Transaxle-Prinzip zu konstruieren. Das Geschäft lief von Anfang an gut, Stutz aber wollte ein komplett eigenes Automobil bauen. 1911 hatte er das auch bereits geschafft, mit einem Rennwagen, dem ersten „echten" Stutz. Mit einem Wisconsin-Vierzylinder bestückt, das Transaxle-Fahrwerk natürlich made by Stutz, offenbarte dieser Wagen schon deutliche Zeichen eines Autos, das erst vier Jahre später kommen sollte – eben des Bearcat.

Stutz verkündete aller Welt, daß sein Wagen am 500-Meilen-Rennen in Indianapolis teilnehmen werde, und das ohne jegliche Tests, geschweige denn Erfahrungen auf irgendwelchen Rennstrecken. So vermessen, sich gleich einen Sieg auszurechnen, war Harry C. auch nicht, dafür war die Konkurrenz zu übermächtig. Aber er hatte ja den Schweden Gil Anderson als Fahrer, der immerhin schon eine Reihe von Rennen für das Marion Racing Team als Sieger nach Hause gefahren hatte. Anderson passierte die Ziellinie an elfter Stelle. Unzufrieden war Stutz deswegen aber nicht. Immerhin hatte sein Newcomer durchgehalten, während eine ganze Reihe weiterer (und bekannter) Starter auf der Strecke blieb. Auch die Zeit von 7 Stunden 22 Minuten konnte sich sehen lassen. Die gesamte mörderische Strecke war ohne technische Panne gemeistert worden – die Reifen ausgenommen. Mit denen gab es einige Probleme, und mit jedem dieser Probleme auch Zeitverluste.

Auch wenn dieser Mißerfolg für Stutz einen Dämpfer bedeutete und er seinen Geldgebern nichts Zählbares aus Indianapolis mitbringen konnte, warf ihn das nicht gleich um. Mit Henry Campbell, seinem stillen Teilhaber, gründete er die Ideal Motor Car Company und begann sofort mit den Vorbereitungen, einen Serien-Stutz zu bauen. Dieser Wagen hatte ebenso wie der im Rennen eingesetzte Prototyp einen Wisconsin-Motor mit 50 PS. Der erste Serien-Stutz wurde in fünf Karosserievarianten angeboten, einschließlich dem Bearcat, der einen Konkurrenten ganz gezielt im Visier hatte – den hochgelobten Mercer Raceabout. Wie dieser war auch die Stutz'sche Version ein knochenhartes Sportauto mit den Bestandteilen Rahmen und Fahrwerk. Karosserie so gut wie keine. Motor. Lederbezogene Sportsitze und Kraftstofftank. Die frühen Modelle hatten alle den Radstand von 3048 mm gemeinsam. 1912 wurde das Modellprogramm durch einen 7,7-Liter-Sechszylinder aufgestockt, der mit 60 PS aufwartete und einen Radstand von 3149 mm aufwies. Auch diese Variante war als Bearcat zu haben.

1913 kam es zur Bildung der Stutz Motor Car Company, gebildet aus den beiden Organisationen Stutz Auto Parts und Ideal Motor Company. Das Geschäft lief gut an, obwohl die Produktion wie bei den meisten Fahrzeugen in höheren Preisregionen in Grenzen blieb. Immerhin sind zwischen 1911 und Ende 1913 rund 2000 Fahrzeuge hergestellt worden, die einen Gewinn von etwa 400 000 Dollar einfuhren.

Im Bearcat war der Tachometer vor dem Fahrer montiert, wenn auch relativ „tiefgelegt". Stutz bevorzugte auch 1918 noch die Rechtslenkung.

Das Modelljahr 1914 brachte verschiedene Änderungen, darunter eine Lederkupplung anstelle der Mehrscheibenkupplung, ein genau genommen unbegreiflicher Schritt zurück. Andererseits hatten die Stutz-Mobile nun aber Elektrostarter und Elektrolampen als Standardausstattung. Der Bearcat konnte in verschiedenen Farben geordert werden, ein recht ungewöhnlicher Schritt für jene Zeit. Doch die Verkaufszahl ging von 759 im Jahr zuvor um genau 110 Fahrzeuge auf 649 zurück.

Augenscheinlich im Bemühen, auch die Kundschaft an Land zu ziehen, die sich keinen Bearcat leisten konnte, brachte Stutz 1915 einen kleineren Wagen heraus. Dieses Modell H.C.S. (die Initialen von Stutz) war ein Roadster mit 23 PS für den akzeptablen Preis von 1475 Dollar. Er fand aber kein Publikum und war nach einem Jahr schon wieder aus dem Programm gestrichen.

Harry Stutz schickte 1915 drei seiner Fahrzeuge ins Rennen von Indianapolis. Er hatte sich dafür eine besondere Strategie ausgedacht: Die ersten beiden Wagen sollten gerade das Tempo halten, um sich knapp unter 97 Meilen pro Stunde zu qualifizieren, damit aber auch dafür zu sorgen, daß Nummer drei mit 98,9 Meilen (159,1 km/h) von der Pole Position ins Rennen gehen konnte. Die Rechnung ging im Rennen dann aber nicht auf. Der führende Stutz mußte wegen eines Ventilschadens ausscheiden, so daß Stutz Nummer zwei die Führung übernahm. Seltsamerweise widerfuhr auch den beiden Stutz-Rennern, was gerade immer wieder mit US-Wagen geschah – eine Reifenpanne nach der anderen. Jede kostete Zeit. Und Stutz vermutlich auch den Sieg. Trotz allem hatte man im Stutz-Lager keinen Grund zu grenzenloser Traurigkeit: Die beiden im Rennen gebliebenen Wagen belegten die Plätze zwei und drei. Auch ohne Sieg ein großer Erfolg. Stutz zog sich nach 1915 aber dennoch aus dem Rennsport zurück.

Die Verkaufszahlen jedoch, und das wiederum war wenigstens ein Trost, waren in diesem Jahr besser als je zuvor: 1079 Fahrzeuge waren verkauft worden. Die Skala zeigte vielversprechend weiter Tendenz steigend: 1535 im Jahre 1916, dann 2207 im folgenden Jahr. Die Zukunft sah rosig aus. Die 1917er Modelle hatten nun auch einen echten Stutz-Motor, konstruiert und gebaut von Harry Stutz selbst. Es war ein revolutionäres Motorkonzept, das in den 80er Jahren eine regelrechte Renaissance weltweit feiern sollte – die Mehrventiltechnik. Der Stutz-Vierzylinder mit Vierventiltechnik entwickelte eine für 1917 frappierende Leistung von 80 PS. Er wurde, mehrfach modifiziert, bis 1924 eingebaut.

Bei aller Euphorie über die steigenden Verkaufszahlen zeichneten sich jedoch Schatten ab. Allen Ryan, ein knallharter Wallstreet-Stratege, sicherte sich die Kontrolle über die Stutz Motor Company, was prompt zu Spekulationen und einem Anstieg der Stutz-Aktien auf über 700 Dollar führte. Harry Stutz machte das Spiel nicht mit, verkaufte seine Anteile und gründete an einem anderen Platz der Stadt die Firma H.C.S., die letztlich zu einem Konkurrenten für die Gesellschaft wurde, die er selbst einmal aufgebaut hatte.

Das Jahr 1921 brachte eine Rezession, zu einer Zeit, als ein Bearcat von 2300 Dollar im Jahre 1917 inzwischen 3200 Dollar kostete. Das wirkte sich auf die Verkaufszahlen aus. Im folgenden Jahr war es, trotz einer Preissenkung um 650 Dollar, auch nicht besser. Ryan, der vermeintlich clevere Wallstreet-Stratege, stieg bei der Stutz Motor Company aus.

Harry Stutz selbst brachte aus seiner neuen Firma einige neue Sechszylinder-Modelle heraus, entworfen von seinem neuen Chefdesigner Charles S. Crawford. Der Verkaufsstart war vielversprechend, kehrte sich aber bald ins Gegenteil um. Erfolgreicher war die Präsentation eines Modells mit Achtzylinder-Motor und obenliegender Nockenwelle im Jahre 1926. Von diesem Typ wurden im ersten Jahr mehr als 5000 Fahrzeuge verkauft – aber im Jahr darauf zeigte die Kurve erneut steil nach unten. Das Stutz-Schiff fuhr durch Wellenberge und Wellentäler.

Welche Meisterleistungen Harry Stutz zu bringen in der Lage war, bewies er mit seinem letzten „Sahnestück". 1930 stellte er einen Super Bearcat vor, einen Speedster mit Reihen-Achtzylinder und 32 Ventilen, den 156 PS starken DV-32. Dieses Spitzenauto wurde jedoch in eine Zeit hineingeboren, in der es angesichts weltweiter wirtschaftlicher Probleme nicht mehr zeitgemäß war. Auch der DV-32 konnte Stutz nicht mehr retten. 1934 verkaufte er gerade noch sechs Fahrzeuge. Ein Jahr später war er bankrott.

Technische Daten

Motor:	Vierzylinder, T-Anordnung, 5912 ccm, Bohrung x Hub 11,4 x 15,2 cm, 16 Ventile, eine obenliegende Nockenwelle, 80 PS
Kraftübertragung:	Dreigang-Transaxle, lederbezogene Kegelkupplung, bis 1915 war eine Mehrfachscheiben-Kupplung bevorzugt worden
Fahrwerk:	vorn und hinten Starrachsen, halbelliptische Blattfedern
Bremsen:	Innenausdehnungsbremse an den Hinterrädern
Radstand:	3048 mm
Höchstgeschwindigkeit:	137 km/h
Produktion:	keine genauen Unterlagen, aber etwa 1000 während der gesamten Bauzeit

Stutz setzte auch 1918 im Bearcat den 5,9-Liter-Vierzylinder ein, allerdings mit einer Technologie, die heute mehr und mehr zum Standard selbst bei Fahrzeugen der Kleinwagen-Kategorie wird: Das Stutz-Triebwerk hatte vier Ventile pro Zylinder. Dabei kamen dann beachtliche 80 PS heraus. Die Kraftverteilung erfolgte über ein Dreigang-Transaxle.

1916-23 PACKARD TWIN SIX

Als Cadillac 1915 seinen V8 präsentierte, antwortete Packard ein Jahr später mit seinem Twin Six, sprich einem Doppel-Sechszylinder – eben einem „Zwölfer". Diese Twin-Six-Limousine aus dem Jahre 1920, ein in der Tat imposantes Modell, „ruhte" auf einem nicht weniger imposanten Radstand von 3454 mm und kostete stolze 7900 Dollar.

Packards erste große Erfolge als Verkörperung des amerikanischen Luxusautomobils waren der Vierzylinder „Thirty", gebaut von 1907 bis 1912, und der mächtige Sechszylinder, als dessen Nachfolger produziert von 1912 bis 1915. Das Modell jedoch, das Packards Renommee als absolute Spitzenmarke begründete, war der Twin-Six, ein Zwölfzylinder mit zwei parallel verlaufenden Zylinderbänken von je sechs „Töpfen". Mit diesem Giganten war Packard auch dem großen Konkurrenten, dem Cadillac V8 von 1915, erstens um vier Zylinder und zweitens auch ansonsten um mehr als nur eine Wagenlänge voraus. Acht Jahre lang hatte Packard diesen Wagen im Programm, wobei nur wenige Änderungen erfolgten. Von den drei Serien, die zwischen 1916 und 1923 entstanden, sind mehr als 30 000 Fahrzeuge gebaut worden, dazu eine ganze Reihe von Chassis für verschiedene andere Karosserien. Der Twin-Six war unbestritten das Automobil, das die Wohlhabenden orderten.

Packards Chefingenieur Jesse Vincent bevorzugte das Zwölfzylinder-Konzept aus drei Gründen: Leistung, Fahrkomfort und Laufruhe. „Ein Sechszylinder ist theoretisch sicher gut ausgewogen", argumentierte er. „Dies resultiert aus der Tatsache, daß die durch das Auf und Ab der Kolben verursachten Vibrationen sich durch die gegenläufigen Kräfte wieder neutralisieren. Dies setzt aber voraus, sie fest miteinander zu verbinden." Das bedeutete nichts anderes als den Einbau einer schweren Kurbelwelle in einem ebenfalls schweren Gehäuse und einem starren Schwungrad. Ein Zwölfzylinder oder ein Doppel-Sechszylinder erzielt, wie Vincent weiter argumentierte, den gleichen Effekt, aber mit deutlich geringerem Gewicht von Kolben, Kurbelwelle und -gehäuse und Schwungrad, mit dem zusätzlichen Gewinn von mehr PS und höheren Drehzahlen. Als weitere Vorteile des Zwölfzylinders führte er einen schmaleren Rahmen, einen engeren Wendekreis des Wagens und eine weniger aufwendige Lenkkonstruktion ins Feld.

Die Twin-Six-Maschine realisierte er dann genau nach diesem Konzept, mit zwei parallelen Sechszylinder-Bänken nach dem L-Prinzip mit einem 60-Grad-Winkel gegenüber den 80 Grad des Cadillac V8. Diese Konstruktion ermöglichte die direkte Montage diverser Komponenten unmittelbar auf dem Rahmen, wo sie vor der Beschädigung durch Fahrbahneinflüsse geschützt lagen. Ein weiterer Vorteil war der direkte Zugriff zu den Ventilen. Vincents Zwölfzylinder holte bei 3000 Umdrehungen 85 PS aus dem Hubraum von 6948 Kubikzentimeter, das Bohrung-Hub-Verhältnis betrug 7,9 x 12,7 cm. Kipphebel gab es keine. Jedes Ventil hatte seine eigene Nocke, sämtliche Ventile befanden sich im Inneren der Zylinderblöcke. Die kurze und leichte Kurbelwelle war dreifach gelagert. Nach Aussagen von Vincent war die Drehzahl „um fünfzig Prozent besser als sie bei einem V8 erreicht worden wäre, und um hundert Prozent besser als die des Packard-Sechszylinders. Sechs Impulse bei jeder Kurbelwellenumdrehung waren so optimal aufeinander abgestimmt, daß es unmöglich war, zwischen diesen Impulsen auch nur die Andeutung einer Pause zu bewirken, selbst bei niedrigen Geschwindigkeiten. Der einzige Vergleich, der mir dazu noch einfällt, ist die Arbeit einer Dampfmaschine."

Andere Twin-Six-Varianten unter den Modellen von 1912 bis 1915 waren weniger radikal. Für die Zündung sorgte ein generatorgeladener Akku. Zum System gehörte ein Zündverteiler ebenso wie ein Unterbrecher für jede Zylinderbank. Der Starter wurde elektrisch aktiviert. Zwischen beiden Zylinderbänken war der Vergaser montiert. Und die Kühlung erfolgte über eine Wasserpumpe.

Zur Auswahl standen zwei unterschiedliche Radstände. Das Karosserieangebot ließ eine ganze Reihe von Varianten zu, offene wie geschlossene. Teuer waren sie allesamt, wobei die geschlossenen Fahrzeuge

Die Scheinwerfer des Twin Six waren mit geriffeltem Glas abgedeckt. Die Einfassungen entsprachen Packards zu dieser Zeit bereits berühmten „Ochsen-Joch-Design". Die Parkleuchten waren direkt unter den Hauptscheinwerfern plaziert.

Die Twin-Six-Limousine von 1920 machte ohne jegliches Messing-Dekor einen relativ düsteren Eindruck. Speziell als „Herrenauto" mit Chauffeur für Repräsentations-Anlässe konzipiert, war das „Abteil" des Fahrers von dem der natürlich vornehmen Fahrgäste getrennt. Und um den gesellschaftlichen Unterschied noch deutlicher zu machen, saß der Chauffeur im offenen Compartment – auch bei schlechtem Wetter – im Freien, das Abteil der chauffierten Herrschaften dagegen war geschlossen. Zur Kommunikation zwischen beiden Abteilen gab es ein Sprechrohr.

natürlich einen höheren Montageaufwand verlangten. Touring, Phaeton und Runabout waren für 2750 Dollar zu haben. Unter den geschlossenen Modellen war das Coupé mit 3700 noch am billigsten, für die Imperial-Limousine lag der Preis dagegen bei fast 5000 Dollar. Für das Jahr 1916 stolze Preise! Für die Packard-Kundschaft aber waren sie dennoch ein Anreiz – die vorhergehenden Sechszylinder-Modelle waren noch um einige hundert Dollar teurer!

Die Einführung des Twin Six erfolgte am 1. Mai 1915. Die Öffentlichkeit nahm natürlich entsprechende Notiz davon. So schrieb das britische Magazin „The Automobile", daß man Vincents drei Devisen bestätigen müsse: „Bis zu Geschwindigkeiten von etwa 100 km/h waren keinerlei Vibrationen zu registrieren, der Motor ist selbst bei hohen Drehzahlen kaum zu hören. Die Beschleunigung ist überzeugend, von 3 Meilen pro Stunde auf 30 Meilen brauchten wir im oberen Gang zwölf Sekunden, im zweiten Gang wesentlich weniger."

Das Echo auf den Twin Six war enorm, die Bestellungen waren es auch. Packard mußte seine Belegschaft um fünfzig Prozent auf fast 11 000 Beschäftigte erhöhen, um dieser Nachfrage überhaupt Herr zu werden. Für 1,5 Millionen

Mit zwölf Zylindern und dem Bohrung-Hub-Verhältnis von 7,6 x 12,3 cm erreichte der Hubraum des Doppel-Sechszylinders in L-Anordnung 6948 ccm. 1926 leistete dieses Triebwerk 90 PS bei 2600 U/min. Der Motorblock war in zwei Blöcken zu je sechs Zylindern gegossen.

Dollar wurde zudem der Betrieb erweitert. 1917 war dann in der Hauszeitschrift zu lesen: „Wir bauen ein gutes Auto für einen guten Preis – fragen Sie die Leute, die sich bemühen, einen Twin Six zu bekommen."

Die im Juli 1916 bereits als Modelljahr 1917 präsentierte zweite Serie (deklariert als 2-25 mit dem kürzeren und 2-35 mit dem längeren Radstand) wies wenig Veränderungen auf, die Kühlung ausgenommen. Neu waren auch die abnehmbaren Zylinderköpfe, was eine perfektere Herstellung der Brennkammer ermöglichte. Der Vergaser war höher und damit aus Sicherheitsgründen weiter entfernt von den Leitungen montiert. Weitere Änderungen im Detail zeigten sich in der leichter zu bedienenden Fußbremse und einem von einem Kugelkopf gekrönten Schalthebel. Insgesamt gesehen wirkte die zweite Serie mit den kleineren Rädern und dem – auch das gab es schon vor der Manta-Ära! – tiefergelegten Chassis flacher.

Wie der Vorgänger, wurde auch der Twin Six der zweiten Serie nur ein Jahr lang gebaut und im Sommer 1917 schon von der Modellreihe 3-25 und 3-35 abgelöst. Diese allerdings war von Dauer, sechs Jahre lang, natürlich auch mit den von Jahr zu Jahr üblichen Modifizierungen. Die Entwicklung des Karosseriedesigns spiegelte dabei auch den Weg von den hohen Aufbauten der Zeit vor 1920 zu den sichtbar flacher gewordenen Modellen der frühen zwanziger Jahre wider.

Schön dekorativ wirkt diese Kühlerfigur auf dem Kühler des Twin Six von 1920.

Technische Änderungen waren im Laufe dieser sechs Jahre ein überarbeitetes Elektrik-System, überarbeitete Zylinderköpfe für bessere „Atmung" und Kühlung sowie ein verbesserter Ansaugkrümmer zur Unterstützung der Gasverdampfung. Der Schaltknüppel mit dem Ballonknopf ragte nun aus der Mitte des Fußraums heraus, wo er auch blieb, bis Mitte der 30er Jahre die Lenkradschaltung in Mode kam. Ein leicht verbreiterter Rahmen und ein verlängerter Radstand waren die am Fahrwerk vorgenommenen Maßnahmen. Kräftiger waren sie auch geworden, die Twin Six, mit nun schon 90 PS. Und an Karosserieformen war praktisch für jeden Geschmack etwas aus den verschiedenen „Schneidereien" dabei: Derham lieferte Coupelets, Limousinen, Landaulets und Broughams (eine charakteristische Kutschwagenform, die Lord Brougham im 18. Jahrhundert kreierte, beim Automobil bis in die dreißiger Jahre angewandte Klassifizierung von luxuriösen Limousinen mit geschwungenen, manchmal sogar haarscharfen Kanten und zum Teil offenen Fahrerkabinen). Von Cuffrey und Judkins kamen Limousinen. Und Fleetwood schließlich baute den Twin Six als Runabout und Cabriolet.

Der Verbesserung des Fahrkomforts dienten die vibrationsreduzierenden, außen montierten Dämpfer sowohl am Heck als auch vorn.

Technische Daten	
Motor:	V12, L-förmig angeordnet, in zwei Blöcken gegossen, 6949 ccm, Bohrung x Hub 7,6 x 12,7 cm, Ventilstößel, drei Hauptlager, 85 PS bei 2600 U/min Kraftübertragung: manuelles Dreigang-Getriebe, zuschaltbares Schiebrad, Mehrscheiben-Kupplung
Fahrwerk:	Starrachse, längs eingebaute halbelliptische Blattfedern vorn und hinten
Bremsen:	Innenausdehnungsbremsen und Außenbackenbremsen, an den Hinterrädern
Radstand:	3175 mm und 3429 mm
Spurweite:	vorn und hinten 1422 mm
Gewicht:	1773 bis 2138 kg je nach Typ
Höchstgeschwindigkeit:	113 bis 120 km/h
Produktion:	7746

„Die Geschichte des Automobils ist ohne die Geschichte des Lancia Lambda als technischer Meilenstein nicht denkbar" – so schrieb es ein Historiker. „Ganz abgesehen von der exzellenten Maschine, der unabhängigen Radaufhängung und einer ganzen Menge weiterer kleiner Innovationen ist die Konstruktion von Karosserie und Chassis in einer Einheit in der Tat ein Meilenstein. Und Lancia hatte das schon mehr als zehn Jahre, bevor ein Mr. Budd ‚seine Idee' von der Monocoque-Bauweise an André Citroën verkaufte." Lancia war zweifellos der Pionier dieses Konzepts, das heute, 70 Jahre später, von den meisten Automobilherstellern angewandt wird.

Wo und wie Vincenzo Lancia, der brillante Pionier der Automobiltechnik, auf diese Idee kam, ist nicht überliefert. Vielleicht war es ja wirklich so, wie es behauptet wird: Auf einer Schiffsreise soll sie Lancia gekommen sein, diese Idee. Angeregt durch die Tatsache, daß eben auch ein Schiffsrumpf eine Einheit ist. Eines jedoch steht fest: Am letzten Tage des Jahres 1918 arbeitete Vincenzo Lancia eine Patentschrift für ein „Automobil mit selbsttragender Karosserie ohne getrenntes Chassis" aus. Vier Jahre später stand dieses Auto auf den Rädern. Der Lancia Lambda.

Eines der auf den ersten Blick erkennbaren besonderen Kennzeichen dieses Automobils war sein tiefliegender Schwerpunkt, ohne dadurch jedoch die Bodenfreiheit und das Fahrwerk zu beeinträchtigen. Dieses Design wäre mit dem damals üblichen System, Karosserie und Chassis strikt voneinander getrennt zu bauen, nicht realisierbar gewesen. Lancia löste das Problem bei seiner Konstruktion durch eine mit der Bodengruppe verschweißte und vernietete Karosserie, wobei die Bodengruppe in der Mitte einen nach unten offenen Tunnel aufwies, durch den der Antriebsstrang geführt wurde, während ein weiterer Tunnel zur Hinterachse führte und die Steifigkeit des Fahrzeugs optimierte. Diese nach unten verlegten Tunnel ermöglichten tieferliegende Sitze. Der Insassenkäfig wurde durch hochgezogene Fahrzeugflanken verstärkt, wobei die Türen wiederum so klein wie möglich gehalten wurden. Der Wagen war zwar offen, ein abnehmbares Hardtop aber bot sowohl Wetterschutz als auch zusätzliche Karosserie-Stabilität.

Die Radaufhängung erfolgte mit beweglichen Stützen (ein System, das auch Morgan benutzt) mit querliegender Blattfeder. Herz des Lambda war ein kompakter 2,1-Liter-Vierzylinder-Langhuber mit einer Leistung von 49 PS. Die ersten Lambdas waren noch mit einem Dreigang-Getriebe ausgestattet, während 1925 dann eine Viergang-Einheit zum Einsatz kam.

Auf dem Pariser Salon im November 1922 hatte der Lancia Lambda seinen ersten Auftritt in der Öffentlichkeit. Und die war auf Anhieb von diesem neuen Automobil beeindruckt. „Selbst Leute, die sich nicht für die Technik interessierten, erkannten auf den ersten Blick, daß hier etwas rundherum Neues stand", schrieb Lancia-Historiker Nigel Trow. „Dieses Auto war niedrig und kantig, von erster Qualität, und alles ‚in einem Stück'. Und es ließ keinen Zweifel offen, daß es von Leuten entworfen wurde, die wußten, was sie wollten und was gewünscht wurde. Dieses Automobil war eine totale Abkehr vom bislang Gewohnten."

Natürlich war nicht alles neu am Lambda. Aber kein anderes Modell wartete mit soviel Innovation auf wie dieser Italiener. Der Motor zum Beispiel war etwas noch nie Dagewesenes – ein Vierzylinder mit einer Neigung von nur 13 (später 14) Grad mit einem flachen Zylinderkopf-System und Brennkammern direkt im Zylinderblock. Die Torpedo-Karosserie mit Ponton- oder geschwungenen Motorradkotflügeln wirkte eher wie eine aus einer Laune entstandene Spielerei als ein Serienautomobil von 1923.

Die Bremsen, um eine weitere „Extravaganz" zu nennen, waren zu

Lancia führte mit dem Lambda – hier ein Modell aus dem Jahre 1924 – den Aufbau der Karosserie als geschlossene Einheit ein. Die unabhängige Vorderradaufhängung erfolgte mit verschiebbaren Trägern.

Die Lambda-Karosserie wurde durch hochgezogene Flanken verstärkt und verwindungssteifer, was allerdings von den Insassen auch verlangte, über die Seitenschwellern zu „steigen". Der Wagen selbst aber lag tiefer als alle anderen seiner Zeit.

viert – an jedem Rad eine, damals auch längst nicht die Norm. Battista Falchetto hatte diese unorthodoxen Bremsen entwickelt. Vincenzo Lancia war eben ein Mann, der an die Sicherheit dachte. Bremsen haben, das machte er seinen Leuten klar, die Aufgabe, ein Auto auch aus 100 km/h noch sicher zum Stehen zu bringen. Falchetto plädierte für Bremsen nur an den Vorderrädern und demonstrierte dies seinem Chef auch auf einer Testfahrt mit einem nur mit vorn gebremsten Rädern ausgerüsteten Fahrzeug. Erst später wurde überhaupt erkannt, daß Vorderradbremsen in der Tat rund 80 Prozent der Arbeit beim Abbremsen eines Autos leisten.

Der Lambda war schneller als alles, was Lancia bis dahin gebaut hatte, einschließlich des großen Tri Kappa, eines Achtzylinders mit doppelter Leistung wie der Lambda. Kein Wunder, daß der neue Lancia auch bald bei sportlichen Wettbewerben auftauchte. Riva und Gaudermann wurden 1924 auf ihren Lambdas Erster und Zweiter beim Route-Pavee-Rennen in Frankreich. Ein anderer Lambda hatte bei der Indian Tourist Trophy in Simla den Kühler vorn. Das Rundstrecken-Rennen von La Spezia wurde ebenso gewonnen wie Tunis – Tripoli. Der imageträchtigste Erfolg war jedoch der dreifache Lancia-Triumph bei der ersten Mille Miglia 1927. Im Jahr darauf startete Lancia dann erstmals mit einem getunten Werkswagen bei diesem 1000-Meilen-Wettbewerb.

Der Lambda hielt bis kurz vor dem Ziel an zweiter Stelle hinter einem wesentlich stärkeren Alfa hervorragend mit, ehe ein Ventilschaden im Finish dann doch alle Hoffnungen zunichte machte. Einen Triumph aber brachte Lancia-Fahrer Gismondo doch mit – er hatte den Alfa in der Durchschnittsgeschwindigkeit klar übertroffen, dank der überlegenen Bremsen, des sicheren Handlings und des größeren Tanks.

Lancia-Historiker Nigel Trow charakterisierte den Lambda als „niedrig und eckig, mit der Qualität einer Einheit wie aus einem Guß. Er wirkte im Konzept durchdacht."

Während der neun Baujahre, in denen 13 000 Wagen hergestellt wurden, sind ständig neue Verbesserungen vorgenommen worden. So wurde der Hubraum 1926 (Baureihe 7) auf 2,4 Liter und 1928 (Baureihe 8) auf 2,6 Liter vergrößert. Zugleich mit der Serie 7 beendete Lancia aber auch die ungewöhnliche Praxis, als Option ein getrenntes Chassis anzubieten, nicht zuletzt auf Druck der Karosseriehersteller. Diese – unter ihnen besonders lautstark Lancias Freund Battista Farina – hatten sich beklagt, daß die Monocoque-Konstruktion nur mit Schwierigkeiten zu verändern war. Da einige Käufer des Chassis aber mit Sonderwünschen kamen, die den Lambda in ein Wettbewerbsfahrzeug verwandeln sollten, bedeutete dies zum Beispiel die Verkürzung des Radstands – beim Monocoque-Konzept kaum durchführbar, ohne Handling und Sicherheit des gesamten Wagens zu beeinträchtigen.

Gleichzeitig mit der Vorstellung des Lambda wuchs bis Ende der 20er Jahre der Markt, der Serienfahrzeuge verlangte. Zu dieser Zeit Spezial-Chassis anzubieten, erwies sich dann auch bald als kritisch. Es war die Zeit, in der die Baureihe 7 des Lambda besonders begehrt war – als letzte, technisch fortgeschrittenste Version auf der Basis des faszinierenden Originalkonzepts.

Technische Daten

Motor:	OHC-V4, 2120 ccm, Bohrung x Hub 7,5 x 12 cm, 49 PS (Baujahre 1923-25) – 2370 ccm, 59 PS (1926-27) – 2570 ccm, 69 PS (1928-31)
Kraftübertragung:	Mechanisches Dreigang-Getriebe (1923-24), mech. Viergang-Getriebe 1925-31)
Konstruktion:	Karosserie in einer Einheit
Fahrwerk:	Gleitende Träger vorn, querliegende Blattfeder vorn, Starrachse, parallel laufende elliptische Blattfedern hinten
Bremsen:	Mechanische Vierrad-Bremse, auf die Hinterräder wirkend, Handbremse
Radstand:	3098 mm, später 3429 mm
Gewicht:	780 kg
Höchstgeschwindigkeit:	116 bis 125 km/h
Produktion:	12 530 beziehungsweise 12 999, je nach Quelle

1924 CHRYSLER MODELL B-70

Der 3,5-Liter-Reihen-Sechszylinder von 1924 entwickelte 68 PS bei 3000 U/min. Die Verdichtung war 4,7:1 (zum Vergleich Buick: 3,5:1)

Wie viele Wagen seiner Zeit hatte der Chrysler von 1924 die Instrumente in der Mitte des Armaturenträgers. Die Skala des Geschwindigkeitsmessers ließ sich bis auf Spitzengeschwindigkeiten von 120 km/h „hochtreiben".

Technische Daten	
Motor:	Sechszylinder, L-Form, 3457 ccm, Bohrung x Hub 7,6 x 12,0 cm, 7 Hauptlager, feststehende Ventilstößel, 68 PS bei 3000 U/min, Verdichtung: 4,7:1
Kraftübertragung:	Dreigang-Getriebe
Fahrwerk:	Starrachsen, längs liegende halbelliptische Federn vorn und hinten
Bremsen:	Außenliegende hydraulische Vierrad-Bremse (Lockheed)
Radstand:	2863 mm
Gewicht:	1238 kg (Touring)
Höchstgeschwindigkeit:	112 bis 120 km/h
Produktion:	Etwa 32 000

Er war ein Mann der Eisenbahn. Und er wäre es vielleicht auch geblieben, hätte er nicht die Chicago Automobile Show anno 1908 besucht. Da stand auch ein riesiges Lokomobil-Touring-Car, mit elegantem Finish in Elfenbeinweiß mit roter Lederpolsterung. Walter B. Chrysler war hin- und hergerissen. Aber dieses Fahrzeug war eines der teuersten Automobile auf dem Markt: Für 5000 Dollar, die das Prachtstück kostete, bekam man immerhin eine komfortable Vier-Zimmer-Wohnung. Aber Chrysler besaß nur ein „Vermögen" von 700 Dollar. Mehr war ja bei einem Monatsgehalt von 350 Dollar als Angestellter der Chicago Great Western Railroad auch kaum zu sparen.

Für Walter P. Chrysler aber war es keine Frage, wie, sondern daß er dieses Lokomobil haben wollte. Und irgendwie gelang es ihm, einen der Railroad-Gewaltigen zu überreden, mit ihm den Kaufvertrag zu unterzeichnen. Kurze Zeit später stand das Gefährt vor Chryslers Heim in Oelwein/Iowa. Dabei ist anzumerken, daß Chrysler nie zuvor ein Automobil gefahren hatte. Nun sollte man erwarten, er habe sich gleich nach Anlieferung auf dem Fahrersitz niedergelassen, um diese große Maschine, die er für soviel Geld erworben hatte, erst einmal zu studieren, das heißt, zu fahren. Gefahren hat er sie nicht. Aber studiert. Doch auf völlig andere Weise als ein „normaler" Mensch. Anliefern ließ er das Fahrzeug direkt in eine Scheune hinter seinem Haus, wo er sich an die Arbeit machte – und das Ding auseinandernahm, um es wieder zusammenzubauen – und erneut in seine Bestandteile zu zerlegen. Drei Monate lang betrieb er dieses Spiel, studierte dabei jedes Einzelteil, bis er überzeugt war, nun exakt zu wissen, wie diese Maschine funktionierte. Und dann war der Moment, auf den die Familie gewartet hatte, doch gekommen: Walter P. Chrysler fuhr, stolz wie ein Spanier, das in Gang gesetzte Mobil eigenhändig aus der Scheune und startete mit Frau und Töchtern, bestaunt und bewundert, zur ersten Landpartie.

Drei Jahre später gehörte er mit einem Jahressalär von 8000 Dollar als Werksleiter bei American Locomotive bereits zu den Gutverdienenden. Trotz einer bereits zugesagten Gehaltserhöhung auf 12 000 Dollar erlag er einer anderen Verlockung: Charles W. Nash, damals Präsident von Buick, bot ihm den Posten als Werksmanager in seinem Automobilunternehmen an. Was Chrysler dazu veranlaßte, dieses Angebot anzunehmen und bei American Locomotive zu kündigen, war der Reiz des Automobils, nicht das Geld – von dem bekam er bei Buick nämlich gerade die Hälfte dessen, was ihm die alte Firma schon zugesagt hatte.

Chrysler aber wußte, was er tat. 1916 war er bereits Präsident von Buick – mit einem Jahresgehalt von sage und schreibe einer halben Million Dollar. Und drei weitere Jahre danach saß der Ex-Eisenbahner schon im Sessel des Vizepräsidenten von General Motors. Eine Top-Karriere! Nicht lange allerdings. GM-Präsident Billy Durant war ein Mann, mit dem es sich nicht gut arbeiten ließ. Das stellte auch Chrysler fest – und ging. 45 Jahre war er zu diesem Zeitpunkt jung. Mit einem Haufen Geld, aber ohne Pläne. So verkündete er seiner Frau, er werde sich aus dem Arbeitsleben zurückziehen.

Ob sie ihm das geglaubt hat, darf bezweifelt werden. Er tat es ja auch nur für kurze Zeit. Im Januar 1920 übernahm er auf Wunsch der Banker Willys-Overland mit dem Auftrag, das ins Schlingern geratene Unternehmen wieder auf Geradeauskurs zu bringen. Für eine Million Jahresgehalt. Die Banker setzten ihr Geld nicht in den Sand – zwei Jahre später befand sich Willys-Overland wieder auf dem Wege nach oben. Für Chrysler war die Arbeit getan, er suchte sich eine andere bei Maxwell-Chalmers.

Während der zwei Jahre bei Willys-Overland hatte Chrysler ein Team von drei jungen Ingenieuren kennengelernt: Fred Zeder, Owen Skelton

Die Chrysler-Karosserie stand auf einem Radstand von 2863 mm, relativ kurz für diese Preisklasse. Der hier abgebildete fünfsitzige Phaeton kostete 1395 Dollar.

und Carl Breer. Diese Gruppe hatte ein Fahrzeug entwickelt, das später die Basis von Billy Durants neuem Flint-Automobil wurde. Zu der Zeit, als Chrysler bei Maxwell ausstieg, hatten die drei Ingenieure gerade eine unabhängige Consulting-Firma gegründet. Chrysler, der ja inzwischen Geld genug hatte, heuerte sie an und beauftragte sie, ein neues Sechszylinder-Auto zu konstruieren, das dann bei Maxwell gebaut werden sollte. Nur würde es kein Maxwell, sondern ein Chrysler werden.

Im Januar 1924 waren die Prototypen bereits fertig, gerade rechtzeitig, um sie auf der New York Motor Show zu präsentieren. Das wurde Chrysler verwehrt, weil seine Wagen noch nicht serienreif waren. Chrysler aber fand einen besonderen Dreh. Er wußte, daß das Hotel Commodore als Ausstellungszentrum fungieren würde. Also mietete er die Lobby des Hotels und baute seine Autos dort auf, wo alle Besucher der Show ganz einfach an ihnen vorbei mußten.

Diese neuen Autos wurden zu einer der großen Überraschungen dieser Autoparade. Preisgleich mit dem Buick Six, war der Chrysler als Modell B deklariert, fast 320 Kilogramm leichter und entsprechend auch handlicher. Der Buick war 4,7:1 verdichtet, Chryslers Maschine wies Daten von 3,5:1 auf. Chrysler verkündete, daß sein neues Modell aus dem Stand in sieben Sekunden auf 25 Meilen (40 km/h) beschleunigen würde, ein phänomenaler Wert für 1924. Ebenso die Spitzengeschwindigkeit von etwa 120 km/h, eine ganze Menge schneller als der Buick. Und zudem war dieser Chrysler sogar mit hydraulischen Bremsen ausgerüstet, die der hohen Geschwindigkeit im Falle des Falles auch gewachsen waren.

Andere, zu jener Zeit noch ungewöhnliche Innovationen waren Aluminiumkolben, Volldruck-Schmierung, vordere Rohrachse, Luftfilter, Ölfilter mit auswechselbarem Element und hydraulische Stoßdämpfer des Systems Lovejoy (Liebesspiel – ein eigenartiger Name ausgerechnet für Stoßdämpfer...). Alles natürlich Serienausstattung. Dazu gehörte auch die siebenfach gelagerte und voll ausbalancierte Kurbelwelle. Ein Auto vom Feinsten der Technik war er, der neue Chrysler!

Im Vergleich zu seinen Konkurrenten war der B-70 (ein Hinweis auf seine PS-Zahl) ein relativ kleines Fahrzeug. Der Radstand lag um rund 18 cm unter dem des Buick. Auch in der Gesamtlänge hatte der Buick schon reichlich Zentimeter mehr zu bieten als der Chrysler mit seinen 4064 mm, nach der damaligen Meßmethode ohne Stoßstangen, wie die Autos ausgeliefert wurden. Auf der Waage erwies sich der Chrysler mit seinen 1238 kg gegenüber dem Buick mit 1564 kg als ausgesprochenes Leichtgewicht.

Chrysler kam mit seinem Neuen ausgerechnet zu einer Zeit auf den Markt, als zahlreiche der renommierten kleinen Unternehmen wie Columbia, Dorris, Premier, Revere, Stevens-Duryea oder Winton aufgeben mußten. So meinten auch Skeptiker, daß Chrysler mit seinem neuen Wagen keinen Erfolg haben werde. Sie irrten sich. Der Wagen war ein Erfolg und wurde bis 1925 gebaut. Das Angebot umfaßte neun Karosserie-Varianten, vom populären Fünfsitzer-Tourer bis zum sogenannten Town Car. Es gab auch eine Limousine Crown Imperial, das erste Auto überhaupt, das diesen Namen trug, der später zum Begriff wurde. Alle neuen Karosserien ruhten auf dem gleichen Fahrwerk mit 2863 mm Radstand. Gemeinsam hatten sie auch den 68 PS starken Sechszylinder.

Der neue Chrysler wurde bald in den sportlichen Wettbewerb geschickt mit dem Top-Piloten Ralph DePalma. Mit einem Serien-B-70 raste er am 16. Juli 1924 in der Rekordzeit von 25 Minuten und 48 Sekunden mit einer Topgeschwindigkeit von 70,7 km/h im zweiten Gang den Mount Wilson in Kalifornien hinauf, durch 144 Kurven, um das noch zu unterstreichen.

Im Juni 1925 wurde die Maxwell Motor Company in Chrysler Corporation umorganisiert. Zu diesem Zeitpunkt lief auch die Produktion des Maxwell-Modells aus, das 1926 aber wieder als Chrysler 58 auftauchte. Der Vierzylinder war zugleich die Basis für die Gründung einer neuen Marke: Plymouth.

1926-32 BUGATTI TYPE 41 ROYALE

Wie der Name schon sagte: Der Bugatti Royale war ein „Auto für Könige". Sein imposanter Radstand von 4292 mm und sein Gewicht zwischen 2721 und 3175 kg ließen keinen Zweifel daran, daß er schon etwas ganz Spezielles war. Nur: Trotz des Namens hat ihn nie ein König gefahren.

Ettore Bugatti starb 1947, 66 Jahre alt. Nach einem Leben voller Begeisterung und Kreativität, wie es in einem der zahllosen Nachrufe auf diesen Automobilkünstler hieß. Dreißig Jahre dieses Lebens hatte er dem Automobil gewidmet, in denen er etwa 7800 Bugattis baute. Bugattis als überwiegend leichte Renner und Sportwagen, konkurrenzlos in Handling, Leistung und Verarbeitung – aber wie paßte dieser Mammut-Typ von 41 Royale in dieses Konzept?

Die Antwort heißt schlicht und einfach Ettore Bugatti selbst. Alle Bugattis nämlich spiegelten ihren – sagen wir ruhig – Schöpfer wider, aber der Royale war vielleicht, so kurios das angesichts aller anderen Modelle auch klingen mag, das beste aller Spiegelbilder. Bugatti wurde von einem, der ihn genau kannte, so charakterisiert: „Ein Italiener, der sein Leben in Frankreich unter Franzosen lebte und genoß, ein Typ, ein Charakter, hochbegabt, stolz, absolut unabhängig, indifferent gegenüber jeder Meinung außer seiner eigenen, aristokratisch, unpraktisch und verschwenderisch." Er war irgendwie ein Michelangelo der Automobilwelt. Einer Künstlerfamilie entstammend, hatte er nur eine Devise für seine automobilen Werke: „Eine technische Kreation kann nicht perfekt sein, solange sie nicht auch vom ästhetischen Standpunkt perfekt ist."

Ettore Bugatti besaß neben seiner Vorstellung von Ästhetik aber auch den inneren Antrieb und die angeborene technische Fähigkeit eines Henry Ford – und ein geradezu monumentales Selbstbewußtsein. So wird die Geschichte eines französischen Bugatti-Fahrers erzählt, der nach mehreren Besuchen beim Händler immer noch nicht mit der Beseitigung reklamierter Mängel zufrieden war und „Le Patron" persönlich ansprach. Der fragte ihn, ob er derjenige sei, der seinen Bugatti schon dreimal zurückgebracht habe. Als der Kunde dies in der Hoffnung, nun würde Bugatti sich um die Sache kümmern, bejahte, bekam er nur dies als Antwort: „Dann fahren Sie eben zum vierten Mal hin!"

Zu diesem Zeitpunkt konnte sich Bugatti diese Arroganz auch schon leisten. Sein erstes Auto hatte er von Grund auf bereits 1898 als Siebzehnjähriger gebaut. Ein zweites Auto brachte ihm 1901 auf einer Ausstellung in seiner Heimatstadt Mailand eine Goldmedaille – und einen Job bei der renommierten Marke De Dietrich ein. Nach kurzen Zwischenspielen bei Mathis im damals zu Deutschland gehörenden Straßburg (hier hatte er den ersten Mathis konstruiert, der genau genommen aber ein Bugatti war), Deutz und Isotta-Fraschini beschloß Ettore, seine eigenen Autos zu bauen, und zwar auf der Basis eines schon 1908 konstruierten Miniatur-Chassis. Das Design des Vierzylinder-Modells basierte auf dem Coupé de Voiturettes von Isotta. Finanziert von einem Monsieur de Viscaya fing er zunächst in einem alten Fabrikgelände in der Nähe von Molsheim an, siedelte dann nach Elsaß-Lothringen über und ließ sich später am Niederrhein nieder.

Wie Enzo Ferrari in den späten 40er Jahren begründete Bugatti seinen Ruf als Automobilhersteller auf den Sportpisten. Der erste Start eines Bugatti, pilotiert von Ettores Freund, Kompagnon und Mechaniker Ernest Friederich, machte die Fachwelt prompt auf den Neuling aufmerksam. Das Debüt beim Grand Prix du Mans endete mit einem zweiten Rang des 1,4-Liter-Flitzers hinter einem der damals gigantischen Sechsliter-Fiat. Der Größenunterschied zwischen diesen Wagen verlieh dem zweiten Rang des Bugatti praktisch das Gewicht eines überzeugenden Sieges. Von diesem Tage an war Bugatti berühmt. Nach dem Ersten Weltkrieg tauchten immer eindrucksvollere Bugattis mit immer eindrucksvolleren Leistungen auf, darunter einem Le-Mans-Sieg 1920. Die Zahl der Siege von 1924 bis 1927 von sage und schreibe 1851 liest sich fast schon wie ein Märchen.

Mit 65 Mitarbeitern hatte Ettore Bugatti in Molsheim angefangen. In-

Obwohl der 41 Royale sich deutlich von den sporterprobten und erfolgreichen Rennwagen der Marke unterschied, hatte er eines mit ihnen gemeinsam – den unverwechselbaren Hufeisen-Grill als Markenzeichen.

zwischen war die Belegschaft auf mehr als 1000 Beschäftigte angewachsen, was einem Drittel der Bevölkerung von Molsheim entsprach. Eine ganze Region lebte inzwischen von Bugatti. Die für die damalige Zeit menschenfreundlichen Arbeitsbedingungen brachten Ettore Bugatti den respektvollen Namen Le Patron ein. Neben einem Komplex einstöckiger Fabrikgebäude, die geradezu klinisch sauber gehalten wurden und für die er allein den Hauptschlüssel besaß, befand sich ein Museum mit der Skulptur seines Bruders Rembrandt, ein weiteres Gebäude für Ettores Automobilsammlung, eine Reihe von Ställen (Pferde waren neben Automobilen seine zweite große Liebe), Weingärten, ein in Familienbesitz befindliches Schloß und ein Restaurant für spezielle Gäste „L'Hostellerie du Pur Sang" – das Gasthaus des reinen Blutes, eine Interpretation seiner Vorliebe für Vollblutpferde und -autos.

Mit einem Projekt wie dem Royale hatte sich Bugatti schon 1913 beschäftigt. Es zu realisieren aber fehlte ihm damals das Geld, dann kam der Krieg dazwischen, und außerdem sollte es ein Auto werden, das über jede Kritik erhaben war. Eben etwas Königliches. Gereizt haben soll ihn zudem auch die Äußerung eines Briten, der ihm bestätigte, „die besten Rennwagen und die besten Sportwagen der Welt" zu bauen. Wer aber ein wahrhaft nobles Auto fahren wolle, der müsse sich schon bei Rolls-Royce oder Daimler umsehen.

Kurz und gut: 1926 hatte Bugatti solch ein Automobil anzubieten – das er dann entsprechend den Ambitionen auch Royale, eben königlich, taufte. Motor war ein Reihen-Achtzylinder von reinem Bugatti-Design, mit einer obenliegenden Nockenwelle und Mehrventiltechnik (zwei Einlaßventile, ein Auslaßventil). Stammvater dieses Triebwerks war der Typ-34-Flugzeugmotor, ein Ungetüm von 1,50 Meter Länge und einem Gewicht von 349 Kilogramm. Die Kolben hatten die Ausmaße von Kaffeekannen. Gigantisch war auch die Kurbelwelle mit fast 100 kg. Mit einem Hubraum von 12,8 Liter ist ebenfalls alles gesagt, wobei der Hub gegenüber dem geplanten 14,7-Liter-Prototyp sogar noch etwas reduziert worden war.

Auch das Chassis war gewaltig,

Selbst unter Beachtung der Ausmaße und des Gewichts war ein tanzender Elefant wohl doch ziemlich deplaziert auf der Nase des größten aller je gebauten Bugattis.

Das Triebwerk des Royale war so gewaltig wie alles andere an diesem Wagen: ein riesiger Motorblock und ein Achtzylinder-Reihenmotor mit sagenhaften 12 763 ccm Hubraum. Dazu paßte auch das Gewicht von 3400 Kilogramm.

Der Royale 41141 wurde als Zweitürer bei Kellner in Paris gebaut. Er war das für Bugattis Tochter gebaute einzige Exemplar. 1950 kaufte der Amerikaner Briggs Cunningham den Wagen und verkaufte ihn 1987 schließlich für stolze 9,8 Millionen Dollar an einen englischen Sammler. Kellner hatte augenscheinlich bei der luxuriösen Ausstattung nicht gerade geknausert, wie die Fotos beweisen.

ein genuteter Unterbau aus Walzstahl. Die Vorderradaufhängung erfolgte an halbelliptischen Blattfedern, verbunden mit einer geteilten, in der Mitte verbundenen Stahlrohrachse, die auf diese Weise leicht mitfederte. Die Hinterachse lief an vier mitschwingenden viertelelliptischen Federn, zwei davon vor, zwei hinter der Achse. Die Kraftübertragung erfolgte durch eine unter den Frontsitzen installierte kombinierte Schwungrad-Lamellenkupplung auf das als Einheit mit dem Differential gebaute Dreigang-Getriebe. Auch der Radstand entsprach den Übermaßen dieses Autos: 4292 mm, mehr als die Gesamtlänge eines heutigen Alfa Spiders! Massiv waren da natürlich auch die Bremsen, von der Konstruktion her Aluminium-Einheiten, die auf 60 x 17-Leichtmetallräder wirkten.

Ausgeliefert wurde der Royale 41 ausschließlich als reines Chassis zu einem Exklusiv-Preis von 25 000 Dollar – für das gleiche Geld bekam man zwei bestausgestattete komplette Rolls-Royce. Nun, wer 25 000 Dollar für ein Chassis hinlegen konnte, hatte das restliche Kleingeld von weiteren 15 000 Dollar auch noch übrig, um eine Karosserie draufsetzen zu lassen. Dabei war Geld allein aber nicht ausschlaggebend. Man mußte schon würdig sein, einen Royale zu fahren. König Zogu von Albanien war es nicht. Den strich Le Patron von der Liste – wegen seiner schlechten Tischmanieren. Wenn die Geschichte stimmt.

Warten mußten die Kunden ohnehin. Die ersten Chassis wurden übrigens erst vier Jahre nach der Ankündigung des Royale fertiggestellt. In der Zwischenzeit war die Rezession eingetreten, die auch Bugatti deutlich zu spüren bekam. Von den ursprünglich vorgesehenen 25 Chassis sind schließlich nur ganze sechs entstanden, einschließlich des Prototyps. Dieser trug zunächst den etwas umgeschneiderten Anzug eines Packard-Achtzylinders, zog sich dann dreimal um, darunter auch mit einem schicken Maßanzug von Weymann. Heute existiert dieser Chassis-Prototyp in seiner Urform leider nicht mehr. Ettore Bugatti ließ ihn abwracken. In völlig überarbeiteter Form wurde dieses Chassis dann die Basis für ein von Ettores talentiertem ältesten Sohn Jean entworfenes Coupé Napoleon. Und das kann noch heute besichtigt werden, im Musée Nationale de l'Automobile, der früheren Sammlung der Brüder Schlumpf in Mühlhausen im Elsaß.

Überlebt haben erfreulicherweise auch die fünf Serien-Royale, wenn man bei dieser Zahl und dieser Exklusivität überhaupt von Serie reden darf. Jeder dieser Wagen hat seine eigene Geschichte. Der Wagen mit der Nummer 41111, gebaut als Roadster von Jean Bugatti, ist später als Coupé de Ville umgebaut worden und befand sich in dieser Form eine Zeitlang in den Händen eines privaten Besitzers in Paris. Royale Nummer 41121 steht heute im Originalzustand als zweisitziges Cabrio (das Design stammt von Ludwig Weinberger, München) im Henry-Ford-Museum in Dearborn. Auch Nummer 41131, zu besichtigen im ehemaligen Schlumpf-Museum, hat seinen ersten Anzug ebenfalls behalten, als eine Luxus-Limousine mit sechs Fenstern. Einen interessanten Weg hat Royale 41141 hinter sich. Der Zweitürer wurde nach Bugattis Tod zunächst drei Jahre von seiner Tochter l'Ebe gefahren und 1950 an den Amerikaner Briggs Cunningham verkauft, der ihn bis 1987 in seiner Sammlung behielt und dann an einen ungenannten Engländer weitergab – für 9,8 Millionen Dollar. Kein Geheimnis ist dagegen der Verbleib von Royale 41150: Er befindet sich seit 1986, für 8,6 Millionen Dollar (den bis dahin gehaltenen Rekordpreis) erworben, im Besitz des amerikanischen Pizza-Barons Tom Monaghan, nachdem der Wagen – eine Cabrio-Limousine „Berline de Voyage" – zuvor in der Harrah-Collection stand, gemeinsam übrigens mit der Nummer 41111.

Technische Daten	
Motor:	Als Prototyp ein V8-OHC mit 14 726 ccm und Bohrung x Hub 12,5 x 15 cm. Produktionsfahrzeug: Achtzylinder, 12 763 ccm, Bohrung x Hub 12,5 x 13,0 cm, 200 PS bei 1700-2000 U/min
Kraftübertragung:	Dreigang-Manual-Getriebe in Einheit mit dem Antriebsstrang
Fahrwerk:	Rohrachse an halbelliptischen Blattfedern, Friktions/Hydraulik-Dämpfer vorn, Starrachse an doppelten viertelelliptischen Blattfedern, Friktions/Hydraulik-Dämpfer hinten
Bremsen:	Seilzug-Bremsen vorn und hinten
Radstand:	4292 mm
Gewicht:	2721-3400 kg, je nach Karosserie
Höchstgeschwindigkeit	160 km/h Beschleunigung 0 auf 100 km/h: etwa 18 Sekunden
Produktion:	6, einschließlich des Prototyps

Dem LaSalle gebührt die Ehre, das erste Serienauto weltweit gewesen zu sein, das ganz bewußt „gestylt“ wurde. Das Convertible Coupe, ebenfalls ein Novum – mit dem gleichzeitig auch sieben andere Hersteller aufwarteten – wurde für 2635 Dollar angeboten.

Jahrelang hatte Cadillac den Ruf genossen, Amerikas Nummer eins der Luxus-Klasse zu sein. Und da trat Mitte der 20er Jahre doch Packard an, dieses Renommee für sich in Anspruch zu nehmen. Im Mai jenes Jahres wurde Lawrence P. „Larry" Fisher, der dritte der sieben berühmt gewordenen Fisher-Brüder, zu Cadillacs General Manager berufen. Fest entschlossen, Cadillacs alte Reputation wiederherzustellen, fand der neue Mann auch ein reiches Aufgabenfeld vor.

Da war schon einmal das Image der Caddies – schwerfällig, kaum mehr attraktiv. So war es in der Tat zuletzt gewesen. Henry Martin Leland, der erste General Manager der Marke, hatte wenig Feeling für Styling und sich auch nicht sonderlich darum gekümmert. Für ihn galten in erster Linie erstklassige Verarbeitung und Qualität. Genau die Faktoren, die Cadillacs Namen ausmachten. Selbstverständlich sah Fisher darin eine Verpflichtung, dieses Erbe Lelands auch zu pflegen, jedoch nicht das äußere Erscheinungsbild der Cadillacs – groß, eckig, altmodisch und plump, nicht gerade das, was man Design nennen konnte.

Im Wettbewerb ließ sich damit auch nicht mehr antreten. Packard hatte im September 1920 seinem gewaltigen Twin Six gerade eine kleinere Modellreihe, den Single Six, zur Seite gestellt. Dieser für den Selbstfahrer und nicht für die feinen Herrschaften mit Chauffeur gedachte Wagen verkörperte alte Packard-Qualität in einem handlicheren Maß, das auf Anhieb ansprach, vornehmlich die Ladies. Anfangs relativ teuer, wurde im April eine Preisreduzierung auf 2485 Dollar vorgenommen, während Cadillacs Preisliste überhaupt erst bei 3100 Dollar anfing.

Für beide Wagen hatten die Preise 1925 leicht angezogen, die Preisspanne aber blieb – 2585 kostete der Packard-Sechszylinder, 3185 Dollar der Cadillac. Für den Cadillac-Preis bekam man sowohl den Packard als auch einen Chevrolet, wenn noch 75 Dollar draufgelegt wurden. Für Aufsteiger von Buick stellte sich die Frage noch weniger – ein Master Six dieser Marke kostete nicht einmal die Hälfte eines Caddies. Da war der Sprung nach oben doch zu groß – und man landete eben bei Packard. Die Verkaufszahlen ließen keinen Zweifel: Aus der General-Motors-Familie wanderten viele zum Packard-Clan ab.

Kein Wunder, daß Larry Fisher und GM-Präsident Alfred P. Sloan Jr. einer Meinung waren: Ein neues Auto mußte her. Ein Auto von hoher Cadillac-Qualität, prestigeträchtiger als ein Buick – und trotzdem unter dem Preis des derzeit billigsten Caddies. Die Entscheidung, welche der GM-Marken dieses Auto bauen sollte, stand praktisch aus logistischen Gründen von Anfang an fest: Cadillac selbst. Und das Auto mußte ein Cadillac in jeder Hinsicht sein, wobei auch schon die Motorisierung vorgegeben war, auf der Basis des bewährten V8 von 1915.

Auch der Name sollte attraktiv sein und eine Verbindung zu Cadillac schaffen. Da lag es nahe, wie schon bei der Taufe des ersten Wagens auf den Namen des Gründers von Detroit (D'Etroit) im 17. Jahrhundert, des französischen Entdeckers Antoine de la Mothe Cadillac, erneut einen Franzosen zu würdigen, der in Amerikas Geschichte eine Rolle spielt. So fiel die Wahl auf René Robert Cavalier de la Salle, der 1682 Louisiana König Ludwig XVI als neuen Besitz „serviert" hatte.

Für den LaSalle wurde schließlich ein neuer Motor konstruiert. Es war eine interessante Maschine mit gerippten Zylinderköpfen. Angeblich sollte dieses Prinzip der verbesserten Kühlung dienen, hatte damit aber nichts zu tun. Die Rippen waren nur etwas fürs Auge, ohne jeglichen technischen Effekt.

Die Cadillac-V8-Triebwerke bestanden zu jener Zeit aus zwei getrennten Zylinderbänken aus Eisenguß, im Winkel von 90 Grad gegeneinander geneigt. Das dabei angewandte Prinzip der Gabelpleuel war eine recht kostspielige Anlegenheit, so daß die Cadillac-Ingenieure nach einem wirtschaftlicheren Konzept suchten. Die Lösung fand sich schließlich durch die Versetzung der rechten Zylinderbank um 38 Millimeter gegenüber der linken nach vorn, wodurch die Pleuelstangen nebeneinander an den Wellenhubzapfen befestigt werden konnten.

Beruhigt, daß es mit der Entwicklung des Motors so gut lief, widmete sich Larry Fisher intensiv dem, was ihm am meisten lag – dem Styling. Dabei machte er während eines Besuchs beim kalifornischen Vertragshändler Don Lee, der sich auch mit der Herstellung selbstentworfener Karosserien beschäftigte, eine „Entdeckung", die für Cadillac von weitreichender Bedeutung wurde: Hier traf er auf einen bei Lee beschäftigten 31jährigen Designer namens Harley J. Earl, der für den Betrieb schon einige bemerkenswerte Karosserien entworfen hatte, überwiegend auf Cadillac-Chassis zugeschnitten. Fisher war vom Talent dieses jungen Mannes so beeindruckt, daß er ihn nach Detroit holte, speziell für die Mitarbeit am neuen LaSalle. Earl blieb bis 1958, als er sich vom Berufsleben aus Altersgründen zurückzog, bei General Motors! Der LaSalle war übrigens nicht nur das erste von einem „lupenreinen" Designer kreierte Modell; nach dem Engagement von Earl richtete General Motors mit seiner „Art and Colour Section" zugleich weltweit auch die erste Styling-Abteilung eines Automobilherstellers ein, natürlich mit Harley J. Earl an der Spitze, unter dessen Regie GM noch eine ganze Reihe bemerkenswerter Automobile auf den Markt bringen sollte.

Earl machte kein Hehl daraus, wo er sich seine Inspirationen für das Design des LaSalle geholt hatte. In seinen Augen war der Hispano Suiza das damals schönste Automobil der Welt. Die Einflüsse des Hispano Suiza waren dann auch beim LaSalle unverkennbar: ein hoher, aber schmaler Kühler, geschwungene muschelförmig gewölbte Kotflügel vorn und hinten, und eine ungewöhnliche, aber attraktive Zweifarben-Lackierung.

Auch die Leistung hielt mit dem Äußeren mit. Offiziell mit 75 PS angegeben, dürfte der Motor aber mehr „Pferde" unter der Haube gehabt haben, was nicht zuletzt auch aus der genannten (und erreichten) Höchstgeschwindigkeit von 127 km/h hervorgeht. Ein Wert, der in der Roadster-Version eher noch übertroffen wurde. Auf alle Fälle ist auf dem Testgelände von General Motors ein LaSalle mit einer eindrucksvollen Durchschnittsgeschwindigkeit von 153 km/h über eine Gesamtdistanz von 1531 Kilometer gemessen worden.

Mit fünf Karosserievarianten, allesamt von Fisher, rollte der LaSalle an. Das Fahrwerk basierte auf einem Radstand von 3403 mm, 119 mm kürzer als das des Cadillacs von 1927. Im Modellvergleich lag der LaSalle auch etwa 81,6 kg unter dem Gewicht des Caddies. In der Mitte des Jahres wurden noch weitere sechs Karosserie-Versionen vorgestellt, drei auf dem Originalradstand, drei auf einem auf 3403 mm verlängerten. Vier Spezial-Karosserien von Fleetwood mit dem kurzen Radstand ergänzten das Angebot. Diese Fleetwood-Versionen aber waren nicht billig. So kostete ein vergleichbarer Original-La-Salle 2495 bis 2975 Dollar, der entsprechende Fleetwood aber 4275 bis 4700 Dollar. Als Cadillac seine Modellpalette 1928 auf den Markt brachte, waren die Einflüsse des LaSalle allgegenwärtig. Und die ersten Wagen trugen nun auch die klare Handschrift von Harley J. Earl. Unter der Haube des Cadillacs arbeitete nun eine 5,6-Liter-

Herz des LaSalle von 1927 war ein 90-Grad-L-V8, der aus 4965 ccm 75 PS aktivierte. Die Standard-Verdichtung lag bei 4,8:1, als Option stand auch ein Verhältnis 5,3:1 zur Verfügung.

Dieses Foto zeigt einen LaSalle 328 des Baujahres 1929. Ausgerüstet mit einem 5374-ccm-Triebwerk, das 86 PS bei 3000 U/min leistete, wurde diese viertürige Limousine, eine von 22 961, die LaSalle in jenem Jahr baute, für 2595 Dollar angeboten. Dafür gab es exakt 2036 Kilogramm Automobil.

Alle 1930 gebauten LaSalles hatten einen Radstand von 3403 mm, auch das Convertible-Coupé. Der Motor war auf 5571 ccm aufgebohrt (exakt gleich mit dem Cadillac 341-B) und leistete 90 PS.

Obwohl LaSalle die Konkurrenz von Cadillac preislich unterbot, war der Wagen auch nicht gerade billig. Für den gehobenen Status der Marke sprachen auch solche Details wie diese Kabine zur Unterbringung der Golf-Utensilien (links). Notsitze im Heck wurden 1930 auf Bestellung von Kunden in zahlreiche Modelle eingebaut.

Version des ein Jahr zuvor mit der Vorstellung des LaSalle eingeführten Triebwerks. Der LaSalle selbst erschien weitgehend unverändert, obwohl das Karosserie-Angebot erneut aufgestockt worden war.

In den darauffolgenden Jahren ist das Original-Konzept des LaSalle, nämlich Cadillac-Qualität in einem kleineren und handlichen Fahrzeug, irgendwie verlorengegangen. 1929 standen nur noch drei Fisher-Karossen und zwei Fleetwood-Modelle auf dem kurzen Chassis, während sage und schreibe vierzehn verschiedene Modellversionen den langen Radstand hatten.

Daß auch am LaSalle die Zeit der Rezession nicht spurlos vorbeiging, versteht sich. Im Modelljahr 1932 sind nur noch 3290 Einheiten produziert worden. Ein kleineres und auch preisgünstigeres Modell, das mit einigen unverkennbaren „Anleihen" bei Oldsmobile aufwartete, sorgte 1934 bis 1936 wieder für steigende Verkaufszahlen. Der LaSalle hielt da zunächst nicht mit, erreichte 1937 jedoch mit 32 005 abgesetzten Einheiten seinen persönlichen Rekord. Zu dieser Zeit hatte Cadillac aber einen kleineren Sechszylinder ins Programm genommen, zum Preis von 1445 Dollar. Er erwies sich als direkter Konkurrent des LaSalle. Zwei Modelle von praktisch gleichem Standard aber paßten nicht ins GM-Konzept. Einer mußte weg. Es war der LaSalle. 1940 hatte ihn der Cadillac der neuen Baureihe Sixty endgültig verdrängt.

Das war fast schon eine Art Ironie des Schicksals. Der Mann, dessen Namen dieses Auto trug, eben René Robert Cavalier de LaSalle, war 1687 von seinen eigenen Leuten umgebracht worden. Dem Automobil seines Namens erging es nicht anders – es wurde von einem Mitglied der eigenen Familie „abgeschossen".

Technische Daten	
Motor:	90-Grad-L-Typ, V8, 4965 ccm, Bohrung x Hub 7,8 x 12,7 cm, Verdichtung 4,8:1 (als Option auch 5,3:1), mechanische Ventilstößel, drei Hauptlager, 75 PS
Kraftübertragung:	Dreigang-Wahlschaltung, Schalthebel im Fußraum montiert, 11-Scheiben-Kupplung, Hubrohr
Fahrwerk:	Starrachsen, längs montierte halbelliptische Federn vorn und hinten
Bremsen:	Mechanische Vierrad-Bremse mit 34,3-mm-Trommeln
Radstand:	3175 mm, Modell Imperial 3403 mm
Länge:	4699 m (bei kurzem Radstand)
Gewicht:	1703 kg bis 2313 kg, je nach Karosserie
Höchstgeschwindigkeit:	Über 112 km/h
Produktion:	16 850

Die Mercedes-Kompressor-Sportwagen der Baujahre 1927 bis 1932 gehörten unbestritten zu den schnellsten Automobilen ihrer Zeit. Und zu den schönsten, die je ihre Spuren auf den Asphalt gezeichnet haben. Sie triumphierten auf den Straßen wie auf den Rennstrecken. Und waren angetreten, das seit den großen Erfolgen der Großen Preise von Frankreich 1908 und 1914, seit dem Gewinn der Targa Florio und anderer Wettbewerbe verblaßte sportliche Image der Marke wieder aufzupolieren. Diese Aufgabe fiel einem Ingenieur namens Ferdinand Porsche zu, seit 1923 beim Unternehmen in Stuttgart tätig. Genau genommen hatte Porsche den Auftrag erhalten, einen sportlichen Tourenwagen zu konstruieren. Was er dann aber präsentierte, waren ausgesprochene Rennsportwagen. Sie legten den Grundstein zu einer Mercedes-Baureihe, die in der Geschichte der Marke eine besondere Rolle spielte, weil nur insgesamt 374 Wagen aller Versionen entstanden.

Schon 1924 durfte die Fachwelt die ersten Mercedes-Serienwagen bestaunen, deren Motoren mit Kompressoraufladung arbeiteten. Bei dem hier eingesetzten Kompressor handelte es sich um ein an der Stirnseite des Motors angebrachtes und vor dem Doppelvergaser montiertes Roots-Zweiflügel-Gebläse, das mit fast dreifacher Motordrehzahl lief. Dieser Kompressor wurde bei durchgetretenem Gaspedal aktiviert, sollte also speziell zum Beschleunigen und Überholen, aber auch zu schnellem Vorwärtskommen an Steigungen dienen. Mercedes hatte dabei zur Charakterisierung die üblichen Zahlen für Steuer-PS, Motorleistung ohne Kompressor und Spitzenleistung mit zugeschaltetem Lader verwandt, den kleinsten Typ der Reihe somit als Modell 15/70/100 bezeichnet. Diesem Vorläufer der später so berühmten Serie folgte 1926 das Modell K. Dieses Modell war auf der Basis des Typs 24/100/140 entstanden, der einen riesigen 6,3-Liter-Motor hatte und 1542 kg wog. Demgegenüber hatte das Modell K deutlich auf 1430 kg abgespeckt. Was dessen Motor an Leistung bot, war in der Typenbezeichnung nach dem erwähnten Schema vermerkt: 24 (Steuer-PS)/110 (PS ohne Kompressor)/160 (PS mit zugeschaltetem Kompressorlader. Das K stand übrigens für „Kurz“ wegen des reduzierten Radstands.

Ein um rund 30 kg „abgespecktes“ S-Modell des Mercedes-Benz SSK ging 1927 in Produktion und wurde bis 1931 gebaut.

Soviel zur Vorgeschichte der berühmten neuen Baureihe, deren Geschichte 1927 mit dem Modell S (für Sport) begann. Für das neue Modell war das Chassis unverändert vom K übernommen, das Fahrwerk jedoch etwas tiefer gelegt worden, so daß die Bodenfreiheit jetzt nur noch 152 mm betrug. Der Motor wies einen Hubraum von 6,8 Litern auf. Ohne Kompressor lief der Wagen 120 km/h, mit Kompressorlader bei fast dreifacher Kurbelwellengeschwindigkeit 180 km/h. Mit den zusätzlich angebotenen Hinterachsübersetzungen von 2,5:1, 2,76:1 und 3,09:1 standen nun insgesamt sechs verschiedene Übersetzungsstufen zur Verfügung. Dank der leichten Roadster-Karosserie hatten die 120 beziehungsweise 180 PS nur 1300 Kilogramm Gewicht zu bewegen.

Schon das Modell S stellte die Weichen für eine einmalige Erfolgsserie der gesamten Baureihe bis 1934. Insgesamt 53 Rennsiege mit so berühmten Piloten wie Otto Merz und Rudolf Caracciola, der auf einem Mercedes am 19. Juni 1927 das erste Rennen auf Deutschlands neuer Rennstrecke, dem Nürburgring, gewann, stehen in der Bilanz des S-Modells. Hinzu kamen rund 17 Geschwindigkeitsrekorde, darunter der deutsche Rekord für Serienfahrzeuge mit einer Spitze von 177 km/h. Das Modell S ist von 1927 bis 1928 genau 149mal produziert wurden.

1928 verließ Ferdinand Porsche Mercedes und ging zunächst zu Steyr nach Wien, ehe er seine eigene Firma in Stuttgart gründete und dort das Auto schaffen sollte, das als Volkswagen Geschichte machte. Vor seinem Ausscheiden bei Daimler-Benz aber hatte er noch den S-Nachfolger SS geschaffen, genauer gesagt eher die Fortsetzung als eine Ablösung des S-

Die nach außen geführten Auspuffleitungen suggerierten nicht nur Leistung, sie standen auch als optische Beweise für ein Kraftwerk von sieben Liter des Sechszylinder-Reihenmotors. Der Motor hatte eine obenliegende Nockenwelle, Doppel-Vergaser und einen Roots-Kompressor. Diese Daten insgesamt sorgten für die Leistung von 225 PS bei 3200 U/min. Die Höchstgeschwindigkeit des SSK lag bei mehr als 190 Kilometer pro Stunde – das war ein Spitzenwert für seine Zeit (1928).

Modells. Das zweite S stand für Super. Dieses Modell war bei auf sieben Liter vergrößertem Hubraum auch in der Leistung hochgezüchtet worden. 5,2:1 verdichtet, aktivierte der Motor 140/160 PS, mit Kompressor (einem Roots-Gebläse) glatte 200 PS bei 3300 U/min. Die höher auf 6,2:1 verdichtete Version erreichte sogar 170/225 PS. Die Fahrleistungen von weniger als 15 Sekunden für den Spurt aus dem Stand auf 100 km/h und eine Höchstgeschwindigkeit von 185 bis 190 km/h war für 1928 schier unvorstellbar.

Der SS blieb bis 1933 im Mercedes-Programm, nach 1929 sind aber nur noch wenige Fahrzeuge entstanden. Die Gesamtproduktion ist nicht exakt bekannt, wird aber mit 114 angegeben. Parallel zum SS lief 1928 auch der Bau des SSK an. Dank einer erneut „aufgeblasenen" Kompression zeigte er noch mehr PS: 170 ohne, 225 mit Aufladung. Die Höchstgeschwindigkeit näherte sich der 200-km/h-Marke, mit 193 km/h blieb er nur noch wenig darunter.

Auch der SSK schrieb Rennsportgeschichte. Wiederum geprägt von einem Namen – Rudolf Caracciola. Er pilotierte den gegenüber dem SS noch kürzeren und wendigeren Wagen allein 1928 zu Siegen vornehmlich bei Bergrennen in Gabelbach, Freiburg, Salzberg und am Semmering, um nur einige zu nennen. 1929 hieß der Sieger der Tourist Trophy Caracciola ebenso wie 1930 beim Großen Preis von Irland und anderen Wettbewerben. Alles natürlich auf SSK. Wie hoch dieser Wagen auch international eingeschätzt wurde, bestätigte das britische Magazin The Motor mit Test-Daten wie 166 km/h Höchstgeschwindigkeit. Vom SSK

Das K in der Typenbezeichnung SSK stand für „kurz". Dahinter verbarg sich die Tatsache, daß dieser Motor-Typ einen kürzeren Radstand als der SS mit 3454 mm hatte. Leichter war er übrigens auch, brachte aber trotzdem noch stolze 2000 Kilo auf die Waage. Der SSK wurde für Mercedes zu einem ausgesprochen erfolgreichen Fahrzeug im sportlichen Wettbewerb. Gebaut worden sind vom ihm aber nur geschätzte 31 Exemplare – heute absolute Weltrarität.

sind nach inoffiziellen Angaben zwischen 1928 und 1931 nur 31 Stück gebaut worden.

Und dann kam noch einer, der den Schlußpunkt unter diese Reihe setzte, der SSKL. Inzwischen hatte Hans Nibel die Nachfolge von Ferdinand Porsche angetreten. Mercedes aber war in Folge der durch den Börsenkrach entstandenen Probleme aus dem Renngeschäft ausgestiegen. Auch das Werksteam war offiziell aufgelöst worden, es bestand aber ein kleines Privatteam mit Caracciola, seinem Beifahrer Wilhelm Sebastian und dem Mechaniker Willy Zimmer. Für dieses Team speziell wurde eine SSK-Version entwickelt, die um 125 kg leichter war als der SSK und daher auch mit der Zusatzbezeichnung L für leicht versehen wurde; das Chassis wog nur noch 1197 kg. Was dann die Leistungssteigerung auf 240 PS ohne und 300 PS mit Kompresserzuschaltung bedeutete, läßt sich leicht ausmalen. Erreicht wurde diese Leistung durch den Einsatz eines bereits 1929 erprobten großen und „Elefant" genannten Laders. Caracciola fuhr auch den SSKL zu bedeutenden Siegen wie bei der Mille Miglia, auf dem Nürburgring beim Eifelrennen und dem Großen Preis von Deutschland.

Caracciolas Ein-Mann-Team wurde dann aufgelöst. Gewissermaßen als Übergangslösung fuhr der private Rennfahrer Hans Stuck dann einen SSKL mit guten Erfolgen, bis 1932 ein neuer Name auftauchte: Manfred von Brauchitsch. Mit einem vom Pionier dieser Karosserieform entworfenen stromlinienförmigen SSKL gewann er, gerade 26 Jahre alt, das Avusrennen 1931 mit einer Durchschnittsgeschwindigkeit von genau 194,2 km/h und einer „Spitze" von 240 (!) km/h. Es war ein Zweikampf mit einem Alfa Romeo, der in den Kurven zwar stets gegen den Meercedes halten konnte, auf den Geraden aber immer nur das Heck des Konkurrenten sah.

Technische Daten

Motor:	Sechszylinder-OHV, 7069 ccm, Bohrung x Hub 10,0 x 15,0 cm, 2 Vergaser, 140 PS bei 3000 U/min, mit Roots-Turbolader 200 PS bei 3000 U/min, mit Kompressor 225 PS
Kraftübertragung:	Viergang-Schaltgetriebe, nicht synchronisiert, Mehrfachscheiben-Trockenkupplung
Chassis:	Stahlrahmen, Seitenträger, Kreuzträger
Fahrwerk:	Geschmiedete Starrachsen, halbelliptische Blattfedern
Fahrwerk:	Vorn geschmiedete Starrachse mit halbelliptischen Blattfedern, Rohrrahmen-Hinterachse, halbelliptische Blattfedern, Hebel- oder Friktions-Dämpfer
Bremsen:	Trommelbremsen an allen vier Rädern vakuumunterstützt als Option
Radstand:	3454 mm
Länge:	4699 mm
Spurweite:	1493 mm vorn und hinten
Gewicht:	1270 kg
Höchstgeschwindigkeit:	185 km/h
Produktion:	109 SS geschätzt 300 von allen Typen S/SS/SSK/SSKL

Der SSK war mit 175 „Pferdestärken" ausgerüstet. Und wem das nicht genügte, der konnte ihn mit Kompressor bis auf 225 PS bringen – super für jene Tage!

Mit Turbolader erreichte der Merecedes-Sportwagen von 1927 beachtliche 180 PS. Und selbst ohne Lader waren es 120 PS.

Der Sportwagen „Mannheim" von 1931 gab sich zwar mit 75 PS zufrieden, doch war auch das schon mehr als die damalige Norm.

1928-34 DUESENBERG J-BAUREIHE

Bei der Eröffnung des New Yorker Autosalons am 1. Dezember 1928 stahl ein Auto allen anderen Exponaten die Schau: der neue Duesenberg. Exakter gesagt: Es war der Duesenberg J-101, der erste Wagen dieser neuen J-Baureihe, und der erste überhaupt, der zu diesem Zeitpunkt fertig war. Was war das für ein Automobil! Eingekleidet in Silber und Schwarz. Vom Design her ein Phaeton, aber einer mit geteilter Motorhaube. Das Styling von LeBaron. Über den Preis wurden keine exakten Angaben gemacht, zumindest aber von 8500 Dollar für das reine Chassis gesprochen. Mindestkosten für die Karosserie von etwa 2500 Dollar über den Daumen gepeilt dazu gerechnet, ergab das eine Summe, für die man gut und gern 22 (!) Ford-A-Modelle bekommen konnte.

Wenn es nach ihm selbst gegangen wäre, hätte Fred Duesenberg wohl nie etwas derart Ausgefallenes produziert. Aber finanzielle Probleme hatten die Duesenberg Motor Company in Indianapolis in eine Situation gebracht, in der die Kontrolle 1926 von Errett Lobban Cord, Präsident der Auburn Automobile Company, übernommen wurde. Cord war klug genug, die Brüder Fred und August Duesenberg nicht auf die Straße zu setzen – aber eines machte er ihnen klar: Er wollte, daß die Duesenbergs „das größte Automobil der Welt" entwickeln sollten.

Fred Duesenberg hatte schon seit 1906 Automobile gebaut, obwohl anfangs auf den Kühlern seiner Autos das Markenzeichen von Edward R. Mason, Duesenbergs Geldgeber, prangte. Angefangen hatte er mit Schiffsmotoren und erfolgreichen Rennwagen, ausgerüstet mit einem Vierzylinder-Motor eigener Konstruktion. Im Ersten Weltkrieg hatte sich Duesenberg dann auf die Herstellung von Flugzeugmotoren und Antriebseinheiten für Geschütz-Zugmaschinen spezialisiert.

1921 präsentierte er schließlich doch sein erstes Automobil, das er als Modell A bezeichnete. Dieser Neuling hatte unter dem Blech Amerikas ersten Reihen-Achtzylinder mit 4254 ccm, obenliegender Nockenwelle und 88 PS. Zur gleichen Zeit stellte Cadillac den 60-PS-V8 vor, ein unbestritten bemerkenswertes Modell. Aber Duesenbergs Erstling war schon ein „Hammer" für seine Zeit. Höchstgeschwindigkeit 137 km/h – wer konnte die wo auf den relativ primitiven Straßen jener Tage überhaupt fahren? Um da aber dem Fahrer auch die Möglichkeit zu geben, in jeder Situation sicher abzubremsen, hatte der Duesenberg Bremsen an allen vier Rädern – auch das ein Novum.

Einen Haken allerdings hatte dieser fortschrittliche Wagen – den Preis. 6500 Dollar – mehr als das Doppelte des Preises für einen Cadillac. Kein Wunder, daß da das Käufer-Echo ausblieb. 1926 betrug die Produktion zwei Fahrzeuge pro Woche. Just zu diesem Zeitpunkt betrat E. L. Cord die Szene. Und unter seiner Aegide begann die Entwicklung des gewaltigen Modells J. Das war in der Tat ein enormes Automobil, angeboten mit zwei Radständen von 3619 mm und 3998 mm. Schwergewichte waren sie obendrein, das leichteste wog 2494 kg. Unter der Motorhaube arbeitete ein exzellenter 6877-ccm-Motor, ein Reihenachtzylinder mit obenliegender Nockenwelle, einer Leistung von 265 PS und einem enormen Drehmoment von 507 Newtonmeter.

Was diese Daten aussagen, verdeutlicht ein Vergleich. Amerikas zweitstärkstes Serienautomobil war 1929 der Pierce-Arrow – mit 125 PS. Duesenbergs Werbung versprach: „Als Standard-Touring mit Dach und hochgestellter Windschutzscheibe bringt dieser Wagen im zweiten Gang 143 km/h und eine Höchstgeschwindigkeit von 187 km/h."

Die große Maschine, konstruiert von Fred Duesenberg und gebaut bei Lycoming, einer zu Cord gehörenden Tochterfirma, war ebenso kraftvoll wie laufruhig. Die in fünf Hauptlagern ruhende gesenkgeschmiedete Kurbelwelle bestand aus doppelt gehärtetem Chromnickelstahl. Durch die Konstruktion mit Gegengewichten war sie fast vibrationsfrei ausba-

Das Duesenberg-Modell J überstrahlte praktisch alles, was auf dem New Yorker Autosalon am 1. Dezember 1928 präsentiert wurde. Eines der frühen Modelle war dieses bildschöne, von Murphy entworfene Cabriolet.

In den 80er Jahren baute die Elite Heritage Motors Corporation in Elroy (USA-Staat Wisconsin) eine Replica des Modells J mit Turbolader als SJ „Duesenberg II Royalton".

Die „Gegenüberstellung" der Modelle J und Duesenberg II beweist, wie sehr sich Elite Heritage Motors bemühte, die Replica so originalgetreu wie möglich zu konstruieren.

Der Duesenberg II wurde als langer, flacher und eleganter Phaeton mit Doppelmotorhaube gebaut, die von Sammlern besonders begehrte Version.

lanciert. Um diese Laufruhe noch zu optimieren, wurde ein spezieller Vibrationsdämpfer mit zwei Hülsen von je 45 Gramm Quecksilber eingebaut.

Über den Kraftstoffverbrauch sprach damals niemand. Und wer es dennoch tat, erwähnte dabei den Namen Duesenberg nicht. Die Kraftstoffzufuhr erfolgte über einen Schebler-Vergaser mit vier Benzinpumpen, zwei davon mechanisch, zwei elektrisch. Die Volldruckschmierung wurde unterstützt von einer Ölpumpe mit einer „Förderkapazität" von 84 Litern in der Minute. Ein leistungsstarkes Kühlsystem verhinderte Überhitzungsprobleme.

Eine Hypoid-Achse, damals noch recht ungewöhnlich, war mitentscheidend, den Duesenberg so niedrig zu halten. Der Fahrer dirigierte den Wagen mit einer Spindellenkung, System Ross. Der Unterbau des Wagens besaß einen so starken Rahmen, daß dieser auch einen Lastwagen getragen hätte. Und was die Bremsen betraf, waren sie vermutlich die besten, die damals existierten, hydraulisch, versteht sich, mit großdimensionierten Trommeln von 38 x 7,6 cm. Kurz nach der Vorstellung wurde noch ein Unterdruck-Verstärker eingebaut, der die Bremswirkung wesentlich verbesserte.

Die Karosserien kamen von den renommiertesten amerikanischen Firmen: Murphy, Holbrock, Derham, LeBaron, Willoughby und Weymann, um nur einige zu nennen. Und als sich der Name Duesenberg auch bis in die Alte Welt herumgesprochen hatte, kamen selbst von dort die Duesenberg-Anzüge von so bekannten Karosserieschneidern wie Franay, Guerney Nutting und Saoutchik. Dann waren da ja auch noch die LaGrande-Aufbauten, überwiegend als Phaeton gestylt. Gordon Buehrig, Düsenbergs Chefstylist von 1929 bis 1933, bemerkte dazu: „Der LaGrande-Phaeton war ein Produkt der Rezession und er erklärt, welche Bemühungen Duesenberg-Vizepräsident Harold Ames unternahm, um das Unternehmen zu retten."

Die Union City Bode Company von Union City/Indiana, die den Rumpf für den LaGrande lieferte, war als Karosseriehersteller weitgehend unbekannt. Dort waren zwar einige „Bodies" für Auburn gefertigt worden, das Produktionsprogramm aber umfaßte in erster Linie Erzeugnisse, die mit dem Auto nichts zu tun hatten. Aber die Firma arbeitete vor allem für relativ geringe Lohnkosten. Ames jedenfalls bekam die Phaeton-Teile von hier erheblich günstiger als zum Beispiel von LeBaron oder Derham.

Ames machte die Rechnung vornehmlich unter dem Aspekt auf, daß es bei Duesenberg selbst gute Leute gab, die die gleichen Arbeiten von der gleichen Qualität leisten konnten wie die Spezialhersteller.

Der LaGrande Phaeton war genau betrachtet Gordon Buehrigs Adaption des Le-Baron-Designs, von dem schon im Duesenberg-J einige Elemente zu erkennen waren und das zudem auch einige Design-Züge des späteren Derham Toursters erkennen ließ, den Buehrig selbst entwarf. Den LaGrande konnte der Kunde mit zwei Radständen haben, entweder mit 3619 mm oder 3898 mm, wobei das kürzere Chassis deutlich mehr geordert wurde.

1931, als Amerika von seiner härtesten Wirtschaftskrise erschüttert wurde, war ein schwarzes Jahr für Automobile vom Kaliber und Preis eines Duesenbergs. Selbst die Leute, die sich einen solchen Wagen leisten konnten, waren nicht unbedingt geneigt, angesichts der für viele alles andere als rosigen Zeiten ihren eigenen Wohlstand mit einem so protzigen Automobil zu demonstrieren. Doch es gab eine loyale, wenngleich kleine Klientel, zu der Gary Cooper ebenso gehörte wie Mae West, die beide über Jahre hinweg zwei Duesenbergs besaßen, oder der Kaugummi-König Philip Wrigley, der es auf fünf dieser Prestige-Wagen brachte. Auch der Klerus konnte der irdischen Verlockung, einen Duesenberg zu fahren, nicht widerstehen. Evangelist Father Divine leistete sich sogar einen „Thronwagen" – mit dem Radstand von 4521 Millimeter. Wem das nichts sagt, dem sagt es sicher etwas nach diesem Vergleich: Die neue Merecedes-S-Klasse weist einen Radstand von 3140 mm in der Lang-Version auf.

Duesenbergs Reaktion auf den sinkenden Absatz war zweifach. Erstens wurde der Preis, nein, nicht gesenkt, sondern erhöht! Von 8500 Dollar auf 9500 Dollar. Augenscheinlich mit dem Hintergedanken, den Leuten mit dicker Brieftasche klarzumachen, wie exklusiv es wäre, zu den Auserwählten zu gehören, die eines dieser Sahnestücke bekommen konnten. Der zweite Schritt war in der Entwicklung – die Arbeit an einer neuen, aufgeladenen Version.

Dieser Wagen, 1932 als SJ vorgestellt, verfügte über die halsbrecherische Kraft von 320 PS. Das Chassis kostete allein schon 11750 Dollar. Äußeres Kennzeichen waren mit der Karosserie bündig abschließende verchromte Auspuffrohre, die aber bald auch von den Besitzern „nichtgeladener" Typen gekauft wurden – man konnte damit ja immerhin so tun, als ob. Mit den Fahrleistungen allerdings ging das nicht. Da bewirkten auch die feinen Auspuffrohre nicht, daß ein normaler „Duesy" im zweiten Gang die 167 km/h und in der Endgeschwindigkeit gar 207 km/hm erreichen konnte wie ein SJ.

Eines dieser „Geschosse" wurde Fred Duesenberg zum tragischen Verhängnis. Einen Monat nach der Einführung dieses Modells starb er an den Folgen eines Unfalls, den er mit einem SJ erlitten hatte. Sein Bruder August „Augie" übernahm Freds Position als Chefingenieur. Wenig später verließ Gordon Buehrig das Unternehmen und ging zu General Motors als Mitarbeiter von Harley Earl, kehrte aber später zu Duesenberg zurück, um hier den Auburn-Speedster (1935-36) und die Cord-Baureihen 810/812 (1936-37) zu entwerfen.

Glück hat ihm das nicht gebracht. Zu dieser Zeit war E. L. Cords Gesellschaft bereits in Turbulenzen geraten. 1936 blieb Auburn auf der Strecke, 1937 waren auch Duesenberg und Cord „out". Fast out, um genau zu sein. Ein Duesenberg ist zwischen 1938 und 1940 noch aus vorhandenen Bestand- und Ersatzteilen zusammengebaut worden.

Dieser Duesenberg Roadster aus dem Jahre 1935 entstand bei der britischen Firma J. Gurney Nutting & Company im Auftrag des Maharadschas Holkar von Indore/Indien.

Technische Daten

Motor:	Reihen-Achtzylinder mit obenliegender Doppel-Nockenwelle und 32 Ventilen (4 je Zylinder) 6887 ccm, Bohrung x Hub 9,5 x 12,1 cm, Verdichtung 5,25:1, 5 Hauptlager, 4 Kraftstoffpumpen (3 elektrisch, 1 mechanisch), Hochdruckschmierung, Schebler-Vergaser, 265 PS bei 4250 U/min
Kraftübertragung:	Dreistufen-Selectiv-Getriebe, Schalthebel
Fahrwerk:	Starrachsen, halbelliptische Federn, Watson-Stabilisatoren vorn, Delco Lovejoy Stoßdämpfer hinten
Bremsen:	Hydraulische Vierradbremse, Trommeln, vakuumunterstützt ab Baujahr 1930
Radstand:	3619 mm
Gewicht:	2476 kg
Höchstgeschwindigkeit:	186 km/h, 0 auf 100 Meilen (160 km/h) in 21 Sekunden
Produktion:	geschätzt 480 aller Versionen J, SJ, SSJ und JN zusammen

Ein elegantes Kühler-Emblem zierte die Nase des berühmten Modells J.

Das Instrumentarium des Modells J war ungewöhnlich reichhaltig und hatte sogar einen Höhenmesser.

Das Modell J war mit einem 6,9-Liter-Reihenachtzylinder ausgerüstet, hatte eine obenliegende Doppel-Nockenwelle und vier Ventile pro Zylinder, vier (!) Benzinpumpen. Bei 4250 U/min wurden sagenhafte 265 PS „freigesetzt".

Es zeichnete sich natürlich schon lange ab: Die gute alte Lizzie gehörte nun allmählich wirklich aufs Altenteil. Spekuliert wurde gleichermaßen auch schon lange über das kommende Nachfolgemodell. Nur: Wann es kommen würde, das wußte man ebensowenig wie es aussehen sollte. Geburtstag des neuen Modells wurde am 2. Dezember 1927 gefeiert. Zugleich mit der Taufe. Denn der Name für das neue Ford-Baby stand auch schon fest. Es war der Name, den eigentlich die Tin Lizzie hätte tragen müssen, wenn man schon nach dem Alphabet vorgeht. Offiziell hieß das Blech-Liesel ja T-Modell. Und nun hatte man bei Ford augenscheinlich entdeckt, daß das Alphabet bekanntlich mit A anfängt. Eben das war der Name des jüngsten Sprößlings aus Detroit.

Bei aller Liebe, die der Tin Lizzie entgegengebracht worden war, hatte sie zuletzt aber an Sympathien verloren. Die Umstellung auf das neue A-Modell sollte zweifellos reibungsloser erfolgen, als es tatsächlich geschah. Fast ein halbes Jahr dauerte es, ehe nach der umstellungsbedingten Unterbrechung der Produktion die Bänder wieder liefen.

Das „Armaturenbrett" – wenn man diesen Begriff hier überhaupt anwenden will – war beim Modell A so knapp wie nötig bemessen. Es war in der Mitte des „Cockpits" montiert. Immerhin wurden dazu auch ein Kilometerzähler und ein Tageskilometerzähler angeboten, ebenso ein Amperemeter.

Da läßt sich leicht ausmalen, welcher Ansturm auf die Schauräume der Ford-Händler einsetzte, als der Tag der Modell-A-Vorstellung kam. Selbst die Polizei mußte vielfach aufgeboten werden, um die Massen einigermaßen unter Kontrolle zu halten. Wie der neue Ford gefeiert wurde, zeigte sich in einem Lied von achtzehn Versen, die sämtlich mit dem Refrain endeten „HENRY'S MADE A LADY OUT OF LIZZIE!" – Henry hat aus der Lizzie eine Lady gemacht.

Es gab keinen Zweifel. Dieser Ford war neu. Henry Ford persönlich sagte den Amerikanern in einer groß angelegten Werbeaktion: „Die Verhältnisse in diesem Land haben sich in den letzten Jahren so gravierend verändert, daß auch eine grundlegende Änderung in der Konstruktion von Automobilen notwendig wurde. So haben wir einen neuen und völlig anderen Ford gebaut, der diesen Anforderungen gerecht wird. Wir glauben, daß das neue Ford-Modell eine ebenso evolutionäre Entwicklung ist, wie es das T-Modell zu seiner Zeit war."

Und das war es auch. Das Modell A stand auf einem um 90 Millimeter verlängerten Radstand und brachte fast 160 Kilogramm mehr auf die Waage. Vor allem war es das Herz des neuen Ford, das den Wandel dokumentierte. Aus einem Hubraum von 3285 ccm wurden 40 PS aktiviert, das Doppelte der Leistung des T-Modells. Eine Zentrifugal-Wasserpumpe hatte das antiquierte Thermo-Syphon-System abgelöst. Auch das alte Zündsystem war durch eine zeitgemäße Hochspannungsanlage mit Zündverteiler ersetzt worden. Verschwunden war ebenfalls das alte, durch Fußpedale zu bedienende Zweigang-Planetengetriebe; an seine Stelle trat eine Dreistufen-Einheit mit Knüppelschaltung von Hand.

Der verdoppelten Leistung hatten Fords Ingenieure natürlich auch die Bremsanlage angepaßt, die jetzt auf alle vier Räder wirkte. Das war nicht zuletzt auch wegen der höheren Fahrleistung erforderlich, die mit einer Höchstgeschwindigkeit von annähernd 105 km/h angegeben war. Ein Beschleunigungswert von 8 auf 40 km/h wurde mit achteinhalb Sekunden genannt, ein Wert, den nur wenige Sechs- und Achtzylinder von 1928 erreichten. Das Modell A hatte auch ein richtiges Armaturenbrett mit allen erforderlichen Instrumenten einschließlich Tachometer, eine Windschutzscheibe aus Sicherheitsglas, einen elektrisch betriebenen Scheibenwischer, hydraulische Houdaille-Stoßdämpfer an allen Rädern, eine Deckenbeleuchtung in allen geschlossenen Versionen, einen Rückspiegel sowie vordere und hintere Stoßstangen. Alles serienmäßig. Henry Ford hatte den Mund nicht zu voll genommen und einen neuen und völlig anderen Ford gebaut.

Das Modell A wurde 1928 zum Preis von 480 Dollar als Roadster angeboten. Dafür erhielt der Kunde sogar einen Notsitz für einen dritten Passagier im Heck. Das Modell A war ein rundherum neues Modell, mit dem das legendäre T-Modell („Tin Lizzie") abgelöst wurde. Mit der doppelten PS-Zahl wie das T-Modell erreichte der neue Ford bemerkenswerte 95 Kilometer pro Stunde, einige Besitzer „verkündeten" sogar Spitzenleistungen von 105 km/h.

Das Modell A als Roadster hatte eine durchgehende Sitzbank. Schalthebel und Handbremse waren im Fußraum montiert. Der Choke-Knopf war für den Fahrer – rechts plaziert – nur schwer zu erreichen.

Der 3,2-Liter-Motor entwickelte 40 PS bei 2200 U/min und wartete mit einem guten Drehmoment von 173 Newtonmeter bei bereits 1000 U/min auf. Der Motor war 4,22:1verdichtet.

1928 FORD MODELL A

Beim T-Modell hatte der Ford-Boß sich noch wenig um solche (aus seiner Sicht) Belanglosigkeiten wie Styling gekümmert. Automobile aber verkauften sich auch in den späten 20er Jahren nicht mehr nur mit zeitgemäßer Technik, sondern auch mit einem guten Design. In seinem kunstinteressierten Sohn Edsel hatte Henry da den richtigen Mann. So konnte auch das A-Modell durch manche Ähnlichkeit mit dem Lincoln-K-Modell die Handschrift von Edsel nicht verleugnen.

Das Modell A wurde zunächst in acht Karosserievarianten angeboten, genau genommen sogar neun, wenn man die spezielle Taxi-Ausführung dazurechnet. Vorbei waren auch die ausschließlich „schwarzen" T-Modell-Zeiten. Das traditionelle Schwarz gab es natürlich auch weiterhin, aber zusätzlich vier neue attraktive Farben. Auch das war ein Ford-Schritt zu neuen Ansichten und noch nicht die Norm, zu einer Zeit, als das Styling preiswerter Automobile noch weitgehend auch die Farbe bestimmte.

Diese „Leatherback"-Limousine von 1929 hatte einen über der Windschutzscheibe angebrachten lederbezogenen Sonnenschutz. Wie bei anderen A-Modellen konnte die Windschutzscheibe geöffnet werden. Der Kraftstoffeinfüllstutzen war vor der Windschutzscheibe montiert.

Innen konnten die A-Insassen sich auf Anhieb wohlfühlen, umgeben – in den geschlossenen Modellen – von feiner Nadelstreifen-Polsterung. Die Preisskala begann bei 460 Dollar für den Standard-Phaeton und ging bis 585 Dollar für den viertürigen Sedan. Außer diesen beiden Typen hatte der Kunde noch die Wahl zwischen zwei Roadstern, drei Coupés und – für 550 Dollar – einer Tudor-Sedan-Limousine, dem beliebtesten Modell. Mit diesen Preisen lag Ford zwar über dem letzten Preis des T-Modells von 1927, aber die Differenz – zum Beispiel bei der Tudor-Variante – betrug ganze 55 Dollar. Doch was wurde dafür auch mehr an Auto geboten! Verglichen mit Chevrolet war Fords Neuling noch um einiges preiswerter.

Die frühen Ford-A-Modelle wurden – und das angesichts weitaus prestigeträchtigerer Konkurrenz – zu Statussymbolen ihrer Besitzer. Nach kurzer Zeit war der neue Ford ein gefragtes Automobil, selbst bei denen, die sich einen weit teureren Wagen leisten konnten. Eines der ersten gelungen gestylten Sportcoupés zum Beispiel kaufte kein Geringerer als Filmstar Douglas Fairbanks für seine Frau (und sicher auch für sich selbst). Andere prominente A-Besitzer waren der damalige New Yorker Gouverneur und spätere US-Präsident Franklin D. Roosevelt. Der Erfinder Thomas Alva Edison, mit dem gemeinsam Henry Ford 1899 die Detroit Automobile Company gegründet hatte und mit dem ihn eine enge Freundschaft verband, besaß ebenfalls eines der ersten A-Mo-

Das Gesicht des Modells A konnte mit einer derartigen Kühlerfigur sogar ziemlich elegant wirken und erfüllte hier als „Drehhilfe" zum Öffnen des Wassereinfüllstutzens für den Kühler sogar noch einen praktischen Zweck. Der Kühler war zudem mit einem Steinschutz versehen. Seinen Namen „Leatherback" hatte der 625 Dollar kostende Wagen vom lederbezogenen Dach.

Das Modell A kostete 1930 als Coupé in Standard-Version 495 Dollar. Es gab zusätzlich aber auch ein Coupé DeLuxe zum Preis von 545 Dollar. Dieses Coupé brachte 1027 Kilo auf die Waage. Insgesamt sind vom Modell A Coupé 29 777 Einheiten verkauft worden.

delle. Ein Geschenk von Henry, versteht sich.

Wie üblich ging es in der Anfangsphase nicht ohne Schwierigkeiten ab. Da war die im Lincoln so bewährte Mehrscheibenkupplung – im Ford A erwies sie sich als weniger effektiv. Noch vor Jahresende war sie gegen eine Einscheibenkupplung ausgetauscht. Der bei Ford entwickelte Starter neigte dazu, dem Schwungrad „die Zähne zu putzen". Das Problem wurde durch den Einbau eines Bendix-Starters behoben. Auch die Bremsen mußten verändert werden, um den in einigen US-Staaten bestehenden Vorschriften gerecht zu werden.

Ein Jahr nach der Einführung des A-Modells hatten die Käufer endgültig die Qual der Wahl unter nicht weniger als achtzehn verschiedenen Karosserieversionen – um es zu wiederholen: mit dem Taxi sogar neunzehn. Zu den interessantesten gehörte das Cabrio, das – einschließlich Notsitz – für 670 Dollar verkauft wurde. Gut an kamen beim Kunden auch der nach amerikanischer Mode holzverkleidete Station Wagon und eine Version mit offenem Vorderteil, ein Angebot für jene, die den Snob-Appeal eines vom Chauffeurplatz getrennten Abteils demonstrieren wollten. Diese Extravaganz mußte man sich dann aber auch etwas kosten lassen – 1400 Dollar verlangte Ford dafür, mehr als das Doppelte des Preises für ein Cabrio.

Die Umstellung von T auf A machte eine vorübergehende Produktionseinstellung erforderlich. Der dadurch verlorene Boden wurde aber 1929 schon wieder gutgemacht, Ford setzte sich erneut an die Spitze aller US-Marken vor Chevrolet. 1 507 132 produzierte Einheiten (eine halbe Million mehr als Chevrolets Bilanz) machten 33,75 Prozent Marktanteil aus. Das war zwar noch immer weniger als in den Jahren 1923 bis 1925 zu Tin Lizzies Rekordzeiten, doch Fords Verkaufskurve tendierte weiterhin deutlich nach oben – bis der große Börsenkrach an der Wall Street kam.

Veränderungen am Modell A wurden kaum vorgenommen. 1930 allerdings zeigten sich doch recht positive kosmetische Korrekturen am Styling. Der Kühler war flacher. Was an Verzierungen vorhanden war, bestand aus rostfreiem Stahl anstelle von Nickel. Die Räder waren etwas kleiner geworden, was die Gesamtlinie des Wagens gefälliger erscheinen ließ. Mitte des Jahres kamen noch zwei weitere Karosserievarianten dazu, ein viertüriger Victoria und ein zweitüriger Phaeton Deluxe.

Doch die Rezession forderte auch von Ford ihren Tribut, gravierend sogar. Da konnte auch die Tatsache, noch immer vor Chevrolet auf Platz eins zu liegen, bei einem Rückgang um mehr als 350 000 Fahrzeuge (ein Minus von 23 Prozent) nur als schwacher Trost gewertet werden.

Verständlich, daß unter diesen Aspekten keine großen und kostspieligen Veränderungen erfolgten, die 1931er Modelle erschienen weitgehend unverändert. In der Modellpalette aber stellte sich erneut eine weitere und letzte Variante vor, ein zweitüriges Sedan Convertible (Cabrio), als A-400 deklariert. Hinter den Kulissen aber wartete schon ein neues Modell auf seinen Start – der 1932 vorgestellte V8.

Technische Daten

Motor:	Vierzylinder-Reihenmotor, 3285 ccm, Bohrung x Hub 10,0 x 10,7 cm, Verdichtung 4,22:1, 3 Hauptlager, Zenith- oder Holley-Doppelvergaser, 40 PS bei 2200 U/min, max. Drehmoment 173 Nm bei 1000 U/min
Kraftübertragung:	Dreigang-Selektiv-Getriebe
Fahrwerk:	Starrachsen und querliegende Blattfedern vorn und hinten
Bremsen:	Mechanisch innenwirkende Bremsen an allen 4 Rädern
Radstand:	2628 mm
Spurweite:	1422 mm vorn und hinten
Gewicht:	929 bis 1131 kg (je nach Typ)
Höchstgeschwindigkeit:	96-105 km/h
Produktion:	633 595 (1928) – 1 507 132 (1929) – 1 155 162 (1930) – 541 615 (1931)

Lawrence P. „Larry" Fisher, eben 37 Jahre alt, trat 1925 sein Amt als neuer General Manager der Cadillac Motor Car Company mit dem festen Vorsatz an, unter seiner Führung Cadillac zur Nummer eins unter Amerikas Automarken zu machen und damit Packard von der Spitze zu verdrängen. Fisher wußte auch, wie er das anzupacken hatte. Erstens brauchte Cadillac ein luxuriöseres und komfortableres Auto zu einem vernünftigeren Preis, um mit Packards Sechszylinder konkurrieren zu können. Zweitens mußte dieses Auto in allem besser, ja einmalig sein – in der Leistung, in der Laufruhe und in der Ausstattung.

Was das Prestige betraf, war eine Entscheidung schon getroffen worden. Der neue Wagen mußte ein Sechzehnzylinder werden. Die Entwicklung lief Anfang 1926 an. Beauftragt damit wurde Owen Nacker, ein erfahrener Motorentechniker, der zuvor mit Alanson Brush und Howard Marmon zusammengearbeitet hatte. Seine Verpflichtung erwies sich als eine vortreffliche Wahl.

Die Arbeit am neuen Triebwerk begann unter strengster Geheimhaltung. Parallel zur Arbeit am Sechzehnzylinder wurde auch ein Zwölfzylinder konstruiert, den Fisher gewissermaßen als „Köder" benutzte. Mit Absicht ließ man durchsickern, daß Cadillac einen neuen Zwölfzylinder herausbringen werde. Mehr allerdings erfuhr man nicht. Vom V16 wußte keiner außer den Beteiligten etwas, auch die Mitarbeiter und die Händler nicht. Selbst die verschiedenen Einzelteile wurden mit „Truck" oder „Coach" deklariert, was auf Lastwagen und Bus hindeutete, aber nichts von einem Personenwagen versprach.

Am 10. Dezember 1929 aber informierte Larry Fisher die Cadillac-Händler, daß ein ungewöhnlicher Sechzehnzylinder kurz vor der Fertigstellung war. Dahinter steckte auch die Absicht, die Händler postwendend mit der Kundschaft „kontakten" zu lassen. Vorgesehen war die Lüftung des großen Geheimnisses zwar schon einige Wochen früher, doch hatte das Wall-Street-Debakel vom Oktober soviel Unsicherheit ausgelöst, daß die Markteinführung schließlich verschoben wurde. Premiere hatte der neue Cadillac 16V schließlich im Januar 1930 auf der New York Automobile Show in einem Imperial Landau Sedan.

Cadillac überraschte die Welt, als am 10. Dezember 1929 der neue V16 vorgestellt wurde. Es war eine bemerkenswerte Maschine, die nur ein Handicap hatte – sie kam ausgerechnet zur Zeit der großen Depression, sprich Rezession. Eines der begehrten Modelle dieser Baureihe war das Cabriolet, das mit einem Radstand von 3759 Millimeter aufwartete – einem Maß, das heute fast schon der Gesamtlänge eines Kleinwagens entspricht und von einigen auch erreicht wird.

Die Fachwelt war sich auf Anhieb einig: Dies war eine exzellente Maschine, wie man sie bisher noch nicht gesehen hatte. Konstruiert war der Motor in zwei Achtzylinder-Reihen mit einem Winkel von 45 Grad und einer konventionellen Kurbelwelle. Beide Zylinderbänke waren hervorragend ausbalanciert und konnte unabhängig von der anderen arbeiten. Für die ausgezeichnete Laufruhe sorgte die mit Gegengewichten ausgestattete Kurbelwelle. Im Gegensatz zum konventionellen L-Prinzip der Achtzylinder-Cadillacs arbeitete der V16 mit obengesteuerten Ventilen. Bei einem Bohrung-Hub-Verhältnis von 7,6 x 10,1 cm verfügte die Maschine über einen Hubraum von 7420 ccm. Die PS-Zahl wurde mit 165 angegeben, obwohl auch von 175 bis 185 PS die Rede war. Das Drehmoment von 439 Nm war beeindruckend. Die Kurbelwelle war im Gehäuse untergebracht, während zwei Unterdruck-Tanks und Steigstromvergaser die Zylinderbänke getrennt versorgten.

Der V16 war zusätzlich zu seiner Laufruhe und Leistung eines der auffälligsten Triebwerke, die je gebaut wurden. Experte Walter McCall mußte es ja wissen: „Es war der erste Automotor weit und breit, der das Markenzeichen eines Stylisten trug. Ein Motor für Technik-Ästheten, ein Meisterstück aus glänzendem Chrom, poliertem Aluminium, aus Prozellan und schwarzer Emaille. Da war kein Gewirr von Leitungen, Kabeln und Schläuchen, auch die waren fein säuberlich verkleidet."

Der Cadillac V16 war ein gewaltiges Automobil. Das bewies schon das Chassis mit einem Radstand von 3759 mm. Zum Messen der Gesamtlänge des Wagens mußte der Zollstock auf 5486 mm von Stoß-

Der – über Geschmack soll man nicht streiten – wohl rassigste und sportlichste aller Cadillacs der Serie 452 dürfte dieser Zwei-/Viersitzer Roadster gewesen sein. Zu haben war er für 5310 Dollar – dafür bekam der Kunde zu jener Zeit ein hübsches Häuschen! Die Möglichkeit, die Windschutzscheibe herunterzuklappen, machte den sportlichen Charakter noch überzeugender.

Oben: Der V16 mit einem 45-Grad-Winkel der beiden Zylinderbänke holte aus 7420 ccm 165 PS.
Golfer begrüßten dieses Konstruktionsdetail – eine Seitentür, durch die ein kompletter Golf-Sack eingeschoben werden konnte (rechts). Ein „Vorreiter" heutiger Durchreichen vom Kofferraum aus.

stange zu Stoßstange angelegt werden. Ein aktueller Vergleich: Die Lang-Version der neuen Mercedes-S-Klasse bringt es da „nur" auf 5213 mm. Das Gewicht des Cadillacs bewegte sich, je nach Karosserieversion, zwischen 2079 kg und 3000 kg, exakt drei Tonnen! Das setzte natürlich auch entsprechende Fahrwerks-Modifizierungen voraus, speziell in der Hinterachs-Übersetzung. Standard war das Maß von 4,39:1.

Das Styling war außergewöhnlich. Fisher Body, seit 1929 im Besitz von General Motors und nur noch exklusiv für den Konzern tätig, hatte 1926 das renommierte Karosseriebauunternehmen Fleetwood aufgekauft. Mit Fleetwood erarbeitete Larry Fisher, was als das umfang- und variantenreichste Karosserieprogramm aller Zeiten genannt gelten darf. In der Tat: 54 verschiedene Varianten einer einzigen Modellreihe, das hat es vorher und seitdem auch nicht mehr gegeben, wenn man davon absieht, daß es bei einigen Autofirmen heute möglich ist, sich aus dem Baukasten eine ganz individuelle Version unter weit über

Damit es auch jeder zur Kenntnis nahm: Dieses Emblem verriet den Cadillac V16. Obwohl die Wirtschaftskrise sich auf den Absatz auswirkte, konnte Cadillac in den Modelljahren 1931 und 1932 3251 Fahrzeuge verkaufen.

hundert möglichen Spielarten zusammenzubasteln. Aber das hat mit Karosserieformen eben nichts zu tun. Da bleibt Cadillacs V16 der unbestrittene Weltrekordhalter. Das mit dem meisten Glamour aufwartende Modell war dabei die Variante „Madame X", benannt nach einem damals in Mode befindlichen Unterhaltungsspiel.

Bei dem vom V16 gebotenen Qualitätsstand konnte dieser Wagen natürlich nicht gerade billig sein. So waren für die katalogisierten Baureihen 452 von 1930 und (weitgehend damit identisch) 452-A von 1931 Preise wie 5325 Dollar für den Roadster und 9700 Dollar für das Topmodell, den als der wohl außergewöhnlichste je gebaute Serien-Cadillac geltende Transformable Town Brougham, zu zahlen.

Der Cadillac V16 des Baujahres 1933 wartete mit verbesserter Aerodynamik auf: Kotflügel, horizontal angeordnete Luftschlitze in der Motorhaube und – letztlich aber mehr der Dekoration dienend – an den Kotflügeln angebrachte „Tempoleisten" machten den Wagen auch im Styling dekorativ. Cadillac wollte 1933 insgesamt 400 Fahrzeuge dieses Typs bauen – es wurden aber nur 126.

Dem neuen Super-Caddie wurde ein enthusiastischer Empfang bereitet, der sich auch in den Verkaufsbüchern niederschlug: 3250 Wagen des Modelljahres 1930-31 wurden verkauft. Einer davon landete im Weißen Haus. Präsident Hoover, von Hause aus selbst Ingenieur, fuhr persönlich eine Limousine eines anderen (natürlich amerikanischen) Fabrikats, war aber von der Souveränität, mit der der Cadillac 16 speziell Bergstrecken meisterte, auf Anhieb so begeistert, daß er auf der Stelle einen orderte und ihn auch, als er 1933 den Präsidentensessel räumte, von der Regierung kaufte.

Cadillac reagierte auf die sich zuspitzende Rezession 1932 mit der Vorstellung eines kleineren, von Fisher entworfenen V16-Modells. Trotz des relativ günstigen Preises von 4495 Dollar verkaufte sich dieser Wagen aber nur schlecht. 1931 waren noch 364 Sechzehnzylinder abgesetzt worden, 1932 nur noch 296, und das mit den Vorzeichen eines weiteren Rückgangs. Harte Zeiten und durch die mit dem 1931 vorgestellten exzellenten Zwölfzylinder im eigenen Hause geschaffene Konkurrenz hatten die Chancen für den V16 praktisch auf ein Minimum schrumpfen lassen.

Cadillac versuchte es 1934 trotzdem, diesen großen Wagen interessanter zu machen. So wurde der

Die auf dem Chassis des V16 angebotenen Phaeton-Varianten waren ausnahmslos von Fisher gebaut worden. Daß es nur sechs wurden, überrascht beim Preis von 4695 Dollar für die 2449 Kilogramm schweren Wagen nicht. Das hier abgebildete Modell hatte eine geteilte Motorhaube. Die auffallenden Luftklappen zu beiden Seiten wurden nach 1932 nicht mehr eingebaut.

Radstand auf 3911 mm verlängert, um das Fahrverhalten zu verbessern. Die gleiche Absicht lag auch in der Gewichtszunahme um fast 160 kg. Mit einer Verdichtung auf 6,0:1 ließ sich eine Leistungssteigerung auf 185 PS erzielen. Optimistisch hatte Cadillac für 1933 noch eine Produktion von 400 Fahrzeugen geplant, tatsächlich aber wurden es nur 125. Geradezu katastrophal war die V16-Bilanz im Jahr darauf mit gerade noch 56 Einheiten. In den folgenden Jahren sah es nicht besser aus: 1935 wurden 50 Sechzehnzylinder abgesetzt, 1936 und 1937 bewegten sich trotz einiger technischer Verbesserungen wie hydraulische Bremsen die Verkaufszahlen mit 52 bzw. 49 auf dem gleichen Level.

1937 rollten die Caddies der Serie 90 mit einem neuen, frischeren Styling an. Die vorderen Kotflügel wirkten eleganter, ein neuer Kühlergrill, der dann auch in verschiedenen späteren Modellen zu sehen war, gehörte zu den wesentlichen Veränderungen. Entstanden sind von dieser Version rund zwölf Fahrzeuge, darunter eine Town-Limousine zum Preis von 7250 Dollar in nur drei Modellen.

Das Instrumentarium des V16 von 1937 wies einen Geschwindigkeitsmesser mit der „Endmarke" 110 Meilen (rund 180 km/h) auf.

Der 1938 präsentierte brandneue V16 war mit jetzt 7062 ccm um 344 ccm gegenüber dem Vorgänger abgespeckt, wartete aber noch mit der gleichen PS-Zahl auf. Am Styling waren nur kleine kosmetische Korrekturen vorgenommen worden, als die 1939er Serie kam. Gebaut wurden 1939 nur 18 Cabrios. Preis: 6000 Dollar.

Um so erstaunlicher war es, daß Cadillac das Sechzehnzylinder-Programm nicht endlich zu den Akten legte. Im Gegenteil: 1938 präsentierte GMs Nobelmarke ein völlig überarbeitetes, genauer gesagt in jeder Hinsicht neues V16-Modell. Eine halbe Tonne leichter und um etwa 45 Zentimeter kürzer als die 1937er Version, kostete dieser Wagen 2400 Dollar weniger als der Vorgänger. Der ebenfalls neue Motor bestand nur noch aus der Hälfte der Einzelteile des abgelösten Triebwerks und war logischerweise auch wesentlich kostengünstiger zu produzieren als das alte Triebwerk mit hängenden Ventilen. Durch die Anordnung im L-Prinzip mit 135 Grad Neigung konnten die Ingenieure den Motor auch flacher konstruieren, was zugleich den Einsatz von zwei Fallstromvergasern ermöglichte. Der Hubraum fiel mit 7062 ccm etwas kleiner aus, an der Leistung von 186 PS aber änderte sich nichts.

Der Cadillac V16 gehörte zum Favoritenkreis der Prominenten-Automobile, vornehmlich der Hollywood-Szene. Robert Montgomery fuhr ein 1933er Victoria Cabriolet. Marlene Dietrich zog 1935 eine geschlossene Version

vor und kaufte sich ein Town Car. Unter den Besitzern der V16-Modelle der zweiten Generation waren Gary Cooper, Eddie Cantor, W.C. Fields (er hatte gleich zwei, einen mit eingebauter Bar). Einen Abbruch tat dem Cadillac-Image auch die Tatsache nicht, daß Obergangster Al Capone 1940 einen V16 in der Sedan-Version fuhr. Zum Augleich rollte schließlich ja ein Town Car im Vatikan.

Daß Cadillac bei jedem 16V draufzahlte, war nie ein Geheimnis. In seiner elfjährigen Produktionszeit aber hatte dieser Wagen dafür gesorgt, daß nicht Packard, sondern Cadillac Amerikas Luxus-Karosse Nummer eins baute.

Dem V16 von 1939 war ein Kofferraum verpaßt worden, der den Wagen in der Heckpartie relativ eckig und kantig erscheinen ließ.

Technische Daten	
Motor:	45-Grad-OHV-V16, 7420 ccm, Bohrung x Hub 7,6 x 10,1 cm, Verdichtung 5,35:1, hydraulische Ventilstößel, Steigstrom-Vergaser, 165 PS bei 3400 U/min, max. Drehmoment 433 Nm (bei nicht genannter Drehzahl)
Kraftübertragung:	Dreigang-Wählschaltung, Gänge 2 und 3 synchronisiert
Fahrwerk:	Starrachsen mit halbelliptischen Federn vorn und hinten, doppeltwirkende Lovejoy-Stoßdämpfer
Bremsen:	Mechanische Vierradbremse, vakuumunterstützte Trommeln
Radstand:	3759 mm
Gewicht:	2415 bis 2730 kg, je nach Karosserie
Höchstgeschwindigkeit:	135 bis 160 km/h, je nach Getriebe und Gewicht
Beschleunigung von 0 auf 100 km/h:	21,1 Sekunden
Produktion:	2887 (1930), 364 (1931)

1931-33 MARMON SIXTEEN

Sechzehnzylinder-Automobile sind über Jahre hinweg mit dem Namen Cadillac identifiziert worden. Doch da gab es in den frühen 30er Jahren eine Marke Marmon, die einen V16 im Programm hatte. Es war ein exzellentes Fahrzeug, in mehreren Punkten sogar dem Cadillac überlegen. Das wurde – zum Leidwesen von Cadillac – auch auf der New Yorker Automobilausstellung 1932 bestätigt, als die Society of Automotive Engineers den Marmon-Sechzehnzylinder zum bemerkenswertesten Automobil des Jahres kürte, dem gleichzusetzen, was heute von einer internationalen Jury mit der Wahl zum „Auto des Jahres“ erfolgt.

Die Brüder Howard und Walter Marmon hatten bereits seit 1902 Automobile gebaut, als Howard, für die Technik zuständiger Vizepräsident des Unternehmens, einen luftgekühlten Zweizylinder für den Eigenbedarf konstruierte. Der ein Jahr später gebaute Wagen hatte schon vier Zylinder und wurde nicht mehr als Einzelstück für private Zwecke, sondern schon zum Verkauf hergestellt. Ein halbes Dutzend insgesamt ist davon entstanden, von denen Walter Marmon einen übernahm, während die anderen an Freunde des Hauses gingen. 1905 verließen bereits 25 Wagen den Betrieb in Indianapolis/Indiana, darunter der erste Sechszylinder. Ein 1906 hergestellter Typ mit einem luftgekühlten und 65 PS leistenden Achtzylinder kam zwar über das Stadium des Prototyps nicht hinaus, war aber immerhin fast neun Jahre früher entstanden als Cadillacs erster V8 überhaupt. Auf diesem Motor basierte auch ein Marmon von 1908 mit abnehmbaren Zylinderköpfen.

Von zwei 1909 entstandenen wassergekühlten Vierzylindern wurde einer als Modell 32 zum Standbein des Unternehmens bis 1914. Alle diese frühen Marmon-Modelle zeichneten sich durch einige technische Charakteristika aus, die damals revolutionäre Leichtmetallbauweise von Motor und Karosserie sowie perfekte Schmierung. Im Gegensatz zu der von allen Wettbewerbern angewandten konventionellen Methode wies der Marmon eine zahnradgetriebene Ölpumpe auf. Mit der Einführung des Marmon 34 im Dezember 1915 erhielt das Image der Marke besonderen Glanz hinsichtlich der Leistung ihrer Fahrzeuge: 5567 ccm des mit hängenden Ventilen arbeitenden Sechszylinders gaben 74 PS ab. Motorblock und Kurbelwelle bestanden aus Aluminium, ebenso wie Kolben, Ansaugkrümmer, Stößelstangen und selbst die Wasserpumpe.

Leichtmetall blieb aber keineswegs nur für den Motor reserviert. Es wurde auch bei Getriebe- und Differentialgehäuse, der Karosserie und selbst bei den Kotflügeln „verbaut“. Das Ergebnis zeigte sich auf der Waage: Das Modell 34 war um 360 Kilo leichter als der vergleichbare Cadillac, was entscheidend zu den bemerkenswerten Fahrleistungen beitrug. Fortschritt kostete auch damals seinen Preis. So stand der Marmon 34 zum Beispiel 1916 mit 2900 Dollar in der Liste, den vergleichbaren Cadillac gab es dagegen für 2080 Dollar. Die Konkurrenz sagte Marmon, da Aluminium damals als „Problemmetall“ galt, Schwierigkeiten mit dem Leichtmetallmotorblock voraus. Das bewahrheitete sich auch. Marmon zog 1920 die Konsequenzen und baute wieder einen Gußeisenblock ein, konstruiert in zwei Bänken von je drei Zylindern. Howard Marmon aber gab das Leichtmetall-Konzept nicht so einfach auf und experimentierte weiterhin auf dieser Basis. Er hatte schließlich auch Erfolg, doch bis es soweit war, vergingen immerhin rund zehn Jahre.

1924 erschien mit der Umorganisation und neuem Management George M. Williams. Dessen Interesse galt, was den automobilen Zweig des Unternehmens betraf, dem Volumenmarkt, das heißt den Autos, die auch in größeren Serien herzustellen und unter die Leute zu bringen waren. Williams holte Delmar G. „Barney“ Ross, den früheren Chefingenieur von Pierce-Arrow, zu Marmon, und dies mit dem Auftrag, einen Wagen der mittleren Preisklasse mit einem Reihen-Achtzylinder zu kon-

Cadillac hatte gegenüber Marmon mit einem V16 gut ein Jahr die Nase vorn. Als Marmon dann seinen V 16 auf den Markt brachte, steuerte die Depression ihrem Höhepunkt zu. Das allerdings hinderte Marmon nicht daran, seinen Sechzehnzylinder als „das fortschrittlichste Modell der Welt“ zu bezeichnen.

Der Marmon V16 hatte einen Radstand von 3683 mm, das waren knapp 75 mm weniger als beim Cadillac. Durch die Verwendung von Leichtmetall wog der Marmon beachtliche 226 kg weniger. Das Victoria Club Coupé (großes Bild) kostete 5270 Dollar.

struieren. Howard Marmon, für den selbst das nicht zählte, was nur einen kleinen Schritt von seinen eigenen Vorstellungen abwich, zog angesichts der Pläne von Williams die Konsequenzen und sich selbst aus dem Geschäft zurück.

Damit aber soll keineswegs gesagt werden, der kommende kleine Marmon wäre ein schlechtes Auto gewesen. Er war zumindest so gut wie alle Konkurrenzmodelle in der Preisklasse unter 2000 Dollar. Mit den frühen Marmons, selbst mit dem zu diesem Zeitpunkt aktuellen Modell 74 sowie dem Vorgänger-Modell 34, konnte er dennoch nicht mithalten. Howard Marmon war in der Zwischenzeit keineswegs untätig gewesen. Er arbeitete in seiner eigenen Werkstatt intensiv an der Verwirklichung eines langgehegten Traumes, der Konstruktion des Automobils, das als fortschrittlichstes der Welt eingestuft werden sollte. Die Rede ist vom Marmon Sixteen.

Dabei hatte Howard Marmon nie an die Klassifizierung seines Wagens als „V16" gedacht, für ihn sollte es schlicht und einfach der „Marmon Sixteen" sein. Im Grundkonzept hatten beide Fahrzeuge, der Marmon und der ins Visier genommene Konkurrent Cadillac, einige Gemeinsamkeiten. Ihre Triebwerke waren an ein einfaches Kurbelwellengehäuse montierte Doppel-Achter, wobei die beiden Zylinderbänke auch bei beiden Maschinen im 45-Grad-Winkel zueinander standen. Und beide verfügten ebenso über Volldruckschmierung, hängende Ventile, Doppelauspuff und 6-Volt-Elektrik.

Die Heckleuchten des Marmon waren freistehend montiert. Dem Convertible von 1932 war ein Kofferraum buchstäblich wie ein Rucksack angehängt.

Doch es gab auch gravierende Unterschiede. Während Cadillac ausschließlich mit Gußeisen arbeitete, war der Marmon-Motor eine reine Leichtmetall-Konstruktion. Das brachte, wie schon beim Modell 34, deutliche Gewichtsersparnis. Marmons langjährige Arbeit begann ihre Früchte zu tragen: Der Leichtmetallmotor im neuen Modell nutzte alle Vorteile dieses Materials im Gegensatz zu den enormen Anlaufschwierigkeiten beim frühen Modell 34 aus.

Wie der Cadillac-Motor hatte auch der von Marmon einen Hub von 10,1 cm, die 7,9-cm-Bohrung des Marmon aber war geringfügig größer, was auch eine entsprechende Ausdehnung des Hubraums auf 8042 ccm gegenüber 7420 ccm mit sich brachte. Der Marmon wartete mit der größten Verdichtung (6,0:1) aller damaligen Motoren auf. Auch der Fallstromvergaser des Marmon arbeitete wesentlich effektiver als die beiden Steigstromvergaser des Rivalen. Das alles zusammen machte den Marmon mit 200 PS dem Cadillac mit seinen „nur" 165 PS deutlich überlegen.

Er war in der Tat ein Kraftpaket, dieser Marmon. Sein Leistungsgewicht wurde nur von einem Wagen seiner Zeit auf Amerikas Straßen übertroffen, dem Duesenberg. Das maximale Drehmoment ist zwar nie offiziell genannt worden, dürfte aber zwischen 380 und 400 pounds/feet nach der üblichen amerikanischen Messung gelegen haben (515 bzw. 542 Nm).

Fast exzessiv war für damalige Begriffe die Höchstgeschwindigkeit von fast 170 km/h. Jedem Käufer eines Marmon Sixteen wurde ein Zertifikat überreicht, in dem ihm bestätigt wurde, daß das Chassis dieses Wagens mit einer dem Gewicht eines Serienfahrzeugs entsprechenden Testkarosserie über eine Distanz von 210 Meilen (338 Kilometer) auf dem Rennkurs von Indianapolis getestet worden war und die letzten zehn Meilen (16,09 Kilometer) mit einer Höchstgeschwindigkeit von 168,9 km/h bei Vollgas zurückgelegt hatte. Zum Test gehörte auch das Herunterschalten aus dem oberen in den zweiten Gang bei 80

Die Convertible-Version war das kostspieligste Modell des Marmon V16. In der Zeit der Rezession waren 5950 Dollar ein die Käufer eher abschreckender Preis. Mit den 200 PS war der Sechzehnzylinder für damalige Zeit ein ausgesprochener Kraftprotz.

Das Interieur des Marmon strahlte den Luxus aus, den man von diesem Wagen angesichts seines Preises auch erwartete. Hier ein Blick in die Kabine einer fünfsitzigen Limousine von 1933.

Marmon senkte 1933 die Preise, für diese viertürige Limousine zum Beispiel von 5700 Dollar auf 4975 Dollar. Das rettete den Wagen aber auch nicht mehr. 1934 gab es keine weiteren Modelle. Mit Marmon war eine weitere Marke vom Markt verschwunden.

km/h, ohne daß das Getriebe dagegen mit knirschenden Zähnen protestierte.

Ein 2313 kg schweres und mehr als 160 km/h schnelles Automobil benötigte logischerweise auch die entsprechenden Bremsen. Das wußte auch Howard Marmon. Er baute sichere und servo- sowie luftdruckunterstützte selbstnachstellende Einheiten mit einem beachtlichen Trommeldurchmesser von 40,6 cm ein.

Soviel Technik mußte natürlich auch in einen Maßanzug gekleidet werden. Mit dem Mann, der diesen Anzug kreieren sollte, ging Marmon ein ziemliches Risiko ein: Der New Yorker Walter Darwin Teague war zwar ein renommierter Industriedesigner, aber alles andere als ein Karosserieschneider. Daß er engagiert wurde, hatte zweierlei Gründe. Erstens war er ein guter Freund der Marmon-Brüder. Und zweitens übernahm er den Auftrag für ein geringes Salär, was den Marmons gerade recht war – sie steckten in finanziellen Schwierigkeiten.

Was Teague dann ablieferte, war nicht sein Werk, sondern das seines Sohnes Walter, der zu der Zeit gerade sein Studium am Massachussetts Institute of Technology aufgenommen hatte. Der Teenager holte sich von Ray Dietrich und dem bei der Walter M. Murphy Company beschäftigten Frank Hershey zumindest einen Teil seiner Ideen. Deren Verarbeitung in seine eigenen Vorstellungen führte zu einem gegenüber dem Luxusauto-Standard der frühen 30er Jahre unübersehbar konträren Styling eines schlanken, schnörkellosen und moderner als alles andere wirkenden Fahrzeugs.

Die Zeit zur Einführung dieses Automobils aber hätte nicht schlechter gewählt werden können. Dazu kam, daß von der Vorstellung des Prototyps auf der New Yorker Ausstellung im Dezember 1930 bis zur Aufnahme der Produktion über vier Monate ins Land zogen. Als der Marmon Sixteen dann endlich präsentiert wurde, hatte Jaguar mit seinem 16V schon über fünfzehn Monate lang den Markt der 16-Zylinder-Luxuskarossen abgegrast, so daß der Vorstellung des großen Marmon zumindest ein Teil des großen Effekts genommen war. Das alles geschah zu einer Zeit, als die US-Wirtschaft und damit auch die Zahlungskraft der US-Bürger sich dem Tiefpunkt näherte.

Unter diesen Umständen kann es kaum überraschen, daß die Produktion dieses großdimensionierten Wagens von vornherein limitiert war. Insgesamt sind dann auch nur 390 Marmon Sixteen gebaut worden. Der 1. Mai 1933 senkte über eine weitere renommierte amerikanische Automarke den Mantel der Vergänglichkeit.

Technische Daten	
Motor:	45-Grad-V16, OHV, Leichtmetallblock, 8042 ccm, Bohrung x Hub 7,9 x 10,1 cm, 200 PS bei 3400 U/min, max. Drehmoment zwischen 515 und 542 Nm
Kraftübertragung:	Dreigang-Getriebe, Gang zwei und drei synchronisiert
Fahrwerk:	Starrachsen, halbelliptische Federn, hydraulische Stoßdämpfer
Bremsen:	Doppel-Servobremse /Trommeln 392 mm Durchmesser) mit Bremskraftverstärker
Radstand:	3683 mm
Gewicht:	2308 kg bis 2485 kg (je nach Karosserie)
Höchstgeschwindigkeit:	169 km/h
Beschleunigung von 0 auf 100 km/h:	ca. 20 Sekunden
Produktion:	etwa 390

A98-992
TEXAS-1932

Als im Herbst 1931 in der Gerüchteküche etwas über einen neuen V8 von Ford zu brodeln begann, reagierten die meisten Amerikaner noch mit deutlicher Skepsis. Ein V8 in der unteren Preisklasse? Das hatte es bislang jedenfalls noch nicht gegeben. Niemand glaubte auch, daß es das in Zukunft geben würde. Doch das sollte es bald darauf geben.

Erstaunlich war auf alle Fälle die Tatsache, daß die Arbeiten an diesem Ford V8 schon zwei Jahre zuvor begonnen hatten, aber nichts an die Öffentlichkeit gedrungen war. Das Ganze war top secret und spielte sich hinter den Mauern von Fords Greenfield Village im Edison Institute ab. Carl Schultz und Ray Lird, zwei der talentiertesten Ford-Ingenieure, waren mit diesem „Geheimauftrag" betraut worden, einen kleinen Achtzylinder zu konstruieren, der für große Stückzahlen ausgelegt sein sollte. 1930 gesellte sich zu ihnen noch ein dritter Mann, Emil Zoerlein, dessen Spezialaufgabe die Entwicklung eines für diesen Achtzylinder geeigneten Zündsystems war. Und natürlich hatte Henry Ford persönlich seine Hände dabei auch im Spiel.

Stets ein Mann der Widersprüche, hatte sich Henry Ford einerseits starrsinnig an seine längst überholte Tin Lizzie geklammert, andererseits bereits Mitte der 20er Jahre, als das Modell T noch gebaut wurde, aber einige seiner Ingenieure schon damit beauftragt, sich Gedanken über einen Achtzylinder zu machen. Und zwar einen in Reihenbauweise mit je zwei Zylinderpaaren oben und unten, im Sinne zweier am Fuß mit einer Kurbelwelle miteinander verbundenen V4-Maschinen. Dieses Konzept erwies sich jedoch aus mehreren Gründen als unpraktisch. Einmal tendierten die unteren Zündkerzen zum Verrußen, weiterhin war der Motorblock übermäßig schwer, und obendrein wäre die Produktion zu teuer geworden. So endete das Projekt schließlich mit der Entscheidung zugunsten eines V8-Motors.

Von der Logik her hätte man erwarten sollen, daß Ford sich an Chevrolet orientieren und einen eigenen Sechszylinder bauen würde. Henry Fords beim Modell K von 1905 bis 1908 gesammelte Erfahrungen mit diesem Konzept aber hatten in ihm ein unumstößliches Vorurteil gegen diesen Maschinentyp heraufbeschworen. Dieses K-Modell mit seinem 6636-ccm-Motor, von Ford zum Preis von 2500 Dollar angeboten, war ein ausgesprochener Flop gewesen und für Ford gestorben.

Es war also klar: Der neue Motor mußte ein V8 sein. Nur wie dieser beschaffen sein sollte, was der alte Herr im Sinn hatte, das war und blieb unklar. Denn abgesehen von Henry Ford glaubte damals niemand daran, einen solchen V8 mit relativ geringen Kosten zu bauen. So stellte sich letztlich nur noch die Frage: Sollte der V8 eine Entwicklung speziell nur für das Modell A werden? Daß es möglich sein würde, einen Achtzylinder zum gleichen Preis wie einen Vierer herzustellen, glaubte auch Henry Ford selbst wohl kaum.

Daß ein Ford V8 kommen würde, war ja nun bekannt. Die Spekulationsbörse blühte. Henry Ford ließ die anderen spekulieren. Und schwieg. Seine Voreingenommenheit einmal ausgeklammert, sprach die Logik in der Tat dafür, vom Sechs- zum Achtzylinder überzugehen, da Fords Lincoln-Modellreihen ja schon seit mehr als zehn Jahren mit solchen Motoren bestückt waren. Doch die waren auch in höheren Preisregionen angesiedelt. Das Ganze spürbar billiger zu machen, erschien schlicht und einfach als unmöglich. Zumindest nach dem damaligen Wissensstand über die Konstruktion eines preisgünstigen V-Motors. Die Standard-Praxis beruhte nun einmal auf zwei getrennten Zylinderblöcken, die dann peinlich genau montiert und mit der Kurbelwelle verbunden werden mußten. Das war eine aufwendige Konstruktion, die sich auch im Preis niederschlagen mußte, was sowohl die Lincolns als auch die Cadillacs dokumentierten. Aber Henry Ford wollte *seinen* V8,

Henry Ford war für drei berühmte Automodelle verantwortlich: das legendäre Modell T („Tin Lizzie"), das bis 1972 den Produktionsweltrekord hielt, das Modell A als Nachfolger des T, und den V8. Dabei präsentierte Ford der Welt 1932 nicht nur den preiswertesten Achtzylinder. Sohn Edsel hatte darüber hinaus auch für ein neues und attraktives Styling des Wagens gesorgt. Die gegen Extrageld lieferbare Kühlerfigur wurde zu einem begehrten Sammel-Objekt.

Der Ford V8 leistete 65 PS und wartete mit einem maximalen Drehmoment von 176 Newtonmeter auf. Die Produktion in einem Block war kostengünstig. Das Instrumentarium wirkte schon wesentlich eleganter als das des Modells A. Ein von Hand zu bedienender Choke und eine Drosselklappe gehörten zur serienmäßigen Ausrüstung.

und zwar unter besonderer Berücksichtigung des Kostenfaktors.

Das Modell A hatte einen Superstart, das Publikum aber war inzwischen mit fliegenden Fahnen zu Chevrolet übergelaufen. Die Zahlen las man in der Ford-Zentrale nicht gerade mit Vergnügen: 1930 hatte das Unternehmen noch sagenhafte 77 Prozent Verkaufsvorteile gegenüber Chevrolet, aber das Blatt hatte sich gewendet, Chevrolet lag Ende 1931 vor dem Rivalen.

Handeln war gefragt. Das erste große Problem, mit dem sich Ford und seine Ingenieure konfrontiert sahen, war die Frage, wie ein V8 aus buchstäblich „einem Guß" hergestellt werden konnte, denn das allein bot sich als Lösung zur preisgünstigen Herstellung des Motors an. Oldsmobile und Oakland/Pontiac, die beiden GM-Marken, hatten mit dem Monoblock-Konzept 1929 und 1930 bereits ihre schlechten Erfahrungen gesammelt. Diese Autos kosteten auch das Zwei- bis Dreifache eines Ford.

Selbst Edsel Ford, formal als Präsident des Unternehmens fungierend, und Produktionschef Charles Sörensen blieben zunächst aus dem Kreis derer „ausgesperrt", die etwas vom V8-Projekt wußten. Im Sommer 1931 wurden jedoch auch sie ebenso wie Lawrence Sheldrick, Chef der Technik-Division, in das große Geheimnis eingeweiht. Sörensens Meinung war ziemlich kritisch, speziell hinsichtlich der Konstruktion eines Motorblock in einer Einheit. Mit sonderlich großer Eile war das Projekt ohnedies nicht angegangen worden, da Henry Ford noch mit einer ganzen Reihe von Ideen spielte. Als aber die katastrophalen Verkaufszahlen von 1931 bekannt wurden, machte Ford plötzlich Druck, alle Anstrengungen konzentrierten sich jetzt auf dieses eine große Ziel.

Das Ergebnis war eine bemerkenswert kleine Maschine mit nur 3621 ccm Hubraum und einer Leistung von 65 PS. Zahlen, die auf den ersten Blick recht mäßig erschienen, sich in der Praxis aber als ausgesprochen attraktiv erwiesen, so attraktiv, daß der neue Ford – wie übrigens später auch ein bestimmter Citroën – zum bevorzugten Automobil von Bankräubern wurde, bei deren Kontrahenten auf des Gesetzes richtiger Seite aber ebenso beliebt war,

Henry Ford hatte 1932 weiterhin einen Vierzylinder im Programm, der es auf 50 PS brachte. Für den V8 aber gab es als „Visitenkarte" auch spezielle Radnaben-Kappen.

Das V8-Cabrio des Baujahres 1932 wartete auch mit einem aufklappbaren Hecksitz auf, und das serienmäßig im Preis von 610 Dollar enthalten. Mit 1084 kg wog der Wagen nur rund 9 kg mehr als das Vierzylinder-Modell B.

womit sich das alles wieder ausglich. Auch das ist schließlich Automobilgeschichte...

Unter den Ford-Kunden gab es nach wie vor noch reichlich hartnäckige Verfechter des Vierzylinder-Modells. Die durften natürlich auch nicht vergrault werden. Also lief parallel zur Entwicklung des neuen V8 auch die Überarbeitung, sprich Verbesserung des bewährten Vierzylinders, der im Modell A treu und brav seinen Dienst tat. Dieses modifizierte Triebwerk wurde schließlich im Modell B (der Seitensprung der Tin Lizzie mit ihrem aus der alphabetischen Reihenfolge getanzten T war augenscheinlich nur ein einziger Fehltritt) präsentiert. Er hatte eine verstärkte Kurbelwelle, war höher verdichtet, arbeitete mit verbesserter Schmierung zuverlässiger und lief dank von 40 auf 50 PS gesteigerter Leistung auch wesentlich flotter.

Unabhängig von diesen beiden motorischen Neuheiten warteten die 1932er Ford-Modelle auch ansonsten mit einer ganzen Reihe nennenswerter Veränderungen auf. Erstmals erfolgte die Motoraufhängung gummigelagert, was zu deutlich komfortablerer Laufruhe und Reduzierung der Vibrationen führte. Der Radstand war von 2628 mm auf 2692 mm verlängert und damit das Fahrverhalten optimiert worden, wozu nicht zuletzt auch die Verlängerung der Federwege beitrug. Die Karosserie saß auf einem verstärkten Rahmen. Der Tank hatte ebenfalls einen langen Weg hinter sich – vom Platz unter der Motorhaube war er ganz nach hinten ins Heck verlegt worden. Beim Getriebe waren die Gänge zwei und drei jetzt synchronisiert, zusammen mit der vergrößerten Lenkübersetzung im Handling eine deutliche Erleichterung für den Fahrer.

Von Edsel Ford und Joe Galamb, die für das Styling des Modells A verantwortlich gezeichnet hatten, stammte auch das Design

Breite Trittbretter, aber besser ins Gesamtstyling integriert als beim Modell A, waren ab 1932 weiterhin Standard.

des neuen B-Modells, dessen Karosserie bei Murray, Budd und Briggs, Fords Hauptlieferanten für die Fahrzeugaufbauten, gefertigt wurde. Dabei ließ sich der Eindruck nicht verwischen, daß es sich hier um einen Lincoln im Kleinformat handelte, ausgenommen den Kühlergrill, der vermutlich von Briggs entworfen wurde, ursprünglich aber für den Plymouth vorgesehen war. Vom B-Modell bot Ford den Kunden wieder eine reichliche Auswahl an Karosserievarianten, nämlich deren sechzehn vom Standard bis zum DeLuxe. Darüber hinaus bestand auch noch die Wahl zwischen einem Vier- oder dem Achtzylinder.

1931 hatte Ford den Vierzylinder überarbeitet, jedoch nicht den V8. Da beide Wagen mit Ausnahme des Motors praktisch identisch waren, hätte eine zu frühe Einführung des Modells B die Chancen des V8 verringert, so daß Henry Ford beschlossen hatte, damit noch zu warten. Das Nachsehen allerdings hatten die Händler angesichts schrumpfender Absatzzahlen des Modells A.

In den Werkshallen aber wurde inzwischen mit Hochdruck gearbeitet. Am 10. März 1932 konnten dann die Fließbänder endlich gestartet werden, zunächst noch für das Modell 18, aber wenig später dann auch für das Modell B. Daß nach der langen Geheimniskrämerei und angesichts der wildesten Gerüchte nun, da der Vorhang hochgezogen war, ein Ansturm auf die Schauräume der Händler einsetzte, war kein Wunder. Der neue Ford wurde vom Publikum geradezu enthusiastisch begrüßt. Die Kunden aber erfuhren auch, was man Lieferfristen nennt. Im Mai hatten alle Händler überhaupt erst einen Vorführwagen. Andererseits aber saß das Geld bei den Amerikanern angesichts der schwierigen wirtschaftlichen Situation auch nicht so locker. Ford selbst konnte darüber auch froh sein, da es wieder die üblichen technischen Kinderkrankheiten gab, aber auch schwerwiegende Probleme mit den Motorblöcken, extrem hohen Ölverbrauch und Überhitzung der Maschine. Bis der Verkauf auf Touren kam, waren diese Schwierigkeiten aber behoben. Der V8-Motor war schließlich bis 1952 das Ford-Basis-Triebwerk. Übrigens: In Köln, wo Ford 1925 mit der Produktion begonnen hatte, ist das Modell B auch als „Rheinland" gebaut worden.

Technische Daten

Motor:	90-Grad-L-Form-V8, 3621 ccm, Bohrung x Hub 7,6 x 9,2 cm, Verdichtung 5,5:1, 3 Hauptlager, mechanische Ventilstößel, 1 Fallstromvergaser, 65 PS bei 3400 U/min, max. Drehmoment 176 Nm bei 1250 U/min
Kraftübertragung:	Dreigang-Schaltgetriebe, Gang zwei und drei synchronisiert, Schalthebel im Fußraum montiert, Trockenscheiben-Kupplung
Chassis:	gepreßter Stahlrahmen, Längsträger, massive oder Rohr-Querträger
Fahrwerk:	Starrachsen, querliegende Blattfedern
Bremsen:	Innenliegende mechanische Vierradbremse
Radstand:	2692 mm
Länge:	4203 mm
Spurweite vorn/hinten:	1402 mm / 1440 mm
Gewicht:	999 kg bis 1164 kg (je nach Karosserie)
Produktion:	193 891 plus 89 036 Vierzylinder im Modelljahr 1932

Ohne die Protektion von Edsel Ford wäre der Lincoln K vermutlich nie gebaut worden. Dieser größte aller Lincolns entstand schließlich zu einer für Fahrzeuge dieser Dimension denkbar ungünstigen Zeit. Und es ist auch eine Ironie der Geschichte, daß ausgerechnet zwischen 1929 und 1934 während wirtschaftlicher Katastrophen und Rezessionen nach Meinung vieler Kenner die schönsten Automobile aller Zeiten gebaut wurden. Dazu gehörte zweifellos auch die Lincoln K-Serie mit ihren exzellenten V8- und V12-Triebwerken sowie den neuen Maßstäben von Leistung, Verarbeitung und Ausstattung. Ein Verkaufsschlager aber wurde diese Baureihe aus den genannten Gründen nicht.

Für Klassiker dieser Größen- und Güteordnung waren die frühen 30er Jahre eben die falsche Zeit. Die Massenproduktion hatte die Weichen für sehr gute Automobile zu deutlich geringeren Kosten gestellt. Um ein Luxus-Auto zu erstehen, mußte nicht mehr der dreifache Preis eines Buick gezahlt werden. Die Automobilhersteller ihrerseits konnten es sich auch nicht mehr leisten, ohne Rücksicht auf Kosten zu produzieren, wenn sie überleben wollten.

Unter den klassischen Automobilen ist der Lincoln mit der geteilten Dachhaube ein begehrtes Sammlerstück. Die Fotos zeigen, warum: Selbst bei einem Wagen mit Chauffeur konnten die feinen Herrschaften im Fond des Wagens ganz nach Belieben das Dach verstellen, um für entsprechend frische Luft zu sorgen.

Daß es den Lincoln K und die späteren Reihen KA sowie KB überhaupt gab, ist Edsel Ford zu verdanken. Er hatte seinen Vater überredet, den 1921 in finanzielle Schwierigkeiten geratenen Gründern der Lincoln Motor Company, Wilfried und Henry Leland, das Unternehmen abzukaufen. Für Edsel Ford war die Marke Lincoln fortan das Lieblingskind, zumal die Marke eng mit Begriffen wie Qualität in der Verarbeitung und hoher Standard in Konstruktion und Technik verbunden war. Im Gegensatz zu Henry Leland hatte Edsel Ford auch ein Auge für gutes Styling. So blieb es nicht aus, daß schon nach kurzer Zeit Lincoln-Karosserien bei so renommierten Firmen wie Brunn, Fleetwood und Judkins in Auftrag gegeben wurden. Anstelle der früheren und entsprechend kostenaufwendigen Einzelstücke ließ Ford gleich „Auflagen" von 10 bis 25 gleichen Aufbauten herstellen.

Als Lincoln 1925 ein eigenes Karosseriewerk in Betrieb nahm, um der steigenden Nachfrage gerecht zu werden, holte Edsel Ford einen bekannten Designer nach Detroit: Ray Dietrich, bis dahin bei LeBaron beschäftigt. Lincoln galt zu dieser Zeit als Trendsetter der Automobilmode, das verpflichtete auch zu einer entsprechenden Kollektion. Diese war in der Tat größer als die aller Konkurrenten. Zum Team der Designer gehörten außer Dietrich Könner wie Holbrook, Willoughby, Locke und LeBaron. Die Bilanz 1925 konnte sich sehen lassen: Lincoln hatte 8451 Fahrzeuge der verschiedenen Designs verkauft.

1927 brachte einen leichten Rückgang, nachdem auch 1926 gut gelaufen war. Auch die Einführung eines im Hubraum auf 6305 ccm vergrößerten V8 für das Baujahr 1928 konnte die weiter nach unten tendierende Kurve nicht umbiegen. Es wurde also Zeit, das zu der Zeit produzierte Modell L abzulösen. Das kam auch, brandneu sogar: das Modell K, vorgestellt im Januar 1931. Sein V8-Motor war auf der Basis der Maschine von Henry Leland entwickelt worden, hatte aber mit 120 PS gegenüber den 90 des Leland-Originals eine Menge mehr Kraft anzubieten. Erreicht worden war dies durch eine höhere Verdichtung, zwei Fallstromvergaser mit mechanischer Kraftstoffpumpe und einem überarbeiteten Ansaugkrümmer. Neu waren außerdem eine Zweischeiben-Kupplung, ein vollsynchronisiertes Getriebe mit Leerlauf, doppelt wirkende Houdaille-Stoßdämpfer an allen Rädern sowie eine Schneckenlenkung anstelle der früheren Zahnkranzlenkung.

Das beste Verkaufsargument aber war zweifellos sein frisches neues Styling. Dank eines von 3454 mm auf 3683 mm verlängerten Radstands wirkte die in der Höhe reduzierte und leicht in die Breite gegangene Karosserie schlank und elegant. Ein neugestylter Grill, von geschwunge-

Obwohl schon das Modell L ein schönes Automobil war, repräsentierte die K-Modellreihe von 1931 bis 1940 eine Sternstunde für Lincoln. 1931 wurde nur ein 120 PS starker V8 angeboten. Die Leistungskurve entwickelte sich bis Ende des Jahrzehnts aber schließlich bis zu den 150 PS des V12 im Modell K.

Die letzten Lincoln-Baureihen warteten 1939 mit einer gegenüber den Wagen der frühen 30er Jahre verbesserten Aerodynamik auf. Die von LeBaron entworfene Cabrio-Limousine kostete 5828 Dollar und mit geteilter Windschutzscheibe 6028 Dollar. Nur neun dieser Wagen mit einem Radstand von 3683 mm sind gebaut worden.

nen Kotflügeln mit aufgesetzten Lampen eingerahmt, verriet auf den ersten Blick den neuen Lincoln-Look.

Vom Werk selbst wurden vierzehn Varianten zu den neun Standard-Formen angeboten. Unterste Preisgrenze waren 4000 Dollar, die Spitze lag bei 7400 Dollar. Der neue Lincoln aber fand sein – gutbetuchtes – Publikum. Trotz der anhaltenden Rezession war eine Steigerung um zehn Prozent gegenüber 1930 zu verzeichnen. Tatsächlich aber machten sich die 3540 verkauften Wagen gegenüber der Bilanz von 1926 mit weniger als der Hälfte doch recht bescheiden aus. Daß Lincoln Geld verlor, war ein offenes Geheimnis. Fords Buchführung aber war zu jener Zeit so unübersichtlich, daß genaue Zahlen nie kalkuliert wurden.

1932 unternahm Lincoln einen bis dahin ungewohnten Schritt: Erstmals wurden zwei verschiedene Modellreihen angeboten. Das Modell KB behielt zwar den langen Radstand von 3683 mm, erhielt aber einen brandneuen Motor, einen 150 PS starken 7,3-Liter-V12, ein schwergewichtiges Kraftwerk, das allein 484 kg zum Gesamtgewicht des Wagens beisteuerte. Die technischen Details waren bemerkenswert, wie zum Beispiel die siebenfach gelagerte Kurbelwelle aus geschmiedetem Stahl mit einem Torsions-Schwingungsdämpfer. Trotz dieser Verbesserungen war der Preis gegenüber dem K-Modell von 1931 sogar etwas gesenkt worden.

Das zweite Modell im Baujahr 1932 war der Lincoln KA, der die Marke gegenüber der Konkurrenz doch wettbewerbsfähiger machte als der großdimensionierte KB. Lincoln lieferte diese Reihe nicht mit werksseitig gefertigten Karosserien aus. Mit kürzerem Radstand (3454 mm) kostete der KA rund 1400 Dollar weniger als der große Bruder KB. Billig war er aber auch nicht, sondern immer noch 300 Dollar teurer als der Cadillac V8.

Im Baujahr 1933 hatte Lincoln den Achzylinder des KA durch einen V12-Motor ersetzt, der erste Lincoln-Motor im sogenannten Offset-Verfahren, das die Montage der Pleuelstangen nebeneinander an den Kurbelwellenlagern ermöglichte. Dabei konnte auch

Nur wenige Automobile wurden 1939 mit seitlich montiertem Reserverad angeboten. Der Lincoln K war einer davon.

die Zahl der Lager von sieben auf vier reduziert werden, was zugleich auch zu einer Verkürzung der gesamten Einheit führte.

Verändert hatte der Lincoln auch sein Gesicht und wirkte mit dem abgeschrägten Grill gefälliger. Mit den ersten Anzeichen von „geschürzten" Kotflügeln zeichnete sich erstmals ab, was bald in Mode kommen sollte. Die vier zusätzlichen Zylinder gab es übrigens umsonst – der Preis war gegenüber dem V8 nicht erhöht worden. Lincoln hätte unter diesen Aspekten zu normalen Zeiten sicher gut abgeschnitten. Einen Strich durch diese Rechnung machte die Rezession. In Lincolns Fall hieß das 44 Prozent Rückgang der KA-Modelle gegenüber den 1933 ohnehin schon verzeichneten Einbußen, während zu allem Überfluß der große KB mit minus 65 Prozent einen regelrechten Absturz erlebte.

Ganze 2007 Fahrzeuge verließen in diesem Krisenjahr 1932 die Werkshallen. Das führte zwangsläufig zu modellpolitischen Maßnahmen. So wurden 1934 KA und KB nur noch mit einem Motor geliefert, einer aufgebohrten Version des KA-Triebwerks mit 6784 ccm und einer Leistung von 150 PS. Daß dieser Motor den Vorzug erhielt, war zeitgemäß – er lief ruhiger, war schneller, aber trotzdem wirtschaftlicher für den Kunden und kostengünstiger herzustellen als die bullige KB-Maschine. Am Styling war wenig geändert worden. Auch im Preis hatte sich Lincoln mit einer nur geringfügigen Erhöhung zurückgehalten und einen Mittelweg zwischen KA und KB gefunden. Am Jahresende sah man zufriedenere Gesichter in der Chefetage. Erstmals war wieder eine Verkaufssteigerung zu verzeichnen, mit 46 Prozent sogar recht beachtlich.

1935 konzentrierte sich Lincoln wieder auf das obere Niveau des Markts. KA und KB wurden nicht mehr als solche deklariert, sondern hießen jetzt allesamt Modell K, obwohl auch weiterhin die beiden verschiedenen Radstände beibehalten blieben. Der preiswerteste Lincoln K kostete inzwischen aber rund 1000 Dollar mehr als das vergleichbare Modell des Vorjahres. Das schloß jedoch auch eine grundlegende Überarbeitung sowohl des Stylings als auch verschiedener technischer Komponenten ein.

Lincoln gab dem Armaturenbrett des K-Modells mit vier horizontalen Chromstreifen ein elegantes Design. Der Schalthebel „wuchs" aus dem Fußraum heraus.

Die Rezession hatte auch vor den Karosserieherstellern nicht Halt gemacht. Viele von ihnen waren auf der Strecke geblieben. Lincoln blieb der letzte große Auftraggeber für die Karosseriewerkstätten. Immerhin ein Dutzend Versionen stand noch zur Auswahl, im Design von Brunn, Judkins, LeBaron und Willoughby. Große Veränderungen am Modell K waren 1936 nicht zu verzeichnen. Dafür aber die Einführung eines neuen Modells, des Zephyr.

Die letzte nennenswerte Überarbeitung erfolgte 1937, die jedoch nicht unbedingt dem allgemeinen Geschmack entsprach, was einige Kritiker mit der Definition „knollig" umschrieben. Zu haben war diese letzte Generation in 21 Varianten. Haben wollten den Wagen aber nur noch weniger als tausend Kunden. Daß die Tage des Modells K gezählt waren, war auch in der Chefetage klar, als die Verkaufszahlen 1938 und 1939 noch weiter in den Keller gingen. Und dort fand dann auch die Beerdigung statt...

Lincoln-Experte Paul Woudenberg schrieb den Abgesang: „Die Produktion des mächtigen Lincoln-Modells K fand 1939 ihr Ende. Die wenigen noch übriggebliebenen Chassis wurden als 1940er mit schwarzen Lincoln-Medaillons ausgeliefert, eine letzte Würdigung für ein Automobil, das viele Amerikaner auch heute noch für das beste US-Auto der 30er Jahre halten." Dafür sei als letzte Bestätigung noch vermerkt, daß ein K-Modell 1939 mit einem superlangen Radstand von 4065 mm an das Weiße Haus geliefert wurde – als „Sunshine Special", bestimmt für Paraden und andere besondere Anlässe. Seine prominentesten Insassen waren die beiden Präsidenten Roosevelt und Truman. Heute steht dieses historische Prachtstück im Henry-Ford-Museum in Dearborn.

Technische Daten	
Motor:	67-Grad-L-Form-V12, 6784 ccm, Bohrung x Hub 8,0 x 11,4 cm, Verdichtung 6,38:1, 4 Hauptlager, hydraulische Ventilstößel, 2 Fallstrom-Vergaser, 150 PS bei 3800 U/min
Kraftübertragung:	Dreigang-Schaltgetriebe, doppelte Trockenscheiben-Kupplung
Fahrwerk:	Starrachse vorn und hinten mit halbelliptischen Federn, doppelt wirkende Houdaille-Stoßdämpfer
Bremsen:	Mechanische Trommelbremsen vorn und hinten
Radstand:	3454 mm oder 3683 mm, je nach Karosserie
Spurweite:	1524 mm vorn und hinten
Gewicht:	2354 kg bis 2631 kg, je nach Karosserie
Höchstgeschwindigkeit:	über 152 km/h
Beschleunigung:	Etwa 20 Sekunden von 0 auf 100 km/h
Produktion:	977

1932-39 PACKARD TWELVE

Sie waren Konkurrenten bis aufs i-Tüpfelchen, der Packard und der Lincoln mit der jeweiligen Zusatzbezeichnung „Twelve“, sprich 12, was bekanntlich ja nichts anderes war als der Hinweis auf die Zahl der Zylinder ihres Motors. Es gab aber noch eine Reihe weiterer Kontrahenten für den großen Packard, so den Cadillac (hier auch den V16), von Marmon ebenfalls einen Sechzehnzylinder und andere Klassiker. Sie alle waren irgendwie sowohl Zeugen als auch Gefangene ihrer Zeit, erdacht und konzipiert in den „Roaring Twenties“, den stürmischen wilden 20er Jahren, aber dann hineingeboren in die schweren 30er Jahre mit ihren verheerenden wirtschaftlichen Problemen. Sehr alt geworden sind sie dann auch alle nicht. Das Schicksal hat es nicht gut mit ihnen gemeint. Aber sie waren, das darf ihnen „posthum“ auch aus heutiger Sicht bestätigt werden, allesamt große Autos, gehörten zum Bemerkenswertesten, was aus der Erfindung von Daimler und Benz je gemacht wurde.

Packards Zwölfzylinder entstand nicht als gezieltes Konzept auf einer jungfräulichen Schiefertafel. Sein Ursprung liegt auch nicht einmal in Packards Schoß selbst. Der Packard V12 war genau genommen der Konzeptträger einer ganzen Reihe von Innovationen, darunter auch eines revolutionären Antriebsprinzips, nämlich der Übertragung der Motorkraft auf die Vorderräder.

Packard bezeichnete seinen ersten, von 1916 bis 1923 gebauten V12 als „Twin-Six“ und blieb bei dieser Einstufung als „doppelter Sechszylinder“ auch beim späteren V12 des Baujahres 1932. Danach allerdings war nur noch die Bezeichnung V12 üblich.

Bei Packard begannen die Versuche mit dem Frontantrieb, als Rennfahrer wie Tommy Milton Loblieder auf eben dieses Konzept sangen, nachdem sie Fronttriebler wie den Ruxton oder den Cord L-29 auf so anspruchsvollen Strecken wie in Indianapolis pilotiert hatten. Miltons Freund Cornelius van Ranst, der hauptverantwortlich zeichnete für den L-29, suchte nach einer Möglichkeit, in dieser Richtung noch aktiver zu werden. So vermittelte ihm Milton ein Treffen mit Packards Chefingenieur Jesse Vincent. Es kam zur Zusammenarbeit, die aber schon bald eine Unterbrechung erfuhr. Packard mußte sich auf eine andere Aufgabe konzentrieren, nachdem Cadillac kurzfristig die Vorstellung eines 12- und eines 16-Zylinder angekündigt hatte. Präsident Alvan Macauley entschied, das Frontantriebs-Experiment in die Schubladen zu packen und am V12 weiterzuarbeiten. Der kam dann 1932 in einem Modell, das für Packards Image von besonderer Bedeutung werden sollte, dem Twin Six.

Dieser aus zwei Sechserblöcken bestehende Zwölfzylinder lief auf vier Hauptlagern und war ein fortschrittliches Gußwerk mit Zylinderblöcken und Kurbelwelle als Einheit. Unter den „zeitgenössischen“ Mehrzylinder-Maschinen konnte lediglich noch der Marmon V16 damit aufwarten. Ebenso außerhalb der Norm jener Tage lag der Einsatz von zwei Fallstromvergasern mit Ansaugkrümmer. Packards Ingenieure hatten den bisherigen Winkel des Twin-Six von 60 auf 67 Grad vergrößert. Der Hubraum von 7292 ccm machte 190 PS „locker“, womit dieses Triebwerk in seiner Leistung dem Lincoln KB sehr nahekam.

Dieser Packard von 1934 war ein Modell der Baureihe 11. Der imposante Zwölfzylinder war für Preise zwischen 3820 Dollar und 7700 Dollar zu haben. Bei diesen Preisen fand er auch nur 960 Käufer. Das hier abgebildete Modell ist der sportliche Phaeton mit Doppel-Haube.

Der 1933 vorgestellte Packard, als Baureihe 10 deklariert, hatte einen massiven neuen Kreuzrahmen. Auch bei diesem neuen Modell praktizierte Packard seine spezielle Methoden, die Kunden von der Leistungsfähigkeit seiner Autos zu überzeugen. Jeder Motor wurde rund sieben Stunden auf dem Prüfstand getestet und durchgecheckt, ehe dann ein 400-Kilometer-Praxistest auf dem hauseigenen Prüfgelände erfolgte. Einige Veränderungen im Styling waren wie üblich vorgenommen worden. Doch was auf der Weltausstellung in Chicago als von Dietrich entworfenes „Car of the Dome“ stand, faszinierte die Besucher. Auf Drängen der Händler, die die Bezeichnung „Twin Six“ (Doppel-Sechs) als verwirrend bezeichneten, wurde dieser Name dann auch fallengelassen; das Auto hieß fortan einfach nur noch Packard 12.

Übermäßig große Verkaufsziele hatte Packard nicht, schon gar nicht

Die verstellbaren Seitenscheiben des V12 von 1934 sorgten für gehobenen Fahrkomfort, sprich Frischluftvergnügen.

Das holzeingefaßte Armaturenbrett des Packard V12 war reichhaltig mit Instrumenten ausgestattet.

Der V12 von Packard hatte in dieser Version von 1934 einen Hubraum von 7300 ccm und leistete 160 PS.

Das Convertible-Modell Victoria brachte 2467 kg auf die Waage. Der Radstand dieser Version betrug 3606 mm. Zu haben war der Wagen für 4590 Dollar. Für den Cormoran als Kühlerfigur – jahrelang ein Packard-Markenzeichen – waren 20 Dollar extra zu zahlen.

Die Luftklappen dienten der besseren Motorkühlung und waren zudem auch ein gelungenes Styling-Element. 1934 erfolgten Design-Veränderungen, zum Beispiel weiter heruntergezogene vordere Kotflügel.

angesichts der allgemeinen wirtschaftlichen Lage. Trotz allem sind dann aber 549 Modelle der Baureihe 9 und weitere 520 der Serie 10 entstanden. 1934 konnten nochmals 960 Zwölfzylinder ausgeliefert werden. Von jenem Jahr an aber verzichtete Packard auf die bis dahin relativ breit gestreute Palette der verschiedensten Karosserievarianten und bot nur noch leichte Modifizierungen innerhalb der regulären Modellreihe an. Damit wurde das Modell 21, 1935 vorgestellt, praktisch als eine in sich geschlossene Baureihe gesehen, blieb aber weiterhin Packards Flaggschiff.

Mit einem Hubraum von 7751 ccm rollte der V12 ins Baujahr 1935 und leistete 175 PS bei 3200 U/min. Doppelreihen stromlinienförmiger Motorhauben-Lüfter, ausschweifende Kotflügel, runde freistehende Scheinwerfer und eine insgesamt aerodynamisch günstiger gestaltete Karosserie charakterisierten das Styling. Bei Packard war man offensichtlich abergläubisch, übersprang beim Baujahr 1936 die fällige 13 und bezeichnete die Baureihe mit ohnehin nur minimalen stilistischen Retuschen als Serie 14. Gebaut wurden davon 682 Exemplare.

Im Gegensatz dazu waren beim Baujahr 1937, das heißt der Baureihe 15, doch gravierende Unterschiede zu registrieren. So hatte der Wagen inzwischen vorn unabhängige Radaufhängung. Von den kleineren Modellen war das sogenannte „Safe-T-Flex"-Fahrwerkskonzept übernommen worden, das besseres Fahrverhalten garantierte und 1937 auch zum Verzicht auf die bis dahin eingebauten Balancegewichte in den Stoßstämpfern führte. Ebenso übernommen wurden hydraulische Bremsen, jedoch nicht die Schmierung (System Bijur). Packard paßte sich auch dem Trend vom Übergang zu Scheibenrädern anstelle der traditionellen Speichenräder an.

Das erwähnte Safe-T-Flex-System war eine modifizierte Variante der Kombination von kurzen und langen Querträgern, das Cadillac erstmals 1934 angewandt hatte. Die Packard-Version setzte sich jedoch nicht so durch wie das Cadillac-System. Dennoch bauten verschiedene britische Hersteller wie Bentley, Daimler, Lanchester, Rover und selbst Rolls-Royce ein auf der Packard-Konstruktion basierendes System in ihre Wagen ein, bei Bentley und Rolls-Royce wurde in den Nachkriegswagen sogar praktisch das Packard-Original montiert.

Der Packard 12 hatte sein bestes Jahr 1937 mit 1300 gebauten Einheiten. Damit honorierten die Kunden einmal das durch Safe-T-Flex spürbar verbesserte Fahrverhalten und hatten zudem nun auch die Wahl zwischen drei Modellen (1506, 1507, 1508) gegenüber vorher nur zwei (1407 und

Der Packard des „Baujahres" 1936 war ein Einzelstück, im Sommer 1935 bei Fernandez & Darrin auf der Basis eines Auburn 120 von 1924 konstruiert und auf ein Chassis mit 3429 mm Radstand gesetzt. Die Karosserie war, um sie dem Rahmen anzupassen, verbreitert worden. Der Kühlergrill wiederum mußte zur Anpassung an die Motorhaube höher und schmaler gestaltet werden. Beides gelang stilistisch vollkommen.

Ein Amerikaner mit französischem Design: Dieser Packard V12 Speedster wurde 1935 von Fernandez & Darrin in Paris für einen Kunden maßgeschneidert. Zumindest konnte Dutch Darrin die Fakten zusammentragen, um den Nachweis zu erbringen, daß der zunächst nicht einzuordnende Wagen tatsächlich „eine Kreation" seiner Firma war.

1408). Eine Sedan-Limousine mit dem Radstand von 3352 mm wurde für 3940 Dollar angeboten, das waren einige hundert Dollar unter dem bis dahin preisgünstigsten Typ.

Ein Karossier, die Rollston Body Company, war 1937 besonders umfangreich von Packard beschäftigt, aber auch die schon seit langem für die Marke arbeitendenden Lieferanten Brunn, Dietrich, LeBaron und Kellner hatten ihre Aufträge.

Von der Baureihe 18 (Modelljahr 1938), die unwesentliche stilistische Spielereien aufwies, sind dann noch 566 Typen gebaut worden, ehe 1939 die letzte Serie aufgelegt wurde. Die bis zum Ende der Produktion drei Wochen vor Beginn des Zweiten Weltkriegs entstandenen 446 Typen waren ausschließlich individuelle Kundenaufträge. Die Zeit war reif für die Ablösung des großen Packard, der zugleich die erste große Ära des Automobils verkörperte, mit einem Interieur, das – wie ein Tester notierte – „einem kleinen Palast“ entsprach.

Technische Daten

Motor:	67-Grad-L-Form-V12, 7751 ccm, Bohrung x Hub 8,9 x 10,8 cm, Verdichtung 6,4:1 und (als Option) 7,0:1, 4 Hauptlager, mechanische Ventilstößel, zwei Stromberg-Fallstromvergaser, 175 PS bei 3200 U/min (180 PS als Option mit der höheren Verdichtung)
Kraftübertragung:	Dreigang-Getriebe, Gang zwei und drei synchronisiert, vakuumunterstützte Einscheibenkupplung
Fahrwerk:	Einzelradaufhängung vorn (System Safe, T-Flex), Schraubenfedern, Starrachse hinten, Blattfedern
Bremse:	Hydraulische Vierradbremse
Radstand:	3352 mm / 3530 mm / 3657 mm
Gewicht:	2383 kg bis 2626 kg (je nach Typ)
Höchstgeschwindigkeit:	ca. 155 km/h
Produktion:	1300

Im September 1935 präsentierte Packard die Baureihe 15 für das Modelljahr 1936. Topmodell war der 1507 V12 mit 175 PS. Der Radstand betrug 3530 mm. Diese Spezialanfertigung des Convertibles Victoria wurde von Dietrich im Kundenauftrag entworfen.

1932-38 PIERCE-ARROW TWELVE

Wie so viele andere später große Automarken (nehmen wir nur Opel mit seinen Nähmaschinen) kam auch die Pierce-Arrow Motor Car Company aus einer völlig anderen Branche, auch wenn sie mit Rädern zu tun hatte, aber solchen ohne Motor. George N. Pierce und sein Sohn Percy hatten 1873 in Buffalo im US-Staat New York einen Betrieb für die Herstellung von Fahrrädern und Haushaltsgeräten eröffnet.

Ein Dampfmobil war aber schon 1900 der erste Schritt einer Entwicklung, die über den 1901 entstandenen ersten Motorwagen schließlich zum Renommee einer der exklusivsten US-Automarken führen sollte. Maßstäbe wurden gleich von Anfang gesetzt, so zum Beispiel noch vor 1910 mit den ersten Autos mit Lenkradschaltung. Mit einem Ungetüm von 16 Liter Hubraum durfte das Unternehmen für sich auch in Anspruch nehmen, 1915 das monumentalste aller US-Autos zu bauen, auch in Europa gab es wenig bombastischere Modelle.

Soviel zur Geschichte. Pierce-Arrow baute schon in den Jahren vor und nach dem Ersten Weltkrieg eines der nobelsten Automobile in Amerika. Viele hielten den Pierce-Arrow sogar für das beste überhaupt. Mit einem Hubraum von 13 519 ccm, sprich 13,5 Liter, konnte kaum ein Konkurrent mithalten. Im Preis aber auch nicht. Da kostete das Modell 656 schließlich mit 8000 Dollar mehr als das Doppelte eines vergleichbaren Cadillacs.

Der Bogenschütze von Pierce-Arrow gehört zweifellos zu den bemerkenswertesten und bei Sammlern auch begehrtesten Kühlerfiguren der Automobil-Historie überhaupt.

In den 20er Jahren aber blieb Pierce hinter der Zeit zurück. Während Cadillac mit seinen feinen V8-Modellen ebenso wie andere Hersteller gutes Geld machte und mit starken Achtzylinder-Reihenmotoren immer neue Verkaufsrekorde erzielte, klammerte sich Pierce stur an seine zweifellos ebenfalls exzellenten, aber eben leider überholten Sechszylinder. Der 1924 vorgestellte Typ Serie 80 war im Preis zwar vernünftiger kalkuliert, konnte angesichts besonders exakter, aber eben kostspieliger Produktionsmethoden nicht billiger angeboten werden, so daß er noch immer um 300 Dollar über dem Preis des Packard-Sechszylinders lag.

So dauerte es bis 1929, ehe auch Pierce-Arrow den Anschluß an die modernen Zeiten gefunden hatte. In jenem Jahr bot er zwei Modellreihen durchkonstruierter Achtzylinder an. Auch in der Preisliste hatte sich das Unternehmen nun der Zeit angepaßt. Der neue Achtzylinder war deutlich billiger als sein Vorgänger, und der hatte noch zwei Zylinder weniger.

Es war, wenn man so will, unter all diesen Aspekten das Jahr des Durchbruchs für Pierce-Arrow. Die Produktion im Werk in Buffalo lief auf Hochtouren, die Nachfrage aber konnte trotzdem nicht erfüllt werden. Die Bilanz von 1930 wies dann auch prompt einen Gewinn von 1,3 Millionen Dollar aus. Doch danach kam die Rezession. Der Verkauf ging rapide zurück, die Buchhaltung schrieb mit roter Tinte. 1932 konnten nur noch 2700 Fahrzeuge abgesetzt werden, etwa ein Drittel der Produktion von 1929. Aus Gewinn war Verlust geworden, und dieser in einer Höhe von drei Millionen Dollar.

Die Entscheidung, die nun getroffen wurde, stand im krassen Gegensatz zur wirtschaftlichen Entwicklung in ganz Amerika: Im November 1931 hatte Pierce-Arrow zwei neue Zwölfzylinder-Modellreihen vorgestellt. Doch so irrational war das keineswegs. Die Wettbewerbssituation hatte das Unternehmen sogar zu diesem Schritt gezwungen. Cadillac hatte zwei Jahre zuvor seinen spektakulären V16 präsentiert und wenige Monate danach auch noch den V12 nachgeschoben. Packard war im Begriff, seinen Twin Six zu neuem Leben zu erwecken. Und Marmon baute seinen hervorragenden Sechzehnzylinder. Pierce-Arrow mußte also unbedingt etwas zumindest Gleichwertiges auf die Räder stellen.

Wie erwähnt, gab es zwei Baureihen des Pierce-Zwölfzylinders. Die

Trotz wirtschaftlicher Schwierigkeiten setzte Pierce-Arrow 1933 die Produktion des imposanten Modells 1247 Convertible-Limousine fort. 143 Wagen wurden insgesamt gebaut. Der Preis lag bei 5700 Dollar, mit geteilter Windschutzscheibe glatte 400 Dollar mehr. Ein besonderes Styling-Merkmal waren die in die Kotflügel integrierten Hauptscheinwerfer.

Kein Zweifel: Der Pierce-Arrow hatte eines der schönsten Cockpits seiner Zeit. Das geschwungene Armaturenbrett war voll in Holz gestaltet, ebenso der „Rahmen“ der Instrumente, und an Chrom wurde auch nicht gespart. Das Türschloß, zu öffnen mit einem Schlüssel „Made for Pierce“, hatte eine vor Schmutz und Nässe schützende Abdeckkappe.

1932-38 PIERCE-ARROW TWELVE

Wie alle anderen „Klassiker" war auch der Pierce-Arrow – hier eine Cabrio-Limousine von 1933 – ein Schwergewicht. Rund 2494 Kilo brachte er auf die Waage. Die 175 PS des 7,5-Liter-V12 aber waren diesem Gewicht auch gewachsen.

Die Automobil-Klassiker glänzten durch die Liebe zum Detail. Dafür sprechen auch die Streifen-„Dekors" dieses Pierce-Arrow-Modells 1247 mit dem Schriftzug „Pierce 12" auf der verchromten Radnabe.

Der V12 trat 1933 mit einem von 7030 ccm auf 7570 ccm aufgebohrten Motor und zwei Fallstromvergasern an. Sieben Hauptlager waren Standard.

eine hatte einen Hubraum von 6489 ccm und leistete 140 PS, bei der zweiten handelte es sich um einen aufgebohrten 7030-ccm-Motor mit 150 PS. Hinsichtlich des Radstands wurden sogar drei Varianten angeboten: 3473 mm und 3606 mm für die Modelle mit dem kleineren Triebwerk, 3739 mm für die Versionen mit dem 7-Liter-Motor. Auch der 125 PS starke Reihen-Achtzylinder konnte jetzt mit den beiden kürzeren Radständen geordert werden.

Die beiden Sechszylinderbänke des V12 waren in einem recht ungewöhnlichen Winkel von 80 Grad einander zugeneigt. Die Verdichtung von 5,1:1 lag unter der des Packard, die beiden Stromberg-ER-2-Vergaser wurden über eine Nockenwellenpumpe versorgt. In allen Pierce-Arrows des Baujahres 1932 war das frühere Zweistufen-Getriebe durch eine Dreigang-Schaltung mit Freilauf ersetzt worden.

Die Leistung des 6,5-Liter-Zwölfzylinders wies nur unwesentliche Vorteile gegenüber dem 5997-ccm-Achtzylinder auf, obwohl dafür 800 Dollar mehr verlangt wurden. 1933 war diese Maschine aber aus der Angebotsliste wieder verschwunden. Die kleinen Zwölfzylinder waren mit dem Siebenliter-Block ausgestattet, der jetzt 160 PS abgab. Erreicht wurde diese Leistungssteigerung durch größere Ansaugkrümmer, einen neuen Fallstrom-Doppelvergaser und eine höhere Verdichtung von 5,5:1.

Eine bedeutende technische Verbesserung wiesen die 1933er Modelle mit der Einführung selbstnachstellender hydraulischer Nocken auf, eine von Pierce-Ingenieur Carl Voorhies entwickelte und bis dahin noch bei keinem anderen Hersteller angewandte Methode. Neu waren servounterstützte Stewart-Warner-Bremsen, ein automatischer Stromberg-Choke und getöntes Glas. Übernommen wurde der Startix-Automatikstarter. In der Zwischenzeit hatte Ab Jenkins mit einem getunten Pierce-Arrow seit September 1932 auf den Salzseen von Utah eine Reihe von Geschwindigkeitsrekorden aufgestellt.

Die gravierende Neuigkeit 1933 aber war die Vorstellung des Silver Arrow (Silberpfeil). Phil Wright, früher bei Murphy und inzwischen freiberuflich als Designer tätig, hatte eine Studie für eine stromlinienförmige Limousine entworfen, die er Pierce-Arrows Vizepräsidenten Roy Faulkner vorlegte, der das Konzept mit dem Studebaker-Management begutachtete. Und so fiel die Entscheidung, fünf solcher Fahrzeuge mit dem 3530-mm-Radstand der siebensitzigen Limousine 1236 und mit dem 175-PS-Motor des Modells 1247 zu bauen.

Zum Zeitpunkt, als dies beschlossen wurde, blieben gerade noch drei Monate bis zur New York Auto Show; das war ein praktisch unmöglich scheinendes Unterfangen. Um es trotzdem zu schaffen, sollten die fünf geplanten Fahrzeuge dann auch bei Studebaker hergestellt werden, aber von einer handverlesenen Spitzenmannschaft aus Pierce-Arrows eigenem Stall. Der erste Wagen wurde planmäßig fertig, die anderen folgten Mitte Februar. Diese fünf Modelle sind aber auch die einzigen je vom Silver Arrow entstandenen Einheiten.

Der „Silberpfeil" war, wie der Pierce-Verantwortliche J. Weis kommentierte, „ein ferner Schrei dessen, wofür Pierce-Arrow einmal bekannt war". Auf alle Fälle war er ein sensationelles Automobil. Sein Preis war es auch: 10 000 Dollar bedeuteten mehr als das Dreifache der Sedan-Limousine, aus der er entwickelt worden war. Oder, um eine andere Relation herzustellen, für das gleiche Geld bekam der Kunde 20 (in Worten: zwanzig!) Modelle der Ford-V8-Tudor-Limousine.

Seit Mitte 1929 gehörte die renommierte Pierce-Arrow Motor Car Company der Studebaker Corporation. Diese Fusion war erfolgt, um den Vorteil des Zusammenschlusses beider Marken auf dem Markt zu nutzen, die untere Preisklasse dabei ausgenommen. Albert Russel Erskine, Studebakers Präsident, überzog jedoch die finanziellen Quellen des Unternehmens. Studebaker schlingerte in den Untergang und geriet

Dieses Modell 1602 Club Berline blickte vieräugig in die automobile Welt. Die äußeren Lampen waren jetzt harmonischer in die Kotflügel integriert als bei den vorhergehenden Modellen.

1933 unter Konkursverwaltung. Erskine beging kurz darauf Selbstmord. Im August des gleichen Jahres kaufte eine Gruppe finanzkräftiger Geschäftsleute aus Buffalo für nur eine Million Dollar die Pierce-Arrow-Anteile auf, um den renommierten Betrieb ihrer Stadt zu sanieren. Die Produktion wurde mit einem Planziel von 3000 Fahrzeugen jährlich wieder aufgenommen. Das Ziel wurde aber nie erreicht. 1933 waren es immerhin 2152 Einheiten. Die reichten aber nicht zur Kostendeckung aus. Es ging nur noch weiter bergab. 1934 erschienen die Silberpfeile zwar im Styling überarbeitet und mit einer neuen Fastback-Variante, doch auch damit war keine Wende mehr herbeizuführen. Die Produktion ging auf 1740 Autos zurück, 1935 auf nur noch 875.

Es war quasi ein letzter Versuch, der 1936 einen Pierce-Arrow hervorbrachte, den Experten als den feinsten Wagen würdigten, der je in Buffalo gebaut wurde. Auffallend war die noch ausgeprägtere Stromlinienform der Karosserie. In der Leistung brachte der höher verdichtete V12 185 PS auf die Räder. Das Getriebe wurde mit einem Borg-Warner-Overdrive ausgerüstet, was Höchstgeschwindigkeiten von 145 km/h möglich machte.

Den Niedergang der Marke aber konnten sie auch nicht mehr stoppen. Nach 787 im Jahre 1936 verkauften Fahrzeugen deuteten die 1937 gerade noch abgesetzten 167 Wagen das Ende an, das ein Jahr später perfekt war, als der letzte von 17 gefertigten Wagen durch die Werkstore rollte, die sich hinter ihm für immer schlossen.

Pierce-Arrow produzierte gerade eine Handvoll Fahrzeuge im letzten Modelljahr. Um genau zu sein: Die Angaben schwanken zwischen 17 und 40 Einheiten.

Technische Daten

Motor:	80-Grad-L-Form-V12, 6522 ccm, Verdichtung 6,4:1, zunächst zwei Stromberg-Vergaser, ab 1933 zwei Fallstromvergaser mit automatischem Choke, 6522 ccm, 140 PS (1932), auch 150-PS-Versionen – 7030 ccm, 160 PS (1933), 7570 ccm, 175 PS (1933-35), 7570 ccm, 185 PS (1936-38)
Kraftübertragung:	Mechanisches Dreigang-Getriebe, anfangs mit Freilauf, Overdrive von 1936 bis 1938
Fahrwerk:	Starrachsen mit halbelliptischen Federn vorn und hinten
Bremsen:	Mechanische Innenbremse, aber 1933 mit Bremskraftunterstützung
Radstand:	3454 bis 3733 mm, je nach Modell
Gewicht:	2109 kg bis 2751 kg je nach Modell
Höchstgeschwindigkeit:	über 145 km/h
Produktion:	2692 (1932), 2152 (1933), 1740 (1933), 875 (1937), 787 (1936), 167 (1937), 17 (1938, einschl. Acht- und Zwölfzylinder)

1934-39 BUGATTI TYP 57

Der Typ 57 war nicht nur Bugattis letzter Serienwagen, er gilt bei Kennern auch als einer der besten, wenn nicht der beste. Der schnellste unter den Serienwagen mit dem unverwechselbaren Markenzeichen des Hufeisenkühlergrills aber war er sicher, und damit zugleich auch eines der ausdrucksvollsten Zeugnisse vom Talent Jean Bugattis, Ettores ältestem Sohn. Aber noch etwas machte dieses Auto unter den Bugattis einzig: Es war der zivilisierteste und handlichste, ruhigste und zuverlässigste.

Der Typ 57 war ein reinrassiger Bugatti. Seine direkte Abstammung führte über den Typ 51 und die Typ-57-Renner aus der Mitte der 20er Jahre bis zurück zu den Wurzeln, den ersten Bugattis der Jahre 1909 und 1910. Wie alles, was aus Molsheim kam, hatte auch der Typ 57 die Vorderradaufhängung mit einer Stahlrohr-Achse und halbelliptischen Blattfedern. Die Hinterachse wies die von Ettore bevorzugten viertelelliptischen umgekehrten Federn auf. Die Bremsen waren ebenfalls Bugatti-Standard: großdimensionierte Seilzugtrommelbremsen.

Bei all diesen Standard-Elementen brachte das Modell 57 aber auch die Abkehr von einigen Bugatti-Traditionen. Der Motor war in der üblichen Monoblock-Konstruktion gebaut und genau genommen eine überarbeitete Version des 3,3-Liter-Doppelnockenwellen-Triebwerks aus dem Sport-Tourenwagen Typ 49 von 1930. Diese Überarbeitung bezog sich vornehmlich auf die Zylinderköpfe, wo die Ventile – nach wie vor vier je Zylinder – nicht mehr vertikal in einer Reihe saßen, sondern im 90-Grad-Winkel gruppiert um zentraler angeordnete Zündkerzen montiert waren.

Das Getriebegehäuse war anstelle des Transaxle-Prinzips wieder hinter dem Motor angeordnet. Eine Einscheibenkupplung hatte die Zweischeiben-Einheit abgelöst. Das Getriebegehäuse beherbergte ein nichtsynchronisiertes Viergang-Getriebe mit Klauenkupplungen, die mit Ausnahme des ersten Gangs die anderen „bediente“. Die Bugatti-typische Schubrohr-Hinterachse war gegenüber dem Vorgängermodell T55 verstärkt worden.

Angesichts der unabhängigen Radaufhängung, wie sie von Auto Union, Mercedes und anderen angekündigt worden war, entschloß sich Jean Bugatti beim T57 für eine einfachere Methode – er setzte doppelte querliegende Blattfedern ein. Als er einen Prototypen beim Großen Preis der Schweiz 1934 in Bern fuhr und Vater Ettore von diesem „radikalen“ vorderen Fahrwerk erfuhr, verfügte er den Austausch gegen eine komfortablere Bugatti-Achse. Das Ergebnis war nicht mehr die übliche geteilte Achse, sondern eine einfache geschweißte Einheit.

Ettore Bugatti hatte sich nur widerstrebend mit dem Konzept von Hochleistungswagen abgefunden, wie sie mit dem 130 PS starken Reihenachtzylinder des Renn-Typs 35 C 1926 mit einer Reihe spektakulärer Erfolge erreicht wurden. Inzwischen aber hatte er umgedacht und war selbst froh darüber, den neuen Sport-Tourenwagen in einer Palette von Karosserievarianten anbieten zu können, wie es sie bei ihm zuvor noch nie gegeben hatte, durch die Bank ausgesprochen attraktive Modelle. Da gab es Stufenheck-Coupés „Ventoux“, viertürige „Galibier“-Limousinen, und den „Stelvio“, ein Convertible-Cabrio. Am auffälligsten aber waren das zweisitzige Atalante-Coupé und Jean Bugattis Meisterstück „Atlantik“, lieferbar als ein von Gangloff gebautes Cabrio und als superstromlinienförmige Fließheck-Version. Letzteres hatte eine Karosserie aus ultraleichtem „Lectron“-Magnesium-Leichtmetall, dessen Karosserieteile vernietet werden mußten, weil beim Schweißen das Metall geschmolzen wäre.

Selbst der sachlich gestylte „Galibier“ hatte einiges an Extravaganzen zu bieten. Es gab keine B-Säule, ebensowenig hintere äußere Türgriffe. Die Türen wurden in der Mitte geöffnet und ermöglichten einen beque-

Mit seinem langen 3505-mm-Radstand und dem 5,3-Liter-Achtzylinder war der „Baby Royale“ Bugatti Typ 46 der Vorgänger des Typs 57.

men Einstieg für die Front- wie die Fond-Passagiere.

Über die Leistungsdaten der Bugattis hat es oft Unklarheiten gegeben. Was das Modell 57 betrifft, liegen die Vermutungen bei maximal 140 PS und minimal zwischen 130 und 135 PS. Das betrifft dann logischerweise auch die Fahrleistungen. So hat ein Reporter des englischen Magazins „Motor Sport" folgende Daten notiert: 153 km/h Höchstgeschwindigkeit und für den sogenannten „stehenden Kilometer", also die Beschleunigung aus dem Stand bis zur Kilometermarke, 39 Sekunden. Gefahren ist er nicht selbst, sondern als „Mitreisender" des Werkfahrers René Dreyfus und von Jean Bugatti persönlich, der den Wagen pilotierte. Dabei war, wie der Reporter schrieb, „kaum etwas von der Maschine zu hören. Das Auspuffgeräusch hielt sich im gleichen Rahmen, und wenn überhaupt, dann gab es nur ein leichtes Grummeln." Wohlweislich: Das waren Anmerkungen, die er in Relation zu früheren Bugattis stellte, als Bugattis noch sportlich röhrten und sich in der Laufruhe nicht mit Cadillac zu messen suchten...

Der Reporter lobte auch die Elastizität der Bugatti-Maschine, den weichen Anzug und das Handling. Auf einer holprigen Landstraße bei Tempo 120 habe es ebensowenig Schwierigkeiten gegeben wie in einer mit 95 km/h „genommenen" 60-Grad-Kurve, in der keinerlei Roll- oder Ausbruchsversuche des Bugatti zu verzeichnen waren. „Ohne Zweifel", zieht der Brite das Fazit, „ist dieses letzte Produkt aus Molsheim ein ‚Vollblut'. Niemand kann den Sinn des Rennsports leugnen, wenn die dabei gesammelten Erfahrungen in Leistung und Handling ihren Einfluß auf die Entwicklung von Serienfahrzeugen haben." Um es kurz zu machen: Auch das Modell 57 war beeinflußt.

Ende 1936 präsentierte Bugatti eine überarbeitete Serie 2 des Modells 57. Wichtigste Veränderungen waren die Motoraufhängung in Gummilagern, ein verstärkter Rahmen mit zusätzlicher Kreuzversteifung sowie ein neugestaltetes Armaturenbrett mit umfangreicherer Instrumentierung. Zur gleichen Zeit wurde auch mit einiger Verspätung eine schon früher angekündigte Version 57C, bei dem das C für Kompressor stand, eingeführt. Der 57C wies die gleichen Veränderungen wie die Serie 2 auf, hatte jedoch außerdem einen modifizierten Auspuffkrümmer zur Anpassung an ein Roots-Gebläse. Dank der Leistung

Der Bugatti Typ 57 hatte auf dem Pariser Autosalon 1933 Premiere. Die Auslieferung an die Kunden aber begann erst im folgenden Jahr. Es gab diverse Karosserie-Varianten, von denen der Typ 57S aber beim Publikum, sprich bei den Kennern die größte Resonanz fand. Das hier abgebildete Modell stammt aus dem Baujahr 1936. Sein Achtzylinder-Reihenmotor wartete mit so fortschrittlichen Details wie obenliegende Doppelnockenwelle und Vierventiltechnik auf.

Unter den auf das Chassis des Typs 57 montierten Karosserien nimmt dieses zweisitzige Coupe zweifellos eine Sonderstellung ein. Es stammt aus dem Jahre 1937. Man beachte die weit zurückversetzte Kühlerfront und die im Gegensatz dazu weit vorgezogenen Scheinwerfer in den Kotflügeln.

von 160 PS wurde gegenüber den anderen Modellen ein Plus von etwa 15 km/h herausgeholt.

Es gab außerdem auch einen 57S, teils als Sport, andererseits auch als short (kurz) interpretiert, wobei die zweite Version der Sache wohl näherkommt, da der Standard-Radstand von 3302 mm bei dieser Version auf 2979 mm verkürzt worden war. Der Achtzylindermotor dieses Typs war nicht mit dem Kompressor ausgerüstet, aber höher verdichtet (8,5:1), mit überarbeiteter Nockenwelle und verbessertem Zündzeitpunkt, was alles zusammen eine Leistungssteigerung auf 170 PS und eine Höchstgeschwindigkeit von 177 km/h bewirkte. Die geteilte Vorderachse war für den S modifiziert worden. Zurückgekehrt war auch wieder die Zweischeibenkupplung.

Für Insider war es klar, daß auch noch eine aufgeladene Version kommen würde. Sie kam Mitte 1937 als 57SC mit der geballten Kraft von 200 PS und einer Höchstgeschwindigkeit von annähernd 195 km/h, eine eindrucksvolle Leistung für die damalige Zeit. Wie der S zeigte sich auch der SC mit flacherem Hufeisengrill und der „geduckteren“ Haltung. Aber sowohl S als auch SC erlebten Ende 1938 ihr eigenes Ende. Der Grund war ganz einfach, wie H.G. Convay im Magazin „Bugatti“ resümierte: niedrige Verkaufszahlen und hohe Herstellungskosten. Dagegen verkauften sich die Modelle C und „Normale“ (mit langem Radstand) recht gut. Mit 685 Einheiten – darunter etwa 40 C-Versionen – durfte der Typ 57, nach Bugatti-Maßstäben gerechnet, als Volumen-Modell gelten.

Zur gleichen Zeit, als C und SC sich verabschiedeten, wurden andere Bugattis aufgewertet. Das war zum einen der Einbau der modernen Bugatti-Lockheed-Hydraulikbremsen mit zwei Hauptbremszylindern und zum anderen die Ablösung der kostenaufwendigen und komplizierten Friktion-Hydraulik-Stoßdämpfer vom Typ De Ram gegen Dämpfer des Systems Alliquant.

Im August 1939 traf Bugatti ein schwerer Schicksalsschlag: Juniorchef Jean verunglückte tödlich, als er mit einem 57G-Prototyp einem Radfahrer ausweichen wollte. Den Tod seines Sohnes hat Le Patron Ettore Bugatti nie so recht überwunden. Hinzu kamen die Schwierigkeiten beim Wiederaufbau des Unternehmens nach dem Kriege, die ihn schwer belasteten. Im August 1947 starb Ettore Bugatti.

Sohn Roland und seine beiden Schwestern aber setzten sich mit ihrer ganzen Kraft für den Fortbestand des Lebenswerks ihres Vaters und ihres Bruders ein und schafften es gemeinsam, die Firma allmählich wieder in Gang zu bringen. Zunächst aber geschah dies mit der Produktion von Werkzeugen und Zubehör, wobei ihnen der Ideenreichtum ihres verstorbenen Vaters zugute kam, der immerhin mehr als eintausend Patente erworben hatte.

1951 aber war es dann endlich soweit: In Molsheim wurden wieder Automobile gebaut. Nummer eins war das Modell 101, eine modernisierte Version des Typs 57 mit einer von Gangloff entworfenen Karosserie. Die Pläne zum Bau weiterer Modelle als Coupé, Cabrio und Limousine blieben Pläne. Es wurden lediglich sechs Fahrzeuge fertiggestellt. Für mehr fehlte das Geld. So entstanden dann noch einige Mittelmotor-Modelle T251, die Mitte der 50er Jahre im Grand-Prix-Sport starteten.

Technische Daten

Motor:	1,8-OHC-Reihenmotor (auch DOHC später im Programm), 3257 ccm, Bohrung x Hub 7,2 x 10,0 cm – Modell 57 (1939-1949) 130 bis 135 PS bei 5000 U/min – Modell 57 C mit Kompressor (1936 - 1939) 160 PS bei 5000 U/min – Modell 75S (1936 - 1938) 170 PS bei 5500 U/min – Modell 57SC mit Kompressor (1937-1938) 200 PS bei 5500 U/min
Kraftübertragung:	Viergang-Getriebe, mechanisch, verbunden mit der Hinterachse
Fahrwerk:	Rohrachse an halbelliptischen Blattfedern, hydraulische Stoßdämpfer vorn, Starrachse an hängenden viertelelliptischen Blattfedern, hydraulische Stoßdämpfer
Bremsen:	Trommelbremsen vorn und hinten
Radstand:	2979 mm (S/SC), 3302 mm („Normale“/C)
Gewicht:	1224 bis 1360 kg
Höchstgeschwindigkeit:	150 km/h bis über 170 km/h
Produktion:	670 bis 800 (unterschiedliche Quellen)

Er galt als das Automobil, das die 30er Jahre am meisten beeinflußte. Das erklärt sich allein schon aus der Tatsache, daß Chrysler mit diesem Wagen zum Pionier der stromlinienförmigen Fahrzeuge in Amerika wurde. Wie das aber mit Pionieren oft so ist, war es auch mit dem Airflow – für Chrysler wurde er fast zu einem Desaster.

Carl Breer, einer der „drei Musketiere" aus Walter P. Chryslers berühmtem Triumvirat hochtalentierter Ingenieure, hatte die Inspiration zum Bau des Airflow. Zu der Zeit erreichten die Automobile Höchstgeschwindigkeiten von 130 bis 145 km/h. Beim Gedanken daran, wie die Autos aussahen, war Breer klar, daß höheren Geschwindigkeiten der angesichts dieser Karosserien viel zu hohe Luftwiderstand im Wege war.

In Walter P. Chrysler fand Breer einen Mann mit offenen Ohren, als er ihm die gewonnene Erkenntnis über die Vorteile stromlinienförmiger Autos erläuterte. Die Arbeit sollte auf Chryslers Geheiß sofort beginnen. Und sie begann. Schon der erste Schritt, genauer gesagt die entscheidende Voraussetzung überhaupt war revolutionär: der Bau eines Windkanals in Dayton/Ohio, wo Breer und die beiden anderen „Musketiere" Fred Zeder und Owen Skelton mit ihren Versuchen begannen, als „geheime Kommandosache", versteht sich. Ende 1932 konnten dann auch die ersten Praxistests mit dem Prototyp einer viertürigen Fließheck-Limousine „Trifon Special" (benannt nach einem weiteren Ingenieur des Teams) auf der Straße erfolgen. Breer schwebte zunächst eine Konstruktion mit drei Sitzen vorn und zwei im Fond vor, was die nach hinten „abfließende" Stromlinienform noch mehr verdeutlicht hätte. Dieses Konzept aber wurde verworfen. Nicht von den Technikern, sondern von den Marketing-Strategen...

Der Airflow C10 des Baujahres 1936 war mit Chryslers größter Maschine bestückt, einem 5,3-Liter-Reihen-Achtzylinder. Wie alle Chrysler-Motoren hatte er das L-Prinzip. Bohrung und Hub betrugen 8,2 x 12,4 cm. Die Leistung lag bei 130 PS.

Ansonsten wurden Breers Ideen zum größten Teil im Trifon Special realisiert. So wanderten die Passagiersitze gegenüber dem üblichen Standard um mehr als einen halben Meter nach vorn. Auf diese Weise wurde schon einmal eine entscheidende Umkehr der bisherigen Gewichtsverteilung von 45 Prozent vorn und 55 Prozent hinten erreicht. Noch wichtiger aber war die Tatsache, daß alle Passagiere nun zwischen den beiden Achsen saßen, wovon vornehmlich die Fond-Insassen profitierten, denen vorher bei der Plazierung ihrer Bank praktisch direkt über der Achse jede Unebenheit der Fahrbahn ans Sitzfleisch signalisiert wurde. Die Verlegung der Sitze bedeutete nun im breitesten Bereich der Karosserie auch eine Ellenbogenfreiheit von 1270 mm.

Kein Wunder, daß Walter P. Chrysler bei einer Probefahrt im Trifon Special-Prototyp vom Innenraumkomfort begeistert war. Von der Leistung war er es auch. Er gab postwendend grünes Licht für die Produktion. Oliver Clar wurde mit dem endgültigen Styling des „Stromliners" betraut. Als sich im Januar 1934 die Tore der verschiedenen Autoshows in Amerika öffneten, hob sich auch der Vorhang vor Chryslers großem Geheimnis.

Vorgesehen war dieser Stromlinienwagen zunächst nur als „DeSoto". Als der Trifon Special aber mehr und mehr Gestalt annahm, reagierte Walter Chrysler geradezu enthusiastisch. Natürlich mußte dieses revolutionäre Fahrzeug auch seinen Namen tragen. Es war seiner Meinung nach auch das Beste, womit das bevorstehende zehnjährige Bestehen der Chrysler Corporation gefeiert werden konnte.

Präsentiert wurde der Chrysler Airflow (Luftstrom) schließlich in vier Varianten, alle mit Reihen-Achtzylindern und mit eigenem Radstand. Ins Programm genommen wurde auch der DeSoto, jedoch mit einem Sechszylindermotor. Die Chrysler-V6-Maschinen behielten ihre konventionelle Konstruktion, DeSoto aber setzte voll auf den Airflow – ohne Erfolg, wie sich erweisen sollte.

Der Imperial C10 wurde als viertürige Limousine 1936 für 1475 Dollar verkauft. Von dieser Version des Imperial C10 sind 4250 Fahrzeuge produziert worden. Der Wagen hatte den beachtlichen Radstand von 3251 mm und war mit 1893 kg auch nicht gerade ein Leichtgewicht.

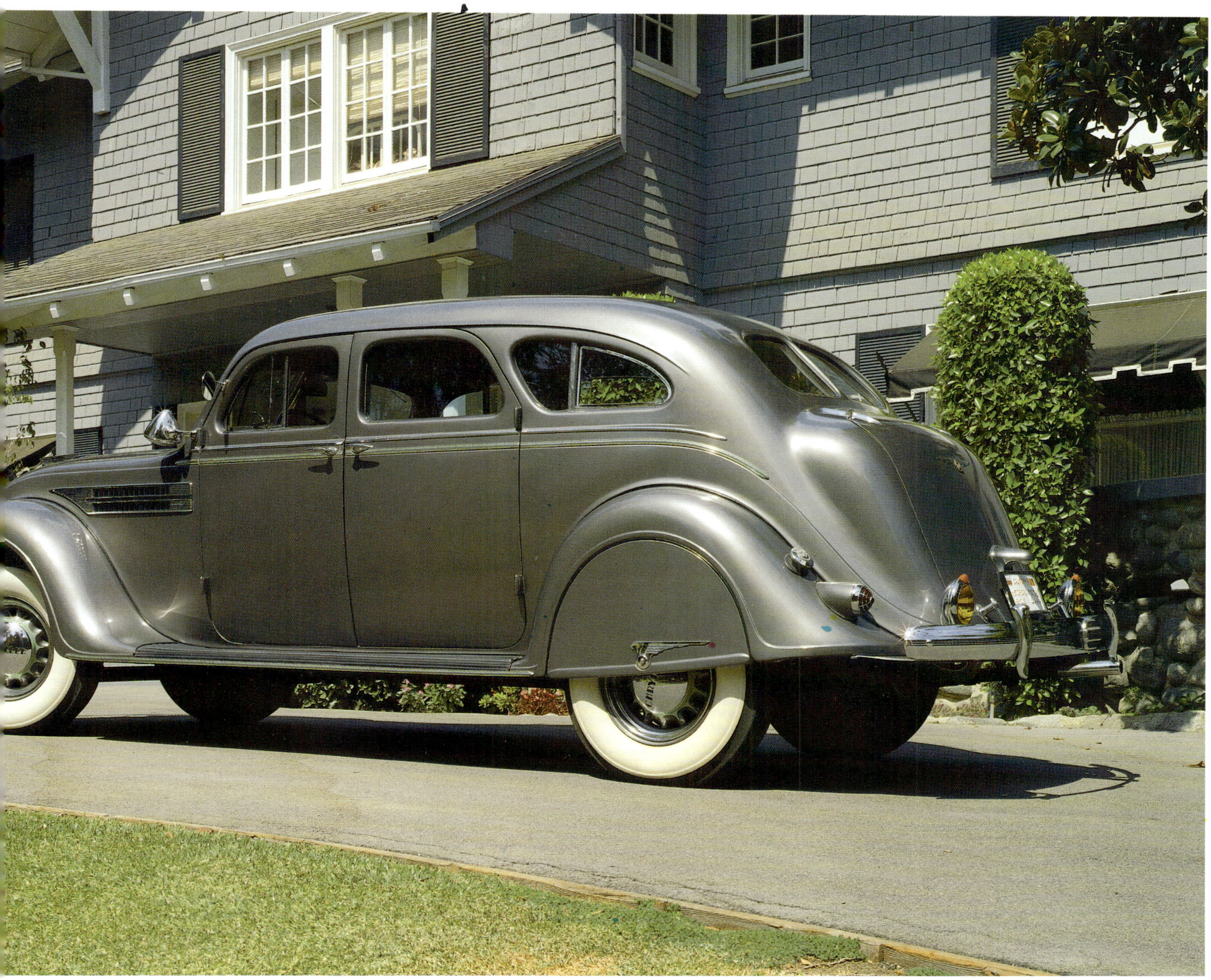

Der Airflow wartete mit einer ganzen Reihe technischer Innovationen auf. Das Styling – speziell die Frontpartie – konnte man entweder nur mögen oder ablehnen. Er fand zuwenig Freunde.

Er war relativ teuer, der Airflow. Aber er bot auch einiges fürs Geld und verließ die Fabrik in gutem Finish. Das zeigte sich auch im Detail wie bei dieser „Dekoration" der hinteren Kotflügel.

Die Serie C1 war der preisgünstigste aller Airflows des Baujahres 1935. Alle drei Versionen der Baureihe wurden für 1245 Dollar angeboten. Dabei erwies sich der viertürige Sedan mit neunzig Prozent aller verkauften Typen als der absolute Renner. Das zweitürige Fünfsitzer-Coupé – es wurde auch ein zweitüriges Coupé angeboten – fand lediglich 307 Käufer.

Die Innenstruktur des Airflow wurde von Dr. Alexander Klemin, Chef der Guggenheim Foundation for Aeronautics, ausgearbeitet. Der vorn breiter als hinten ausgelegte Stahlrohrrahmen war abweichend vom konventionellen Chassis konstruiert. Der Aufbau der Karosserie bestand aus einem käfigartigen Gitter von Stahlträgern mit einer Außenhaut aus verschweißten Stahlblechelementen. Eine Gewichtsreduzierung bedeutete dieses Verfahren aber keineswegs. Der Karosserieaufbau aber war trotzdem unbestritten eine gelungene Kombination von Chassis und Karosserie, wobei der verschweißte Oberbau noch spürbar zur Steifigkeit des Rahmens und damit des gesamten Fahrzeugs beitrug. Bei Chrysler zerbrach man sich den Kopf, wie den Kunden die Festigkeit und damit letztlich auch die Sicherheit dieser Konstruktion glaubhaft zu beweisen war. Das führte zu so kuriosen, aber äußerst werbewirksamen Demonstrationen wie dem Versuch, einen Airflow über eine 33 Meter hohe Klippe zu stürzen. Der Wagen überschlug sich, landete auf seinen Rädern – und wurde mit eigener Kraft weggefahren.

Ein weiteres Verkaufsargument war die Leistung. Auf Utahs berühmten Salzseen, auf denen schon so mancher Rekord aufgestellt wurde, fuhr ein Airflow-Coupé der Serie CV die fliegende Meile mit 154 km/h, erreichte über die Strecke von 500 Meilen (804,5 Kilometer) eine Durchschnittsgeschwindigkeit von 145 km/h und bewältigte einen 24-Stunden-Dauertest mit 140 km/h.

Der Airflow hatte beim Publikum einen enthusiastischen Empfang, obwohl er nicht gerade zu den schönsten Automobilen zählte. Die Besucher der Shows, bei denen der Airflow seinen Auftritt hatte, zeichneten Aufträge in Rekordhöhe. Bei der Presse allerdings fand dieser Stromlinienwagen ein geteiltes Echo. Dr. Klemin nannte den Wagen „fantastisch", aber er war ja nicht gerade unvoreingenommen. Carolyn Edmundson, eine Modeschöpferin, fand das Auto „atemberaubend anders". Auch das britische Fachmagazin The Autocar sparte nicht mit Komplimenten. Das US-Fachblatt MoToR schrieb: „Sehen Sie sich den Airflow zwei oder drei Tage lang intensiv an, und Sie werden auf einmal feststellen, daß er genau das richtige Fahrzeug ist, gegenüber dem alle konventionellen Automobile fremd aussehen."

Die Euphorie über dieses für seine Zeit ultramoderne Auto

Für den C1 Airflow entschieden sich 1935 in der viertürigen Limousinen-Version 4617 Käufer. Der Wagen hatte einen Radstand von 3124 mm und war mit Chryslers 5301-ccm-Achtzylinder bestückt, der 115 PS leistete. Gegen Aufpreis stand auch ein nicht viel stärkerer höher verdichteter 120-PS-Motor zur Verfügung.

Der Airflow präsentierte sich als eines der ersten Automobile mit völlig in die Kotflügel integrierten Scheinwerfern. Die meisten Fahrzeuge seiner Zeit hatten freistehende Lampen.

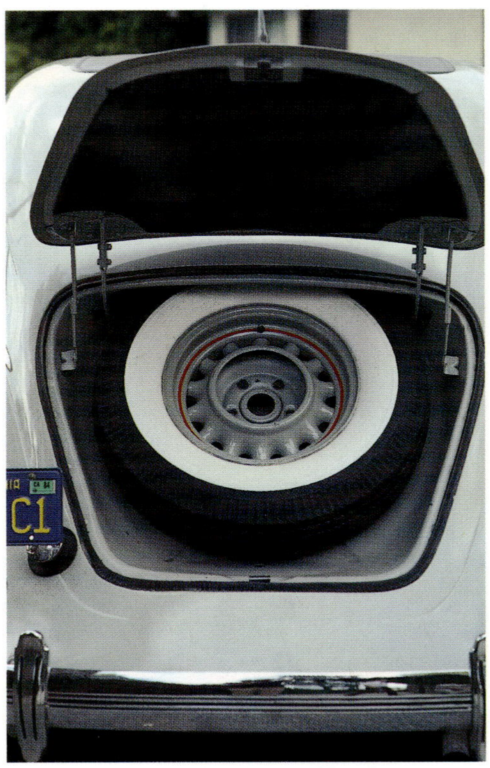

Im Gegensatz zu den bei Limousinen damals – auch bei der Airflow-Limousine – überwiegend außen montierten Ersatzrädern gehörte das Coupé zu den ersten Fahrzeugen, deren Reserverad komplett in einem „geschlossenen Raum" lag. Daß da von Kofferraum nicht die Rede sein konnte, beweist dieses Foto. Das Rad nahm den gesamten Platz in Anspruch.

aber verflog zum Leidwesen von Chrysler überraschend schnell. Immer mehr Kunden betrachteten dieses radikal neue Auto zwar interessiert – und zogen dann doch konventionelle Modelle vor. Gut, daß Chrysler die traditionellen Wagen weiterbaute. Hätte man nur auf das Pferd Airflow gesetzt, wäre das mit einer mittleren Katastrophe ausgegangen. Markentreue Chrysler-Kunden nahmen ein anderes Modell, viele Chrysler-Fahrer aber wandten sich nicht nur vom Airflow, sondern von der Marke völlig ab und landeten überwiegend bei Oldsmobile. Bei Chrysler waren 1933 noch 45 Prozent aller verkauften Wagen Achtzylinder, mit der Einführung des Airflow aber ging der Anteil dieses Segments auf 31 Prozent zurück. Wirtschaftlich jedenfalls war dieses Auto alles andere als ein Erfolg.

In der Zwischenzeit war auch DeSoto schwer angeschlagen. Während die meisten Hersteller sich zumindest teilweise von den Auswirkungen der Rezession zu erholen begannen, sah es für DeSoto mit einem Rückgang um 39 Prozent böse aus.

Bestseller unter den Chrysler Airflows war überraschend der die Preisliste anführende CU mit einem 122 PS starken 4895 ccm-Reihen-Achtzylinder. Mit 1345 Dollar war er genau zwischen den Baureihen 50 und 60 von Buick angesiedelt. Die CU-Serie des Airflow wurde in vier Karosserieformen angeboten, als viertürige Limousine (das beliebteste Modell), Stadt-Limousine, zweitürige Brougham-Limousine und Coupé. Bei diesem stilistisch am besten gelungenen Fließheck-Coupé war das Reserverad im Kofferraum untergebracht, alle anderen Versionen trugen es wie einen Rucksack außen am Heck.

Die drei größeren Airflows wurden mit der Zusatzbezeichnung Imperial und unterschiedlichen Radständen angeboten. Unterschiedlich, und das sogar teilweise gravierend, waren auch die Hubräume der Motoren, wobei der CW mit 6305 ccm die größte je gebaute Chrysler-Maschine war. Die Preise für den Imperial bewegten sich zwischen 1625 Dollar und stolzen 5145 Dollar für die Limousine der Serie CW, die damit den vergleichbaren Cadillac V12 noch um 350 Dollar übertraf.

Als die Anfangs-Begeisterung verebbt war, zeichnete sich für Chrysler immer deutlicher ab, daß dieser Airflow alles andere war als ein frischer Wind in der Bilanz. Die Erwartungen, die an dieses Modell geknüpft waren, haben sich nicht erfüllt. Immer neue Retuschen mit optischen Effekten wie Luftschlitzen, Hutzen auf der Motorhaube und andere Modedetails halfen da auch nichts. Den 1934 verkauften 10 839 Airflows standen ein Jahr später nur noch 7751 gegenüber. Da konnte man in Chryslers Chefetage froh sein, mit dem Airstream Sechs- und Achtzylinder trotz des an den Airflow erinnernden Namens zwei neue konventionelle Fahrzeuge anzubieten, die der Corporation 1935 ein Plus von 39 Prozent bescherten. Mit dem Airflow aber ging es weiter bergab, von 6275 Einheiten 1936 über 4600 ein Jahr später. Dann war der Luftstrom endgültig verebbt.

Walter P. Chrysler, der sonst so bedächtige und erfahrene Mann, hatte dieses fortschrittliche Konzept eines stromlinienförmigen Automobils realisiert, ohne sich darüber Gedanken zu machen, ob der Markt es im notwendigen Maße annehmen würde. Daß dies nicht der Fall war, ist Chryslers – sowohl des Mannes als auch der Gesellschaft – erster großer Fehler gewesen.

Technische Daten

Motor:	Reihen-Achtzylinder, feste Ventilstößel, 1 Vergaser (Modell CW mit 2 Vergasern) – Modell CU: 4899 ccm, Bohrung x Hub 8,2 x 11,4 cm, Verdichtung 6,5:1, 122 PS bei 3400 U/min – Modelle CV und CX: 5301 ccm, Bohrung x Hub 8,2 x 12,6 cm, Verdichtung 6,5:1, 130 PS – Modell CW: 6305 ccm, Bohrung x Hub 8,9x12,7 cm, Verdichtung 6,5:1, 150 PS bei 3200 U/min
Kraftübertragung:	Dreigang-Selektiv-Getriebe bei CU, CV und CX, Viergang bei CW, Overdrive als Option, bei anderen Serien ab 1934
Fahrwerk:	Starrachsen mit semielliptischen Blattfedern vorn und hinten
Bremsen:	Lockheed-Trommelbremsen, hydraulisch, vakuumunterstützt
Radstand:	3119 mm (CU), 3251 mm (CV), 3492 mm (CX), 3708 mm (CW)
Gewicht:	1685 kg bis 2692 kg (je nach Version)
Höchstgeschwindigkeit:	über 150 km/h (Serie CV)
Produktion:	8389 CU, 2277 CV, 106 CX, 67 CW (Baujahr 1934), 7751 (alle Serien, 1935), 6275 (1936), 4603 (1937), 29 468 insgesamt von 1934 bis 1937

Er war ein Filmstar auf vier Rädern. Und er war Frankreichs Leinwand-Polizeiauto Nummer eins ebenso wie das französische Gangsterauto schlechthin. Die Rede ist vom Citroën Traction Avant, was zwar furchtbar geheimnisvoll klingt, aber nichts anderes bedeutet als Frontantrieb.

Um Irrtümern vorzubeugen: Citroën ist nicht etwa der Erfinder des Frontantriebs. Den hatten vor der Einführung des Traction Avant 1934 schon andere wie DKW und Adler in Deutschland. Doch das ändert nichts daran, daß Citroën in den Kreis der Frontantriebs-Pioniere einzureihen ist. Um es genau zu sagen, nicht Citroën als Marke schlechthin, sondern André Citroën, den Sohn eines polnischen Einwanderers, der 1919 in Paris das Automobilunternehmen gründete und zu einer der schillerndsten Figuren der Automobilbranche wurde. Ihm gelang dabei selbst das Kunststück, das geliebte Heiligtum der Franzosen, den Eiffelturm, zu mieten und mit Leuchtreklame für seine Autos zu „verzieren". Aber das nur am Rande. Er hatte nicht nur offene Augen und Ohren für alles, was technischen Fortschritt bedeutete, er setzte sich auch dafür ein – und es durch. Wie den Frontantrieb, von dem er überzeugt war, ihn auch in einem kleinen Wagen realisieren zu können. Dazu engagierte André Citroën einen Mann, der mit ihm auf gleicher Wellenlänge dachte, und setzte ihn als neuen Leiter der Konstruktion ein: André Lefebvre, 37 Jahre alt, Inhaber des Diploms der Hochschule für Luftfahrttechnik, dreizehn Jahre beim Flugzeugbauer Gabriel Voisin beschäftigt, zuletzt zwei Jahre bei Renault.

Der Traction Avant zeigte der automobilen Welt der 30er Jahre ein recht ungewöhnliches „Hinterteil". Bemerkenswert war die in die Karosserie einbezogene Unterbringung und Abdeckung des Reserverads auf dem Kofferraum.

Lefebvre seinerseits stellte sich ein Team von Experten für die verschiedenen Bereiche zusammen: Flaminio Bertoni für das Design, Raoul Cuinet für die Karosserie, Maurice Julien für die gesamte Federungs-Dämpfungs-Einheit, Maurice Sainturat für das Triebwerk. Im März 1933 stürzte sich das Team förmlich in die Arbeit, von einem Acht-Stunden-Tag konnte keine Rede sein. Es wurde Tag und Nacht, auch an den Wochenenden konstruiert, verworfen, wieder konstruiert. Bis am 24. März 1934 vierzig handverlesene Top-Händler von Citroën erstmals mit dem Ergebnis konfrontiert wurden. Es war der „7 A". Der Wagen war in einem Punkt noch kurzfristig geändert worden, und zwar durch den Einbau eines innerhalb von zwei Wochen entwickelten Standardgetriebes anstelle der ursprünglich vorgesehenen, aber zu teuren Sensaud et Lavaud-Automatik.

Am 18. April 1934 fand in Citroëns Ausstellungsräumen an der Place d'Europe in Paris vor der Presse die Präsentation eines neuen revolutionären Citroën statt. Die Presse war begeistert. Selbstverständlich präsentierte Citroën diesen Wagen auch auf dem Autosalon im Grand Palais. Da standen aber noch zwei andere, nicht weniger bemerkenswerte Fahrzeuge, der Typ 11 und der Prototyp „22".

Auch bei Citroën erwies sich, daß revolutionäre Neuerungen nicht auf Anhieb reibungslos funktionieren. So gab es zunächst Probleme mit dem Getriebe und den Gelenkwellen, die aber im Laufe der Zeit behoben wurden. Was den Frontantrieb betrifft, so sah Lefebvre in ihm nicht nur ein technisches Novum, sondern ebenso auch die Chancen zu einer Verbesserung des Fahrverhaltens, die sich durch günstigere Gewichtsverteilung mit der belasteten Vorderachse erzielen ließ.

Mit dem Frontantrieb aber waren die Innovationen beim 7 A beileibe noch nicht erschöpft. So konnte Citroën in Anspruch nehmen, mit dem Traction Avant anno 1934 das erste europäische Automobil mit Ganzstahl-Schalenkarosserie anzubieten. Die Vorteile dieses Konstruktionsprinzips lagen vornehmlich in der Reduzierung des Gewichts und in der Vereinfachung, sprich kostengünstigeren Montage.

Die Bauweise einer Ganzstahlkarosserie erwies sich auch beim 7 A im gewünschten Maße von Vorteil: Durch die elektrisch miteinander ver-

Wenngleich der Traction Avant mit seinen geschwungenen vorderen Kotflügeln und den freistehenden Lampen im Trend der Zeit lag, setzte er durch die Konstruktion in einer Einheit und vor allem durch den Frontantrieb neue Maßstäbe nicht zuletzt durch die tiefer gelegte Gürtellinie.

Der Geschwindigkeitsmesser im Traction Avant war quadratisch und so gestaltet, daß um ihn herum noch weitere Instrumente plaziert werden konnten, diese in den Ecken, eine kleine Zeituhr im Zentrum.

schweißten Blechteile ergab sich eine einheitliche Schale mit hoher Biegungs- und Verdrehfestigkeit. Was Chrysler mit dem Airflow in Amerika demonstrierte, konnte Citroën in Europa ebenso gut: Ein 7 A wurde mit 30 km/h (natürlich, wie auch bei Chrysler, ohne Fahrer) über eine Klippe dirigiert und fuhr danach, wie das amerikanische Versuchs-Pendant, mit eigener Kraft weiter. Selbst alle vier Türen des Citroën ließen sich noch öffnen und schließen.

Und noch etwas. Mit dem Traction Avant stellte Citroën das erste Auto vor, das systematisch aerodynamische Tests hinter sich hatte. Karossier Flaminio Bertoni hatte angesichts des durch die Ganzstahl-Konstruktion ermöglichten Wegfalls des Rahmenchassis ein besonders formschönes Styling mit strömungsgünstigem Flachprofil schaffen können.

Schließlich verzichtete Citroën bei der Radaufhängung auf die damals weitgehend übliche Blattfederung und ersetzte sie durch Einzelradaufhängung mit Drehstabfederung. Zu den weiteren technischen Merkmalen gehörte eine in zwei nicht miteinander fluchtende Wellen unterteilte Lenkung, die als Beitrag zur „passiven" Sicherheit zu werten war, da im Falle eines Aufpralls die Gefahr des Eindringens des Lenkrads in den Innenraum deutlich verringert wurde. Die Bremsen des 7 A waren vom Besten, das es damals gab. Statt der üblichen Seilzugbremsen kamen hydraulische Lockheed-Bremsen zum Einsatz, die sanfter, gleichmäßiger und auch wirkungsvoller zupackten. Natürlich waren diese Bremsen an allen vier Rädern montiert.

Neue Wege ging Motorenspezialist Maurice Sainturat mit dem 7 A-Triebwerk. Anstatt des herkömmlichen Typs mit Seitensteuerung konstruierte er ein modernes Triebwerk mit Kipphebeln und austauschbaren Laufbüchsen. Damit wurde eine Verbesserung der Wartung erreicht. Mit 56 kg weniger Gewicht gegenüber einem Motor mit seitengesteuerten Ventilen ergab sich ein zusätzlich positiver Effekt. Bemerkenswert war übrigens auch die Lagerung des Motors durch eine „Pausodyne"-Aufhängung. Federn variabler Flexibilität ersetzten bei dieser Konstruktion die Gummipuffer, das Ergebnis war eine deutliche Dämpfung der Motorvibrationen.

Zur Geschichte des Traction Avant gehört auch der 1934 bei der Premiere gemeinsam mit den Modellen 7 und 11 vorgestellte Prototyp eines Sportwagens mit Frontantrieb, das „22 Citroën-Acht-Zylinder-Traction Avant-Cabriolet". Angekündigt worden war dieser Typ als das sicherste und schnellste Serienfahrzeug der Welt. Mit Bohrung und Hub von 78 mm x 100 mm und einem Hubraum von 3822 ccm entwickelte der „22" eine Leistung von 100 PS, die Spitzengeschwindigkeit wurde mit „über 140 km/h" angegeben. Er soll ein Unikat gewesen sein. Nach der Ausstellung verschwand er. Angesichts noch immer kursierender Gerüchte, es seien doch einige mehr als nur dieses Einzelstück hergestellt worden, sind die Sammler noch immer auf der Suche. Weltweit. Nur gefunden hat bislang noch keiner einen.

Am 18. Juli 1957 lief im Werk Javel der letzte Traction Avant

Citroën entschied sich bei der Konstruktion des Triebwerks im Traction Avant für einen Vierzylinder mit hängenden Ventilen.

Citroën pries seinen Traction Avant als um zwei Jahre seiner Zeit voraus an. Tatsächlich aber war dieser Wagen in der Technik seiner Zeit soweit voraus, daß er bis 1957 gebaut wurde. In dieser Zeit ist er sowohl als Vier- als auch als Sechszylinder angeboten worden.

vom Montageband. 759 123 Exemplare waren bis zu diesem Zeitpunkt von den verschiedenen Versionen gebaut worden. In einer Produktionszeit von 23 Jahren, vier Monaten und 15 Tagen. Damit war er in diesem Punkt auch noch Weltrekordler.

Und das ist die Typen-Geschichte des Traction Avant. Die ersten verkauften Fahrzeuge vom Typ 7 A wurden am 3. Mai 1934 ausgeliefert. Es handelte sich um Limousinen mit einem 1303-ccm-Motor mit einer Leistung von 32 PS. Der Wagen erreichte eine Höchstgeschwindigkeit von 95 km/h. Sein Einführungspreis betrug 17700 Francs. Noch im Juni des gleichen Jahres folgte eine sowohl im Hubraum (1529 ccm) als auch in der Leistung (35 PS) gesteigerte und damit 100 km/h schnelle Version „7 B“. Schon einen Monat später wurde die Modellpalette um einen Roadster und ein zwei- sowie viersitziges Hardtop aufgestockt. Zuvor war auch bereits eine Sportversion „7 S“ mit 1911 ccm und 46 PS eingeführt worden. Ende des Jahres erfolgte die Ablösung des Typs 7 B durch den 7 C, der zwar mit mehr Hubraum (1628 ccm) aufwartete, in der Leistung aber nur ein 1 PS auf 36 zugelegt hatte. In der Spitze war er um 5 km/h schneller als der Vorgänger. Mit einigen weiteren Variationen hat es die Baureihe 7 bis 1941 auf 88066 Einheiten gebracht.

Das erfolgreichste Modell der Traction-Avant-Familie war ohne Zweifel der Typ 11. Von ihm sind – er wurde ja parallel mit dem 7 in Paris vorgestellt – bis zur Produktionseinstellung 1957 genau 620455 Exemplare gebaut worden. Dazu gehören auch die Modelle des „7 Sport“, der noch im Einführungsjahr 1934 in „11 Légère“ umgetauft wurde. Das Modellspiel fing dabei langsam an, verwirrend zu werden. So gab es zunächst noch eine Version „Familiale“ (mit 7/8 Plätzen) und einen „Conduite intérieur“ (5/6 Plätze). Dann verwandelten sich der 11 und der 11 Légère in den 11 B und 11 BL, während aus ihren Vorgängern die Typen 11 A und 11 AL wurden.

Aber dann gab es noch eine Modellreihe, die praktisch von der Konkurrenz erzwungen wurde. Ford hatte inzwischen einen Achtzylinder, Renault einen Sechszylinder im Programm. Da mußte auch Citroën nachziehen und tat es 1938 mit einem Sechszylinder-Reihenmotor, der bei 2867 ccm Hubraum 77 PS leistete und als „15-6“ bezeichnet wurde. Unter Frankreichs Automobilen erwarb er sich mit seiner Höchstgeschwindigkeit den Ruf als „König der Straße“. Gebaut worden sind von dieser Version des Traction Avant über 50000 Fahrzeuge, die dem 15-6 auch einen Hauch von Exklusivität einbrachten. Im April 1954 liefen die letzten 3000 Limousinen des Typs 15 von den Bändern. Mit einer hydropneumatischen Federung an der Hinterachse. Diese Version wählte General de Gaulle zur Staatskarosse. Auch das war ein Kompliment von höchster Ebene an den Traction Avant.

Technische Daten	
Motor:	OHV-Reihen-Vierzylinder und beim Modell 15 CV OHV-Reihen-Sechszylinder – Modell 7A (1934): 1302 ccm, Bohrung x Hub 7,2 x 8,0 cm, 32 PS – 7B (1934): 1529 ccm, 35 PS – 7C (1934-1941): 1628 ccm, Bohrung x Hub 7,2 x 10,0 cm, 36 PS – 7S und 11 CV (1934-1957): 1911 ccm, Bohrung x Hub 7,8 x 10,0 cm, 46/56 PS – 15 CV: 2367 ccm, Bohrung x Hub 7,8 x 10,0 cm, 77 PS
Kraftübertragung:	Dreigang-Schaltgetriebe, vorderes Transaxle
Fahrwerk:	Einzelradaufhängung, obere und untere Querlenker, längsliegende Torsionsstäbe, Rohr-Dämpfer /Friktionsdämpfer von 1934 bis 1937 vorn, Starrachse an querliegenden Torsionsstäben, parallele Doppel-Querträger, Rohr-Dämpfer hinten
Bremsen:	Trommelbremsen vorn und hinten
Radstand:	2908 mm bis 3276 mm (je nach Modell und „Jahrgang“)
Gewicht:	1220 kg bis 1338 kg (je nach Modell)
Höchstgeschwindigkeit:	98 km/h bis 135 km/h (je nach Motorisierung)
Beschleunigung von 0 auf 100 km/h:	21 bis 30 Sekunden
Produktion:	Vierzylinder 708 339, Sechszylinder 50 518

Die Liste der ihnen zuerkannten Superlative ist endlos. Großartig. Imposant. Gewaltig. Nobel. Begeisternd. Einzigartig. Und trotzdem gab es – wie es ein Magazin formulierte – kein einziges Wort, mit dem man sie hätte wirklich beschreiben können, die Mercedes-Benz-Baureihen 500 K und 540 K der späten 30er Jahre. Mercedes hatte sich mit halben Sachen nie zufriedengegeben. Und so setzte diese Sportwagen-Serie am Ausgang des „Goldenen Zeitalters" der Automobile den Glanzpunkt auf alles, was das Sindelfinger Unternehmen bis dahin gebaut hatte. 500 K und 540 K waren, wie das britische Dachmagazin „The Autocar" schrieb, „Meisterstücke und Höhepunkte" einer Ära von Giganten.

Die Typen 500 K und 540 K galten zu recht als „Geistesverwandte" der berühmten Bauserien S, SS, SSK und SSKL und setzten praktisch deren Tradition fort. Vom Gesamtkonzept her aber wirkten sie eleganter und weniger. Technisch basierten sie auf dem 1933 auf der Berliner Automobilausstellung präsentierten Modell 380, dem ersten Serien-Personenwagen mit unabhängiger Vorderradaufhängung und Schraubenfedern mit Dreiecksquerlenkern. Dieses Fahrwerkskonzept ist noch immer, wenngleich natürlich immer wieder auf den neuesten technischen Stand gebracht, das Grundprinzip der Mercedes-Chassis. Konstruiert hatte es Hans Nibel, Porsches Nachfolger als Mercedes-Chefingenieur seit 1929. Nibel war auch verantwortlich für einen neuen 3,8-Liter-Reihenachtzylinder, der mit durch Stößelstangen gesteuerten hängenden Ventilen arbeitete, ähnlich dem System des vergleichbaren 770 Grossert, mit Ausnahme des in einem Stück gegossenen Motorblocks statt zwei getrennten Blöcken.

Wie die S-Modelle war auch der 380 mit einem Kompressor ausgerüstet, von der Kurbelwelle über eine Mehrscheibenkupplung in Aktion gebracht, wenn der Fahrer das Gaspedal durchtrat. Mit dem Roots-Gebläse wurden die normalen 90 PS bei angebautem Kompressor auf 120 gesteigert, was aber trotz allem keine überwältigenden Fahrleistungen brachte. Zu bewegen war immerhin ein Wagengewicht von 2100 kg beziehungsweise ein zulässiges Gesamtgewicht von 2420 kg. Das ließ eine Höchstgeschwindigkeit von gerade 120 km/h ohne und 130 km/h mit Kompressor zu. Mercedes bot aber noch zwei stärkere Versionen des 380 an, einen weiteren mit gleichem Hubraum und 90 PS, aber mit integriertem Kompressor, der die Leistung dann auf 140 PS und eine Höchstgeschwindigkeit von 130 km/h steigerte. Stärkste Version der 380-Baureihe (offiziell als W 22 bezeichnet) war ein Vierliter-Achtzylinder mit integriertem Kompressor, der im „Normalzustand" ebenfalls 90 PS zur Verfügung hatte, bei Einsatz des Kompressors aber auf 144 kam und damit 140 km/h schnell war.

Die 380-Modelle hatten, abgesehen vom Motor, ansonsten alles andere gemeinsam. Das Triebwerk arbeitete mit einem Mercedes-Benz-Steigstrom-Doppelvergaser, seitlicher Nockenwelle und hängenden Ventilen. Die Kraftübertragung erfolgte durch eine Einscheibentrockenkupplung über das Dreigang-Getriebe auf die Hinterachse. Die Karosserie ruhte auf einem Kastenprofil-Preßstahl-Niederrahmen. Die Vorderradaufhängung erfolgte mit Doppel-Querlenkern und Schraubenfedern, hinten war eine Pendelschwingachse an Doppelschraubenfedern mit Zusatz-Ausgleichsfedern montiert. Alle vier Räder wurden durch eine hydraulische Bremse mit Bosch-Servohilfe gebremst. Ein Erfolg ist der Typ 380 nicht geworden. Nur 154 Modelle wurden insgesamt gebaut, als Cabrio A/B/C, Limousine, Tourenwagen und Sport-Roadster. Einen nicht „aufgeblasenen" Vorgänger hatte er übrigens auch, den 380 S, der von 1932 bis 1933 mit einem 3,8-Liter-Achtzylinder in zwei Leistungsvarianten von 80 und 85 PS ausschließlich als Cabriolet in drei Versionen im Programm stand.

Dieses automobile „Sahnestück", der Mercedes-Benz 500K, wurde von 1934 bis 1936 in nur 354 Exemplaren gebaut (hier ein Modell von 1936).

Der 500K Roadster von 1936 „ruhte" auf einem Chassis mit einem Radstand von 3289 mm und wog 2267 kg. Sein „Herz" war ein Fünfliter-Reihen-Achtzylinder mit Kompressor.

Was die Leistung betraf, war man sich in Sindelfingen klar darüber, daß eine Kraftspritze dem Mercedes-Image gut tun würde. Der 1934 auf der Automobilausstellung in Berlin präsentierte 380-Nachfolger 500 K hatte diese Spritze bekommen. Mit einer Bohrung von 86 mm (der 380 hatte 78 mm) war eine Vergrößerung des Hubraums auf 5018 ccm erreicht worden, der Hub betrug 108 mm (380:100 mm). Ohne Kompressor arbeiteten unter der Haube jetzt 100 PS, war er zugeschaltet, drängten sich 60 „Pferde" mehr unter der langen Motorhaube, die den 2170 kg schweren Tourenwagen in knapp 17 Sekunden auf Tempo 100 beschleunigten und bis auf 160 km/h davonrannten. Außer diesem Tourenwagen gab es den 500 K auch in den Karosserievarianten Roadster, Coupé und Cabriolet. 1935 wurde die Modellpalette noch um ein Coupé Autobahn-Kurier und einen Spezial-Roadster, 1936 um einen weiteren Spezial-Roadster (mit 28 000 Reichsmark auch die teuerste Ausgabe überhaupt) ergänzt.

Der 500 K besaß ein nichtsynchronisiertes Dreigang-Schaltgetriebe mit einer vierten Fahrstufe als Schnellgang, einer Maybach-Konstruktion. Die Kraftübertragung erfolgte weiterhin mit der Einscheibentrockenkupplung auf die Hinterräder, und zwar mit einer Achsübersetzung von 4,88:1, wobei auch andere Verhältnisse (5,11:1 / 4,46:1 / 4,18:1) möglich waren. Der Schnellgang konnte natürlich auch wie bei heutigen Fünfgang-Getrieben als Schongang genutzt werden und ermöglichte in mittleren Geschwindigkeitsbereichen eine ebenso laufruhige wie kraftstoffsparende Fahrweise, ohne daß dabei der Kompressor in Aktion treten mußte.

Wenn der Kompressor aber mit durchgetretenem Gaspedal herausgefordert wurde, wirkte er wie der Kickdown eines Automatikgetriebes. Ein Fachblatt beschrieb das im Test so: „Das ist urplötzlich eine ganz andere Maschine. Ein fast dämonisches Aufheulen erfüllt den Motor- und den Innenraum. Die Anzeigenadeln von Geschwindigkeits- und Drehzahlmesser schnellen nach oben. Es dürfte wohl auf der ganzen Welt keinen zweiten Motor geben, der einen so unvergleichlichen, in die Ohren und unter die Haut gehenden Sound hören läßt wie dieses Mercedes-Triebwerk."

Trotz seines Gewichts aber war dieser 500 K beileibe nicht schwerfällig. Im Gegenteil, sein Handling erwies sich als „magnifizent", bestätigte das Magazin „The Autocar". Gerade dieses Gewicht gab dem Wagen nach Ansicht des Testers die Solidität und Sicherheit hervorragender Fahrbahnhaftung. Die unabhängige Radaufhängung ließ keinerlei Rollbewegungen oder seitliche Spurabweichungen zu. Selbst im ermüdenden Stadtverkehr erwies sich die Lenkung als außerordentlich direkt und versprach, was sie auch hielt: hohe Sicherheit bei schneller Fahrt. Nur die überempfindlichen Bremsen beeinträchtigten nach Meinung von „Autocar" den überragenden Gesamteindruck.

Diese Überlegenheit wurde noch deutlicher, als Mercedes auf dem Pariser Salon im Oktober 1936 den 540 K vorstellte. Unter seinem Blech arbeitete ein noch stärkerer Motor mit einem durch die Vergrößerung von Bohrung und Hub auf 5501 ccm gesteigerten Hubraum, der zugleich auch eine Erhöhung der Leistung von 115 PS ohne und 180 PS mit zugeschaltetem Kompressor abgab. Die Gemischaufbereitung erfolgte durch einen Steigstrom-Doppelvergaser, System Mercedes-Benz. Hängende Ventile und seitliche Nockenwelle waren die übrigen Motordaten. Um die Kraft sicher über die Räder auf die Straße zu bringen, war das Fahrwerk mit vier horizontal angebrachten Schraubenfedern ausgerüstet.

Die Preise waren absolut stabil geblieben. Das Fahrgestell wurde für 15 000 RM angeboten. Die Preisliste der kompletten Wagen liest sich aus heutiger Sicht eher wie ein Märchen. Da kosteten – wie schon 1935 – acht (!) Modelle unverändert den gleichen Preis von 22 000 Reichsmark. Der Autobahn-Kurier war mit 24 000 RM ebenfalls nicht teurer geworden.

Die „nackten“ Chassis hatte Mercedes übrigens ins Programm genommen, um auch für Individualisten, die auf der Basis dieses ausgereiften Fahrwerks ihren individuellen 500 K bei anderen Karosserieherstellern bauen lassen wollten, etwas zu offerieren. Offensichtlich ist von dieser Möglichkeit aber nur wenig Gebrauch gemacht worden. Der 500 K war schließlich schon „von Hause aus“ ein rundherum formschönes Automobil. Zu den wenigen bekannten, aber in der Tat gelungenen Sonderanfertigungen gehören die des Berliner Karosseriespezialisten Erdmann & Rossi mit ihren „Supernasen“, spitz auslaufendem Heck, elegant gewölbten Türen und den die Gesamtlinie prägenden geschwungenen Kotflügeln.

Daß der 540 K zum „Bestseller“ in der internationalen Presse wurde, dürfte kaum überraschen. Das britische Fach-Magazin „The Motor“ bescheinigte dem Mercedes „sensationelle Werte für seine Zeit“: Von 0 auf 100 km/h vergingen knapp 16 Sekunden, die Spitze war bei sagenhaften 185 km/h erreicht. Autos wie der 540 K sind auch nach ihrer Zeit offensichtlich noch interessant genug, sich mit ihnen zu beschäftigen. Auch in der Praxis, so wie es das Fachblatt „Automobile Quarterly“ 1970 tat. Da wird der 540 K als ein Auto eingeschätzt, „das von seiner ganzen Konzeption her nicht als Hochleistungsautomobil, sondern als ein Meisterstück automobilen Designs zu sehen ist. das diesen Wagen über alles Vergleichbare der dreißiger Jahre hinaushob.“

Verkaufsschlager wie Großserienfahrzeuge vom Stil Ford, Opel oder Wanderer konnten der Mercedes 500 und der 540 K natürlich nie werden. So sind – nach Meinung der Experten – viel zu wenige gebaut worden: 354 vom Modell 500 und 406 vom 540 K. Ohne den Krieg wären es zweifellos mehr geworden.

Für den 540 K (hier ein Modell aus dem Jahre 1939) wurde der Fünfliter-Achtzylinder auf 5401 ccm vergrößert. Mit Kompressor entwickelte er 180 PS, die ihm eine Höchstgeschwindigkeit von 185 km/h verliehen.

Technische Daten

Motor:	Achtzylinder-Reihenmotor, 5018 ccm, 100 PS, mit Kompressor 160 PS, Bohrung x Hub 8,6 x 10,8 cm – 540 K: 5401 ccm, 115 PS, mit Kompressor 180 PS, Bohrung x Hub 8,8 x 11,1 cm, 1 Steigstrom-Doppelvergaser, hängende Ventile
Kraftübertragung:	Mechanisches Viergang-Getriebe, Antrieb auf die Hinterräder, Einscheibentrockenkupplung
Fahrwerk:	Unabhängige Aufhängung vorn und hinten, vorn Doppel-Querlenker, Schraubenfedern, hinten Pendelachse, Doppel-Schraubenfedern
Bremsen:	Hydraulische Trommelbremsen mit Saugluftunterstützung, an allen vier Rädern
Radstand:	2980 mm (Kurz-Version), 3290 mm
Gewicht:	2170 kg (Roadster) bis 2600 kg (540 K)
Höchstgeschwindigkeit:	160 km/h (500 K) und 170 km/h (540 K)
Verbrauch:	27 Liter/100 km (500 K), 29 Liter/100 km (540 K)
Produktion:	500 K: 354/1934-1936 540 K: 406/1936-1939

Die nach außen verlegten Auspuff-Rohre und die beiden (!) Ersatzräder hinter den vorderen Kotflügeln waren unverkennbare „Markenzeichen“ des 540 K. Von 1936 bis 1939 gebaute 406 Exemplare unterstreichen die Exklusivität dieses Wagens.

Der Blick auf die Luftklappen und Luftschlitze läßt nur erahnen, welche geballte Kraft der Alfa Romeo 8C 2900, der schnellste Vorkriegs-Sportwagen, unter der Haube hatte.

Der 8C 2900 hatte ein superkräftiges Herz – einen Zweiliter-AchtzylinderReihenmotor mit obenliegender Doppelnockenwelle und zwei Kompressoren. Trotz der geringen Verdichtung von 5,75:1 entwickelte er 180 PS.

Nur in einer „Auflage" von 43 Exemplaren hergestellt, gehört dieser Alfa Romeo 8C 2900 zu den wahren Raritäten unter den Automobilen schlechthin. Dabei steht ihm auch das Attribut zu, der schnellste Seriensportwagen vor dem Kriege gewesen zu sein. Er hielt einen einmaligen Rekord sportlicher Erfolge. Jedes Exemplar war unvergleichlich schön und aggressiv zugleich. Und um diesen 8C 2900 bildete sich ein wahrer Mythos. Der amerikanische Sportwagen-Experte Don Vorderman schrieb, „einen 8C 2900 fahren heißt, ein Automobil in seiner höchsten Vollendung zu erleben".

Der Motor war, wie die aller Alfas von 1931 bis zum Beginn des Krieges, die krönende Variante von Vittorio Janos brillanter Konstruktion, mit der Alfa Romeo in den verschiedensten Modellen 110 Siege bei diversen sportlichen Wettbewerben von Bergrennen bis zu Grand-Prix-Rennen, der Tortur von Le Mans und der berühmten Mille Miglia erreichte. Die 2,9-Liter-Version dominierte die Mille Miglia schließlich so eindeutig, um nicht zu sagen einseitig, daß sogar das Reglement geändert wurde, um auch andere „mal dran zu lassen".

Der 2,9-Liter-Motor war auch erforderlich, um Alfas führende Position auf den Sportpisten gerade in den hart umkämpften Wettbewerben Mitte der 30er Jahre zu verteidigen und zu halten. Der 29001, wie die erste Version des neuen Modells bezeichnet wurde, war ein lupenreiner Sportwagen, sowohl für den „zivilen" Betrieb auf normalen Straßen als auch für den sportlichen Einsatz geeignet. Wie exklusiv schon diese erste Serie war, zeigt der Preis: 14 000 Dollar (rund 56 000 Mark nach damaligem Kurs) waren 1935 schon ein Vermögen und ein Preis, der sich praktisch an den damaligen absoluten Spitzenmodellen orientierte.

Eines zur Erinnerung noch einmal vorweg: Die nachstehend folgenden Charakteristika und Daten beziehen sich auf ein Automobil, das von 1935 bis 1936 (und in den anderen Versionen dann bis 1939) gebaut wurde. Sein Chassis mit unabhängiger vorderer Radaufhängung an Längslenkern und Schraubenfedern sowie mit unabhängiger Radaufhängung hinten mit Schwingachsen, Blattfeder und Transaxle war vom rennerprobten Fahrwerk des 8C Grand-Prix-Wagens 1935 abgeleitet. Der Achtzylinder-Reihenmmotor hatte zwei obenliegende Nockenwellen und zwei Kompressoren, von denen jeder eine Zylinderreihe bediente. Dieses Triebwerk leistete sagenhafte 220 PS bei 5300 U/min. Was das zu einer Zeit bedeutete, in der 50 PS schon als kräftig galten, läßt sich leicht ausmalen. Angesichts des geringen Gewichts von nur 848 kg wog diese Leistung um so mehr, nachgewiesen durch die Höchstgeschwindigkeit von 201 km/h.

Die meisten 2900 waren offene Versionen im Design von Carozzeria Touring in Mailand mit seiner patentierten „superleggera" (superleicht)-Konstruktion, gebaut wurden sie bei Farina, einer der Wagen stammte auch von der Schweizer Firma Ramsiers. Was leider von nur wenigen großen und berühmten Oldie-Serien gesagt werden kann, trifft auf diese erste Alfa-Serie 2900 zu: Die meisten Fahrzeuge davon existieren noch, in Museen oder privatem Besitz.

Der Alfa Romeo 2900 wurde von vornherein für den sportlichen Einsatz konzipiert. Und da machte er von Anfang an eine Top-Figur. 1936 erfolgte das Renn-Debüt bei der zehnten Mille Miglia für die Farben der berühmten Scuderia Ferrari. Drei 2900 A standen am Start, alle mit motorradähnlichen Kotflügeln, ovaler Kühlergrill-Öffnung, der typischen kleinen Rennwagen-Windschutzscheibe und einem Ersatzrad. Es war eine Premiere nach Maß. Der Zieleinlauf hieß Alfa Romeo auf den Plätzen eins, zwei und drei. Der Grand Prix von Brasilien brachte einen Doppelsieg. Und auch die 24 Stunden von Spa in Belgien sahen einen Alfa vorn.

Der Alfa 8C 2900 hatte das Zeug für sportliche Erfolge – und bewies es mit vielen Siegen, zum Beispiel bei der Mille Miglia. Von dem aerodynamisch hervorragend gestylten Wagen, der auch technischen Fortschritt durch Einzelradaufhängung rundum verkörperte, sind nur 43 Fahrzeuge gebaut worden.

Im Jahr darauf kündigte Alfa eine überarbeitete Version als 8 C 2900 B an, der unverkennbar seinem Vorgänger ähnelte, aber vor allem mit technischen Modifizierungen aufwartete, vornehmlich auch am Motor, der jetzt mit 180 PS bei 5200 U/min mehr Kraft entwickelte. Für das Werks-Rennteam wurden vier Spider präpariert. Rennleiter war nach wie vor Enzo Ferrari, dem ein hervorragendes Team mit Clemente Biondetti, Emilio Villoresi, Nino Farina und Carlo Pintacuda (Sieger des Großen Preises von Brasilien 1936) zur Verfügung stand.

Biondettis Wagen war mit einem Tipo-308-Grand-Prix-Triebwerk ausgerüstet, das eine noch größere PS-Leistung als der 2900 brachte. Für einen Sieg bei der Mille Miglia aber waren sie alle vier gut. Dieses Rennen wurde ohnehin auf heimischem Gebiet fast ausnahmslos von italienischen Fahrern und Marken beherrscht. Pintacuda allein hatte die „Mille" zweimal (1935 und 1937) gewonnen. Diese 1000-Meilen-Rennen von Brescia bis nahe Rom und zurück nach Brescia waren das größte Straßenrennen der Rennsportgeschichte und wurden dreißig Jahre lang von 1927 bis 1957 ausgetragen, unterbrochen lediglich durch den Krieg und durch einen tragischen Unfall im Jahr 1938. Da wurden in den frühen Morgenstunden die langsamen Wagen bereits „ausgeflaggt", sprich aus dem Rennen genommen, so daß nur noch die Alfas, Maseratis und Mercedes am Start standen, als in der Morgendämmerung das Rennen richtig begann. Pintacuda wurde im üblichen Zwei-Minuten-Abstand direkt vor Biondetti auf die Strecke geschickt. Beide Wagen hatten die gleiche PS-Leistung, aber Pintacuda, der zweimalige Gewinner, besaß die größere Erfahrung gerade auf diesem speziellen Kurs. Kein Wunder, daß er schon nach kurzer Zeit in Führung lag. In Bologna, nach etwa der Hälfte der Strecke bis Rom, hatte er bereits eine Durchschnittsgeschwindigkeit von 180 km/h herausgeholt, schneller, als er bei den beiden anderen von ihm gewonnenen Rennen war.

Er schien einem sicheren dritten Mille-Sieg entgegenzufahren, nachdem er nach Überquerung der Bergpässe seine Führung sogar noch ausbauen konnte. Auf der Fahrt nach Rom wurde er mit 210 km/h gestoppt. In Rom lag er schon fast uneinholbar vor der Konkurrenz. Aber – wie andere Rennstrecken – hatte auch die Mille Miglia ihre eigenen Gesetze. In diesem Falle jenes, daß der, der in Rom als Erster ankommt, das Rennen am Ende nicht gewinnt. Genau das bewahrheitete sich auch hier. Kurz nach der „Wende" in Rom blockierten an Pintacudas Alfa die Bremsen. Noch während die Mechaniker fieberhaft arbeiteten, passierte Biondetti auf dem anderen Alfa seinen Teamkameraden. Pintacuda büßte durch die Panne mit den Bremsen vierzehn Minuten ein. Um noch zu gewinnen, hätte er mindestens zwei Minuten vor Biondetti im Ziel sein müssen. Er startete zwar eine tolle Aufholjagd, machte Minute um Minute gut. Bei Treviso/Tarvis nahe Vendig lag er nur noch drei Minuten hinter Biondetti. Als es ins Finish ging, waren die beiden Alfas in Bescia fast auf Tuchfühlung. Doch es reichte nicht mehr. Biondetti gewann die Mille Miglia 1938.

Technische Daten	
Motor:	DOHC-Reihen-Achtzylinder, 2095 ccm, Bohrung x Hub 6,8 x 10,0 cm, Verdichtung 5,75:1, Trockensumpfschmierung, zwei Kompressoren, 180 PS bei 5200 U/min – 8C 2900 A: 220 PS bei 5300 U/min
Kraftübertragung:	Viergang-Getriebe, Lamellen-Kupplung
Fahrwerk:	Radaufhängung unabhängig rundum, vorn mit Schraubenfedern und Längslenkern, hinten Pendelachse mit querliegender Blattfeder
Radstand:	2794 mm / 3089 mm (je nach Typ)
Gewicht:	1267 kg / 848 kg in Rennausführung
Höchstgeschwindigkeit:	200 km/h
Produktion:	43

1935-36 AUBURN SPEEDSTER 851/852

„Chadwick? Nie gehört!" dürfte wohl die Standardantwort auf die Frage nach dieser amerikanischen Automarke lauten. Dabei hatte Lee Sherman Chadwick bereits 1907 in seiner Fabrik in Pottstown/Pennnsylvania als erster Automobilhersteller bei seinen Autos Kompressoren eingesetzt, darf also mit Fug und Recht als der Pionier dieser Art von Motorenaufladung gelten. In den USA dauerte es im Gegensatz zu Europa, wo die Vorzüge dieses Motorenkonzepts schon wesentlich früher erkannt worden waren, aber bis 1930 ehe auch dort der Kompressor zum Einsatz kam.

Dann aber machten es die Amerikaner auch gleich gründlich. Mit dem „aufgeblasenen" Motor erreichten z.B. Alltags-Grahams 1935 plötzlich Geschwindigkeiten von bis zu 180 km/h. Ein Tempo jedoch, das die meisten der damaligen Autofahrer völlig überforderte, wie ein amerikanischer Journalist feststellte. In ohnehin schon durch ihre Leistung überzeugenden Automobilen wie den Duesenbergs und den Cords vollbrachte die Möglichkeit, durch den Kompressor die Leistung erheblich zu steigern, wahre Wunderdinge. Nicht anders war es mit dem Auburn. Daß diese Marke dann aber den 851 Speedster-Achtzylinder zum Preis von nur 2245 Dollar anbieten konnte, schien unglaublich.

Die Marke Auburn geht zurück auf das Jahr 1900, als die Brüder Frank und Morris Eckhart im Betrieb ihres Vaters in Auburn/Indiana, wo bis dahin Kutschen gebaut wurden, ihr erstes Automobil herstellten. Es handelte sich um einen relativ „hochbeinigen" Wagen, den ein Einzylinder in Bewegung brachte. Auburn ist nie zu einem Hersteller größerer Serien geworden, doch verkauften sich die Automobile recht gut und brachten einen gesunden Gewinn ein. Bis 1924 aber kamen aus Auburn keine Autos, die zu denen gehören, von denen man sonderlich Notiz nahm. 1924 jedoch wurde für die Marke zu einem entscheidenden Jahr, als Auburn sich Errett Lobban Cords aufblühendem Unternehmen anschloß, zu dem inzwischen außer dem Motorenspezialisten Lycoming Engine Company auch die renommierte Marke Duesenberg gehörte. Mit den Lycoming-Triebwerken wurden die Auburns zu attraktiv gestylten, leistungsstarken Fahrzeugen. Das Image der Marke war augenscheinlich überzeugend. Immerhin verkaufte Auburn 1931, als die Rezession bereits zwei Jahre andauerte, mehr Autos als DeSoto beziehungsweise Packard und Cadillac zusammen und schrieb nach wie vor schwarze Zahlen, während die meisten unabhängigen kleineren Firmen immer größere Verluste „einfuhren". Für Auburn selbst war das allerdings auch der Zenit der Geschichte.

Die Acht- und Zwölfzylinder von Auburn galten seit eh und je als wahre „Klassiker". Begehrtestes Modell war der Speedster der Baujahre 1935-1936 (Foto gegenüberliegende Seite: ein 35er Modell). Mit diesem Styling schuf Gordon Buehrig ein zeitloses Speedster-Modell.

Ein kostspieliges Umstellungsprogramm für das Baujahr 1934 zahlte sich dann aber nicht in den erhofften Verkaufserfolgen aus. So wurde schließlich Duesenberg-Präsident Harold T. Ames als Vizepräsident eingesetzt. Und Ames beauftragte Duesenbergs Chefdesigner Gordon Buehrig auf der Stelle mit einem Facelifting der Auburns, um damit für 1935 bessere Aussichten zu schaffen. Eines vor allem wollte Ames: den Einsatz eines Kompressors, die seiner Meinung nach kostengünstigste Möglichkeit für eine Leistungssteigerung der Auburn-Modelle. Dabei stellte sich vornehmlich die Frage, ob eine entsprechende Modellstudie innerhalb kürzester Zeit zu schaffen war, um damit auch das Publikum in die Ausstellungsräume der Händler zu locken. Buehrig beantwortete die Frage in der Praxis – er entwickelte diese Show-Studie.

Auburn hatte 1933 einen V12-Speedster gebaut, von dem noch etwa 100 Karosserien vorhanden waren. Eine davon montierte Buehrig auf ein von August Duesenberg konstruiertes Chassis. Die Karosserie war extrem schmal, so daß Buehrig das Design durch eine neue Motorhaube und einen entsprechenden Kühlerrahmen veränderte und das Ganze an der Feuerwand zwischen Motorraum und Kabine montierte. Buehrig

1935-36 AUBURN SPEEDSTER 851/852

Auch andere Fahrzeuge der späten 20er und frühen 30er Jahre wurden im markanten Boot-Stil konstruiert. Aber kaum ein anderer entsprach diesem Design so klar wie der Auburn Speedster. Zum Leidwesen der Sammler sind insgesamt nur 500 Wagen gebaut worden.

Den Insassen des Speedsters bot sich ein ziemlich beengtes Platzangebot. Das Cockpit mit seinem Instrumentarium strahlte sportliches Flair aus. Das hatte der Wagen auch in der Leistung: 150 PS wurden aus dem Hubraum von 4505 ccm mit Kompressor aktiviert.

gestaltete auch die Ponton-Kotflügel neu, die mit einem Hartholzrahmen verbunden wurden, ein insgesamt kostenaufwendiges Verfahren. So verwundert es auch nicht, daß Auburn mit dem Speedster kein Geld verdiente. Dies um so weniger, als die Karosserie aus nicht weniger als 22 einzelnen Sektionen bestand, die allesamt bis zum Finish von Hand hergestellt wurden.

Geld, erinnerte sich Buehrig, war nur wenig verfügbar, so daß er eine ganze Reihe seiner Ideen für ein attraktiveres Design streichen mußte. Dazu gehörte zum Beispiel der Gedanke an ein reichlich mit Instrumenten bestücktes und in Metall gestaltetes Armaturenbrett, wie er es in seinem berühmten Cord 810 von 1936 kreiert hatte.

Der Auburn Speedster war weit mehr als nur ein hübsches Auto. Um – buchstäblich – zu „erfahren", was er zu leisten vermochte, ging kein Geringerer als Ab Jenkins, der fast vierzig Jahre auf den berühmten Salzseen nahe seiner Heimatstadt Salt Lake City Weltrekorde gleich serienweise aufstellte, auch mit einem Auburn Speedster auf eben diese Rekordstrecke. Notiert wurden dann bei seiner Kilometerjagd: 167,6 km/h für die fliegende Meile und eine Durchschnittsgeschwindigkeit von 165,7 km/h für den Dauertest über 500 Meilen (804,5 Kilometer). Jenkins und ein weiterer Testfahrer fuhren jeden Auburn-Speedster auf den Salzseen in Utah über eine Strecke von 100 Meilen (160,9 Kilometer), was an den Fahrzeugen auch mit einer Plakette dokumentiert wurde. Darauf verlassen aber konnte man sich anscheinend auch nicht unbedingt. Gordon Buehrig jedenfalls hat verraten, daß er auch Monteure gesehen habe, die diese Plakette am Armaturenbrett von Speedstern anbrachten, bevor Karosserie und Chassis überhaupt „Hochzeit" gefeiert hatten, wie es im Fachjargon für den Zusammenbau beider Fahrzeug-Komponenten heißt.

Der Preis für einen dieser Wagen betrug angeblich 2245 Dollar. Da mag es auf den ersten Blick verwundern, daß Auburn nicht mindestens 10 000 Speedster verkauft hat. Wenn überhaupt, dürften nur wenige den Wagen für den Mini-Preis erstanden haben. „Road & Track" jedenfalls fand in Hartford/Connecticut einen ganz offiziell in der Preisliste für 3745 Dollar angebotenen Auburn Speedster.

Ein Blick auf die Fotos der Seiten 119 und 120 dürfte klar machen, daß bereits der Prototyp auf Anhieb „ankam". Das veranlaßte Ames, es nicht beim Showcar oder einer zumindest limitierten Auflage zu belassen, sondern den Wagen in Serie zu bauen. Als sich aber herumsprach, daß der Preis näher an 4000 Dollar lag, war die Euphorie schnell verflogen. So sind dann schließlich auch nur 500 Speedster gebaut worden, 1935 als Modell 851 und 1936 als Modell 852.

Eines zumindest aber hat der Speedster doch bewirkt: Viele Leute, die er in die Ausstellungsräume der Händler lockte, haben sich zwar nicht für ihn entschieden, aber doch für einen Auburn, nämlich den Sechszylinder, den es schon ab 800 Dollar gab. Zur Ehre des schönen Speedsters aber sei zumindest vermerkt, daß er weit mehr war, als nur ein Lockvogel. Wer heute einen besitzt, dürfte das wissen.

Technische Daten

Motor:	Reihen-Achtzylinder, 4586 ccm, Bohrung x Hub 7,8 x 12,0 cm, Schwitzer-Cummins-Kompressor, 150 PS bei 4000 U/min
Kraftübertragung:	Dreigang-Getriebe, mechanisch
Fahrwerk:	Starrachsen mit längsliegenden halbelliptischen Blattfedern vorn und hinten
Bremsen:	Hydraulische Vierrad-Bremse
Radstand:	3225 mm
Gewicht:	1681 kg
Höchstgeschwindigkeit:	über 160 km/h
Produktion:	geschätzte 500

Ganze 24 Einheiten sind 1936 vom Modell 852 entstanden. Alle wiesen den gleichen Radstand von 3225 mm auf. Die Preisskala bewegte sich zwischen 995 Dollar und 2245 Dollar für den Speedster. Der hier abgebildete Phaeton Sedan kostete 1725 Dollar.

Die Modellpalette des Baujahres 1936 umfaßte – so die amerikanischen Original-Bezeichnungen – den Eight, Custom Eight Dual Ratio, Salon Eight Dual Ratio und Supercharged Eight Dual Ratio. Für dieses zwei- und viersitzige Cabrio waren 1675 Dollar zu zahlen.

Gordon Buehrig entwarf das Design des Auburn Speedster von 1935 und auch den „unsterblichen" Cord 810/812.

Errett Lobban Cord, der die Auburn Automobile Company kurz vor dem Rande des Abgrunds gerettet hatte, beschloß Ende der 20er Jahre, einen eigenen Wagen zu entwickeln und ihn auch unter seinem Namen zu vermarkten. Cord war ein typischer Senkrechtstarter: Selbst gerade Ende 20, war er Auburns General Manager geworden. Und als 32jähriger saß er bereits im Präsidentensessel der Gesellschaft. In dieser Zeit hatte der junge Mann es auch erreicht, Auburn das Image einer jugendlichen Marke zu verleihen. Seine Automobile gehörten ebenso zu den führenden Modellen im aktuellen Styling wie zu den interessantesten im Segment der Reihenachtzylinder, auch vom Preis her. Auch in der Technik hatte Cord mit den Auburns Maßstäbe gesetzt, als er sie mit hydraulischen Bremsen ausrüstete, womit die meisten Konkurrenten nicht aufwarten konnten. Dabei war es Cord kaum darum gegangen, nur eine Art Trendsetter der Technik wegen zu sein. Er dachte an die Sicherheit seiner Kunden, deren Fahrzeuge mit Bremsen ausgerüstet sein sollten, die auch der Leistung gerecht wurden.

So war natürlich auch damit zu rechnen, daß Cord ein Auto unter seinem Namen verschieden von anderen machen würde, im Design wie in fortschrittlicher Technik. Genau so war es auch. Die Markteinführung fand im August 1929 statt, als Amerikas erstes Serien-Automobil mit Frontantrieb. Da war sie also schon, die avantgardistische Technik! Al Leamy hatte eine Karosserie entworfen, die sich nur 1549 mm über die Fahrbahn hinaushob, rund 30 Zentimeter (!) flacher als alle bedeutenden Konkurrenten. Das eigenwillige V-Styling des Kühlers sollte auch bald eine ganze Reihe von Nachahmern finden, vornehmlich die Chryslers von 1931 bis 1933. Die langen, geschwungenen Kotflügel wurden zu einem neuen Trend im Automobildesign. Um es kurz zu machen: Dieser kurze L-29, wie die erste Generation des Modells bezeichnet wurde, war eines der ungewöhnlichsten Automobile, die bis dahin auf die Räder gestellt worden waren.

Aber, wie das so oft ist mit allem, was Fortschritt verkörpert – ein Verkaufserfolg ist der Wagen nicht geworden. In mancherlei Hinsicht war der L-29 ein Triumph der Technik, aber das stand nun einmal auf einem anderen Blatt. Das Blatt des L-29 in der Geschichte von Cord wurde 1932 mit etwa 5000 produzierten Einheiten abgeschlossen.

E. L. Cord aber schob diesen relativ schwachen Start nicht dem Frontantriebskonzept zu. Im Gegenteil: Er ließ sich nicht beirren, auch weiter daran festzuhalten, solange er Autos unter seinem Namen baute. Mit angetriebenen Vorderrädern präsentierte er 1936 ein Modell 810, dessen Styling von Gordon Buehrig, dem früheren Chefdesigner von Duesenberg, stammte. War der L-29 in vieler Augen eine Schönheit, so war dieser 810 ein geradezu stilistischer Kraftakt. Vorgesehen war dieses Fahrzeug nicht einmal als Fronttriebler, auch nicht als Cord. Werden sollte es ursprünglich ein „Baby Duesenberg“, ein konventionelles Automobil auf der Basis eines Achtzylinder-Cord, um den Namen Duesenberg auch in der breiteren Masse hoffähig zu machen.

Im Februar 1934 war ein Prototyp fertiggestellt. Es folgte eine kurze Unterbrechung, während der Buehrig den Auburn von 1935 überarbeitete und in der gleichen Zeit auch den bemerkenswerten 851 Speedster entwarf. Als er nach Erledigung dieser Aufgaben wenige Wochen später zurückkam, um das Duesenberg-Projekt zu vollenden, erfuhr er, daß alles umgekrempelt worden war. Nun sollte der Wagen kein Duesenberg, sondern doch ein Cord werden. Aber weit wichtiger als diese Namensänderung: Der Cord mußte Frontantrieb haben.

Im Dezember 1934 war das Design des neuen Cord schließlich fertig. Gordon Buehrig lieferte die gelungene Arbeit ab, heiratete und trat die Hochzeitsreise an. Dies alles zu einer Zeit, als die Auburn Automobile

Werbung muß sein. Mit diesen Prospekten machte Cord potentiellen Käufern 1936 den Typ 810 schmackhaft. Präsentiert wurde das neue Cord-Modell in der gleichen Woche sowohl auf der Autoshow in New York als auch in Los Angeles. Im Text war unter anderem zu lesen, daß der 810 „Qualität in jedem Detail“ garantiere.

Company wie das gesamte Cord-Imperium durch finanzielle Schwierigkeiten an den Rand des Bankrotts geraten war. Was Buehrig gedacht oder gesagt hat, als er aus dem „Honeymoon" zurück kam und erfuhr, daß das Cord-Projekt mangels finanzieller Masse gestorben war, ist nicht überliefert.

Es war aber nur scheintot. Ein halbes Jahr später wurde Buehrig zu einer Versammlung des Cord-Direktoriums gerufen, wo man ihm eröffnete, daß durch die Produktion von Küchen die Kasse wieder aufgebessert worden sei und auch wieder Geld für die Vollendung des Frontantriebs-Modells vorhanden sei. Das war die gute Nachricht. Die schlechte dagegen war der Zeitdruck, unter dem Buehrig nun arbeiten mußte. Bis zur New York Auto Show am 2. November sollte nicht nur ein Prototyp fertig sein, sondern nach Einrichtung der Fertigungsanlagen auch die Produktion beginnen. Und bis dahin blieben gerade noch vier Monate. Das zu schaffen war praktisch unmöglich.

Ein Auto auszustellen setzte nach den Vorschriften der Automobile Manufacturers Association aber voraus, daß mindestens hundert Fahrzeuge des betreffenden Modells bereits fertiggestellt sein mußten. In der kurzen verbleibenden Zeitspanne war aber die Einrichtung der Produktionsanlagen nicht zu schaffen. Und das bedeutete, wenn der Termin überhaupt einzuhalten war, die Fertigung jedes Wagens von Hand. Irgendwie wurde das Unmögliche wieder einmal möglich gemacht. Aber fahrbereit waren die Ausstellungsautos nicht: Sie hatten kein Getriebe. Bei diesen handelte es sich um Viergang-Einheiten einer brandneuen Konstruktion, für die die Produktionsbänder nicht mehr einzurichten waren. Immerhin aber wurden die Cords auch so akzeptiert.

Während die ersten hundert Wagen also in reiner und teurer Handarbeit entstanden waren, erfolgte die Serienproduktion mit einer ganzen Reihe von Rationalisierungsmaßnahmen. Um Kosten zu sparen, wurden die linken vorderen und rechten hinteren Türen auf der gleichen Presse gestanzt. Das in der Anfangsphase auftretende Überhitzen der Bremsen beseitigte George Ritts, Leiter der Versuchsabteilung von Cord, ohne großen technischen Aufwand ganz einfach dadurch, daß die vorher vollen Radabdeckungen mit zwölf Löchern versehen wurden, was einmal das Bremsenproblem löste und zum anderen noch einen optischen Effekt brachte. Ein großer Teil der Innenausstattung, die Instrumente und das Lenkrad wurden von verschiedenen Herstellern bezogen, und zwar auch nicht als Neuprodukt, sondern aus vorhandenen Beständen. Selbst unter diesen Be-

Obwohl der 1937 vorgestellte Cord 812 sich äußerlich nur wenig vom 810 des Vorjahres unterschied, hatte er mehr Kraft unter der Haube. Mit Kompressor wurde die Leistung des Lycoming-V8 von 115 PS auf 170 PS gesteigert.

Das Instrumentarium sowohl der Typen 810 als auch 812 war für jene Zeit fast schon ein „Überangebot". Die Gestaltung des Armaturenträgers mit den diversen Anzeigen entsprach dem Gesamtstyling dieses ungewöhnlichen Wagens und verriet den Luxus-Anspruch.

Der 812 Westchester mit dem Kompressor-Motor verriet eindeutig die Handschrift von Gordon Buehrig. Das hier abgebildete Modell mit dem Radstand von 3352 mm kostete 2860 Dollar.

dingungen vermochte Buehrig dem neuen Cord einen besonderen „Anstrich" von Qualität und Exklusivität zu verleihen.

Die Grundkonstruktion von Karosserie und Rahmen nahm einiges von dem vorweg, was dreißig Jahre später auch beim Camaro Anwendung fand. Im Klartext: Der Motor und alle Antriebskomponenten saßen auf einem vorderen Fahrschemel, während die Karosserie als Ganzstahleinheit gebaut wurde. Der Kunde hatte die Wahl zwischen drei Basis-Karosserien: viertürige Limousine (in Standard-Ausstattung als Westchester, in DeLuxe-Ausstattung als Beverly), viersitziges Convertible „Phaeton" und zweisitziges Ragtop (offene Version mit Stoffdach) „Sportsman".

Unter der Motorhaube hatte der Cord 810 einen neuen im L-Prinzip konstruierten, vergleichsweise modernen Lycoming-V8 mit einem Hubraum von 4730 ccm und von 125 PS. Auch diese Maschine stammte also aus dem Cord-Imperium.

Das schwierigste technische Problem beim neuen Cord stellte sich mit dem Antrieb. Bei dem vor dem Motor plazierten Getriebegehäuse wäre eine komplexe Kombination von Stangen und Hebeln erforderlich gewesen. So fiel die Entscheidung zugunsten des neuen Bendix-Elektro-Vakuum-Systems. Dabei hatte der Fahrer die Möglichkeit, mit Fingerdruck eine unter dem Lenkrad montierte Kontrolle zur Vorwahl der verschiedenen Gänge zu bedienen, ohne dabei die Kupplung durchtreten zu müssen. Wenn das System dieser Art Fernsteuerung funktionierte, war es ein Vergnügen für den Fahrer. Aber wehe, wenn in diesem komplizierten Mechanismus die kleinste Störung auftrat! Dann konnte der Fahrer nur noch an den Straßenrand fahren und auf Hilfe warten.

Doch weder der Motor noch dieses komplizierte Antriebskonzept machten das Image des Cord aus. Es war nicht einmal seine ungewöhnliche Konstruktion. Das Aussehen war's. Und das war in der Tat ungewöhnlich. Buehrig hatte eine kantige Frontpartie mit einem Kühlergrill kreiert, dessen Chromleisten von der Nase zu beiden Seiten bis zu den Türen herumgezogen waren. Das hatte Detroit noch nie zuvor gesehen. Die Trittbretter waren von den Türen verdeckt, nicht einmal die Türscharniere waren bei dieser bündigen Karosserie außen angebracht. Auch mit den Lampen hatte sich Buehrig etwas Ausgefallenes einfallen lassen: Sie waren in den Kotflügeln versenkt und wurden vom Fahrer mittels zweier zu beiden Seiten des Armaturenbretts angebrachter kleiner Kurbeln ausgefahren. Und was Manta-Fahrer verwundern mag: Tiefergelegte Autos gab es schon früher, zum Beispiel den Cord 810, der um einige Zentimeter dem Erdboden näher war als seine Konkurrenten.

Mit einiger Verzögerung lief die Produktion des Cord 810 im Februar 1936 an. Ein Jahr danach war Cord erneut in Schwierigkeiten. Ein für dieses Jahr angekündigtes neues Modell erhielt durch Duesenberg kein grünes Licht. So kam es lediglich zu einer überarbeiteten Version des 810 mit stärkerem Motor und Kompressor, der den V8 auf 170 PS brachte. Der 812 aber konnte Cord auch nicht mehr retten. Im August 1937 standen die Bänder still. Nach nicht einmal ganz 3000 Einheiten des Cord 810/812.

Technische Daten	
Motor:	Lycoming-V8, 4696 ccm, Bohrung x Hub 8,9 x 9,5 cm, Verdichtung 6,5:1, zwei Stromberg-Fallstromvergaser, 125 PS bei 3500 U/min, mit Kompressor (nur Baujahr 1937) 170 PS bei 4000 U/min.
Kraftübertragung:	Viergang-Selektiv-Getriebe, Gänge zwei bis vier synchronisiert, „Electric Hand"-Fernbedienung, halbautomatische Trockenscheibenkupplung
Fahrwerk:	Press-Stahlrahmen, U-Profil-Seitenträger, gepreßte oder Rohr-Querträger; Einzelradaufhängung vorn mit querliegender Blattfeder, Rohrachse hinten mit halbelliptischen Federn
Bremsen:	Trommelbremsen vorn und hinten
Radstand:	3175 mm und 3352 mm
Länge:	4965 mm und 5143 mm
Höhe:	1473 mm bis 1524 mm
Gewicht:	1685 kg bis 1891 kg,
Höchstgeschwindigkeit:	149 km/h, mit Kompressor 159 km/h
Beschleunigung:	0 auf 100 km/h ca. 20 Sekunden, mit Kompressor ca. 13,5 sek
Produktion:	3000 (geschätzt)

Viele Automobile, so es sie denn noch gibt, haben bis auf den heutigen Tag ihre Stammväter. Auch der Jaguar XJ-S hat einen. Den SS 100, den besten unter William Lyons' Vorkriegs-Sportwagen, der die Devise von „grace – space – pace" (Grazie – Raumangebot – Schnelligkeit) begründete und zur Jaguar-Tradition machte. Ebenso wie die Tatsache, daß diese Autos stets ihr Geld wert waren. Das „SS" in der Typenbezeichnung entstand durch die Übernahme der Initialen von Lyons' Unternehmen Swallow Sidecar Company (andere behaupten jedoch, durch die Übernahme der Firma Standard im Jahre 1929 als die Initialen beider Firmen), wo ursprünglich Motorradbeiwagen, dann Autokarosserien auf fremden Chassis und schließlich Automobile in eigener Regie gebaut wurden, die als Jaguar den Namen einer Sportwagen- und Nobelauto-Weltmarke begründeten. Die Bezeichnung dieses Modells als „SS 100" war übrigens nicht ganz korrekt. Alle Typen der Baureihe 100 waren SS-Serien und -Varianten, aber nicht alle SS-Versionen gehörten zur Serie 100.

Um die Modell-Hierarchie „auf die Reihe" zu bringen, muß man schon bis ins Jahr 1932 zurückgehen, zum SS-1, Willam Lyons' erstem Automobil. Das geschlossene Coupé mit 2,1- oder 2,6-Liter-Motor, beide mit seitengesteuerten Ventilen, hatte ein unterbautes Chassis von Standard Motor Company. Die Karosserie hatte Lyons selbst entworfen. Die frühen Modelle waren an den motorradähnlichen Kotflügeln zu identifizieren, die späteren hatten dann Kotflügel im Muschelschalen-Styling. Bei allen war der Motor unter einer langen, elegant wirkenden Motorhaube montiert. 1933 kam ein Touring-Cabrio ins Programm, dem 1934/35 dann als weitere Variante eine Sedan-Limousine folgte. Beibehalten blieb bei allen das Fahrwerk mit Starrachsen vorn und hinten sowie mit mechanischen Seilzugbremsen.

Der Jaguar SS 100 des Baujahres 1937 war mit einem 2,5-Liter-Reihen-Sechszylinder ausgerüstet. Der Motor arbeitete mit hängenden Ventilen und zwei SU-Vergasern. Die Jaguar-eigene Konstruktion entwickelte 102 PS und erreichte eine Höchstgeschwindigkeit von gut 160 Kilometer pro Stunde.

Der SS sah, auf einen Nenner gebracht, gut aus. Das Prädikat gut war ihm in der Leistung jedoch nicht unbedingt zu erteilen. 130 km/h waren auch zu dieser Zeit für einen Wagen dieser Spezies gerade Standard, konnten aber keinen begeistern. So endete der erste sportliche Auftritt eines SS bei der Alpenfahrt 1933 auch mit einem Fiasko. Im Jahr darauf aber war Lyons wieder da, und diesmal mit dem dritten Platz in der Klasse durchaus zufrieden. Lyons hatte augenscheinlich Spaß am Sport gefunden. Er heuerte Bill Heynes, tätig bei Humber, als Chefingenieur an, um gemeinsam mit ihm einen Wagen zu bauen, der das Zeug haben sollte, eine europäische Rallye zu gewinnen. Als das Auto Realität war, nannten sie es SS Jaguar 90. Und dieser wurde der direkte Vorfahr des Modells 100.

Der im Frühjahr 1935 vorgestellte SS Jaguar 90 war mit der stärksten Maschine aus dem eigenen Programm, einem 2,7-Liter, bestückt und wies den kürzesten verfügbaren Radstand von 2641 mm auf. Schön sah er aus, nur schnell genug war er nicht. So endete sein Debüt bei der RAC Rallye 1935 damit, daß er sie nicht beendete und – in des Wortes wahrstem Sinne – auf der Strecke blieb. Nur 21 Wagen sind von diesem Typ gebaut worden. Aber Lyons baute weiter auf ihn und präsentierte im Herbst 1935 eine neue Version, die er jetzt SS Jaguar 100 nannte.

Die 100 sollte zu Jaguars Glückszahl werden. Denn mit dem neuen Modell war der Grundstein für eine Zukunft gelegt, an der das Triumvirat Lyons, Heynes und – als Dritter im Bunde – der Motoreningenieur und als „Zylinderkopf-Zauberer" geltende Harry Weslake von nun an arbeitete. Weslake, und das muß in diesem Zuzsammenhang erwähnt werden, hatte später auch entscheidenden Anteil am XK-Motor von 1948. Aber bleiben wir beim SS 100. Für diesen Wagen konstruierte Weslake einen seidenweich laufenden, siebenfach gelagerten 2,5-Liter-Motor mit hängenden Ventilen und zwei SU-Vergasern. Lyons wollte ein Trieb-

BWX 243

1936-39 SS JAGUAR 100

Im Baujahr 1938 verpaßte Jaguar dem SS 100 einen völlig neuentwickelten 3,5-Liter-Sechszylinder. Dank besserer Kühlung und größerer Ventile lief der Motor nun nicht nur ruhiger, sondern überschritt mit jetzt 125 PS auch in der Höchstgeschwindigkeit die Schallmauer nach Meilen: Die Marke stand nun bei 110 mph, entsprechend 177 km/h.

werk mit mindestens 90 PS, Weslake holte mit seiner Zylinderkopf-Konstruktion und hängenden Ventilen noch exakt ein Dutzend mehr PS heraus. Dieser Motor blieb dann bis 1948 Jaguar-Standard.

Das Chassis des SS 100 war ausgesprochen konventionell, ein versteifter Kreuzrahmen mit mechanischen Bremsen (Girling) und Speichenrädern mit Zentralverschluß. Das Gehäuse des Viergang-Getriebes befand sich hinter dem Motor. Obwohl in einem Test eine Höchstgeschwindigkeit von 100 Meilen erreicht wurde, lag diese Marke bei normalen Serienfahrzeugen nicht ganz im Bereich der Möglichkeiten. Knapp 158 km/h aber waren für damals ein beachtlicher Wert, um so mehr, wenn man auch die Beschleunigung von 0 auf 60 Meilen (96,5 km/h) in 12 Sekunden beachtet.

Auch bei Jaguar galt die Regel, daß Hubraum durch nichts ersetzt werden kann. Also erfolgte das Bestreben, dem SS 100 mehr Kraft zu geben, genau auf diesem Wege: Das 1938 vorgestellte Modell entwickelte aus 3,5-Liter Hubraum 125 PS. Dieses Triebwerk arbeitete mit größeren Ventilen und einer neuen Übersetzung. Angeboten wurde dieser 3,5-Liter in allen SS-100-Varianten. Im Roadster wurden damit über 175 km/h „Spitze" und eine noch bessere Beschleunigung erreicht.

Mit dem SS 100 sammelte Jaguar auch sportliches Image. So wurde 1937 mit einem 2,5-Liter-Typ die RAC Rallye nach Hastings gewonnen und mit drei weiteren Fahrzeugen des gleichen Typs durch die Plätze zwei, vier und fünf auch der Marken-Preis eingefahren. Bei der Welsh Rallye wurden beide Erfolge im Jahr darauf wiederholt.

Ähnliche Meriten verbuchte auch das Modell mit 3,5-Liter-Maschine ein Jahr danach. Als Achtungserfolg durfte der zehnte Platz von Jack Harrop, einem der Werksfahrer, bei der Rallye Monte Carlo 1939 gewertet werden, wobei im übrigen fünf weitere SS diesen Wettbewerb mit Zieldurchfahrt beendeten.

Großen Einfluß auf das künftige Jaguar-Styling hat der SS jedoch nicht gehabt, auch nicht hinsichtlich der Technik. Auf der Earl Court Auto Show 1938 in London enthüllte SS Cars ein neues Coupé mit einer Motorhaube ohne Luftschlitze und mit großen Ponton-Kotflügeln. Abgesehen von der langen Haube, hatte dieses Coupé nur wenig Ähnlichkeit mit dem SS 100, wies aber Stilelemente eines Jaguar-Modells auf, das erst zehn Jahre später kommen sollte – der XK 120. Auf alle Fälle war damit schon zu erkennen, in welche stilistische Richtung Willam Lyons dachte. Eine seiner Devisen war augenscheinlich die Beständigkeit.

Technische Daten

Motor:	OHV-Sechszylinder-Reihenmotor, 3485 ccm, Bohrung x Hub 8,2 x 11,0 cm, Verdichtung 7,2:1, zwei SU-Vergaser, 125 PS bei 4250 U/min
Kraftübertragung:	Mechanisches Viergang-Getriebe
Fahrwerk:	Starrachsen mit halbelliptischen Federn vorn und hinten
Bremsen:	Vierrad-Trommelbremsen, System Girling
Beschleunigung:	0 auf 100 km/h in 10,5 sek
Höchstgeschwindigkeit:	177 km/h
Produktion:	309

(Die Daten gelten für das Modelljahr 1938)

Jaguar-Fans erinnern sich, was die Baujahre 1936 bis 1939 betrifft, vor allem an die SS-100-Modelle. Jaguar baute aber auch andere Wagen in dieser Zeit, darunter dieses schöne 1,5-Liter-Cabrio des Jahrgangs 1938.

Im Jahre 1932 setzte sich Charles Sörensen, Fords Produktionschef, in aller Öffentlichkeit für die Auflösung der Lincoln Motor Company ein. In den blühenden 20er Jahren hatte die Marke fleißig Geld eingefahren, war durch die Folgen der Rezession aber wie viele andere in die roten Zahlen geraten. Diese schlechten Aussichten trafen vor allem Edsel Ford, der Lincoln stets als sein Lieblingskind betrachtet hatte. Ganz abgesehen davon, daß er von seinem Vater mit einer weitgehenden Autonomie für die Marke betraut worden war. Wenn das Desaster überhaupt noch abzuwenden war, dann nur durch einen in niedrigeren Preisregionen angesiedelten Wagen. Und der mußte eine Neuentwicklung sein.

Zur gleichen Zeit war es kein Geheimnis mehr, daß Cadillac und Packard mit Modellen der mittleren Preisklasse auf den Markt kommen würden. Cadillacs Einstand in diese Klasse erfolgte 1934 mit dem La-Salle, einem Wagen mit Achtzylinder-Reihenmotor, der zu einem wesentlichen Teil aus Komponenten von Oldsmobile-Modellen montiert wurde. Packard betrat die Szene der Großserien-Automobile ein Jahr später. Da wurde es für Lincoln auch Zeit, nachzuziehen.

In der Zwischenzeit hatte man sich in der Briggs Manufacturing Company, die sowohl für Ford als auch für Chrysler Karosserien herstellte, Gedanken über den Rückgang der Verbindungen zu Ford gemacht. Als Briggs dann den talentierten John Tjaarda von General Motors „loseiste", geschah dies nicht zuletzt mit dem Hintergedanken, ein fortschrittliches Auto zu entwickeln, das an Edsel Ford als ein kleinerer und preisgünstiger Lincoln verkauft werden könnte. Tjaarda hatte schon seit einigen Jahren den Traum von der Entwicklung seines „Idealautos". Aerodynamisch sollte es im Styling sein, modern in der Konstruktion als Karosserie und Rahmen in einer Einheit. Der Motor sollte im Heck Platz finden. Und Einzelradaufhängung rundum mußte auch sein.

Die Sache wurde perfekt, als Edsel Ford von Tjaardas Entwürfen auf Anhieb angesprochen war. Für drei Prototypen wurde umgehend grünes Licht gegeben. Einer dieser Prototypen, ausgerüstet mit einem im Heck montierten Ford-V8, stand als vielbeachtete Neuheit auf der Chicagoer Jahrhundertausstellung 1934. Das Echo war erwartungsgemäß positiv, wobei die Unterbringung des Motors im Heck jedoch auch geteilte Meinungen auslöste. Der stromlinienförmige Wagen war vor allem insofern eine Sensation, als er den Motor hinten hatte.

Noch bevor der Prototyp für die Ausstellung vorbereitet wurde, hatte Edsel Ford sich der Zustimmung des Seniors für die Weiterarbeit an der Entwicklung eines „kleinen Lincoln" versichert, der auf dem von Tjaarda geschaffenen Konzept basieren sollte. Ganz ohne Einschränkungen beziehungsweise Bedingungen aber gab Vater Ford sein Placet nun auch nicht. So verlangte er, daß der neue Wagen auf etablierter Ford-Technik beruhen müsse.

Vom Standpunkt des Designs aus bedeuteten diese Wünsche des Chefs keine Probleme. Ford-Stylist E. T. Bob Gregorie schuf den erforderlichen Raum für den Fronteinbau des Motors durch einen V-förmigen Schiffsbug, der die von Tjaarda vorgezeichnete Stromlinienform sogar noch sehr attraktiv unterstrich. Aus Sicht des Technikers war der Lincoln-Zephyr eigentlich mehr ein Ford als ein Lincoln. Gemäß der Lincoln-Praxis erhielt der Wagen allerdings einen Zwölfzylinder im 75-Grad-L-Format, wenngleich Tjaarda ursprünglich an einen V8 gedacht hatte. Obwohl dieser Motor von Lincoln-Ingenieuren konstruiert war, hätte Lincoln-Gründer Henry Leland die Zephyr-Maschine nie akzeptiert, da sie ja von einem Ford-V8 abgeleitet wurde. De facto war der Hub identisch mit dem des Ford-Motors, ebenso ließen sich viele Teile beider Triebwerke angesichts der gleichen Basis untereinander austauschen. 4380 ccm gaben 110 PS bei 3900 U/min ab.

Der stromlinienförmige Lincoln-Zephyr hatte 1936 Premiere. Sein Styling war wesentlich aerodynamischer als das des Chrysler Airflow.

Aus heutiger Sicht war dieser Zephyr-Motor nicht unbedingt ein Meisterstück, vornehmlich angesichts unzureichender Kurbelwellenkühlung, was eine Tendenz zur Ansammlung von Ölschlamm verursachte, besonders beim Stop-and-Go-Verkehr. Von der Laufruhe her erntete dieser Motor jedoch nur positive Beurteilung, um so bemerkenswerter, als sich dieser weiche Lauf besonders bei hohen Drehzahlen zeigte. Im Motorraum wirkte die Maschine ausgesprochen servicefreundlich „aufgeräumt". Und verbrauchsgünstig war sie obendrein, speziell in Verbindung mit der als Option angebotenen Columbia-Hinterachse.

Unter den drei konkurrierenden „Compagnons" des Jahres 1936 – LaSalle, Packard 21, Lincoln-Zephyr – war der Zephyr das Leichtgewicht, er brachte gegenüber dem Packard 100 Kilo, gegenüber dem LaSalle 200 Kilo weniger auf die Waage. Andererseits aber wurde der Zephyr vom Packard sowohl im Hubraum als auch in der PS-Leistung übertroffen. Für den Kunden aber noch wichtiger war der Preisunterschied. Auch da war der Packard das günstigere Angebot: Den gab es bereits ab 1115 Dollar für die populäre viertürige Touring-Limousine, das waren 205 Dollar beziehungsweise achtzehn Prozent weniger als für den Zephyr. Dennoch wurde der Zephyr ein Verkaufserfolg für Lincoln. Fast 15 000 Einheiten im ersten Produktionsjahr konnten sich fürwahr sehen lassen. Um so mehr, als er – obwohl teurer – den LaSalle deutlich abhängte.

Für den Lincoln-Zephyr waren 1941 Preise zwischen 1478 und 1858 Dollar zu zahlen. Die Jahresproduktion erreichte 20 094 Einheiten.

Ein Erfolg war der neue Lincoln jedoch auch in anderer Hinsicht. Da war einmal die beachtliche Höchstgeschwindigkeit von 145 km/h. Das Platzangebot und die Innenausstattung verdienten die Note komfortabel. Überraschend war angesichts der vergleichsweise simplen Aufhängung auch das gute Fahrverhalten. Was schließlich das Styling betraf, erwies sich der Zephyr als der erste amerikanische Stromlinienwagen, der auch beim Publikum ankam. US-Stromlinien-Pionier Chrysler dürfte das angesichts des eigenen Airflow-Flops mit gemischten Gefühlen zur Kenntnis genommen haben.

Ins zweite Produktionsjahr rollte der Zephyr mit zwei zusätzlichen Karosserie-Varianten, mit einem hübschen Coupé und einer Town-Limousine. Die Limousine, augenscheinlich konzipiert für Leute, die sich zum Auto auch den Fahrer leisten konnten, hatte zwischen Vorderkabine und Fond eine Trennscheibe. Am Styling des Stamm-Zephyr war wenig geändert worden. Die neuen Stoßstangen waren nicht mehr so stark gebogen, der Kühlergrill hatte durch fünf Querleisten optisch gewonnen. Angesichts der Nachfrage wurde die Produktion auf 29 997 Einheiten hochgefahren. Das war zugleich aber auch der Zephyr-Zenit.

Eine völlig neue Frontpartie mit geteiltem Horizontalgrill sowie weiter nach unten in die Kotflügel verlegten Lampen prägte das Gesichts des Zephyr-Baujahres 1938, womit der Wagen wesentlich at-

Zwei horizontale Frontgrills und eine überhaupt neue Frontpartie waren die Kennzeichen des Lincoln-Zephyr von 1938. Die 1939er Modelle erhielten dann vertikale Grillrippen. Das in nur 640 Einheiten gebaute Cabrio-Coupé kostete 1747 Dollar.

Im Baujahr 1937 ergänzten ein Town Sedan und ein Coupé mit drei Fenstern das Lincoln-Zephyr-Programm. Das Coupe war für 1165 Dollar zu haben. 5199 davon wurden verkauft.

traktiver aussah. Aufgestockt wurde das Modell-Angebot durch zwei- und viertürige Convertibles. Der Sedan hieß nun Coupé-Sedan.

An technischen Neuerungen wiesen die 1938er Modelle eine Hypoid-Hinterachse sowie hydraulisch gesteuerte Ventilstößel auf, das eine kam dem Fahrverhalten, das andere der Effektivität des Motors zugute. In diesem Jahr mußte Lincoln aber mächtig Federn lassen: Dem Rekordjahr 1937 folgte ein krasser Rückgang auf 19 111 Einheiten.

Facegeliftet rollte der Zephyr ins Modelljahr 1939. Die Zierleisten im Doppelgrill lagen jetzt eher vertikal als horizontal. Die Trittleisten waren mehr in die Karosserie integriert. Für 150 Dollar stand eine aufwendigere Innenausstattung in der Preisliste. Die wichtigste Neuheit aber betraf die Bremsen: Henry Ford hatte sich endlich entschlossen, anstelle der mechanischen Bremsen hydraulische Einheiten zu genehmigen, was die Fahrsicherheit des Wagens logischerweise erhöhte.

Nach bis dahin erfolgten kosmetischen Korrekturen wurde der Zephyr 1940 einem umfassenderen Restyling unterzogen. Ein Plus von 22 Prozent bei der Verglasung bot den Insassen nun ein komfortableres Sightseeing-Reisen. Bequemer war es auch dank verbreiterter Sitze. Und mehr Gepäck konnte mitgenommen werden: Der Kofferraum war um 30 Prozent vergrößert. Im neuen Styling wirkte der Zephyr trotz leicht reduziertem Gewicht massiver als zuvor. Dieses Styling behielt er bis ins Jahr 1949.

Modellbereinigung betrieb Lincoln 1940 mit dem Auslaufen des Sedan Coupés und des Sedan Convertible, führte aber als Neuheit ein Club Coupé ein. Mit einer vergrößerten Bohrung war der Hubraum auf 4785 ccm gewachsen, was auch eine Leistungssteigerung auf 120 PS bei 3500 U/min bewirkte. Beim Schalten mußte der Fahrer übrigens umdenken: Anstelle der Mittelschaltung hatte er jetzt eine Lenkradschaltung zu bedienen.

Modifizierungen am Fahrwerk durch überarbeitete Federn und eine verbreiterte hintere Spur verbesserten das Fahrverhalten der 1941er Modelle, für die es als Option erstmals auch ein Getriebe mit Borg-Warners exzellentem Overdrive gab. Inzwischen hatte das Club Coupé die Town-Limousine so deutlich ins Hintertreffen gedrängt, daß die Limousine aus dem Programm genommen wurde. Insgesamt gesehen büßte der Zephyr etwas Boden gegenüber 1940 ein, vermutlich auch wegen des neuen Konkurrenten aus dem Hause Cadillac, dem Sixty-One.

Für 1942 war erneut ein umfassendes Facelifting vorgenommen worden, das angesichts steigender Verkaufszahlen offensichtlich dem Pulikumsgeschmack entsprach. Dann aber wurden die Produktionsbänder im Februar 1942 für den Zephyr gestoppt. Der dabei erfolgte „Modellwechsel" war allerdings nicht eingeplant – die Produktion von Militärfahrzeugen. Die letzten Zephyr-Modelle hatten einen 4998-ccm-Motor, der 130 PS leistete. Im Frühjahr 1946 feierte der Zephyr mit einem 4785-ccm-Triebwerk seine Nachkriegs-Wiedergeburt. Der Zusatz Zephyr verschwand später – das Auto hieß nur noch Lincoln.

Technische Daten

Motor:	V12 mit 75-Grad-Monobloc, 2 Fallstromvergaser – Baujahre 1936-39: 4380 ccm, Bohrung x Hub 7,0 x 9,5 cm, Verdichtung 6,7:1, 110 PS bei 3900 U/min – Baujahre 1940-41: 4785 ccm, Bohrung x Hub 9,8 x 9,5 cm, Verdichtung 7,2:1, 120 PS bei 3500 U/min – Baujahr 1942: 4998 ccm, Bohrung x Hub 7,4 x 9,5 cm, Verdichtung 7,0:1, 130 PS bei 4000 U/min
Kraftübertragung:	Dreigang-Selektiv-Getriebe, als Option für Modell Columbia 2-Gang-Achsaggregat, Borg-Warner Overdrive (1941-42), Liquimatic (Halbautomatik,1942), Trockenscheibenkupplung, Fliehkraftkupplung
Fahrwerk:	Starrachsen mit querliegenden halbelliptischen Blattfedern vorn und hinten
Bremsen:	Mechanische Vierradbremse (1936-38), hydraulische Vierradbremse (1939-42)
Radstand:	3098 mm (1936-37), 3175 mm (1938-42)
Gewicht:	1491 kg bis 1873 kg (je nach Version)
Höchstgeschwindigkeit:	145 km/h
Produktion:	14 994 (1936), 29 997 (1937), 19 111 (1938), 20 905 (1939), 21 536 (1940), 20 094 (1941), 6 118 (1942) – insgesamt 132 755

Es war im Dezember 1935, als in Detroit ein 23 Jahre junger Mann ankam. Sein Name war Bill Mitchell. An jenem Dezembertag war er noch das, was man in Amerika einen „Nobody" nennt. Einer, der weder etwas Besonderes an sich hat noch irgendwie bekannt sein müßte. Ein Jahr später war er bekannt – als Chefstylist bei Cadillac. Damit begann eine Karriere, die schließlich darin gipfelte, daß dieser Bill Mitchell die Nachfolge des legendären Harley Earl als Chefdesigner von General Motors antrat.

Fast alle Cadillacs hatten, als Mitchell seinen Dienst antrat, ihr gut ausgewogenes Styling. Ihm aber schwebte trotzdem die Entwicklung einer neuen Modellreihe vor. Dabei dachte er in erster Linie an eine größere und attraktivere Version in der eben von Cadillac vorgestellten Serie 60. Sie sollte ausgefallener sein, weniger traditionell und konventionell als alle früheren Cadillac-Modelle. Harley Earl erteilte dem jungen Mann seinen Segen für die ihm erläuterten Pläne. Natürlich waren die technischen Elemente identisch mit denen der Baureihe 60, obwohl der Rahmen tiefergelegt und gegenüber dem der preisgünstigen 60er verstärkt war. Die gesamte Ausstattung war höherwertig. So wurde Hartholz sowohl bei den Türschwellern als auch bei den Sitzrahmen verwendet, was aber das Gewicht und die Kosten steigerte. Als der Wagen fertig war, stand auch der Preis fest: 2090 Dollar. Ein attraktives Angebot. Oder, wie es heute heißt, viel Auto fürs Geld.

Der Cadillac Sixty Special hatte das traditionelle Wappen, allerdings als V-Emblem gestaltet. Cadillac selbst bezeichnete sich in jenen Tagen im Automobilbau als „Standard der Welt"...

In dem Modell kam der Monoblock-V8 zum Einsatz, den Cadillac erstmals 1936 eingebaut hatte. Aus dem Hubraum von 5669 ccm wurden 135 PS bei 3400 U/min mobil gemacht. Von der Konstruktionsbasis her war dies die Maschine, die später für US-Panzer entwickelt wurde.

Von Beginn an war der Name für den auf der Basis des Sixty neu entwickelten Wagen festgeschrieben: Sixty Special. Als er Form annahm, waren einige Leute in Cadillacs gehobenen Chargen doch mehr als skeptisch. Don Ahrens zum Beispiel, Leiter der Abteilung Verkauf, gab später selbst zu: „Ich muß Kenner der Automobilbranche wohl nicht daran erinnern, daß Cadillac der Inbegriff von ultrakonservativ ist und seine Autos dann eben auch für diesen Markt bauen mußte. Wie konnte dann ein derart revolutionäres Auto mit unserem Image in der Industrie in Einklang gebracht werden?"

Kein Zweifel: Flott und schnittig und revolutionär, speziell gemessen an Cadillac-Standards, war es, dieses Automobil. Die seitlichen Trittleisten waren verschwunden, was Mitchell dazu genutzt hatte, die Karosserie nun exakt auf die volle Breite der äußeren Radbegrenzung zu bringen. Das bedeutete, und genau darum war es Mitchell wohl auch gegangen, ein komfortableres Innenraumangebot. Durch die neue Rahmenkonstruktion war die Gesamthöhe des Wagens gegenüber den Serien-Sixtys um rund 7,5 Zentimeter reduziert worden.

Der Preis für die viertürige Special Limousine wurde von Cadillac 1940 konstant bei 2090 Dollar gehalten. Von den 1940 insgesamt produzierten Wagen der Serie Sixty Special waren allein 4472 viertürige Limousinen, 110 die Division-Limousine und nur 15 sogenannte „Town-Cars".

Mitchell hatte auch mit optischen Effekten gearbeitet. So vermittelten die Ponton-Kotflügel einen kompakten Eindruck und das Gefühl, der Wagen sei länger, als er es wirklich war. Die niedrige Gürtellinie, große Fenster und schlanke Holme trugen zum positiven Gesamteindruck des Stylings bei, das hier bereits andeutete, was später einmal als Hardtop Mode werden sollte.

Die Karosserie war sachlich und schnörkellos ohne viel schmückendes „Beiwerk", auch ein Punkt, in dem sich der Sixty Special vom damaligen Chrom-Trend abhob. Ein ausgeprägtes Heck, eines der ersten dieser Art bei einem Serienautomobil, bezog den Kofferraum gegenüber dem bisher zumeist relativ plump wirkenden „Rucksack" voll mit ins Styling ein. Was 1941 eingeführt wurde, ließ anfangs so manchen Tankwart verzweifelt danach suchen, wo er den Lebenssaft des Autos einfüllen sollte. Er fand keinen Tankstutzen. Natürlich hatte der Sixty

Für den Aufpreis von 346 Dollar wurde der 60 Special gegenüber der Limousine 62 in der Innenausstattung aufgewertet.

Nur wenige Autohersteller warteten wie Cadillac mit dieser Art der Unterbringung des Ersatzrads im Kotflügel auf.

Mit neugestaltetem Front-Styling rollte der Cadillac 60 Special ins Modelljahr 1941. Der „Eierkasten"-Grill ist noch immer ein Caddy-Markenzeichen.

Special aber einen – versteckt unter dem hochklappbaren Teil der linken hinteren Leuchteinheit.

Radikal mag jede dieser Abweichungen vom Standard gewesen sein. Aber der Special war geschmackvoll im gesamten Design. So sehr, daß er in den folgenden Jahren von anderen Herstellern und Spezial-Karossiers mehr kopiert wurde als jeder Caddy vor

Zu den Besonderheiten des Sixty Special von 1941 gehörte der unter dem Rücklicht verborgene Tankeinfüllstutzen.

und nach ihm. Loblieder sind ihm bei der Vorstellung in den Medien reichlich gesungen worden. Auch mit mancher Übertreibung. Doch es gab auch berechtigte Gründe zur Skepsis. Da war einmal der Preis, der um etwa 25 Prozent über dem seines weniger hochgestylten Zwillingsbruders Sixty ohne den Zusatz Special lag. Und das im Premierenjahr 1938, in dem sich eine ernste wirtschaftliche Rezession abzuzeichnen begann. Hinzu kam, daß – für amerikanische Verhältnisse recht ungewöhnlich – nur eine einzige Karosserieversion angeboten wurde, eine viertürige Sedan-Limousine. Es gab kein Coupé, keine Oben-Ohne-Variante, nicht einmal eine zweitürige Limousine. Kopfzerbrechen brauchte man sich bei Cadillac deswegen aber nicht zu machen. Der Sixty Special war schließlich so gefragt, daß er im Verhältnis zu den preisgünstigeren Sixty-Modellen dreimal soviel verkauft wurde.

1939 aber kamen dann doch zwei Modellvarianten dazu, die eine mit Sonnendach, die andere als Imperial mit geteilter Windschutzscheibe. Das Styling war ansonsten nur geringfügig überarbeitet worden. Auffälligste Merkmale dabei waren die etwas höher und mehr nach innen versetzten Scheinwerfer sowie ein etwas verwegen aussehender Kühlergrill.

Es entstanden noch zwei weitere Variationen, diese aber ausschließlich für leitende Männer des Unternehmens. Eines davon, ein nur als Unikat hergestelltes Coupé, ist mehrere Jahre von GM-Präsident William S. Knudsen gefahren worden. Bei der anderen Variante handelte es sich um vier offene Limousinen, von denen eine ebenfalls an Knudsen ging, während die anderen drei ausschließlich Harley Earl, GM-Vorstand Alfred Sloan und Charles Kettering, Leiter der Forschungsabteilung, zur Verfügung standen. Die Karosserien waren bei Fleetwood hergestellt worden.

Im Modelljahr 1940 wurde der Sixty Special in den Verkaufszahlen vom neuen Sixty-Two übertroffen. Auch dieser Wagen trug die unverkennbare Handschrift von Bill Mitchell, unübersehbar beeinflußt von Stilelementen des Sixty Special. Diese Tatsache trug sicher dazu bei, daß – nicht zuletzt auch angesichts des um 345 Dollar niedrigeren Preises – der teurere Special aus seiner Spitzenposition als Bestseller verdrängt wurde.

Cadillac überraschte 1940 zugleich aber auch mit zwei neuen Sixty Special mit offenem Vorder- und geschlossenem Hinterteil. Letzteres entweder aus Leder oder aus Metall. Im Gegensatz zu den seit 1938 preisstabil gebliebenen Standard-Limousinen (2090 Dollar) standen diese beiden Modelle mit 3820 Dollar beziehungsweise 3465 Dollar in der Liste. Für den Preis des mit Leder ausgestatteten Wagens konnte der Kunde gleich zwei Caddys haben, einen Sixty Special Sedan und ein Coupé der Serie Sixty-Two. Und er hätte immer noch 45 Dollar übrig gehabt. Aber auch nicht das

Der Fußraum im Fond des 60 Special von 1941 war überreichlich bemessen. Die C-Säulen waren ungewöhnlich breit. Bemerkenswertes Detail war zudem die dreigeteilte Heckscheibe.

Vergnügen, im Falle des Falles den Fahrer buchstäblich im Regen sitzen zu lassen, während er im verdeckten Wagenteil wettergefeit war.

Über das Modell von 1941 mag Bill Mitchell selbst zu Wort kommen. Er charakterisierte es in einem Interview mit dem Autor dieses Buchs als den ersten Cadillac mit Eigen-Image. Das stellte dieser Wagen aber auch nachhaltig zur Schau: Der breite, massive Grill lief zu beiden Seiten in die Kotflügel aus und versprach, daß sich hinter ihm ein Motor mit geballter Kraft befand. Dieses Styling-Element ist in den Jahren danach von einigen anderen Marken übernommen oder zu mindest nachgeahmt worden.

Was unter der Motorhaube Platz genommen hatte, war ein höherverdichteter Motor, dessen Leistung von 130 auf 150 PS hochgezüchtet worden war. Für den Aufpreis von 125 Dollar bekam der Besitzer auch eine Hydra-Matic, die erste Vollautomatik in einem Luxuswagen. 1941 sind die Preise dann um einige hundert Dollar angehoben worden. Die USA befanden sich noch nicht offiziell im Krieg. Wie stets in solch unsicheren Zeiten, zeichneten sich auch hier inflationäre Entwicklungen ab. Cadillac reduzierte angesichts der Lage auch sein Modellprogramm. Die Einstellung der Town-Cars war eine rein wirtschaftliche Entscheidung. Nur sechs Versionen mit Leder- und neun mit Metalldach über dem hinteren Abteil waren seit 1940 verkauft worden, damit war also kein Geld zu machen. Cadillac war in dieser Zeit viel zu beschäftigt, um sich mit derlei „Kleinigkeiten" abzugeben. Auch der LaSalle fiel der Rationalisierung zum Opfer und wurde 1941 durch eine neue Fastback-Reihe Sixty-One ersetzt. Es wurde ein gutes Jahr und brachte eine Verkaufsbilanz von doppelt soviel Fahrzeugen wie im Jahr zuvor von Cadillac und LaSalle zusammen.

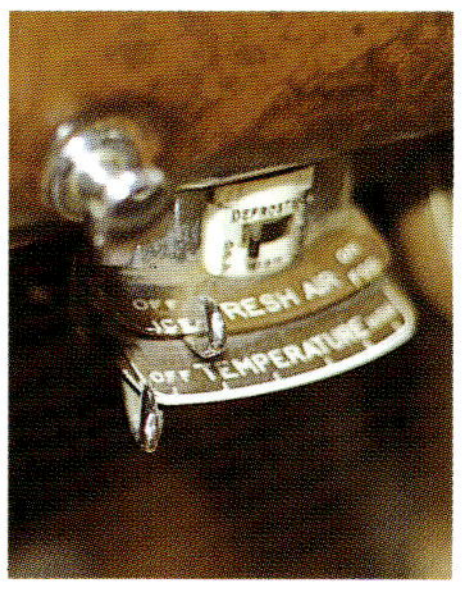

Selbst bei einem auf Prestige ausgelegten Wagen wie dem Cadillac 60 Special war eine Heizung nur gegen Aufpreis zu haben, je nach Modell zu Preisen zwischen 59,50 und 65 Dollar. Bedienungsfreundlich war die Anlage jedoch in jeder Hinsicht.

Das Instrumentarium umfaßte bei symmetrischer Gestaltung neben Radio und Lautsprechern links den Tachometer und rechts eine Zeituhr.

Technische Daten

Motor:	V8-Monobloc-90 Grad, 5670 ccm, Bohrung x Hub 8,9 x 11,4 cm, Verdichtung 6,25:1, 3 Hauptlager, hydraulische Ventilstößel, 135 PS bei 3400 U/min (1941: Verdichtung 7,25:1, 150 PS bei 3400 U/min)
Kraftübertragung:	Dreigang-Selektiv-Getriebe
Fahrwerk:	Unabhängige Radaufhängung mit Schraubenfedern, vorn, Starrachse mit halbelliptischen Federn hinten
Bremsen:	Hydraulische Vierradbremse, Trommeln
Radstand:	3225 mm
Länge:	5265 mm
Gewicht:	1891 kg bis 1979 kg (Town Car 1940)
Höchstgeschwindigkeit:	145 bis 152 km/h
Produktion:	3703 (1938), 5506 (1939), 4600 (1940), 4100 (1941), insgesamt 17 909

Architekt Frank Lloyd Wright nannte ihn „das schönste Auto aller Zeiten“. In der Liste der hinsichtlich des Designs hundert besten Industrieprodukte plazierte das Time Magazin ihn unter die Top Ten der Welt. Und 1951, elf Jahre nach seiner Einführung, erteilte ihm das Museum of Modern Art die Anerkennung als eines der Automobile, die als Kunstwerke einzustufen sind. Mehr Anerkennung als der Lincoln Continental von 1940/41 hat unter diesen Aspekten bislang kein Automobil der Welt erfahren. Dabei war dieser Lincoln Continental nicht einmal für jeden Kenner der Szene unbedingt ein Meisterstück der Technik. Sein Chassis war das des Zephyr. Sein Herz war im Grunde ein Ford V8 plus 4. In Eile konstruiert, hatte er als V12 die üblichen Probleme solcher „Schnellschüsse“. Sie offenbarten sich, wie Lincoln-Experte Paul Woudenberg festhielt, vornehmlich im Ölsystem. Besitzer des Wagens klagten dann auch immer wieder über Überhitzungen bis zu Kondensbildung und extrem hohem Ölverbrauch. Die Ventilation der Kurbelwellen war unzureichend, zudem bildete sich, vornehmlich im Stop-and-Go-Verkehr, sehr oft Ölschlamm. Andererseits aber gehörte dieser Zephyr-Continental-V12 zu den ruhigsten Maschinen auf dem Markt. Und wenn er vernünftig behandelt wurde, bereitete er auch keine Service-Probleme. Hinzu kam im Gegensatz zu den meisten Wettbewerbern eine bemerkenswerte Sparsamkeit im Kraftstoffverbrauch.

Das Fahrwerk war mit querliegenden Blattfedern und starren Achsen nicht mehr als eine verfeinerte Konstruktion des Ford T Modells. Die Bremsen, nur wenig größer bemessen als die des Ford, erwiesen sich bei dem um mehr als 400 kg gewichtigeren Lincoln als unzureichend. Und das selbst angesichts der Tatsache, daß die Zwölfzylinder-Maschinen – übrigens im Zephyr und im Continental die einzigen dieser Dimension in Amerika nach 1939 – nicht unbedingt als stark einzustufen waren. Gegenüber dem Hubraum von 4785 ccm und einer Leistung von 120 PS hatte der Packard 61 mit seinem 5,8-Liter-Achtzylinder-Reihenmotor und 160 PS schon eine Menge mehr zu bieten. Dafür verlangte Lincoln aber auch 1065 Dollar mehr für den Continental …

Für viele Auto-Kenner gilt der Lincoln Continental der Baujahre 1940-41 als eines der schönsten Fahrzeuge aller Zeiten. Konzipiert für – und unter der Federführung von – Edsel Ford war es genau genommen ein gründlich überarbeiteter Lincoln-Zephyr, jedoch mit unverkennbar eigener Dachlinie und gut durchgestylter Front- und Heckpartie.

Es war letztlich also nicht die Technik, sondern das Styling, das dem Lincoln Continental den Platz in diesem Buch eingeräumt hat. Die Inspiration für dieses Design hatte kein Geringerer als Edsel Ford selbst. Nach einer Reise durch die Staaten im Sommer 1938 beauftragte Ford junior seinen Designer E. T. Bob Gregorie, ihm ein Convertible zu bauen, ein Einzelstück, das im März des nächsten Jahres fertig sein sollte. Edsel Ford wollte es für den Florida-Urlaub haben. Es war nicht das erste Mal, daß er solche Sonderwünsche realisieren ließ. Schließlich war er der Präsident der Gesellschaft und der Sohn des Herrschers über das gesamte Imperium. Aber bis zum März ein Unikat anzufertigen, das war ein schier unmögliches Verlangen.

Vater Henry stand dem Sohn in vielen Belangen kritisch gegenüber und ließ ihm auch nicht viel Spielraum. In einem Punkt aber erkannte er Edsels Talente an, im Styling.

Edsel Ford, der – sein Vater hätte diesen „Unsinn“ auch nie erlaubt – niemals ein Kunststudium absolviert hat, war zeitlebens ein Freund und Förderer der Kunst und von erlesenem Geschmack. So konnte er sein Talent dann im Automobildesign einsetzen. Er hatte entscheidenden Einfluß auf das Styling des Ford Modells A. Ihm hatte es Lincoln zu verdanken, daß die Wagen dieser Marke in den 30er Jahren zu den gefälligsten der Klassik-Ära gehörten.

Aber zurück zum Spezialauftrag für Gregorie. Er wählte für das Grundkonzept des Sondermodells für Edsel Ford den Lincoln-Zephyr von 1938/39. Maßnahme Nummer eins war die Tieferlegung der Gürtellinie um etwa 75 Millimeter. Die Fahrgastkabine wurde etwas

CALIFORNIA
3809
DEALER

Der Bau des Lincoln Continental erforderte viel Handarbeit. Kein Wunder, daß der Preis für dieses Cabrio mit 2778 Dollar deutlich über den 1801 Dollar für einen Zephyr „Ragtop" lag. Erstaunlich übrigens, daß das Cabrio nur 9 kg mehr wog als der Zephyr.

Edsel Ford wollte einen „kontinentalen" Look für seinen ganz speziellen Zephyr. Und Designer E. T. „Bob" Gregorie tat ihm den Gefallen auch mit dem außen aufgesetzten Ersatzrad. Der V12 war ein weiterentwickelter V8 mit vier zusätzlichen Zylindern, entwickelte 120 PS bei 3500 U/min und war eines der laufruhigsten Triebwerke jener Zeit.

zurückversetzt, gleichzeitig aber die Motorhaube um 177 Millimeter verlängert. Ein quadratisch geformter, von oben zu beladender Kofferraum zog das Heck kantig nach oben und begründete damit das typische Styling mit langer Frontpartie und kurzem Heck.

Das, was Gregorie schließlich seinem Chef präsentierte, war der Lincoln-Zephyr-Continental. Dabei hatte Gregorie es auch geschafft, den gesetzten Termin sogar noch zu unterbieten: Die Auslieferung an den begeisterten Besitzer erfolgte schon im Februar 1939. Nun war Edsel Ford kein Mann, der es liebte, die vielzitierte große Show abzuziehen. Das lag ihm absolut nicht. Nur ändern konnte er es auch nicht, daß dieses neue Privat-Unikat für reichlich Aufsehen sorgte und in seinem Freundeskreis den Wunsch auslöste, ebenfalls ein solches Gefährt zu besitzen. So wurde schließlich ein zweiter Prototyp gebaut. Und im April 1939 fiel die Entscheidung, diesen Continental in limitierter Stückzahl zu produzieren.

Das erste Modell, ein Cabriolet, rollte noch im September 1939 vom Band, bereits mit der neuen

Von einem Continental durfte man erwarten, was er hatte – ein luxuriöses Interieur, und das sogar im Gold-Look. Das Convertible wog 1669 kg, 30 kg weniger als das Coupé. Das Öffnen der Türen erfolgte übrigens – ein sicherheitsbetontes Detail – mittels Druckknopf.

Die Frontpartie des Lincoln Continental erinnerte an einen Schiffsbug. Die „Visitenkarte" war unmittelbar vor den Türen angebracht. 1940 wurden 350 Ragtops und 54 Coupés gebaut, 1941 waren es dann 400 Convertibles und 850 Coupes.

Karosserie des Zephyr 1940. Die offizielle Präsentation fand im Oktober statt, zwei Wochen später standen die Wagen auch auf den Autoausstellungen in New York und Los Angeles.

Billig war der Lincoln mit 2840 Dollar nicht. Aber preiswert für die, die einen bekamen. Und kostspielig andererseits für die Firma, denn verdient wurde an diesem zum Teil in Handarbeit gefertigten Fahrzeug nichts. Gedacht war er offensichtlich ja auch als Imageträger. Zur Zeit der Vorstellung des Continental war gerade die K-Serie der Lincolns ausgelaufen, so daß die Marke wieder ein Prestigemodell neben dem in der mittleren Preisklasse liegenden Zephyr brauchte. Der Continental war genau das.

Zunächst wurde nur das Cabrio angeboten. Doch schon im Mai 1940 stand auch ein Coupé zur Verfügung. Dabei handelte es sich um ein lupenreines Hardtop-Modell, das entsprechend der Definition vom Cabrio abgeleitet worden war, obwohl dieses Coupé B-Holme aufwies. Aber damit sah es allemal noch besser aus als das Original.

Ein Massenprodukt sollte dieses Auto wahrlich nicht werden. So sind im Produktionsjahr 1940 auch nur 350 Cabriolets und 54 Coupés hergestellt worden. Die Modellgeneration 1941 erschien mit leichten Veränderungen der Karosserie und wurde nicht mehr mit der Zusatzbezeichnung Zephyr, sondern nur noch als Continental deklariert. Die strenge Limitierung wurde aber angesichts der großen Nachfrage nicht mehr so eng gesehen. 1250 Einheiten sind 1941 entstanden, wobei sich das Verhältnis zwischen Cabrio mit 400 Fahrzeugen und Coupé mit 850 Einheiten praktisch umgedreht hatte.

Für 1942 sah es erneut nach gutem Absatz für das stärker modifizierte Modell aus, das um 177 mm länger und 77 kg schwerer geworden war. Der Verkauf lief gut an, bis die Umstellung der Produktion auf Kriegsmaterial die Autobänder zum Stillstand brachte. Zu vermerken für das Baujahr 1942 war noch eine durch Vergrößerung der Bohrung erreichte Steigerung des Hubraums auf 5735 ccm, was zugleich eine Leistungssteigerung auf 130 PS mit sich brachte. Zutage traten dabei aber Fertigungsmängel an den Motorblöcken, auch den Besitzern blieb nicht verborgen, daß mit dieser vergrößerten Bohrung nur Probleme heraufbeschworen wurden. Als die Produktion im Frühjahr 1946 wieder anlief, griff Lincoln auf die Maschine von 1941 zurück, jedoch mit höherer Verdichtung. Von 1946 bis 1948 sind, abgesehen von einigen Spielereien am Kühlergrill, keinerlei nennenswerte Veränderungen mehr vorgenommen worden. Im März 1948 ist der letzte Lincoln alter Prägung vom Band gelaufen.

Technische Daten

Motor:	75-Grad-V12, 4785 ccm, Bohrung x Hub 7,6 x 9,5 cm, Verdichtung 7,2:1, 4 Hauptlager, hydraulische Ventilstößel, Holley-Fallstromvergaser, 120 PS bei 3500 U/min, max. Drehmoment 298 Nm bei 2000 U/min
Kraftübertragung:	Dreigang-Selektiv-Getriebe, Zweigang-Achsaggregat, als Option Borg-Warner Overdrive
Fahrwerk:	Starrachsen mit querliegenden halbelliptischen Federn vorn und hinten
Bremsen:	Hydraulische Vierrad-Trommelbremsen
Radstand:	3175 mm
Länge:	5328 mm
Spurweite vorn/hinten:	1409 mm / 1543 mm
Gewicht:	1750 kg (Cabrio), 1764 kg (Coupé)
Höchstgeschwindigkeit:	145 km/h
Beschleunigung:	0 auf 100 km/h rund 16 Sekunden
Produktion:	350 Cabrios, 54 Coupés (1940), 400 Cabrios, 850 Coupés (1941).

Auf Jahre hinaus genoß Oldsmobile den zweifelhaften Ruhm, die „Niete" im General-Motors-Programm zu sein. 1925 zum Beispiel, als Buick 256 753 Fahrzeuge produzierte, brachte es „Olds" auf gerade 57 862 – kaum mehr als ein Fünftel der Produktion, mit der Buick Platz drei der Autoindustrie überhaupt belegte. Selbst die Oakland Division hatte in jenem Baujahr Oldsmobile deutlich abgehängt: Auf einen Olds kamen zweieinhalb Oaklands.

Dabei war es schon erstaunlich, wieso Oldsmobile während dieser Jahre so schlecht abschnitt. Die Marke bot ein gutes Produkt. Im Styling waren die Fahrzeuge gegenüber den Buicks eher attraktiver. 1929 zum Beispiel, als Buick mit dem alles andere als bemerkenswerten „Pregnant Six" Probleme hatte, präsentierte Oldsmobile eine Modellpalette, die mit allem mithalten konnte, was an guten Fahrzeugen auf dem Markt war. Zudem konnte Olds mit einem wesentlich besseren Leistungsgewicht aufwarten. Und obendrein hatte Olds einen Preisvorteil von 345 Dollar gegenüber dem Buick. Trotzdem: Auch wenn Buick in jenem Jahr einen Rückgang im Absatz hinnehmen mußte, wurden immerhin noch doppelt so viele Fahrzeuge wie bei Oldsmobile verkauft.

Im Zeichen der Rezession kamen für Buick dann aber besonders harte Zeiten, was zu einer Verschärfung des Wettbewerbs innerhalb des Konzerns führte. Und 1934 hatte Oldsmobile mit seinen Sechs- und Achtzylinder-Modellen Buick endlich einmal überholt – um die Führung aber schon drei Jahre später wieder zu verlieren.

Der Oldsmobile von 1940 präsentierte sich in gut proportionierten, rundlichen Formen. Die absolute Neuheit aber war die Einführung einer Vollautomatik. Diese von Olds als Hydra-Matic bezeichnete Getriebe-Konstruktion mit vier Fahrstufen wurde zum Options-Preis von nur 57 Dollar angeboten.

In der GM-Geschichte hatte Olds seinen Platz auf Dauer gesehen stets eine Stufe hinter Buick, aber in der exakt ausgeklügelten Preisleiter von General Motors seine vorbestimmte Position vor Pontiac. Mitte der 30er Jahre allerdings begannen die Preisgrenzen doch zu verschwimmen. Mit der Einführung der Serie 40 „Special" 1931 wurde Buick in eine niedrigere Preisklasse „abgestuft" und lag mit etwa 70 Dollar unter dem Achtzylinder-Olds. Um die Konfusion komplett zu machen, bot Oldsmobile 1939 mit der Baureihe 60 ein kleineres Modell an, preislich genau auf der gleichen Stufe wie der preisgünstigste Pontiac.

In der Zwischenzeit war Oldsmobile an die Spitze wichtiger technischer Innovationen vorgerückt. 1937 wurde – gegen Aufpreis von 90 Dollar – in der Achtzylinder-Baureihe L-37 erstmals eine „safety automatic" (Sicherheits-Automatik) angeboten. Genau genommen war es eine Halbautomatik mit Beibehaltung des konventionellen Kupplungspedals und – laut damals offizieller Lesart – „der Notwendigkeit eines gewissen Eingriffs in die Getriebevorgänge". Seltsamerweise wurde die Halbautomatik nicht etwa von Olds entwickelt, sondern von Buick, wo sie erst und auch nur 1938 in eigene Fahrzeuge eingebaut wurde, aber auch nur in die Special-Serie. Olds aber hatte diese Halbautomatik bis 1939 im Programm, nachdem sie 1937 bereits ebenfalls für die Sechszylinder zu haben war.

Die „Automatic Safety Transmission" war lediglich ein erster Schritt. Der zweite wurde schon 1940 getan: Oldsmobile präsentierte auf der Options-Liste eine Hydra-Matic, eine Viergang-Automatik mit vollautomatischem Planeten-Getriebe. Und die Werbung tönte: „Kein Hebel zu schalten – kein Kupplungspedal zu treten!" Angesichts des geringen Preises von 57 Dollar, und zwar verfügbar für alle Olds-Modelle, war klar, daß dieser Preis subventioniert wurde. Durch den Einbau einer Achsübersetzung von 3,63:1 gegenüber 4,30:1 bewirkte in Verbindung mit dem Standard-Getriebegehäuse diese Automatik eine bemerkenswert wirtschaftliche Fahrweise, sprich günstigen Verbrauch. Trotz anfänglicher Zurückhaltung wurde die Automatik auf Anhieb ein Erfolg.

Entwickelt worden war die Hydramatik von den Getriebespezialisten aller GM-Marken, nicht nur bei Oldsmobile. Den Grundstein legte Earl

Der Olds wartete mit einem respektablen Kofferraum auf. Be- und Entladen aber wurden durch das hier ebenfalls untergebrachte Ersatzrad erschwert. Ein Custom Cruiser Club Coupé wurde für 1069 Dollar angeboten. Während der gesamten Bauzeit sind 10 243 Einheiten entstanden.

W. Thompson, der mit der Arbeit an diesem Projekt bereits 1934 bei Cadillac begonnen hatte. Als „top secret" galt die Entwicklung und fand ihren ersten Einsatz dann auch in für die US Army gebauten GM-Tanks. Es bestand jedoch nie ein Zweifel, daß dieses Automatik-Getriebe ursprünglich für rein zivile Zwecke, eben den Einbau in jeden GM-Pkw geplant war. Und so kam es ja auch nach Kriegsende. Harold Metzel, Oldsmobiles Getriebe-Experte Nummer eins, brachte es dann zur Serienreife. Und er schickte 1939 eine Flotte von 5000 Olds-Modellen mit dem Automatik-Getriebe auf Promotion-Tour durch das ganze Land.

Mit der Einführung der 1940er Modelle gab es seit 1923 erstmals wieder Olds-Fahrzeuge in verschiedenen Größenordnungen und unterschiedlichen Karosserien. Die auf der Preisliste obenan stehende Baureihe 60 hatte die Karosserie im Fisher-A-Design von Chevrolet. Der 3769-ccm-Sechszylinder leistete 95 PS und war mit 1338 kg relativ leicht, hatte damit natürlich auch ein exzellentes Leistungsgewicht. Mit Preisen von 807 Dollar für das Business Coupé bis zu 1042 Dollar für den Station Wagon, eine von Hercules für Olds entworfene, völlig neue Karosserievariante mit Hartholzaufbau, rangierte der neue Olds nur knapp 100 Dollar über dem Chevrolet Special Deluxe.

Der Serie 70, die in den Abmessungen den B-Karosserien von Buicks Special- und Century-Modellen entsprach, blieb es dann vorbehalten, Oldsmobiles Bestseller im zweiten Jahr hintereinander zu werden.

1940 aber rollte ein neues Flaggschiff mit der Olds-Standarte auf die Straßen – der Custom Cruiser der Baureihe 90. Um 72,5 kg leichter und 28 cm länger als die Serie 70, hatte er einen Reihen-Achtzylinder mit 4213 ccm und 110 PS. Wobei zu bemerken wäre, daß

Als Topmodell-Baureihe verkörperte der Custom Cruiser 90 auch im Innenraum hohe Qualität durch langlebige Sitzpolsterung. Für 45 Dollar gab es ein Standard-Radio, ein Luxus-Gerät kostete 56,60 Dollar. Für 5,50 Dollar wurde auch eine Uhr eingebaut – die lief allerdings nur dreißig Stunden und mußte dann wieder aufgezogen werden. Man schrieb ja auch erst das Jahr 1940.

Olds schon seit 1932 Reihen-Achtzylinder im Programm hatte. Dieses neue Triebwerk allerdings hatte – mit größerer Bohrung und mehr Hub – seinen Ursprung im Jahre 1937. Seine Daten ließen den Schluß zu, daß er aus dem Reihen-Achtzylinder von Pontiac entwickelt worden war. Im Programm blieb dieses Triebwerk bis 1948. Der Custom Cruiser war ohne Zweifel ein luxuriöses Fahrzeug. Seine Karosserie war – wie die des Buick Super und Roadmaster, des Cadillac, des LaSalle und des neuen Pontiac Torpedo Eight – aus der C-Reihe von Fisher konstruiert. Das Äußere des Wagens wirkte in der Zweifarben-Lackierung der 90er Coupés und Limousinen besonders attraktiv.

Der Custom Cruiser wurde in vier Karosserie-Varianten gebaut, die Preise lagen zwischen 1069 und 1570 Dollar. Besonders populär war die Limousine, während außerdem ein Club Coupé, ein Cabrio-Coupé und ein Cabrio-Phaeton angeboten wurden. Die Rarität unter den vier Versionen war das Cabrio-Phaeton, von dem im Modelljahr 1940 nur fünfzig Einheiten produziert wurden.

Die großen Oldsmobile und ihre „Gegenspieler“ von Buick ergeben einen interessanten Vergleich, wie nachstehende Daten beweisen.

	Olds 90	Buick Super
Preis (Dollar)	1131	1109
Radstand (mm)	3150	3073
Länge (mm)	5353	5283
Gewicht, Lim. (kg)	1612	1719
Motor	Reihen-Achtzyl.	Reihen-Achtzyl.
Ventilanordnung	L-Form	OHV
Hubraum (ccm)	4508	4063
PS, U/min	110/3600	107/3400
Max. Drehmoment (Nm)	273 / 2000	277 / 2000
Verdichtung	6,2:1	6,1:1
Vergaser	2,54-cm-Stromberg	3,2-cm-Carter
Bremsfläche (cm^2)	1100	1023
PS / ccm	0,25	0,26
Gewicht / PS (kg)	14,60	16,02
Produktion der Serie	43 658	128 736
Produktion, alle Modelle	192 692	238 404

Man beachte: Der Olds war zwar länger als der Buick, wog aber 107,0 kg weniger und wies damit auch ein etwas günstigeres Leistungsgewicht auf. Und trotz seines größeren Gewichts hatte der Buick auch eine geringere Bremsfläche. Auf die Verkaufszahlen wirkte sich das für den Buick aber nicht negativ aus. Immerhin belegte er, nachdem er sich von einem „Durchhänger“ in den Jahren zuvor gut erholt hatte, inzwischen wieder Rang vier hinter den „Großen Drei“ der preisgünstigsten Modelle. Natürlich – wie die Zahlen beweisen – vor Oldsmobile. Olds baute seine drei Modellreihen bis 1941 weiter, sowohl mit Sechs- als auch Achtzylinder-Motoren. Ende des Jahres aber wurde die nun als Serie 96 bezeichnete Produktion des Custom Cruiser eingestellt. Die durch diesen Wagen eingeleitete Populariät der Hydra-Matic aber bestand weiter.

Manchen mag die Frontpartie des Olds von 1940 zu pompös erschienen sein. An ihrer Luxus und Kraft ausstrahlenden Wirkung aber gab es nichts zu deuteln. Im 1940er Modell waren die Lampen schon deutlich in die Kotflügel hineingezogen, 1941 waren sie dann voll integriert.

Technische Daten	
Motor:	Reihen-Achtzylinder, Ventilanordnung L-Form, 4213 ccm, Bohrung x Hub 8,2 x 10,0 cm, Verdichtung 6,2:1, 5 Hauptlager, Doppel-Fallstromvergaser mit automatischem Choke, 110 PS bei 3600 U/min
Kraftübertragung:	Vierstufen-Plattengetriebe Hydra-Matic
Fahrwerk:	Einzelradaufhängung vorn, Schraubenfedern, hydraulische Stoßdämpfer – Starrachse hinten, Schraubenfedern, hydraulische Stoßdämpfer
Bremsen:	Trommeln (hydraulisch) an allen vier Rädern
Radstand:	3149 mm
Länge:	5353 mm
Spurweite vorn/hinten:	1473/1598 mm
Höchstgeschwindigkeit:	etwa 145 km/h
Produktion:	43 658 (nur Baureihe 90)

Der Olds Custom Cruiser 1940 war mit einem 4,2-Liter-Reihen-Achtzylinder bestückt und leistete 110 PS. Die Maschine verlangte eine regelmäßige Wartung.

1940-42 PACKARD-DARRIN

Die auf die Zeit vor dem Kriege zurückgehende Zusammenarbeit zwischen Packard und Howard A. „Dutch" Darrin, einem ebenso als Designer wie als Karossier bekannten Experten, war buchstäblich ein Glücksfall. Dabei hatte keiner den anderen nötig – bis Packards deutlich zurückgehende Verkaufszahlen den Herren in der Chefetage die Augen für die Bedeutung eines guten Stylings öffneten. Exakt das, was auf Darrins Visitenkarte stand: Er genoß den Ruf eines exzellenten Designers. Es kam zur Zusammenarbeit. Doch sie war leider von viel zu kurzer Dauer. Immerhin bescherte sie der automobilen Welt eine Reihe ebenso schöner wie irgendwie sogar legendärer Hinterlassenschaften. Darunter ein Modell, das zu den Marksteinen der Geschichte gehört.

In der öffentlichen Meinung galt Packard auch 1940 noch als der Aristokrat unter den Automobilen, was Qualität und Luxus betraf – als, wie es ein Kenner formulierte, „der Inbegriff dessen, was man mit einem Spitzen-Fahrzeug verbindet". Inzwischen aber hatte Packard, vornehmlich beeinflußt durch die Wirtschaftsflaute, einen Wechsel in der Firmen-Philosophie von der kundenorientierten Exklusivität mehr in Richtung der mittleren Preisklasse vollzogen. Genau das, womit Rivalen wie Cadillac und Lincoln harte Zeiten überlebt hatten – im Gegensatz zu Marken wie Stutz, Marmon, Peerless und Pierce-Arrow, die auf der Strecke blieben. Mit dem Achtzylinder-Modell 21, dem sich dann noch der Sechszylinder „One Ten" hinzugesellte, begann für Packard der Wandel vom Hersteller traditioneller, um nicht zu sagen „altmodischer" Automobile zu einer Marke der Großserien-Produzenten. Zwei Zahlen mögen das belegen: Von weniger als 6300 Einheiten im Jahre 1934 stieg die Produktion 1935 auf mehr als 52 000 Fahrzeuge, im Jahr darauf auf fast 81 000 Einheiten, und im absoluten Rekordjahr der Marke 1937 auf 110 000 Automobile.

Dieser Erfolg kostete aber einen hohen Preis, nämlich den Verlust des Images als Aristokrat unter den Marken, was zweifellos auch mit dazu führte, daß Packard zwei Jahrzehnte später von der Bildfläche verschwand. Schwierigkeiten zeichneten sich schon im Krisenjahr 1938 ab, als die Produktion um fünfzig Prozent zurückging und die Bilanz nach dem Vorjahresgewinn von drei Millionen Dollar jetzt einen Verlust von 1,5 Millionen Dollar auswies.

Seinen guten Namen aber hatte Packard keineswegs verschleudert. Die Jahre eines verstaubten Stylings wirkten sich nun doch nachteilig auf die Verkäufe aus. Nichts zu kratzen aber gab es am guten Ruf der Marke hinsichtlich exzellenter Technik, sauberer Verarbeitung und Kundenbetreuung. Und eine US-Autozeitschrift war sogar der Meinung, daß Packard nicht Ausschau nach Talenten halten mußte – die kamen von sich aus zu Packard.

Da war zum Beispiel Dutch Darrin. Er begann seine Karriere als Elektro-Ingenieur bei Westinghouse & Willys und wechselte ins Auto-Fach, als er Tom Hibbard kennenlernte. Dieser hatte mit Ray Dietrich 1921 die berühmten LeBaron-Modelle kreiert. Ein Auftrag zur Konstruktion einiger Kundenfahrzeuge auf der Basis des belgischen Minerva-Chassis inspirierte sie zur Gründung des Unternehmens Hibbard & Darrin in Paris. Zu Dutchs eigener Überraschung schlug die Sache gut ein. Nach der Entwicklung verschiedener Spezial-Karosserien hatten sie sich einen Namen gemacht und keinen Mangel an Aufträgen für Spezialanfertigungen auf den verschiedensten europäischen und amerikanischen Chassis, einschließlich des derzeitigen Packard.

Alles lief weiter gut bis 1931, als Hibbard zu Harley Earls neuem „Art & Colour"-Design-Studio bei General Motors wechselte. Darrin wurde das Pech nicht los, sich in unsichere Geschäfte einzulassen und sich auch noch Mißverständnisse mit Autozaren wie Edsel Ford oder Errett Lob-

Mit dem Darrin der Baujahre 1940-41 – hier ein Custom Super Convertible Sedan (Cabrio-Limousine) von 1940 – schloß Packard die durch die Einstellung des Zwölfzylinders entstandene Lücke.

Der Packard Darrin Sport Sedan von 1940 wurde „gebaut für jene, die von Packard das neueste, feinste und luxuriöseste Automobil erwarteten".

Das Gitter hinter dem Kofferraumdeckel des Darrin Sport Sedan diente eher der Optik als der Funktionalität. Man beachte übrigens die freistehenden Heckleuchten.

ban Cord zu leisten. Er schien ständig – das brachte ihm ja auch den Beinamen „Dutch" ein – unten durch zu sein, was für den Amerikaner eben „dutch" heißt. Doch er ließ sich nicht unterkriegen, machte die Ellenbogen gegen die Reichen, Berühmten und Einflußreichen breit. Er setzte sich durch! 1937 präsentierte er einige beachtenswerte Design-Kreationen. Es war das gleiche Jahr, in dem ein glücklicher Zufall ihn mit dem Filmproduzenten Darryl Zanuck zusammenbrachte und er nach Kalifornien übersiedelte. Hier eröffnete er an Hollywoods berühmtem Sunset Strip einen Betrieb als „Darrin of Paris", der zum Auto-Mekka der Filmgrößen wurde, die sich von Darrin ihre exklusiven Wagen bauen ließen. Zu den berühmtesten Kreationen gehört ein für den Schauspieler und Sänger Dick Powell geschaffenes Zweisitzer-Cabrio. Es wurde eine Empfehlung für Darrin, der eine ganze Reihe weiterer Fahrzeuge in diesem Stil baute. Selbst Packard konnte er für sich gewinnen und über einen Spezial-Katalog auch in die Werbung einsteigen. Im Sommer 1939 durfte er den für Powell entworfenen Wagen schließlich auf dem Test- und Vorführgelände von Packard ausstellen, wo er beim Händler-Jahrestreffen auf Anhieb für Aufsehen sorgte. Es war genau der richtige Ort und Zeitpunkt, die durch die Produktionseinstellung des Zwölfzylinders entstandene Image-Lücke wieder zu schließen und die Käufer luxuriöser Automobile wieder in Packards Ausstellungsräume zu locken.

Es kam, was kommen mußte: Darrin erhielt den Auftrag, für Packard vier schlanke Wagen mit langer Motorhaube zu bauen, und das in Handarbeit. Der berühmteste von ihnen wurde das zweitürige Cabrio Victoria. Darrin entwarf es auf der Basis des Powell-Designs mit dem Radstand der mittleren Packards (3225 mm). Zu haben war es für 3800 Dollar als Modell 21 oder für 4953 Dollar in der Custom Super 8/81 Serie. Für 6332 Dollar gab es außerdem eine Custom Super Cabrio-Limousine mit einem Radstand von 3505 mm und eine geschlossene Sport-Limousine für – so die Werbetexter – „jene, die auf Packard schauen und von dort das neueste, feinste und luxuriöseste Automobil erwarten". Für den Preis von 5000 Dollar konnte sich der US-Bürger damals ein hübsches Haus kaufen …

Abgesehen von Kühler und Motorhaube waren die Darrins aus einheitlichen Karosserieteilen konstruiert, hatten aber nicht die üblichen Einstiegbretter an den Türen, die Darrin rundweg ablehnte. Die Sportlimousine war ein typisches „Herrenfahrer"-Auto, mit geschwungenem Dach,

Plastik war das Wundermaterial Anfang der 40er Jahre. Und natürlich fand dieses neue Material auch Einzug ins Auto wie zum Beispiel bei der Polsterung des Armaturenträgers in diesem Darrin Sport Sedan von 1940.

klarer Linie und chromeingefaßten Windschutzscheiben – Styling-Details, die an Bill Mitchells Cadillac 60 Special von 1938 erinnerten. Mehr Aufmerksamkeit aber zog der schlanke Victoria auf sich, mit heruntergezogener Frontscheibe und der als „Darrin dip“ bekannt gewordenen Heckpartie. Darrin hatte es erreicht, daß Kühlerverstrebungen durch einen dünnen Steg ersetzt wurden.

Alle diese Fakten und Packards höchste Preise 1940 sowie die bewußte Limitierung der Produktion in der alten Fabrik von Auburn in Connersville/Indiana ließen natürlich keine hohen Produktionszahlen zu. So sind vom Victoria lediglich 50 Fahrzeuge und weitere zwölf Cabrio-Limousinen gebaut worden. Neun dieser Cabrio-Limousinen existieren übrigens auch heute noch. Die Sport-Limousine war der totale Flop – es entstanden nur zwei. Gebaut wurden bei Packard auch zwei Limousinen im Darrin-Design mit Heckpartien aus Packards Teilelager, die erstens nicht gerade schön waren und zweitens auch zu nichts führten.

Mit einer Ausnahme brachte 1941 bei Packard nur kosmetische Korrekturen und einige technische Detail-Änderungen. Bemerkenswert war dabei eigentlich nur das für Packard völlig neue Styling-Moment in die Kotflügel integrierter Scheinwerfer. Der Motor war unverändert der laufruhige und bullig starke 5,8-Liter-Achtzylinder mit 160 PS. Der Overdrive stand nach wie vor im Angebot. Gegen Aufpreis konnte diese Einrichtung 1941 mit einer „Electromatic“-Kupplung geordert werden, die im zweiten Gang mit Unterdruck arbeitend ein „kupplungsloses“ Fahren ermöglichte, während das Gaspedal durchgetreten blieb, wenn in die erste Stufe geschaltet wurde.

Diese Neuheit verkündete und präsentierte Packard aber erst Mitte 1941 zugleich mit der Vorstellung des Modells Clipper. Er

Das sportlichste aller Darrin-Packard-Modelle dürfte dieses Cabrio Victoria (Baujahr 1941) gewesen sein. Es kostete 4595 Dollar in der Version als Custom Super 8.

hatte kaum noch Ähnlichkeit mit früheren Packards und galt in der Fachwelt als Packards kühner und überraschender Schritt im Bemühen um die Vorherrschaft im Industrie-Design. Der Clipper trug die unverkennbare Handschrift Darrins, auch wenn er ein Konglomerat der Arbeit von Packards eigenen Designern und einigen „außerhäusigen“ Stylisten war. Typisches Design-Detail, das noch aus der Vorkriegszeit stammte, waren die bis in die Türen hineingezogenen vorderen Kotflügel.

Kaum zu glauben, aber Darrin schaffte es, den Clipper trotz der geringen zur Verfügung stehenden Zeit zehn Tage vor dem Termin abzuliefern. Das versprochene Honorar von 10 000 Dollar hat er aber nie zu Gesicht, geschweige denn in die Hände bekommen. Darrin muß sich da total „verschaukelt“ vorgekommen sein. Schließlich stellte der Clipper 1941 nicht weniger als 22 Prozent aller Packard-Verkäufe. Für 1942 wurde das Darrin-Styling beibehalten. Das Modell Victoria wurde jedoch von Kalifornien nach Cincinnati ausgelagert und dort in Lizenz von Sayers & Scoville gebaut. 1941 entstanden hier 35 Modelle und 1942 weitere 15 mit einigen Veränderungen. Für die Darrins aber kam das Aus, als Packard in die Kriegsproduktion einstieg.

Dutch Darrin selbst wandte sich anderen Projekten zu. Packard wiederum nahm nach dem Krieg die Pkw-Produktion wieder auf, ohne jedoch ein Modell vom Image der Darrins mehr auf die Räder zu stellen. Nach einer Fusion 1954 mit Studebaker ist 1956 der letzte „echte“ Packard gebaut worden. Und seit 1958 ist der Name Packard nur noch Automobil-Historie.

Technische Daten

Motor:	Achtzylinder-Reihenmotor, 4621 ccm, Bohrung x Hub 8,2 x 10,8 cm, 120 PS bei 3600 U/min, max. Drehmoment 305 Nm bei 1700 U/min (120 Victoria) – 5834 ccm, Bohrung x Hub 8,9 cm x 11,8 cm, 160 PS bei 3500 U/min, max. Drehmoment 396 Nm bei 1800 U/min (Custom Super 8 One Eighty)
Kraftübertragung:	Mechanisches Dreigang-Getriebe, Overdrive als Option
Fahrwerk:	Dreiecksquerlenker unten und oben, Schraubenfedern, Hebel-Dämpfer vorn, Starrachse an halbelliptischen Blattfedern hinten
Bremsen:	Trommeln vorn und hinten
Radstand:	3225 mm (Victoria), 3505 (Limousinen)
Gewicht:	1778 kg bis 1905 kg (je nach Typ)
Höchstgeschwindigkeit:	Knapp 140 km/h
Beschleunigung 0 auf 100 km/h:	ca. 18 Sekunden
Produktion:	Victoria 50, Convertible Sedan 12, Sport Sedan 2, Prototyp Sport Sedan 2 (1940) – Victoria 35, Prototyp Sport Sedan 1 (1941) – Victoria 15 (1942)

Der Jeep war eines der vielseitigsten Automobile, die je gebaut wurden. Entstanden sind bei Ford und Willys nicht weniger als 644 287 Fahrzeuge.

Er ist zum Inbegriff der Geländewagen geworden. Mögen sie heißen, wie sie wollen. In deutschen Landen wurde er unter besonderen Bedingungen zu einem Begriff – als nämlich 1945 die ersten Jeeps der US Army über deutsche Straßen rollten. Mag er in der Tat auch mit dem militärischen Hauch behaftet sein – Jeep ist heute gleichbedeutend mit absolut friedlicher Verwendung. Bis zum größten Jeep, den es je gab, dem Modell Grand Cherokee, mit einem bärenstarken Achtzylinder unter der Haube eines der beliebtesten Fahrzeuge dieser speziell auf Freizeitnutzung ausgelegten Spezies.

Doch zurück zur Geschichte des Jeep, die ihre Wurzeln in der Zeit lange vor dem Krieg hat, wenn man das Ganze unter dem Aspekt von Robustheit, Vierradantrieb und damit Einsatz auch neben der Straße betrachtet, wofür es heute bekanntlich den Begriff Off-road gibt. Da aber alle diese Daten der Jeep-Historie mit seinem Namen nichts oder fast nichts zu tun haben, wollen wir uns auf die Legende Jeep selbst konzentrieren.

Das aber läßt sich ohne einen Blick ins Jahr 1927 nicht verwirklichen. Damals nämlich begann bereits das Herz zu schlagen, das als 2,2-Liter-Vierzylinder mit 30 PS die Basis bildete, aus der später der Jeep-Motor entwickelt werden sollte. Seinen ersten Einsatz fand dieser Motor 1927 in einem Modell Whippet der kleinen Autofabrik Willys-Overland in Toledo/Ohio. 1933 wurde der jetzt als „Willys 77“ bezeichnete Wagen mit 48 PS präsentiert. Der Willys hatte gegen einige Vorurteile anzukämpfen, die er aber nicht rundherum verdiente. Er war, ebenso wie der Whippet (bei diesem sogar als einem der kleinsten Windhunde logisch) ein Leichtgewicht. So entwickelte der Willys 77 in Verbindung mit einer relativ hohen Achsübersetzung ganz schön „Pep“. In den Händen von Bleifuß-Fahrern ergaben sich jedoch Probleme, die eigentlich weniger das Auto selbst als mehr die „Heizer“ hinter dem Lenkrad zu verantworten hatten: hoher Ölverbrauch, überhitzte Lager, Schwierigkeiten mit der Wasserpumpe und undichte Zylinderköpfe.

Machen wir nun den Sprung von diesen „Vorboten“ des Jeep zur Legende selbst. Denn diese Vorgeschichte tangiert genau genommen nur eine der Firmen, die am Entstehen des Jeep ihren entsprechenden Anteil haben, den Wagen selbst aber kaum. Denn als Ergebnis einer logischen Entwicklung auf der üblichen Basis langjähriger Studien und Versuche ist der Jeep beileibe nicht einzustufen. De facto ist er wirklich ein militärisches Produkt. Entstanden, weil die „Hohen Herren“ im Hauptquartier der US-Army im Kriegsjahr 1940 – die USA befanden sich zu diesem Zeitpunkt allerdings noch nicht im Krieg, das geschah erst nach dem japanischen Überfall auf Pearl Harbour – beschlossen, ein Fahrzeug bauen zu lassen, das es in dieser Art überhaupt noch nicht gab. So stellten es sich die Herren der Generalität vor: Gesamtgewicht 590 kg bei maximal 250 kg Zuladung, motorisiert mit einem 40-PS-Triebwerk. Weit über hundert Unternehmen fanden in ihrer Post dann die Aufforderung, sich am „Wettbewerb“ um dieses Auto zu beteiligen. Logisch, daß das reine Utopie war. Erst recht das Zeitlimit von sieben Wochen, in denen die Army die entsprechenden Konzepte erwartete. Es war sogar die Rede davon, daß Firmen, die sich beteiligten, den Termin aber überschreiten würden, mit den in solchen Fällen üblichen Konventionalstrafen zu rechnen hätten.

Ein Hersteller hat es dann tatsächlich geschafft, seinen Entwurf in die Praxis umzusetzen und am Stichtag das fertige Auto zu präsentieren, die American Bantam Car Company, ein relativ unbekannter kleiner Hersteller in Butler/Pennsylvania. Das, was der deutschstämmige Karl Probst, Chefkonstrukteur bei Bantam, den Militärs in Camp Holabird als „Reconnaissance Command Car 40 HP“ vorführte, ließ die Mitglieder

Gemäß der ihnen zugedachten Aufgabe waren die Jeeps ausgesprochen spartanisch ausgestattet. Dieses Fahrzeug war – es gab verschiedene Ausrüstungsvarianten – mit einem am Heck montierten Rerserverad und einem Reservetank versehen. Auf den Kotflügeln waren Verdunkelungslampen montiert.

Zur Ausrüstung dieses Jeeps gehörten an der Seite angebrachte Schaufel-Axt-Kombinationen. Angesichts seines Leichtgewichts konnte der Wagen derlei Utensilien verkraften und behielt trotzdem seine Manövrierfähigkeit auch in schwierigem Gelände.

Der Jeep war auch im Detail auf Funktionalität ausgelegt. Die Heckleuchteneinheit dieses Wagens verrät ihn als ein Modell von 1945, das vermutlich gar nicht mehr zum Fronteinsatz kam.

der Prüfungskommission die berühmten Bauklötze staunen. Das Gefährt mit Allradantrieb überzeugte alle auf Anhieb. Alle – das waren aber nicht nur Mitglieder des Pentagons, sondern auch Zivilisten. Um genau zu sein: Experten der beiden ebenfalls am Wettbewerb beteiligten Hersteller, Willys-Overland einerseits und Gigant Ford andererseits. Ob diese „Beobachter“ besonders genau hingesehen haben, soll hier nicht „untersucht“ werden. Fest steht aber, daß knapp acht Wochen später auch Willys-Overland einen Allradler „Quad“ im Militär-Testgelände Camp Holabird vorführte, der verdächtige Ähnlichkeiten mit Probsts Konstruktion aufwies. Und das traf nicht minder auch auf den zwei Wochen danach folgenden Ford „General Purpose/War“ zu.

Dahinter steckte zweifellos der Plan, Alternativen zum Bantam zu haben. Und das ging so weit, daß sowohl Ford als auch Willys-Overland Kopien der Bantam-Pläne erhielten – die nämlich waren jetzt Staatseigentum und somit eben auch jedermann zugänglich, soweit der Staat das sanktionierte.

Trotzdem: US-Verteidigungsminister Henry Stimson erteilte den ersten Auftrag zum Bau des neuen Fahrzeugs zunächst doch an Bantam. Doch im Endeffekt konnte die kleinste der drei Firmen mit den anderen nicht mithalten, als es um die geforderten Lieferungen ging: 1500 Fahrzeuge verlangte das Pentagon von allen drei Herstellern innerhalb von knapp drei Wochen. Wohlweislich: pro Hersteller!

Das Ende vom Lied: Bantam schaffte die 1500 Einheiten zwar, aber erst im April 1941. Darüber hinaus sind noch knapp 1200 weitere Reconaissance Command Cars gebaut worden, die nach England und an die UdSSR gingen. Das Rennen insgesamt aber lief dann ohne Bantam ab. Kein Wunder dabei, daß Ford die mit

Der Motor des Jeeps hatte den Beinamen „Go-Devil“ (etwa „Lauf, Teufel“). Es handelte sich um einen Reihenvierzylinder mit 60 PS. Die Maschine genoß einen besonders guten Ruf hinsichtlich ihrer Robustheit und Lebensdauer.

Abstand größten Produktionskapazitäten hatte. Andererseits aber war der von Delmar G. Roos, Chefkonstrukteur bei Willys-Overland, konstruierte und inzwischen Modell MA genannte Wagen in vielen Punkten besser als das Ford-Produkt. So kam es zu einer beiden Seiten gerecht werdenden Lösung: Der Ford GPW wurde dem MA „geopfert".

Inzwischen waren die „U.S. Tentative Specifications U.S.A. LP-997A" geändert worden und verlangten nun eine Höchstgeschwindigkeit von mindestens 88 km/h (dem in den USA üblichen Limit von 55 mph entsprechend), eine problemlose Wasserdurchfahrt von mindestens 460 mm Tiefe, ein Leergewicht von maximal 980 kg bei einer Zuladung von mindestens 362 kg sowie einige andere Details. Alles, was Willys-Overland auf dieser Basis erarbeitet hatte, um durch diverse Maßnahmen das neue Gewichtslimit zu erzielen, ging nach der Unterzeichnung des Kooperationsvertrags im Januar 1942 an Ford: Zeichnungen, Pläne, Patente.

Wie robust – und eben für den militärischen Einsatz besonders durchdacht – die Technik des Wagens war, zeigte die Konstruktion der Hinterachse, ebenso wie die Vorderachse eine Entwicklung von Spicer mit Hypoid-Kegelgetriebe. Raffiniert durfte die Lösung genannt werden, daß die beiden Hinterradnaben außen auf den Tragrohren der Achse gelagert waren. Was bedeutete, im „Falle des Falles" eine defekte Achswelle mühelos ausbauen zu können, wonach mit Frontantrieb weitergefahren werden konnte. Umgekehrt ging es ebenso: Defekte an der Vorderachse ließen nach entsprechendem „Umbau" den Weiterweg mit Hinterradantrieb zu.

Das Getriebe bestand aus einer Borg & Beck-Einscheibenkupplung mit einem vorgeschalteten Warner-Dreigang-Getriebe mit synchronisiertem zweiten und dritten Gang. Das ergab also insgesamt sechs Vorwärts- und zwei Rückwärtsgänge. In den ersten Gang ließ sich nur mit Zwischengas herunterschalten (woran sich Fahrer des VW-Käfers in Standard-Version sicher noch erinnern werden). Um den Allradantrieb einzuschalten, mußte der Wagen stehen. Im großen Gang erreichte der Wagen 100 km/h „Spitze".

Die Sitze im Army-Jeep waren alles andere als luxuriös. Die flachen Sitzauflagen gaben den Insassen kaum etwas von dem, was man Seitenhalt hätte nennen können.

Der Jeep ist – wie erwähnt – ein „Kind des Krieges". Er hat Geschichte geschrieben. Zunächst Militärgeschichte. So, wie sie der spätere US-Präsident Eisenhower noch als General definierte: „Der Jeep war eines der drei Instrumente, mit denen wir den Krieg gewonnen haben."

Das „Kind des Krieges" hat nach 1945 dann aber auch sein friedliches Gesicht gezeigt und damit nicht nur Militär-, sondern Automobilgeschichte schlechthin geschrieben. Filmgeschichte natürlich auch.

Im Juli 1945 wurde die Produktion der militärisch ausgerichteten Jeeps bereits durch eine von Willys angekündigte „zivile" Version ergänzt, den CJ-2A. Zwei Wochen später erklärte die US-Regierung den Vertrag mit Ford als beendet. Die Produktion des Jeeps ging wieder ohne Einschränkung an Willys-Overland über. Schon im April 1947 konnte die Firma den 100 000. CJ-2A (Civilian Jeep) vom Band laufen lassen. Ebenso wie sich seitdem das Styling des Jeeps veränderte, hat er auch seine „Herren" gewechselt. Zunächst hieß der neue Produzent Kaiser. Dann trat American Motors in Erscheinung. Und jetzt läuft der Jeep unter der Chrysler-Flagge.

Bantam ist weg. Kaiser ist weg. Willys-Overland ist weg. Aber der Jeep lebt. Ja richtig: Jeep.

Auch das Lenkrad beweist, wie spartanisch der Jeep ausgestattet war. Auch das Instrumentarium umfaßte gerade die nötigsten Anzeigen.

Technische Daten

Motor:	Vierzylinder-Reihenmotor, 2199 ccm, Bohrung x Hub 8,0 x 12,5 cm, Verdichtung 6,48:1, 60 PS bei 4000 U/min, max. Drehmoment 142 Nm bei 2000 U/min
Kraftübertragung:	Dreigang-Schaltung, Schalthebel im Fußraum montiert, Vierradantrieb
Fahrwerk:	Starrachsen mit halbelliptischen Federn vorn und hinten
Bremsen:	Hydraulische Trommelbremsen, Bremstrommeln 220 mm
Radstand:	2032 mm
Länge:	3365 mm
Breite:	1587 mm
Spurweite vorn/hinten:	1244 mm / 1244 mm
Gewicht:	1060 kg
Bodenfreiheit:	223 mm
Höchstgeschwindigkeit:	104 km/h
Produktion:	644 287 während des II. Weltkrieges (Ford und Willys)

Der MG TC war Amerikas beliebtester Sportwagen der Nachkriegszeit. Für die US-Boys vermittelte er erstmals wieder das Gefühl von Freude am Fahren.

Sportwagen – das war nach dem Krieg in den USA ein Begriff, den zwar die ältere Generation in Verbindung mit so legendären Wagen wie Mercer Raceabout oder Stutz Bearcat kannte. Aber „Sportler" einer neuen Generation aus amerikanischer Produktion? Nach denen hielt man vergeblich Ausschau. Und dennoch: Eine neue Interpretation des Begriffs Sportwagen machte in den Staaten die Runde, ausgelöst durch heimkehrende GIs. Von denen nämlich brachten einige ein Auto mit über den Großen Teich, das ihre Herzen in England erobert hatte und Amerikas junge bis hinauf zur junggebliebenen Generation förmlich im Sturm eroberte. MG TC hieß das Gefährt, mit dem alles auf den Kopf gestellt wurde, was man in jenen Jahren – auch mit dem Blick zurück in die Vorkriegszeit – in Amerika unter Automobil verstand.

Plötzlich hieß die US-Autophilosophie nicht mehr nur „größer ist besser". Der TC-Fahrer war mit einer „Spitze" von 120 km/h zufrieden. Ihn reizte die reine, unverfälschte Schönheit eines Wagens, wie man ihn nirgendwo in Amerika fand. Und es reizte ihn die Art, ein neues Automobilgefühl zu genießen.

Der TC darf mit Recht als der beste MG der Nachkriegszeit bezeichnet werden. Diesen Ruf konnte ihm nicht einmal der elegante MGB streitig machen. Mit seinen großen Speichenrädern, dem unverkennbaren hohen, rechteckigen Kühlergrill, seiner schnittigen Linie und den 120 km/h galt er für viele als die neue Definition des Begriffs Sportwagen schlechthin. Und an die Rechtslenkung gewöhnte man sich auch im Rechtsverkehr schnell. Ein Beweis mehr für die Handlichkeit des kleinen Sportflitzers. Als „Compagnon" bei der Neuentdeckung Amerikas für den Sportwagen hatte der TC aus der Morris Garage (daher der Name MG) in Abingdon-on-Thames in der englischen Grafschaft Oxfordshire übrigens noch einen Landsmann – den Jaguar XK-120. Doch bleiben wir beim MC TC. Seine Geschichte hatte bereits fünfzehn Jahre vor seinem Erscheinen begonnen, als Cecil Kimber, Begründer des Unternehmens, sich entschloß, unter Verwendung von Teilen des in großen Stückzahlen gebauten Morris Minor einen Sportwagen unter möglichst rationellen Voraussetzungen zu bauen. Vorfahr des TC war Kimbers T-Typ, von dem der erste im März 1929 fertiggestellt war. Und zum direkten Vorgänger des TC wurde schließlich das Modell J2 im Jahre 1933. Es war das Jahr, in dem MG die geteilte Motorhaube, ausgeschnittene Türen, den Reservereifen am Heck außen und die muschelschalenartigen vorderen Kotflügel zu Stylingelementen machte.

Und dann gab es in der Ahnenreihe des TC auch noch die Typen TA und TB aus den späten 30er Jahren, von denen mit weniger als 400 Exemplaren des TB die Vorkriegsproduktion auslief. Nach dem Krieg übernahm ein neuer Mann das Unternehmen, H. A. Ryder – der noch nie ein Automobil gebaut hatte. Cecil Cousins, ein früherer und bis zum Werks-Direktor avancierter GM-Mitarbeiter, stellte Ryder die Frage, was zu machen sei. Ryders Antwort war kurz und knapp: „Weiterhin den TC bauen!" Allerdings unter der Premisse, das, was am TC besser zu machen wäre, auch besser zu machen. Und das war einmal die Tatsache, daß der Wagen doch ein bißchen zu „schmalbrüstig" war, zum anderen auf der technischen Seite Probleme mit den nicht exakt arbeitenden Gelenken bekannt waren. Das war aber auch alles, was es zu bemängeln gab. Und genau dies wurde auch geändert. Der Wagen ging um 10 Zentimeter im Cockpit in die Breite, die Gleitlager wurden durch Gummigelenke ersetzt. Damit war der Start frei für den TC. Er erfolgte im Oktober 1945, bis Ende des Jahres waren 81 Fahrzeuge gebaut.

Zu einer Zeit, als der Verkehr auch auf Englands Straßen erst wieder ins Rollen kam, wirkte der MG TC in der Tat wie ein Riesenschritt in die automobile Zukunft. Und das, obwohl er im Styling eher an die späten

30er Jahre erinnerte. Die Karosserie-Konstruktion war auch nicht gerade der letzte Schrei: Unter dem Blech verbarg sich ein Holzskelett, ein Verfahren, das in den 20er Jahren gang und gäbe war. Diese Karosserie saß auf einem Leiterrahmen-Chassis mit tunnelartigen Seitenteilen. Diesen TC zu pilotieren, war das absolute sportliche Fahren. Im Fahrverhalten hatte der TC mitunter seinen eigenen Kopf beziehungsweise seine eigenen Vorstellungen, wo es „lang ging". Vor allem in scharfen Kurven mußte der Fahrer dem eigenwilligen kleinen „Tommy" durch kräftige Arbeit am Lenkrad klarmachen, wer der Herr im Hause war.

Ein Kraftprotz war er nicht gerade, der TC, mit seinem kleinen 1250-ccm-Vierzylinder, der es so eben auf 54,4 PS brachte und eine Höchstgeschwindigkeit im „Normalzustand" von 75 Meilen nach offizieller Version (120 km/h) brachte. Bis zur 100-km/h-Marke brauchte er über zwanzig Sekunden.

Zur Technik. Der 1250-ccm-Motor des TC war, gemessen am damaligen Weltstandard, eher ein Winzling. 54,4 PS lieferte der Vierzylinder ab. Jedoch, wie drehfreudig er das absolvierte, das zauberte jenen unvergleichen „Sound" aus dem Auspuff, den Sportwagenfahrer nun einmal hören wollen.

Schaltarbeit war beim TC-Piloten immer angesagt. Und das bei einem Viergang-Getriebe, das den Schaltknüppel nicht eben wie ein heißes Messer durch die Butter rutschen ließ. Synchronisiert waren nur die Gänge zwei bis vier, beim ersten war sowohl rauf als auch runter Zwischengas nötig. Mit einer günstigen Achsübersetzung von 5,13:1 an der Hinterachse erfolgte die Kraftübertragung allerdings relativ direkt.

Die Behauptung, der MG TC habe im Autoland USA die Autowelt verändert, mag angesichts der offiziellen Zahlen etwas weit hergeholt scheinen: Von 10 002 insgesamt gebauten Fahrzeugen sind 2001 über den Großen Teich geschwommen.

Das Styling des MG TC entsprach dem der späten 40er Jahre. Bei Sportwagen-Fans aber kam es sehr gut an, vornehmlich wegen des sowohl sachlichen als auch zweckmäßigen Designs. Dabei störte auch das am Heck vor dem Kofferraumzugang plazierte Ersatzrad die Gesamtlinie nicht.

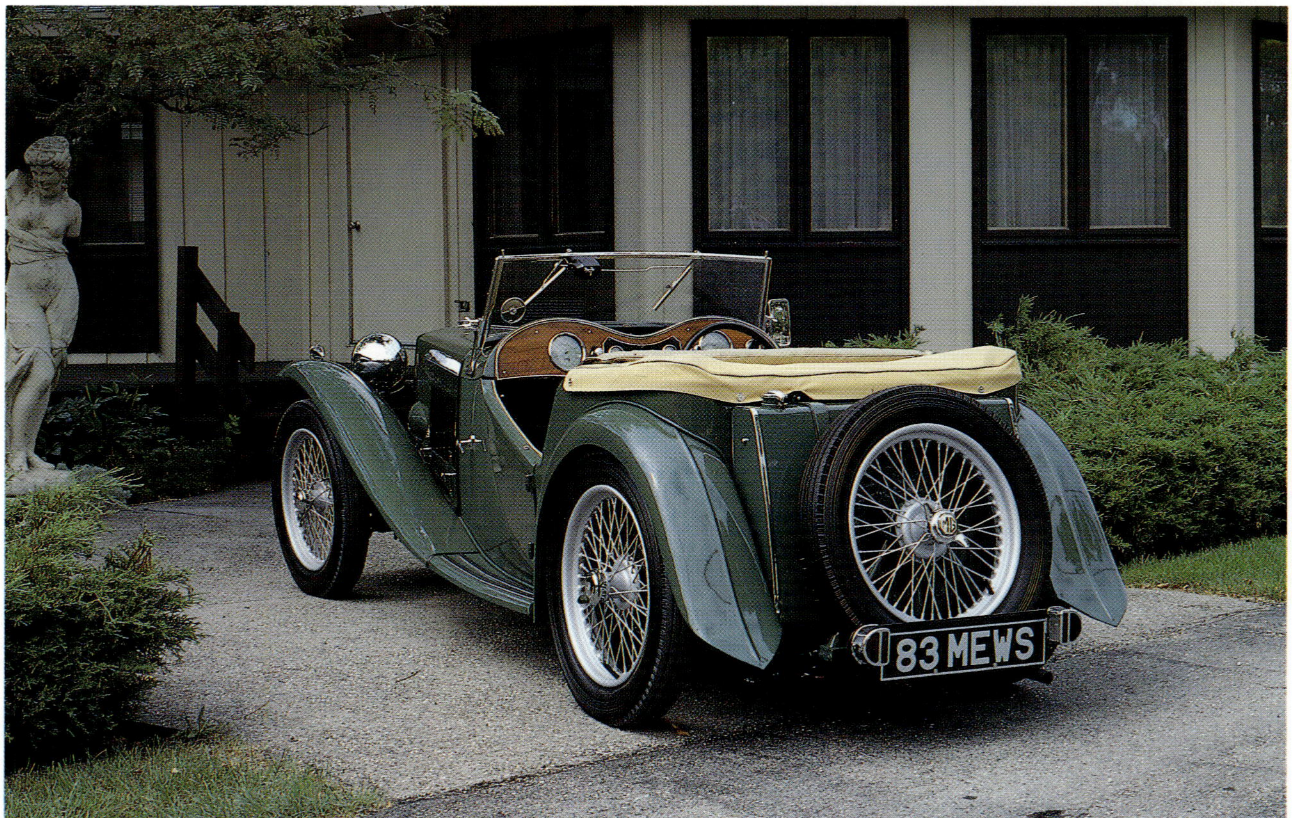

Das Echo, das der TC in den USA auslöste, stand in keinem Verhältnis zur Produktion. Mit nur 10 002 Einheiten insgesamt regelte hier das Angebot nicht die Nachfrage.

Importiert wurde der MG TC von den Brüdern Collier über ihre Motor Sport, Inc., in New York City. Und wenn sie ihre Firma schon mit dem Titel Motor Sport kreiert hatte, verwundert es auch nicht, daß Sam und Miles Collier zu den Pionieren des Motorsports in den USA nach 1945 gehörten. Als Mitglieder des ehemaligen Racing Club of America und inzwischen als Sports Car Club of America firmierenden Clubs (SCCA) standen sie mit ihren TCs natürlich beim ersten SCCA-Rennen nach dem Krieg auch am 2. Oktober 1948 am Start in Watkins Glen. Ein Zulassungsreglement gab es nicht. So hatten es die kleinen TCs zum Beispiel auch mit so starker Konkurrenz wie den Alfas zu tun. Der Erfolg aber war überzeugend: Unter den ersten zehn Wagen, die das Ziel erreichten, rangierten allein sechs TCs. Der in den USA bekannte Sportfahrer Haig Ksayian erreichte dabei den beachtlichen Durchschnitt von 95 km/h, die Collier-Brüder landeten mit einem dem von Ksayian ähnlichen Kompressor-TC dicht hinter ihm.

Die sportlichen Erfolge des TCs weisen schließlich errungene Lorbeeren auch bei Straßenrennen in Long Island ebenso auf wie bei den zwölf Stunden von Sebring und jenen Wettbewerben an der US-Westküste, bei denen ein gewisser Phil Hill, Amerikas späterer erster Weltmeister, einen TC steuerte. Die Liste prominenter TC-Fahrer nennt auch Ken Miles, Carrol Shelby und Richie Ginther.

Technische Daten	
Motor:	Vierzylinder-Reihen-OHV-Motor, 1250 ccm, Bohrung x Hub 6,55 x 9,0 cm, Verdichtung 7,25:1, zwei SU-Vergaser, 54,4 PS bei 5200 U/min, max. Drehmoment 84 Nm bei 2600 U/min
Kraftübertragung:	Viergang-Getriebe, mechanisch, Gänge zwei bis vier synchronisiert
Fahrwerk:	Starrachsen vorn und hinten mit halbelliptischen Blattfedern, hydraulische Hebelarm-Stoßdämpfer, System Luvax
Bremsen:	Hydraulische Vierrad-Trommelbremsen
Radstand:	2387 mm
Länge:	3543 mm
Spurweite vorn/hinten:	1143 mm
Gewicht:	786 kg
Höchstgeschwindigkeit:	etwa 120 km/h
Produktion:	10 002

1946-48 CHRYSLER TOWN AND COUNTRY

US-Autos sind nicht selten als „Land-Yachten" definiert worden, womit allerdings nicht jene überdimensionalen Schiffe gemeint sind, die ihrerseits eher als Straßenkreuzer einzustufen sind. Land-Yacht – das trifft vielleicht auf keinen Wagen mehr zu als auf Chryslers Town and Country. Chrysler selbst hat diesen Vergleich auch zuerst gezogen. Und zwar in einer 1946 herausgegebenen Werbebroschüre. In dieser hieß es, der Town and Country habe „die Grazie und Eleganz einer Yacht. In der Tat ähnelt die Holzkonstruktion der Fahrzeugflanken den Planken eines Schiffes sowohl vom Aufbau als auch von der Notwendigkeit der Pflege her. So wie eine Yacht vor Saisonbeginn wieder aufpoliert werden muß, sollten Besitzer eines Town and Country das gleiche mit ihrem Wagen tun, um die Schönheit und den Glanz dieser hölzernen ‚Aufbauten' auch zu erhalten."

Daß der Town and Country heute zu den besonders begehrten Sammelstücken aus den 40er Jahren gehört, verwundert wohl kaum. Vielleicht ist er sogar das wertvollste Cabrio aus US-Produktion jener zehn Jahre, wenn die Kenner recht haben, die behaupten, daß heute zehnmal so viele Sammler an einem dieser Fahrzeuge interessiert sind, wie noch existieren. Er war der Liebling Hollywoods. Als Chrysler die Produktion 1950 einstellte und nur noch einige Station Wagons unter diesem Namen baute, waren selbst die Modelle der Jahre 1949 und 1950 genau genommen keine „echten" Town and Countrys mehr. Experten lassen keinen Zweifel daran: Die besten und wahren Town and Countrys waren die aus den ersten drei Jahren nach Ende des Krieges.

Der Ursprung des Namens geht in erster Linie auf die Boyertown Body Works in Pennsylvania zurück, die Mitte der 30er Jahre an Chrysler mit dem Vorschlag herantraten, eine Serie von holzverkleideten Boyertown Station Wagons in Lizenz zu bauen. Paul Hafer, der spätere Präsident der Firma, erklärte bei einem der verschiedenen Entwürfe, die Frontpartie sehe „town" (Stadt) aus, die Heckpartie „Country" (Land) – und da biete sich der Name doch eigentlich wie von selbst an. Chrysler akzeptierte den Namen tatsächlich – aber auch nur diesen, die anderen beiden Modelle wurden auf „Country Club Sport" und „Country Gentleman" getauft.

Die Chrysler Division präsentierte 1941 auch den ersten Town and Country, der auf Anhieb zu einer Sensation wurde. Die von 1941 bis 1942 gebauten Fahrzeuge mit ihren muschelschalenähnlichen hinteren Türen und der schlanken Linie des Daches standen in völligem Kontrast zu den eher kastenförmigen Stylings ihrer Tage. Trotz allem aber sind sie nur in limitierter Zahl gebaut worden. Eines aber haben sie auf alle Fälle bewirkt: Sie wurden zu Magneten für die Schauräume der Chrysler-Plymouth-Händlerorganisation. Die Leute kamen, um sich den Town and Country anzusehen – und gingen mit einem Kaufvertrag für einen Royal oder Windsor. Oder auch einen Plymouth.

Während des Krieges, als die mit militärischen Aufträgen eingedeckten Autohersteller sich höchstens mit Ideen für eine Nachkriegsproduktion ziviler Automobile beschäftigten, spielte Chrysler schon mit der Idee einer kompletten Serie von Town and Countrys, sobald die Waffen schweigen würden. Stylist Buzz Grisinger erinnerte sich, daß das vorgesehene Programm eine Angelegenheit „höchster Eile" war. Es gab weder Modelle noch Prototypen, und „wir entwarfen eine ganze Reihe verschiedener Stylings und spielten dabei mit weißer Esche und Mahagoni überall dort, wo wir meinten, daß es besonders ästhetisch wirken würde, um sich auch verkaufsfördernd auszuwirken". Exakt das tat es.

Im Juni 1946 kündigte Chrysler nicht weniger als fünf verschiedene Town and Countrys an, von denen drei aber nie in Serie gingen: ein dreisitziger Roadster, ein zweitüriger Brougham auf dem Chassis des Sechs-

Wie alle Chrysler-Modelle der Baujahre 1946 bis 1948 hatte auch der Town and Country von 1947 den typischen Harmonika-Grill. Der Wagen wartete mit einem Radstand von 3238 mm auf und war mit dem 135 PS starken Achtzylinder-Reihenmotor ausgerüstet.

47·TC
1947 · OHIO

1946-48 CHRYSLER TOWN AND COUNTRY

Um das polierte Holz auch auf Dauer in vollem Glanz erstrahlen zu lassen (und vor allem auch zu erhalten!), bedurfte es schon regelmäßiger Pflege. Billig herzustellen – und zu verkaufen war der Wagen auch nicht: 2998 Dollar kostete dieses Prachtstück 1947 – einen New Yorker gab es zur gleichen Zeit für 2447 Dollar.

Die hinteren Leuchteinheiten des Chrysler Town and Country unterstrichen in ihrer – buchstäblich – zurückhaltenden Gestaltung den eleganten Holzlook. Damals ein aktuelles Auto, ist der Wagen heute wirklich, was sein Kennzeichen aussagt: HISTORICAL – historisch.

zylinder-Windsor und ein Hardtop-„Custom-Coupé“ mit dem Reihen-Achtzylinder des New Yorker. Tatsächlich gebaut wurden nur ein Experimental-Brougham, sieben Hardtops (von denen sogar eins überlebt hat) und ein T&C-Cabrio mit kurzem Radstand von diesen drei Versionen.

Realität dagegen wurden die Town and Countrys, die Chrysler schließlich baute: die viertürige Sechszylinder-Limousine und das Achtzylinder-Cabrio mit dem längeren Radstand von 3238 mm. Das Ragtop-Modell (mit Kunststoff-Dachbezug) ist mit einigen Detail-Änderungen auch 1948 gebaut worden. Irgendwie wirkte die Karosserie des T & C im „Holzlook“ dem Styling der Standard-Karosserie ästhetisch überlegen. Allerdings: Billig war dieser Town and Country nicht. Für die 3395 Dollar – das Jahreseinkommen vieler Amerikaner! – gab es immerhin schon einen Cadillac. In der Tat machte dann ja auch das T & C Cabrio mit 8380 Einheiten das Rennen als das populärste Modell während der dreijährigen Bauzeit.

Nicht ganz so gut lief die Limousine. Während bei den Cabrios das Interieur entweder in Voll-Leder, einer Kombination von Leder und elegantem Bedford-Stoff oder einer ganz nach Kundenwunsch gestalteten „Variation“ gehalten war, kam bei den Limousinen überwiegend Voll-Leder, Vinyl oder Plastik zum Einsatz. Anstelle der beim Cabrio auch fabrikseitig in Leder „dekorierten“ Seiten wurde bei der Limousine ausschließlich mit holzverkleideten Türen und Heckpartien gearbeitet.

Große Gedanken, daß diese „Termiten-Fallen“ beträchtliche Probleme in Unterhaltung und Pflege mit sich bringen könnten, hat man sich bei Chrysler offensichtlich nicht gemacht. Immerhin gilt weiße Esche ja als eines der widerstandsfähigsten Hölzer, mit der zumindest gleichen Lebensdauer wie Stahl, sofern man sich auch pfleglich darum bemüht. Aber auch diese Pflege war, wie die Händler immer wieder zu hören bekamen, kompliziert: „Einen Town and Country sollte man eher unter dem Aspekt als Boot denn als Automobil betrachten. Von beiden sind die Anforderungen an entsprechende Pflege- und Schutzmaßnahmen beim T & C wesentlich höher“, hieß es dazu. Kein Wunder allerdings: Das Automobil ist tatsächlich härteren Wetter-Unbilden ausgesetzt als ein Boot. Und obendrein hat das Auto es nicht nur mit Wasser zu tun, sondern mit herumfliegenden, von anderen Fahrzeugen aufgeworfenen Steinen, mit Matsch, im Winter mit Salz, im Sommer mit Teer, und all dem Straßendreck. Da verlangte der T & C in der Tat eben doch mehr Pflege als ein „normales" Auto.

Für Chrysler erwiesen sich die späten 40er Jahre alles in allem als gut. Rund 6000 Town and Countrys wurden 1946 verkauft, die gleiche Anzahl auch im folgenden Jahr, 1948 dann aber nur noch 4500. Ein Problem war das für Chrysler jedoch angesichts der insgesamt mehr als 100 000 verkauften Fahrzeuge (es gab ja auch noch andere Modelle) auch nicht. 1949 wurde nur noch das Cabrio angeboten. Zwar wurde dann auch noch – anstelle des Cabrios – 1950 ein Hardtop „aufgelegt" – es war der letzte Town and Country, mit Ausnahme eines noch einige weitere Jahre produzierten Station Wagons. Chrysler versuchte 1966 mit dem Angebot von Holzdekor für andere Modelle das Image noch einmal aufzupolieren. Das aber war weder das feine Edelholz noch die Ausstrahlung der Original-T&Cs. Und verschwand letztlich auch sang- und klanglos von der Bildfläche.

Technische Daten

Motor:	Sechszylinder-Reihenmotor, 4106 ccm, Bohrung x Hub 8,7 x 11,4 cm, Verdichtung 6,6:1, 114 PS bei 3600 U/min (Limousine) – Achtzylinder-Reihenmotor, 5301 ccm, Bohrung x Hub 8,2 x 12,4 cm, Verdichtung 6,7:1, 135 PS bei 3400 U/min
Kraftübertragung:	Vierstufen-Halbautomatik Fluid Drive
Fahrwerk:	Einzelradaufhängung vorn mit Schraubenfedern, Starrachse hinten mit halbelliptischen Blattfedern
Bremsen:	Hydraulische Vierrad-Trommelbremse
Radstand:	Limousine 3086 mm, Cabrio (Convertible) 3238 mm
Gewicht:	Limousine 1776 kg, Cabrio (Convertible) 1964 kg
Produktion:	Limousine 7950, Cabrio (Convertible) 8380 (Baujahre 1946 bis 1948)

Sowohl im Bremslicht (vorhergehende Seite unten links) als auch in Lenkrad-Mitte demonstrierte Chrysler, daß man mit dem „Fluid Drive" immerhin schon eine Art Halbautomatik anzubieten hatte. Das Armaturenbrett war reichlich chromverziert.

Die Fahrt im Chrysler Town and Country Cabrio war ein ausgesprochenes Oben-Ohne-Vergnügen. Um es auch auf lange Sicht als Besitzer eines T & C zu genießen, bedurfte es schon der regelmäßigen Pflege der Holzverkleidungen.

Der Cisitalia war ein Vorreiter im Automobil-Styling und steht als Beweis dafür im Museum of Modern Art in New York noch heute in der permanenten Ausstellung.

Ohne Übertreibung: Viele italienische Automobil-Designer können für sich in Anspruch nehmen, auf irgendeine Art von den künstlerischen Traditionen Michelangelos oder Leonardo da Vincis inspiriert zu sein. Ihre Kreationen – zumindest die besten von ihnen – sind Kunstwerke auf Rädern, von klarer klassischer Linie. Und jedes ihrer Fahrzeuge trägt auch ihre unverkennbare Handschrift von Intelligenz und hoher Sensibilität für die Schönheit der Formen, realisiert durch bestes handwerkliches Können. Selbst wenn es unbestritten ist, daß italienischen Autos Mängel an Zuverlässigkeit in mancherlei technischen Belangen und selbst Rostprobleme anhafteten, hat dies nichts daran ändern können, daß sie vom Design her unvergleichliches Flair ausstrahlen.

Der renommierteste unter Italiens Auto-Stylisten war lange Zeit Pinin Farina, heute als Pininfarina nach wie vor einer der großen Meister seines Metiers, das heißt, was die Tradition des Namens betrifft. Dabei hat Giovanni Batisa Giuseppe Farina – so sein kompletter und „echter" Name – nie ein Automobil im eigentlichen Sinne des Wortes konstruiert. Er hat – um es so zu formulieren – als exzellenter Karosserie-Schneider das eingekleidet, was andere an automobiler Technik vorgegeben hatten. Dabei hat er sich sogar vom Flugzeugbau beeinflussen lassen, was die Aerodynamik angeht. So entstand 1937 schließlich auch der erste Prototyp eines Stromlinien-Automobils.

Pininfarina ist danach ein Symbol für optimales Styling sportlicher Fahrzeuge geworden, die den Nimbus von Rekorden verkörperten. In den frühen sechziger Jahren zum Beispiel sammelte ein von Pininfarina entworfener Fiat Abarth SYD sechzehn Weltrekorde, ein Abarth 500 (natürlich auch von Farina) sogar deren 23. Und in Monza stellte ein Fiat-Abarth 1000 im Oktober 1960 auf dem berühmten Rennkurs einen neuen Streckenrekord auf.

Damit aber genug über – den in diesem Zusammenhang aber nicht zu übergehenden – Pininfarina. Sondern zum Kapitel Cisitalia, das er gravierend mitgeschrieben hat. Da gab es einen italienischen Ex-Fußballstar namens Piero Dusio, der eine Sportartikelfirma Consorzio Industriale Sportivo gegründet hatte, in der Tennis-Schläger, Fahrräder, Badeanzüge und – nicht unbedingt sportlich orientiert – auch Uniformen für die italienische Armee hergestellt wurden. Wie viele andere – zum Beispiel Opel, wo es einmal mit Nähmaschinen und ebenfalls Fahrrädern begann – stieg Dusio ins Automobilgeschäft ein. Allerdings schrieb man zu dieser Zeit bereits 1946. Am Anfang waren es kleine 1,1-Liter-Wagen, die aber schon mit viel „Pfiff" aufwarteten. Rund 50 Fahrzeuge sind von den ersten Cisitalias (der Firmenname stand bei der Abkürzung Pate) auf der Basis von Fiat-Technik entstanden. Die kleinen Flitzer machten in der Sport-Szene auf Anhieb Furore. Hinter ihnen standen als „Väter" zwei Männer, verantwortlich für Technik und Design: Dante Giacosa und Ciovanni Savonuzzi, der eine später Chefingenieur bei Fiat, der andere später Leiter der Flugzeug-Abteilung des Konzerns.

Die sportlichen Erfolge des Einsitzers ließen in Duso den Gedanken reifen, einen zweisitzigen Sportwagen auf der Basis von Giacosas Monoposto zu bauen, von dem das Chassis ebenso übernommen wurde wie auch wieder verschiedene Fiat-Bauteile. Das Giacosa-Chassis ruhte auf einer Rohrrahmen-Konstruktion. Der Zweisitzer wartete vorn mit unabhängiger Radaufhängung mit Querlenkern und schrägstehenden Blattfedern auf – ein System, das aus Fiats legendärem Kleinwagen „Topolino" („Läuschen") stammte. Hinten wurde eine Pendelachse eingesetzt. Das Leichtgewicht von Cisitalia rannte dank seiner auf 70 PS gesteigerten Leistung stolze 175 Kilometer pro Stunde. Und das war schon etwas für jene Zeit! Tazio Nuvolari, einer der berühmtesten italienischen Rennfahrer, schaffte bei der Mille Miglia 1947 eine Durchschnittsgeschwin-

Ein in der Mitte über dem Armaturenträger installierter Rückspiegel gehörte zu den besonderen Ausstattungs-Details des Cisitalia. Ein wenig Pep und Pop war dabei: Die gelben Bedienungsknöpfe hoben sich kontrastreich gegen den roten Hintergrund ab. Zum Einstieg bedurfte es der Bedienung eines ungewöhnlich langen Türgriffs.

Buick führte 1949 die kleinen „Bullaugen" in der vorderen Flanke ein. Cisitalia übernahm sie – allerdings nur zwei, der Buick hatte drei oder vier.

Der 1089-ccm-Motor mit 70 PS und zwei Weber-Fallstromvergasern stammte von Fiat.

digkeit von rund 160 km/h und mußte sich in seinem kleinen Cisitalia nur den übermächtigen Alfas geschlagen geben. Piero Taruffi, eines der anderen italienischen Renn-Asse, gewann im gleichen Jahr die italienische Meisterschaft auf einem Cisitalia Roadster.

Das für Cisitalia-Kenner zum Inbegriff der Marke gewordene 202 Coupé entstand eher durch einen Zufall denn als Ergebnis einer festen Planung. Da schickte Piero Dusio nämlich ein Chassis an die damals noch ebenso unbekannte wie in Sachen Styling relativ unerfahrene kleine Firma Pinin Farina, um daraus „ein Auto zu machen". Es wurde gemacht und von Dusio ohne große Erwartungen ins erste Rennen geschickt, die Coppa d'Oro, den Goldenen Pokal, am Comer See im Jahre 1947. Der Cisitalia kam, fuhr und siegte. Nicht nur auf der Rennpiste, sondern auch über die Herzen der Automobil-Fans auf dem Pariser Salon im September 1947, wo er zu den Stars der Ausstellung zählte.

Mit dem Auto, das unter der Typen-Bezeichnung 202 Gran Sport eingeführt wurde, hatte Farina einen stilistisch großen Wurf gelandet. Die glatten Kotflügel und die klare schnörkellose Gestaltung von Front- und Heckpartie erinnerten dabei auch an Pininfarinas frühe Ferrari-Designs. Was allerdings als nicht gerade Pininfarina-like auffiel, waren die „bullaugenähnlichen" Hauptscheinwerfer in den vorderen Kotflügeln, ein damals von Buick bevorzugtes Styling-Element. Das Styling des Cisitalia haben sie jedoch nicht negativ beeinflußt. Auch wenn Geschmack nun einmal Ansichtssache ist.

Ursprünglich vom Gesamtkonzept her vornehmlich für den sportlichen Einsatz gedacht, mit dem Dusio besonders liebäugelte, gab es doch bald auch neben dem Grand-Sport-Coupé ein ausgesprochen „ziviles" Cabriolet, nicht weniger schön als das Coupé. Renner waren die Cisitalia 202 auf der Piste, aber nicht gerade in den Verkaufslisten. Umgerechnet 15 000 Mark kostete das Coupé, 21 000 Mark das Cabrio. Dafür bekamen Sportwagen-Fans damals schon mit weniger tiefem Griff ins Portemonnaie auch andere Wagen, einen Jaguar XK 120 Roadster zum Beispiel (190 km/h schnell). Und da war auch noch ein Auto aus Deutschland: der Porsche 356 für unter 10 000 Mark!

Zu Porsche gab es von Dusio noch eine besondere Verbindung: Dem Italiener gelang es, den Österreicher von den Franzosen „loszukaufen", die ihn wegen angeblicher „Kriegsverbrechen" festhielten. Dusio hatte mit Ferdinand Porsche große Pläne. Er sollte ihm einen Cisitalia Grand-Prix-Wagen bauen, der die Rennpisten der Welt erobern würde. Porsche übernahm den Auftrag, brauchte aber mehr als das Fünffache des

Der Cisitalia ist über Jahre hinaus von der „Milestone Car Society“ als ein Milestone (Meilenstein) in der Geschichte des Automobils gewertet worden. Für das Design zeichnete kein Geringerer als Pinin Farina verantwortlich.

Budgets, das Dusio ihm zur Verfügung stellte, um ihm den gewünschten Formel-1-Renner zu konstruieren. Dusio hatte sich in seinen Vorstellungen und der Realität völlig verkalkuliert. Um das ehrgeizige Projekt realisieren zu können, verpfändete Dusio letztlich sogar sein Unternehmen – und 1949 war Cisitalia bankrott. Was von der Firma noch vorhanden war, verkaufte Dusio an eine argentinische Gesellschaft, die Diesel-Trucks herstellte. Er selbst siedelte auch nach Argentinien über, so, als wollte er vor Ort den Untergang seines einstigen Imperiums erleben. Die Gran-Sport-Produktion von Cisitalia hatte inzwischen zwar einen neuen Besitzer, der bis 1965 sogar noch Fahrzeuge baute, aber eher sporadisch als in Serie. Danach war die Geschichte des Automobils wieder einmal um eine traditionsreiche Marke reicher, die nur noch Geschichte war.

Obwohl der Cisitalia lediglich 70 PS leistete, waren diese doch stark genug, das nur 889 Kilo wiegende Leichtgewicht auf eine Höchstgeschwindigkeit von 177 Kilometer pro Stunde zu katapultieren. Daran hatte die schlanke windschlüpfige Karosserie wesentlichen Anteil.

Technische Daten

Motor:	Vierzylinder-Reihenmotor (Konstruktion: Fiat), 1089 ccm, 2 Weber-Fallstromvergaser, 70 PS bei 5500 U/min
Kraftübertragung:	Viergang-Schaltgetriebe
Fahrwerk:	Einzelradaufhängung vorn an Querlenkern mit Blattfederung, Starrachse hinten
Bremsen:	Trommelbremsen vorn und hinten
Radstand:	keine Angaben
Gewicht:	889 kg
Höchstgeschwindigkeit:	160 km/h
Produktion:	Coupé 153, Cabrio 17

Die Ferraris der Baureihe 212 waren mit einem V12-Motor mit einer obenliegenden Nockenwelle ausgerüstet. Aus 2562 ccm wurden beim Export 150 bis 170 PS mobilisiert, die für etwa 193 km/h gut waren.

Wie es von einem Rennsport-inspirierten Fahrzeug erwartet wurde, war der Tachometer direkt neben dem Lenkrad plaziert, der Entfernungsmesser lag mehr im Blickfeld des Beifahrers. Rechtslenkung war Ferrari-Standard.

Der Ehrfurcht einflößende Ferrari 212 Export war ausgesprochen wettbewerbsorientiert. Sein Radstand betrug 2250 mm. Als Option wurde ein Trio von Weber-Fallstromvergasern geliefert. Den hier abgebildeten Wagen hatte Carozzeria Touring eingekleidet.

Sie nannten ihn den „Kaiser der Geschwindigkeit". Eine Übertreibung war es nicht und ist es bis auf den heutigen Tag nicht. Enzo Ferraris erste Automobile gehörten schon zu den bemerkenswertesten Schöpfungen des ersten Jahrhunderts der Motorisierung. Und alle nachfolgenden können das ebenfalls für sich beanspruchen.

Enzo Ferraris Karriere begann in den 20er Jahren als Mitglied des Rennteams von Alfa Romeo und danach als dessen Teamchef, bevor er die treibende Kraft in der unabhängigen Scuderia Ferrari wurde, die in den 30er Jahren modifizierte Alfas baute und auch selbst in Rennen pilotierte. Eine Marke Ferrari gab es da noch nicht. Die sollte nach Ende des Krieges kommen und die automobile Welt revolutionieren.

Gemeinsam mit seinem Gönner Enrico Nardi entwickelte er die ersten Pläne zum Bau eigener Rennsportfahrzeuge. Den Platz, wo er das zu tun gedachte, hatte er auch schon festgelegt: seine Heimatstadt Modena in der Po-Tiefebene. Trotz des Rückhalts durch Nardi waren seine Möglichkeiten aber doch ziemlich begrenzt. So sind die ersten Wagen als Kundenaufträge entstanden, alle in Handarbeit. Mit drei Wagen fing es 1947 an, 1948 folgten neun, und 1949 waren es immerhin schon dreißig.

Eines hatten sie alle gemeinsam, den klassischen und bewährten, von Gioacchino Colombo 1946 konstruierten V12-Motor. Die drei Wagen des „Baujahres" 1947 waren zunächst als Tipo 125 bezeichnete 1,5-Liter-Straßenfahrzeuge. Zwei von ihnen erhielten später einen 1,9-Liter-Motor und das Typenschild 159. Beide Maschinen sind 1948 nochmals aufgebohrt und dementsprechend als Tipo 166 deklariert worden. Mit dem 1995-ccm-Triebwerk war dies für Fachleute der erste „echte" Ferrari-Straßensportwagen.

In den frühen 50er Jahren waren Vignale und Pinin Farina Ferraris bevorzugte Partner für die verschiedenen Karosserien. Von den Modellen 166, 195 und 212 sind jedoch auch einige von Carrozzeria Touring entworfen worden (siehe auch großes Foto).

Bis in die jüngste Vergangenheit waren die Modell-Nummern für Kenner der Hinweis auf den Hubraum der jeweiligen Motoren pro Zylinder, beim Tipo 166 exakt 166,25 ccm. Zur Typenbezeichnung gehörten auch Buchstaben mit verschiedenen „Aussagen". So stand das „C" der ersten Modelle zum Beispiel für „Corsa" (Rennen), und das nicht ohne Grund: Diese Wagen waren in der Tat mehr für die Rennpiste als für öffentliche Straßen konzipiert. Später benutzte Ferrari das „C" auch als Interpretation von Competizione (Wettbewerb) für einsitzige Rennwagen und brachte auch als weitere Definition ein „I" für „Inter", die für Rennsportwagen angewandt wurde. Um die Sache total konfus zu machen, gab es auch noch einen frühen 166 Sport als Stufenheck-Coupé, von dem auch nur zwei gebaut wurden, und den Spyder Corsa, einen offenen zweisitzigen Renner mit Motorradkotflügeln. Die Seriennummern waren zunächst dreistellig, später vierstellig.

Der Ferrari 166 feierte im April 1948 mit dem Sieg von Clemente Biondetti am Volant einer offenen Version bei der Targa Florio auf Sizilien einen glänzenden „Einstand". Diesem Erfolg ließ Biondetti mit einem von Allemano neu eingekleideten Coupé einen Monat später bereits den zweiten Triumph folgen, als er die Mille Miglia gewann. Dies war zugleich der erste von insgesamt acht Siegen bei der Mille Miglia, was Enzo Ferrari mit der Typenbezeichnung „MM" würdigte.

Der inzwischen allgemein als Colombo-Motor bezeichnete 166 V12 wurde für Ferrari zu einem der „Standbeine" bis in die 60er Jahre hinein, dabei auch mehrfach weiterentwickelt. Mit einer 60-Grad-Winkel-Konstruktion arbeitete die Maschine mit einer kettengetriebenen, obenliegenden Nockenwelle pro Zylinderbank und zwei schrägstehenden Ventilen je Zylinder. Jedes Ventil wurde durch Haarnadel-Federn geschlossen. Bei den Typen Inter und Sport kam ein einzelner Weber-Doppelvergaser zum Einsatz, bei den MM-Versionen waren es gleich deren drei! In beiden Fällen arbeiteten „siamesische" Ansaugkanäle. Zylinderblock, Zylinderköpfe und Ölwanne waren aus einer Aluminium-Le-

Ferrari setzte auf die Vielseitigkeit und Zuverlässigkeit des 166 Mille Miglia (MM) und nahm dessen Chassis für eine ganze Reihe von Modellen, hier ein Roadster mit geteilter Windschutzscheibe.

gierung, die Zylinder-Laufbuchsen bestanden jedoch aus Eisenguß. Die Kurbelwelle lief in sieben Hauptlagern, ebenso die Pleuelstangen, wobei allerdings ein Typ, der LeMans-Sieger von 1949, der 166 MM, Nadellager hatte.

In der Leistung gab es deutliche Unterschiede von 110 bis 150 PS bei 7500 U/min. Das hatte seine Ursachen nicht allein in den zwei voneinander abweichenden Vergaser-Systemen, sondern auch in unterschiedlichen Verdichtungen, einige so hoch ausgelegt, daß die Triebwerke mit Alkohol-Benzin betrieben werden konnten. Die Kraftübertragung erfolgte mittels Trockenscheiben-Kupplung und nicht synchronisiertem Getriebe auf die hintere Starrachse. Bei den späteren MM-Versionen waren die Gänge drei und vier dann jedoch synchronisiert.

Der 166 stellte bereits die Weichen für das Chassis, das auf Jahre hinaus für die Straßenversionen zum Standard werden sollte. Trotz verschiedener Radstände der einzelnen Modelle hatten alle 166er den gleichen Stahlrohr-Leiterrahmen. Die Vorderradaufhängung erfolgte unabhängig über ungleich lange Dreieckslenker mit querliegender Blattfeder, während die Hinterachse an beiden Seiten halbelliptische Blattfedern und ein Paar parallel laufender Längslenker aufwies. Das Stoßdämpfer-System mit hydraulischen Hebeldämpfern (System Houdaille) bewährte sich schon bei den ersten Fahrzeugen und wurde zum Standard für alle folgenden. Die großdimensionierten und hydraulisch unterstützten Alu-Trommelbremsen mit gußeisernen Bremsflächen hielten die Kraft des Motors sicher im Griff, die Schneckenlenkung ihn sicher in der Spur. Gemäß Enzos Renn-Orientierung waren alle 166er mit Rechtslenkung ausgerüstet.

Obwohl der 166 Ferraris erster Versuch mit einem Straßenfahrzeug war, blieb die Einstufung als Ferraris erstem Wagen in Serienproduktion dem Inter vorbehalten – sofern man bei insgesamt 37 Einheiten überhaupt von „Serie" sprechen kann. Von diesen Fahrzeugen erhielten die meisten eine Carozzeria-Touring-Karosserie, doch auch die übrigen renommierten italienischen Karosserieschneider sorgten für einige hervorragend sitzende Maßanzüge: Allemano, Bertone, Ghia, Ghia-Aigle, Pinin Farina, Stabilmenti Farina und Alfredo Vignale.

Von allen ist ein Modell zu besonderer Berühmtheit gelangt: Tourings „Barchetta", ein Roadster, der seinen Namen wegen seiner einem Boot ähnelnden Gesamtlinie erhielt: Barchetta heißt schließlich nichts anderes als kleines Boot. Der Engländer John Tojeiro hat später bei der Entwicklung der AC Aces und der Shelby Cobras einige unübersehbare „Anleihen" gemacht. Der gestreckte Barchetta wurde ebenso auch zur Basis für Ferraris späteren 212 Export und 340 America.

Mit dem Doppelziel, Fahrzeuge sowohl für den Wettbewerb als auch für die Straße zu bauen, ist der Colombo-V12 dann gleich zweimal weiter aufgebohrt worden. Zunächst von 60 auf 65 mm und damit auf 2341 ccm, dann auf 68 mm und einen Hubraum von 2562 ccm, wobei der Hub jedoch unverändert bei 58,8 mm blieb. Das Ergebnis waren zwei neue Typen – der 195 und der 212. Rahmen, Fahrwerk, Lenkung und Bremsen waren identisch mit denen des 166, ebenso der Radstand. Die kürzeste Version blieb für den 195 Sport mit 2199 mm reserviert, während für den 212 Export das 2250-mm-Maß des 166 MM für ideal befunden wurde. Den Inter-Modellen schließlich

1950 wurde ein 2,3-Liter-Wagen vorgestellt, dessen Leistung mit etwa 170 PS angegeben war. Ferrari nannte ihn 195 S.

wurde ein Radstand von 2501 mm zugestanden. Verändert wurde für den 195 wie für den 212 dagegen die Spurweite auf 1264 mm vorn und 1249 mm hinten.

Abgesehen von der vergrößerten Bohrung und den Auswirkungen auf den Hubraum waren die Triebwerke des 195 und 212 weitgehend identisch mit dem V12 des 166. Die Inter-Baureihe hatte den einzelnen Weber-Doppelvergaser, die Versionen Sport und Export den dreifachen, der vermutlich auch bei den 212ern des Jahres 1953 zum Einsatz kam. Das Antriebskonzept wurde ebenfalls unverändert übernommen.

Obwohl Ferrari auf dem Chassis des 195/212 eine breite Palette verschiedener „Aufbauten" im Kundenauftrag auslieferte, setzte er in den frühen 50er Jahren doch überwiegend auf seine Styling-Experten Vignale und Pinin Farina. Im Gegensatz zum 166 hieß dies zugleich auch, zwei Karosserie-Varianten in den Mittelpunkt zu stellen, ein Berlinetta-Coupé und eine offene Version als Spider. 1952 überraschte Ferrari die Besucher des Pariser Salons mit einem Novum: Das hier präsentierte Ghia-Coupé sowie das Cabrio von Pinin Farina hatten Linkslenkung. Zur gleichen Zeit vollzog sich ein weiterer Wandel: Beide Fahrzeuge wiesen gewölbte und ungeteilte Frontscheiben auf. Die „Tourer" behielten die geteilte Scheibe,

Serienmäßig beim 212 war für den Export ein Zwölfzylinder mit Doppelvergaser. In den späten 50er Jahren ist dieser Wagen in den USA bei Rennen gefahren worden.

obwohl eine der letzten Berlinettas doch zumindest mit gewölbter statt gerader Scheibe aufwartete.

Der 195 war zweifellos auch ein gutes Auto, mußte sich vom stärkeren 212 aber den Rang ablaufen lassen, ebenso auch vom 1951 vorgestellten, noch bulligeren 340 America. Daß sich die Kunden eher für eine der beiden größeren Maschinen entschieden, verwundert nicht: Der Preis von rund 9500 Dollar war praktisch für alle gleich. Die Folge war klar. Nach nur einem Jahr Bauzeit und lediglich 25 Einheiten wurde der 195 aus dem Programm gestrichen. Vielleicht hätte er ja etwas länger gelebt, wenn er nicht hätte ausgerechnet in der gleichen Klasse wie der 212 starten müssen, wo er eben doch bei Rennen deklassiert wurde. Der 212 sammelte die Erfolge wie zum Beispiel den Gewinn der Tour de France durch Pagnibon und Barraquet (den Wagen kaufte übrigens der Weltmeister Phil Hill), den Doppel-Sieg von Vittorio Marzotto und Piero Taruffi bei der Sizilien-Tour sowie Taruffi/Luigi Chinetti und Luigi Villoresi/Alberto Ascari als Sieger und Zweiter bei der Carrera Panamericana, alles im Jahre 1951, um nur einige Glanzlichter aufzuzeigen.

Große technische Vergleiche anzustellen erübrigt sich. Dafür waren sie zu gleich, von den verschiedenen Karosserien einmal abgesehen. Und schließlich wollte Enzo ebenso wie auf den Rennpisten auch auf den Straßen der Gewinner sein. Um das Kapitel 166/195/212 abzuschließen: Auch der 212 fand natürlich seinen Nachfolger – den 340. Von seinen Vorgängern dürften die meisten nach Amerika „ausgewandert" sein.

Von diesem 212 Export Berlinetta ist nur ein Exemplar entstanden. Es kam aus der Werkstatt von Vignale und war von Michelotti entworfen worden. Das gleiche Design wählte Vignale, einschließlich der Zweifarben-Lackierung, auch für den Cunningham C-3, einen vom Amerikaner Briggs Cunningham entwickelten Grand-Touring.

Technische Daten

Motor:	V12 mit einer obenliegenden Nockenwelle – Modell 166 (Baujahre 1947 bis 1953): 1995 ccm, Bohrung x Hub 6,0 x 5,8 cm, 110 bis 150 PS bei 7500 U/min, variabel in der Verdichtung und der Vergaser-Bestückung – Modell 195 (1950-51): 2341 ccm, Bohrung x Hub 6,5 x 5,8 cm, 130 PS bei 6000 U/min (Inter), 160-180 PS bei 6000 U/min (Sport) – Modell 212 (1950-53): 2562 ccm, Bohrung x Hub 6,8 x 5,8 cm, 130 PS bei 6000 U/min (Inter), 150-170 PS bei 6500 U/min (Export)
Kraftübertragung:	Manuelles Fünfgang-Getriebe, nicht synchronisiert
Fahrwerk:	Ungleiche Dreiecksquerlenker, querliegende Blattfeder vorn, Starrachse, parallele Längslenker, halbelliptische Blattfedern hinten
Bremsen:	Hydraulische Trommeln vorn und hinten
Radstand:	2199 mm (166 MM Barchetta, 195 Sport) – 2250 mm (166 MM Berlinetta, 212 Export) – 2420 mm (166 Sport) – 2501-2618 mm (Inter)
Gewicht:	907 kg (166), 952 kg (212)
Höchstgeschwindigkeit:	159-225 km/h (166, je nach Motor), 177 km/h (195), 193 km/h (212)
Produktion:	166 Inter (1948-53) 37 (einige Quellen: 38), 166 MM (1949-53) 32, einschl. 12 geschlossener Modelle, 166 Sport (1947-48) 2, 195 (1950-51) 25 (einige Quellen: 24), 212 Export (1950-53) 24-26, Inter (1950-53) etwa 80

1948-54 JAGUAR XK-120

Schon bei seinem ersten öffentlichen Auftritt auf dem Londoner Earls Court im Oktober 1948 sorgte der Jaguar XK-120 für Furore bei den Besuchern.

Nur wenige Kilometer von Kenilworth, inmitten der weiten Landschaft von Warwickshire, liegt Wappenbury Hall, ein rund zweihundert Hektar großes üppiges Farmland. Hier begegnete der Autor im Sommer 1976 dem „Herrn des Hauses", einem weißhaarigen Gentleman, dessen Auftreten nicht unbedingt den Schluß zuließ, es hier mit einem Manne zu tun zu haben, der sein Leben lang nichts anderes gewesen wäre als Farmer. Nein, das war er in der Tat nicht. Der 75jährige hatte fünf Jahrzehnte seines Lebens dem Automobil gewidmet und dabei selbst Automobilgeschichte geschrieben. Ein von diesem Mann beeindruckter Zeitgenosse hat es auf einen sehr hohen Nenner gebracht: „Was Schweitzer in der Medizin war, was Bach in der Musik, das war Sir William Lyons in der Automobilindustrie." Kein Zweifel: Der aus Blackpool stammende William Lyons – den Adelstitel Sir erhielt er, einer bürgerlichen Familie entsprossen, natürlich erst später – hat die automobilen Jahre von 1922 bis 1972 entscheidend mitgeprägt.

Angefangen hatte alles damit, daß Lyons junior am väterlichen Geschäft, einer Werkstatt für Grammophone und Klaviere, wenig Interesse hatte und dafür um so mehr für andere Töne schwärmte – die von Motoren. Obwohl im Betrieb des Vaters beschäftigt, liebäugelte er eben doch mit seinen anderen Ambitionen. Und die sollten Realität werden, als William Lyons einen William Walmsley kennenlernte, mit dem er an seinem 21. Geburtstag die „Swallow Sidecar Company" gründete. Walmsley hatte zu diesem Zeitpunkt schon entsprechende Erfahrungen mit der Reparatur und Restaurierung von Motorrädern und sogar einen eigenen Seitenwagen konstruiert. Daher auch der Begriff Sidecar, eben Seitenwagen, im Namen des jungen Unternehmens.

Es war ein weiter Weg von diesen klein(st)en Anfängen, wobei auch widerlegt wurde, daß eine Schwalbe noch keinen Sommer macht. Aus der Schwalbe (Swallow) ist schließlich sogar ein Jaguar geworden. Aber das war, wie gesagt, ein weiter Weg.

In dem jungen Unternehmen der beiden Williams wurden 1927 schon die ersten Automobilkarosserien im Kundenauftrag gebaut. Und bereits vier Jahre später präsentierte die inzwischen als „Swallow Sidecars and Coachbuilding Company" firmierende kleine Fahrzeugschmiede, von Blackpool nach Coventry umgesiedelt, mit dem Modell SS den Vorfahren des Jaguar. Der SS konnte die Herkunft aus einer Motorradfabrik nicht leugnen, zu typisch waren die Kotflügel im Motorrad-Styling gestaltet. Gut sahen sie aus, die schlanken SS-Typen, aber was ihnen fehlte, war Leistung. Um sie darin attraktiver zu machen, hielt Lyons Ausschau nach guten Ingenieuren. Er fand sie, und zwei exzellente zudem: Harry Weslake und Bill Heynes, letzterer speziell für die Entwicklung des XK-Sportwagen-Projekts zuständig. Beide 1935 engagiert zu haben, hat William Lyons einmal „einen guten Deal" genannt. Er wußte, warum. Es war im übrigen das Jahr, in dem erstmals der Name Jaguar verwandt wurde, der von da an sämtliche SS-Modelle kennzeichnete. Der von Harry Weslake – wie Sir William sich erinnert – auf 35 PS je Liter Hubraum getrimmte 2,5-Liter-Sechszylinder wurde zum Jaguar 90, der 90 PS leistete und 90 Meilen pro Stunde (145 km/h) lief. Bill Heynes überarbeitete das Triebwerk dann nochmals und machte daraus einen 3,5-Liter mit 100 mph „Spitze", den SS Jaguar 100. Es war der erste Jaguar, der die 100-Meilen-Marke (160,9 km/h) übertraf.

Ob die Sache so stimmt, mag ins Reich der Fabel gehören. Behauptet wird zumindest, die Idee zum Bau der großen XK-Maschine sei William Lyons gekommen, als er mit Heynes vom Dach ihrer Fabrik den deutschen Luftangriff auf London beobachtete. Gemeinsam sollen sie damals beschlossen haben, falls sie diesen Krieg überleben sollten, daß Heynes einen auf all ihren Erfahrungen beruhenden, lupenreinen Motor als ab-

Der XK-120 begründete nicht nur in England und Europa, sondern auch jenseits des Ozeans den Ruf von Jaguar. Da gab es endlich ein Auto, das die 200-km/h-Marke fast erreichte, in Amerika zu einem Preis von weniger als 4000 Dollar!

solute Eigenkonstruktion bauen würde. Sie haben beide den Krieg überlebt. Und Lyons tat den ersten Schritt zur Verwirklichung des hochgesteckten Ziels. Er kaufte von Standard, einer 1903 in Coventry gegründeten Motor Company, eine Fabrik samt Ausrüstung und Personal. Hier ist schließlich der XK-120 entstanden, den Sir William stets als seinen persönlichen Favoriten unter allen Jaguars charakterisiert hat.

Sein Debüt feierte der erste „echte" Jaguar bereits 1948 in Londons Earls Court als der Inbegriff des perfekten Sportwagens. Ihm wurde bescheinigt, ganz einfach schön zu sein. Umwerfend schön. Sein Herz war ein Juwel von einem Motor, der 3,4-Liter XK-Sechszylinder, mit zwei Vergasern, zwei obenliegenden Nokkenwellen und 160 PS „Power".

Jaguar, pardon: Sir William Lyons, garantierte 160 Meilen (193 Kilometer) pro Stunde Höchstgeschwindigkeit. Auf Anhieb wurde er zum Inbegriff des Sportwagens, den besitzen mußte, wer etwas auf sich hielt. Zum Beispiel in der Filmszene, aus der neben vielen anderen Stars auch Clark Gable einen XK-120 orderte.

Die sportlichen Qualitäten des faszinierenden Newcomers waren unbestritten. So erreichte Testfahrer Ron Sutton auf der Versuchsstrecke bei Jabbeke in Belgien sagenhafte 213,3 km/h. Ein neuer Rennstar war geboren. Das zeigte sich schon bald auf den Pisten der Welt, das heißt, bei Straßenrennen, um genau zu sein. Einer der renommiertesten Piloten, die je hinter dem Lenkrad eines Jaguar überhaupt gesessen haben, ist Stirling Moss. Er fuhr bei der Tourist Trophy 1950 die gesamte Konkurrenz in Grund und Boden. Und damit auch zum ersten wichtigen Sieg auf einer Langstrecke mit dem XK-120. Moss fuhr einen Schnitt von 124,8 km/h, und das unter katastrophalen Bedingungen: „Ich erinnere mich an dieses Rennen mit Schrecken. Es regnete, daß man damit hätte das Höllenfeuer löschen können. Dabei den großen und schnellen Jaguar zu pilotieren, war ein schweres Stück Arbeit. Ich glaube, das war für mich der Wendepunkt in meiner Karriere vom Berufsfahrer schlechthin in die Spitze des führenden Sportwagenteams der Welt."

Als Jaguar seinen konventionell gestylten Mark V als „das feinste Auto seiner Klasse auf der Welt" präsentierte, war es dennoch der schnittige XK-120 Roadster, der die Herzen der Fans begeisterte. Mit einem Coupé und einem Cabrio wurde die Modellreihe später erweitert.

Die Maschine des XK-120 war das Gemeinschaftsprodukt eines Spitzen-Trios der Motorentechnik. Bill Heynes war Spezialist für obenliegende Nockenwellen. Harry Weslake kannte sich hervorragend in Brennkammern aus (wenn man das einmal so locker formulieren darf). Wally Hassan schließlich war Experte für schrägstehende Ventile und Duplex-Kettenantrieb-Wellen. So war zum Beispiel Weslake verantwortlich für das Induktionssystem mit zwei Vergasern, um über die gesamte Bandbreite der Geschwindigkeit eine größtmögliche Zylinderfüllung zu erzielen. Das wiederum ermöglichte eine hohe Leistung ohne sehr hohe Verdichtung. Sie lag beim XK-120 in der Tat mit 7,0:1 so niedrig, daß der Motor fast mit Kerosin hätte betrieben werden können. Da konnte sich auch das maximale Drehmoment von 266 Newtonmeter sehen lassen. Während der Bauzeit bot Jaguar auch eine Spezial-Ausrüstung mit 180 PS und darüber hinaus eine 210-PS-Version als C-Typ und eine Reihe weiterer Optionen an.

Motor des XK-120 war ein Reihen-Sechszylinder mit obenliegender Doppel-Nockenwelle und 160 oder in Spezial-Ausrüstung 180 PS bei 2500 U/min.

Im Verhältnis zum Motor war das Chassis des XK-120 weniger aufregend, aber enorm stark ausgelegt. Es bestand aus einer Stahlrahmen-Konstruktion, hatte Querlenker und eine unabhängige Vorderradaufhängung, bei der sich Heynes augenscheinlich von Citroën hatte „inspirieren" lassen. Dirigiert wurde der Wagen mit einer Kugelumlauflenkung. Das Viergang-Moss-Getriebegehäuse war ausgesprochen schlecht synchronisiert. Aber es gab auf der ganzen Insel kein Getriebegehäuse, das mit der Kraft von 160 bis 180 PS fertiggeworden wäre.

Jaguar hatte auch einen Zweiliter-Vierzylinder geplant, mußte darauf aber verzichten, weil die Kosten für den XK-120 alle verfügbaren Mittel in Anspruch genommen hatten. 1953 – Jaguar Cars Limited war jetzt an die Browns Lane in Coventry umgezogen – wurde das Programm um zwei weitere Versionen des XK-120 erweitert, ein Coupé mit festem Dach und ein Cabrio mit Kurbelfenstern und besserem Wetterschutz. Ein Jahr später lief die Produktion aus.

Das Fahrwerk des XK-120 war nicht sonderlich kultiviert, aber den Fahrleistungen angepaßt und straff ausgelegt. Das war angesichts der Leistung von mindestens 160 PS auch nötig. Knapp mehr als 10 Sekunden wurden für die Beschleunigung auf 100 km/h benötigt, ein für die späten 40er Jahre absoluter Spitzenwert.

Technische Daten

Motor:	Sechszylinder-Reihenmotor, obenliegende Doppelnockenwelle, 3442 ccm, Bohrung x Hub 8,3 x 10,0 cm, Verdichtung 7,0:1, 7 Hauptlager, 2 SU-Vergaser, 160 PS (SAE) bei 5000 U/min, max. Drehmoment 266 Nm bei 2500 U/min – als Option: 180 PS und max. Drehm. 277 Nm
Kraftübertragung:	Viergang-Getriebe, Gänge 2/3/4 synchronisiert
Fahrwerk:	Unabhängige Radaufhängung vorn mit doppelten Querlenkern, Torsionsstäbe, Stabilisator, starre Hinterachse an halbelliptischen Blattfedern
Bremsen:	Hydraulische Vierradbremse, 30,5-cm-Trommeln
Radstand:	2590 mm
Gewicht:	1294-1397 kg (je nach Modell)
Beschleunigung:	0 auf 100 km/h in 10,2 Sekunden
Höchstgeschwindigkeit:	193 km/h
Produktion:	7631 Roadster, 2678 Coupés, 1769 Cabrios

Mehr als zwei Jahrzehnte lang ist er gebaut worden und mit eineinhalb Millionen Exemplaren auch bis dahin Englands meistgebautes Auto – der Morris Minor.

William Morris war ein Mann mit Weitblick. Wie viele andere Automobil-Hersteller kam auch er aus der Fahrrad-Branche. Und wie diese anderen hatte auch er den richtigen Zeitpunkt erkannt, auf den Nachfolger des Pferdes als Mittel der persönlichen Fortbewegung ohne Benutzen der eigenen Füße zu setzen – auf das Automobil. Er setzte nicht nur darauf. Er baute es auch. Und verkaufte es. Selbstverständlich unter einem Namen mit britischem Wohlklang: „Oxford". Dieser erste Morris war mit einem kleinen Einliter-Motörchen ausgerüstet. Kontinuität war für William Morris stets Gesetz. Das blieb es für die Marke generell. Auch der letzte echte Morris, der Minor 1000, hatte einen Einliter-Vierzylinder. Allerdings mit reichlich mehr PS.

William Morris blieb auch 1951 ein unabhängiger „Lieferant" von Automobilen zu populären, das heißt auch für Leute mit kleinen Geldbeuteln erschwinglichen Preisen. Daran änderte auch die – zum größten Teil auf „Geheiß" der britischen Regierung – vollzogene Fusion mit Austin zur British Motor Corporation (BMC) nichts. Unglücklicherweise jedoch gab es keine vernünftige Zusammenarbeit zwischen beiden „Abteilungen", statt dessen auf Jahre hinaus zwei unterschwellig noch immer existierende und miteinander auf keine gemeinsame Linie zu bringende „feindliche Brüder". Und so gab es auch trotz „BMC" weiterhin zwei miteinander, nein: gegeneinander konkurrierende Marken Austin und Morris. Schon hier zeichnete sich ab, was später mit British Leyland und letztlich mit der britischen Automobilindustrie generell geschehen sollte.

Unmittelbar nach der „Vereinigung" strich das BMC-Management das Morris-Motorenentwicklungsprogramm zugunsten von Austin. Die nach dieser Fusion auf den Markt gebrachten Morris-Modelle aber behielten ihre SU-Vergaser und elektrischen Benzinpumpen, während die Austins bei den Zenith-Vergasern und mechanischen Pumpen blieben. Besser hätte eine falsche Art von Rationalisierung nicht demonstriert werden können. BMC wäre zweifellos besser beraten gewesen, einen für beide Marken standardisierten Motor einzusetzen statt der „individuellen" Maschinen beider Unternehmen. Der Morris Minor, bereits fünf Jahre vor der Gründung von BMC in Produktion gegangen, war von den durch die Fusion bewirkten Veränderungen weniger betroffen als andere Modelle des Morris-Programms, weil er so „anders" war, und das vom Start an. Im Modelljahr 1948 hatte Morris zwei Modelle anzubieten, beide allerdings noch aus der Zeit vor dem Kriege. So war der Minor bei seinem Erscheinen auf dem Earls Court in jenem Jahr nicht nur brandneu, er verbreitete zugleich auch den Hauch einer frischen automobilen Brise. Als Serie MM war es zugleich das erste reine Morris-Nachkriegs-Modell. Der MM verkörperte einen Anzug im US-Stil mit der Ingenieurskunst von Alec Issigonis und Jack Daniels: Karosserie-Chassis-Einheit, unabhängige Vorderradaufhängung mit Torsionsstäben, Hypoid-Hinterachse und Zahnstangenlenkung.

Der MM Minor hatte einen Radstand von 2184 mm, das waren 203 mm weniger als beim Morris 8 aus der Vorkriegszeit und beim deutschen VW Käfer. In der Länge zeigte die Meßlatte allerdings 101 mm mehr an, entsprechend mehr – und genau darum ging es auch – im Innenraum. Die Premiere des MM wurde mit viel Enthusiasmus gefeiert. Typisch britisch unterkühlt machte es zum Teil jedoch die Presse. Das Magazin „The Motor" zum Beispiel bezeichnete den Neuling als „ein in der Tat sehr gutes 8-PS-Auto". Und das war schon ein Riesenkompliment. Von den hier genannten 8 PS sollte man sich jedoch nicht irritieren lassen. Sie basierten auf der vom Royal Auto Club eingeführten Bemessung nach Steuer-PS, die 1949 aufgehoben wurde. In der Tat hatte der Minor einen 918-ccm-Vierzylinder mit seitengesteuerten Ventilen, der direkt vom

Vier Jahre liegen zwischen diesem Morris Minor von 1953 und dem Modell von 1949 (vorhergehende Seiten). Die Veränderungen sind unübersehbar: Die Scheinwerfer sind vom Grill nach oben in die Kotflügel gewandert. Das war erforderlich, um den Vorschriften verschiedener Exportländer zu entsprechen.

Nach 1959 war der Morris Minor der einzige noch verbliebene „echte" Morris, während alle anderen Modelle jetzt mit dem Austin-Emblem versehen wurden. Als im Oktober 1970 der letzte Wagen vom Band lief, hatte er einen britischen Rekord aufgestellt: Noch nie zuvor sind von einem Auto in England mehr als eine Million Autos gebaut worden.

Vorkriegs-Vorgänger Morris Eight (8) übernommen worden war und 27,5 PS bei 4400 U/min leistete. Das war nicht gerade viel. Von 0 auf 80 km/h benötigte der Wagen stattliche 24 Sekunden und mußte dabei regelrecht nach vorn „geprügelt" werden. Das allerdings war im Nachkriegs-England kein Argument, um die Leute vom Minor fernzuhalten. Er hatte ein starkes Argument für sich, und das war wichtig: Mit einer britischen Gallone (4,5459 Liter) legte der Wagen beachtliche 40 Meilen (64 Kilometer) zurück. Dem MM wurde bescheinigt, ein begrüßenswerter Kompromiß zwischen Wirtschaftlichkeit und Leistung zu sein.

Leider sahen sich Issigonis und Daniels unter dem Druck finanzieller Probleme, die Pläne für einen neuen Vierzylinder-Boxermotor, den sie für den Minor entwickeln wollten, aufzugeben. Mit dieser Maschine wäre der Minor praktisch nicht zu schlagen gewesen. So aber schrieb ein Fachjournalist, „der betagte 8-PS-Motor wirkte in dieser modernen Verpackung wie ein Anachronismus. Selbst der Fiat Topolino konnte einen Minor abhängen." Das

Der Morris Minor ist während seiner rund dreiundzwanzigjährigen Bauzeit mit verschiedenen Motoren bestückt worden. Diese Maschine aus dem Jahre 1953, ein Reihen-Vierzylinder mit seitengesteuerten Ventilen, hatte 803 ccm Hubraum und leistete 28 PS. Spätere Modelle brachten es auf 48 PS.

Handling allerdings setzte neue Maßstäbe. Für die Tuner wurde der neue Wagen im Handumdrehen zu einem beliebten Objekt. Dabei konzentrierten sich die Veränderungen vornehmlich auf den Motor.

Das sichtlich strömungsgünstigere Styling des Minor erlaubte höhere Getriebeübersetzungen, hoch zumindest nach Morris-Standard, in diesem Falle 4,55:1. Ein neuer 803-ccm-OHV-Motor kam ab 1952 zum Einsatz, ein erster Schritt zur Rationalisierungspolitik von Austin. Morris nannte den Minor nun Serie II. De facto war es aber die Maschine des Austin A30. Diese Maschine blieb bis 1956 im Programm, als BMC einen neuen Minor 1000 präsentierte, in dem nun der 949-ccmMotor mit 37 PS arbeitete. Damit konnte der Minor nun auch mit einer konkurrenzfähigen Höchstgeschwindigkeit in seiner Klasse aufwarten: Er lief Spitze 70 Meilen (112 Kilometer) pro Stunde. Dieses Triebwerk blieb, zuletzt 1963 auf 1,1 Liter aufgebohrt, bis zum Auslaufen der Minor-Produktion im Programm.

An Karosserien gab es vom MM „Ur-Minor“ nur zwei Varianten, eine zweitürige Limousine und einen Tourer mit Klappverdeck. Zu diesen gesellte sich aber schon 1951 eine viertürige Limousine. Ein Station Wagen „Traveller“ folgte 1954. Dieser holzverkleidete Kombi wurde in England zu einer Art Kult-Auto, ebenso auch in den USA, wo er exakt den Geschmack der Amerikaner traf. Nachdem schließlich der von Pinin Farina 1959 entworfene Oxford einem wahren Modellwechsel gleichkam, blieb der Minor der einzige Morris im Angebot. Von 1960 an gab es eine ganze Reihe Austins als Kontrahenten, unter ihnen der Mini und der Mini Cooper, die einzigen, die davon überlebt haben.

Im Frühjahr 1954 wurde der 250 000. Minor ausgeliefert, im Juni 1957 der 500 000. Die Million war dann im Januar 1961 voll. Zur „Feier des Tages“ gab es eine limitierte Jubiläums-Serie eines lavendelfarbigen „Minor 1 000 000“. Die zweite Million hat der Morris Minor nicht mehr geschafft. Das letzte Modell lief im Oktober 1970 vom Band. Mit der Baunummer 1 582 302. Das war absoluter britischer Rekord.

Angesichts des Radstands von nur 2184 mm bot der Morris Minor doch einen respektablen Innenraum. Das Armaturenbrett war, wie bei vielen betont auf Wirtschaftlichkeit ausgelegten Fahrzeugen, recht spartanisch (Bild oben). Ein stilisiertes „M“ war dem Minor als Markenzeichen auf die Nase gesetzt.

Technische Daten

Motor:	(alle Reihen-Vierzylinder): 918 ccm, 27 PS bei 4400 U/min, seitengesteuerte Ventile (Baujahre 1948-52) 803 ccm, 28 PS, OHV/hängende Ventile (1952-56) – 949 ccm, 37 PS, OHV (1956-62) – 1098 ccm, 48 PS, OHV (1962-71)
Kraftübertragung:	Manuelles Fünfgang-Getriebe, Gänge 2/3/4 synchronisiert
Fahrwerk:	Unabhängige Radaufhängung mit Torsionsstäben vorn, Zahnstangenlenkung, starre Hinterachse mit halbelliptischen Blattfedern
Radstand:	2184 mm
Fahrleistungen:	0 auf 50 mph (80 km/h) in 24 Sekunden (918,6-ccm-Motor)
Höchstgeschwindigkeit	112 km/h (949-ccm-Motor)
Produktion:	1 582 302

Francis Ford Coppola besaß zwei Tucker-Modelle. Jedes von ihnen allein schon eine Rarität. Denn Preston T. Tucker, der „Schöpfer" dieser Wagen, hatte von 1946 bis 1948 in einer ehemaligen Flugzeugfabrik in Chicago lediglich 51 Fahrzeuge gebaut, bis er die Produktion wieder einstellen mußte. Zehn Jahre lang bereitete „F. F." Coppola dann einen Film über seinen Lieblingswagen, eben einen Tucker, vor.

Thema des Films war die Geschichte des Preston T. Tucker, des Konstrukteurs eines revolutionären Automobils, der von den Detroiter Auto-Zaren ausgebootet wurde, weil sie erkannt hatten, daß sie ihre eigenen Produkte für Millionen hätten „umkrempeln" müssen, wenn Tuckers Ideen sich durchsetzten. Dieser Tucker nämlich hatte das, was man Weitblick nennt. So hatte er verkündet, daß die Amerikaner, wenn sie nicht endlich wach würden, eines Tages die Toaster, Radios und Autos aus Deutschland und Japan kaufen müßten.

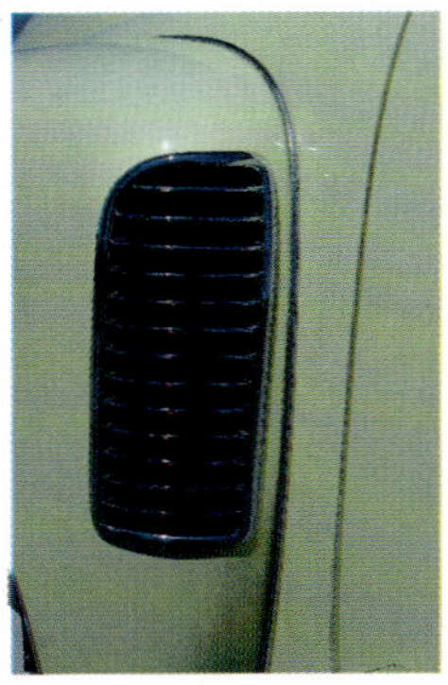

Der Tucker „48" hatte einen im Heck montierten Motor. Zur besseren Kühlung des Motorraums waren die hinteren Kotflügel daher auch mit solchen Luftschlitzen versehen. Entsprechende Kühlung war und ist gerade bei luftgekühlten Motoren ein wesentlicher Faktor.

Es ist schon etwas dran, daß Merkwürdigkeiten etwas Faszinierendes haben. Der Tucker „48" war beides – merkwürdig und faszinierend zugleich. Die von Alex Tremulis gestylte Stufenheck-Limousine hatte einen vor der Hinterachse montierten 5,4-Liter-Boxer mit Alu-Block. Einzelradaufhängung rundum, im Flugzeug-Styling bis ins Dach hochgezogene Türen, ein dritter Scheinwerfer zwischen den beiden in die Kotflügel integrierten Lampen direkt auf der Nase, ein gepolstertes Armaturenbrett und eine Sicherheitszelle (!), die – so Tucker – die Insassen bei einem Zusammenprall „wie eine Schutzhütte" umgab. Benzineinspritzung, Automatik-Getriebe, Höchstgeschwindigkeit 150 Meilen (240 Kilometer!) pro Stunde, Sicherheitsgurte, Scheibenbremsen – alles das versprach Tucker. Es waren aber leere Versprechungen, von denen keine erfüllt wurde. Trotz allem: Die insgesamt 51 Tucker, von denen noch 49 existieren (!), dürfen als die Autos gelten, die in Detroit hätten gebaut werden müssen, um die US-Autometropole vor den ehemaligen „fremden Teufeln" auf dem Kriegsschauplatz nun auch im Kampf um die automobilen „Pfründe" zu schützen.

Aber zu Tucker. Das erste, von Chefingenieur Ben Parsons konstruierte Modell war ein riesiger 9651-ccm-Motor in einem „Tin Goose" (Blech-Gans) genannten Prototyp. Das Ungeheuer von einem Motor benötigte zum Start allein 30 bis 60 Volt mit fremder Starthilfe. Mit einer normalen elektrischen Anlage war das Ungetüm nicht zum Leben zu erwecken. Der Typ 589 (Hinweis auf den Hubraum in den in den USA üblichen Messungen in Kubik-Inches / 1 cid = 16, 387 ccm) hatte außerdem Probleme mit der Hydraulik der Ventilsteuerung und der Benzineinspritzung.

Nachdem sich der 589-Motor als Flop erwiesen hatte, nahm Tucker Kontakt mit der Jacobs Aircraft Company auf, um sich hier 25 Motoren mit 5915 ccm bauen zu lassen, ebenfalls wieder Sechszylinder. Auch das ging daneben: Jacobs verlangte für den Motor 1500 Dollar – aber Tucker hatte versprochen, das komplette Auto zum Basispreis von 2450 Dollar zu liefern. Da blieben für den „Rest" des Wagens ganze 950 Dollar übrig. Im Februar 1948 ließ Tucker dann die Entwicklung des 361 (cid) stoppen. Nicht nur des Preises wegen, sondern weil diese Maschine nicht in den Motorraum des Wagens paßte. Ein bißchen viel an Kuriositäten bei einer Firma, die ein revolutionäres „Weltauto" bauen wollte.

Tuckers nächster Versuch war die Entscheidung zugunsten eines von Aircooled Motors gebauten 5489-ccm-Sechszylinders, von dem behauptet wurde, er erreiche mit seinen 275 PS eine Höchstgeschwindigkeit von 150 Meilen (241 km) je Stunde. Auch das waren utopische Angaben. Und erneut sah die Rechnung so aus: Aircooled wollte 1418 Dollar für den Motor, abgezogen von Tuckers geplantem Gesamtpreis von 2450 Dollar hätte für alles andere – Getriebe, Fahrwerk, Karosserie etc. – noch

Innovation war ein Hauptwort für Preston T. Tucker. Auch wenn vieles von dem, was er versprach, nur auf dem Papier blieb und in keinem der insgesamt – einschließlich eines Prototyps – 51 gebauten Wagen realisiert wurde. Eines aber war ihm nicht abzusprechen: Der Tucker „48" strahlte Eleganz aus.

Das Beladen des Kofferraums war nicht gerade praktisch und angesichts der hohen Ladekante eher eine Art von Gewichtheben.

Die Heckleuchten waren auf den hinteren Kotflügeln so geschickt aufgesetzt, daß sie auch von den Seiten aus zu sehen waren.

Die weit herausstehenden Türgriffe waren zwar in der Tat „griffig", aber – hinten angeschlagen – nicht gerade ein Sicherheitsdetail.

Das „Armaturenbrett“ des Tucker bestand aus einem Geschwindigkeitsmesser, in den auch die übrigen Instrumente integriert waren. Interessant: die Hebel im Flugzeug-Cockpit-Stil.

Fast im Stil eines James-Bond-Autos mit rückwärtigen „Bordkanonen“ wirkten diese Auspuffrohre, von denen der Tucker zu beiden Seiten je drei aufzuweisen hatte. Die Gestaltung der Heckpartie ermöglichte eine breite Hutablage (unten).

die Summe von 1032 Dollar zur Verfügung gestanden. Die Sache konnte man nur vergessen.

Tucker gab auch diesen Versuch auf – um einen neuen zu unternehmen. Er beauftragte den Ingenieur David Doman im August 1948, ihm eine preisgünstigere Maschine zu konstruieren, die als 335U deklariert wurde. Domans Auftrag lautete: Bau eines Motors wie das Original mit gleichem Hubraum und gleicher Leistung, aber für ein Drittel der Kosten. Doman versuchte das auch mit einem geteilten Kurbelwellen- und Zylinderblock und einem Zylinderkopf für jeweils drei Zylinder, aber Tuckers Forderungen ließen sich damit auch nicht erfüllen. So orderte Tucker eben noch weitere 125 Einheiten vom Original-335. Dieses Triebwerk blieb damit das einzige, das in die Tucker-Modelle eingebaut wurde.

Das Antriebssystem des Tucker war auch nicht von der konventionellen Art. Und natürlich gab es auch hier diverse Versuche. Wie jenen, den Ed Cole, der ehemalige Ingenieur und spätere Präsident von GM, in einem Gespräch 1973 beschrieb: Übertragung der Kraft auf die Hinterachse mittels zweier Wandler und Übertragung der Achsdrehleistung durch einen weiteren Wandler. Man weiß schon, was damit geschah – es wurde nicht realisiert. Und der Fachjournalist John R. Bond registrierte: „Man hatte mit der Ausbalancierung des ganzen Gewichts bei diesem langen Radstand alle Hände voll zu tun – das Handling war katastrophal.“ Fast alle, die einen Tucker gefahren haben, bescheinigten ihm in leichter Ironie die perfekte Sicherheit, vorausgesetzt, man verstand es, mit dem Untersteuern zurechtzukommen.

Und ein anderer berichtete: „Tucker hat seinen Wagen mit Besonderheiten vollgepackt, weil er keine Erfahrungen mit anderen Autos hatte, bei denen er hätte erproben können, was nicht machbar ist.“ Die berühmte schwenkbare Lampe auf der Nase wäre dann wohl auch nicht eingebaut worden, da sie – in eingeschaltetem Zustand, versteht sich – entgegenkommende Fahrer gefährlich blendete. In einigen US-Staaten war diese Lampe längst verboten, als Tucker sie einbaute. Tucker mußte sie mit Metallkappen verkleiden. Die ins Dach hochgezogenen „Flugzeugtüren“ verpaßten den Passagieren eine unfreiwillige Dusche, wenn sie bei Regen ein- oder ausstiegen – eine Regenrinne gab es nicht. Und die versprochenen Sicherheitsgurte schien Tucker, ebenso wie die

Die 3251 mm Radstand sind deutlicher Hinweis, daß der Tucker ein großer Wagen war. Auch hinsichtlich des Gewichts: 1905 kg brachte er auf die Waage. Auf diesem Foto sind die besonderen Styling-Details der ungewöhnlich weit bis in die Türen hineinragenden vorderen Kotflügel und die bis ins Dach hochgezogenen Türen sowie die aufgesetzten Heckleuchten deutlich zu erkennen.

Scheibenbremsen, vergessen zu haben.

Das Tucker-Abenteuer endete mit einer Untersuchung der Kommission für Sicherheit und Devisen und einem Verfahren, in dem Tucker und einige seiner Mitarbeiter vom Vorwurf der Täuschung und des Betrugs freigesprochen wurden. „Schuldig" waren sie nur eines zu großen Enthusiasmus. Es änderte aber nichts daran, daß – nicht zuletzt auch als Folge dieses dem Ruf nicht gerade zuträglichen Prozesses – die Produktion eingestellt wurde. Unrecht hatte sicher auch Michael Lamm mit seiner Feststellung nicht: „Tucker war und blieb ein Außenseiter unter den Autoherstellern. Vielleicht sogar eine Gefahr für die Etablierten."

Sein Auto war auf alle Fälle ein wahres „Concept-Car", ein Wagen mit einem Konzept voller Ideen in Richtung Aerodynamik, elegantem Styling, leichtgewichtigem Aluminiummotor und Sicherheitseinrichtungen. Was Preston Tucker fehlte, waren die Zeit und das Geld, um seine Ideen zu verwirklichen.

Technische Daten

Motor:	H-Sechszylinder-OHV, 5489 ccm, Bohrung x Hub 11,4 x 8,9 cm, Verdichtung 7,0:1, 165 PS, max. Drehmoment 504 Nm
Kraftübertragung:	Viergang-Transaxle
Fahrwerk:	Vorn Einzelradaufhängung mit ungleich langen Dreiecksquerlenkern, Rohr-Stoßdämpfer, hinten Einzelradaufhängung, Längslenker, Rohr-Stoßdämpfer
Bremsen:	Hydraulische Vierrad-Bremse, 279-mm-Trommeln
Radstand:	3251 mm
Länge:	5562 mm
Breite:	2006 mm
Höhe:	1524 mm
Spurweite vorn/hinten:	1625 / 1651 mm
Gewicht:	1905 kg
Fahrleistungen:	0 auf 100 km/h rund 10 Sekunden, Höchstgeschwindigkeit 193 km/h
Produktion:	51 (einschließlich eines Prototyps)

Damit man nicht erst raten mußte, wo der Motor sitzt, hatte der Tucker einen fast über die gesamte Heckbreite verlaufenden Kühlergrill. Da waren die zusätzlichen Luftöffnungen in den Kotflügeln vor dem Motorraum wohl auch nötig. Für einen Wagen dieser Größe wirkte das Heckfenster ausgesprochen mickerig. Für den Fahrer beim Rückwärtssetzen sicher nicht unproblematisch. Das „Zyklopen-Auge" in der Mitte sollte, mit dem Lenkrad gekoppelt, genau auch in die Richtung schwenken, in die der Wagen gelenkt wurde, also auch die Kurven ausleuchten. Für entgegenkommende Fahrer aber bedeutete dies gefährliche Blendung. In einigen US-Staaten wurde diese Lampe auch verboten. Tucker baute sie nicht aus, sondern verkleidete sie mit einer Abdeckkappe.

Der Motor des Tucker war im Heck quer zur Fahrtrichtung eingebaut. Mit 5489 ccm war er nur etwas größer als der Chrysler-Reihen-Achtzylinder. Bei einer Verdichtung von 7,0:1 leistete er 166 PS, 31 mehr als der Chrysler.

Groß konnte die Konkurrenz in der Tat nicht sein, als das US-Magazin „Motor Trend" 1949 erstmals ein „Auto des Jahres" kürte. Übrig blieben dann auch nur zwei Kandidaten: Cadillac und Oldsmobile. Denn nur sie konnten zu dieser Zeit die Bedingung erfüllen, mit neuentwickelten Motoren anzutreten. Während die gesamte Konkurrenz noch Vorkriegsmodelle präsentierte, hatten beide GM-Marken just in jenem Jahr völlig neue Triebwerke geschaffen, kurzhubige Achtzylinder mit hängenden Ventilen. Ein Motorendesign, das zum Trendsetter wurde und Mitte der 50er Jahre den gesamten Motorenbau in den USA bestimmte.

Beide in den jeweiligen Forschungs- und Entwicklungsabteilungen entstandenen Triebwerke wiesen unverkennbare Ähnlichkeiten auf, obwohl die Redaktion von Motor Trend sich eifrig bemühte, darauf hinzuweisen, daß beide Maschinen „beileibe nicht dieselben" seien.

Beide V8-Triebwerke sind de facto aber doch mehr oder weniger parallel entstandene Entwicklungen, obwohl Cadillac sich auf den Beginn der Forschung schon Ende der 30er Jahre stützen konnte und auch zuerst an diesem Projekt arbeitete. Da überraschte es letztlich auch nicht, daß es bei Oldsmobile eben doch Einflüsse von der Cadillac-Entwicklung gab. Harry Barr, Cadillacs Motoren-Ingenieur in der Zeit der Arbeit am neuen V8 und späterer Vizepräsident für den kompletten Technik-Bereich bei General Motors, legte die Karten später auf den Tisch: Zur Zeit, als Oldsmobile noch am neuen Motor „herumbastelte", hatte Tony Waters, Barrs Kollege bei Olds, die Gelegenheit, sich den Entwicklungsstand bei Cadillac anzusehen. Da wäre es ja wohl unrealistisch, wenn einiges von dem, was er da gesehen hatte, nicht doch die Arbeit von Waters beeinflußt hätte.

Sei es, wie es sei: Cadillac wurde mit dem „Auto des Jahres" dekoriert. Doch es gab viele Zeitgenossen, die sich fragten, wieso Cadillac sich auf das kostspielige Abenteuer der Entwicklung eines brandneuen Motors einließ. Schließlich hatte der 1936 vorgestellte Monoblock-V8 ja gerade zu dieser Zeit den Zenit seines Erfolgs erreicht. Laufruhig, robust und leistungsstark, hatte er sich sowohl im zivilen als auch im militärischen Einsatz bewährt. Bei Cadillac aber war man sich im klaren darüber, daß er trotzdem an seinen Grenzen angelangt war. Die Erhöhung der Verdichtung gegenüber dem Wert von 7,25:1 hätte sowohl Leerlauf- als auch Zündungsprobleme verursacht, was nicht nur Fahrer luxuriöser Autos wie eines „Caddy" alles andere als schätzen.

Kurzum: Jahrelange Erprobungen hatten das Konzept der hängenden Ventile als den richtigen Weg aufgezeigt. Dabei waren hängende Ventile für Cadillacs Triebwerk-Experten durchaus kein Fremdwort mehr. Schon bei den großen 12- und 16-Zylindern von 1930 bis 1937 war dieses Prinzip angewandt worden. In scharfer Trennung von der üblichen Praxis bei Cadillac (und der Automobilindustrie ganz allgemein) war der neue V8 ein Kurzhuber mit einem Bohrung/Hub-Verhältnis von 0,955:1.

Der Schlüssel für den Erfolg des neuen Triebwerks lag in der Verbesserung der Kolbenwege, eine Arbeit, die Kolben-Spezialist Byron Ellis hervorragend gelöst hatte. Durch halbmondförmige Ausschnitte zu beiden Seiten am unteren Rand konnten die Kolben sauber zwischen den Ausgleichsgewichten der Kurbelwelle arbeiten. Das ermöglichte zugleich die Verwendung sehr kurzer und entsprechend leichter Pleuelstangen, was zum Einbau einer um fast 14 kg leichteren Kurbelwelle führte. Block, Zylinderköpfe und Kurbelwellengehäuse waren gegenüber der L-Bauweise ebenfalls gewichtsreduziert. Erreicht wurde zudem noch die Senkung der erforderlichen Kühlkapazität. Alles in allem war der neue Motor 127 mm kürzer und 101 mm niedriger. Die flachere Bauweise erwies sich als besonders wichtig für die während der 50er Jahre verringerte Gesamthöhe des Wagens.

Komplett neu gestylt präsentierte sich der Cadillac im Baujahr 1948. Für 1949 wurde ein leichtes Facelifting vorgenommen. Der „Standard der Welt", wie Cadillac sich selbst sah, hatte noch einiges im Ärmel. Zwei Asse vornehmlich: einen modernen, hochverdichteten V8-OHV und ein brandneues Hardtop „Coupé de Ville".

Der Cadillac erschien 1949 mit einem aggressiver wirkenden Grill, war ansonsten aber wenig verändert worden. Wie zuvor, war auch hier der Tankeinfüllstutzen unter der linken Heckleuchte verborgen. Das Sixty-Two-Cabrio (Bild) kostete 3497 Dollar.

Natürlich führte die verbesserte „Atmung" durch das Prinzip der hängenden Ventile-(OHV) zu einer Leistungssteigerung, und das, obwohl der Hubraum von 5667 ccm auf 5424 ccm verringert war. Die Verdichtung von 7,50:1 war angesichts der damaligen Kraftstoffe genau angepaßt. Das ging aber kaum auf Kosten der Leistung. Cadillacs Ingenieure behaupteten sogar, daß ohne größere Modifikationen des Motors eine Verdichtung bis zu 12,0:1 machbar gewesen wäre.

Das Ergebnis der Überarbeitung des Motors führte 1949 bereits zu einer Steigerung um 10 auf nun 160 PS gegenüber dem Vorjahr. Die Höchstgeschwindigkeit des neuen Cadillac wurde mit 100 Meilen (160 Kilometer) pro Stunde angegeben, die Beschleunigung von 0 auf 60 Meilen (96 Kilometer) in 12 Sekunden, beachtliche drei Sekunden weniger, als der Vorgänger brauchte. Das war für 1949er Verhältnisse auch für eine Luxus-Karosse ein stolzer Wert. Ebenso wie die vier Sekunden von 45 mph (72 km/h) auf 75 mph (120 km/h). Eine Luxus-Limousine war der Caddy auch in der sanften Übersetzung der Kraft durch den Einbau einer fünffach gelagerten Kurbelwelle.

Inzwischen hatte Packard weiterhin (und das bis 1955) auf seine bewährten Reihen-Achtzylinder gesetzt, einen 5358-ccm-Motor mit 145 PS für den Super Eight und eine Version mit 5833 ccm sowie 160 PS für den Custom Eight. Es waren exzellente Triebwerke von bemerkenswerter Laufruhe. Nur waren beide inzwischen hoffnungslos veraltet und – wie der Cadillac L-Head V8 – auch an die Grenzen ihres Leistungsvermögens geraten.

Wie Cadillac, konnte auch Lincoln mit einem neuen V8 ins Modelljahr 1949 gehen. Es war eine unübersehbare Verbesserung gegenüber dem relativ saftlosen V12, dessen Stelle er übernahm. Doch lange blieb der antiquierte langhubige V8, ursprünglich für einen Truck entwickelt, auch nicht im Programm. Nach drei Jahren wurde er ausgemustert. Kein Zweifel: Was den Stand der Motorentechnik betraf, war Cadillac dem Wettbewerb gegenüber um Längen voraus. Nicht nur in der Motorentechnik. Cadillac hatte bereits 1941 erstmals ein Hydramatic-Getriebe angeboten. Bei den Amerikanern wurde sie auf Anhieb ein durchschlagender Erfolg. Obwohl diese Automatik erst 1950 in der 60er Baureihe serienmäßig zum Einsatz kam, sind 98 Prozent aller Caddys von 1949 damit ausgerüstet worden – gegen einen Aufpreis von 174 Dollar. Mit Beginn des Modelljahres war Cadillac der einzige Hersteller überhaupt, der eine Vollautomatik vorweisen konnte. Lincoln zog Mitte des Jahres mit der bei General Motors georderten Hydramatic nach, während Packard zum Jahresende mit einer Eigenentwicklung Ultramatic, einem System mit Drehmomentwandler, herauskam.

Und dann war da noch die Sache mit dem Styling. Bei Cadillac hatte sich zwischen 1948 und 1949 außer einem neuen Frontgrill und einigen kosmetischen Korrekturen so gut wie nichts verändert. Trotzdem war es das frischeste und attraktivste Design unter den Luxuswagen des Modelljahres. Auch Packard hatte das Styling von 1948 übernommen, aber mit einer Anleihe beim Vorkriegs-Clipper, modifiziert mit verbreiterten Flanken und einem gedrungenen Grill im typischen „Ochsenjoch"-Styling. Dem Packard aber fehlte doch irgendwie die Eleganz des Cadillacs.

Lincoln ließ seine Generation 1949 in zwei Formaten antreten, beide in völlig neuem Design. Das kleinere Modell war vom Mercury kaum zu unterscheiden, von ihm hatte er ja auch die Karosserie. Obwohl eine attraktive Erscheinung, fehlte dem größeren Cosmopolitan – im Preis nur wenig höher angesetzt als der Cadillac 62 – doch die Ausstrahlung späterer Lincolns. Und die der früheren ebenso. Im neuaufgelegten „Badewannen"-Styling gehörte er auch bald wieder zum alten Eisen.

Cadillac präsentierte vier Baureihen mit drei verschiedenen Radständen. Die Reihe Sixty-One, als Limousine oder Fastback-Coupé zu haben, war die preisgünstigste Version. Die Baureihe 62 war genau genommen eine in der Ausstattung aufgewertete Version des 61. Dieser Sixty-Two, die populärste Reihe, wurde außer als Limousine und Coupé

Caddys neuer V8 hatte einen Hubraum von 5424 ccm und leistete 160 PS bei 3800 U/min.

auch als Cabrio angeboten. Und als Coupé de Ville wurde erstmals bei Cadillac überhaupt ein Hardtop vorgestellt, das ebenfalls zur Baureihe Sixty-Two gehörte. Sowohl das Coupé mit Ragtop (Kunststoffdach) als auch das Hardtop hatten elektrische Fensterheber und elektrische Sitzverstellung. Die späte Einführung des Coupé de Ville begrenzte zwar die Produktion, das Hardtop aber wurde „über Nacht" zu einem ungewöhnlich populären Fahrzeug.

Der Fleetwood Sixty Special, eine gestreckte Version des Sixty-Two, war mit diesen Abmessungen geblieben, was er schon 1942 war. Alle drei, Sixty-One, Sixty-Two und Fleetwood Sixty Special, übernahmen das 1948 kreierte Styling einschließlich der Schwanzflossen, von denen behauptet wurde, sie seien vom Kampfflugzeug P-38 inspiriert gewesen – das heißt, der, der sie den Autos verpaßte. Die großen Fleetwood Seventy-Five behielten ihr Vorkriegs-Styling ohne große Veränderungen für ein weiteres Modelljahr.

Die neuen V8 löschten alle bisherigen Cadillac-Verkaufsrekorde aus. Im Modelljahr 1949 sind 92 554 Wagen verkauft worden, 39 848 Einheiten mehr als 1948. Was sich hinter dieser Zahl verbirgt, zeigt sich im Vergleich mit Lincoln und Packard – die beiden schafften zusammen nicht einmal die Hälfte von Cadillac allein. Um bei den Zahlen zu bleiben, noch ein paar, die imponieren: 1949 markierte ein Coupé de Ville einen besonderen Meilenstein in der Firmengeschichte: Es lief als einmillionster Cadillac vom Band. Sage und schreibe 47 Jahre hatte die Marke für diesen Tag gebraucht. Mit der zweiten Million dauerte es dann allerdings nicht gar so lange. Sie war bereits neun Jahre später erreicht. Cadillac hatte sich im Kreis der Etablierten Respekt verschafft.

Cadillac darf als der „Urheber" der Schwanzflossen-Ära gelten, die mit diesen Modellen von 1948 und 1949 eingeleitet wurde.

Technische Daten

Motor:	V8-OHV (hängende Ventile), 5424 ccm, Bohrung x Hub 9,6 x 9,2 cm, Verdichtung 7,5:1, hydraulische Ventilstößel, 5 Hauptlager, 2 Carter-Vergaser, 160 PS bei 3800 U/min
Kraftübertragung:	Vierstufen-Hydramatic (Option)
Fahrwerk:	Einzelradaufhängung mit Schraubenfedern und Rohrdämpfern vorn, Starrachse mit Blattfedern und Rohrdämpfern hinten
Bremsen:	Hydraulische Trommeln rundum
Radstand:	3200 mm (Sixty-One, Sixty-Two), 3378 mm (Sixty Special), 3460 mm (Seventy-Five)
Länge:	5435 mm (Sixty-One, Sixty-Two), 5740 mm (Sixty Special, Seventy-Five)
Gewicht:	1759-2140 kg (je nach Typ)
Höchstgeschwindigkeit:	160 km/h (leichtere Modelle)
Produktion:	92 554

Gerüchte wollten wissen, daß Pontiac einen Grill ähnlich dem des Ford von 1949 in der Planung hatte. Als Ford jedoch zuerst mit diesem Design auf den Markt kam, blieb Pontiac nichts übrig, als sich in letzter Minute eine andere „Nase" für den eigenen Neuling einfallen zu lassen.

Auf Biegen oder Brechen ging es für die Ford Motor Company bei der Vorstellung des Modelljahres 1949 am 18. Juni 1948. Seit Jahren hatte das Unternehmen nur Verluste eingefahren, in einem Monat zum Beispiel runde zehn Millionen Dollar. Henry Ford II hatte inzwischen ein neues Management etabliert, mit Ernest R. Breech, früher bei der Bendix-Division von General Motors, an der Spitze. Zum einen sollte und mußte die von seinem Großvater hinterlassene Administration wieder auf Vordermann gebracht werden. Zum anderen aber brauchte das Werk neue und verkaufbare Modelle. Und das schnell, wenn der Name Ford nicht von der automobilen Bildfläche verschwinden sollte.

Fast mit der Brechstange wurde ein neues Programm in Angriff genommen. Es führte innerhalb von zwei Jahren zur Entwicklung eines neuen Modells. Das war absolute Rekordzeit. Und es war bemerkenswert auch dahingehend, daß weder ein spezieller Stab von Ingenieuren an die Aufgabe gesetzt wurde noch besondere Tests unternommen wurden. Als das Werk vollendet war, steckten 72 Millionen Dollar und zehn Millionen Arbeitsstunden in dem nun in Produktion gehenden Ford 1949.

Über Mangel an Publikumsinteresse hatte man sich bei Ford noch nie beklagen müssen. So war es auch nicht übermäßig erstaunlich, daß während der ersten drei Tage mehr als 28 Millionen (!) Besucher in die Ausstellungsräume der Händler strömten und schon am ersten Tag mehr als 100 000 Bestellungen in den Auftragsbüchern standen. Seit im Dezember 1927 das Modell A als Nachfolger des legendären T-Modells präsentiert worden war, hatte es einen derartigen Sturm auf die Ford-Händler nicht mehr gegeben.

Was die Besucher sahen, kam einer radikalen Abkehr von allem gleich, was man bisher von Ford erlebt hatte. Auch wenn der Radstand bei 2895 mm geblieben war und die Käufer zwischen zwei Motoren von 3703 ccm/95 PS mit sechs Zylindern und 3916 ccm/100 PS mit acht Zylindern wählen konnten wie bisher. In jeder anderen Hinsicht aber war das, was Ford da auf die Räder gestellt hatte, brandneu.

Tatsächlich war selbst der „in Ehren ergraute", flache V8 von einem Techniker-Team mit Vizepräsident Harold Youngren – eben von Oldsmobile gekommen – gründlich aufpoliert worden. Die Überarbeitung konzentrierte sich dabei auf Verbesserung der Kühlung, die Reduzierung des Ölverbrauchs, bessere „Atmung" und verstärkte Lager. Die Vorderradaufhängung an Schraubenfedern und Dreiecksquerlenkern war eine totale Kehrtwendung gegenüber der bisher eingebauten Starrachse mit archaischen querliegenden Blattfedern, wie sie bei Ford seit den Tagen der guten alten Tin Lizzie Standard waren. Verändert wurde auch die hintere Radaufhängung mit halbelliptischen, längsliegenden Federn. Die Fahrsicherheit wurde durch Rohr-Dämpfer, ähnlich denen des Flugzeugbaus, spürbar erhöht. Auch die alten Verdrehrohre waren durch ein von Hotchkiss entwickeltes System ersetzt worden. Eine Hypoid-Achse schließlich ermöglichte das „Absenken" der Gesamthöhe des Wagens. Zum ersten Male wurde Borg-Warners exzellenter Overdrive angeboten, der – als Option – schnell populär wurde.

Weitere Veränderungen, sprich Verbesserungen, betrafen den Austausch des früheren Kreuzrahmen gegen einen leichtgewichtigeren Leiterrahmen, durch den das Gesamtgewicht des Wagens um rund 104 Kilo „abgespeckt" werden konnte. Trommelbremsen mit kleinerem Durchmesser, deswegen aber keineswegs schwächer in der Leistung, machten eine bessere Belüftung möglich. Tatsächlich war die Bremsfläche sogar um fast neun Prozent vergrößert worden. Der Motor rückte um 127 mm nach vorn, wovon die Fond-Passagiere profitierten, da ihre Sitzbank nun ebenfalls weiter vor der Achse plaziert war, deren „Fahrbahn-Signale"

Der Ford von 1949 hatte für das Unternehmen eine Art Pionier-Funktion: Nach ständigen Verlusten mußte ein Erfolg her. Das neue Modell brachte ihn und steuerte Ford in eine neue Zukunft.

Der Ford Station Wagen von 1949 präsentierte sich im typischen Holzlook, ein „Woody", wie ihn die Amerikaner nannten. Sein Preis lag um 233 Dollar über dem des Custom Ragtop. Bemerkenswert waren einige technische Neuerungen wie die unabhängige Vorderradaufhängung mit Schraubenfedern und längs eingebaute Blattfedern an der Hinterachse.

sie nun nicht mehr so deutlich zu spüren bekamen. Zum höheren Fahrkomfort trugen letztlich auch die „Super-Ballon"-Reifen auf den 15-Zoll-Rädern bei.

Ursprünglich waren zwei Modelle mit verschiedenen Abmessungen geplant. Dann siegten aber doch die Bedenken, daß ein großes Modell zuviel kosten und beim Publikum auch nicht richtig ankommen würde. Gebaut wurde der große Wagen schließlich doch als Mercury 1949.

Das Styling des neuen Ford-Modells stammte von dem „frei schaffenden Künstler" George Walker, der im Wettbewerb das Rennen gegen die hauseigene Abteilung machte – und von Ford prompt als Styling-Direktor engagiert wurde. Um der Wahrheit aber die Ehre zu geben, war es sein Mitarbeiter Dick Caleal, der für das Design verantwortlich zeichnete. In Walkers Studio war ein Modell entworfen worden, das Clara Ford, die Frau des Seniors, für so echt hielt, daß sie die Tür öffnen wollte und dabei den Türgriff in der Hand hatte.

Wie man Autos innen größer macht, als sie von außen aussehen, ist nicht erst eine Entdeckung unserer Tage. Beim neuen Ford war es auch schon so. Gegenüber dem Vorgänger in allen drei Maßen Länge/Breite/Höhe beschnitten, blieb die Kopffreiheit fast unverändert, die Beinfreiheit konnte jedoch vergrößert werden. Vor allem aber die Verbreiterung der Sitze um 152 mm und die Vergrößerung des Kofferraums auf fast das doppelte Volumen fielen besonders ins Gewicht. Wie gut das Styling bewertet wurde, zeigte der Gewinn des Fashion Academy Award und der „Einzug" des Ford 1949 Jahre später in die „Hall of Fame", die Ruhmeshalle des Magazins Motor Trend.

Preislich waren die 49er Modelle um etwa 200 Dollar höher angesetzt als die des Vorjahres, immerhin annähernd vierzehn Prozent. Damit aber lag Ford im Trend, denn auch Chevrolet und Plymouth zogen ihre Preise an.

Der potentielle Käufer eines Ford 1949 hatte die Wahl zwi-

Der V8 wurde für das Modelljahr 1949 zwar überarbeitet, hatte aber nach wie vor 100 PS. Die waren gut genug, um dem Wagen eine Höchstgeschwindigkeit von mehr als 145 km/h zu verleihen. Von 0 auf 100 km/h vergingen etwa 12,3 bis 14 Sekunden (je nach Typ).

Neun Modellversionen standen dem potentiellen Ford-Käufer zur Auswahl – vier Standards und fünf Customs. Das Custom-Cabrio (Foto) war die sportlichste Variante und kostete 1886 Dollar. Vom Ragtop wurden 51 133 Einheiten verkauft.

schen insgesamt neun Modellen und zwei verschiedenen Ausstattungsvarianten als Standard und Custom. Der Standard wies sehr einfache Polsterung und wenig „schmückendes Beiwerk" auf. Angeboten wurde er als zwei- und viertürige Limousine sowie als Club- und Business-Coupé. Der aufgewertete Custom kostete 92 Dollar mehr, bot dafür aber auch mehr, außen wie innen. Die meisten Käufer leisteten sich diese Mehrausgabe, so daß das Verhältnis der Custom-Verkäufe gegenüber dem Standard klar mit 4:1 ausging. Renner überhaupt war die zweitürige Limousine. Die Palette des Custom umfaßte außer den beiden zwei- und viertürigen Limousinen sowie dem Club-Coupé noch ein Cabrio und einen Station Wagen im Holz-Look. Die meisten 1949 georderten Ford-Modelle waren mit dem V8 ausgerüstet, obwohl es den Sechszylinder ebenfalls noch gab, mit einem Preisnachlaß von 79 Dollar.

Seit der Vorstellung des ersten V8 im Jahre 1932 war Leistung stets ein Ford-Charakteristikum. Das Modell von 1949 setzte diese Tradition eindeutig fort. Es darf wohl angenommen werden, daß der überarbeitete V8 mit 100 PS deutlich unterschätzt war, da für diesen Wagen eine Spitze von 150 km/h mühelos zu erreichen war und zu überbieten gewesen wäre. Mit dem Overdrive ausgerüstet, war eine komfortable Reisegeschwindigkeit absoluter Standard und mit 120 km/h nicht zu hoch angesetzt. Auch die Beschleunigung konnte sich mehr als sehen lassen: 12,4 Sekunden aus dem Stand bis zur 100-km/h-Marke.

Aber nicht Fahrleistungen machen den Erfolg oder Mißerfolg eines Unternehmens aus. Das entscheiden allein die Verkäufe. Was sich da bei Ford in den Büchern für 1949 niederschlug, ließ alle Diskussionen über die Zukunft des Unternehmens enden. 84 170 Einheiten, eine Steigerung von 53 Prozent gegenüber 1948, für das Kalenderjahr, und auf das Modelljahr umgerechnet 1 118 762 Fahrzeuge – das hieß nicht mehr und nicht weniger, als daß Ford das Fäßchen mit der roten Tinte endlich wieder in der Schublade verschwinden lassen konnte. Es wurden wieder schwarze Zahlen geschrieben. Und es wurde „money" gemacht. 177 Millionen Gewinn für das Jahr 1949. Aber das war erst der Anfang. Am Horizont zeichneten sich noch hellere Silberstreifen ab …

Technische Daten	
Motor:	V8, 3916 ccm, Bohrung x Hub 8,1 x 9,5 cm, Verdichtung 6,8:1, 3 Hauptlager, 2 Holley-Vergaser, 100 PS bei 3600 U/min – Sechszylinder: 3703 ccm, Bohrung x Hub 8,3 x 11,1 cm, 4 Hauptlager, 1 Holley-Vergaser, 95 PS bei 3300 U/min.
Kraftübertragung:	Dreigang-Schaltgetriebe, Overdrive (Option Semi-Fliehkraftkupplung)
Fahrwerk:	Einzelradaufhängung vorn an Schraubenfedern und Rohrdämpfern, starre Hinterachse mit halbelliptischen Federn und Rohrdämpfern
Bremsen:	Hydraulische Vierrad-Trommelbremse
Radstand:	2895 mm
Länge:	4998 mm (Space Wagon 5238 mm)
Breite:	1849 mm
Gewicht:	1302-1616 kg (je nach Typ)
Höchstgeschwindigkeit:	145 km/h (V8)
Beschleunigung:	0 auf 100 km/h: 12,3-14 Sekunden
Produktion:	841 170 (Kalenderjahr), 1 118 762 (Modelljahr)

1949 OLDSMOBILE 88

Oldsmobile – das war im General-Motors-Konzern für Jahre der Inbegriff von Pionierarbeit, für einige Insider sogar die „Experimentier-Abteilung". Nicht ganz ohne Grund. So hatte Olds schließlich schon 1937 als Option in Verbindung mit dem Achtzylinder-Motor eine Safety Automatic Transmission im Angebot. Safety, gleich Sicherheit, weil der Fahrer die Hand nie zum Schalten vom Lenkrad nehmen mußte. Dieses etwas schwerfällige Getriebe war genau genommen eher eine Halb- als eine Vollautomatik. Aber eines war es auf alle Fälle: ein erster entscheidender Schritt auf dem Wege zum schaltungsfreien Autofahren. Gebaut wurde dieses Getriebe zwar bei Buick, verantwortlich für die Entwicklung aber war Oldsmobile. Bereits 1938 war zum Preis von 100 Dollar diese Sicherheits-Automatik auch für die Sechszylinder-Modelle von Olds verfügbar.

Dann war sie da, die erste Vollautomatik auf dem amerikanischen Markt, die Hydramatic, ohne Zweifel eine der bedeutendsten Innovationen. Gemeinsam von den Technikern bei Olds und GM konstruiert, wurde sie zunächst in den Oldsmobiles 1940 eingesetzt. Aber es dauerte kein Jahr, da war sie auch für andere Modelle reif, und so kam sie auch bei Cadillac zum Einsatz. Die Hydramatic war ein robustes und leistungsfähiges Getriebe, das als Grundstein für unsere heutigen Automatik-Systeme betrachtet werden kann. Erstaunlich, daß die Hydramatic, obwohl wesentlich fortschrittlicher als die Safety Automatic Transmission, bei ihrer Markteinführung nur 57 Dollar kostete.

Nach Ende des Krieges war die Zeit reif für einen neuen Motor. Cadillac hatte schon seit 1936 an einem modernen V8 gearbeitet. Unter der Leitung von Gilbert Burrell begann auch Oldsmobile, in dem Spiel mitzumischen. Dabei stand von vornherein fest: Der neue Olds-Motor mußte ein Kurzhuber sein, da die große Bohrung die Verwendung entsprechend größerer Ventile zuließ, mit dem zusätzlichen Effekt, durch den kürzeren Hub die Reibung zu verringern. Das führte dazu, daß eine weitere Produktion des seit 1932 von Olds gebauten Reihen-Achtzylinders nicht mehr zur Debatte stand – zu schwer und zu lang!

Klare Sache also: Ein V8 mußte es sein. In den zurückliegenden Jahren hatte Oldsmobile seine Fahrzeuge ausnahmslos mit Reihen-Motoren, Sechs- sowohl auch als Achtzylinder, ausgerüstet. Ein Fremdwort war für Olds das Thema V-Motoren jedoch auch nicht. Bereits von 1916 bis 1923 waren V-Triebwerke zum Einsatz gekommen. Und von 1929 bis 1930 wurde in geringen Stückzahlen ein Modell Viking produziert, das einen V8 mit horizontalen Ventilen hatte. Große Erfahrungen haben die Olds-Ingenieure dabei für die Konstruktion eines modernen Triebwerks allerdings auch nicht gesammelt.

Burrell und sein Team wußten aus den von Cadillac geleiteten Versuchen, daß im Zusammenhang mit dem „L-head"-Triebwerk (ein Motor mit L-förmigem Verbrennungsraum) das praktisch machbare Verdichtungs-Verhältnis bei etwa 8,0:1 lag. Auf der Basis der von Charles F. Kettering, GMs legendärem „Boss Ket", angestellten Versuche schienen angesichts der in wenigen Jahren zu erwartenden hochoktanigen Kraftstoffe Verdichtungen bis zu 12,5:1 als durchaus realistisch.

Wie die neue Cadillac-Maschine hatte auch Oldsmobiles „Rocket" V8 eine in fünf Hauptlagern ruhende Kurbelwelle. Die Verdichtung betrug 7,25:1. Als entsprechende Kraftstoffe verfügbar waren, wurde der Wert zwar noch bis auf 10,25:1 gesteigert, das Ziel von 12,5:1 aber nie erreicht. Bei einem Hubraum von 4976 ccm ergab sich ein Hub/Bohrung-Verhältnis von 0,917:1. Mit dem Einsatz eines neuen Flachstromvergasers wurde die Kraftstoffverdampfung minimiert. Bei einer Leistung von 135 PS wartete der Motor mit einem maximalen Drehmoment von 356 Newtonmeter auf.

Oldsmobiles Angebot der Baureihe 88 für das Modelljahr 1947 umfaßte zehn Varianten, unter ihnen das Cabriolet. Gebaut wurden von der kompletten Reihe in jenem Jahr insgesamt 5434 Einheiten.

1949 Oldsmobile 88

Das Styling der Oldsmobiles 1949 war rundherum neu, abgesehen einmal vom Grill, der noch das Design der Jahre 1946 bis 1948 aufwies, aber nur noch zwei Streben hatte. Ein neues Styling-Element waren die unter den Scheinwerfern angebrachten Luftöffnungen.

Das Cockpit des Olds 88 hatte einen Geschwindigkeitsmesser und eine hoch angesetzte Uhr in der Mitte des Armaturenträgers. Die Baureihen 88 und 98 hatten serienmäßig die Hydramatic.

Der neue V8, ein OHV-Triebwerk, leistete 135 PS. Die reichten dem Olds 88 aber, dem 98 davonzulaufen – dessen Mehrgewicht von 179 kg machte sich bemerkbar.

Über einen Zeitraum von annähernd zehn Jahren hatte Oldsmobile drei Baureihen mit drei verschiedenen Karosserien angeboten. Die Baureihe 60 hatte eine GM-A-Karosserie, die identisch mit der des Chevrolet war, während das B-Modell für die Serie 70 verwendet wurde. Jede Baureihe war sowohl mit Sechs- als auch Achtzylinder-Motoren lieferbar.

Die Baureihe 90 hatte inzwischen den „C-body“ von GM, das heißt, den gleichen Aufbau von der Basis her wie die Modelle Buick Super und Roadmaster sowie die Baureihe 62 von Cadillac. Mit Ausnahme von 1941, als auch ein Sechszylinder ins Programm genommen wurde, der aber wenig Käufer fand, sind die alten Oldsmobile ausschließlich mit dem Reihen-Achtzylinder gebaut worden.

Mit dem Modelljahr 1949 aber kündigten sich doch einige Veränderungen an. Geplant war, nur zwei Serien zu bauen: die Baureihe 70 als Fließheck und Stufenheck mit dem alten Sechszylinder in Flachbauweise. Als „Big Six“ sollte er aufgebohrt und auf einen Hubraum von 4211 ccm vergrößert werden, also auf fast das gleiche Volumen wie der frühere Achtzylinder. Der V8 dagegen blieb nach diesen Plänen für den größten Oldsmobile, die luxuriöse Baureihe 98, reserviert.

Doch dann kam Sherrod E. Skinner, Oldsmobiles cleverer General Manager, auf die Idee, den neuen V8 in die kleinere A-body-Serie einzubauen, was einer Gewichtsreduzierung des Wagens um 179 kg gleichkam. Nach anfänglichen Widerständen in GMs Kommandozentrale fand Skinners Vorschlag letztlich doch Zustimmung. So erschien im Februar 1949 zur allgemeinen Überraschung der Olds „Rocket 88“. Sein Radstand betrug beachtliche 3035 mm, exakt dem des Sechszylinders entsprechend, aber sämtliche Versionen der Modellreihe traten mit rund 124 kg weniger auf die Waage. Für den um 395 Dollar angehobenen Preis wurde als Gegenleistung die nochmals überarbeitete Hydramatic serienmäßig geliefert, die es als Option (Aufpreis 185 Dollar) auch für die Baureihe 76 gab. Trotz der späten Einführung avancierte der Rocket 88 zum populärsten Olds-Modell des Modelljahres 1949. Und das hatte Signalwirkung. 1950 waren 65 Prozent aller verkauften neuen Oldsmobile-Versionen Rockets.

Dieser Rocket machte seinem Namen schon irgendwie Ehre. Sein Leistungsgewicht von 11,9 kg pro PS hatte damals kaum eine Parallele. So mußte, um nur ein Beispiel zu nennen, der Ford-V8-Motor schon im kleinsten Modell, in das er eingebaut wurde, pro PS 13,2 kg bewältigen. Ob Skinner bei seinem Vorschlag im „geistigen Hinterstübchen" auch daran gedacht hatte, auf diese Weise einen neuen Champion für die Stock-Car-Wettbewerbe in den USA (Rennen mit auf Serienproduktion beruhenden Fahrzeugen) auf die Räder zu stellen, mag dahingestellt bleiben. Fest steht jedenfalls, daß Olds – und das ganz offiziell – keinerlei Ambitionen auf sportliche Lorbeeren anmeldete. Vielleicht hatte der Mann in Lensing aber auch nur die Absicht gehabt, die Leistung des Wagens für sich sprechen zu lassen. Im übrigen brauchte sich Olds selbst auch gar nicht zu bemühen, sportliche Erfolge mit dem Rocket zu sammeln. Das besorgten Privatfahrer mit privaten Sponsoren, die schon bald bei den Stock-Car-Rennen im ganzen Lande „absahnten". Olds konnte das nur recht sein. Immerhin war das Werbung zum Null-Tarif.

Um es noch einmal klar darzustellen: Die bei den Stock-Car-Rennen eingesetzten Fahrzeuge waren identisch mit denen, die in den Schaufenstern der Händler

Der Olds 88 von 1949 hatte mit Chevrolet und Pontiac die Karosserie gemeinsam, wenngleich mit einigen Olds-typischen Styling-Elementen. Sein Radstand von 3035 mm war um 114 mm länger als der des Chevy.

standen. Also lupenreine Serienmodelle. Verboten war es aber auch nicht, daß die Fahrer die Serienräder gegen andere austauschten, die Nummernschilder entfernten und die Scheinwerfer abdeckten, um mit ihrem Rocket auf die Pisten zu gehen.

In der Kommando-Zentrale von Olds registrierte man mit Zufriedenheit, daß bei sechs von neun Rennen der NASCAR (National Association for Stock Car Automobile Racing) ein Olds 88 die Nase vorn hatte. In der Saison 1950 und im Jahr darauf ging das NASCAR-Titelsammeln munter weiter. Ein besonderer Triumph war der Sieg bei der Carrera Panamericana 1950, dem 2178-Meilen-Rennen (3504 Kilometer) in einem Starterfeld von 132 Wagen, darunter so renommierte Marken wie Lincoln, Cadillac, Delahaye und Alfa Romeo.

Oldsmobile offerierte den Rocket 88 in sechs Karosserievarianten, vier von ihnen im Luxuslook oder als Standard-Version, die viertürige Limousine Towan, die zweitürige Limousine Club, die „Bustleback"-Limousine und das Club Coupé. Das Cabrio gab es nur in der DeLuxe-Ausstattung, den Station Wagon ausschließlich in Standard-Ausführung.

Spätere Modelle des Olds 88 hatten dann nicht mehr das leichtgewichtige Original-Konzept. Die Gewichtszunahme ging bis auf 226 kg mehr. Und der Motor wurde zuletzt bis auf 6079 ccm „aufgeblasen", die PS-Leistung sogar verdoppelt.

Technische Daten

Motor:	V8-OHV, 4976 ccm, Bohrung x Hub 9,5 x 8,7 cm, Verdichtung 7,25:1, 5 Hauptlager, Rochester GM Doppel-Fallstromvergaser, 135 PS bei 3600 U/min, max. Drehmoment 356 Nm
Kraftübertragung:	Vierstufen-Hydramatik, Planetengetriebe
Fahrwerk:	Unabhängige Radaufhängung vorn an ungleichen Dreiecksquerlenkern, Schraubenfedern, Stabilisator, doppelt wirkende Hebel-Dämpfer, Starrachse hinten mit Schraubenfedern, Querlenker, Stabilisator, Hebeldämpfer
Bremsen:	Hydraulische Vierrad-Trommelbremse
Radstand:	3035 mm
Länge:	5130 mm Spurweite vorn/hinten: 1447/1489 mm
Gewicht:	1610-1789 kg, je nach Modell
Höchstgeschwindigkeit:	148 km/h
Produktion:	99 276 Modelle 88, Oldsmobile 287 710 insgesamt

„Von einem genialen Ingenieur konstruiert, von einem hervorragenden Unternehmer zum Welterfolg geführt, hat der VW-Käfer einen Weg zurückgelegt, auf dem er immer weiter läuft, und läuft, und läuft..." Stolz wurde aller Welt zugleich mit diesem Satz am 17. Februar des Münchner Olympiajahres aus Wolfsburg bereits ein neuer Weltrekord verkündet: In Wolfsburg war im Volkswagenwerk der Käfer Nummer 15 007 034 vom Band gelaufen. Der Produktionsweltrekord des legendären Ford-Modells T – unter dem Kosenamen „Tin-Lizzy" = Blech-Lieschen – war ausgelöscht. Exakt 15 007 033 T-Modelle waren von 1908 bis 1927 dank der von Henry Ford eingeführten Fließband-Produktion hergestellt worden. Der neue Weltrekordler aber gab sich damit nicht zufrieden. Er lief weiter und weiter und hat es auf den einsamen Weltrekord von inzwischen weit über 20 Millionen Nachkommen gebracht. Der 20millionste aber lief nicht mehr in dem Lande vom Band, in dem seine Wiege stand. Nach der Produktionseinstellung in Wolfsburg – die Bänder wurden für neue Modelle gebraucht – im Jahr 1974 ist der Käfer noch weitere vier Jahre in Emden produziert worden. Doch nach vier Jahren war die Käfer-Ära auch hier 1978 endgültig abgeschlossen. Außerhalb Deutschlands aber wurde und wird er noch immer gebaut. So durfte das VW-Werk in Mexiko 1981 den Jubiläums-Käfer „20 000 000" entsprechend feierlich verabschieden.

Mit diesem luftgekühlten Vierzylinder-Boxer-Motor trat der Volkswagen Typ 51 – so die Werksbezeichnung – an, das deutsche Volk zu motorisieren, was ihm vor dem Kriege bereits mit dem „KdF-Wagen" versprochen worden war. Die 25 PS und die Höchstgeschwindigkeit von 105 km/h standen in keinem Verhältnis zu dem Tempo, mit dem der Volkswagen zum Motor des deutschen Wirtschaftswunders wurde.

Das Kapitel „VW-Käfer aus Deutschland" ist 1978 im VW-Buch zugeschlagen worden. Begonnen hatte es 44 Jahre zuvor. Damals schrieb der Österreicher Dr.-Ing. h.c. Ferdinand Porsche in seinem „Exposé, betreffend den Bau eines deutschen Volkswagens":

„Seit Jahren trägt sich das deutsche Volk mit der Hoffnung, daß ihm endlich ein ausgesprochener Volkswagen beschert werden möchte. Wohl sind bereits einige Wagentypen auf dem Markt erschienen, die hohe Qualität zeigen, deren Preis jedoch dem Durchschnittseinkommen keineswegs Rechnung trägt. Solche „Fabrik-Volkswagen" wenden sich nach wie vor an eine begrenzte Käuferschicht, die nie und nimmer für die künftige Kraftverkehrsentwicklung maßgebend bleiben kann und darf. Darüber hinaus ist gerade die Kraftverkehrswirtschaft wohl wie keine zweite geeignet, das gesamte Wirtschaftsleben zu befruchten, neue Arbeitsmöglichkeiten zu schaffen oder wenigstens zu solchen anzuspornen." Porsche konnte nicht ahnen, daß diese Worte keine zwanzig Jahre später eine weit über den von ihm gemeinten Rahmen hinausgehende Bedeutung erlangen würden.

Die Geschichte des Volkswagens, der seine ersten Schritte als „Kraft-durch-Freude-Wagen" ging, beginnt eigentlich mit einer Vorgeschichte. Ferdinand Porsche entwickelte nämlich bereits 1931 für Zündapp einen Heckmotor-Wagen, der jedoch ebensowenig zur Serienreife kam wie ein von ihm danach für NSU aufs Reißbrett genommener Entwurf. Wer weiß, wie die Geschichte des Volkswagens gelaufen wäre, wenn sich NSU nicht 1933 vom Automobilbau zurückgezogen hätte …

Porsche selbst aber blieb am Ball, besser gesagt: am Volkswagen. Der 22. Juni 1934 sollte die Weichen endgültig auf freie Fahrt stellen. An diesem Tag kam ein Vertrag zwischen dem Reichsverband der Automobilindustrie und dem Konstrukteur Dr.-Ing. h.c. Ferdinand Porsche zustande, demzufolge Porsche einen „Volkswagen als vollwertiges Gebrauchsfahrzeug" entwickeln sollte. Schon Ende 1936 traten die ersten drei „Probeausführungen" zu ausgedehnten Testfahrten über je 50 000 Kilometer an. Am 17. Februar des folgenden Jahres präsentierte Porsche dem „Führer" Adolf Hitler einen seiner Vorserienwagen. Porsches österreichischer Landsmann, als Autonarr auch Stammgast auf

Einer der Käfer des Baujahres 1946. Typisch waren die 1955 durch elektrische Blinker ersetzten Winker. Hauptinstrument war der direkt vor dem Fahrer montierte Geschwindigkeitsmesser des Standard-Modells. Der kleine schwarze Hebel war für die Blinkerbetätigung.

1946

An den Chromstoßstangen und Chrom-Radkappen ist dieser Wagen als 1949er Modell zu identifizieren. Er hat – siehe Bild unten – die berühmte geteilte „Brezelscheibe". In dieser Chromausstattung galt der Käfer als Export-Ausführung. Der Heckmotor hatte jetzt ein Drosselventil. Was sich unter der Fronthaube „Kofferraum" nannte, wurde vom Ersatzrad und vom Tank beansprucht.

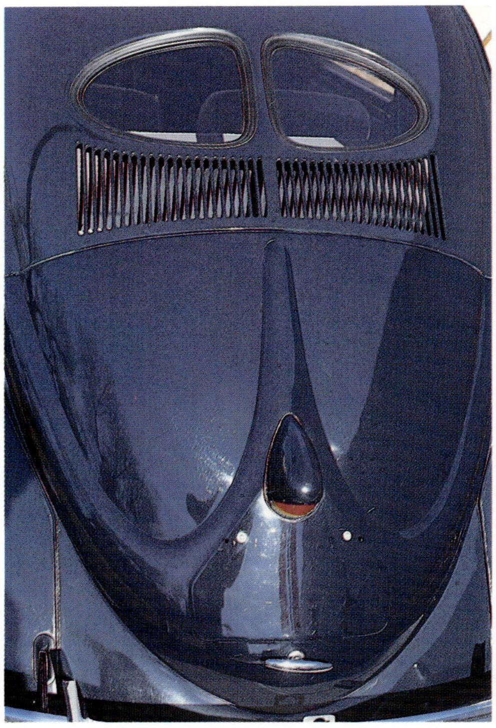

den damals in Berlin stattfindenden Automobilausstellungen, sah seinen Traum von der Motorisierung des deutschen Volkes verwirklicht. Spontan gab er dem Auto auch einen Namen: KdF-Wagen – KdF war die Kurzform des Leitworts der damaligen „Arbeitsfront" im Dritten Reich und stand für „Kraft durch Freude". Bei Fallersleben erfolgte am 26. Mai 1938 im heutigen Wolfsburg die Grundsteinlegung für das neue Volkswagenwerk, wobei die NS-Propaganda von einer Jahresproduktion von 500 000 Fahrzeugen tönte. Im Frühjahr 1939 standen Hallen und Maschinen. Die Produktion konnte anlaufen.

Parallel zum Bau des Werkes aber lief der wohl größte Betrug aller Zeiten am Sparer. Die Möglichkeit, sich für den Preis von 990 Reichsmark ein eigenes Auto „anzusparen", fiel bei den Deutschen auf fruchtbaren Boden. Bis Kriegsende hatten 336 638 Sparer ihre ersten Raten gezahlt, in der Hoffnung, bald „im eigenen Auto durch die herrliche deutsche Landschaft zu fahren". Der Krieg verwandelte die herrliche deutsche Landschaft in eine Trümmerlandschaft, auch das Werk in Wolfsburg. Und einen KdF-Wagen hat keiner der Sparer je auch nur einen Meter gefahren.

Das allerdings konnte nach Kriegsende nicht nur das deutsche Volk, dem dieses Auto versprochen worden war. Der Volkswagen eroberte sich die Welt. Export wurde zu einem entscheidenden Begriff. Die ersten Fahrzeuge gingen 1947 in die Niederlande. Von der Jahresproduktion 1948 wurden 23 Prozent, in Zahlen 4464 Volkswagen, exportiert, die der deutschen Wirtschaft 21 Millionen an Devisen einfuhren. Der VW hatte seine ersten Schritte getan, die ihn zum Symbol des deutschen Wirtschaftswunders unter der Ägide des unvergessenen Heinrich Nordhoff machten. Den einmillionsten Käfer hat er noch erlebt, den Weltrekord jedoch nicht mehr.

In seiner Baugeschichte hat der Käfer – zu seinem Namen kam er in den USA, wo sie ihn „Beetle" nannten, eben Käfer – eine Veränderung und Verbesserung nach der anderen erlebt. Schon 1972, als der Weltrekord-Käfer vom Band lief, stimmte bei ihm keines der insgesamt 5150 Einzelteile mehr mit denen des ersten Nachkriegsmodells von 1945 überein.

Optisch – natürlich durch mehr Chrom – aufgewertet präsentierte sich der VW im Modelljahr 1953 mit einem neuen 1192-ccm-Motor, der jetzt 30 PS leistete. Im Lenkrad war das Wolfsburger Wappen eingelassen. Von den beiden Hupenabdeckungen unterhalb der Scheinwerfer war eine nur der Symmetrie wegen angebracht: Es gab nur eine Hupe. Am 10. März 1953 lief der 500 000. Käfer vom Band.

VW veränderte den Käfer Jahr für Jahr mehr oder weniger gravierend. 1960 zum Beispiel wurden die Türgriffe erneuert und hatten nun an der Rückseite auch Druckschalter zum Öffnen der Türen. Das Modell 71 Super bot dank neuer Vorderradaufhängung einen fast verdoppelten Kofferraum.

Der Super-Käfer – hier ein 73er Modell – erinnerte in der US-Version durch ein „Fasten Seat Belts" ans Anlegen der Sicherheitsgurte. Das Käfer-Cabrio – Foto: ein Modell von 1973 – wurde bei Karmann in Osnabrück gebaut und war, Star in zahlreichen Filmen, der Inbegriff von Urlaub, Süden und Sonne.

Angefangen hatte es mit einem 1131-ccm-Vierzylinder-Boxer, der 25 PS leistete. 1954 schlug im Käfer ein 1192-ccm-Herz mit nun 30 PS. Als 1974 die Produktion in Wolfsburg auslief, wurde der Volkswagen mit drei Motoren angeboten: 1,2 Liter/34 PS, 1,3 Liter/44 PS, 1,6 Liter/50 PS. Das Styling wurde zwar auch immer wieder überarbeitet, an der typischen Käfer-Form aber hat sich nie etwas geändert. Zu den markantesten Veränderungen gehört zweifellos, als das Heckscheiben-Design mit dem „Brezelfenster" (einem Mittelsteg in der Scheibe) 1953 geändert wurde und erstmals die um 23 cm größere und gewölbte Scheibe aufwies. Was am Käfer alles im Laufe seines langen Produktionslebens verändert worden ist, läßt sich kaum aufzählen. Es käme einer kompletten Käfer-Geschichte gleich.

Daß er ein wahrer Volkswagen geworden ist, steht außer Zweifel. Als im Januar 1949 die ersten beiden Wagen aus Wolfsburg in die USA verschifft wurden, ahnte niemand, daß sie die Vorreiter eines Siegszuges waren, der die Herzen der Amerikaner eroberte. Obwohl er in den Staaten nie produziert worden ist. Doch auch dies dürfte ein absoluter Weltrekord sein: In neunzehn Ländern, außer in seinem Heimatland, ist er im Laufe der Jahre über mehr oder weniger lange Zeit produziert worden. Die Liste der Exportländer dürfte in der Automobilgeschichte gleichermaßen einmalig sein – 140! Er ist Legende, der VW Käfer. Aber kein Märchen. Denn wenn es in diesen heißt „Und wenn er nicht gestorben ist...", dann darf vom Beetle, Coccinelle, Maggiolino, Escarabajo, Gusca, oder wie immer man ihn auf dieser Welt nennen mag, festgestellt werden: Er lebt. Und läuft. Und läuft. Und läuft …

Technische Daten

Motoren:	(von 1949 bis 1977): Vierzylinder-Boxer, 1132 ccm, 25 PS, Verdichtung 5,8:1 (1949-52) – 1192 ccm, 30 PS, 6,1:1 (1954) – 1285 ccm, 40 PS, 7,3:1, 1493 ccm, 44 PS, 7,5:1 (1970) – 1285 ccm, 44 PS, 7,5:1, 1584 ccm, 50 PS, 7,5:1 (1971) – 1192 ccm, 34 PS, 7,3:1 (1977) – In den verschied. Baujahren gab es diverse Abweichungen.
Kraftübertragung:	Viergang-Getriebe, Standard nicht synchronisiert (Zwischengas), Hinterradantrieb
Fahrwerk:	Kurbellenker oben und unten, Pendelachse hinten, Längslenker, Einscheibentrockenkupplung, Zentralrohr-Plattformrahmen
Bremse:	Mechanische Seilzugbremse, Trommeln
Radstand:	2401 mm Spurweite vorn/hinten 1540/1550 mm
Höchstgeschwindigkeit:	105 km/h
Produktion weltweit:	bisher mehr als 21 000 000

Typisches Merkmal für den Super-Käfer waren die Luftschlitze unterhalb der Heckscheibe. Interessant ist im übrigen die Preisentwicklung des Käfers in seinen Anfangsjahren. So etwas gab es einmal: Die Preise gingen nach unten. Am 1. Juni 1948 kostete der Volkswagen 5300 Reichsmark und danach auch die gleiche Summe in DM. Ein Jahr später waren nur noch 4800 zu zahlen. Den preiswertesten Käfer gab es im August 1955 für sage und schreibe 3790 DM. Nach einigem Auf und Ab ging es ab Januar 1968 nur noch rauf mit den Preisen. Das Produktionsrekordjahr für den Käfer wurde 1971 geschrieben: 1 291 612 Einheiten wurden damals weltweit hergestellt.

1950-55 NASH RAMBLER

Das Instrumentarium des Nash Rambler 1951 war relativ einfach. Mit genügend Chrom aber ließ sich der Billig-Look überstrahlen.

Obwohl George Mason in die Anfänge der Mash-Ära zurückging, als er den Rambler „taufte", hatte der Wagen unverkennbaren Nash-Charakter.

Es ließe sich darüber streiten, ob der Rambler Custom Landau Convertible mit den „Brückenträgern" über den Türen ein echtes Ragtop-Modell war.

Das Geschäft blühte. Die unter Mitarbeit des „Kollegen" Windkanal neugestylten aerodynamischen Modelle verkauften sich besser als je zuvor. Mit 142 592 Einheiten, die den bis ins Jahr 1928 zurückgehenden Produktionsrekord zur Makulatur machten, deutete 1949 nichts darauf hin, daß für Nash-Kelvinator auch nur das kleinste Wölkchen am Horizont auftauchen könnte.

Aber George Mason, Nash-Präsident mit Weitblick, sah sie, die Wolken, die nicht nur über seinem Unternehmen, sondern über allen amerikanischen unabhängigen Autoherstellern aufzogen. Schon drei Jahre zuvor hatte er versucht, Hudson, Packard und Studebaker davon zu überzeugen, daß für die vier führenden Marken unter den unabhängigen Firmen – Nash natürlich eingeschlossen – die Zeit reif sei, eine ähnliche Kombination wie die Marken von General Motors zu bilden.

Masons Warnungen trafen nur auf taube Ohren. Nach vier Jahren, in denen praktisch keine neuen Automobile vorgestellt worden waren und nur Vorkriegsautos zu haben waren, bestand eine enorme Nachfrage. So konnte jeder Hersteller so viele Autos verkaufen, wie er zu produzieren in der Lage war. Unter diesen Aspekten sahen auch die unabhängigen kleineren Marken ein blühendes Geschäft auf Dauer. Mason jedoch sah das wesentlich anders. Er war sich klar darüber, daß es ein aussichtsloses Unterfangen der Kleinen war, sich mit den Giganten in einen Wettbewerb einzulassen. Doch er war der einsame Rufer in der Wüste.

Die Heckleuchten des Nash Rambler waren denen der großen Modelle Ambassador und Stateman sehr ähnlich und trugen so zum Familien-Look bei. Der Tankdeckel (links zu sehen) mußte nicht allzu oft abgeschraubt werden. Mit 7,9 Liter Benzinverbrauch auf 100 Kilometer war der Rambler ein sparsames Auto.

Wenn Nash schon einen Alleingang machen mußte, dann, so beschloß Mason, war es der beste Weg für sein Unternehmen, sich auf einen speziellen Marktbereich zu konzentrieren, der vom Wettbewerb ignoriert wurde. Und das hieß für Mason, in kleinen Größenordnungen zu denken. Denn ein kleines Fahrzeug machte angesichts aktueller Untersuchungen durchaus einen Sinn. Diesen zufolge nämlich fuhr der Durchschnitts-Amerikaner kaum einmal über einen Radius von etwa hundert Kilometern über seinen Wohnbereich hinaus. Wozu dann also einen der typischen großen „Schlitten"? Die Sache hatte nur einen Haken. Was die Leute brauchten, war nicht unbedingt das, was sie wollten. Bemühungen, die Amerikaner für kleinere Autos zu interessieren, hatte es in der Vergangenheit oft gegeben. Nach amerikanischer Interpretation aber war klein gleichbedeutend mit billig. Und wer wollte den Nachbarn schon glauben lassen, man fahre nur deswegen ein kleines Auto, weil man sich kein großes leisten konnte?

George Masons Entschluß, sich um diese Marktlücke zu kümmern, war goldrichtig. Sein Kleinwagen – klein aus amerikanischer Sicht, versteht sich – sollte in den populären Karosserie-Versionen mit Komfortausstattung nicht die nur auf billig ausgerichteten Pfennig-Fuchser ansprechen, sondern gerade jene, die sich jeden Wagen leisten konnten, aber auf der Suche nach einem Zweitwagen waren, der sich in der Garage auch neben einem Lincoln oder Cadillac nicht schämen mußte. Nun, das Resultat aller Ideen von Mason war Amerikas erster erfolgreicher Kompaktwagen, der Nash Rambler (Wanderer).

Im April 1950 begann in Amerika mit dem Rambler eine neue Zeit amerikanischer Fahrzeuge – es war der erste „Kleinwagen", gemessen am US-Standard. Das hier abgebildete Modell von 1951 wog mit 1102 kg genau 430 kg weniger als das Chevrolet-Convertible und kostete 1993 Dollar.

Mason produzierte die zweite „Generation" des Rambler auf einem Radstand von 2540 mm und übernahm den 2,9-Liter-Sechszylinder, der im Nash 600 von 1941 bis 1949 eingebaut worden war und 82 PS leistete. Als der erste Nash Rambler am 14. April 1950 der Öffentlichkeit präsentiert wurde, entpuppte er sich als schmuckes Custom Landau Cabrio. In der Ausstattung bot er serienmäßig ein Radio, Heizung, Zeituhr, Weißwandreifen, verchromte Radkappen, sogar ein elektrisch betätigtes Schiebedach. Billig konnte der Wagen mit dieser Ausstattung nicht sein – doch Mason wollte ja auch kein Billig-Auto bauen. In der Tat gab es gut ausgestattete Fahrzeuge für weniger Geld. So lag der Preis von 1808 Dollar für einen Rambler mit Kunststoffdach gerade um zehn Dollar

Zweifarben-Lackierung war 1955 die große Mode. So erschien in Jahresmitte auch der Rambler in diesem „Outfit". Der Custom Cross Country Wagon präsentierte sich mit einer auffälligen Dachlinie. Das hier abgebildete Modell stammt schon aus der Zeit nach der Fusion von Rambler und Hudson zur American Motors Corporation – im Grill ist das Hudson-Emblem über dem Kennzeichenschild montiert.

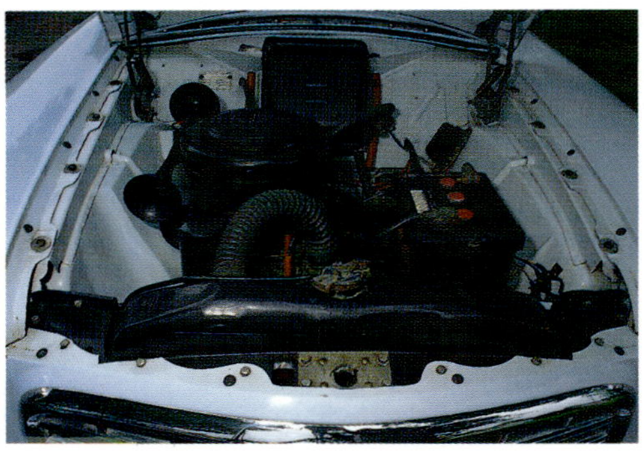

Der Rambler des Baujahres 1955 war mit einem Reihen-Sechszylinder des L-Typs (L-förmige Brennkammer) motorisiert. Mit 3205 ccm und 90 PS bot er respektable Fahrleistungen.

Pinin Farina war mit dem Design des großen Nash von 1952 beauftragt. Als der Rambler 1955 ähnliche Styling-Elemente erhielt, wurde er auch mit dem Farina-Markenzeichen „dekoriert".

unter dem eines Chevrolet Cabrios von 1951. Dabei war aber zu berücksichtigen, daß der Rambler in der Ausstattung serienmäßige Details im Wert von etwa 300 Dollar bot, die es im Chevy nur gegen Aufpreis gab. Das relativierte den Preisunterschied dann auch wieder.

Zwei Monate nach dem Debüt des Cabrios stellte Nash bereits einen zweitürigen Station Wagon (Combi) mit Stahlkarosse vor. Der Preis war offensichtlich ein „Schnäppchen": 1808 Dollar, genau wie der des Cabrios. Kein Wunder: Mehr als ein Fünftel aller 1951 in den USA gebauten und verkauften Station Wagons war ein Rambler. Die dritte Variante folgte im Juni 1951, ein gut gestyltes Hardtop Custom Country Club. Bei noch luxuriöserer Ausstattung kostete es 1968 Dollar, 54 mehr als Chevrolets Bel Air. Erst als der Rambler sich einen Namen als begehrenswertes Automobil gemacht hatte, entschied sich Mason, nun 1953 auch eine „Billig-Version" als zweitürige Limousine ins Programm zu nehmen.

Wie die ersten Nash-Modelle hatte auch der Rambler in allen Versionen eine Ganzstahl-Karosserie. Das war bei der Konstruktion des Cabrios schon eine Herausforderung an die Konstrukteure. Brückenträgern ähnliche Seitenschienen oberhalb der Türen sorgten für höhere Karosseriefestigkeit einerseits und für eine vereinfachte Bedienung des Schiebedachs andererseits. Der Dachmechanismus war ebenso einfach wie effektiv. Heben und Senken erfolgte durch von einer elektrischen Winde betätigte Seilzüge.

Masons Plan, ein kleines Auto zu bauen, fand bei den meisten Mitgliedern in der Chefetage wenig Begeisterung. Was sollte schließlich dieser „Kleinwagen", wo doch die großen Nash Ambassador und Statesman 1950 wahre

Verkaufsschlager waren? Für einige war das Rambler-Projekt sogar ein ausgesprochenes Risiko. George Romney, Masons spezieller Assistent und späterer Präsident von Nashs Nachfolger American Motors, erinnert sich: „Da kam einer aus dem Stab und fragte mich, ob es nicht möglich sei Mason ‚abzuservieren‘. Er würde uns ruinieren."

Nun, genau das tat er nicht. Ganz im Gegenteil. Mit dem Rambler rettete Mason das Unternehmen. Zumindest für eine gewisse Zeit. Im Modelljahr 1951 machte der kleine Rambler allein mehr als 35 Prozent von Nashs Total-Umsatz aus. Und die Tendenz zeigte eindeutig weiter aufwärts, ebenso wie die Popularität des von Masons Kollegen augenscheinlich unterschätzten Wagens wuchs.

In Verbindung mit seinem attraktiven Styling und seinen günstigen Abmessungen genoß der Rambler schnell den Ruf eines sowohl wirtschaftlichen wie auch handlichen Fahrzeugs. Mit dem kraftstoffsparenden Overdrive war ein Verbrauch von 7,9 Liter auf 100 Kilometer möglich, ein nicht gerade unwirtschaftlicher Wert! Von wesentlicher Bedeutung dabei war natürlich außer der sparsamen Maschine auch die gewichtsparende Konstruktion des Rambler.

Darüber hinaus war das kleine Auto erstaunlich komfortabel ausgestattet und offenbarte dank der weichen, aber keineswegs schwammigen Fahrwerks-Auslegung auch hohen Fahrkomfort. Erstaunlich auch, was der Rambler an Innenraum bot. Um 558 Millimeter kürzer als der Chevrolet, wartete er mit einem vorderen Fußraum von sage und schreibe nur 6,3 mm weniger als der Konkurrent auf, der im übrigen auch nur um 12,7 mm breiter war.

Obwohl der Rambler nie als Hochleistungs-Fahrzeug deklariert wurde, konnte er doch mit beachtlichen Fahrleistungen aufwarten. Mit seinem Leistungsgewicht stach er die Konkurrenz deutlich aus.

Die viertürigen Rambler-Versionen, einschließlich des Station Wagons, hatten einen längeren Radstand von 2743 mm. Die Dachgepäckträger gehörten bei diesem Modell zur Serienausstattung.

Die Fenster des Rambler 1955 waren mit reichlich Chrom eingefaßt und unterstrichen den gehobenen Anspruch. Im Gegensatz zu den großen Nash-Modellen hatte der Rambler keine gewölbte Frontscheibe.

Im Jahre 1954 kam es zur Fusion von Nash-Kelvinator mit der Hudson Motor Car Company zur American Motors Corporation. Im Frühjahr 1957 wurden die noch als Nash und Hudson bezeichneten Fahrzeuge zu AMC-Modellen „umfunktioniert". Die Traditionsnamen Nash und Hudson hatten die Liste der von der Bildfläche verschwundenen großen Marken um zwei weitere verlängert. Der Rambler hieß nun nur noch Rambler. Ohne Nash und Hudson. Aber er wurde, angeboten mit drei verschiedenen Radständen, zu Amerikas Nummer drei in der Popularitäts-Skala, in den Verkaufszahlen nur noch von Chevrolet und Ford überboten. George Masons Entscheidung fand im Nachhinein nochmals eine eindeutige Bestätigung.

Seit mehr als vier Jahrzehnten bauen – angefangen mit dem Nash Rambler, der sich aber erst einmal durchsetzen mußte – die amerikanischen Hersteller außer den Straßenkreuzern auch Fahrzeuge der – zumindest aus amerikanischer Sicht, wie schon erwähnt – kleineren Kompaktwagen. Der Rambler hat einen Markt eröffnet, von dem viele US-„Experten" glaubten, es gebe ihn nicht. Die Zeiten der Tin-Lizzie sind schließlich heute kein Maßstab mehr.

Technische Daten	
Motor:	Reihen-Sechszylinder im L-Typ (L-förmige Brennräume), 2828 ccm, Bohrung x Hub 7,8 x 8,2 cm, Verdichtung 7,25:1, 4 Hauptlager, feste Ventilstößel, 1 Carter-Vergaser, 82 PS bei 3800 U/min
Kraftübertragung:	Dreigang-Selectiv-Getriebe, Overdrive als Option
Fahrwerk:	Vorn unabhängige Radaufhängung mit oberen Schraubenfedern und unteren Dreiecksquerlenkern, Starrachse hinten mit halbelliptischen Federn
Bremsen:	Hydraulische Vierrad-Bremse, Trommeln 20,3 mm Radius
Radstand:	2540 mm Spurweite vorn/hinten 1352/1346 mm
Länge:	4470 mm
Gewicht:	1102-1140 kg (je nach Typ)
Höchstgeschwindigkeit:	128 km/h
Produktion:	11 428 (1950) – 7003 (1951) 53 000 (1952) – 30 260 (1953) – 36 231 (1954) 56 023 (1955 / Modelljahr)

Der Porsche 356 von 1950 hatte eine Ganzstahlkarosserie auf einem Stahlblech-Kastenrahmen. Das Fahrwerk wartete mit unabhängiger Radaufhängung an beiden Achsen auf. Hydraulische Trommelbremsen hatten die 40 PS sicher „im Griff".

Größe basiert nicht selten auf bescheidenen Anfängen. Mit dem Porsche 356 verhielt es sich nicht anders. Am Anfang nicht mehr als eine sportliche Variante des anspruchslosen, aber technisch bereits fortschrittlichen VW-Käfers, entwickelte er sich schließlich zu einem Begriff für Sportwagen, um nicht zu sagen den Inbegriff von einem Sportwagen überhaupt.

Sein „Vater", Dr. h.c. Ferdinand Porsche, hatte – ebenso wie Henry Ford – die Vision von einem Automobil für jedermann. Als Ingenieur bei Austro Daimler, Daimler-Benz, NSU und bei der Auto Union hatte er sich in den 30er und 40er Jahren bereits einen Namen durch seine dort verwirklichten innovativen Ideen und nicht zuletzt durch seine überlegenen Wettbewerbs-Fahrzeuge gemacht.

Nach zwei Jahren Inhaftierung in Frankreich, weil er den VW im Auftrag des „Führers" entwickelt hatte, kehrte Ferdinand Porsche in das heimatliche österreichische Gemünd zurück, wo er gemeinsam mit seinem Sohn Ferry das Projekt Nummer 356 in Angriff nahm, dabei aber auf schon bestehende Ideen zurückgreifen konnte – auf den noch vor dem Krieg entwickelten „F-Wagen" 114, nichts anderes als eine sportliche Variante des Volkswagens. Der Prototyp des ersten Porsche, ein recht spartanischer Roadster mit Mittelmotor, war 1947 fertig. Dazu entwarf Porsche ein Cabriolet mit im Heck hinter der Hinterachse eingebautem, luftgekühltem Motor. Hinzu kam schließlich auch noch ein auf dem Volkswagen basierendes Coupé. 1948 lief die Produktion an. Mit der Fertigstellung von sage und schreibe vier Fahrzeugen, die von der Porsche Konstruktionen GmbH als Typ „356/2" bezeichnet wurden. Aber es ging vorwärts: 1949 verließen 25 Wagen die Fahriktore, 1950 weitere 18. Allesamt in reiner Handarbeit entstanden.

Konnte bei diesen Zahlen von „Produktion" noch nicht so recht die Rede sein, sollten die Weichen 1949 jedoch schon gestellt werden, als der Umzug von Gemünden nach Stuttgart-Zuffenhausen begann. Als hier im April 1950 die ersten Wagen aus deutscher Produktion ausgeliefert wurden, hatte das Unternehmen auch seinen Firmennamen angesichts der neuen Struktur in Dr.-Ing. h.c. F. Porsche KG geändert. Es war der Start in eine Zukunft, die Ferdinand Porsche nur noch ahnen, aber nicht mehr miterleben konnte. Er starb im Januar 1951, hatte in seinem Sohn Ferry aber einen Erben, der das Werk des Vaters ganz in dessen Sinne weiterführte.

Daß der 356 vieles mit dem Volkswagen gemein hatte, überraschte nicht. Schließlich hatten beide ja den gleichen „Vater". So kam im Porsche der Stahlblech-Kastenrahmen mit Ganzstahlkarosserie zum Einsatz. Das Fahrwerk hatte rundum Einzelradaufhängung mit Kurbellenker oben und unten sowie zwei durchgehenden Federstäben vorn, hinten wurde eine Pendelachse mit beiderseits querliegenden Längslenkern und rundem Federstab eingebaut. Eine wesentliche Änderung gegenüber dem noch im kärntnerischen Gemünden gebauten Typ war der Einsatz hydraulischer Bremsen statt der bisherigen Seilzugbremsen, nach wie vor aber Trommeln vorn und hinten.

Hinsichtlich der Motorisierung entschied sich Porsche für einen 1086-ccm-Vierzylinder-Boxer, der gegenüber dem des VW etwas veränderte Zylinderköpfe aufwies. Die Kraftübertragung erfolgte über eine Einscheibentrockenkupplung. Der Motorblock war hinter, das Getriebe vor der Hinterachse plaziert. Zwei Fallstromvergaser (Solex 32 PBI), V-förmig hängende Ventile, eine zentrale Nockenwelle, durch Stirnräder angetriebene Kurbelwelle mit vier Gleitlagern waren die markantesten Details des Boxers, der bei 4000 U/min 40 PS leistete und mit einem Drehmoment von 68 Nm bei 2800 U/min aufwartete.

Mit dem Umzug nach Stuttgart hieß der Porsche nur noch „356" statt bis dahin „356/2". Bei der Karosseriefabrik Reutter in Zuffenhausen war

1956 wurde dem Porsche 356 ein „A" angehängt, was gleichbedeutend war mit einer neuen Modellreihe. Mit 4201 Einheiten wurde 1956 für Porsche zu einem Rekordjahr.

die Serienproduktion des 356 Coupés im April 1950 angelaufen, wo wenig später dann auch das Cabrio entstand.

Typisch für das Styling dieser 356-Modelle war die geteilte Frontscheibe mit einem genau für die jeweilige Scheibenhälfte bemessenen Scheibenwischer. Im Armaturenbrett fehlte eine Kraftstoffanzeige. Hier hielt sich Porsche an das VW-Prinzip mit dem Reservetank und einem hölzernen Peilstab. Ständige Verbesserungen und Veränderungen waren an der Tagesordnung. So wurden 1951 die bisher eingebauten VW-Bremsen durch ATE-Zweibacken-Bremsen ersetzt, Rohrdämpfer ersetzten die Hebeldämpfer. Und es kam ein neuer Motor ins Programm, ein aufgebohrtes 1286-ccm-Triebwerk mit Leichtmetall-Zylinderreihen statt der bisherigen aus Gußeisen. Die Leistung war um 4 PS auf 44 PS gesteigert worden.

Premiere für eine weitere neue Variante des 356 war auf der Internationalen Automobil-Ausstellung im Oktober 1951 der 55 PS starke 1488-ccm-Motor. Größer dimensionierte und damit auch der gesteigerten Leistung angepaßte Bremsen sowie ein vollsynchronisiertes Getriebe waren die markantesten technischen Neuerungen, eine nicht mehr geteilte Frontscheibe bedeutete die Abkehr vom bisherigen Design. Eine neue Orientierung verkörperten 20 „American" Roadster, die als Leichtgewichte mit 1,5-Liter-Triebwerk und 70 PS in erster Linie für den sportlichen Einsatz gedacht waren.

Von besonderer symbolischer Bedeutung für Porsche wurde das Jahr 1952. Die Marke bekam ein noch heute gültiges Markenzeichen, ein Symbol, das die Wappen der Stadt Stuttgart (tänzelndes Pferd vor gelbem Hintergrund) und des Landes Baden-Württemberg sowie einige Symbol-Elemente miteinander verbindet. Im Modelljahr 1953 prangte das neue Porsche-Emblem erstmals auf dem Lenkrad der Zuffenhausener Sportwagen.

Am 15. März 1953 konnte bei Porsche endlich auch ein Jubiläum gefeiert werden: Der 5000. Wagen war fertiggestellt. Das IAA-Jahr 1953 verlief, was Novitäten angeht, bei Porsche eher ruhig. Ein Mangel an Auswahl bestand für potentielle Porsche-Kunden jedoch nicht. Im Modelljahr 1954 wies die Motoren-Palette sechs Varianten aus: 1100, 1300, 1300S (Super) 1300A, 1500 und 1500S (Super). In die USA wurden davon übrigens nur die beiden 1500-Modelle exportiert. Was die Karosserien betraf, war Reutter nach wie vor die Nummer eins bei den Lieferanten der Coupés. Von Glaser kamen die America-Modelle, während Heuer einige Cabrios lieferte. Insgesamt bezifferte sich die Tagesproduktion bei Porsche auf ein Dutzend Fahrzeuge, was 1955 die Herstellung von 2952 Einheiten möglich machte. Insgesamt sind vom „Urtyp" 356 zwischen April 1950 und August 1955 von der gesamten Modellpalette 7627 Wagen gebaut worden. Daß Porsche keine „Massenabfertigung" betrieb, läßt sich auch in den Preisen nachlesen. Das 1100 Coupé kostete 10 200 Mark (Mai 1950) ebenso wie das 1300 Coupé (1951), mit 15 800 DM stand das „1500 Super" Cabrio im Oktober 1952 ganz oben auf der Preisliste.

Was Porsche auf der IAA 1955 präsentierte, war zwar in vielerlei Hinsicht neu, aber es war eben doch ein 356, nur mit der Zusatzbezeichnung „A". Für eine Umbenennung gab es auch keinen Grund. Das Design entsprach nach wie vor weitgehend dem „Stammvater" der Modellreihe. Zur Wahl standen fünf Motoren, als Krönung der 1500GS Carrera mit 100 PS (siehe „Technische Daten"). Die gesamte Modellreihe strahlte, jetzt tiefergelegt, noch mehr Sportlichkeit aus. Diese Sportlichkeit demonstrierten sie natürlich auch in den Fahrleistungen. Da mußte sich selbst der 1300 mit 145 km/h Höchstgeschwindigkeit im Jahre 1955 nicht verstecken. 160 km/h für den 1300 Super (er verschwand mit dem „normalen" 1300 im Jahre 1957 aus dem Programm) und 175 km/h für den 1600 Super waren schon Spitzenwerte ihrer Zeit. Der Renner aber war der Carrera mit 200 km/h.

Die Vielzahl der Veränderungen selbst schon beim 356 A würde, wollte man sie alle im Detail aufzählen, den Rahmen dieses Buches sprengen. Die Highlights aber seien zumindest erwähnt:

ZF-Einfinger-Lenkgetriebe statt Spindellenkung – Drehzahlmesser im Kombi-Instrument integriert, Tropfenform der Blink-, Brems- und Heckleuchten anstelle der vorher runden Form, Glasfiber-Hardtop erstmals für den Speedster, 2 Zenith 32 NDIX Fallstromvergaser ersetzten die Solex 40 PCIB.

Wer A gesagt hat, muß auch B sagen. Porsche tat es 1960 mit dem 356 B und 1963 mit dem Folgemodell C. Die Gesamtlinie war geblieben, aber durch eine Reihe stilistischer Feinarbeiten noch markanter geworden. Die entscheidenden Veränderungen spielten sich wieder unter dem Blech ab. So gab es mit der Einführung des 356 B auf der IAA 1959 für das Modelljahr 1960 den Super 90 (90 PS). Porsche hatte in der Zwischenzeit die Stuttgarter Karosseriefabrik Reutter übernommen, konnte damit die Nachfrage allein aber nicht bewältigen. So ging es auch weiterhin nicht ohne Aufträge „außer Haus". Drauz, mit Porsche seit 1958 durch den Bau des Convertible „D" (eben Drauz) verbunden, baute zunächst das Cabrio weiter, dies kam aber später von einem belgischen Unternehmen. In Osnabrück hatte Porsche mit Karmann die richtige Adresse für das Coupé gefunden. Bei Reutter entstanden ebenfalls Coupés und Cabrios.

Im Frühjahr 1962 setzte Porsche der Baureihe 356 B die Krone auf – den Zweiliter Carrera, mit 130 PS und 200 km/h der stärkste 356 bis dahin, jedoch auch nicht schneller als der 356 A GS Carrera.

Als Porsche 1963 den 356 C vorstellte, geschah dies mit einer Straffung des Programms auf drei Motoren beziehungsweise Typen: 1600 C - 1600 SC - 2000 Carrera 2. Auch das Karosserieangebot war nun auf nur noch zwei Versionen, das Coupé und das Cabrio, konzentriert. Bis 1965 ist der 356 dann noch gebaut worden. Als er auslief, hatte er mit 76 303 Exemplaren der verschiedenen Versionen und Varianten den Namen Porsche zu einem Weltbegriff gemacht.

Der 356 B hatte 1960 Premiere. Dieses Modell ist ein Typ 1600 aus dem Baujahr 1963. In jenem Jahr überschritt die Produktion die 10 000-Grenze.

Technische Daten

Motor (alle Typen gleich): Vierzylinder-Boxermotor, Leichtmetallblock, zentrale Nockenwelle (Ausnahme Carrera: 2x2 obenliegende Nockenwellen) 356/**1100** (1950-54): 1086 ccm, Bohrung x Hub 7,35 cm x 6,4 cm, Verdichtung 7:1, 40 PS bei 4000 U/min, max. Drehmoment 68 Nm bei 2500 U/min – **1300** (1951-54): 1286 ccm, Bohrung x Hub 8,0 x 6,4 cm, Verdichtung 6,5:1, 44 PS bei 4200 U/min, max. Drehm. 79 Nm bei 2500 U/min – **1300 A** (1954-55): 1290 ccm, Bohrung x Hub 7,45 cm x 7,4 cm, Verdichtung 6,5:1, 44 PS bei 4200 U/min, max . Drehm. 79 Nm bei 2500 U/min – **1300 Super** (1953-55): 1290 ccm, Bohrung x Hub 7,45 x 7,4 cm, Verdichtung 8,2:1, 60 PS bei 5500 U/min, max. Drehm. 85 Nm bei 3600 U/min – **1500** (1951-52): 1488 ccm, Bohrung x Hub 8,0 x 7,4 cm, Verdichtung 7,0:1, 60 PS bei 4800 U/min, max. Drehm. 99 Nm bei 2800 U/min – **1500** (1952-55): 1488 ccm, Bohrung x Hub 8,0 x 7,4 cm, Verdichtung 6,5:1, 55 PS bei 4400 U/min, max. Drehm. 103 Nm bei 2800 U/min – **1500 Super** (1952-55): 1488 mm, Bohrung x Hub wie 1500, Verdichtung 8,2:1, 70 PS bei 5000 U/min – **Carrera Gran Turismo** (1955-58): 1498 ccm, Bohrung x Hub 8,5 x 6,6 cm, Verdichtung 9,0:1, 100 PS / 110 PS bei 6200/ 6400 U/min, max. Drehm. 115 Nm / 119 Nm bei 5000 U/min – **1600** (1959-63): 1582 ccm, Bohrung x Hub 8,25 x 7,4 cm, Verdichtung 7,5:1, 60 PS bei 4500 U/min, max. Drehm. 106 Nm – **1600** (1963-65): 1582 ccm, Bohrung x Hub 8,25 x 7,4 cm, 75 PS bei 5200 U/min, max. Drehm. 119 Nm bei 3600 U/min – **1600 Super / 1600 C** (1955-63) – 75 PS bei 5000 U/min, max. Drehm. 113 Nm – **1600 Super 90** (1960-63): 90 PS bei 5000 U/min, 117 Nm bei 4300 U/min – **1600 SC** (1963-65): 95 PS bei 5800 U/min, max. Drehm. 119 Nm bei 4200 U/min – **1600 Carrera / Carrera GT** (1958-65): 1588 ccm, Bohrung x Hub 8,75 x 6,6 cm, 105 / 115 PS bei 6500 U/min, Verdichtung 9,0:1 / 9,8:1 max. Drehm. 117 Nm – **1600 Carrera** (1963-65): 1582 ccm, Bohrung x Hub 8,25 x 7,4 cm, 90 PS – **2000 Carrera 2** (1961-64): 1966 ccm, Bohrung x Hub 9,2x 7,4 cm, Verdichtung 9,5:1, 130 PS bei 6200 U/min, max. Drehm. 157 Nm bei 4600 U/min.

Kraftübertragung: Viergang-Schaltgetriebe, Einscheibentrockenkupplung (1950 bis 1952 nicht synchronisiert)

Fahrwerk: Unabhängige Radaufhängung rundum, vorn Kurbellenker oben und unten, 2 quer durchgehende Federstäbe, Vierkant, hinten Pendelachse, Längslenker, beiderseits quer ein runder Federstab, bis August 1957 Spindellenkung, danach Schneckenlenkung

Bremsen: Hydraulische Trommelbremsen vorn und hinten, bei Carrera 2000/2 und 356 C Scheibenbremsen rundum

Radstand: 2100 mm

Gewicht: 780 kg bis 1360 kg (je nach Typ)

Fahrleistungen: 0 auf 100 km/h in 9 sec (Carrera 2) bis 24 sec (1100/1950), Höchstgeschwindigkeit 140 km/h (1100) bis 200 km/h (Carrera 2)

Produktion: 410 (1950) – 1169 (1951) – 1297 (1952) – 1941 (1953) – 1891 (1954) – 3970 (1955) – 4201 (1956) –5241 (1957) – 5994 (1958) – 6980 (1959) – 7559 (1960) –7996 (1961) – 7930 (1962) – 10 032 (1963) – 9772 (1964) – 1688 (1965)

1951-54 HUDSON HORNET

Hornissen gehören zu den – wenn gereizt – besonders angriffslustigen und stechwütigsten Vertretern der Gattung Insekten. Da gab es in den 50er Jahren in den USA eine Hornisse, die zwar nicht flog, sondern auf Rädern rollte. Das aber wiederum in einer Art, die sie doch wieder zum Tiefflieger machte. Und gefürchtet war sie auch, diese Hornisse. Bei der Rennsport-Konkurrenz nämlich. Hornisse heißt im Englischen Hornet. Hinter diesem Namen war bei der Hudson Motor Car Company ein Auto entwickelt worden, von dem behauptet wurde, es habe in den 50er Jahren kein amerikanisches Serienauto mit besseren Fahreigenschaften gegeben. Es war mehr als nur das kleine Fünkchen Wahrheit an dieser Behauptung. Es war (fast) die ganze Wahrheit. Vier Jahre hintereinander war der Hornet gefürchtet wie eine giftige Hornisse – weil er die Konkurrenz (aus-)stach, wo es nur ging, bei den damals so richtig in Mode gekommenen Stock-Car-Rennen der serienmäßigen Automobile. Elf Siege 1951 bedeuteten zwar „nur" den zweiten Platz, aber Hudson war mit dem Hornet auch erst gestartet, als die Saison schon im Gange war. Die von 1952 bis 1953 herausgefahrenen 27 Stock-Car-Triumphe sind ein bis heute ungeschlagener Rekord. Auch 1954 sicherte sich der Hornet mit seinem H-145-Sechszylinder-L-Head die Meisterschaft vor den mit dem moderneren OHV-System ausgestatteten Achtzylindern der Konkurrenz. Es dürfte unwahrscheinlich sein, daß Hudson seinen großen Sechszylinder 1951 nur ein bißchen aufgebohrt, sprich vergrößert hat, als die anderen über lupenreine V8-Triebwerke nachdachten.

Der heiße Hornet, der Hollywood in jeder Baureihe auch ein Hardtop brachte, wartete 1951 auch mit einer Hydramatic auf. Das Hornet-Emblem war an den vorderen Kotflügeln und auf dem Kofferraumdeckel angebracht.

Der Hornet-Sechszylinder war revolutionär, mit einer Leistungssteigerung gegenüber dem selbst schon drehfreudigen und langlebigen Super Six. In Zahlen ausgedrückt: 30 Prozent mehr Drehmoment und – mit jetzt 145 PS – auch achtzehn Prozent mehr Leistung. Damit konnte er auch dem 135-PS-Triebwerk von Oldsmobiles Rocket 88 (der allerdings 45,3 kg weniger zu bewegen hatte) Paroli bieten, mußte andererseits aber auch die leichte Überlegenheit des brandneuen Chrysler V8 anerkennen, der wiederum 158,7 kg schwerer war. Hudson verkündete die Tatsache, den leistungsstärksten Sechszylinder zu bauen. Als Beweis durfte dafür das Leistungsgewicht angeführt werden: 11,2 kg pro PS beim zweitürigen Hornet, schon erstaunlich für einen großen amerikanischen Wagen, völlig unabhängig von der Zahl der Zylinder.

Seit 1948 hatte Hudson sich seiner besonders stabilen „Monobilt"-Konstruktion von Chassis und Karosserie und seines „Step-down"-Designs gerühmt. Letzteres basierte auf einer tiefergelegten Bodengruppe zwischen den Seitenschienen des Rahmens, wodurch die Gesamthöhe des Wagens auf 1536 mm reduziert werden konnte und Hudson damit den Wagen mit dem tiefsten Schwerpunkt überhaupt anzubieten hatte. Und das wiederum hieß besseres Handling mit deutlich verringerten Karosserieschwingungen. In der Tat: Ein ausgewogeneres Automobil mit obendrein noch dieser Leistung fand sich in den frühen 50er Jahren auf dem gesamten amerikanischen Markt nicht.

Der Hornet ersetzte 1951 den alten Super Eight: Der Commodore blieb Hudsons einziger Achtzylinder, ohne jedoch den Hornet in der Beliebtheit zu erreichen. In allen Styling-Varianten stach der Hornet den großen Bruder aus. 2543 Dollar kostete das Coupé als preiswertestes Modell, 3099 Dollar das Cabrio als teuerste Ausführung. Völlig neu war erstmals überhaupt im Hudson-Programm das Hollywood-Hardtop im „Hudson-Aire-Styling".

Ein Tester des Magazins Motor Trend bescheinigte dem Hornet eine Beschleunigung aus dem Stand auf 60 mph (96 km/h) in 14 Sekunden und eine Höchstgeschwindigkeit von 100 Meilen pro Stunde (160 km/h), gefahren mit einer Limousine mit Hydramatic. Vor allem von der Sicherheit des Hornet war der Autor des Tests begeistert und lobte

TEXACO
REG. T. M.
TEXACO
HUDSON
MR. HUDSON

1951-54 HUDSON HORNET

Hudson bot den Hornet auch als zweitürige Limousine, Hardtop und Cabrio an – die viertürige Limousine (hier ein Modell von 1952) aber war der Bestseller während der gesamten Bauzeit.

die Konstruktion der Einheit von Karosserie und Rahmen: „Wer einmal einen Hornet nach einem Unfall gesehen hat, weiß, wo seine größten Vorzüge liegen."

So gut er auch war, besonders gut verkaufte er sich nicht, der Hornet, der nur ein Drittel der Gesamtverkäufe in einem ohnehin schwarzen Jahr 1951 ausmachte, in dem Hudson erstmals seit 1939 rote Zahlen schrieb. Einer der Gründe war die im Zusammenhang mit der Stahlknappheit wegen des Korea-Krieges gedrosselte Produktion. Hinzu kamen von der Regierung erlassene Preis-Limits und obendrein auch noch verschiedene Streiks, um das Maß vollzumachen.

Daß Hudson sich über die Runden rettete, hatte in der Tat mit Runden zu tun. Mit Runden auf sportlichem Terrain. Da gab es einen Marshall Teague, der mehr durch Zufall mit Hudson Kontakt aufgenommen hatte und von einem Mitarbeiter der PR-Abteilung „ins Geschäft" gebracht worden war. Besagter Marshall Teague betrieb in Daytona eine Werkstatt, wo er Motoren tunte und ständiger Besucher der NASCAR-Rennen war. Angesichts seiner Beziehungen zu Hudson überzeugte er einen Herb Thomas zum „Umsteigen" von den 88 Oldsmobiles, die er bisher gefahren hatte, auf Hornets. Ohne faule Tricks gelang es Teague, einen Serien-Hornet auf 180 zu „treiben" und das 1951! Teagues Tuning-Methoden waren für heutige Begriffe eher unausgegoren, obwohl unbestritten doch bereits effektiv. Er baute die Rücksitze aus, verkleidete die Scheinwerfer, befestigte die Motorhaube mit Riemen und machte das gleiche mit den Türen. Und mit der Entfernung von Radkappen und Schalldämpfern an der Auspuffanlage war das „Teague-Mobil" reif für den Sporteinsatz. In der Tat – ein ziemlich „vorsintflutliches" System.

Erfolglos war Teague damit aber deswegen auf den Rennstrecken durchaus nicht. Im November 1951 belegte er selbst am Lenkrad eines Hudson Hornet bei der Carrera Panamericana einen hervorragenden sechsten Rang nach den mörderischen 3220 Kilometern von der Grenze Guatemalas bis zur Grenze von Texas. Obwohl die Ferraris ihm auf den Geraden davonfuhren, glich er das durch die besseren Kurvenqualitäten seines Wagens aus, so spektakulär, daß ihn die „Carambas" der Zuschauer förmlich um die Kurven peitschten. Noch bevor die Saison 1952 zur Hälfte „abgehakt" war, hatte sich der Hornet als das dominierende Fahrzeug bei den Stock-Car-Rennen in Szene gesetzt. Vom „Teague-Mobil" allerdings wußte man nur wenig. Am besten bekannt war noch die Tatsache, daß der Motor – auch wenn er auf Hudson-Komponenten aus dem Jahre 1944 basierte – mit höherer Leistung aufwartete und 1952 vorgestellt worden war. Er hatte sowohl doppelte Ansaugrohre als auch einen Doppelvergaser, was ein

Das Dreieck – hier als Kühlerfigur eines Modells von 1952 – war Hudsons Markenzeichen. Bei einem Preis von 2769 Dollar – 206 Dollar mehr als für einen Buick Super Sedan – durfte der Kunde auch einen gewissen Luxus in der Ausstattung erwarten. Der Hornet bot ihn, zum Beispiel auch mit dieser Auspolsterung der Türen.

weitgehend „paritätisch" ausgewogenes Kraftstoff-Luft-Gemisch ermöglichte, das wiederum aber bei einem Standard-Ansaugsystem nicht gerade ideal für Sechszylindermotoren ist.

Die Top-Entwicklung im gesamten Hudson-Renn-Engagement war der „7-X", eine von 1953 bis 1954 von Händlern eingebaute Motor-Option. Er wies unter anderem eine minimale Aufbohrung, einen speziell von Hand überarbeiteten Kopf mit höherer Verdichtung als bei der Standard-Version, einen mit Schraubenbolzen gesicherten Motorblock, „Twin-H-Power" und einen geteilten Auspuffkrümmer auf. Ein Mitglied des Hudson-Essex-Terraplane-Clubs bezifferte diese Motoren mit 210 PS Leistung. Das wäre dann aber auch der höchste Tuning-Effekt gewesen, der je mit einem L-Head-Sechszylinder erreicht wurde.

Für die Hornets der Generation 1952 sind nur wenige und unwesentliche Veränderungen vorgenommen worden. Die „Kühlerfigur" auf der Motorhaube wurde etwas nach vorn verlegt, die Gummi-Schutz- und Zierleisten verliefen jetzt zum Heck abge-

Das Armaturenbrett des Hornet von 1954 war mit Chrom mehr als reich verziert. Der Geschwindigkeitsmesser war bis auf 120 mph (193 km/h) ausgelegt. Im Motorraum herrschte übersichtliche Ordnung.

senkt der Gesamtlinie des Wagens angepaßt. Weiter heruntergezogene Heckleuchten und eine vergrößerte Heckscheibe waren weitere Details. Eine Änderung allerdings erfolgte außerhalb des Zuständigkeitsbereichs der Designer – die Verkaufszahlen gingen nach unten, und das Jahr 1953 sah nicht besser aus. Zurückzuführen waren diese Rückgänge jedoch nicht auf die Industrie, sondern auf von der Regierung verfügte Produktionsbegrenzungen. Da bestand auch für Hudson kein Anlaß zu großen Modellveränderungen, die sich erneut nur auf kosmetische Korrekturen beschränkten. Dafür tat sich 1954 dann um so mehr. Das Styling wurde aerodynamisch verbessert. Aber vor allem verkündete Hudson, daß der Hornet nun „stärker als je zuvor" sei. Mit der Instant Action Engine beherrsche der Hornet jetzt die Straßen. Eine verbesserte Nockenwelle und eine höhere Verdichtung auf 7,5:1 – so leistete der Motor 160 PS, mit Twin H-Power noch 10 mehr.

Trotz allem: So gut er auch war, gegen die V8-Übermacht und das bessere Styling der Konkurrenz konnte er auf Dauer nicht bestehen. Am 1. Mai 1954 erfolgte die Fusion mit Nash zu American Motors. Das war auch das Ende des Hornet, dem 1955 zwar ein Nachfolger „beschert" wurde – aber der lief als Nash-Modell.

Im Baujahr 1954 entstanden insgesamt noch 24 833 „Hornissen". Es waren auch die letzten, die Hudson fliegen ließ. Die Produktion lief aus. Hier ein Hornet Special.

Technische Daten

Motor:	Reihen-Sechszylinder, L-Head, Leichtmetallblock, 5050 ccm, Bohrung x Hub 9,6 x 11,4 cm, Verdichtung 7,2:1 (als Option 6,7:1), 4 Hauptlager, starre Ventilstößel, 2 Carter-Vergaser, 145 PS bei 3800 U/min (Baujahre 1951-53) – 150 PS mit Twin H-Power (Mitte 1952 bis 1953) – 200/220 PS, 5587 ccm, 7-X (Option, nur über Händler, 1953-54)
Kraftübertragung:	Mechanisches Dreigang-Getriebe, Schalthebel, Hydramatic (158 Dollar) und Overdrive (100 Dollar) als Option
Fahrwerk:	Unabhängige Radaufhängung vorn mit Schraubenfedern und Rohrdämpfern, starre Hinterachse mit halbelliptischen Blattfedern und Rohrdämpfern
Bremsen:	Hydraulische Trommelbremsen vorn und hinten
Radstand:	3149 mm
Länge:	5295 mm Spurweite vorn/hinten: 1485/1409 mm
Gewicht:	1589-1723 kg (je nach Typ)
Fahrleistungen:	0 auf 60 mph (96 km/h) in 11 bis 14 Sekunden (je nach Motorisierung), Höchstgeschwindigkeit: keine Angaben
Produktion:	43 666 (1951) – 35 921 (1952) – 27 208 (1953) –24 833 (1954)

Ein Kaiser aus Amerika: 1947 stellte sich eine neue Marke vor, die 1951 in diesem neuen Design erschien.

Es gibt sie noch, die automobile Nostalgie! Als Chevrolet 1991 den Caprice vorstellte, gab es bei Sammlern und Kennern eine spontane Reaktion: Der Kaiser ist zurück! Und es läßt sich nicht leugnen – der Caprice ist eine, wenngleich etwas seltsame Mischung aus Kaiser und Nash. Mit einem Nash-Übergewicht, wenn man die Fronträder verkleidet. Der Kaiser wiederum war ein schönes Auto, während nur wenige Leute beim neuen Caprice ins Schwärmen geraten.

Der Kaiser repräsentierte von 1951 bis 1955 unbestritten eines der bemerkenswertesten Automobil-Stylings. Selbst heute, mehr als dreißig Jahre nach seinem Erscheinen, wirkt er noch aus jeder Perspektive klar und schnittig. Sein Problem war nur, daß Henry J. Kaiser und seine „Sunshine Boys" aus Kalifornien nach Willow Run, Michigan, kamen, um hier Autos zu bauen, aber ein Lenkrad kaum von einem Suppenteller unterscheiden konnten. Henry J. Kaiser, der mit dem Schiffbau ein Vermögen verdient hatte, gründete gleich nach Ende des Zweiten Weltkriegs mit Joseph W. Frazer, zuvor Generaldirektor der in Konkurs gegangenen Graham-Page-Company, einer der ältesten amerikanischen Automarken überhaupt, das neue Unternehmen. Mit Frazer hatte er – im Gegensatz zu seinen übrigen Mitarbeitern – zumindest einen Fachmann zur Seite. Trotzdem ging es da manchmal drunter und drüber. Es mangelte auch nicht an Kuriositäten. Nicht anders läßt sich wohl der Einbau eines Gabelstapler-Motors in ein Automobil bezeichnen. Es gab ein viertüriges Convertible-Modell, das alles andere war als „convert", eben kein Cabrio. Ein als Hardtop deklariertes Fahrzeug war in Wirklichkeit eine Limousine. Und eines der Autos war sogar von einem Hersteller von Autositzen entworfen worden. Trotz allem jedoch: Was Kaiser von 1951 bis 1955 präsentierte, waren Automobile von avantgardistischem Styling.

Das allerdings überraschte nicht übermäßig. Styling nämlich war Kaiser-Frazers stärkste Seite. Das „hauseigene" Styling-Studio war im großen Stil aufgebaut worden, zum Stab gehörten einige der besten Könner der Branche. Aufgeteilt war dieses Studio in drei verschiedene Abteilungen für Kaiser, Frazer und „Advanced Design", wo Experten wie Buzz Grisinger, Bob Robillard und Herb Weissinger „residierten". Zum Team gehörte außerdem Alex Tremulis, der sich bereits bei Ford, Briggs und Tucker einen Namen gemacht hatte. Kaiser-Frazer unterhielt darüber hinaus auch besondere Kontakte zu Butch Darrin und Brooks Stevens. Das Styling-Department hatte einen großzügig bemessenen Etat zur Verfügung, dank General Manager Edgar Kaiser, dem späteren Präsidenten des Unternehmens.

Der Wagen selbst war das Produkt eines Design-Wettbewerbs zwischen Darrin und Stevens. Die Entscheidung fiel zugunsten des Prototyps von Darrin, der gemeinsam mit McRae und den anderen Designern das Ganze dann zur Perfektion vollendete, wobei das Grundkonzept während des gesamten Prozesses nur geringfügig verändert wurde. Dazu gehörten die Neigung der Windschutzscheibe von den damals üblichen 45 auf 52 Grad, eine damit erreichte Vergrößerung der Glasfläche, ein gepolstertes Armaturenbrett mit Sicherheitsinstrumenten und eine Windschutzscheibe, die bei einem Crash herausfiel und die Verletzungsgefahr für die Insassen damit reduzierte.

Den Insassen wurde durch die großzügige Verwendung von Glas und die niedrige Gürtellinie ein besonderes Fahrgefühl vermittelt. Tatsächlich wies der Kaiser den zu seiner Zeit niedrigsten Schwerpunkt auf, der erst von Chryslers Design 1957 unterboten wurde. Ungewöhnlich für jene Zeit war, daß Kaiser den Wagen nicht mit Chrom „aufpolierte". Das einzige Element von glänzendem Metall war ein Band von rostfreiem Stahl an beiden unteren Flanken, ein Detail, das sowohl Darrin als auch

Der „Goldene Drache" war Kaisers Beitrag zur Chicagoer Auto-Show 1953. Vinyldach, Plüsch-Interieur und reichlich Gold- und Chrom-Dekor waren seine Besonderheiten. Kaiser deklarierte den Dragon zwar als „Hardtop", das er aber nicht war.

Stevens in ihren Entwürfen präsentiert hatten, zur Dekoration einerseits, zum Schutz der Flanken aber auch andererseits. Die klare Linie des Modells wurde auch durch den Grill unterstrichen, der genau genommen gar keiner war, sondern ein funktioneller Lufteinlaß hinter den horizontalen Chromleisten.

Kaiser-Frazer machte das damals übliche Spiel mit den jährlichen Styling-Wechseln nicht mit und nahm nur eine Reihe „kosmetischer Korrekturen" vor. So waren 1952 nach Darrins Entwürfen die Heckleuchten umgestaltet worden und fügten sich im Tropfen-Design gut in die hinteren Kotflügel ein.

Abgesehen von einem „Sabre-Jet"-Ornament auf der Motorhaube brachte 1953 an Veränderungen lediglich noch aufgesetzte kleine Chrom-Heckflossen. Für die Design-Korrekturen 1954 waren Herb Weissinger und Buzz Grisinger verantwortlich: Die Frontpartie war jetzt durch einen nach innen gewölbten Grill mit horizontal angeordneten Querbalken gekennzeichnet und hatte große ovale Scheinwerfer und Parkleuchten, ähnlich dem Design des Buick XP-300 Show-cars, sowie als Heckleuchteneinheit eine ungewöhnlich große Tropfenform, die nicht nur von hinten, sondern auch von den Seiten zu sehen waren. Veränderungen in der Innenausstattung konzentrierten sich auf ein ans Flugzeug-Design erinnerndes Armaturenbrett. Zur Erhöhung der inneren Sicherheit waren Karosserie-Verstärkungen eingebaut.

Alle zwischen 1947 und 1955 gebauten Modelle hatten den gleichen 3,7-Liter-Reihen-Sechszylinder-Motor. Er leistete anfangs 100/110 PS, wurde 1953 aber auf 118 PS gebracht. Mit Kompressor erreichte der Motor schließlich 140 PS.

Vergleicht man die Kaiser-Modelle, war der Dragon unbestritten der luxuriöseste von allen. Er wurde 1951 als Variante mit verschiedenen Optionen und 1953 schließlich als eigenständige Baureihe angeboten. Der Dragon war ein „Werk" von Carleton Spencer, der zunächst das Schicksal mit vielen „Größen" teilte und kaum bekannt war. Erst als 1975 die Geschichte von Kaiser-Frazer geschrieben wurde, kam auch Spencer zu verdienten Ehren – als Mann der Farben, ein Künstler in Sachen Automobil, wenn man so will.

Neben der stilistischen Seite hatte der Kaiser natürlich auch eine technische. Sie hatte ihren Schwerpunkt aber weniger auf dem Motorensektor. Der 3706-ccm-L-Head-Sechszylinder, nicht mehr als eine Weiterentwicklung vorhandener Konstruktionen, war selbst nicht gerade innovativ, eher archaisch. Das blieb er nach dem Einbau eines McCulloch-Kompressors, durch den immerhin 140 PS aus den 3,7 Liter Hubraum „herausgequetscht" werden konnten. Die technischen Feinheiten dieses Fahrzeugs hatten Ingenieure wie Ralph Isbrandt und John Widman auf ihrem Haben-Konto verbucht: Ungewöhnliche Karosserie- und Fahrwerk-Komponenten machten den Kaiser zu einer Klasse innerhalb seiner Klasse. So setzte Isbrandt weit mehr Verbindungen von Karosserie und Chassis ein und erreichte damit eine spürbar bessere Steifigkeit des Wagens. Der Rahmen war leicht und trotzdem stabil. Die Lastverteilung auf die Achsen war besonders ausgewogen. So besonders, daß ein Chrysler-Ingenieur, der einen 1951er Kaiser testete, Isbrandt bescheinigte: „Der Wagen fährt sich so sicher und liegt so fest auf der Straße wie einer unserer Zwei-Tonnen-Typen." Dabei wog der Kaiser nur 1406 kg.

Trotz allem: hätte Kaiser sein Geld nur für die Konstruktion eines V8 ausgegeben, dann wären seine Fahrzeuge vielleicht zu einer automobilen Sensation geworden. Aber so wurden zuviele – auch logistische – Fehler gemacht. 1951 gab es eine fast schon unübersichtliche Varianten-Palette, von der auch keine ein geldbringender Renner wurde. Nach 1955 wurden die Kaiser-Fertigungsanlagen nach Argentinien verschifft, wo bis 1952 ein Auto produziert wurde, das einmal ein Kaiser war und nun Carabela hieß. Der Kaiser hatte abgedankt. Für immer.

Die Kaiser-Modelle fanden vor allem wegen ihres ungewöhnlichen Stylings besondere Beachtung. Das galt auch für das Interieur. Den Fond-Passagieren wurde ein großzügiges Platzangebot zugestanden. Ein viertüriger Manhattan kostete 2650 Dollar und lag damit um 46 Dollar unter dem Preis für einen 164/170 PS starken Buick Super mit Reihen-Achtzylinder.

Technische Daten	
Motor:	Reihen-Sechszylinder, L-Head, 3706 ccm, Bohrung x Hub 8,4 x 11,1 cm, 4 Hauptlager, starre Ventilstößel, Carter-Vergaser, 115 PS bei 3650 U/min (1951-52) – 118 PS bei 3650 U/min (1953-54) – 140 PS bei 3900 U/min mit Kompressor (1955-55)
Kraftübertragung:	Dreigang-Schaltgetriebe, Overdrive und Hydramatic als Option
Fahrwerk:	Unabhängige Radaufhängung vorn mit Schraubenfedern und Rohrdämpfern, starre Hinterachse mit halbelliptischen Blattfedern und Rohrdämpfern
Bremsen:	Hydraulische Trommelbremsen vorn und hinten
Radstand:	3009 mm
Länge:	5344-5430 mm (je nach Typ)
Gewicht:	1388-1540 kg (je nach Typ)
Fahrleistungen:	0 auf 60 mph (96 km/h) in 15 bis 16 sec, Höchstgeschwindigkeit: 90-98 mph (145-158 km/h)
Produktion:	39 452 (1951) – 32 131 (1952) – 27 652 (1953) – 8539 (1954) – 1291 (1955)

1952-55 BENTLEY R-TYPE CONTINENTAL

Einen „echten" Bentley habe es, seit die renommierte britische Automarke Bestandteil einer nicht minder renommierten, nämlich Rolls Royce, wurde, nicht mehr gegeben. Das sollen doch wirklich schon Leute behauptet haben. Reihen wir sie getrost in den Kreis der Märchenerzähler ein. 1931 wurde Bentley von Rolls Royce „geschluckt". Bentleys aber hat es danach noch immer gegeben. Echte, um es klar zu sagen. Wie zum Beispiel jene Modelle Mk. VI und R-Typ sowie den 1982 auf dem Genfer Salon präsentierten Mulsanne Turbo, ein aufgeladenes Kraftpaket mit einem 6,8-Liter-V8. Das nur zur Relativierung solcher Geschichten, die wahrhaft in den Bereich der Märchen gehören.

Und dabei ist es auch keine Rufschädigung, wenn die Behauptung aufgestellt wird, Wilhelm Owen Bentley habe die Größe seiner Marke mit ins Grab genommen. Das gilt insofern, als es seine eigene Größe, die Größe eines Genius war, die sich mit den Initialen „W. O." verbindet. Und vor allem mit dem 1927 vorgestellten 4,5-Liter-Sechszylinder „Blower", der im übrigen auch für eine Reihe beachtlicher sportlicher Erfolge sorgte. Aber, bei allem Respekt vor W. O. und dem Blower: Es hat bessere Autos generell und auch bessere speziell aus dem Hause Bentley gegeben.

Da war der schon erwähnte Mark VI, der von 1946 bis 1951 gebaute erste Nachkriegs-Bentley, ein Automobil, das alles verkörperte, was man hinsichtlich Exklusivität und Spitzenverarbeitung mit dem Namen Rolls Royce verbindet. So gut er auch war, ein „echter" Bentley war er tatsächlich nicht, zumindest keiner im klassischen Sinne, sondern eher ein „umfunktionierter" Rolls Royce. Doch dann kam der Continental, mit dem die Saat aufgehen sollte, die mit dem ersten Nachkriegs-Bentley Mark VI und dessen direktem Nachfolger, dem R-Type, gelegt worden war.

1950 sickerte aus der Rolls-Royce-Zentrale in Crewe/Cheshire durch, daß Chefstylist J. P. Blatchley und Chef-Projekt-Ingenieur H. I. F. Evernden mit der Aufgabe betraut worden waren, dem Mark VI einen Compagnon zur Seite zu stellen, der „nicht nur gut aussehen, sondern eine überzeugende Höchstgeschwindigkeit mit entsprechender Beschleunigungskraft und exzellentes Handling sowie optimale Straßenlage" bieten sollte. Das Ergebnis war der zunächst als „Corniche II" bezeichnete und unter der werksinternen Nummer OLG490 registrierte und aus dieser Kombination auch mit dem „Spitznamen" Olga bedachte Wagen. Diesen historischen Wagen, der als Prototyp quasi der „Stammvater" der gesamten Continental-Baureihe gelten darf, hat lange Zeit der Ehrenpräsident des Bentley Drivers Club, Stanley Sedgwick, besessen.

Obwohl der R-Type Continental – der Mark VI war bei seiner Vorstellung aus dem Programm genommen worden – als sportliches Fahrzeug konzipiert war, hatte er alle Merkmale der Rolls-Royce-Definition von einem „stillen Sportwagen". H.I.F. Evernden hatte zwar freie Hand, um die Leistung des 4,5-Liter-Sechszylinders zu steigern, aber wiederum doch nicht soweit, um ihn zu einem „heißen Ofen" zu machen oder irgendwelche Eingriffe an der bemerkenswerten Laufruhe vorzunehmen. Abgesehen von der höheren Verdichtung bleibt es Everndens Geheimnis, was er zur Leistungssteigerung des Motors getan hat – aber er hat etwas getan.

Was das Design betrifft, waren „Olgas" Vorzüge unübersehbar: Fastback-Styling, im Windkanal optimiert, traditionelles windschlüpfiges Design der Frontpartie, eine nur 1600 mm hohe Alu-Karosserie, ein – für damalige Verhältnisse – ausgesprochenes Leichtgewicht von 1651 kg (zum Vergleich: die Standard-Version des Mk VI brachte 1859 kg auf die Waage).

„Olga" wurde zur sportlichen Bewährung im September 1951 ins Rennen von Monthlery in Frankreich geschickt – und bestand die Be-

Der Bentley R-Type Continental mit Fastback wurde von 1952 bis 1955 gebaut und hatte den traditionellen steilen Bentley-Kühlergrill, war andererseits für seine Zeit aber schon relativ aerodynamisch gestylt.

Eine betont lange Motorhaube und nach unten versetzte Hauptscheinwerfer verliehen dem R-Type eine wesentlich fließendere Form als die früheren Bentley-Limousinen. Die Zusatzscheinwerfer gaben der Frontpartie einen sportlichen Charakter. Die Gesamthöhe von nur 1600 mm betonte das schlanke Design der Karosserie.

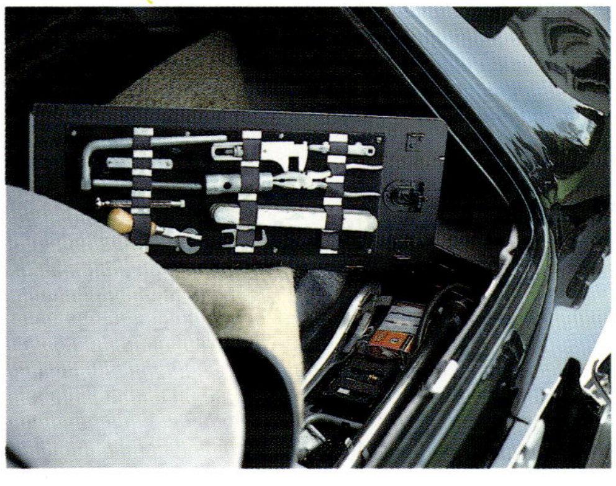

Herz des R-Type Continental war ein Reihen-Sechszylinder mit 4566 ccm und annähernd 150 PS. Mitte 1954 wurde die Maschine auf 4887 ccm vergrößert und die Leistung auf 170 PS gesteigert. Zur Ausrüstung gehörte auch ein Werkzeugsatz.

währung. Der Wagen „marschierte" Runde für Runde mit rund 190 km/h. Das Magazin The Autocar bescheinigte dem Continental später in Tests eine Beschleunigung von 0 auf 60 Meilen in 13 Sekunden (wohlweislich: man schrieb das Jahr 1951!). Da der Chrysler Saratoga die 100-mph-Marke nur knapp überschritten hatte, war der Continental R-Type nun die schnellste Limousine der Welt. Selbst der Jaguar XK-120, der eher der Sportwagen-Szene zuzuordnen war, lag nur wenig vor dem Bentley. Getreu seinem Ruf hängte Rolls Royce das nicht selbst an die große Glocke, sondern überließ alle entsprechenden Loblieder den Presse-Berichten.

Einige Lästerzungen behaupteten, der R-Type sei – genau betrachtet – ja nur eine Kopie des Designs von General Motors, speziell, wenn man die A-Body-Fastbacks der späten 40er und frühen 50er Jahre betrachte. Ein Bentley als Kopie eines Chevrolet? Nun gut, ein paar Ähnlichkeiten gab es da wirklich. Eine Schande aber war das ebensowenig wie eine simple Kopie. Jene hier zum Vergleich herangezogenen GM-Modelle verkörperten schließlich eines der fortschrittlichsten Stylings aus der Sicht stromlinienförmiger Karosseriegestaltung. Da überraschte es nicht, daß auch Bentley etwas in dieser Richtung entwickelt hatte. Die britischen Designer hatten die Zeit letztlich auch nicht verschlafen.

Von den 208 R-Type Continentals hatten 193 die von Mulliner entwickelte Fastback-Karosserie. Für den Rest zeichneten einige individuelle Karosseriehersteller verantwortlich, zum Beispiel Franay und auch Pinin Farina. Das Interieur war bei allen gleich: Connolly-Leder, poliertes Walnußholz im Armaturenbrett und ein umfassendes Instrumentarium einschließlich Tachometer.

Die Continentals wurden in Serien von A bis E unterteilt, jede Baureihe erhielt dabei kleine Unterscheidungsmerkmale während der Produktionszeit. Die bemerkenswerteste Veränderung war ein neuer, weiter aufgebohrter 4887-ccm-Motor, der zunächst im D-Modell 1954 zum Einsatz kam. Das Leistungspotential war leicht verbessert worden, obwohl dazu genau genommen kein Anlaß bestand. Sowohl von der Leistung als auch vom Styling her waren die Continentals bemerkenswerte Automobile.

„Der Kenner fühlte instinktiv, daß dieses Automobil das erste Ergebnis der ‚Hochzeit' zwischen den beiden vornehmsten Namen der britischen Automobilindustrie war", schrieb ein Journalist. „Die beeindruckende Leistung eines Bentley, gepaart mit der Verarbeitungsqualität, der Eleganz und der Laufruhe eines Rolls Royce. Vergleichend gewertet war jeder frühere Bentley ein sportlicher Rolls Royce, einschließlich des ersten Continental, eine leichtgewichtige Hochleistungs-Version des Phantom II."

Von den R-Type-Continentals waren 43 mit dem GM-Hydramatic-Getriebe ausgerüstet. Der Original-R-Type des Continental wurde 1955 eingestellt, nachdem 2320 R-Type-Bentleys gebaut worden waren. Zur gleichen Zeit, als der R-Type Continental auslief, stellte Rolls Royce zugleich mit dem neuen S-Type auch den Silver Cloud vor. Vom ehemals sportlichen Image der Marke Bentley blieb nur noch die Erinnerung.

Die Heckpartie des R-Type hatte gewisse Ähnlichkeiten mit den GM-Fastbacks von 1949. Mit den von 1952 bis 1955 gebauten 208 Fahrzeugen war der Bentley gegenüber den GM-Modellen aber eine ausgesprochene Rarität.

Technische Daten	
Motor:	OHV-Reihen-Sechszylinder, 4566 ccm, Bohrung x Hub 9,2 x 11,4 cm, Verdichtung 7,27:1, zwei SU-Vergaser, 150 PS bei 4000 U/min, ab Mitte 1954 Hubraum 4887 ccm, 170 PS (vermutlich, offizielle Zahlen wurden nie genannt), Verdichtung 7,25:1
Kraftübertragung:	Viergang-Schaltgetriebe, GM-Vierstufen-Hydramatic ab 1953 als Option, Trockenscheiben-Kupplung
Fahrwerk:	Unabhängige Radaufhängung vorn mit Schraubenfedern und hydraulischen Hebel-Dämpfern, starre Hinterachse mit halbelliptischen Federn und Hebel-Dämpfern
Bremsen:	Hydraulische Vierradbremse mit mechanischer Servo-Unterstützung
Radstand:	3084 mm
Länge:	5245 mm
Gewicht:	1552-1723 kg (je nach Typ)
Fahrleistungen:	0 auf 60 mph (96 km/h) in 13 Sekunden, Höchstgeschwindigkeit 120 mph (193 km/h)
Produktion:	208 (1953-1955)

PGY 500

100

Sportliche britische Roadster haben die „Feinschmecker" unter den Automobilisten seit eh und je fasziniert. Die Austin Healeys der Baureihen 100 und 3000 haben dieses Image noch unterstrichen. Sie strahlen die unverwechselbare Individualität aus, die irgendwie sogar die Seelen ihrer Erbauer offenbart. Um so bemerkenswerter obendrein, daß sie nicht, wie bei derart individuellen Fahrzeugen im allgemeinen üblich, nur in begrenzten Stückzahlen gebaut wurden, sondern zu Zehntausenden von einem der größten britischen Automobilhersteller.

Donald Healey war in den 20er Jahren einer der bekanntesten Rallye-Fahrer und wurde später Technikchef bei Triumph. 1946 ging er daran, einen langgehegten Traum zu verwirklichen – den Bau eigener Autos. So eröffnete er in Coventry, Englands Automobilmetropole, einen eigenen Betrieb. Er war jedoch nicht in der Lage, selbst Antriebseinheiten und Karosserien zu bauen. Die Antriebsaggregate beschaffte er sich daher bei anderen Unternehmen, überwiegend bei Riley und Alvis. Die Karosserien ließ er bei Elliot, Duncan, Tickford, Abbott und Westland, allesamt renommierte Namen, herstellen. Das Chassis allerdings baute er selbst, einen stabilen Kastenrahmen mit einer etwas ungewöhnlichen Vorderrad-Aufhängung, zu der ihn die Auto-Union-Wagen der 30er Jahre sowie die einsitzigen ERA-Renner inspirierten.

Die ersten Healeys waren etwas antiquierte viersitzige Coupés, sowohl mit festem Dach als auch als „Drophead". Aus dem Rahmen fiel allerdings der mit dem 2,5-Liter-Riley-Motor ausgerüstete Silverstone, ein rassiger Roadster mit motorradähnlichen Kotflügeln. In der Konzeption entsprach er den Zeitvorstellungen von einem Roadster: einfach, um nicht zu sagen simpel, leicht und funktionell einerseits – knüppelhartes Fahrverhalten und Verzicht auf jeglichen Fahrkomfort andererseits. Daß die Tachonadel aber bis auf 100 mph (160 km/h) hochgetrieben werden konnte, war für die späten 40er Jahre schon bemerkenswert. Kein Wunder, daß der Silverstone auch im Motorsport eine gute Figur machte. Für Healey erwies sich die These, daß sportliche Erfolge auch die Verkaufsbilanz positiv beeinflussen können, als nicht relevant. Insgesamt hat er in acht Jahren nur 781 Fahrzeuge gebaut, darunter 105 Silverstones. Sein Problem waren die nicht vorhandenen finanziellen Mittel und die kostspielige Fertigung in Handarbeit.

Ein Wechsel schien sich abzuzeichnen, als Donald Healey Ende 1949 die Bekanntschaft von George Mason, Präsident von Nash-Kelvinator, machte. Das Ergebnis war ein von beiden entwickelter offener Zweisitzer mit dem von Nash im Ambassador eingesetzten Sechszylinder-OHV, den Healey in England montieren sollte, und zwar für den US-Markt, wohin er dann verschifft wurde. Dieser Nash-Healey aber erwies sich als schwierig zu verkaufen. Ganze 506 Fahrzeuge sind von 1951 bis 1954 in Kundenaufträgen entstanden. Healey hatte sich mehr versprochen, entsprechend auch kalkuliert – und sich schließlich verkalkuliert. Die darauf ausgerichteten Kapazitäten lagen brach. Was tun damit?

Ein Weg, der sich anbot, war der Bau eines neuen Fahrzeugs unter Verwendung der vorhandenen Komponenten mit entsprechend geringeren Kosten und Preisen. Die Lösung präsentierte Healey auf der London Motor Show 1952: einen auf das verkürzte Chassis des Austin A90 gesetzten Prototyp eines schnittigen Roadsters. Leonard Lord, Chef des Austin-Stammhauses, der kurz zuvor gegründeten British Motor Corporation (BMC), sah diesen „Healey 100", war von der Idee angetan und bot Healey an, ihn unter die Fittiche der BMC zu nehmen. Und so wurde aus dem Healey schließlich ein Austin-Healey, produziert in Austins Fabrik bei Birmingham. Das heißt: Er wurde hier nicht ganz gebaut. Die Montage von Karosserie und Chassis erfolgte bei den Brüdern Dick und Alan Jensen im West Bromwich.

Im Frühjahr 1953 präsentierte die British Motor Corporation, der inzwischen auch Healey angehörte, den Austin-Healey 100/4. Die Innenausstattung mit den typischen großen Instrumenten wie Drehzahlmesser und Geschwindigkeitsmesser entsprach durchaus der eines Sportwagens. Die Skala für den Geschwindigkeitsmesser reichte bis 120 mph (rund 190 km/h). Der Drehzahlgrenzbereich war mit 6000 U/min angegeben.

Richard Newton, einer der bekanntesten britischen Autoren, hat den Austin-Healey 100S den „König des Healey Hill" genannt. Das S stand für Sebring, den Namen der bekannten amerikanischen Rennstrecke. Das sollte ihm den Weg auf den US-Markt ebnen. Gebaut worden sind von diesem Modell nur insgesamt 55. Die werksinterne Bezeichnung war übrigens BN1, später galt sie auch offiziell.

Abgesehen von seinem gefälligen Styling bot der Wagen wenig Aufregendes. Seine Antriebseinheit stammte vom A90, der 2,7-Liter mit Gußeisenblock. Er war mit einem Vier-Gang-Getriebegehäuse verbunden, bei dem auf den ersten Gang verzichtet wurde, weil – so die offizielle Lesart – angesichts des besonders breiten Drehzahlbandes der ultraniedrige Anlaufgang eines „Traktors" überflüssig war. Da die Gänge zwei und drei mit einem Overdrive kombiniert waren, standen letztlich fünf Vorwärtsgänge zur Verfügung. Die über den Seitenschienen des Chassis montierte Hinterachse reduzierte die Nickbewegungen der Karosserie, wirkte sich aber nachteilig auf das Fahrverhalten insgesamt aus. Die antiquierten Hebeldämpfer an beiden Achsen konnten dieses Manko nicht ausgleichen. Speichenräder mit Zentralverriegelung waren Standard, ebenso eine in drei Positionen zwischen steil und völlig flach verstellbare Windschutzscheibe.

Die Produktion des Wagens begann im Frühjahr 1953. Mit dem Beginn des Exports in die USA ergab sich rasch eine entsprechende Nachfrage, der mit 100 Einheiten pro Woche Rechnung getragen wurde. Der gute Absatz basierte nicht zuletzt auf dem gelungenen Styling, der beachtlichen Leistung und dem Handling, Fakten, mit denen nur wenige Fahrzeuge dieser Preisklasse mithalten konnten. Der Austin-Healey rangierte in der Tat näher zum Jaguar XK120 als der kleinere und billige Triumph TR2. Mit zwei Problemen aber hatten sich die A-H-Besitzer oft herumzuplagen: extreme Motorhitze im Innenraum und eine so geringe Bodenfreiheit, daß der tiefhängende Auspuff oft auch Bodenberührung bekam.

Innerhalb der nur dreieinhalb Jahre, in denen der Vierzylinder-Austin-Healey gebaut wurde, ist er in vier verschiedenen Varianten angeboten worden. Das erste Modell lief bis Ende 1955 als BN1. Der folgende BN2 hatte nun wieder einen „normalen" ersten Gang. Während dieser Zeit arbeitete Healey an einer Rennversion des BN1, dem 100S („Sebring"), mit Aluminium-Karosserie, ohne Stoßstangen, motorisiert mit einer stark modifizierten 132-PS-Maschine. Entstanden sind von diesem Wagen 55 Einheiten. Die meisten kamen auch, wofür sie geplant waren, zu sportlichen Einsätzen und hielten sich hier auch beachtlich.

Der Austin-Healey 100 setzte sich auf Anhieb durch, speziell in den USA. Die meisten der insgesamt gebauten rund 14 000 Vierzylinder-Modelle sind auch in die Staaten exportiert worden, wo sie Stammgast bei allen Wettbewerben der Sportwagen-Szene waren.

Kein Wunder, daß die BMC-

Die Karosserie des 100S war aus Gründen der Gewichtseinsparung aus Aluminium hergestellt. Der Wagen hatte weder Seitenfenster noch ein Dach. Er war eines der ersten Fahrzeuge mit Scheibenbremsen rundum. Für dieses Modell mit 132 PS bei 4700 U/min zeigte der Geschwindigkeitsmesser 140 mph (225 km/h) als Grenze an.

Manager diesen Wagen zu einem permanenten Bestandteil des Programms machten. 100 dieser Fahreuge in einer Woche – das war doch schon was! Aus Amerika aber kamen inzwischen mehr und mehr Wünsche nach mehr Innenraum. Zudem war der Austin-Vierzylinder inzwischen auch ziemlich veraltet. Das alles lief darauf hinaus, den Wagen sowohl von der Karosserie her zu überarbeiten als auch die Voraussetzungen zu schaffen, ihn mit einem Sechszylinder auszurüsten. Das Ergebnis stand 1956 auf den Rädern: der 100/6, was zugleich dazu führte, die früheren A-H-Vierzylinder nun als 100/4 zu bezeichnen. Auf dem verlängerten Radstand von 2336 mm (50,8 mm mehr als zuvor) saß nun eine „2+2"-Karosserie, wobei die hintere 2 auf zwei Rücksitze hinweisen sollte, die aber nicht mehr waren als der Platz für ein paar Pakete oder kleines Gepäck. Am Styling war nicht viel verändert worden, der ovale Grill jedoch gab dem Wagen nun ein völlig neues Gesicht. Auf der Nase sorgte ein schmaler Luftschlitz für bessere Kühlung des Motorraums. Und anstelle der Speichenräder konnten jetzt auch Scheibenräder geordert werden.

Mit einem OHV-Sechszylinder war der Austin-Healey 100/6 ausgerüstet. Er entwickelte 102 PS. Mit verlängertem Radstand war Platz für zwei Zusatz-Sitze geschaffen worden, die aber kaum zum Sitzen geeignet waren.

Als Motor hatte der neue Wayen nun auch einen Sechszylinder, den aus BMCs C-Serie, der einiges vom B-Serien-Vierzylinder des neuen MGA-Sportwagens mitbekommen hatte. Mit dem auf fast 1360 kg „aufgeblasenen" Wagen war trotz der zwölf PS mehr an Fahrleistungen so gut wie nichts gewonnen. Das änderte sich jedoch Ende 1957 dank überarbeiteter Zylinderköpfe und Ansaugkrümmer, wodurch nicht nur die Leistung auf 117 PS gesteigert werden, sondern durch ein breiteres Drehzahlband auch die sportlichen Ansprüche höher angesiedelt werden konnten.

Inzwischen hatte BMC beschlossen, alle Sportwagen der Gesellschaft in MGs Fabrik in Abingdon zu bauen. So wurde A-H ausquartiert und hundert Kilometer entfernt etabliert. Kurze Zeit später erschien ein Modell BN6 – nichts anderes als ein 100/6, bei dem nur die zwei sogenannten „Rücksitze" weggelassen waren. Enthusiasten konnte das nicht beirren. Auch nicht, daß Austin-Healey 1958 einen schnuckeligen kleinen Wagen herausbrachte, den „Sprite" mit seinen markanten Froschaugen. Das „big"-Image gehörte zu Austin-Healey.

Dieses Image wurde 1959 nur noch unterstrichen, als der 3000 A-H anrollte. Mit 2912 ccm auf mehr Hubraum aufgebohrt, wies er auch sieben PS mehr auf. Sowohl der zweisitzige BN7 als auch der wieder als 2+2 deklarierte BT7 waren nun mit Scheibenbremsen vorn bestückt. 1961 gab es wieder eine Modellerweiterung, den Mark II, für den ein neues Getriebegehäuse entwickelt worden war.

Vom Drei-Vergaser-System schaltete Austin-Healey aber schon beim 1962 vorgestellten Convertible Mark II zurück auf das Zweier-Prinzip. Dieses Cabrio wurde nur als 2+2-Version angeboten, bei dem Kurbelfenster und ein integriertes Faltverdeck zur Serienausstattung gehörten, für eingefleischte A-H-Fans fast schon ein Sakrileg! Bis 1964 tat sich im Hause Austin-Healey nicht viel. Dann war die Liste der Modelle erneut um eins verlängert worden, den getunten Mark III mit inzwischen schon 148 PS.

1967 endete die Karriere des Austin-Healey. Für 21 Jahre. Denn inzwischen läßt die neue unabhängige Healey Motor Company die alte Tradition wieder aufleben. Im klassischen Healey-Styling mit dem Rover-3,5-Liter-Motor und 190 PS sind der Mark IV und der Silverstone die schnellsten A-Hs, die es je gab.

Technische Daten	
Motor:	Modell **100/4:** 4-Zylinder-OHV-Reihenmotor, 2660 ccm, Bohrung x Hub 8,3 x 11,1 cm, 90 PS bei 4000 U/min, max. Drehm. 195 Nm bei 4000 U/min – Modell **100 M:** wie 100/4, jedoch 110 PS bei 4500 U/min – Modell **100S:** 132 PS bei 4700 U/min, sonst wie 100/4 – Modell **100/6:** 6-Zylinder OHV-Reihenmotor, 2639 ccm, Bohrung x Hub 7,9 x 8,9 cm, 102/117 PS bei 4600/4750 U/min, max. Drehm. 192/194 Nm (frühere/spätere Modelle) – Modell **3000:** 6-Zyl.-OHV-Reihenmotor, 2912 ccm, Bohrung x Hub 8,3 x 8,9 cm, 124/132/148 PS bei 4600/4750/5250 U/min (je nach Modell), max. Drehm. 219/226/223 Nm bei 2700/3000/3500 U/min
Kraftübertragung:	Dreigang-Getriebe (nur 1953-55), Viergang-Getriebe mit Laycock de Normanville Overdrive für die Gänge 2 und 3
Fahrwerk:	Unabhängige Radaufhängung vorn, doppelte Querlenker, Schraubenfedern, Hebeldämpfer, Stabilisator, starre Hinterachse, halbelliptische Blattfedern, Panhardstab, Längslenker (ab 1964), Hebeldämpfer
Bremsen:	Hydraulische Trommelbremsen an allen Rädern
Radstand:	2286 mm (100/4), 2336 mm (100/6 und 3000)
Gewicht:	913-1156 kg (je nach Modell)
Höchstgeschwindigkeit:	166 bis 202 km/h
Produktion:	10 668 (BN1, incl. 55 Mod. 100S) – 3924 (BN2, incl. 1159 Mod. 100M) – 10 289 (100/6 BN4) – 4150 (BN/6) – 13 650 (3000 MK I) – 5450 (MK II) – 6113 (Convertible) 17 704 (MK III)

CALIFORNIA
MY53LDO

Klassische Autos – das definiert der Sammler mit automobilen Generationen. So gesehen finden sich in den Annalen von Cadillac nicht gerade viele echte Klassiker. Auch bei Sammlern gilt die Marke als Spätstarter, wenn es um sammelwürdige Objekte geht. Sammelwürdig – wie gesagt – im Sinne von klassisch. Der berühmte rosa Caddy von Elvis Presley gehört da in eine völlig andere Raritäten-Abteilung. Und ist doch wiederum gar nicht soweit entfernt von dem, was die Cadillacs auch in technischer Hinsicht sind, soweit es sich um Sammlerstücke handelt. Hier hat sich das Interesse inzwischen eindeutig auf Fahrzeuge von speziellem Charakter konzentriert, wie sie in den Nachkriegsjahren entstanden sind. Unter ihnen nehmen der Eldorado von 1953 und der auf gleiche Stufe zu stellende Eldorado Brougham von 1957 eine Sonderstellung ein. Jeder für sich ein technisches Meisterstück mit dem V8 aus dem Jahre 1949, dieser für sich allein schon ein Triumph der Technik.

Es ist schlichtweg unmöglich, die Bedeutung der mit den fast schon zu einer Legende gewordenen Heckflossen dekorierten Cadillacs zu unterschätzen, mit denen 1948 das erste komplette Restyling nach dem Kriege erfolgte. Diese Flossen waren nicht nur eine vorübergehende Laune, sie leiteten im Gegenteil eine völlig neue Linie des Cadillac-Stylings ein, die schließlich sogar zu einer Tradition wurde. Hinzu kam die Gestaltung der Frontpartie mit einem Kühlergrill im „Eierkisten"-Stil, der in der Mitte höher war als an den Seiten. Dieses Grill-Design ging zurück bis in die 30er Jahre, der Caddy des Jahres 1948 aber präsentierte diesen Grill erstmals in moderner Form.

Der Eldorado des Jahres 1953 war exklusiv in jeder Hinsicht, auch im Preis. 7750 Dollar kostete das Prachtstück, von dem nur 532 gebaut worden sind. Im Basis-Styling entsprach der Wagen den anderen Cadillac-Modellen, unterschied sich von diesen aber durch eine Panorama-Frontscheibe und Speichenräder.

Heute weiß fast jeder ein wenig in der amerikanischen Automobilhistorie bewanderte Auto-Fan, daß die berühmten Cadillac-Flossen schon ein Styling-Element gewesen waren, bevor die USA in den Krieg „einstiegen". Da hatte nämlich Harley Earl, Design-Chef von General Motors, mit seinen Mitarbeitern die Gelegenheit wahrgenommen, den als top secret eingestuften Jäger Lockheed P-38 „Lightning" zu besichtigen. Dessen für die Luft konstruiertes Konzept wurde von den Cadillac-Designern dann für die Straße „umgesetzt". Allerdings nur auf dem Papier. Von der Frontpartie bis zu den hinteren Ponton-Kotflügeln. Die Konservativen in Cadillacs Chefetage lehnten die ihrer Meinung nach „radikalen" Ideen des neuen flugzeugähnlichen Stylings zwar ab, tolerierten aber – und das auf Geheiß „von oben"! – die Heckflossen. Daß sie damit nicht nur für Cadillac, sondern für die Branche überhaupt grünes Licht gaben, ahnten sie wohl selbst nicht. Denn nach der „Premiere" dieses neuen Styling-Elements waren die Zubehör-Firmen schnell mit entsprechenden Angeboten auf dem Plan und boten „Cad-Fins" auch für die Chevys und Pontiacs an. Harley Earl brachte es auf den Punkt: „Dieses Design-Element war für die Cadillac-Besitzer gleichbedeutend mit einem zusätzlichen Prestige-Gewinn mit einem ohnehin schon teuren Wagen." In der Tat waren die Heckflossen das gleiche wie der Mercedes-Stern: ohne Bedeutung für die Fahrpraxis, von extremer Bedeutung aber fürs Image.

Und was für Mercedes zutraf und zutrifft, war für Cadillac nicht anders: Der Stern allein macht den Mercedes nicht zu dem Spitzenklassenauto, das er ist. Die Heckflossen machen es mit dem Cadillac auch nicht. Nun, 1950 begannen die flossenbewehrten „Cads" schwerer und zugleich protziger zu werden, was die Briten verächtlich als „Dollar-Grinsen" bezeichneten. Den Amerikanern ist zuzugestehen, daß sie das als reine Heuchelei charakterisierten. Der Rolls Royce hatte jedenfalls mehr Chrom auf der Nase als der Cadillac an seinen Heckflossen oder sonstwo.

1953 präsentierte Cadillac dann mit dem Eldorado ein höchst spezielles Modell, das in der limitierten „Auflage" von nur 500 Exemplaren von

vornherein zu einer Rarität wurde. Unter dem Blech arbeitete der bis dahin noch immer stärkste Motor, den Cadillac je zu bieten hatte – ein 8,25:1 verdichteter V8 mit 210 PS.

Sein fortschrittliches Styling, das dem des Buick Skylark („Feldlerche") und des Oldsmobile Fiesta ähnelte, war – und ist – sein bedeutendstes Kapital. Das Armaturenbrett war lederbezogen. Erstmals hatte ein Cadillac eine Panorama-Windschutzscheibe. Speichenräder, ein tiefergelegter Schwerpunkt, ein Cabriodach, das sich voll versenken ließ und in einer Metallwanne verschwand, den Eldorado damit auch in ein lupenreines Cabriolet verwandelte – das waren schon stilistische Highlights!

Cadillac stufte den Eldorado übrigens nicht als ein eigenständiges Modell, sondern – zum Beispiel von der Technik her – als Bestandteil der Baureihe 62 ein, obwohl er fast doppelt soviel kostete wie ein konventioneller 62 Ragtop. Bis 1959 blieb Cadillac auf dieser Linie, stufte den Eldorado dann letztlich aber doch als eigenständige Modellreihe im Gesamtprogramm ein.

Als „Protzmobil" mit einer Reihe neuer Ideen war der Eldorado aber ein Automobil, das Filmstars und Ölscheichs zwar mit einem Taschengeld bezahlten, für Otto Normalverbraucher aber unbezahlbar war. Für diesen Preis sind dann aber auch entsprechend wenige verkauft worden. Um etwa 136 kg schwerer als das Basis-Cabrio, war der Eldorado von der Leistung her die Schnecke im gesamten Cadillac-Programm. Doch das ist relativ zu sehen. Mit 210 PS stand schließlich mehr als genug Power zur Verfügung.

Mit dieser Leistung kam der „Eldo" auch im Fahrverhalten gut zurecht – vorausgesetzt, er hatte eine einigermaßen gute und gerade Fahrbahn unter den Rädern.

Der Eldorado war ein lupenreines Cabrio: Das Verdeck verschwand völlig in einer speziellen Wanne hinter den Rücksitzen, wo es dann von einem Metalldeckel geschützt wurde. Stoßstangenhörner sorgten für zusätzlichen Schutz bei kleinen Remplern.

Dieses Fahrverhalten, das bei den Cadillacs von 1949 noch so gelobt worden war, hatte angesichts des Zuwachses an Länge, Breite und Gewicht in den frühen 50er Jahren deutlich verloren. Um es auf den Nenner zu bringen: Es war so gut oder so schlecht wie das aller Cadillac-Modelle des Baujahres 1953.

Durstig war der Eldorado obendrein auch noch mit rund 19,5 Litern Benzinverbrauch auf 100 Kilometer. Selbst unter Berücksichtigung des Gewichts von 2177 kg war das bei einem Preis von 20 Cent (0,80 DM nach dem damaligen Kurs) für eine Gallone (3,78 Liter) trotz allem aber immer noch kein Grund, sich die Spazierfahrt mit dem Eldo versauern zu lassen. Man betrachte das aus deutscher Sicht: 21 Pfennige pro Liter!

Bei Sammlern ist der Besitz oder Kauf eines Eldorado von 1953 mit einigen Bedenken behaftet. Diese beziehen sich vornehmlich auf die kostspielige Unterhaltung des Wagens. Ersatzteile, zum Beispiel Türen, gibt es nicht. Kein Wunder bei der geringen Stückzahl gebauter Fahrzeuge. Was da bei einem Unfall verbeult wird, muß entweder ausgebeult oder völlig neu angefertigt werden. Aber so ist das nun einmal mit derlei Raritäten. Wer sie haben will, muß sie sich eben auch etwas kosten lassen.

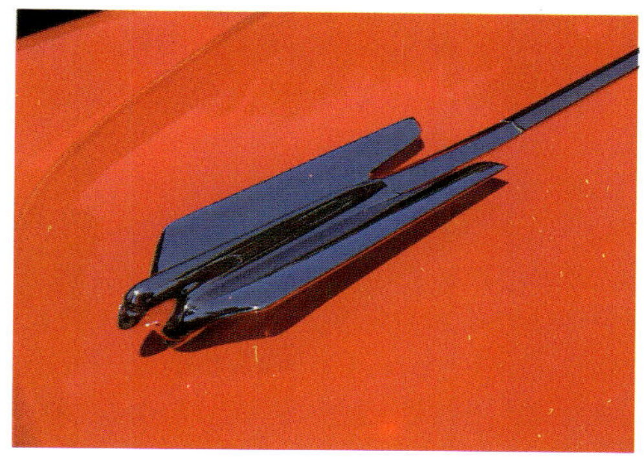

Der Eldorado 1953 war rund 140 kg schwerer als das Serien-Convertible, wurde dank der 210 PS mit diesem Mehrgewicht aber ohne Einschränkung der Fahrleistungen fertig. Natürlich hatte auch er den traditionellen Winkel mit dem Cadillac-Wappen auf der Nase. Typisch war das Lenkrad mit dem großen Hupring.

Technische Daten

Motor:	OHV-V8, 5424 ccm, Bohrung x Hub 9,7 x 9,2 cm, Verdichtung 8,25:1, 5 Hauptlager, hydraulische Ventilstößel, 4 Vergaser, 210 PS bei 4150 U/min
Kraftübertragung:	Vierstufen-Hydramatic
Fahrwerk:	Unabhängige Radaufhängung vorn mit Schraubenfedern und Rohrstoßdämpfern, Starrachse hinten mit halbelliptischen Blattfedern
Bremsen:	Hydraulische Vierradbremse
Radstand:	3200 mm
Länge:	5481 mm
Gewicht:	2170 kg
Höchstgeschwindigkeit:	ca. 180 km/h
Produktion:	532

Das Markenzeichen identifiziert sie als Studebaker. Insider jedoch bezeichnen sie als „Loewy"-Coupés. Nicht ohne Grund. Denn Raymond Loewy war Studebakers Design-Berater in den frühen 50er Jahren, als diese faszinierenden Automobile entwickelt wurden.

Studebaker wußte auch, warum die Kontakte zu Loewy geknüpft wurden. Er genoß schließlich den Ruf eines der weltbesten Industrie-Designer. De facto war zwar Bob Bourke, der damalige Chef-Designer von Studebaker, in erster Linie für das Styling des schlanken und ausgesprochen schönen Starliner Hardtops sowie dessen Pendant Starlight Coupé verantwortlich. Ohne Loewys enthusiastisches Engagement wären Bourkes Design-Entwürfe wohl nie über das Reißbrett-Stadium hinausgekommen. In der Anfangsphase während des Frühjahrs 1951 zweifelte niemand daran, daß Bob Bourke lediglich an einem Show-Car arbeitete, das ausschließlich für Ausstellungszwecke gedacht war. Bourke selbst aber hatte andere Pläne. Zumindest hatte er gewisse Hoffnungen, die er später so formulierte: „Als das Modell entwickelt wurde, hatte ich den Hintergedanken, daß bei einem Resultat, das sich sowohl in der Praxis als auch im Styling als realisierbar erweisen würde, eine Serienproduktion nicht utopisch sein dürfte." Auch wenn von anderer Seite, vornehmlich von Studebaker-Präsident Harold Vance, Bedenken angemeldet wurden, verfolgte Bourke seinen Plan unbeirrt.

Studebakers traditionelle Linie waren zwei- und viertürige Limousinen. Erstmals seit 1947 waren sie unter der Regie von Bob Bourke und Holden „Bob" Koto („Hauptverantwortlicher" für das Ford-Design 1949) 1953 einem völligen Restyling unterzogen worden. Gemäß der von Studebaker 1951 erstmals angewandten Praxis hatten sowohl der Sechszylinder-Champion als auch der Commander-V8 den gleichen Radstand von 2959 mm. Eine Ausnahme jedoch machte der Commander Land Cruiser, eine größer dimensionierte Limousine auf einem Chassis mit 3060 mm Radstand. Daß Limousinen exakt Studebakers konservativem Management entsprachen, versteht sich. Erst als die Vorbereitungen für deren Produktion im Gange waren, gab Harold Vance grünes Licht für die Verwirklichung von Bob Bourkes Idee zum Bau moderner Coupés. Das lange Zögern des Studebaker-Chefs sollte sehr kostspielig werden ...

Gutes Design ist, so hatte es Gordon Buehrig einmal definiert, in erster Linie eine Frage der ausgewogenen Proportionen. Genau danach handelte Bourke, als er sich bei der Entwicklung seines Coupés für das Chassis mit dem längeren Radstand des Land Cruiser entschied. Die Gesamtlänge des Coupés erstreckte sich über beachtliche 5128 mm, mehr als zehn Zentimeter länger als der zur gleichen Zeit gebaute Ford. Durch die Verwendung eines „Kuhglocken"-Rahmens, der hinter der Motorhaube ausgebuchtet war, konnte er die Gesamthöhe des Wagens auf 1466 mm reduzieren, das waren beachtliche 96 mm weniger als bei den neuen Studebaker-Limousinen. Daß sich Bourkes Coupé im Vergleich mit den Limousinen als besonders schlankes, elegantes Fahrzeug präsentierte, muß kaum betont werden.

Der von Fachjournalisten als schönstes je in Amerika gebautes Fahrzeug hochgelobte Starliner Hardtop wurde sowohl in der Champion- als auch in der Commander-Baureihe angeboten. Das galt schließlich auch für das Starlight Coupé, das im Preis niedriger angesetzt und entweder in Standard- oder DeLuxe-Ausstattung zu haben war.

Mit der Zustimmung zum Bau zweier unterschiedlicher Coupés gingen Studebakers Direktoren ein beträchtliches Risiko ein. Zwei Coupés erforderten auch zwei Fertigungsanlagen. Dabei waren die Unterschiede so gravierend, daß keine Karosserieteile der Coupés untereinander ausgetauscht werden konnten, geschweige denn mit den Limousinen. Das

Studebaker war der Inbegriff für Limousinen. So war das europäisch beeinflußte Commander-Starlight-Hardtop-Coupé eine Überraschung für die Fachwelt.

erforderte gewaltige Investitionen. Vielleicht aber haben Präsident Harold Vance und die anderen Köpfe in der Chefetage den Erfolg vorausgesehen, der Bourkes neo-klassischem Design beschieden sein sollte. Auf alle Fälle hatten sie erkannt, daß er ein Meisterwerk geschaffen hatte. Weder Vance noch das übrige Management und selbst Bourke dürften jedoch damit gerechnet haben, daß das Coupé zwölf Jahre lang zum Standard-Programm bei Studebaker gehören würde. Die wichtigsten Modifikationen waren gleichbedeutend mit zwei neuen Modellvarianten. Zunächst kam 1956 der Hawk (Falke) und dann der von Brooks Stevens konzipierte und von 1962 bis 1964 gebaute Gran Turismo Hawk.

Studebakers späte Entscheidung für das Coupé sorgte Ende 1952 für erhebliche Aufregung. Denn als die ersten Studebakers drei Tage vor Weihnachten von den Bändern rollten, waren es ausnahmslos Limousinen. Die Händler aber hatten damit gerechnet, ihre Ausstellungsräume mit weihnachtlich dekorierten Starliner- und Starlight-Coupés zu präsentieren. Das setzte South Bend unter erheblichen Druck. Mit dem Ergebnis, daß Vance der verärgerten Händlerschaft die Auslieferung der ersten Modelle für März 1953 versprach. Einen Monat vor dem ursprünglich geplanten Termin.

Das Instrumentarium des Starlight-Coupés von 1953 war ungewöhnlich niedrig plaziert. Einzelsitze wären zweifellos komfortabler gewesen als diese durchgehende Sitzbank.

Die Probleme waren nun natürlich vorprogrammiert, verursacht durch die unter Zeitdruck vernachlässigte Endkontrolle und entsprechende Verarbeitungsmängel bei den ersten Fahrzeugen. Das entsprach nicht dem von Studebaker gewohnten Qualitätsstandard und war dem Ruf der Marke nicht gerade zuträglich. Zu allem Übel hatten bisherige Studebaker-Stammkunden aus Verärgerung über die Verspätung des erwarteten Coupés die Marke gewechselt. Und dabei zweifellos einen schlechten Schritt getan.

Diejenigen jedenfalls, die gewartet hatten, bekamen mit dem Starliner und Starlight nicht nur fortschrittliche und gut gestylte, sondern auch leistungsfähige Fahrzeuge. Das traf vor allem auf die Commander-Version zu. Während der preisgünstigere Champion mit dem betagten und auf der Brust etwas schwachen L-Head-Sechszylinder ausgerüstet war und immerhin schon auf das vierzehn Jahre alte Original des Champion zurückging, präsentierte sich der Commander mit einem der fortschrittlichsten V8 seiner Zeit.

Der 1951 eingeführte Studebaker-V8 war ein Kurzhuber mit hängenden Ventilen (OHV). Zwar dem neuen Cadillac-Triebwerk sehr ähnlich, war er doch viel kleiner und hatte weder die Gleitschuhkolben noch die hydraulischen Ventilstößel des Caddys. Mit einem Hubraum von 3811 ccm entsprach er fast dem Hubraum des Ford-V8 und entwickelte 120 PS. Einige Probleme mit der Nockenwelle traten bei den ersten ausgelieferten Modellen auf, waren aber schnell erkannt und beseitigt. Der V8 erwies sich letztlich als eine robuste Maschine, lebendig und dabei auch wirtschaftlich.

Wäre es nach den Plänen von Studebakers Verantwortlichen in allen Bereichen gegangen, dann hätten sowohl der Commander als auch der Champion leistungsstärkere Motoren erhalten. Für den Champion war bereits ein kleinerer, aber nie in Produktion gegangener V8 in der Planung, während klar war, daß die 120 PS

Studebaker führte bereits 1950 erstmals ein Automatik-Getriebe ein. 1952 kam als Novum ein OHV-V8-Triebwerk mit 120 PS.

Die extrem flache Motorhaube und die schmalen Grill-Öffnungen des Starlight-Coupés waren unverkennbar europäisch orientiert. Um dem Motor genügend Kühlluft zuzuführen, befand sich unter der Stoßstange eine zusätzliche breite Öffnung.

des Commander-V8 nur eine Andeutung von dessen tatsächlich möglicher Leistung waren. Dabei waren selbst Verdichtungen bis zu 14,0:1 als machbar im Gespräch, wurden aber nie realisiert. Obendrein hatte es Studebaker versäumt, seinen V8 auf einen größeren Spielraum im Hubraum auszulegen. Immerhin erreichte man einen Wert von 4735 ccm, damit aber hatte der Motor 1956 bereits die Grenze seiner Kapazität fast erreicht. „Endstation“ waren 1964 dann 4989 ccm. Damit hinkte Studebaker im Hubraum-„Rennen“ der 50er Jahre der Konkurrenz hinterher.

Nicht, daß Studebakers Ingenieure müßig gewesen wären und die Zeit verschlafen hätten. So war die Firma in South Bend immerhin die zweite unter den unabhängigen Autoherstellern, die nach Packards 1949 vorgestellter Ultramatic mit einer weitgehend selbst konstruierten Automatik aufwartete. Gemeinsam mit Borg-Warner war dieses Getriebe entwickelt und 1950 eingeführt worden. Ein System, bei dem die Kraftübertragung ausgeschaltet wurde, wenn der Wagen im Leerlauf stand. Diese Automatik war so gut, daß Ford sich um die Rechte daran bemühte. Studebaker – in der Hoffnung, mit dieser Automatik Publicity zu erzielen – lehnte ab. Und sollte das bitter bereuen. Denn Ford entwickelte daraufhin, ebenfalls mit Borg-Warner, eine eigene Automatik. Und Studebaker schwamm das Geld davon, das man in den vorausliegenden schwierigen Zeiten zum Überleben gebraucht hätte.

Technische Daten	
Motor Commander:	OHV-V8, 3811 ccm, Bohrung x Hub 8,5 x 8,2 cm, Verdichtung 7,0:1, 5 Hauptlager, feste Ventilstößel, 2 Stromberg-Vergaser, 120 PS bei 4000 U/min
Motor Champion:	1,6-Liter-L-Head, 2779 ccm, Bohrung x Hub 7,6 x 10,2 cm, Verdichtung 7,0:1, 4 Hauptlager, feste Ventilstößel, 1 Carter-Vergaser, 35 PS bei 4000 U/min
Kraftübertragung:	Dreigang-Getriebe, mechanisch, Overdrive oder Studebaker Automatic Drive als Option
Fahrwerk:	Unabhängige Radaufhängung vorn an Schraubenfedern, starre Hinterachse mit halbelliptischen Federn
Bremsen:	Hydraulische Vierrad-Trommelbremse
Radstand:	3060 mm
Länge:	5128 mm
Spurweite vorn/hinten:	1435/1409 mm
Höchstgeschwindigkeit:	154 km/h (V8, lt. Motor Trend)
Produktion:	25 488 (1953, Champion Starlight), 13 058 (Starliner, 1953), 20 858 (Commander Starlight), 19 236 (Starliner, 1953), 12 167 (Champion Starlight, 1954), 4302 (Starliner), 6019 (Commander Starlight), 5040 (Starliner)

Flügeltürer hieß er hierzulande. „Gullwing“ nannten ihn die Briten, „Papillon“ die Franzosen – alles wegen der ungewöhnlichen Türkonstruktion.

Am 12. März 1952 wurde einem Kreis handverlesener Journalisten auf einem – natürlich abgesperrten – Autobahnstück zwischen Stuttgart und Heilbronn ein ungewöhnliches Auto vorgestellt: der Ur-Vater aller Mercedes-Benz-SL-Modelle. Es war eine reine Sportversion mit noch kurzen Flügeltüren für den Einsatz bei der berüchtigten „Carrera Panamericana" in Südamerika. Und es sollte zu einer Legende, zum Inbegriff des Sportwagens schlechthin werden. Am Anfang waren zehn Prototypen, 1952 unter der Regie des Generaldirektors Wilhelm Haspel gebaut, der der Welt klarmachen wollte, daß Deutschland nicht nur aus der Agonie des Krieges und seiner Folgen erwacht war, sondern auch seinen Anspruch auf die Rückgewinnung des sportlichen Rufs zu erheben gedachte. Der Weg dahin führte über den SL und durch den SL.

Selten ist ein Auto so mit einer Person verbunden gewesen wie der Mercedes 300 SL mit Rudolf Uhlenhaut (zu vergleichen mit so seltenen Verbindungen wie VW Käfer und Heinrich Nordhoff). Beteiligt an der Entwicklung des SL waren jedoch auch Dr. Nallinger und Karosserie-Konstrukteur Walter Häcker. Uhlenhaut entwickelte auf der Basis der 300-Limousine von 1951 zunächst ein unkonventionelles Chassis-Konzept. Seine Devise lautete dabei ganz klar: „Ein Rahmen muß steif sein. Er soll sich nicht verwinden und federn. Federkräfte sollen von den Federn aufgenommen werden." Er setzte seine Theorie in die Praxis um und entwarf einen Rohrrahmen, der 20 kg leichter war als das Chassis des Vorkriegs-Rennwagens W 154. Die gewünschte Stabilität wurde durch zahlreiche geschlossene Dreiecksverbindungen erzielt, die die im Fahrbetrieb auftretenden Hauptkräfte an eine Rohrpyramide am Ende des Motorraums ableiteten.

Schmal, leicht und niedrig, nur so konnte Uhlenhaut das Leistungspotential noch optimieren. Er ordnete deshalb den Motor um 50 Grad nach links geneigt an. Ende September 1951 enthielten die Zeichnungen schon wesentliche Komponenten des späteren 300 SL. Das auffälligste Merkmal war in der Tat der wie erwähnt geneigte Einbau des Sechszylinders mit den drei auf den Ansaugkrümmern thronenden Solex-Vergasern 40 PBIC. Das Leistungsspektrum des M195-Motors lag zwischen 168 PS bei den in Le Mans und 180 PS bei den in Mexiko eingesetzten Fahrzeugen. Das Ende der Vergaser-Motoren-Entwicklung des M 194 markierte ein mit Weber-Vergasern bestückter und mit optimierten Brennräumen versehenes Triebwerk mit 202 PS. Versuche mit einer Kompressor-Version hatten nicht den erhofften Erfolg gebracht.

Im Styling des neuen Mercedes fand sich eine Aufsehen erregende Detaillösung – der Einstieg über „Fensterklappen". Angesichts der niedrigen Gesamthöhe und des hohen Rohrrahmens im Seitenbereich war zunächst eine konventionelle Türanordnung beim ersten Typ ausgeschlossen. Alfred Neubauer, der selbst zu einer Legende gewordene Mercedes-Rennleiter, hatte nach dem exakten Studium des Renn-Reglements die Lösung gefunden: Türen waren zwar vorgeschrieben, aber nicht deren Lage und Befestigung. Also wurde der Einstieg noch weiter nach unten gezogen, während die Türscharniere ins Dach wanderten. So entstanden die charakteristischen Flügeltüren.

Alfred Neubauer überließ nichts dem Zufall. Schon am 9. Mai 1951 hatte er eine fundierte Analyse der Mille Miglia 1951 an Generaldirektor Dr. Haspel und Dr. Nallinger verfaßt. Bei der „Mille" sollte der SL sein Motorsport-Debüt geben. Nachdem sich der Mercedes-Tross in harten Tests mit der Strecke und dem Wagen vertraut gemacht hatte, standen die silberfarbenen Mercedes dann auch zum Duell mit den Ferraris am Start. Das Renn-Debüt wurde zum Triumph. Unter den ersten sechs Fahrzeugen, die das Ziel passierten, waren zwei mit dem Stern.

Es folgte eine schier endlose Serie sportlicher Erfolge, die hier nicht

Nur unwesentliche Änderungen nahm Mercedes am 300 SL des Baujahres 1956 gegenüber dem Vorjahr vor. „Auto Motor und Sport" nannte den 300 SL in einem Test 1955 „ein Musterbeispiel des Könnens und technischen Geistes der ältesten Automobilfabrik der Welt". Der Kunde zahlte dafür 29 000 Mark.

aufgezählt werden sollen. Um ein Ereignis aber kommt nicht herum, wer die Sportgeschichte des Mercedes 300 SL schreibt. Gemeint ist die Carrera Panamericana, die für Daimler-Benz zum größten Abenteuer im Motorsport wurde. Und zu einem der spektakulärsten Siege. Daß der Amerikaner John Fitch mit seinem schwäbischen Co-Piloten Eugen Geiger als Sieger außer Wertung mit ihrem SL blieben, tat der Sache keinen Abbruch. Es wurde trotzdem ein Erfolg: Karl Kling fuhr mit Hans Klenk den Sieg ein. Neben anderen prominenten Fahrern steht auch Gunther Philipp in der langen Liste erfolgreicher SL-Piloten. Er wurde mit dem 190 SL Roadster österreichischer Staatsmeister. Gunther Philipp? Genau der! Obwohl er als Schauspieler eher bekannt ist denn als Rennfahrer.

Zurück zum 300 SL. Ein wesentlicher, wenn nicht sogar der wichtigste Tag in der SL-Historie war der 2. September 1953. Da hatte der ehemalige Mercedes-Generaldirektor Fritz Könecke den neuen Importeur für die USA, Max Hoffman, als Gast zu einer Vorstandssitzung eingeladen, um ihn nach seiner Meinung über die Chancen eines Markteinstiegs in den Staaten zu befragen. Hoffmans Antwort war der Vorschlag, eine Straßenversion des sportlich so erfolgreichen SL zu bauen. Der Vorschlag wurde akzeptiert. Und das Ergebnis dieser denkwürdigen Entscheidung war der „Flügeltürer". So ungewöhnlich wie das Auto, das am 6. Februar 1954 vorgestellt wurde, war auch der Ort der Premiere: Sie fand nicht etwa in Deutschland, nicht einmal in Europa, sondern auf der New Yorker Autoshow statt.

Dieser Serien-300 SL war dank des Wettbewerbsautos von 1952 und des projektierten Nachfolgers für 1953, von dem er dann die Baureihenbezeichnung W 198 übernahm, relativ einfach herzustellen. Vom rennerprobten Modell hatte er den Rohrrahmen, das Getriebe und die Zweigelenk-Hinterachse. Die neue Karosserie bot als „zivile" Ausgabe natürlich auch mehr Platz als das enge Ur-Coupé. Vorgesehen waren zwei Leistungsstufen mit 200 PS und 215 PS. Die meisten Kunden entschieden sich für die stärkere Version.

Von Anfang an war auch an Kunden gedacht worden, die den eigentlich für ein ziviles Leben konzipierten 300 SL auch als GT im Sport einsetzen wollten. Das führte zu dem im Februar von Dr. Nallinger erteilten Auftrag, den 300 SL mit einer Aluminiumkarosserie zu bauen. Zugleich wurde auch eine GFK-Karosserie auf die Räder gestellt. Es blieb bei diesem Unikat, da zur Aluminium-Version der erhoffte Gewichtsunterschied nicht erreicht wurde.

Daß der Mercedes 300 SL weltweit auch das entsprechende Presse-Echo fand, versteht sich von selbst. So schrieb H. U. Wieselmann, einer der renommiertesten deutschen Motorjournalisten in Heft 21/1955 von „Auto Motor und Sport" den – wie er es formuliert – „Test eines der erstaunlichsten Autos, die jemals irgendwo in der Welt in Serie gebaut wurden". Die Zitate aus diesem Test bedürfen keines Kommentars: „Man kann mit ihm beinahe lautlos über die Boulevards im Radfahrertempo flanieren – im selben direkten Gang, mit dem er mühelos die Geschwindigkeit eines Sportflugzeugs erreicht. Sie brauchen von 0

Die geöffneten Flügeltüren zeigen, wie hier schon Seitenaufprallschutz praktiziert wurde. Im Kofferraum blieb nicht viel Platz für Gepäck – den beanspruchte fast allein das Reserverad.

Der Flügeltüren-SL wurde bis 1957 gebaut und dann vom Roadster mit normalen Türen abgelöst. Ab November 1958 wurde auch ein abnehmbares Coupedach (Hardtop) angeboten. Der zweisitzige Roadster kostete 32 500 Mark, das Coupedach stand mit 1500 Mark in der Zubehörliste. Durch zusätzliche Karosserieversteifungen wog der Roadster rund 110 kg mehr als das Coupe.

bis 100 km/h 30 sec mit ihrem Olympia Rekord? Der 300 SL hat in derselben Zeit 210 km/h erreicht. Und er frißt Sie dabei auf, meinen Sie? Sie müssen schon konstante 160 km/h auf der Autobahn einhalten, wenn der SL 13 Liter pro 100 km verbrauchen soll. Natürlich kann er auch das Doppelte schlucken, denn der Verbrauch hängt von der Leistung ab. Aber es gibt im heutigen Straßenverkehr keine Möglichkeit mehr, die seine länger als für kurze Augenblicke auszunutzen." Man beachte: Geschrieben wurde das Jahr 1955 !

Der 300 SL eroberte sich die Sympathie der Reichen und Schönen dieser Welt im Flug. Die Liste derer, die ihn fuhren, liest sich wie ein Auszug aus dem „Who is who?": Aga Khan, Prinz Ali Khan, Alfried Krupp, Herbert von Karajan, Tony Curtis, König Hussein, Gunter Sachs, Juan Manuel Fangio.

Die Forderung des damaligen US-Importeurs Max Hoffman nach einem offenen Sportwagen wurde im September mit der Konstruktion des 1957 auf dem Genfer Salon präsentierten SL-Roadsters realisiert. Es war zugleich auch der Abschied von den Flügeltüren, die den 300 SL bei den Angelsachsen zum Mercedes „Gullwing" (Möwenflügel), bei den Franzosen zum „Papillon" (Schmetterling) gemacht hatten. Eingestiegen wurde jetzt durch normale Türen. Ein besonderer Gag war das Versenken des zusammengefalteten Verdecks unter einer Blechabdeckung. Zusätzlich gab es aber auch ein Hardtop.

Er ist fast überflüssig, angesichts der Namen aber doch unvermeidlich, der Hinweis, daß auch der Roadster die Prominenz faszinierte. Romy Schneider, Horst Buchholz, Curd Jürgens, Clark Gable, Glenn Ford, Schah Reza Pahlevi haben einen gefahren. Und Elvis Presley.

Am 8. Februar 1963 lief die Produktion des 300 aus, der die Faszination des Begriffs „SL" begründete. Im Mercedes-Werk Sindelfingen war der Grundstein für eine automobile Ära gelegt worden, für die es viele Interpretationen gibt. Von S(uper)rL(eicht) über S(paß) und L(uft) bis zu S(til) und L(inie) für die jüngste Generation der aktuellen Produktion. Mehr als vier Jahrzehnte SL – eine Legende lebt.

Technische Daten

Motor:	Sechszylinder-Reihenmotor, schrägliegend, 2996 ccm, Bohrung x Hub 8,5 x 8,8 cm, Verdichtung 8,55:1, 1 obenliegende Nockenwelle, Bosch-Einspritzpumpe, 215 PS bei 5800 U/min
Kraftübertragung:	Vollsynchron. Viergang-Getriebe, Einscheiben-Trockenkupplung
Fahrwerk:	Gitterrahmen, vorn Einzelradaufhängung mit Querlenkern, Schraubenfedern und Stabilisatoren, hinten Pendel-Schwingachse (ab 1957 im Roadster Eingelenk-Pendelachse), Schraubenfedern (Roadster zusätzlich Ausgleichs-Schraubenfedern), Kugelumlauflenkung
Bremsen:	Hydraulische Trommelbremsen mit Unterdruck-Servounterstützung (Roadster ab März 1961 Scheibenbremsen vorn und hinten)
Radstand:	2400 mm
Spurweite vorn/hinten:	1385/1435 mm, Roadster 1398/1448 mm
Gewicht:	1310 kg, Roadster 1420 kg (mit Hardtop 1460 kg)
Fahrleistungen:	0 auf 100 km/h 10 Sekunden, Höchstgeschwindigkeit 220 bis 260 km/h (je nach Hinterachse), Verbrauch 17 Liter Superbenzin
Produktion:	1400 Coupés (1954-57),

In Anzeigen verkündete Chevrolet 1955: „Neuer Look! Neues Leben! Alles neu!" In der Tat dokumentierte der 55er Chevy die Abkehr vom alten Styling.

Die ungewöhnliche Popularität des Chevrolet von 1955 bis 1957 läßt sich – es kommt nur auf den Standpunkt an – entweder als logisch oder als unerklärlich charakterisieren. Logisch, weil ein Auto, das im Laufe von drei Jahren fast fünfmillionenmal verkauft worden ist, ganz einfach populär sein muß. So, wie es in der Chevy-Historie auch vermerkt ist: „Fast jeder hat einmal einen dieser Chevys besessen." Unbestritten waren diese Chevrolet-Modelle auch besonders gute Autos, vollgepackt mit Innovationen. Sie warteten mit einem überraschend neuen Styling auf, präsentierten sich in gut abgestimmter Zweifarben-Lackierung und waren mit einem Triebwerk ausgerüstet, das als erster erfolgreicher Chevrolet-V8 gewertet wurde. Ein PS pro 16,387 ccm Hubraum war ein schon beachtliches „Verhältnis". Das Angebot der in allen Versionen gut durchkonstruierten Modelle reichte vom viertürigen Hardtop bis zum Nomad Wagon, einer speziellen Kombi-Variante.

Andererseits aber vertraten sachliche Kenner der Szene den Standpunkt, daß diese neuen Chevys auch nicht besser waren als die Konkurrenz von Ford und Plymouth, letztlich mit den eigenen Familienmitgliedern aus dem Hause GM verglichen, sogar noch unter diesen auf der Rangliste, auf der Preisliste übrigens aber auch. Trotzdem: Nichts charakterisiert die „Fifties" so treffend wie ein Chevy Bel Air. Und gerade dieser Wagen ist bei Sammlern um ein Vielfaches populärer als etwa der zeitlose Continental Mark II oder der Studebaker Starliner von 1953.

Die Erklärung ist einfach: Irgendwann hat jeder Amerikaner einmal einen Bel Air besessen. Oder zumindest seine Eltern. Oder irgend jemand in der Verwandtschaft. Mehr als 30 000 Amerikaner hüten heute noch als stolze Besitzer generell oder als Sammler speziell einen Bel-Air-Schatz, der in gutem Zustand den Wert fast aller vergleichbaren Großserienfahrzeuge seiner Zeit übertrifft.

Was die Leute damals so faszinierte und auch heute noch fasziniert, beruht auf zwei innovativen Fakten – von Grund auf neues Styling und weitgehend neue Technik. Das Styling war geprägt vom Kühlergrill à la Ferrari, „überdachten" Scheinwerfern, viel Glasfläche und der tiefergelegten Gürtellinie.

Verpackt in diesen Anzug von Clare MacKichan und dem Chevy Styling Studio war der von Ed Cole und Chevy Engineering überarbeitete kompakte V8 des 265. Das waren die wichtigsten Zutaten, die aber durch einige besondere Rosinen noch gewürzt wurden. Zu diesen gehörte die Powerglide Automatik, das Power-Pack des V8 mit doppeltem Auspuff, später auch Mehrfach-Vergaser und – als Option ab 1957 – Benzin-Einspritzung. Das Styling erhielt mit dem Hardtop-ähnlichen Nomad-Station-Wagon eine besondere Nuance, wie auch mit dem von 1956 bis 1957 gebauten Bel Air Sport Sedan, einem der schönsten viertürigen Hardtops der 50er Jahre.

Während dieser drei Jahre folgte auch Chevrolet wie die meisten Konkurrenten der Drei-Serien-Philosophie. Die Zeit der „limitierten Editionen" wie die ersten Impalas oder die Modelle mit Optionen hinsichtlich Leistung und Ausstattung wie die Super Sports lag noch in der Zukunft. Top-Baureihe bei Chevrolet war der Bel Air, der letzte klassische Chevy, heute das meistgesuchte Chevrolet-Standard-Modell auf dem Sammler-Markt. Der Bel Air war schließlich auch die einzige Baureihe, in der sowohl ein Convertible als auch der Nomad Combi angeboten wurde.

Hinsichtlich des Stylings war der Bel Air von 1955 das zeitloseste und am besten durchgezeichnete Modell der gesamten Serie. Auch wenn die Gestaltung der Frontpartie mit dem Ferrari-Kühlergrill von Puristen nicht akzeptiert und auch, nicht sonderlich überraschend, schon im folgenden Jahr durch einen konventionellen Chevy-Grill ersetzt wurde. Für Kenner war keines dieser Modelle von sonderlicher Bedeutung, auch

Der auffälligste der Chevys von 1955 war ohne Zweifel der Bel Air Ragtop. Besondere Kennzeichen waren die überdachten Scheinwerfer, das völlig neugestaltete Armaturenbrett und reichlich Chrom.

nicht die eher als Facelifting eingestufte 1957er Generation. Immerhin warteten die Modelle von 1957 aber mit einem aggressiveren Styling mit sportlichen Heckflossen und einer kompakten Stoßdämpfer-Grill-Kombination auf.

Mittlere Baureihe war der „Two-Ten“, weniger luxuriös in der Ausstattung als der Bel Air, aber andererseits doch mehr als das Basismodell „One-Fifty“. Vom Two-Ten wurden zwei- und viertürige Limousinen angeboten, jedoch kein Convertible und kein Nomad-Combi. Obwohl logischerweise auch preiswerter als der Bel Air, sind vom Two-Ten weniger verkauft worden. Auch wenn für die 1957er Two-Ten-Reihe die gesamte Motoren-Palette bis zum 4,7-Liter mit 283 PS zur Verfügung stand, wurden überwiegend die Basis-Versionen mit Sechszylinder-Motor oder dem „kleinen“ V8 geordert.

Die Chevys jener Tage haben im übrigen auch Sportgeschichte geschrieben. Als Anfang 1957 entsprechend einem Agreement der Autoindustrie auch Chevrolet nicht mehr als Rennsport-Sponsor auftrat, bedeutete dies jedoch nicht, daß die Chevys von der sportlichen Bildfläche verschwanden. Im Gegenteil. Der Chevrolet des Baujahres 1955 sammelte bei den Wettbewerben der neuen Short Track Division der National Association for Stock Car Auto Racing (NASCAR) mehr Punkte als alle anderen Wagen in dieser Preisklasse. Bei den Rennen der American Automobile Association (AAA) war Marshall Teague, von Hudson gekommen, die Nummer eins. Auf einem Chevrolet. Und beim 500-Meilen-Rennen der NASCAR in Darlington ließen Herb Thomas und Jim Reed die favorisierten Chrysler 300 ziemlich alt aussehen und fuhren mit einem Schnitt von 149 km/h einen deutlichen Erfolg heraus. Um den Triumph komplett zu machen, landeten sechs Chevys unter den

Von besonderer Art war der Chevrolet Combi des Baujahres 1956, als Typ „Nomade“ bezeichnet. Sein Hardtop-Styling, das luxuriöse Interieur und die Zweifarben-Lackierung hoben ihn aus dem Kreis der üblichen Station Wagons heraus. Das Platzangebot war mehr als großzügig bemessen.

„Süß. Weich. Und sexy!" So stufte Chevrolet den Bel Air von 1957 mit dem 4,6-Liter-V8 ein. Sein Styling ähnelte im übrigen dem eines Cadillac mehr als je zuvor. Die Preisliste begann bei 2299 Dollar für das Sport-Coupé.

ersten zehn Wagen, die das Ziel erreichten.

Die Benzineinspritzung, die erst wenige Monate vor der „Anti-Renn"-Entscheidung der Manufacturers Association zum Einsatz kam, blieb lange Zeit ein Problem, verursachte bei damit ausgerüsteten Fahrzeugen immer wieder Ausfälle. Im Februar 1957 aber belegten bei der Daytona-Geschwindigkeitswoche über die fliegende Meile Chevys aus dem SEDCO-Rennstall mit Vince Piggins und Dick Rathmann in der Klasse von 3490 ccm bis 4245 ccm die ersten Plätze mit sieben Sekunden Vorsprung vor dem ersten Ford. Noch totaler war der Triumph in der Klasse 5 von 4245 ccm bis 5000 ccm mit den „ersten" 33 unter insgesamt 37 Plätzen, wobei Paul Goldsmith einen Schnitt von 210 km/h (!) erzielte. In der gleichen Klasse sprangen für Chevys beim Sprint der „stehenden Meile" – Start von 0 auf 1,609 km – die ersten 18 Ränge heraus. Bei Beschleunigungstests in Daytona gehörten Sechszylinder-Modellen von Chevrolet in der Klasse 4 sechs der ersten sieben Positionen. Chevrolet nannte sein Modell „The Hot One", den „Heißen". Und als solcher ist er in der Tat in die US-Autohistorie auch eingegangen.

Obwohl Sammler besonders an den Hardtops und Convertibles des Bel Air von 1957 interessiert sind, war die viertürige Limousine im Neuzustand weit populärer. Während der gesamten Bauzeit sind insgesamt 254 331 Einheiten entstanden. Mit 2290 Dollar lag der Preis sogar um neun Dollar unter dem des Sport-Coupés. Der 4637-ccm-V8 wartete mit Leistungen von 185 bis 283 PS auf.

Technische Daten

Motor:	**Baujahr 1955:** OHV-Reihen-Sechszylinder, 3850 ccm, Bohrung x Hub 9,0 x 10,0 cm, Verdichtung 7,5:1, 123 PS bei 3800 U/min, 135 PS mit Powerglide / OHV-V8, 4342 ccm, 9,5 x 7,6, 162 PS bei 4400 U/min und 180 PS bei 4600 U/min – **Baujahr 1956:** Reihen-Sechszylinder, 3850 ccm, 140 PS bei 4200 U/min / V8, 4342 ccm, 162 PS bei 4200 U/min, 170 PS bei 4400 U/min, 205 PS bei 4600 U/min, 225 PS bei 5200 U/min, Verdichtung 9,25:1 – **Baujahr 1957:** Reihen-Sechszylinder wie 1956 / V8, 4,3 Liter wie 1956 / V8, 4637 ccm, 9,8 x 7,6 cm, 185 PS bei 4600 U/min, Verdichtung 8,5:1, 220 PS bei 4800 U/min, Verdichtung 9,5:1, 245 PS bei 5000 U/min, 270 PS bei 6000 U/min, 283 PS, Verdichtung 10,5:1
Kraftübertragung:	Dreigang-Getriebe, Overdrive und Zweistufen-Powerglide als Option, Zweistufen-Turboglide als Option nur 1957, eng abgestuftes Dreigang-Schaltgetriebe für die Hochleistungs-Motoren
Fahrwerk:	Einzelradaufhängung an oberen und unteren Dreiecksquerlenkern, Schraubenfedern vorn, starre Hinterachse mit längsliegenden halbelliptischen Blattfedern
Bremsen:	Hydraulische Trommeln vorn und hinten
Radstand:	2794 mm
Länge:	4991-5100 mm (je nach Typ)
Gewicht:	1392-1615 kg (je nach Typ)
Höchstgeschwindigkeit:	137-193 km/h (je nach Motor)
Produktion:	1 704 667 (1955), 1 567 117 (1956), 1 505 910 (1957)

1955 CHRYSLER C-300

Einer macht immer den Anfang. Wenn es dabei um das 1949 einsetzende „PS-Rennen“ der US-Autoindustrie geht, dann darf wohl mit einiger Berechtigung behauptet werden, daß die neue Devise „stärker ist besser“ von Cadillac und Oldsmobile mit ihren neuen V8-Triebwerken den Startschuß gab. So richtig eröffnet aber wurde der PS-Wettkampf erst, als Chrysler 1951 seine „FirePower“-Triebwerke ins Rennen schickte.

Dieser FirePower war Chryslers erster V8 überhaupt. Ein ebenso schwerer wie schwieriger, weil komplizierter Motor, der wie die Cadillac- und Olds-Maschinen nicht nur mit hängenden Ventilen arbeitete. Er wartete auch mit halbkugelförmigen Brennkammern und doppelten Kipphebelachsen auf. Die Leistung von 180 PS, 20 PS mehr als Cadillacs V8, waren ein für diese Zeit nicht minder bemerkenswerter Faktor.

Hätte Walter P. Chrysler das erlebt, er hätte seine helle Freude daran gehabt. Er war stets ein Verfechter fortschrittlicher Technik. Und den Ruf seines Unternehmens hatte er auch nicht mit kleinen Fahrzeugen begründet. Der Original-Chrysler von 1924 rangierte preislich auf dem gleichen Niveau wie der Buick-Sechszylinder. Leichter und handlicher als der Konkurrent aber brachte der Chrysler ein um 23 Prozent günstigeres Leistungsgewicht. Das verlieh ihm natürlich auch entsprechend bessere Fahrleistungen.

Die Visitenkarte „300“ sowohl auf der Motorhaube als auch auf dem Kofferraumdeckel identifizierten den Chrysler von 1955 als ein ganz spezielles Modell. Zum einen war es eine limitierte Modellreihe, zum anderen unterschied sich der C-300 in seiner Frontpartie von anderen Chryslers. Und drittens hatte er einen 300 PS starken V8 unter der Haube.

Nach Chryslers Tod aber schien Leistung nur noch von sekundärer Bedeutung zu sein. 1941, ein Jahr, nachdem der Firmengründer gestorben war, erschien der Chrysler New Yorker mit einem um vierzehn Prozent schlechteren Verhältnis von Gewicht zu Leistung im Vergleich mit dem Buick Century. Um die Sache noch schlimmer zu machen, büßte der New Yorker durch die Fluid Drive Halbautomatik auch noch an Leistung ein, wobei Kritiker vor allem den endlos langen Weg bemängelten, der bis zum Erreichen der vierten Fahrstufe nötig war.

Hinzu kam schließlich auch noch das Styling. Die klassischen Custom Imperials der frühen 30er Jahre waren allesamt beachtenswerte und beachtete Automobile, gehörten zu den besten auf den Straßen. Ihnen waren die aerodynamischen, aber in bezug auf die Verkaufsbilanz alles andere als erfolgreichen Airflows von 1934 bis 1937 gefolgt. Und diese hatten eine ganze Reihe ultrakonservativer und nicht gerade sonderlich inspirativ wirkender Modellreihen nach sich. Walter Chryslers Nachfolger im Präsidentensessel, K. T. Keller, verstand – und hielt – augenscheinlich nicht viel vom Styling. Das allein war schon schlimm genug. Was aber fast verhängnisvoll wurde, war sein persönliches Interesse an dem neuen Projekt. Das führte schließlich dazu, daß Chryslers Wettbewerbsfähigkeit gegenüber der Konkurrenz erheblich angekratzt wurde.

Als die Dinge sich zu realisieren begannen, wurde Stylist Virgil Exner endlich von seinen Fesseln befreit. Seit 1949 auf Chryslers Lohnliste, hatte er bislang lediglich einige Show-Cars entworfen, ebenso einige Vorzeige-Phaetons. Von der Mitarbeit beim Design von Serienfahrzeugen aber war er stets „abgeblockt“ worden. Viel zu spät als Styling-Direktor berufen, blieben ihm gerade achtzehn Monate, den wenig attraktiven Vorgänger durch ein neues Modell zu ersetzen, dessen Styling als „Forward Look“ charakterisiert wurde, durch den Blick nach vorn.

Exner leistete ganze Arbeit. 1955 war das Styling der Chryslers mindestens ebenso gut wie das, was der Wettbewerb zu bieten hatte, wenn nicht sogar noch besser. Das galt auch für die Technik. So kam im Windsor De-Luxe, Chryslers Volumenmodell, anstelle des veralteten Flathead-Sechszylinders der neue „vielköpfige“ V8 zum Einsatz. Dessen 188 PS bedeuteten eine geradezu enorme Leistungssteigerung um 58 Prozent gegenüber den 119 PS des Modells von 1954. Ausgedient hatte auch die robuste, aber doch schwerfällige und nicht sehr effektive M-6-Halbautomatik, an deren Stelle nun ein vollautomatisches PowerFlite-Getriebe trat.

CHRYSLER
1990
MEADOWBROOK
027
1955
CHRYSLER
C 300
OTTO T. ROSENBUSCH
CONCOURS d'ELEGANCE

Auffallendes Styling-Merkmal des C-300 waren neben anderen Details die „doppelstöckigen" Heckleuchten. Der Motorraum wirkte aufgeräumt und übersichtlich. Eine „300" fand sich auch in den Radkappen als Merkmal.

Was nun noch fehlte, war das Auto, das in jeder Hinsicht Chryslers neues Image widerspiegeln sollte. Ein Auto, das die Massen in die Ausstellungsräume der Händler treiben sollte, wo die Kunden sich selbst von der Qualität des neuen, „hochgestylten" und leistungsfähigen Chrysler-Modells überzeugen konnten.

Zufall oder Voraussicht? Auf alle Fälle hatte Bob Rodger, Chefingenieur der Chrysler Division, über ein solches Auto schon lange nachgedacht.

Auf der Basis des Chassis eines New Yorker St. Regis Hardtop Coupés (welch ein Name für ein Auto!) experimentierte Rodger mit einer Reihe spezieller Modifikationen. Dazu gehörten vor allem Veränderungen des Fahrwerks durch höhere Federungsraten, mit denen das Fahrverhalten und das Handling deutlich verbessert wurden. Mit der strafferen Auslegung des Fahrwerks erreichte Rodgers Fahrzeug auch hervorragende Fahreigenschaften in Kurven.

Der Chrysler-„Hemi" mit halbkugeligen Brennkammern hatte nach wie vor den Hubraum von 5425 ccm, arbeitete mit einer rennsportbewährten Nockenwelle und festen Ventilstößeln sowie Doppelvergaser. Die Leistung von 250 PS im New Yorker und Imperial, mit denen beide sowohl Cadillacs Eldorado (270 PS) als auch Packards Caribbean (275 PS) den Vortritt lassen mußten, hatte Rodger auf 300 PS bei 5200 U/min „hochgezüchtet". Im Leerlauf wirkte die Maschine zwar etwas unruhig, ein kleines Manko, das durch die Leistung während der Fahrt aber wettgemacht wurde. Eines konnte Chrysler für sich in Anspruch nehmen: Dies war das stärkste vollwertige Auto zu seiner Zeit. Und es war zugleich das erste amerikanische Serienfahrzeug mit der magischen PS-Zahl von 300 – verankert natürlich auch in der Typenbezeichnung C-300.

Die PowerFlite-Automatik wurde serienmäßig eingebaut, ein handgeschaltetes Getriebe stand für den C-300 nicht zur Verfügung, war allerdings für das Modell 300-B im Baujahr 1956 zu haben. Die Standard-Antriebsübersetzung war mit 3,36:1 ausgelegt, jedoch als Option auch in vier anderen Versionen zu haben: 3,54 / 3,73 / 3,91 / 4,10. Servounterstützte „Safe-Guard"-Hydraulik-Bremsen hielten die 300 PS sicher unter Kontrolle.

Daß für diese technischen Highlights auch eine entsprechende Verpackung verlangt wurde, wußte man bei Chrysler. Und lieferte sie auch. Der fast verwegen wirkende und verchromte Grill des Imperial wurde durch die weniger aufdringliche Frontpartie des New Yorker ersetzt, während die klarere Seitenlinie des Wind-

Der in 1725 Einheiten verkaufte C-300 wurde 1956 vom 300-B abgelöst, der durch seine Heckflossen besonders auffiel. Er hatte einen von vorher 5421 ccm auf jetzt 5800 ccm vergrößerten Achtzylinder.

sor dem C-300 ein maßgeschneidertes Aussehen gab.

Die Innenausstattung war sehr aufwendig: Natur-Rindleder der Sitzbezüge und ein sorgfältig gestaltetes Armaturenbrett mit dem Instrumentarium des Imperial betonten den Luxus-Anspruch dieses Automobils. Der vom Geschwindigkeitsmesser als Höchstmarke suggerierte Wert von 150 mph (241 km/h) war allerdings auch für dieses sehr schnelle Fahrzeug ein nicht zu erfüllender sportlicher Anspruch.

Das „Outfit" gab es nur in drei Farben: Platin, Tangorot oder Schwarz. Zweifarben-Lackierung stand nicht im Angebot. Eckner hielt nichts davon, also gab es sie nicht. Zumindest nicht für den C-300, sondern lediglich für den Rest des Chrysler-Programms. Beim C-300 ließen sich nun auch noch die Restbestände an Speichenrädern vom schlecht verkauften 1954 Imperial „verwerten" – eine Option, die von vielen georderte wurde. Das Options-Angebot war umfangreich: Servolenkung, elektrische Sitzverstellung in vier Positionen, elektrische Fensterheber, Solex-Sicherheitsverglasung, Radio, Heizung und Zeituhr. In der Tat eine ganze Liste sinnvoller Extras. Einen Außenspiegel gab es nicht, entschuldigt mit der Beeinträchtigung der Aerodynamik. Die Tatsache, daß es auch keine Klimaanlage gab, wurde mit dem Mangel an Platz im Motorraum für den Einbau des notwendigen Aggregats begründet. Ein C-300 aber soll mit einer Klimaanlage ausgerüstet worden sein. Mit der Vorstellung des durch Facelifting vom C-300 in den 300-B verwandelten Modells kam dann auch die Klimaanlage.

Bei einem Leistungspotential von 300 PS war der C-300 natürlich auch geeignet, sportlichen Lorbeer für Chrysler einzufahren. Das tat er auch. Zum Ende der Saison hatte er bei den NASCAR- und AAA-Wettbewerben 37 erste Plätze verbucht, bei Rennen über die Distanz von 100 Meilen und mehr. Und sie nannten ihn „das Auto, das Daytona leerfegte". Auf dem berühmten US-Kurs stellte ein C-300 zum Beispiel über die „Fliegende Meile" mit knapp über 205 km/h (127 mph) einen neuen Rekord auf.

Kein Wunder, daß dieser neue Chrysler in der Öffentlichkeit ein großes Echo fand. Erschwinglich allerdings war er bei einem Preis von 4110 Dollar nur für einen begrenzten Markt. Mit diesem Preis lag er um elf Prozent über dem des St. Regis Hardtops. Unter diesen Aspekten wird deutlich, daß der C-300 offensichtlich auch gar nicht als „Moneymaker" gedacht war. Sondern eher als Imagebilder. Diesem Ruf wurde er auch gerecht. Von den insgesamt 1725 gebauten Einheiten sind 1692 im Lande geblieben. Die Nachfolger-Baureihen 300-B (1956) sind dann in alphabetischer Reihenfolge bis zur Serie 300-L (1965) gelaufen. Sie alle haben auch die sportlichen Ambitionen des 300-C fortgesetzt. 1965 aber war für diese Chrysler-Generation die Zeit abgelaufen.

Technische Daten

Motor:	OHV-V8, halbkugelförmige Brennkammern, 5425 ccm, Bohrung x Hub 9,7 x 9,2 cm, Verdichtung 8,5:1, feste Ventilstößel, 2 Vergaser, 300 PS bei 5200 U/min
Kraftübertragung:	Zweistufen-Power-Filter-Automatik, Planetengetriebe mit Drehmomentwandler
Fahrwerk:	Einzelradaufhängung vorn, Schraubenfedern, starre Hinterachse, längseingebaute parallele halbelliptische Blattfedern, Hochleistungs-Stoßdämpfer vorn und hinten
Bremsen:	Hydraulische, servounterstützte Trommelbremsen rundum
Radstand:	3200 mm
Länge:	5557 mm
Gewicht:	1816 kg
Fahrleistungen:	0 auf 60 mph (96 km/h) 9,8 sec, Höchstgeschwindigkeit 127 mph (204 km/h)
Produktion:	1725

In limitierter Stückzahl ist dieses DS-Cabrio – ein Modell aus dem Jahre 1966 – von Henri Chapron erstmals 1960 gebaut worden.

Klassifizierungsbuchstaben wie GT, SR, SX oder SL zieren so manche Autokarosserie der verschiedensten Marken und Typen. Auch bei jenem Wagen, der 1955 durch seine futuristisch-eigenwillige Form angesichts damals durch die Bank recht konservativer Limousinen erhebliches Aufsehen verursachte, war das nicht anders. Citroën nannte dieses Modell DS – „Desirée Speciale" (spezieller Wunsch). Wer auf die Idee kam, DS als ein Wort auszusprechen, ist nicht überliefert. Déesse – das heißt übersetzt Göttin.

Zwei Jahrzehnte lang ist die Göttin, angeboten als Limousine, Cabrio-Version und Combi „Break", Citroëns Aushängeschild gewesen. Im Laufe der langen Produktionszeit – auch ein in der Automobilindustrie göttliches Alter – ist sie immer wieder verändert und verbessert worden. Auch im Styling. Jedoch nie so weit, daß sie ihr unverwechselbares Eigen-Image verloren hätte.

Fast so viele Jahre, wie die DS produziert wurde, sind seit ihrer Produktionseinstellung vergangen. Vieles von dem, was Citroëns Top-Modellreihe damals an richtungweisender Technik allein zu bieten hatte, ist längst Serie. Und nicht nur bei der Marke mit dem Doppelwinkel. Ungewöhnlich war das Einspeichen-Lenkrad. Der zurückgesetzte Tank der DS ist heute Vorschrift. Die Blinklichter waren in Augenhöhe anderer Fahrer montiert. Erstmals wurden Scheibenbremsen vorn serienmäßig in ein Großserienauto eingebaut. Und die hydraulische Hochdruck-Bremse packte mit eiserner Gewalt auch bei einer Vollbremsung zu. In einem Punkt tanzte die DS aber aus der Reihe: Der große Citroën war eines der letzten großen europäischen Autos mit Lenkradschaltung.

Welch buchstäblich gute Figur die Déesse machte, läßt sich kaum imponierender beweisen als durch die Tatsache, daß sie noch zwanzig Jahre nach ihrer Vorstellung den niedrigsten cW-Wert unter allen viertürigen Limousinen hatte. Und das heißt kurz vor ihrer „Pensionierung". Premiere hatte Citroëns neues Parademodell auf dem Pariser Salon im Oktober 1955, wo die DS als „das Auto von morgen" präsentiert wurde. Daß dieses Auto von morgen von Citroën kam, war beileibe nicht überraschend. Der Doppelwinkel war schon immer ein Synonym für fortschrittliche Automobiltechnik. Seit der Gründung des Unternehmens.

André Citroën, der Firmengründer, hatte in den USA fundierte Kenntnisse moderner Automobiltechnik erworben und 1919 die Automobilproduktion aufgenommen, nachdem er bis dahin schon relativ fortschrittliche Schneckengetriebe hergestellt hatte. Mit dem Traction Avant machte Citroën den Frontantrieb zum Marken-Standard. Über den 2CV, das „häßliche Entlein", erübrigt sich wohl jedes Wort. Und am anderen Ende der Leistungsskala steht der SM mit dem Maserati-Motor, von 1971 gebaut und Mitglied der „göttlichen" Familie.

Innovation, um es zu wiederholen, war schon immer gleichbedeutend mit Citroën. Die DS ist geradezu ein Prototyp für diese Behauptung. In dreifacher Hinsicht. Einmal natürlich als Fronttriebler, in dieser Klasse allein schon ein Avantgardist. Zweitens wegen der erstmals 1954 im 2CV „Döschwoh" eingesetzten Zentrifugalkupplung, einem halbautomatischen Getriebe. Und schließlich drittens mit der sensationellen Hydropneumatik, einer Gas-Flüssigkeitsfederung statt der ansonsten in verschiedenen Systemen üblichen Metallfedern. Diese Hydropneumatik verlieh der DS ungewöhnliche Fahreigenschaften. Abgesehen von der je nach Situation selbst regulierenden Fahrwerkseinstellung hatte auch der Fahrer die Möglichkeit, die Karosserie auf die oberste – oder, je nach Wunsch, unterste – Bodenfreiheit einzustellen. Wurde der Wagen abgestellt, sorgte die automatische Selbstkontrolle für ein Absinken auf die niedrigste Position. Was dies in der Praxis bedeutete, mag eine Zahl be-

Zwei Jahre nach der Vorstellung der DS-Limousine präsentierte Citroën auch eine Combi-Version. Technisch sowohl vom Frontantrieb als auch von der Hydropneumatik her war der Combi identisch mit der Limousine. Wegen der anderen Einsatzbereiche hatte er aber einen um 190 mm längeren Radstand als die Limousine.

legen: 274 mm Bodenfreiheit waren für einen Pkw ungewöhnlich viel – und von besonderem Wert bei Fahrten über schlechte Fahrbahnen. In „Ruhestellung" sank die Karosserie auf das Minimum von 89 mm ab.

Herz der DS-19 war der 1911-ccm-Motor mit hängenden Ventilen und 60 PS vom Traction Avant. Daß die „Göttin" damit leistungsmäßig keinen Staat machen konnte, versteht sich. Gut 18 Sekunden für den „Spurt" auf 100 km/h waren nicht gerade weltbewegend. Das aber war auch nicht die Welt der DS. Sie fühlte sich am wohlsten bei Langstrecken-Fahrten. Und da fühlten die Insassen sich dann fürwahr göttlich angesichts des hohen Hydropneumatik- und Sitzkomforts.

Als ein 2,1-Liter Kurzhuber als Option angeboten wurde, offenbarte die Göttin als DS-21 mit 119 PS und einer Höchstgeschwindigkeit von 190 km/h plötzlich sogar sportliche Ambitionen. Diese düpierten sechs Monate nach Vorstellung der neuen Variante bei der Rallye Monte Carlo die gesamte Konkurrenz ihrer Klasse: Ein Citroën auf Platz eins – das konnte doch nicht wahr sein! War es aber. Und von diesem Zeitpunkt an war die DS ein ernstzunehmender Konkurrent bei allen europäischen Rallyes. Dabei zeigte sich auch die Zuverlässigkeit und Robustheit des Wagens aus Frankreich. Bei der Langstrecken-Fahrt Lüttich – Sofia – Lüttich erreichten von 85 gestarteten Wagen nur acht das Ziel – darunter drei Citroëns!

Dabei dürfte Citroën zu den wenigen Herstellern gehören, die auf sportliche Erfolge als Werbefaktor verzichten konnten. Die Göttin sprach für sich selbst. Abgesehen von den erwähnten technischen Innovationen besonders auch durch das avantgardistische Design von Nuccio Bertone. Am An-

Den Komplimenten für ein ungewöhnliches Styling stand die Kritik wegen zu geringer Leistung gegenüber. Tatsächlich war der Ur-Motor mit 1,9 Liter und 60 PS relativ schwach. Ein später angebotener 2,1-Liter-Motor entwickelte 95 PS und erreichte eine Höchstgeschwindigkeit von gut 190 km/h. Das war dann dem Image des Autos schon angemessener.

Der Combi „Estate" war sowohl geräumig als auch praktisch. Eine gute Lösung war die kleine Klappe unter der Hecktür, mit der beim Beladen eine ebene Fläche geschaffen werden konnte.

fang war es eine Konstruktion mit „halben" Türen und freistehenden, sprich rahmenlosen Fenstern, die – im Gegensatz zu anderen Herstellern – keine Vibrationen zeigten.

Die geringen Überhänge vorn und hinten mit einem Radstand von 3124 mm bei 4800 mm Gesamtlänge garantierten einen hohen Reisekomfort der Insassen. Dank der aerodynamisch gestylten Karosserie traten auch keinerlei Beeinträchtigungen des Fahrverhaltens bei Seitenwinden auf.

Zu den im Laufe der zwanzig Jahre Bauzeit bemerkenswertesten Modelländerungen gehörten die 1956 vorgestellte Baureihe ID, ein Combi „Safari", die Luxus-Version Prestige (1957), das 1960 von Henri Chapron entworfene Cabrio und das High-Luxus-Modell Pallas. Prominentester DS-„Besitzer" war Staatspräsident de Gaulle, der 1961 ein Attentat in der DS überlebte. Die DS übrigens auch – trotz zerfetzter Reifen.

Technische Daten	
Motor:	Vierzylinder-Reihenmotor, hängende Ventile, 1911 ccm, Verdichtung 8, 8:1, 75 PS bei 4500 U/min, Doppelvergaser
Kraftübertragung:	Viergang-Getriebe, erster Gang nicht synchronisiert, mit hydraulischer Servounterstützung, Frontantrieb
Fahrwerk:	Einzelradaufhängung, hydropneumatische Federung mit automatischem Niveau-Ausgleich
Bremsen:	Scheibenbremsen vorn, Trommeln hinten, automatischer, lastgesteuerter Bremskraftverteiler, servounterstützt
Radstand:	3125 mm
Länge/Breite/Höhe:	4838/1790/1470 mm
Spurweite vorn/hinten:	1498/1295 mm
Gewicht:	1125 kg
Höchstgeschwindigkeit:	140 km/h
Produktion:	1 456 115

1955-57 FORD THUNDERBIRD

„Der reinste je gebaute amerikanische Seriensportwagen" – so wurde der zweisitzige Ford Thunderbird, gebaut von 1955 bis 1957, im amerikanischen Fach-Magazin „Mechanix Illustrated" eingestuft. Doch das war er nicht, eben weil er kein lupenreiner Sportwagen war. Ford selbst hat ihn treffender charakterisiert: als ein „individuelles Auto, in dem selbst der Routine-Trip zum prickelnden Erlebnis wird".

Damit aber soll keineswegs gesagt werden, daß der „Little Bird", der kleine Vogel, nun gar nichts vom Flair eines Sportwagens gehabt hätte. Auf der einen Seite war er schon einmal schnell. Dazu verhalf ihm der 4785-ccm-V8 aus dem Mercury, der im 226 kg leichteren Bird natürlich auch entsprechend höhere Fahrleistungen brachte. 193 SAE-PS (154 DIN-PS) oder in Verbindung mit der Ford-O-Matic bei geringfügig höherer Verdichtung 198 PS waren immerhin gut für eine „Spitze" von mehr als 190 km/h, und das berechtigte wohl doch zur Charakterisierung „sportlich". Ebenso wie die Beschleunigung aus dem Stand auf 100 km/h in 10 Sekunden.

Gut verhielt sich der Thunderbird auch im Handling. Das Fahrwerk war ausgewogener als im Durchschnitt der Zeitgenossen. Und um die Ecken bog er wie an der Schnur gezogen, lag auf der Straße wie ein Brett – so jedenfalls bescheinigte es ihm „Mechanix Illustrated". Zudem hatte Ford den Thunderbird als erstes Modell der Programm-Palette überhaupt mit einem Overdrive ausgerüstet. Von ungefähr aber kam es auch nicht, daß Ford mit einem eigenen Sportwagen auf den Markt kam. Der Thunderbird war die Antwort auf Chevrolets Corvette. Dahinter steckte wohl zumindest ein Hauch von Industriespionage. Auf alle Fälle blieb es nicht lange ein Geheimnis, daß Chevrolet an der Entwicklung seines Zweisitzers mit Fiberglas-Karosserie arbeitete. Und kein Wunder, daß einer der ersten, die von dieser Sache Wind bekamen, Fords Styling-Direktor Franklin Quick Hershey war. Von der Idee inspiriert, begann er mit seinem Mitarbeiter Bill Boyer, ohne davon etwas an die große Glocke zu hängen, selbst ein Projekt zu entwickeln, das gegen den zu erwartenden Chevy würde antreten können.

Das war 1951. Im Herbst jenes Jahres hielt sich Lewis Crusoe, General Manager der Ford Division, in Frankreich auf. Dort besuchte er im Oktober gemeinsam mit George Walker, der mit seinem Styling-Team den Ford 1949 entwickelt hatte, den Pariser Salon. Hier geriet Crusoe angesichts einiger zweisitziger Sportwagen förmlich ins Schwärmen. Bei dieser Gelegenheit ließ Walker beiläufig durchblicken, daß in seinem Styling-Studio, das frei für Ford arbeitete, ein diesen europäischen Sportwagen ähnliches Auto in der Entwicklung sei. Zwischen Europa und Amerika liefen dann diverse transatlantische Telefongespräche. Wer wem was gesagt hat, verschweigt die Chronik. Auf alle Fälle aber arbeiteten nun sowohl Hershey als auch Walker mit ihrem Stab an dem Projekt, das schließlich als Ford Thunderbird 1955 auf den Rädern stand. Daß angesichts dieser Konstellation die Experten darüber streiten, wer denn nun wirklich verantwortlich für das Design zeichnete, kann nicht überraschen. Die einen favorisieren Bob Maguire, Chef des Pkw-Studios von Ford, die anderen plädieren für Damon Wood aus dem Ford-Styling-Studio. Sicher aber dürfte letztlich sein, daß Hershey und Boyer die wahren Väter des Thunderbird sind.

Ford erwartete vom „kleinen" Thunderbird nicht unbedingt, daß er ein Verkaufsschlager würde. Er sollte eher zum Marken-Image beitragen. Der „Bird" warb aber auch für sich selbst. Entgegen den kalkulierten 10 000 Fahrzeugen wurden schon im ersten Baujahr 16 155 abgesetzt. Und das, obwohl der T-Bird nicht gerade billig war. Der Basispreis lag mit 2695 Dollar schon um 391 Dollar über dem eines voll ausgestatteten Fairlane-Convertibles.

Er sollte der Chevrolet Corvette Konkurrenz machen, doch Ford charakterisierte den Thunderbird nicht offiziell als Sportwagen.

Die meisten Käufer packten in ihren „Bird" noch eine ganze Reihe Extras und entsprechend auch extra Dollars. Besonders bevorzugt wurden dabei die Ford-O-Matic, Servolenkung, elektrische Fensterheber, servounterstützte Bremsen, elektrisch verstellbare Sitze, Weißwandreifen, Radio und Heizung. Da waren 4000 Dollar schnell erreicht.

1957 wurde die Liste der Optionen noch um weitere Positionen wie automatische Scheibenwischer (sie „sprangen an", sobald es regnete), Dial-O-Matic (elektrische Sitzverstellung in sieben Positionen vor und zurück sowie fünf Positionen auf- und abwärts mit Memory-Schaltung), ein Radio, dessen Lautstärke beim Tritt aufs Gaspedal zunahm, und einen an die Batterie angeschlossenen elektrischen Rasierer erweitert.

Natürlich paßte sich auch der Thunderbird dem PS-Rennen seiner Zeit an. So wurde die Standard-Verdichtung von 8,1:1 auf 8,4:1 erhöht, womit die Leistung der Basis-Maschine auf 202 PS gesteigert wurde. In Verbindung mit Overdrive oder der Ford-O-Matic

wurde außerdem ein 5,1-Liter-V8 angeboten, der mit Overdrive 215 PS, mit Schalthebel 225 PS leistete. Und wem das noch nicht reichte, der konnte ein 260-PS-Kraftpaket haben, das jedoch nur ganz selten zum Einbau kam. Zu den verschiedenen Modifikationen gehörte weiterhin eine etwas niedrigere Lenkübersetzung sowie der Einbau von fünf statt vier hinteren Blattfedern für komfortableres Fahrverhalten.

Kritik an diesem ersten Thunderbird wurde vor allem wegen des zu kleinen Kofferraums geübt. So wanderte beim 1956er Modell das Ersatzrad nach außen. Nebeneffekt dieser Maßnahme war durch die günstigere Gewichtsverteilung eine zusätzliche Verbesserung der ohnehin schon ausgewogenen Straßenlage.

Kritikpunkt Nummer zwei war die durch das Fiberglas-Hardtop der Standard-Version verursachte schlechte Rundumsicht. Es gab zwar ein Canvastop (Rolldach), das kostete jedoch 290 Dollar. Eine Art Notlösung waren zwei seitlich angebrachte „Bullaugen". Bill Boyer löste auch das Problem der in den Innenraum strömenden Motorwärme durch Entlüftungsschlitze zu beiden Seiten der Motorhaube.

Nach dem Rekordjahr 1955 erlebte die Autoindustrie 1956 einen spürbaren Rückgang. Dieser betraf zwar auch den Thunderbird, er verkaufte sich aber noch immer besser als die meisten Konkurrenten. Der Rückgang um 3,2 Prozent

Der geringe Kofferraum verdrängte das Ersatzrad des Thunderbird nach außen an die Heckklappe. Ein neues Styling-Detail waren die „Bullaugen" im Hardtop. 1957 wartete der Thunderbird mit einem überarbeiteten Armaturenbrett auf. Der 5,1-Liter-V8 war auch mit 300 PS sowie mit Doppelvergaser und Leistungen von 270 oder 285 PS zu haben.

Thunderbird-Fans betrachten das zweisitzige Modell des Baujahres 1957 als das stilistisch am besten gelungene. Es war auch die populärste Version. Der Basispreis betrug 3408 Dollar.

auf 15 631 Einheiten lag deutlich unter der Verlustrate des Durchschnitts.

Inzwischen war für das Modelljahr 1957 eine umfangreiche Überarbeitung sowohl des Designs als auch der Technik erfolgt. Auch der Thunderbird paßte sich der Mode an und präsentierte sich nun mit den langgezogenen Heckflossen, die bereits die hinteren Türgriffe einbezogen. Die schon früher von Bill Boyer gewünschte, anfangs aber als zu radikal abgelehnte Kombination von Stoßstange und Grill kam nun doch zu Ehren und ersetzte das im Original von Vignale beeinflußte Design. Durch das um 127 mm verlängerte Heck bot sich auch die Rückkehr des Reserverads in den Kofferraum an.

In technischer Hinsicht brachten die Veränderungen größere und effektivere Bremsen. Durch 14-Zoll-Räder anstelle der vorherigen „15-Zöller" wurde die Gürtellinie des Wagens entsprechend tiefergelegt. Das kam der Straßenlage ebenso zugute wie nun fünf statt bisher vier Blattfedern an der Hinterachse. Dem Motor war eine weitere Kraftspritze verpaßt worden. Der V8 holte aus dem Hubraum von 4785 ccm jetzt bei einer von 8,4:1 auf 9,1:1 erhöhten Verdichtung 212 PS. Zugleich ließ auch der 5,1-Liter seine Muskeln mit inzwischen 245 PS noch kräftiger spielen. Mit verschiedenen Vergaser-Versionen waren als Option auch Triebwerke mit 270 und 285 PS im Angebot, letztere mit einer Renn-Ausstattung.

Und dann gab es noch einen weiteren Donnervogel, die limitierte, aufgeladene Baureihe „F". Modifikationen waren hier vornehmlich verstärkte Zylinderköpfe, spezielle Brennkammern mit niedrigerer Verdichtung, Zwei-Punkt-Verteiler, „heißere" Nockenwelle und Spezial-Benzinpumpe – alles in allem der Weg zu 300 PS. Wobei ein Thunderbird-Experte sogar der Meinung war, daß die tatsächliche Leistung zwischen 325 und 340 PS (zur Erinnerung wieder einmal: 260 und 272 DIN-PS) möglich gewesen wäre.

Überflüssig zu sagen, daß die Baureihe „F" einen hohen Preis kostete – 5000 Dollar mit normaler Ausstattung. Dafür gab es 1957 schon ein neues Cadillac-Convertible. Der Preis machte den Thunderbird „F" auch zur Rarität der gesamten Donnervogel-Familie. Wie viele Wagen dieses Typs wirklich gebaut sind, ist nicht exakt nachzuvollziehen. Viel mehr als 200 waren es auf keinen Fall.

Schon bei der Premiere des Original-Thunderbird bestanden Päne zum Bau eines viersitzigen Nachfolgers, der 1958 als „Squarebird" vorgestellt, von Puristen aber mit Entsetzen aufgenommen wurde. Für Ford sah das jedoch anders aus: Der große Donnervogel erwies sich als populärer – und profitabler als sein kleiner Vorgänger.

Technische Daten

Motor:	OHV-V8, 5115 ccm, Bohrung x Hub 9,6 x 8,7 cm, Verdichtung 9,0:1, 5 Hauptlager, Holley-Vergaser, 225 PS bei 4600 U/min, max. Drehmoment 439 Nm bei 2600 U/min
Kraftübertragung:	serienmäßig Dreigang-Schaltgetriebe, als Option Dreistufen-Ford-O-Matic Planetengetriebe mit Drehmomentwandler
Fahrwerk:	vorn Einzelradaufhängung, Dreiecks-Querlenker, Schraubenfedern, Kugelgelenke, Teleskop-Stoßdämpfer, starre Hinterachse, längseingebaute Blattfedern, Teleskop-Dämpfer
Bremsen:	Hydraulische Trommelbremsen rundum
Radstand:	2590 mm
Länge:	4699 mm
Spurweite vorn/hinten:	1473/1422 mm
Gewicht:	1619 kg
Fahrleistungen:	0 auf 100 km/h 9,4 sec, Höchstgeschwindigkeit 183 km/h (Werte für Ford-O-Matic-Version 1956)
Produktion:	16 155 (1955), 15 631 (1956), 21 380 (1957)

Ein „Flaggschiff" oder zumindest ein limitiertes und daher auch besonders zugkäftiges Modell im Programm zu haben, war das erklärte Ziel der Automobilhersteller in den 50er Jahren. Dabei ging es nicht einmal so sehr um den Verkauf dieser exklusiven und auch entsprechend teuren Wagen. Sie sollten das interessierte Publikum nur in die Schauräume locken, um dort die Modell-Palette der Marke kennenzulernen – und sich für eines dieser Serienfahrzeuge zu entscheiden. Was andererseits aber auch nicht bedeutete, daß am Verkauf eben dieser Spezial-Modelle kein Interesse bestanden hätte. Die Kunden mußten eben nur das Geld haben. Packards Kunden hatten es. Nur Packard selbst hatte es nicht, zumindest nicht genug, um der Nachfrage nach seinem Luxusgefährt, dem Caribbean, gerecht zu werden. Nur 500 im Jahr 1955 und 539 im folgenden und zugleich auch letzten Produktionsjahr waren ganz einfach zu wenig. Erst recht im Vergleich mit Cadillac, das den geschickten Schachzug machte, den Preis des Eldorado zu senken, mit dem Ergebnis, daß in den beiden Vergleichsjahren insgesamt genau 10 000 „Eldos" abgesetzt werden konnten.

Der erste Caribbean war 1953 – im gleichen Jahr wie der Eldorado – vorgestellt worden. Das Styling stammte von Dick Teague, parallel mit den Panamerican Show-cars, die für Packard von der Henney Company entworfen und gebaut wurden. Der Caribbean von 1953 und seine Nachfolger waren bereits bemerkenswerte Fahrzeuge. Die Blütezeit für den Top-Packard aber kam erst 1955 mit der Einführung einiger technischer Innovationen: Fahrwerk mit justierbaren Torsionsstäben, der abgesehen vom Chrysler „Hemi" stärkste V8 seiner Zeit und ein Facelifting, das den bis dahin eher unauffälligen Packard-Karosserien zu einem – buchstäblich – neuen Ansehen verhalf. Die Caribbeans des Baujahres 1955 waren ausschließlich Convertibles. Als Packard 1956 auch ein Hardtop anbot, entschied sich die Hälfte der Käufer für diese Version.

Wie schon die beiden ersten Modell-Generationen von 1953 und 1954 war auch der Caribbean von 1955 Packards Flaggschiff im gesamten Programm. Das Styling war völlig neu. Überdachte Scheinwerfer (kleines Foto oben im Detail), massive „Dom"-Heckleuchten, ein Gittergrill mit dem neuen Markenzeichen (Wappen im Kreis mit großem Winkel) sowie Dreifarben-Lackierung mit darauf abgestimmtem Interieur bestimmten das Erscheinungsbild des neuen Packards.

Im Gegensatz zu den früheren Caribbeans rollte das Modell der neuen 55er Generation auf dem Spitzenfahrwerk mit dem von 3099 mm auf 3225 mm verlängerten Radstand. In den frühen 50er Jahren war Packard stets knapp bei Kasse gewesen und hatte daher auch nicht die Mittel gehabt, ein Cabrio mit langem Radstand zu entwickeln. Das änderte sich 1955 durch den Einsatz von Kunststoff-Werkzeugausrüstung, was den Zeitaufwand erheblich verkürzte und die Kosten der Herstellung um rund sechzig Prozent senkte. Auf dieser Basis war bereits das Modell 400 mit dem 3225-mm-Radstand entwickelt worden, die nun auch beim Caribbean Pate stand.

Dick Teagues Design mit dem Gittergrill und den „Dom"-Heckleuchten umfaßte auch die ungewöhnliche Fronthaube mit den doppelten Luftschlitz-Attrappen sowie der bei den meisten Fahrzeugen angewandten Dreifarben-Lackierung, wie sie damals „in" war. Mit Ausnahme von Speichenrädern, getöntem Glas und Klimaanlage hatte dieser Packard praktisch alles serienmäßig. Dazu gehörte die Lederpolsterung der Sitze ebenso wie zwei Radio-Antennen auf den Heckflossen. Da überraschte der Basispreis von 5932 Dollar dann auch nicht mehr. Der Caribbean war ein Auto für Leute, die gesehen werden wollten.

Technisch wartete das 1955er Modell mit einer getunten Version des neuen 5,8-Liter-V8 mit 275 PS auf. Und das war mehr, als alle anderen Automobile 1955 aufzuweisen hatten, ausgenommen der Chrysler 300, während genau 5 SAE-PS (4 DIN-PS) gerade genug waren, um die Nase gegenüber dem Rivalen Nummer eins, Cadillac, vorn zu haben. Dazu verhalfen dem Caribbean zwei Rochester-Vergaser.

Das unverwechselbare Styling und die technischen Innovationen machten den Caribbean zu einem Auto „so faszinierend und heiter wie

OPERA HOUSE

1955-56 PACKARD CARIBBEAN

Dieses Caribbean-Modell dürfte aus dem Jahre 1955 stammen, worauf die Luftöffnungs-Attrappen auf der Motorhaube hindeuten. Das Armaturenbrett strahlte mit seinen Goldtonapplikationen den gleichen Luxus aus wie das Zweifarben-Lenkrad. Die Sitze hatten Lederbezüge. Für guten Radioempfang sorgten Antennen auf beiden Heckflossen.

die Inselgruppe, deren Namen er trug. Ein Auto, erschaffen zum Entzücken und zur reinen Freude". Die Händler verlangten nach mehr, als die knapp bemessene Produktion 1955 auslief. Das führte schließlich sogar dazu, daß Packard einige Händler dazu animierte, 400-Modelle mit einem Caribbean-Touch auszustaffieren, von denen einige dann als „Ersatz"-Caribbean-Hardtops verkauft wurden.

Ein „echtes" Caribbean-Hardtop kündigte Packard für 1956 an, doch ebenfalls wieder mit der unumstößlichen Entscheidung, nur 500 Einheiten zu bauen. Es wurden mit 276 Ragtops und 263 Hardtops zwar 39 mehr, wobei die Ragtops als Cabrios rangierten. Sammler dürften die geringe Stückzahl bedauern. In den USA jedenfalls gehört der Caribbean des Jahres 1956 zu den begehrtesten Nachkriegs-Automobilen.

Packard hielt bei der Modellgeneration 1956 an der Dreifarben-Lackierung ebenso fest wie am typischen Design, das jedoch einem Facelifting unterzogen wurde. Die vorderen Kotflügel wurden weiter heruntergezogen. Breitere Stoßstangenhörner sorgten für besseren Rammschutz. Und die Visitenkarte war mit einem neuen Emblem (Winkel mit Wappen im Ring) neugestaltet worden. Neu – und vermutlich auch einmalig – war die Idee, austauschbare Sitz- und Lehnenbezüge anzubieten, sowohl in Leder als auch in Stoff, nicht als Alternative, sondern beides zusammen. Gold-Trim im Kühlergrill unterstrich die Extraklasse dieses Modells.

Bei der Überarbeitung war natürlich auch die Technik nicht übersehen worden. So gab es jetzt elektrische Türverriegelung, eine mit Druckschalter zu bedienende Twin Ultramatic und ein Twin Traction Sperrdifferential. Der Motor war erneut, speziell für den

Caribbean, getunt worden. Zwar hatten alle Packards des Baujahres 1956 den hubraumgleichen 6,1-Liter-V8, doch leistete dieser gegenüber den 275 PS in den Patricians und Four Hundreds im Caribbean mit dem Doppelvergaser 310 PS bei einem maximalen Drehmoment von enormen 549 Newtonmeter, womit er den 6-Liter-Caddy ausstach.

Packards Problem in diesem Jahr offenbarte sich in einer Reihe technischer Mängel. Schlechte Differentiale, problematische Twin-Ultramatic, Defekte in der Elektrik bei der Bedienung dieser Ultramatic waren nur einige Negativpunkte. Die Sitzverstellung war ohne Zweifel eine gute Idee, aber noch nicht ausgereift. Und was besonders schlimm war: Die Verankerung war dem hohen Gewicht der durch einen schweren Rahmen verstärkten Sitze nicht gewachsen, so daß diese Sitze schon bei einem leichten Abbremsen nach vorn rutschten. Ein Gefühl von Sicherheit kam da nicht auf. Bei Packard ließ man sich zumindest eine Notlösung mit einem Sperrknopf einfallen, der

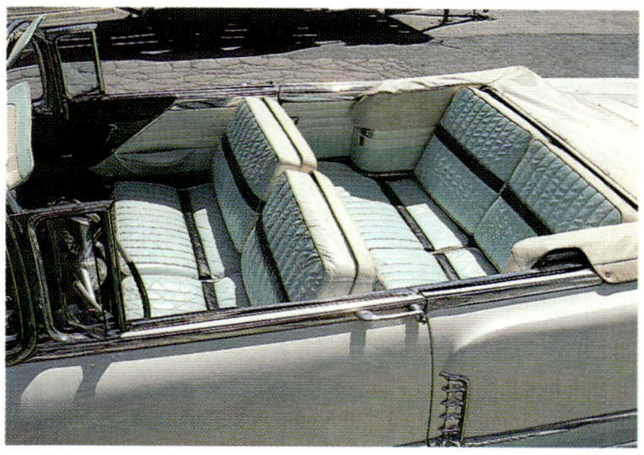

Wie das 55er Modell hatte auch der Caribbean 1956 Leder-Polsterung, jedoch in einem bis dahin ungewöhnlichen Angebot zugleich auch auswechselbare Stoffbezüge.

immerhin die Sitzlehne einigermaßen arretierte und „gelupft" werden mußte, um die Lehne nach vorn zu kippen.

Die erwähnten austauschbaren Sitz- und Lehnenbezüge waren mit Reißverschlüssen versehen, so daß deren Reinigung kein Problem bereitete. Die Kehrseite der Medaille aber beschrieb ein Packard-Manager so: „Die Sitze kosteten uns eine Menge Geld. Sie wurden nur in geringen Stückzahlen hergestellt. Und die Kunden bemängelten sie als zu hart. Der Seitenhalt war minimal, speziell bei den glatten Lederbezügen. Um es kraß auszudrücken: In einer scharf gefahrenen Linkskurve drückte die Fliehkraft den Fahrer auf den Beifahrersitz – und von da aus läßt sich ein Auto schlecht dirigieren."

Machen wir es kurz. Die Studebaker-Packard Corporation steuerte 1956 ohne Bremsen ins Minus. Im August des Jahres war der Tank leer. S-P unterzeichnete einen Management-Vertrag mit der Curtiss-Wright Aircraft Corporation. Die brachte das sinkende Schiff durch Mißmanagement und den Bau von Pseudo-Packards mit Studebaker-Karosserien erst recht nicht auf Kurs. Seit 1958 ist Packard nur noch ein Name der Automobilgeschichte.

Für 5995 Dollar gab es 1956 den Caribbean im neuen Styling mit tiefer nach innen versetzten Scheinwerfern, breiteren Stoßstangenhörnern und einem goldfarbenen Maschengitter hinter dem Grill.

Technische Daten

Motor:	OHV-V8, 5768 ccm, hydraulische Ventil-stößel, 2 Rochester-Vergaser, Bohrung x Hub 10,1 x 8,9 cm, Verdichtung 8,5:1, 275 PS bei 4800 U/min – Baujahr 1956: 6128 ccm, Bohrung x Hub 10,5 x 8,9 cm, Verdichtung 10,0:1, 310 PS bei 4600 U/min, max. Drehmoment 549 Nm
Kraftübertragung:	Zweistufen-Twin-Ultramatic, Drehmomentwandler, 1955 mit Schalthebel am Lenkrad, 1956 mit elektrischem Druckschalter am Lenkrad
Fahrwerk:	Unabhängige Radaufhängung vorn mit längs liegenden Torsionsstäben, starre Hinterachse mit längs liegenden Torsionsstäben, selbstnachstellend
Bremsen:	Hydraulische Trommelbremsen rundum, Trommel-Durchmesser 279-304 mm
Radstand:	3225 mm
Länge:	5549 mm
Spurweite vorn/hinten:	1624/1549 mm
Gewicht:	2081-2249 kg
Fahrleistungen:	0 auf 100 km/h 11,2 sec, Höchstgeschwindigkeit 193 km/h
Produktion:	500 (1955), 276 Convertibles, 263 Hardtop Coupés = 539 gesamt (1956)

Graf Albrecht Goertz schuf den BMW 507 – ein Omen, das es in sich hatte: So sehen Sportwagen von reinem Adel aus.

Er stand als einer der Stars im Rampenlicht der IAA 1955 bei BMW. Die Münchner hatten ihn als offene Version neben den 503 gestellt und ihm die Typenbezeichnung 507 gegeben. Aber war dieser Roadster denn überhaupt ein BMW? Da fehlte doch etwas für BMW Typisches! Nein, nicht das weiß-blaue Propeller-Emblem. Das hatte dieser Wagen schon sichtbar auf der flachen Nase. Und genau die war es, die diesen BMW so gar nicht BMW-like aussehen ließ. Die Niere war weg. Nun gut, da gab es einen geteilten breiten und flachen, durch einen Steg geteilten Grill. Aber eine BMW-Niere war das nicht. Mit viel Wohlwollen konnte man darin vielleicht eine Andeutung jenes für die Autos aus München so typischen Styling-Elements sehen, mehr aber nicht. Doch das dürfte nur eingefleischte BMW-Enthusiasten gestört haben. Die Lobeshymnen jedenfalls übertönten jede Kritik. Lobeshymnen wie „die weiß-blauen Diamanten vom Isarstrand" oder „die schönsten Automobile, die es auf der Welt gibt".

Aber greifen wir nicht vor. Denn BMW 503 und 507 gehören zusammen. Schon 1954 war vom BMW 503 ein Prototyp entwickelt worden, hinter dem der Plan stand, wieder ins sportliche Terrain zurückzukehren, in dem die Marke vor dem Krieg ja auch schon ein paar wichtige Kapitel geschrieben hatte. Max Hoffman, US-Importeur von BMW und anderen renommierten europäischen Marken, war nicht unbedingt begeistert von diesem Wagen.

Hoffman, von Geburt Österreicher und vor dem Krieg Rolls-Royce- und Bentley-Händler, nebenbei auch noch passionierter Amateur-Rennfahrer, erkannte die Zeichen der Zeit nach Kriegsende rasch. Diese leuchteten ihm aus Europa mit Luxuskarossen, für die seiner Meinung nach der US-Markt weit offen sein müßte. Und genau das war er. So wurde Hoffman in Amerika der erste Importeur solcher Top-Automobile wie Mercedes SL, Facel Vega und Porsche Speedster. Wie beim Stern-SL war er auch beim BMW 507 an der Idee wie der Entwicklung maßgeblich beteiligt. Insider behaupten sogar, ohne Max Hoffman hätte es einen BMW 507 gar nicht gegeben.

Eric Dahlquist erzählte zumindest im Magazin „Collectible Automobile" diese Geschichte, wie Hoffman und der renommierte Designer Albrecht Graf Goertz, ein Deutsch-Amerikaner, zusammenkamen: „Hoffman hatte einige Skizzen eines neuen BMW-Sportwagens gesehen, wobei aber nicht klar war, ob es sich dabei um Entwürfe für den 503 oder ein komplett anderes Fahrzeug handelte. Was klar war: Hoffman gefielen diese Entwürfe nicht, deren seiner Meinung nach ‚strammes teutonisches' Design auf der Park Avenue oder dem Sunset Boulevard niemanden zu einem zweiten Blick animieren würde. So soll Hoffman schließlich, wie Goertz erzählte, ihn animiert und inspiriert haben, Ideen für einen Zweisitzer zu entwickeln. Genau das tat er. In München war man davon sofort angetan – und Goertz hatte den Auftrag in der Tasche."

Was dann im September 1955 auf der IAA stand, war ein offener Zweisitzer, der das Fahrwerk und die Spurabmessungen der großen BMW-Limousinen sowie deren V8-Triebwerk hatte, im Radstand jedoch auf 2480 mm verkürzt war. Die 150 PS – 10 PS mehr als der etwas behäbigere 503 – und das Viergang-Getriebe waren gut aufeinander abgestimmt. Das Getriebe war mit dem Motor verblockt. Für das neuentwickelte Chassis, das sowohl beim 503 als auch beim 507 zum Einsatz kam, zeichnete BMW-Veteran Fritz Fiedler, ein exzellenter Fahrwerk-Ingenieur, verantwortlich.

Der 507 fühlte sich, das sollte die Praxis bald beweisen, besonders wohl auf der Autobahn. Bei Hinterachs-Übersetzungen von 3,9:1 bis 3,4:1 meisterte der 507 Höchstgeschwindigkeiten bis zu 220 km/h. Ein exakt abgestuftes Viergang-Getriebe und Servo-Vierrad-Trommelbrem-

sen (ab August 1968 wurden vorn Scheibenbremsen eingebaut) entsprachen dem hohen technischen Standard eines BMW-Sportwagens. Dazu gehörte nicht zuletzt, daß der 507 etwas hatte, was damals keiner hatte – eine verstellbare Lenksäule!

Die Straßenlage war vorbildlich dank Vorderrad-Einzelaufhängung mit Torsionsstab und einer optimal plazierten hinteren Starrachse mit querliegendem Panhard-Stab.

Das Kastenrahmen-Chassis mit Längs- und Rohrquerträgern sorgte im Vergleich mit den meisten Roadstern der 50er Jahre für überlegenes Fahrverhalten und vor allem für hohe Verwindungssteifigkeit.

Logisch, daß der 507 ein weltweites Presse-Echo fand. Einer der namhaftesten, schon an anderer Stelle zitierten deutschen Fach-Journalisten, Hans-Ulrich Wieselmann, schrieb 1957 in der Motor-Revue: „Der BMW 507 war formal gänzlich ungewöhnlich, unteutonisch. Er war – und ist – in seinem Äußeren von einem geradezu herausfordernden Sport-Appeal, exakt aussehend wie die Vorstellung von etwas ganz Schnellem, dabei, nicht ohne Absicht von seinem Styler, dem Grafen Goertz,

Aus dieser Perspektive haben die meisten Autofahrer den BMW 507 gesehen – wenn er sie überholt hatte. Das war übrigens nicht nur auf den Straßen, sondern auch auf den Rennpisten der Fall. „Bergkönig“ Hans Stuck (der Senior) fuhr mit dem BMW 507 nach dem Krieg eine Reihe bemerkenswerter Erfolge bei Bergrennen heraus. Das Cabrio-Verdeck des Wagens war vollversenkbar. Angeboten wurde auch ein Hardtop.

Betont sportlich ging es auch im 507-Cockpit mit Leder-Schalensitzen und dem Vierspeichen-Lenkrad zu. Die Hauptinstrumente waren groß dimensioniert und übersichtlich.

betont sexy und selbstbewußt in seiner knappen, eng anliegenden Haut."

Die Fahrleistungen des BWM 507 waren faszinierend. Das Fahrverhalten hielt mit ihnen Schritt. Auf der Autobahn wurde ihm Sicherheit selbst bei Hochgeschwindigkeit bescheinigt, auf kurvigen Landstraßen hohe Stabilität. Als BMW den 507 schließlich mit Koni-Hochleistungsstoßdämpfern ausrüstete, gewöhnte sich der Wagen schlagartig auch die ihm zeitweilig angekreideten „Tanzversuche" des Hecks generell ab.

Der Fahrkomfort war für einen Sportwagen überdurchschnittlich. Bedienungsprobleme gab es nicht. Das Platzangebot war für einen Roadster schon großzügig bemessen. Großzügig bemessen war allerdings nicht der Preis. Bei der Premiere 1956 kostete der 507 zunächst 26 500 Mark. Im September 1957 erfolgte eine Preiserhöhung auf 28 500 DM. Im Juli 1958 legte BMW dann noch einmal zu und setzte den Preis auf 29 950 DM fest.

Im März 1959 nahm BMW den 507 aus dem Programm. Nach nur 254 gebauten Fahrzeugen. Dabei hatte Max Hoffman, einer der geistigen Väter dieses einzigartigen deutschen Sportwagens, voller Optimismus einmal mit einer Jahresproduktion von 5000 Einheiten gerechnet. Dann allerdings wäre der 507 auch nicht zu der Rarität geworden, die ihn heute zu einem der meistgesuchten Oldtimer der 50er Jahre macht.

Technische Daten	
Motor:	Achtzylinder-V8-Motor, 3168 ccm, Bohrung x Hub 8,2 x 7,5 cm, Verdichtung 7,8:1, 150 PS bei 5000 U/min, max. Drehmoment 216 Nm bei 4000 U/min, Leichtmetall-Zylinderblock, hängende Ventile, zentrale Nockenwelle, fünffach gelagerte Kurbelwelle, 2 Fallstrom-Doppelvergaser Zenith 32 NDIX
Kraftübertragung:	Sperrsynchronisiertes Viergang-Getriebe, Einscheiben-Trockenkupplung, Mittelschaltung, Hinterradantrieb
Fahrwerk:	Kastenrahmen mit Längs- und Rohrquerträgern, vorn doppelte Dreieck-Querlenker mit Stabilisator, hinten Starrachse mit Dreieck-Schublenkern und Panhardstab, vorn und hinten einstellbare Drehstabfedern und Teleskopstoßdämpfer
Bremsen:	Servo-Vierrad-Trommelbremsen, ab August 1958 vorn Scheibenbremsen
Radstand:	2480 mm
Spurweite vorn/hinten:	1445/1425 mm
Gewicht:	1220 kg
Fahrleistungen:	0 auf 100 km/h in 8-10 sec. (je nach Achsübersetzung)
Höchstgeschwindigkeit:	190-220 km/h (je nach Achsübersetzung)
Produktion:	254 Einheiten (Serie I: November 1956 bis März 1957, Serie II von April 1957 bis März 1959)

Das Auto, das der Welt den Beweis lieferte, daß auch die Amerikaner Seriensportwagen bauen können: Die Corvette – hier ein 1957er Modell – setzte die Signale.

Wer Sportwagen sagt, denkt wohl zu allerletzt an Amerika. Mercedes, Porsche, Alfa Romeo, Jaguar – das sind Begriffe vom lupenreinen Sportwagen. Rund sechshundert (!) Automarken hat es seit der Erfindung von Daimler und Benz jenseits des Großen Teichs gegeben, von denen – wie in Europa – nur ein Bruchteil überlebt hat. Nach einem Sportwagen mit dem Renommée der Europäer hält man unter diesen sechshundert Namen so gut wie vergeblich Ausschau. Aber nicht ganz. Einige – an den fünf Fingern einer Hand abzuzählen – sind auch in Europa zumindest bei Kennern zu Begriffen geworden. Neben Ford Mustang, Ford Thunderbird und AC Cobra vor allem ein Modell, das es im Laufe seiner noch immer andauernden Bauzeit in verschiedenen Versionen gegeben hat und noch gibt: Chevrolets Corvette. Popularität allein ist kein Beweis für Größe. Das gilt sogar innerhalb der Corvette-Baureihe selbst. Sachlich betrachtet ist erst die zweite Corvette-Generation von 1956 bis 1957 in den Kreis der „Großen" einzureihen. Um es ganz offen zu sagen: Das war die erste überhaupt ernstzunehmende Corvette-Serie.

Insider wissen, daß die Corvette in erster Linie GMs Design-Chef Harley Earl zu verdanken ist. Er nämlich liebte Sportwagen und war überzeugt davon, daß Chevrolet etwas in dieser Richtung brauchte, um den Ruf als Hersteller von Jedermann-Autos loszuwerden. Er setzte diesen Gedanken auch durch. Der erste Versuch war eine etwas seltsame Mischung von alten und neuen Styling-Elementen. Diese „Ur-Corvette" von 1953 wartete mit gewölbter Frontscheibe, in die hinteren Kotflügel integrierten und wie Hörner herausragenden Heckleuchten, einem „zähnefletschenden" Grill und mit einem Maschengitter geschützten Scheinwerfern auf. Türgriffe außen gab es bei diesem Roadster nicht, die lagen innen.

Die Karosserie des offenen Zweisitzers war aus Fiberglas gefertigt, dem neuen „Wundermaterial" der Nachkriegszeit. Der Unterbau der Karosserie aber war „von dieser Welt", ebenso wie der Motor, ein orthodoxer Reihen-Sechszylinder aus der Vorkriegszeit. Eine nicht gerade Sportlichkeit verheißende Automatik mit nur zwei Stufen diente als Kraftübertragung. Zugegeben, daß die Maschine in der 150-PS-Version mit guten Fahrleistungen (Höchstgeschwindigkeit 172 km/h) aufwartete und das Chassis weitgehend neu war, doch ein technisches Wunderwerk war die Corvette Nummer eins nicht, schon gar nicht im Vergleich mit Jaguars XK 120.

Als schlimm erwies sich für Chevrolet zu allem Übel, daß dieses als Traumauto gedachte Fahrzeug sich fast zu einem Alptraum entwickelte. Montageprobleme und zu geringe Produktionskapazitäten ließen 1953 einen „Ausstoß" von nur 315 Einheiten zu. Otto Normalverbraucher hatte da keine Chance – die wenigen Wagen gingen ausschließlich an prominente Zeitgenossen und als Vorführwagen an die Händler. Das änderte sich 1954 zwar ein wenig, als Chevrolet einen Teil der Produktion von der Fabrik in Flint/Michigan an einen Zweigbetrieb in St. Louis verlagerte. Obwohl sich die Produktion damit gegenüber 1953 verzehnfachte, bedeutete dies noch immer nur ein Drittel des angestrebten Planziels. Daß dies ohnehin zu hoch angesetzt war, zeigte sich am Jahresende, als Chevrolet auf 1500 Wagen „sitzen blieb".

Für die Corvette aber kam die Rettung ein Jahr später durch den neuen OHV-Achtzylinder-Motor. Dieses für die gesamte Chevy-Flotte entwickelte Triebwerk, konstruiert von Harry Barr und Chefingenieur Edward N. Cole, holte aus dem Hubraum von 4343 ccm 195 PS, das waren 30 Prozent mehr als bei der alten Maschine. Jetzt nahmen selbst die Corvette-Puristen von diesem Auto Notiz. Hinzu kam als weiterer Pluspunkt nun auch als Option ein sportlicheres Dreigang-Schaltgetriebe. Doch nicht einmal diese Fakten und eine Preissenkung von 3523 Dollar

Das überladene und mit zum Teil auch noch schlecht plazierten Instrumenten ausgestattete Armaturenbrett der Corvette von 1955 löste vielfach Kritik aus.

auf 2799 Dollar konnten die Produktion ankurbeln. 1955 wurden nur 674 „Vettes" gebaut.

Profitorientierte GM-Größen waren bereits entschlossen, diesen „Blindgänger" aus dem Verkehr zu ziehen, doch Earl und Cole gelang es, sie davon zu überzeugen, der Corvette eine Gnadenfrist zu gewähren. Hilfe erhielten sie dabei – natürlich ungewollt – von Ford. Dort rollte nämlich inzwischen der Thunderbird vom Band. Diesem konnte und durfte Chevrolet das Feld nicht kampflos überlassen.

Earl, Cole und Duntov nutzten die Gelegenheit und präsentierten eine völlig neue Corvette, die 1956 eine wahre Renaissance erlebte, die bis auf den heutigen Tag anhält. Mit diesem neuen Modell konnte Chevrolet nun mit Fug und Recht behaupten, Amerikas einzigen echten Sportwagen zu bauen. Sinnigerweise trat die neue Corvette ins Rampenlicht, als Ford seinen Thunderbird in eine völlig andere Richtung fliegen ließ – als pompösen viersitzigen Parade-Schlitten.

Im Vergleich mit der ersten Corvette war das neue Modell von einem völlig anderen Schlag. Earl hatte für einen neuen flotten Anzug gesorgt, mit typischen Show-Car-Elementen wie ungewöhnliche elliptische Einbuchtungen in beiden Flanken, von Corvette-Fahrern schnell als „Präriestreifen" getauft. Das Gesamtstyling war für die damals mehr auf Protz ausgelegte automobile Phase zurückhaltend geschmackvoll und – von den Amerikanern gern auch Automobilen zugestanden – sexy.

Die Corvette 1956 sah wirklich wie ein Sportwagen aus und war auch einer, jedoch einer von der zivilisierteren Art. Dazu gehörten komfortablere Sitze mit den gleichen waffelförmig geprägten Bezügen wie die Türverkleidungen, Kurbelfenster (als Option elektrisch betätigt), äußere Türgriffe und ein bereits 1954 bei einem Show-Car erprobtes abnehmbares Hardtop für limousinenähnlichen Wetterschutz. Das allerdings war nicht unbedingt zu empfehlen. Da war sogar das Cabriodach besser, das besser saß und ins Gesamtkonzept besser integriert war, inzwischen sogar elektrisch betätigt.

Unter dieser Karosserie saß ein Chassis, das von Duntov gründlich überarbeitet worden war. Ohne die Gewichtsverteilung auf Vorder- und Hinterachse (52:48 Prozent) zu verändern, hatte er sowohl die Lenkung direkter ausgelegt als auch das Gesamthandling verbessert. Obwohl die Untersteuerungstendenz nicht ausgemerzt war und die Bremsen bei scharfen Bremsmanövern zum Fading (Nachlassen der Bremswirkung) neigten, war die Corvette „nun in Kurven und bei Geradeausfahrt gleich schnell".

Nun, schnell war dieser US-Sportler in der Tat. Chevrolet

Konventionelle Scheinwerfer und ein „Haifischmaul"-Grill sowie die meist zweifarbig lackierten Flanken mit den Einbuchtungen waren typisch für die 55er Corvette.

Das Heck der Corvetten von 1956/57 war rundlicher und ohne die überstehenden Heckleuchten gestaltet. Versionen mit dem Hardtop sind heute besonders gesucht.

hatte den kompakten V8 zunächst als Option angeboten. Da er mit sechs Ausnahmen von allen Kunden geordert wurde, baute Chevrolet ihn nun in Serie ein, auf 210 PS in Normalversion und 225 PS getunt mit einem sogenannten „Power Pak". Letzteres machte ihn wirklich zu einem Kraftpaket, mit einer höher liegenden Nockenwelle, Doppelvergaser und Doppelauspuff. Die Krone setzte dem Ganzen eine „Duntov-Nockenwelle" auf, mit der die Maschine auf 240 PS kam.

Und wo war der alte Sechszylinder geblieben? Er hatte ausgedient. Zu den technischen Änderungen zählte nun auch der serienmäßige Einbau eines eng abgestuften mechanischen Dreigang-Getriebes, die Powerglide-Automatik war in die Liste der Extras „versetzt" worden, gegen 189 Dollar Aufpreis. Der erhöhten Leistung angepaßt war ein verbessertes Differential, ebenso eine verstärkte Spiralfederkupplung, die die bisherige Membranfederkupplung ablöste.

Mit all diesen Maßnahmen konnte die Corvette nun Fahrleistungen aufweisen, die auch der Konkurrenz Respekt abverlangten: In 7,5 Sekunden aus dem Stand auf 100 km/h und dann bis zu einer Spitze von über 190 km/h – das waren nun in der Tat eines Sportwagens würdige Werte. Was die Fachblätter auch bescheinigten: „General Motors baut nun auch Sportwagen."

Da gab es nur wenig Grund, für 1957 große Änderungen vorzunehmen. Chevrolet konzentrierte sich daher auch auf eine weitere Leistungssteigerung des Achtzylinders. Der V8 wurde auf 98 mm aufgebohrt, der Hub aber blieb unverändert. Das Ergebnis waren 4638 ccm. Für die Versorgung der Zylinder sorgte eine neue „Ramjet"-Benzineinspritzung. Die neuen Leistungsdaten imponierten: Bei Straßentests wurden „echte" 5,7 Sekunden für die Beschleunigung aus dem Stand auf 60 Meilen (96 km/h), 16,8 Sekunden für den Sprint von 0 auf 100 mph (160 km/h) und eine Höchstgeschwindigkeit von 212 km/h gemessen. Mechanische Probleme und ein Aufpreis von 500 Dollar für das Ramjet-Paket begrenzten die damit ausgerüsteten Versionen auf nur 240 Einheiten.

Angesichts dieser Leistungen blieben natürlich auch sportliche Einsätze und Erfolge nicht aus. 1957 war John Fitch mit einem 56er Modell Schnellster bei der Daytona Speed Week. Und in Pebble Beach belegte eine Corvette hinter einem Mercedes 300 SL Platz zwei, während 1957 die Plätze eins und zwei in der GT-Klasse in Sebring von Corvetten erobert wurden. Es hatte lange gedauert, aber jetzt wußte die Fachwelt mit dem Begriff US-Sportwagen etwas anzufangen. Ehre, wem Ehre gebührt. Diese gebührt der Chevrolet Corvette.

Alle Corvetten des Baujahres 1957 hatten den auf 4638 ccm vergrößerten V8. Benzineinspritzung wurde zu dieser Zeit noch nicht angeboten.

Technische Daten

Motor:	OHV-V8 – **1956:** 4343 ccm, Bohrung x Hub 9,5 cm x 7,62 cm, 210/225 PS bei 5200 U/min, max. Drehmoment 366 Nm bei 3600 U/min, 240 PS mit Duntov-Nockenwelle (Option) **1957:** 4638 ccm, 9,84 cm x 7,62 cm, 220 PS bei 4800 U/min, 406 Nm bei 3000 U/min; 245 PS bei 5000 U/min, 406 Nm bei 3800 U/min; 250 PS bei 5000 U/min, 431 Nm bei 3800 U/min; 270 PS bei 6000 U/min, 385 Nm bei 4200 U/min; 283 PS bei 6200 U/min, 393 Nm bei 4400 U/min
Kraftübertragung:	Eng abgestuftes Dreigang-Schaltgetriebe, Zweistufen-Powerglide-Automatik (Option), Viergang-Schaltgetriebe (Option, ab Mai 1957)
Fahrwerk:	vorn Einzelradaufhängung an ungleich langen Dreieck-Querlenkern, Schraubenfedern, Teleskopdämpfer, Stabilisator, starre Hinterachse an halbelliptischen Blattfedern, Teleskopdämpfer
Bremsen:	Hydraulische Vierrad-Trommelbremsen
Radstand:	2590 mm
Gewicht:	1238-1253 kg
Fahrleistungen:	0 auf 96 km/h in 7,3-8,9 sec (1956), 5,7-8,0 sec (1957), Höchstgeschwindigkeit 194-207 km/h (1956), 185-209 km/h (1957)
Produktion:	3467 (1956), 6339 (1957)

Er gilt als einer der beiden amerikanischen Nachkriegs-Klassiker: Der Continental Mark II verkörperte Eleganz und Luxus in jeder Hinsicht.

Als in Europa der Kanonendonner begann, endete eine automobile Ära. Nicht nur in Europa, sondern auch in den Vereinigten Staaten, wo nicht ein einziges Automobilwerk von einer Bombe nur gestreift, geschweige denn getroffen wurde. Es endete die Ära der großen Klassiker wie Judkins, Locke, Dietrich oder Murphy, die für das Design und das handwerkliche Können so manches „großen" Automobils verantwortlich zeichneten. Als nach Kriegsende auch in den USA, wo die Automobilproduktion auf militärische „Erzeugnisse" umgestellt worden war, die zivilen Belange wieder Vorrang erlangten, waren Cadillacs und die ersten Packards nur noch ein Schatten dessen, was sie einmal gewesen waren. Lincoln war nicht viel mehr als ein Zwölfzylinder-Mercury. Und um einen Imperial von einem Dodge zu unterscheiden, mußte man schon zweimal hinsehen. Die großen Namen lebten noch. Aber die Klassik des Automobils war vorbei.

Oder doch nicht ganz. Denn da gab es zumindest eine Ausnahme. Anfang 1946 nahm Ford in bescheidenen Zahlen die Produktion von Edsel Fords berühmtem Lincoln Continental wieder auf. Von der Technik her ein Anachronismus, vom „Aufbau" auch nicht an gültigen Standards orientiert, aber eben ein Continental – so unverwechselbar, daß es über seine Zuordnung in den Bereich der Klassiker keinerlei Diskussionen gab. Doch im Frühjahr 1948 war die Zeit des Lincoln Continental auch vorbei, nachdem er den von 1946 bis 1947 gebauten Packard Custom Super Clipper nur kurze Zeit überlebt hatte. Mit dem Verschwinden des Continental war die große Zeit der Klassiker endgültig Vergangenheit.

In den frühen 50er Jahren plante Lincoln jedoch eine starke Waffe gegen Cadillacs immer deutlichere Beherrschung des Markts der Luxus-Automobile. Lincoln hatte sich zwar in der Zwischenzeit durch die Dominanz bei der Carrera Panamericana ein besonderes Leistungs-Image erworben. Doch Leistung war nicht unbedingt auch eine Garantie für den Absatz im Preis hoch angesiedelter Luxus-Karossen. Prestige war das Schlüsselwort. Unter diesem Aspekt war der Lincoln jedenfalls keine Konkurrenz für Cadillac. Die einzig wahre Lösung war die Einführung eines neuen Continental. So ging im Juli 1952 eine kleine Gruppe von Ingenieuren und Designern unter der Leitung des jüngsten der drei Söhne von Edsel Ford, William Clay Ford, an die Arbeit. Dieses Team, die „Special Projects Operation", wurde speziell für die Entwicklung des Anti-Cadillac gebildet. Die Aufgabe hieß, auf der Basis des Rufs des Continental und seines exzellenten Designs moderne Technik und Konstruktion zu verbinden.

Fest steht, daß der Wagen, den die Gruppe konstruierte, nie als ein Lincoln Continental der Ford Company deklariert wurde, obwohl dies fälschlicherweise immer wieder geschah. Um es klar zu sagen: Er war und ist – ganz einfach der Continental Mark II. Sein Debüt gab er auf dem Pariser Autosalon am 6. Oktober 1955. Den ersten offiziellen Auftritt auf heimischem amerikanischem Boden hatte er am 21. Oktober in Dearborn. Daß der Wagen nur Continental hieß, hatte durchaus seine Berechtigung. Continental war eine eigene Division innerhalb der Ford Company, mit eigenem Management, etabliert in abgetrennten neuen Gebäuden, und eigenen Fertigungsanlagen, mehr auf Qualität und Exklusivität ausgerichtet als auf Großserien.

Die typischen Styling-Merkmale des ersten Lincoln Continental fanden sich auch im neuen Modell wieder: lange Motorhaube, kurzes Heck und eine sehr tiefe Gürtellinie. Die Gesamthöhe von nur 1422 mm ging jedoch nicht zu Lasten der Kopffreiheit der Insassen. Erreicht wurde das durch eine dreigeteilte Antriebseinheit und einen Spezial-Rahmen, der es ermöglichte, die Bodenbleche zwischen den Rahmen-Schienen zu plazieren.

Der Continental Mark II wurde ausschließlich als Hardtop-Coupé gebaut. Ein besonderes Styling-Detail war die Ausbuchtung im Kofferraumdeckel für das senkrecht stehende Ersatzrad im Kofferraum. Der Tankeinfüllstutzen war hinter der linken Heckleuchte verborgen. Das luxuriöse Interieur wies schottisches Bridge-of-Wier-Leder auf.

Typisches Kennzeichen des Original-Lincoln war das außen am Heck montierte Ersatzrad. Nachgemacht haben das viele Hersteller, einige gleich ab Werk, andere als „Nachrüstung". Doch wie so oft gilt auch hier: Oft kopiert – nie erreicht. An dieser Styling-Komponente festzuhalten, hätte jetzt nur bedeutet, die Kopierer zu kopieren. Das aber war alles andere als im Sinne von Bill Ford und seinem Team.

Die Lösung, die ihnen einfiel, war genial: Der Kofferraumdeckel wurde so geformt, daß das Ersatzrad direkt darunter paßte und so zumindest das alte Styling angedeutet wurde. Hier mit dem zusätzlichen Effekt, daß das Ersatzrad vor Schmutz und Wettereinflüssen geschützt war. Der Kofferraum wurde dadurch auch nur geringfügig in Anspruch genommen.

Nach der Festlegung des Designs ging das Team an die technische Seite des Projekts Continental, das nach den Vorstellungen der Special Projects Operation ein moderner amerikanischer Klassiker werden sollte.

Die Entscheidung hinsichtlich des Motors fiel für den Sechsliter-V8 mit 285 PS, der im 1956er Lincoln zum Einsatz kam. Für den Continental wurde er jedoch geradezu peinlich überarbeitet. Auf dem Prüfstand, auf dem alle Lincoln-Motoren getestet wurden, erfolgte die „Demontage" aller für den Continental-Motor vorgesehenen Teile, die dann sorgfältig wieder zusammengebaut wurden. Automatik-Getriebe wurden ebenso wie Turbo-Antriebseinheiten des Lincoln praktischen Straßentests in einem Fahrzeug unterzogen, bevor grünes Licht für den Einbau in den Continental gegeben wurde. Und auch dort hieß es erneut: Prüfung auf Herz und Nieren, erst auf dem Prüfstand, dann erneut auf der Straße im kompletten Fahrzeug.

Alles wurde mit äußerster Sorgfalt betrieben. Selbst die von Zulieferern verwandten Stahlbleche wurden in deren Fabriken von Ingenieuren inspiziert. Geprüfte Häute für die Lederausstattung wurden eigens aus Schottland importiert. Dabei ging es so penibel zu, daß selbst Häute, die kleinste Verletzungen durch zum Beispiel Stacheldraht aufwiesen, nicht in Frage kamen. Für den Fußboden sowie die Kofferraumauslegung galten hinsichtlich des Teppichs die gleichen hohen Qualitätsanforderungen.

Auch beim Finish und der Lackierung war eine Prozedur festgelegt, die nöchsten Ansprüchen gerecht wurde. Nach Grundierung und zweifacher Mittelschicht erhielt das Prachtstück seinen endgültigen Glanz durch ebenfalls zweifache, von Hand aufgetragene Lackierung. Und dies – je nach Kundenwunsch – aus einer Palette von vierzehn Einfarb- und fünf Zweitonlacken. Alle verchromten Teile hatten einen Untergrund von Kupfer und Nickel, ein Verfahren, das dreimal so haltbar war wie der geforderte Standard. Schrauben und Bolzen waren handgedreht und entsprachen Flugzeugnorm. Um auch beim Transport selbst den kleinsten Kratzer zu vermeiden, erhielt jeder Continental seine eigene „Verpackung“.

Alles in allem bedeutete diese Prozedur die Rückkehr zu dem Qualitätsniveau, dessen man sich in den 30er Jahren gerühmt hatte. Und so war es kein Wunder, daß sich die Gesellschaft darauf berief, für das Metallfinish und die Lackierung mehr Zeit aufzuwenden als andere Hersteller ver-

Der 6-Liter-V8 des Mark II wurde vor dem Einbau einer detaillierten Test-Prozedur unterzogen.

gleichbarer Luxuswagen für die gesamte Montage.

Luxus strahlte der Continental reichlich aus. Zur Standardausrüstung zählten zum Beispiel das Automatik-Getriebe, Servolenkung, servounterstützte Bremsen, elektrische Fensterheber, vierfach elektrisch verstellbare Vordersitze, Radio, separat einstellbare Heizung, Motorraumbeleuchtung, Weißwandreifen, ein umfangreiches Instrumentarium, Unterbodenschutz und polierte Aluminium-Verkleidung der Ventilkipphebel. Der einzige Posten auf der Extra-Liste war die Klimaanlage.

Bei dieser Herstellungsprozedur und der hohen Qualität sowie der Komplettausstattung kostete der Continental natürlich auch seinen Preis: 9645 Dollar, mit Klimaanlage 785 Dollar mehr. Um das in die richtige Relation zu setzen: Ein Lincoln Premier war schon für etwas mehr als nur die Hälfte zu haben.

Bei seinem imposanten Gewicht von mehr als zwei Tonnen, um es noch deutlicher zu sagen, fast zweieinhalb Tonnen, war der Continental mit seiner Motorisierung natürlich kein „heißer Ofen“. Die Fahrleistungen konnten sich aber für einen Wagen dieser Klasse durchaus noch sehen lassen.

Angesichts in Amerika bestehender Geschwindigkeitslimits ist es ohnehin müßig, dieses Thema bei einem Wagen wie dem Continental zu debattieren. Dieses Limit würde er selbst noch mit einem Rad schaffen...

Der Verkauf in den ersten Wochen übertraf alle Erwartungen. 1600 Einheiten waren jährlich kalkuliert worden – und der Continental startete mit einem Auftragsbestand von mehr als dem Doppelten dieses Planziels. Das animierte manche Händler sogar dazu, ein Extra-„Handgeld“ von 1000 Dollar auf den Neupreis zu verlangen – und sie bekamen es.

Doch das Ganze erwies sich als eine Seifenblase, die schon bald platzte. Nach dem Boom der ersten Wochen kam der steile Knick in der Verkaufskurve noch während des ersten Vierteljahres. Und diese Richtung änderte sich nicht, wurde im Gegenteil immer extremer. Im ersten Quartal 1957 wurden nur noch 200 Fahrzeuge gebaut. Das Ende war programmiert. Es kam am 8. Mai des gleichen Jahres nach einer Gesamtproduktion von exakt 3000 Wagen. Als „Moneymaker“ war er von vornherein nicht betrachtet worden. Aber sicher auch nicht als Geldschlucker. Insider sind zumindest der Meinung, daß mit jedem Continental 1000 Dollar Verlust eingefahren wurden.

Technische Daten	
Motor:	OHV-V8, 6030 ccm, Bohrung x Hub 10,2 x 9,3 cm, Verdichtung 9,5:1, Carter-Vergaser, 285 PS bei 4800 U/min, max. Drehmoment 534 Nm (Baujahr 1957: 300 PS, Verdichtung 10,0:1)
Kraftübertragung:	Dreistufen-Turbo-Drive-Automatik mit Drehmomentwandler
Fahrwerk:	vorn Einzelradaufhängung an ungleichen Dreiecksquerlenkern, Schraubenfedern, Kugelgelenke, Stabilisator, hydraulische Teleskopdämpfer, hinten Starrachse, längs eingebaute halbelliptische Blattfedern, hydraulische Teleskopdämpfer
Bremsen:	Hydraulische Vierrad-Trommelbremse, servounterstützt
Radstand:	3200 mm
Länge:	5549 mm
Breite:	1976 mm
Gewicht:	2175 kg
Fahrleistungen:	0 auf 90 mph 14,0 sec, Höchstgeschwindigkeit 118 mph (190 km/h)
Produktion:	1231 (1955), 1325 (1956), 444 (1957)

1957-58 CADILLAC ELDORADO BROUGHAM

Cadillac – das war jahrelang der Inbegriff von Luxusautos. Doch seit dem Ende des gigantischen V16 Ende 1940 hatte es nichts mehr gegeben, was als Super-Auto hätte gelten können. Dabei wäre es wohl auch noch einige Zeit geblieben, wenn da nicht 1956 der Continental Mark II die Szene betreten hätte. Und das genau in einer Zeit, in der zwischen den US-Giganten General Motors und Ford ein Kampf ums Prestige im Gange war. Da konnte und durfte GM sich nicht ausstechen lassen.

Mehrere Jahre hatte General Motors auf den „Motoramas“, einer Art „Wanderzirkus“ mit Automobilen, die aktuellen Modellpaletten präsentiert, diese Motoramas aber auch genutzt, einige Concept-Cars zu präsentieren. 1954 zum Beispiel waren es drei solcher Studien: ein Coupé El Camino, ein Roadster La Espada und eine viertürige Luxus-Limousine Park Avenue. Das meiste Publikumsinteresse löste von diesen drei futuristischen Fahrzeugen überraschenderweise der Park Avenue aus, obwohl bei GM selbst Coupé und Roadster favorisiert waren.

Als die Motorama-Show 1954 vorbereitet wurde, war es bereits ein offenes Geheimnis, daß Ford einen neuen Continental bringen würde. Die Daten waren zumindest in groben Zügen bekannt, ebenso, wie von einem sehr hohen Preis gemunkelt wurde. Die Antwort von GM auf die sich anbahnende Herausforderung durfte nicht ausbleiben. Chefstylist Harley Earl gab mit seinem Vorschlag den Ausschlag: Auf der Basis des Park Avenue sollte Cadillacs neues Superauto entstehen, für das es auch schon einen Namen gab – Eldorado Brougham. Wobei Brougham kein Eigenname ist, sondern eine Typenbezeichnung, die in ihrer eigentlichen Bedeutung auf diesen neuen Caddy jedoch nicht zutraf – eine geschlossene zweisitzige Limousine oder eine Limousine mit offenem Fahrersitz. Der Eldorado war keins von beiden.

Im Dezember 1956 wurde der Wagen als neues Cadillac-Flaggschiff der Modellgeneration 1957 präsentiert. Gegenüber dem Park Avenue wies er eine Reihe von Veränderungen auf. So war das Aluminiumdach durch ein Dach aus rostfreiem Stahlblech ersetzt worden. Ebenfalls rostfreier Stahl wurde für die unteren hinteren Kotflügel verwendet. Die seitlichen Holme waren entfallen und verwandelten die Park-Avenue-Limousine nun in ein viertüriges Hardtop-Modell. In den vorderen Kotflügeln waren Luftöffnungen plaziert. Obwohl in einigen US-Staaten noch immer verboten, hatte der Eldorado Doppelscheinwerfer unter den Kotflügel-„Dächern“. Chromzierleisten von den vorderen Kotflügeln mit einem Knick in den hinteren Türen bis zu den hinteren Stoßstangen betonten die Linie des Wagens eindrucksvoll. Eindruck machte auch das Signalhorn mit seinem Mehrklang-Sound, das dem optischen Image des Eldorado akustischen Nachdruck verlieh.

Wie die Baureihe Sixty-Two und der deVille hatte auch der Eldorado Brougham einen Rohr-Kreuzrahmen. Steifer als die vorhergehende Konstruktion, brachte er vor allem den Vorteil, die Gesamthöhe des Wagens um rund siebeneinhalb Zentimeter zu reduzieren. Andererseits offenbarte er aber auch einen hohen Risikofaktor: Viel Seitenschutz genossen die Insassen bei einer Kollision nicht.

Der Motor des Eldorado Brougham war identisch mit dem der anderen Eldorado-Modelle, dem Seville Hardtop und dem Biarritz Convertible. Mit dem Doppelvergaser leistete er im Gegensatz zu den mit nur einem Vergaser bestückten Motoren der anderen Cadillacs 325 PS, immerhin 40 mehr als die Maschine des Continental Mark II und 25 mehr als die weniger exotischen Modelle des eigenen Hauses.

Das bemerkenswerteste, ja revolutionärste technische Element des Brougham war die erstmals in einem Pkw eingesetzte Luftfederung des Fahrwerks, eine Weltpremiere. Nicht zu verwechseln mit dem Citroën-System der Hydropneumatik. Für General Motors war die Luftfederung

Obwohl er auf dem Park-Avenue, einem als Limousine konzipierten Show-Car von 1954, basierte, präsentierte sich der Eldorado Brougham – hier ein Modell von 1958 – als viertüriges Hardtop mit einem Dach aus rostfreiem Stahl. Ein Erfolg wurde er nicht. Aber er durfte in Anspruch nehmen, der erste Serien-Pkw der Welt mit Luftfederung zu sein.

Unter der vorn aufgehängten Motorhaube des Eldorado Brougham arbeitete ein V8 mit 325/335 PS. Die Innenausstattung war ungewöhnlich und umfaßte selbst Schmink- und Erfrischungsutensilien mit magnetischen Glashaltern. Die Sitzeinstellung erfolgte elektrisch auf sechs Positionen. Vor dem Ersatzrad im Kofferraum war die Batterie plaziert.

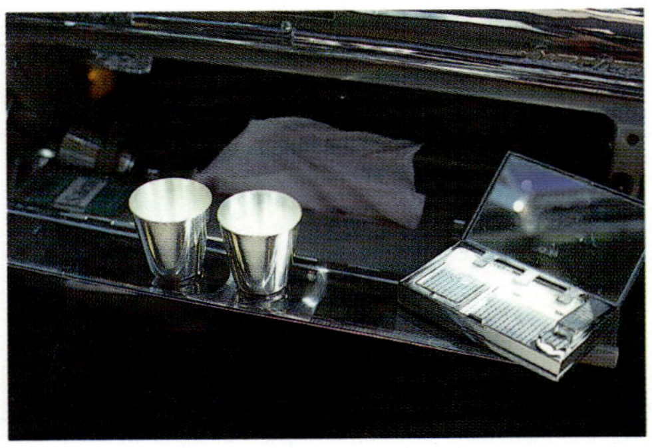

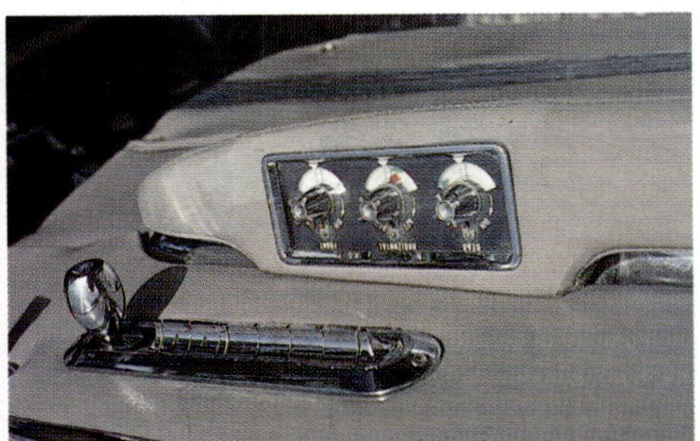

kein absolutes Neuland. 1952 hatte GM erstmals Busse mit diesem progressiven Federungs-Prinzip ausgestattet. Das bei den Bussen angewandte System erwies sich für Personenwagen als nicht geeignet. Zumindest nicht in dieser Form. Die Konsequenz war klar: Ewas für Pkw Passendes mußte entwickelt werden. Wie das dann funktionierte, war im Magazin Motor Life allgemeinverständlich nachzulesen: „Das GM-Luftfederungs-System arbeitet mit Luftfeder-Einheiten an jedem Rad einzeln. Die Luft wird den Federn durch niveauregulierende Ventile zugeführt, so daß die Karosserie in jedem Beladungszustand und bei jeder Fahrbahnbeschaffenheit ihr Niveau unverändert beibehält. Das garantiert leichtes Handling und außergewöhnlich komfortables Fahrverhalten.“ Das Cadillac-Fahrwerk wurde insgesamt modifiziert, um sowohl Schauben- als auch Luftfedern einbauen zu können. Verstärkt wurde zugleich auch die Kugellagerverbindung der Vorderachse, um ein Eintauchen des Vorderwagens bei starkem Abbremsen zu minimieren.

Im Gegensatz zur Meinung von Motor Life stand jedoch die Praxis. Auf ebenen Fahrbahnen wäre diese Luftfederung angesichts des ohnehin guten Fahrverhaltens der Cadillacs gar nicht erforderlich gewesen. Wenn sie in Kurven etwas bewirkte, dann eher ein negatives Verhalten. Auf besonders schlechten Fahrbahnen war die Luftfederung in ihrem Element, wobei der Fahrer durch die Bedienung eines Lift-Ventils den vollen Luftdruck der Federung aktivieren und damit die Bodenfreiheit noch vergrößern konnte. Doch auf solchen Straßen und Wegen bewegen sich zumeist Pickups und andere mehr oder weniger große motorisierte Lastesel, nicht jedoch Luxus-Gefährte vom Stil eines Cadillac.

Im Laufe der Zeit offenbarte die Luftfederung jedoch ihre zum Teil

Die vorn und hinten angeschlagenen Türen wurden automatisch verriegelt, sobald ein Gang eingelegt wurde.

schlimmen Mucken und Macken. Die schlimmsten: Entweder ihr ging buchstäblich, und das manchmal schlagartig, die Luft aus, so daß der ganze Wagen plötzlich auf den Achsen saß. Oder sie begann zu lecken. Die Lecks machten sich zwar nur langsam bemerkbar, so daß der Kompressor den Wagen wieder auf ein manövrierfähiges Niveau „pumpte". Doch, wie es ein Tester sarkastisch formulierte: „Es ist kein Vergnügen, sich in ein Auto zu setzen, dessen Karosserie sich plötzlich in Ruhestellung begibt, und dann zu warten, bis er sich selbst wieder erhebt."

So war es letztlich von kluger Voraussicht bestimmt, daß Cadillac die Federn austauschbar gemacht hatte. Kein Wunder, daß die meisten Brougham-Besitzer das nutzten und angesichts des Ärgers mit der Luftfederung ihren Wagen wieder auf die konventionelle Schraubenfederung umrüsten ließen.

Der Eldorado Brougham durfte für sich in Anspruch nehmen, ein Luxus-Automobil zu sein. Die Ausstattung war ungewöhnlich umfangreich. Daß Klimaanlage, Hydramatic und Servolenkung serienmäßig waren, erwartete man von einem Wagen dieser Preisklasse. Aber Heizung für Frontabteilung und Fond, Gebläse unter den Sitzen mit sechsfacher Verstellbarkeit des Fahrersitzes mit Memory-Positionierung und automatischer „Selbstbewegung" für bequemen Einstieg, elektrische Zentralverriegelung und Kofferraumverriegelung vom Fahrersitz aus, ein Dimmer für die Scheinwerfer, Sonnenschutzblende, selbsttönend – das waren schon reichhaltige Ausstattungs-Details. Zu denen schließlich auch noch der automatische Start des Motors bei eingeschalteter Zündung und Wählhebel-Position Park oder Neutral zu nennen wäre. Und Madame fühlte sich im Eldorado Brougham wie daheim vor dem Schminktisch: Die Klappe des Handschuhfachs förderte beim Öffnen Lippenstift, Erfrischungsstift und natürlich auch den dazugehörigen Spiegel zutage, für das Abschminken oder andere Zwecke auch einen Taschentuchspender. In der hinteren der beiden Mittelkonsolen fanden sich Utensilien wie Notizbuch, Schreibstift, ein Parfüm-Zerstäuber, bereits mit einem Marken-Produkt gefüllt. Noch Zweifel, daß der Eldorado Brougham das Attribut Luxus für sich in Anspruch nehmen durfte?

Er war alles andere als ein Massenprodukt, der Eldorado Brougham. Im Gegenteil: Die Individualität ging bis ins Extrem. Fünfzehn verschiedene Außenlackierungen standen zur Auswahl, 45 Standard- und zwei Spezial-Ausstattungsvarianten und Farbmöglichkeiten fürs Interieur.

Innen gab es beim Teppich zum Beispiel die Wahl zwischen natürlichem Biberlammfell oder hochwertigem Karakul.

Logisch, daß da der Preis entsprechend angesetzt war: 13074 Dollar. Das wird auch einer der Gründe gewesen sein, die im ersten Jahr nur 400 Wagen, im zweiten noch weniger (304) aus den Werkstoren rollen ließen. Mit einem von Insidern geschätzten Verlust von 10000 Dollar pro Einheit. Ironie des Schicksals: Der Continental Mark II, gegen den der Eldorado ja antreten sollte, wurde wenige Monate nach dem Erscheinen des Cadillac aus dem Verkehr gezogen. Wenn man das gewußt hätte …

Technische Daten	
Motor:	OHV-V8, 5971 ccm, Bohrung x Hub 10,1 x 9,2 cm, Verdichtung 10,0:1, Hauptlager, hydraulische Ventilstößel, 2 Carter-Vergaser, 325 PS bei 4800 U/min (1958: 3 Rochester-Vergaser, 335 PS bei 4800 U/min)
Kraftübertragung:	Vierstufen-Hydramatic, Planetengetriebe
Fahrwerk:	Vorn Einzelradaufhängung, ungleiche Dreiecks-Querlenker, selbst nachstellende Luftfedern, hydraulische Rohrstoßdämpfer, hinten untere Längslenker, oben einfacher Jochring, selbstnachstellende Luftfedern, hydraulische Rohrstoßdämpfer
Bremsen:	hydraulische Vierrad-Trommelbremse, servounterstützt
Radstand:	3200 mm
Länge:	5494 mm
Gewicht:	2458 kg
Fahrleistungen:	0 auf 60 mph in 12,9 sec Höchstgeschwindigkeit 110-115 mph (176-185 km/h)
Produktion:	400 (1957), 304 (1956)

44 MY

Mit nur 1110 Einheiten gehört der Aston Martin DB4 sowieso schon zu den Raritäten. Die darin enthaltenen 95 GTs sind entsprechend noch knapper einzuordnen. Beim GT wurde übrigens ein kürzerer Radstand von 2362 mm verwendet.

Bei einer Reihe von Wechselbädern, in die unvorsichtige und allzu euphorische Sammler in den 80er Jahren getaucht wurden, war Aston Martin einer der – natürlich von der Marke selbst nicht zu verantwortenden – „Bademeister“, die die Sammler kräftig „schrubbten“. Autos, in diesem Falle also speziell Aston Martins, die ein Jahr zuvor noch mit 200 000 Mark gehandelt wurden, gingen mit fünfzig Prozent und weniger ebenfalls baden. Ein Beispiel nur: Im September 1990 wurde ein marineblauer DB6 mit ZF-Fünfgang-Getriebe für 65 000 Dollar angeboten, ein Spottpreis selbst in dieser Phase eines schwachen Marktes.

Dabei sind Astons immer eine gute Investition gewesen. So zahlte man in den 60er Jahren für einen neuen Aston Martin in den USA die geichen 10 000 Dollar wie für einen Ferrari. Das Bild aber hat sich gewandelt. Ein Ferrari kostet heute auf dem Sammler-Markt das Drei- bis Vierfache eines Aston. Doch ist das eine reine Frage der Sammler. Langweilige Autos hat Aston Martin jedenfalls nie gebaut. Zu den bemerkenswertesten unter ihnen zählen die Baureihen DB4 und DB5.

„DB“ steht für David Brown, den millionenschweren Traktoren-Hersteller, der nach dem Krieg die zwar renommierte, aber schwer angeschlagene Aston Martin Company vor dem Ruin bewahrte. Der Markenname war eine Kombination aus dem Namen des Firmengründers Lionel Martin und dem Aston Clinton Hillclimb, einem über die Grenzen Englands hinaus zwar kaum bekannten, für die Teilnehmer aber, manchmal auch für die Autos selbst, strapaziösen Bergrennen. Als Brown die Firma 1947 kaufte, war Aston bereits zum zweiten Male bankrott. Und als er sie 1975 wieder verkaufte, stand eine erneute Pleite vor der Tür, was danach noch zweimal geschah.

Browns erstes Auto, der DB1, war nichts anderes als das „Zusammenschustern“ eines aus der Vorkriegszeit übriggebliebenen Chassis mit einem wenig aufregenden Zweiliter-Motor. Gebaut hat er davon nicht viel mehr als eine Handvoll. Was ihm vorschwebte, war eher etwas, das mehr Eindruck machen sollte. Brown hatte nämlich außer Aston auch die Lagonda Cars Limited gekauft und damit auch einen starken 2,6-Liter mit zwei obenliegenden Nockenwellen. Genau dieses Triebwerk montierte Brown auf das Aston-Chassis und ließ sich das Ganze mit einem von J. J. Mulliner geschneiderten Coupé einkleiden. Das Resultat nannte er DB2.

Dieser DB2 legte den Grundstein für das, was zum Aston-Martin-Standard wurde. Er war schnell, gut im Handling und lieferte eine Leistung ab, die der eines „zeitgenössischen“ Ferrari entsprach. In der Ausstattung strahlte der DB2 den Luxus eines Rolls-Royce aus, mit Connolly-Leder und feinstem englischen Stoff sowie dickgewebtem Teppich. Gebaut wurden von diesem bemerkenswerten Auto mehr als 400, alle in Handarbeit auf Stahlformen aus Aluminium gefertigt und dann von Tickford in Newport Pagnell (Grafschaft Buckinghamshire) ausgerüstet, wohin Brown später auch seine Hauptaktivitäten verlegte.

Dem DB2 folgte 1953 der DB2/4 als 2+2-Sitzer-Fließheck-Version, der wiederum über die Typen Mark II und Mark III weiterentwickelt wurde, bis auch er 1959, inzwischen mit einem 195 SAE PS (156 DIN PS) starken Motor ausgerüstet, das Stadium erreicht hatte, ihn abzulösen. Diese Maschine hatte drei Liter Hubraum und rundum Scheibenbremsen, war aber noch immer in das alte DB2-Styling verpackt. Die Arbeit am Nachfolger hatte bereits 1955 begonnen, reif für die Vorstellung war er 1958 als DB4.

Obwohl der Neuling angeblich auf einem schneeweißen Reißbrett entstand, war er eher evolutionär als revolutionär. Beim Motor handelte es sich erneut um einen DOHC-Sechszylinder, eine Konstruktion von Tom Marek, gewichtig und teuer in der Herstellung. Dieses Triebwerk

Aston Martin stellte den DB4 1958 vor, die GT-Version folgte im Jahr darauf. Der GT war ein zweitüriges Fließheck-Modell und betonte den sportlichen Charakter. Das Instrumentarium war direkt im Blickfeld des Fahrers angeordnet, Sekundärinstrumente lagen weiter seitlich, aber ebenfalls gut einsehbar. Front- und Heckpartie waren unverkennbares Aston-Martin-Design.

brachte 240 beziehungsweise 266 PS auf die Räder – Werte allerdings, von denen kompetente Kenner sagen, sie seien übertrieben und genau genommen nur für die Werbung „erfunden" worden. Auf eine unkomplizierte, um nicht zu sagen einfache Bodengruppe und einen Stahlrohrrahmen-Käfig montierte Carrozzeria Touring in Italien einen nicht gerade exotischen, aber zumindest in der Gesamtlinie schnörkellosen und zweckmäßig wirkenden Aufbau. Astons „Hammerschmiede" bauten sowohl das Chassis als auch die Karosserie, während Tickford auch bei diesem Modell für die Ausstattung zuständig war, die hohen Standard hatte.

Der DB4 wartete zwar nicht mit dem faszinierenden Design des Cisitalia oder der von Pinin Farina gestylten Ferraris auf, sah aber um Klassen besser aus als die Jaguars und Corvetten des Baujahres 1958. Und er lief wie der Teufel! Aston Martin nannte ehrliche 27 Sekunden für den Sprint von 0 auf 100 mph (160 km/h) und wieder auf Null. Mit der Höchstgeschwindigkeit setzte der DB4 ebenfalls eine Marke, die Spitze war, bis die superstarken Corvetten und Cobras kamen: 140 mph (225 km/h) waren bis zu deren Erscheinen nicht zu schlagen.

Zwischen 1958 und 1963 sind 1110 DB4, einschließlich der 266-PS-Versionen Vantage, gebaut worden. 1959 erschien als neue Variante ein zweisitziger DB4 GT mit vom Hersteller genannten 302 PS und einer Höchstgeschwindigkeit von 150 mph (241 km/h). Im Jahr darauf wurden 25 GT-Chassis mit kurzem Radstand nach Italien an Zagato geliefert, der auf dieses Chassis ein Leichtmetall-Coupé von nur 907 kg Gewicht, klarer Linie und aerodynamischem Styling setzte. Mit 314 PS und drei Weber-Vergasern konnte Aston Martin nun die 0-100-0-Rechnung erneut aufmachen – mit nur noch 20 Sekunden.

Von den insgesamt 95 hergestellten DB4 GTs waren 75 reine Newport-Pagnell-Modelle, der Rest Zagatos. Die einen wie die anderen repräsentieren die meistgesuchten Aston Martins. Geboten wurden in den USA für den GT immerhin schon 800 000 Dollar und bis zu zwei Millionen Dollar für einen Zagato. Letzterer bei 20 Exemplaren schließlich so etwas unter den Automobilen wie die Blaue Mauritius unter den Briefmarken. Nur eben schöner als ein unscheinbares Stück Papier …

In chronologischer Folge ging es 1963 mit dem DB5 weiter, von dem während zweijähriger Bauzeit 1021 Einheiten entstanden, darunter auch 123 Volante-Convertibles. Gravierende Unterschiede zum DB4 waren nicht zu erkennen. Chassis, Getriebe und Karosserie waren weitgehend identisch mit dem DB4. Der Motor allerdings war durch vergrößerte Bohrung auf einen Hubraum von fast vier Liter gebracht worden. Und wie schon bei den letzten DB4 gab es auch hier die Wahl zwischen zwei Leistungsstufen: 282 oder 314 PS. Hinsichtlich der Kraftübertragung standen sogar vier Alternativen zur Verfügung, einschließlich eines Fünfgang-ZF-Schaltgetriebes und einer Borg-Warner-Automatik.

Filmgeschichte hat der DB5, wenngleich entsprechend „aufgemotzt", auch gemacht – als James Bonds Gefährt in „Goldfinger".

Da verstehe einer die Sammler. Obwohl die DB5 praktisch identisch mit dem DB4 sind, werden sie doch zu wesentlich geringeren Preisen gehandelt. 1990 wurde ein DB5 in Top-Erhaltung in einer Fachzeitschrift jedenfalls mit 100 000 bis 150 000 Dollar „katalogisiert", das waren rund 25 000 Dollar weniger als ein vergleichbarer DB4. Was jedoch nichts daran ändert, daß die DB-Aston-Martins durch die Bank zu den besonderen Modellen der Automobilgeschichte gehören.

Technische Daten

Motor: Sechszylinder-DOHC-Motor, Leichtmetallblock – **DB4:** 3670 ccm, Verdichtung 8,25:1, SU-Doppelvergaser, 240 PS bei 5500 U/min; **Vantage:** Verdichtung 9,0:1, 3 SU-Vergaser, 266 PS bei 5750 U/min; **GT:** Verdichtung 9,0:1, 3 Weber-Vergaser, 310 PS bei 6000 U/min; **GT Zagato:** 314 PS; **DB5:** 3995 ccm, Verdichtung 8,9:1, 3 SU-Vergaser, 282 PS bei 5500 U/min; **Vantage:** 3 Weber-Vergaser, 314 PS bei 5750 U/min

Kraftübertragung: **DB4:** Viergang-Schaltgetriebe, Overdrive Option, 3 vermutlich mit Automatik ausgerüstet – **DB5:** Viergang-Schaltgetriebe, Overdrive, Fünfgang-ZF-Schaltgetriebe, Borg-Warner-Automatik

Fahrwerk: Vorn Einzelradaufhängung, Schraubenfedern, ungleiche Querlenker, hinten Starrachse, Schraubenfedern, paralle Längslenker

Bremsen: Hydraulische Vierrad-Scheibenbremsen (System Dunlop, später Girling)

Radstand: 2489 mm, DB4 GT und Zagato 2362mm

Fahrleistungen: 0 auf 50 mph **DB4** in 7 bis 8 sec, Zagato 6 sec, **DB5** in 8 sec, Höchstgeschwindigkeit **DB4** 140 mph (225km/h), GTO 150 mph (241), Zagato 160 mph (257), **DB5** 145 mph (233)

Produktion: 1110 **DB4**, einschließlich 70 Convertibles und 95 GT; 1021 **DB5**, einschließlich 123 Convertibles und 12 Combis „Estate Wagon"

Das Interieur des DB4 GT strahlte betonte Sportlichkeit auch in der Lederausstattung aus. Ein technisches Sahnestück war und ist der Sechszylinder mit Leichtmetallblock und obenliegender Doppelnockenwelle.

MINI
MOC 208R

Schuld an allem war 1956 die Suez-Krise mit ihren Folgen. Auch in England wurde das Benzin rationiert. Für Spritsäufer unter den Autos schlechte Zeiten. Da schlug die große Stunde der auf der Insel „bubble cars" (Seifenblasen-Autos), hierzulande weniger prosaisch Kleinstwagen genannten Automobile. Die aber kamen praktisch allesamt vom Kontinent, aus Deutschland, Italien und Frankreich.

Das wiederum wurmte Sir Leonard Lord, den Chef der aus der Fusion von Austin und Morris entstandenen British Motor Corporation (BMC). Also beauftragte Lord seinen Chefdesigner Alexander Issigonis, Sproß einer im Ersten Weltkrieg nach England ausgewanderten griechischen Familie, mit der Erfindung einer „Gegenwaffe" gegen die motorisierten Invasoren vom Festland. Die Aufgabe hieß: Die „bubble cars" sollen von der Insel vertrieben, zumindest aber von einem eigenen Inselprodukt in Nebenstraßen verdrängt werden. Lords Vorstellung, nach der Issigonis dieses Auto zu bauen hatte, war in anderem Zusammenhang auch schon von einem Franzosen und seinen Ingenieuren entwickelt worden. Und was André Citroën auf dem Kontinent mit dem 2CV präsentierte, wollte jetzt auch Sir Lord: ein viersitziges Auto, klein, noch kleiner selbst als die damals kleinsten BMC-Modelle Austin „A 35" und Morris „Minor", aber innen mit viel Platz. Und einen bereits im BMC-Programm vorhandenen Motor sollte Issigonis verwenden, um die Kosten so gering wie möglich zu halten.

Issigonis, der auch schon den erwähnten Morris „Minor" auf seinem Pluskonto verbucht hatte, ging an die Arbeit. Die Bedingung, möglichst einen Motor aus dem vorhandenen Programm zu verwenden, ergab sich nicht zuletzt daraus, daß ein anderer Plan verworfen wurde. Im Gespräch war zunächst ein luftgekühlter Zweizylinder. Dessen Entwicklung von Grund auf aber hätte allein schon die Hälfte der insgesamt veranschlagten Kosten von zehn Millionen Pfund einschließlich der Errichtung der Produktionsanlagen verschlungen. So entschied sich Issigonis für den Griff in die Lagerbestände und wählte den schon bewährten wassergekühlten 25-PS-Motor, den William Appleby bereits 1952 für die Austin-Baureihe A konstruiert hatte.

Um den Motor herum baute Issigonis dann ein von Grund auf neues Auto. Die Aufgabe, viel Innenraum zu schaffen, löste der Anglo-Grieche auf eine von der Fachwelt als genial gewertete Lösung: Er konstruierte das Auto von innen nach außen, mit einigen bis dahin noch nie dagewesenen technischen Tricks. Er baute den Motor quer unter der Haube ein, und das mit direkt unter dem Motor liegender Getriebeeinheit, wobei Motor und Getriebe auch noch die gleiche „Ölquelle" hatten. Diese Lösung ergab das bis dahin nie erreichte Maß von achtzig Prozent der Gesamtlänge des Fahrzeugs für Insassenkabine und Gepäckraum. Auch der Radstand von 2050 mm bei 3050 mm Gesamtlänge spricht Bände.

Der Insel-Winzling mußte angesichts solcher Abmessungen natürlich auch auf entsprechend kurze Beine, sprich kleine Räder gestellt werden. Räder der üblichen Pkw-Dimension hätten logischerweise auch entsprechende Radkästen verlangt, und diese wären dann zu Lasten des Innenraums sowohl vorn als auch hinten gegangen. Doch da gab es ein Problem: Reifen dieser Mini-Dimension hatte kein Hersteller im Programm. Da versprach Dunlop, sie zu entwickeln. Und auf denen rollte das Produkt dann 1959 ins Licht einer staunenden Autowelt: „Zehnzöller" unter einem Auto – das hatte man noch nie erlebt.

Genau genommen waren es sogar zwei Modelle, die BMC da präsentierte. Zumindest dem Namen nach. Denn man sah sich augenscheinlich den beiden Stammhäusern verpflichtet. So hieß der eine „Austin Seven", der andere „Morris-Mini-Minor". Daß ein Bestandteil des Mor-

Im Laufe seiner schon fünfunddreißig Jahre andauernden Produktionszeit hat der Mini sein Design nur wenig geändert. Das hier abgebildete Modell aus dem Jahre 1976 trägt das „Mini"-Emblem auf der Nase, während die – abgesehen vom Firmenzeichen, dem Kühlergrill und den Farben – ansonsten identischen früheren Modelle als Austin und Morris deklariert wurden. Den Austin gab es in Farinagrau, Speedwellblau und Tartanrot, den Morris in Altenglisch-Weiß, Clipperblau und Kirschrot.

Der Leistungs-Mini war der Cooper, hier (rechts) Modelle von 1965 und (Mitte links) 1969. In den Cooper wurde ein Einliter-Vierzylinder eingebaut, der Cooper S (Mitte rechts und oben) hatte einen 1275-ccm-Motor mit 75 PS. Der Mini von 1976 (ganz unten) fuhr mit dem 848-ccm-Standard-Motor.

ris-Namens, eben Mini, für alle noch über Jahrzehnte bis auf den heutigen Tag folgenden Modellreihen zum Begriff werden sollte, ahnte damals sicher niemand. Mini ist zum Synonym für Fahrzeuge dieser Größenordnung schlechthin geworden. Äußerlich unterschieden die beiden Stammväter sich einmal durch das jeweilige Firmen-Emblem und zum anderen durch die jeweils nur für eine Modellreihe reservierten Farben. Herz der beiden kleinen Insulaner war ein 848-ccm-Vierzylinder, der gegenüber dem Appleby-Motor von 1552 auf 34 PS Leistung gesteigert war. Die Höchstgeschwindigkeit von 115 km/h stand dem Kleinen nicht unbedingt auf die Motorhaube geschrieben.

Ein Senkrechtstarter war er nicht gerade, der Sprößling von

Das jüngste Mitglied der Mini-Familie ist der Mayfair von 1991 mit 1,3-Liter-63-PS-Motor. Außerdem gibt es noch den 1,3-Liter mit 50 PS.

Austin und Morris. Knapp 20 000 Wagen wurden 1959 gebaut. Das war nicht geeignet, dem Mini eine große Zukunft vorauszusagen. Doch der kleine Tommy widerlegte alle Skeptiker bereits im folgenden Jahr. 100 000 Einheiten sprachen dafür, daß er bereits seine Gemeinde gefunden hatte. Und die ist dann (200 000 Wagen rollten bereits 1962 von den Bändern) stetig gewachsen. Auf inzwischen mehr als fünf Millionen. Womit der Mini, was seine noch immer andauernde Produktionszeit betrifft, neben VW Käfer, Citroën 2 CV und Toyota Corolla zu den „dienstältesten" Autos gehört, von denen die „Ente" aus Frankreich inzwischen die Flügel gestrichen hat.

Im Laufe dieser Produktionszeit hat es natürlich immer wieder technische und stilistische Änderungen gegeben. Was das Styling betrifft, ist es aber nie so gravierend ausgefallen, daß der Mini sein Gesicht verloren hätte. Wobei, was den Namen betrifft, noch zu vermerken wäre, daß er seit den 70er Jahren offiziell so heißt und bis dahin noch immer sowohl als Austin als auch als Morris lief.

In der Historie des Mini kann und darf nicht vergessen werden, daß der motorisierte Insel-Zwerg auch Sportgeschichte geschrieben hat. Zu seinen größten Erfolgen gehören drei Siege bei der Rallye Monte Carlo: 1964 durch eine 1071-ccm-Version „S" und 1965 sowie 1967 durch einen 1275-ccm-„S" mit so renommierten Piloten wie den „fliegenden Finnen" Timo Makkinen und Rauno Aaltonen. Prominenz hat auch ansonsten hinter dem Lenkrad des Mini gesessen: Peter Ustinov (und das spricht wohl auch für das „Fassungsvermögen" des Mini!), Peter Sellers, Prinzessin Margaret und Lord Snowdon, um nur einige zu nennen.

Im Laufe seines langen Lebens hat der Mini viel erlebt. Auch das Wechselspiel von Firma zu Firma, unter deren Flagge er segelte. Da stehen de Tomaso ebenso wie auch British Leyland. Heute gehört er zur Rover Gruppe. Auch Sportwagen-Schöpfer Cooper hat mit Sport-Versionen seinen Anteil am Erfolg des Kleinen. Mit seinen vielen offiziellen Sonderversionen wie Red Hot, Jet Black, Ritz, Park Lane oder Chelsea hat er auch seine Beinamen im Volksmund. Vom „Dackel" wegen seiner ein wenig „krummbeinigen" kurzen 10-Zoll-Beine bis zu einer Anleihe bei Karl May als „Minitu", alle eine Liebeserklärung für eines der beliebtesten und weltweit meist verehrten Kleinwagenmodelle. Von dem zum 30. Geburtstag 1989 übrigens auch ein Jubiläumsmodell angeboten (und restlos verkauft) wurde – der „Mini Thirty Special".

Technische Daten	
	(Baujahr 1967)
Motor:	OHV-Vierzylinder-Reihenmotor, quer eingebaut, 998 ccm, Bohrung x Hub 6,4 x 7,62 cm, Verdichtung 8,3:1, 1 SU-Vergaser, 38 PS bei 5200 U/min, max. Drehmoment 69 Nm bei 2000 U/min
Kraftübertragung:	Viergang-Schaltgetriebe, Transaxle
Fahrwerk:	Unabhängige Radaufhängung vorn, Dreiecksquerlenker, Hydrolastic-Gummifederung, Teleskop-Stoßdämpfer, hinten Schwingachse mit längsliegenden Trapezlenkern, Federn und Dämpfer wie vorn
Bremsen:	Hydraulische Vierrad-Trommelbremse
Radstand:	2038 mm
Länge:	3048 mm
Breite:	1409 mm
Spurweite:	1200 mm
Gewicht:	579 kg
Fahrleistungen:	0 auf 50 mph (80 km/h) in 17,2 sec, Höchstgeschwindigkeit 75 mph (120 km/h)
Produktion:	Über 5 000 000 (noch in Produktion)

1959-62 LOTUS ELITE

Der Lotus Elite war ohne Zweifel einer der Individualisten, die die Automobilindustrie hervorgebracht hat. Moderne Klassiker wie der BMW 505, Cisitalia, Karmann Ghia, Continental Mark II oder Studebaker Starliner sehen auch aus heutiger Sicht noch gut aus. Sie alle sind Produkte ihrer Zeit. Der Lotus Elite aber sieht so aus, als wäre er gestern erst gebaut worden. Nun, das mag die subjektive Meinung einiger Chronisten sein.

Am Anfang war die in den 50er Jahren von Colin Bruce Chapman gegründete Lotus Cars, in der nach Chapmans Ideen eine kleine Serie von Rennsportwagen entstehen sollte. Dann aber schwenkte Chapman in die Richtung von Touren-Sportwagen und stellte 1957 mit dem Elite-Coupé sein erstes „Werk“ vor, das jedoch noch nicht reif für die Serienproduktion und eher als Prototyp einzuordnen war. Immerhin aber war damit der Grundstein gelegt, auf dem dann aufgebaut werden konnte.

Der Elite, Typ 14 im Lotus-Entwicklungsprogramm, war der erste echte „straßengängige“ Wagen der Firma. Alles, was vorher als Lotus gebaut worden war, waren, einschließlich des Modells Seven, von Lästerzungen als „Grashüpfer“ bezeichnet, spezielle Wettbewerbsfahrzeuge. Entstanden war der Elite von Grund auf auf dem Reißbrett, entworfen von Colin Chapman selbst unter Mitarbeit von John Frayling und Peter Kirwan-Taylor.

Chapman wollte mit diesem Projekt den Beweis dafür liefern, daß das neue Material Fiberglas sowohl für den Aufbau als auch für die Gesamtstruktur eines Automobils geeignet war. Hilfsrahmen und verschiedene Verstärkungen im Bereich der A-Säulen waren zwar unvermeidlich, alles andere aber wurde restlos von Fiberglas „zusammengehalten“. Die Karosserie variierte dabei zwischen hauchdünnen Stärken bis zu 1,9 mm dicken Komponenten, je nachdem, wo die Fiberglas-Elemente eingebaut wurden. Dank dieser umfangreichen Verwendung des neuen Materials konnte ein Gesamtgewicht von gerade 590 bis 680 kg erreicht werden, schier unglaublich für ein Grand-Touring-Coupé bei dieser Größe.

Das von Chapman und seinen Mitarbeitern entwickelte schnörkellose Styling war geprägt von einem weit heruntergezogenen Kühlergrill, in den zugleich auch das Kennzeichen integriert war. Starre Türscheiben aus Plexiglas waren, wie bei anderen Lotus-Modellen, von Chapmans kompromißloser Forderung nach optimaler Aerodynamik bestimmt, auch beim Lotus Standard. Kompromißbereit zeigte er sich aber zumindest dahingehend, daß die Scheiben herausgenommen und in speziellen Hüllen hinter den Sitzen verstaut werden konnten.

Der Lotus Elite bot Bemerkenswertes in der Technik: Einzelradaufhängung rundum, Viergang-Schaltgetriebe (wie bei den MGA-Modellen der Baureihe I von 1960) oder ein deutsches ZF-Getriebe, das bei der Baureihe II zu den wichtigsten Verbesserungen zählte. Das Fahrwerk beruhte bei der Baureihe I direkt auf dem des vorhergehenden Projekts, des Monoposto-Renners Twelve mit seiner weichen Aufhängung. Im Detail: Die unabhängige Vorderradaufhängung erfolgte an Schraubenfedern mit Schrägwellenlager, Rohrstoßdämpfern und doppelten Querlenkern aus Stahlrohr. An der Hinterachse kamen MacPherson-Federbeine mit „Chapman-Streben“ zum Einsatz.

Scheibenbremsen an allen vier Rädern, mit einem Durchmesser von 241 mm, erwiesen sich als den Fahrleistungen absolut gewachsen. Gummilager an der Aufhängung trugen wesentlich zur Absorbierung von Vibrationen und Fahrbahngeräuschen bei. In der zweiten Baureihe war die hintere Radaufhängung überarbeitet und der vorher eingebaute geknickte Querlenker durch ein einfaches Querlenker-System ersetzt worden, mit Karosserie und Chassis durch ein fein abgestimmtes Kugelge-

Der Lotus Elite war das erste und bis dahin auch einzige Auto mit Glasfiber-Karosserie. Für viele hatte er auch das ausgewogenste Styling seiner Zeit.

Der Vierzylinder des Elite war vom Ursprung her Antrieb einer Feuerspritze – wird jedenfalls behauptet. Das Cockpit aber war eine Original-Konstruktion für ein sportliches Automobil.

lenk verbunden. Mit diesem Verfahren war eine Reduzierung der Kosten ermöglicht und zugleich auch ein Detail des späteren Bremssystems entwickelt worden, nämlich Eisen statt Aluminium für die Bremssattelabdeckungen. „Besohlt" waren die 15-Zoll-Dunlop-Speichenräder mit Reifen von Firestone (P 100), Michelin (X) oder Pirelli (Cinturato).

Die Kraft wurde durch einen Vierzylinder-Motor mit Leichtmetallblock und obenliegender Nockenwelle erzeugt, die PS-Skala reichte von 71 bis 105 PS. Dieses Triebwerk gilt als ein Meilenstein der Motorenentwicklung. „Die Behauptung, dieser Motor sei ursprünglich für eine Feuerspritze entwickelt worden, gehört zwar ins Reich der Fabel. Aber, wie man weiß, ist selbst an solchen Geschichten doch immer etwas Wahres", schrieb Lotus-Insider Graham Arnold. „Die mit

Das von Lotus-Firmengründer Colin Chapman entworfene Styling des Elite zeichnete sich durch elegante Linienführung aus. Der Kühlergrill war weit heruntergezogen, bedingt durch die stark abgeflachte Motorhaube. Die Scheiben waren fest und ließen sich nicht herunterkurbeln – alles wegen Chapmans kompromißloser Forderung nach Minimalgewicht.

der Entwicklung dieser Maschine vertrauten Ingenieure wissen sehr gut, daß sie sowohl ausreichend Potential für Automobile als auch für Schiffe hatte.

Gebaut wurde der Motor bei Coventry-Clymax, wo Chapman bereits den Rennmotor hatte entwickeln lassen, aus dem dann der Motor des Elite abgeleitet wurde. Im Elite lieferte der wenig aufregende Motor aber aus seinen bescheidenen 1266 ccm doch eine aufregende Leistung ab. 71 bis 105 PS aus einem 1,3-Liter-Motor – das war schon etwas Besonderes in der Autowelt von 1957! Bis solche Materialien wie Kevlar und Kohlefaser in den 70er Jahren auf den Markt kamen, war der Lotus Elite nach Arnolds Meinung „so dicht am reinen Glasfiber-Monocoque-Design wie nur möglich". Der Wagen löste durch sein gutes Aussehen Aufsehen aus, könnte aber im Handling und in der Ausgewogenheit noch verbessert werden, sah Arnold es aber auch kritisch. Und das stimmte in der Tat. Mit dem direkt befestigten Getriebe und angesichts der noch in den Kinderschuhen steckenden Konstruktion einer Verbindung von Glasfiber und Stahl gab es die unvermeidlichen Anfangsprobleme. Sie zeigten sich in der schlechten „Verdauung" von Fahrbahnunebenheiten und durch hohe Innengeräusche.

Der Coventry-Clymax-Vierzylinder hatte nur 1261 ccm Hubraum. Durch verschiedene Tuning-Schritte ließen sich daraus aber Leistungen von 71 bis 105 PS aktivieren. Durch das ultraleichte Gewicht von nur 589-680 kg waren hohe Fahrleistungen wie eine Spitzengeschwindigkeit von 210 km/h möglich.

Positiv zu vermerken war dagegen die Steifigkeit der Karosserie und des Chassis. Der Wagen offenbarte keinerlei Rollbewegungen und Verspannungen. Für die 70er Jahre wurde vom Fahrer beim Tritt auf die Bremse unverhältnismäßig viel Kraft verlangt. Dafür stand andererseits aber wieder soviel sichere Bremskraft zur Verfügung, daß der Elite jederzeit unter Kontrolle blieb. Die Innenausstattung war relativ spartanisch, das Material der Sitzbezüge nicht gerade „vom Feinsten", von Isolation so gut wie nichts zu sehen und zu spüren.

Der Elite war ursprünglich für den sportlichen Einsatz konzipiert. Doch auch ein „Straßen"-Elite ließ sich durch Einbau eines Ölkühlers, Rennbeläge der Bremsen und Rennreifen für die Rennpisten präparieren. Und so wurde er auch eingesetzt. Wie, das zeigen die Leistungen eines für Brands Hatch getunten Wagens, der mit einer Hinterachsübersetzung von 4,90:1 bei einer Beschleunigung von 0 auf 60 mph in 6,6 Sekunden eine Höchstgeschwindigkeit von 210 km/h erreichte.

Die Verwendung von Glasfiber-Material machte den Elite zu einem ausgesprochenen Leichtgewicht zwischen 589 und 680 kg, je nach Ausführung.

Technische Daten	
Motor:	OHC-Vierzylinder-Reihenmotor, 1261 ccm, Bohrung x Hub 7,62 x 6,66 cm, 1 oder 2 SU-Vergaser oder Weber-Doppelvergaser, 71-105 PS
Kraftübertragung:	Viergang-MG-Schaltgetriebe oder Viergang-ZF-Schaltgetriebe
Fahrwerk:	Einzelradaufhängung vorn mit Dreieckslenkern, Schraubenfedern, Rohrdämpfern, Seitenstabilisator, Einzelradaufhängung hinten mit Chapman-Federbeinen und Längslenkern
Bremsen:	Hydraulische Scheibenbremsen rundum
Radstand:	2235 mm
Länge:	3759 mm
Gewicht:	589-680 kg
Fahrleistungen:	0 auf 60 mph 6,6 sec. (Rennmodell), Höchstgeschwindigkeit 189 km/h (113 mph) mit 83-PS-Version
Produktion:	986

„Auto des Jahres 1961" – da gab es keine Diskussion um die Vergabe dieses Titels. Es konnte nur ein Auto sein: der Jaguar E-Type. Mit diesem Fahrzeug hatte Jaguar den Höhepunkt der Perfektion „straßengängiger" Sportwagen erreicht. Dieses Meisterwerk auf Rädern hatte lange Zeit gebraucht, bis es sich endlich seinem Publikum vorstellte. Als es kam, hatten sich bei Jaguar schon Berge von Anfragen getürmt, wann denn etwas in dieser „Richtung" komme, womit zugleich auch mit dem in die Jahre gekommenen und übergewichtigen XK 150 S eine Ära auslaufen sollte, wie sie Jaguar Ende der 50er Jahre prägte. Die Leute wollten etwas in der Richtung des XK-SS, der „Straßenversion" der D-Type, die in limitierter Stückzahl gebaut und auch entsprechend kurzfristig eingestellt wurde. Was von einem Auto dieser neuen Art gewünscht wurde, war vor allem mehr Gepäckraum und mehr Komfort gegenüber der D-Type, zudem natürlich auch das optimale Handling für den Betrieb sowohl in der Stadt als auch auf dem Land. Vor allem aber sollte das neue Auto auf dem gleichen Preisniveau liegen, für das Jaguar bekannt war. Was daraus wurde, war bei Road & Track zu lesen: „Das Auto kam und übertraf alle unsere Erwartungen!"

Da war zunächst der Preis. 5600 Pfund – da gab es fast nichts Vergleichbares, was leistungsmäßig mit einer Höchstgeschwindigkeit von 150 mph (241 km/h) hätte mithalten können. Und ein Ferrari, der es konnte, kostete auch das Doppelte. Die Chevrolet Corvette wirkte gegen den neuen Jaguar wie ein Spielzeugauto. Auch wenn eine entsprechend getunte Corvette in der Beschleunigung den Mark E zunächst abhängen konnte, lief der Jaguar in der Endgeschwindigkeit doch davon. Dies obendrein auch in der Verbrauchswertung. Richtiger gesagt: Da lag der US-Sportwagen mit einem höheren Verbrauch vorn und erreichte die bei moderater Fahrweise vom Jaguar geübte Zurückhaltung an der damaligen Zeit gemessen in der Benzin-Verpflegung von 12,1 Liter auf 100 Kilometer nicht.

Die unverwechselbare schlanke Linie, wie sie schon den Renntyp D und den XK-SS auszeichnete, war beim E-Typ nun so vervollkommnet, daß er als das Schönste galt, was die Fabriktore in Coventry seit dem XK120 im Jahre 1948 verlassen hatte. Sir William Lyons hatte auch hier den entscheidenden Einfluß auf das Design. Doch da gab es einen Malcolm Sayer, Ingenieur bei Bristol Aeroplane und inzwischen bei Jaguar, der einen bedeutenden Schritt bei der Entwicklung des E-Typ-Stylings ging – er bediente sich des Windkanals in Farnborough. Was dabei herauskam, war alles andere als ein Kompromiß unter aerodynamischen Aspekten. Es war ein in jeder Hinsicht ausgewogenes Design, schlank und elegant. Die Karosserie war von der vorderen bis zur hinteren Stoßstange eine Einheit. Da paßte ganz einfach alles. Einschließlich der Stoßstangen und der in die Kotflügel integrierten und unter Glasabdeckungen liegenden Lampen. Zur Erfüllung des Reglements in den USA wurden die für diesen Markt bestimmten Fahrzeuge dann mit anderen Stoßfängern versehen und die Scheinwerfer freiliegend ohne die Glasabdeckung montiert. Doch das stand dem Jaguar weniger gut zu Gesicht als das Original-Design.

Das Interieur der E-Type war eine Augenweide. Mit großen klassischen Rundinstrumenten und einem verstellbaren Edelholzlenkrad. Die Hauptinstrumente Geschwindigkeitsmesser und Drehzahlmesser direkt im Blickfeld des Fahrers, die Sekundärinstrumente seitlich davon angeordnet, aber auch sie übersichtlich und funktionell. Dem sportlichen Image des Wagens angemessen waren auch die lederbezogenen Schalensitze. Zum ursprünglich konzipierten Roadster gesellte sich auch ein nicht weniger schönes Coupé mit einem mit Teppich ausgelegten Gepäckraum hinter den Sitzen.

Ungewöhnliche Automobile haben bei – und lange nach – ihrem Erscheinen stets für Aufsehen gesorgt. So auch der Jaguar E-Type oder auch Mark E genannt. 1961 präsentiert, leitete er in jeder Hinsicht eine neue Definition des Begriffs Sportwagen ein. Das hier abgebildete Modell von 1963 war gegenüber dem 61er Modell praktisch unverändert. Ein Grund zu irgendwelchen Modifizierungen bestand angesichts des auch im Detail rundherum gelungenen Stylings fürwahr nicht.

Die klare Linie des Original-Mark E wurde in den US-Versionen angesichts in den Staaten bestehender Bestimmungen nicht zum Vorteil des Jaguar verändert. Dazu gehörten auch die freiliegenden Scheinwerfer und klobigere Stoßstangen. Zum Einbau kam auch ein 4,2-Liter-Triebwerk mit 265 PS.

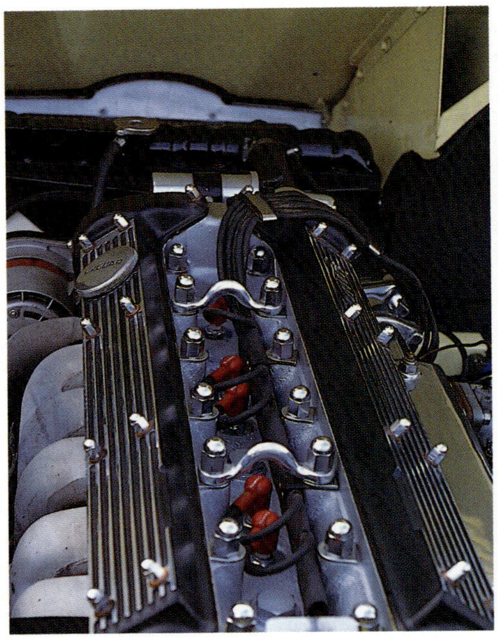

Von der Konstruktion her profitierte der Mark E zu einem erheblichen Teil von den Erfahrungen aus dem sportlichen Einsatz. So basierte zum Beispiel das Fahrwerk mit der neuen Einzelradaufhängung auf dem von Briggs Cunningham bei den 24 Stunden von Le Mans 1960 gefahrenen Prototyp. Die Monocoque-Konstruktion von Cabrio und Coupé war schon von Grund auf so verwindungssteif, daß keinerlei zusätzliche Verstärkungen der Bodengruppe erforderlich waren.

Auch wenn diese Monocoque-Konstruktion der Karosserie neu war, ebenso übrigens wie die Einzelradaufhängung rundum, saß unter der extrem langen Fronthaube ein bekanntes Triebwerk, der 3,8-Liter-Sechszylinder-Reihenmotor des XK 150 S, der vor allem durch seine fast schon extreme Laufruhe zu den bemerkenswertesten Maschinen seiner Zeit zählte. Und erst die Fahrleistungen! Etwa sieben Sekunden genügten, um die Tachonadel auf die 60-Meilen-Marke zu treiben. Nach 26 Sekunden stand sie bei 120 mp/h (193 km/h) aus dem Stand. Wie sportlich dieses Triebwerk zur Sache kam, zeigte sich auch in den jeweiligen Schaltstufen-Bereichen: Im zweiten Gang ließ sich das Kraftwerk bis auf 125 km/h „hochjubeln", im dritten bis auf 185 an den roten Drehzahlbereich. Mit der Hinterachs-Übersetzung von 3,31:1 schaffte der Mark E Höchstgeschwindigkeiten von 240 km/h, Mit Übersetzungen von 2,94:1 und 3,07:1 waren sogar noch höhere „Spitzen" möglich, mit 3,54:1 auch stärkere Beschleunigung. Schier unglaubliche 290 km/h bescheinigte „The Motor" mit der Übersetzung von 2,94:1, wobei das Magazin den Jaguar als das schnellste jemals getestete Fahrzeug einordnete.

Was der Jaguar Mark E in seiner Zeit war, dokumentieren wohl am besten die von The Motor angestellten Vergleiche mit „normalen" Wagen seiner Zeit. Da heißt

Die senkrechten Scheinwerfer wirkten gegenüber der liegenden Anordnung unter Glas wie Froschaugen. Auch die seitlichen Parkleuchten und die Hecklampen störten die klare Jaguar-Linie. Ein Pluspunkt in Sachen Sicherheit waren die Kopfstützen. Der Sechszylinder-DOHC wurde über drei Vergaser versorgt.

1961-75 JAGUAR E-TYPE

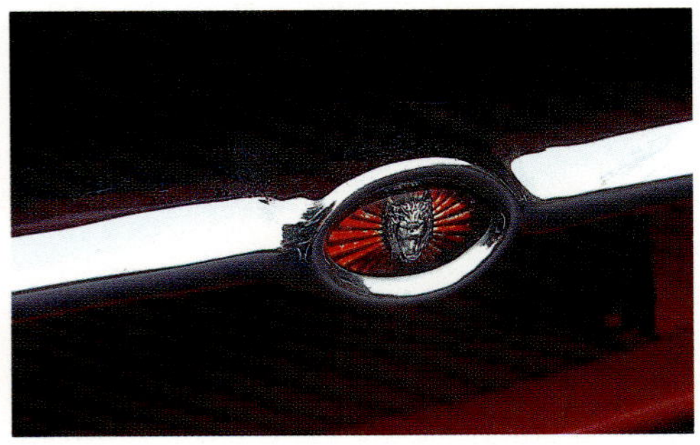

Das 2+2-Coupé hatte einen Radstand von 2659 mm, 228 mm länger als beim Original-E-Typ. Die Details dieses Modells von 1970 zeigen den Jaguar-Kopf im Zentrum der vorderen Stoßstange und im Lenkrad, die senkrechten Scheinwerfer, das umfangreiche und dabei übersichtliche Instrumentarium und die gläserne Heckklappe, identisch mit der Heckscheibe, als Zugang zum Gepäckraum hinter den Sitzen. Dieses Coupé hatte nicht mehr die extrem schlanke Linie des Ur-Typs, strahlte aber trotzdem Eleganz aus.

es in einem Vergleichstest: „Ein gut motorisiertes Mittelklasse-Modell beschleunigt von 10 auf 30 mph im Spitzengang in etwa 10 bis 11 Sekunden. In der gleichen Zeit rennt der Jaguar E-Typ auf 110 bis 130 mph beziehungsweise trotz seines wesentlich höher ausgelegten Spitzengangs von 10 auf 30 mph in der halben Zeit." Jaguar präsentierte den ersten E-Typ noch mit einem nicht synchronisierten ersten Gang, änderte dies aber bereits eine Modellgeneration später.

Im Rahmen der ersten Überarbeitung tat sich auch etwas unter der Fronthaube. An die Stelle des 3,8-Liter-Triebwerks trat nun ein 4,2-Liter in Verbindung mit dem vollsynchronisierten Getriebe. 1966, also ein Jahr später, rollte eine neue Mark-E-Version mit verlängertem Radstand als 2+2-Coupé an, das ein bißchen von der Leichtigkeit eingebüßt hatte. Für den US-Markt, wo dieser britische Sportwagen auf Anhieb ein Renner im besten Sinne wurde, „präparierte" Jaguar den Mark E mit seitlichen Begrenzungs-Lampen, stärkeren (und klobigeren) Stoßstangen sowie senkrecht stehenden Scheinwerfern.

Der Sechszylinder-Motor blieb bis 1971 das Herz des Mark E. Dann wurde er durch einen neuen, leistungsstärkeren, aber auch durstigeren 5,3-Liter-V12 mit 325 PS abgelöst. Mit diesem neuen Triebwerk wurde der Mark E auf dem längeren Radstand zugleich auch schwerer. Mit dem speziell für den US-Markt entwickelten Gittergrill und den klobigen Stoßstangenhörnern war die Eleganz des Mark E in dieser Serie III regelrecht vergewaltigt worden. Zum Glück eben nur für den US-Markt.

Und wie das so oft ist: Neu heißt keineswegs immer besser oder schöner. Als 1976 der E-Typ vom XJS abgelöst wurde, endete zugleich eine Jaguar-Ära. Eben die des wegen seiner Form hierzulande auch als „Zigarre" bezeichneten Mark E. Der XJS hatte nicht die Spur von Ähnlichkeit mit seinem unvergleichlichen Vorgänger.

Die Baureihe III des Mark E (der in Amerika übrigens als XKE bezeichnet wurde) war mit einem 314-PS-V12 ausgerüstet. Der Gittergrill gegenüber der Original-Version war Geschmackssache.

Technische Daten

Motor:	**Serie I:** DOHC-Reihen-Sechszylinder, 3778 ccm, Bohrung x Hub 8,7 x 10,5 cm, 3 SU-Vergaser, 265 PS bei 5500 U/min, max. Drehmoment 352 Nm bei 4000 U/min – **Serie II:** 4227 ccm, 9,2 x 10,6 cm, 265 PS bei 5400 U/min, 383 Nm bei 4000 U/min – **Serie III:** DOHC-V12, 5 342 ccm, 9,0 x 7,0 cm, 4 Zenith-Vergaser, 314 PS bei 6200 U/min, 473 Nm bei 3800 U/min
Kraftübertragung:	Viergang-Schaltgetriebe, ab 1966 als Option Borg-Warner-Automatik
Fahrwerk:	Einzelradaufhängung rundum, vorn Dreiecksquerlenker, Torsionsstäbe, Stabilisator, hinten doppelte Feder-Dämpfer-Einheit, querliegende Gestängeverbindung, Stabilisator
Bremsen:	Scheibenbremsen rundum, hinten innenliegend
Radstand:	2438-2659 mm (je nach Baujahr und Typ)
Länge:	4445-4683 mm (je nach Baujahr und Typ)
Gewicht:	1233-1460 kg (je nach Baujahr und Typ)
Höchstgeschwindigkeit:	241 km/h (Modell 1961)
Produktion:	72 507 (alle Modelle von 1961 bis 1975)

Für viele Sammler gilt der Lincoln Continental von 1961 als ein „Klassiker der Moderne". So sah Lincoln den Wagen auch selbst und bezeichnete ihn in der Werbung als „ein klassisches Automobil von bleibendem Wert". Der Dachmechanismus basierte auf der Konstruktion des Ford 1957 und des Thunderbird 1958.

Jahr für Jahr treffen sich die Mitglieder des Industrial Designers Institute, um die Auszeichnung industrieller Produkte für „bemerkenswertes und frisches Design und Funktionalität" zu verleihen. Auch wenn Automobile nicht immer unter den Gewinnern sind, gibt es Ausnahmen. Wie 1961. Da erhielt ein Auto einen der begehrten IDI-Preise – der Lincoln Continental. Das Verdienst gebührte fünf Ford-Designern, die den Wagen gemeinsam entwickelt und realisiert hatten. Einen außergewöhnlichen Wagen, der diese Auszeichnung nicht ohne Grund erhielt.

Die sieben Ford-Leute waren dabei einen ganz besonderen Weg gegangen. Sie entwickelten den Lincoln von 1961 mit der gleichen Frontstruktur wie der Ford Thunderbird des gleichen Jahres, wobei die gesamte Bordelektrik, die Klimaanlage und verschiedene andere Komponenten den gleichen Platz unter der Fronthaube zugeordnet bekamen. Dieser Schritt war von rationellen und wirtschaftlichen Ideen geleitet: Zwei Autos mit relativ geringen Stückzahlen, die kostspielige Bauteile gemeinsam hatten, machten Geld „frei", das für andere Komponenten eingesetzt werden konnte. In beiden brandneuen Modellen war damit viel Geld eingespart.

Dieses Prinzip des Einsatzes baugleicher Teile für verschiedene Autos war nicht ganz neu. Doch im Falle von Continental und Thunderbird war es deswegen bemerkenswert, weil es sich um zwei grundverschiedene Fahrzeuge sowohl in den Abmessungen als auch dem Styling und der Karosserie überhaupt handelte. Der Thunderbird wurde als zweitüriges Cabrio und als Hardtop gebaut. Continental wollte eine viertürige Limousine und das erste viertürige Cabrio seit dem Frazer Manhattan, der immerhin schon in die Jahre 1949 bis 1951 zurückdatierte. Bob Thomas, einer der sieben Väter des Continental, erklärte später das Konzept eines sauber gestylten und superlangen Wagens, wie es dem Team vorschwebte: „Wir wollten ein Auto von eleganter Einfachheit. Ein wenig salopp formuliert, sollte es aussehen wie eine elegante Lady in einem schlichten schwarzen Kleid, deren ganzer Schmuck in einer schlichten Diamantkette besteht." Die Aufgabe habe darin bestanden, ein schweres und stabiles Fahrzeug zu schaffen, das zugleich aber kleiner sein sollte als sein Vorgänger. Das erforderte natürlich eine Konstruktion mit absoluter Beachtung jedes Details.

Detail hieß dabei aber auch Blick für das Gesamtkonzept. Wie gut das gelöst wurde, beweist – mit Blick auf das Foto dieser Seite – die Beschreibung durch John Najjar, ein anderes Mitglied des Teams: „Wie klar die Gesamtlinie gelungen ist, zeigt sich vom Fahrersitz aus. Die Karosserie-Übersicht ist optimal, die Vorder- und Hinterkanten der schnörkellosen Kotflügel sagen genau, wo der Wagen anfängt und wo er aufhört." Durch die glattflächige Seitenlinie ergab sich für die Insassen ein entsprechendes Platzangebot mit viel Ellenbogenfreiheit und einem Gefühl von Geborgenheit, zu dem auch noch das der Sicherheit kam.

Najjar beschrieb auch diesen Aspekt: „Bei Fenstern, deren Scheiben senkrecht ins Dach übergehen, ist der Effekt einer wohnlichen Atmosphäre kaum vorhanden; je größer der Winkel der Glaswölbung ist, um so mehr aber fühlt man sich behütet und überdacht. Mit dem Einbau gewölbter Seitenscheiben haben wir diesen Effekt der Geborgenheit in einem Maße erreicht, das kein vergleichbarer Wagen aufwies."

Um dabei die Wirkung von Breite und Stabilität noch zu forcieren, beschlossen die Designer, Motorhaube und Heck des Lincoln ebenso wie die Dachpartie so flach wie nur möglich zu gestalten. Zwischen den Designern und den Technikern, die das ja in die Praxis umsetzen mußten, bestanden ständig Meinungsverschiedenheiten hinsichtlich des Biegungsgrades der Stahlbleche und deren dabei möglicher Stabilität der Form. Während die Dachwölbung bei einem Mercury von 1949 keine

Aus Gründen der Strukturfestigkeit hatte der Lincoln gegen die Fahrtrichtung zu öffnende Selbstmord"-Türen im Fond. Die Luftöffnungen der Klimaanlage wurden von Hand geöffnet. Mit Zweijahres- oder 24 000-Meilen-Garantie setzte der Lincoln ein Signal für seine Zeit.

Probleme bereitete, war eine solche Dachkonstruktion bei der Geradlinigkeit der Lincoln-Karosserie nicht zu empfehlen. So wurden die Dachteile des Lincoln schließlich bis an die Grenze des Machbaren flach gehalten.

Das viertürige Convertible des Lincoln war eine Herausforderung. Dabei waren schließlich elf verschiedene Elektro-Aggregate notwendig, um die diversen Aufgaben zu erfüllen, vom Öffnen des Kofferraumdeckels bis zur Betätigung des Cabriodachs und dessen „Versenkung" im Kofferraum. „Mit dieser Lösung war es uns möglich, das Heck mit der Insassen-Kabine zu einer stilistischen Einheit zu verbinden. Mit versenktem Dach sah der Wagen aus, als hätte er nie ein Dach gehabt und würde auch nie eins bekommen." Mit diesem genialen Dach-Design erinnerte der Lincoln unübersehbar an den Ford Skyliner von 1957, der bereits beim Ford Thunderbird Convertible Pate gestanden hatte.

Ein einzigartiges Styling-Element dieser Continentals war die Anordnung der Türschlösser beziehungsweise die Türaufhängung: Bei vorn angeschlagener Vordertür und hinten angeschlagener Hecktür wurden beide in der Mitte geöffnet. Für viele Leute war dies eine Erinnerung an die Lincolns der klassischen Ära. Das mag so sein, aber die Designer hatten gar keine andere Wahl. Da durch die Dachkonstruktion eine B-Säule fehlte, mußte die Türaufhängung auf diese Weise erfolgen, zumindest beim Cabrio. Aus Kostengründen wurde dies für die Limousine beibehalten.

Der Lincoln Continental von 1961 wies eine Reihe weiterer technischer Highlights auf. So hatte er die stärkste Rahmenkonstruktion und die stabilste Karosserie seiner Zeit. Ebenso auch die optimale Isolation der Kabine gegen Motor- und Außengeräusche. Er setzte neue Maßstäbe in der Dämpfung des Fahrwerks

In der Lincoln-Werbung wurde der Continental 1963 als „das ohne Frage schönste Auto der Welt" hochgelobt, dessen „klassischer Look praktisch unverändert von Jahr zu Jahr" besticht. In der Tat hat er sich während seiner Bauzeit außer einigen Minimal-Retuschen stets gleichbleibend präsentiert. „Zeitlos im Styling, faszinierend zu fahren und jeden Dollar seines Preises wert." Wie gesagt: Zitate aus der Werbung...

und war mit höchsten Toleranzen in den eingebauten Stahlblechen sowie allen technischen Komponenten ausgestattet. Hinzu kamen bis dahin ungewöhnlich viele praktische Tests, langfristige Inspektions-Intervalle und neue Vorbeugungsmaßnahmen gegen Durchrostung.

Zur besonderen Laufruhe der optimalen Feder-Dämpfer-Einheit trugen vornehmlich auch Gummilager im Fahrwerk, ja selbst speziell entwickelte Komfortreifen mit geringen Abrollgeräuschen bei.

„In Bewegung gebracht" wurde der Continental durch den bereits bewährten Lincoln 430 V8-Motor, der jedoch nach ausführlichen Tests für den neuen Wagen weiter aufgebohrt und damit nicht nur leistungsfähiger wurde, sondern auch mit der Lebensdauer dazu beitrug, daß es heute noch zahlreiche Contis im Top-Zustand gibt. Jedes Triebwerk war, bevor der Einbau erfolgte, drei Stunden auf dem Prüfstand gelaufen, in der Endphase mit 3500 „Touren", was einer Praxis-Geschwindigkeit von 98 mph (158 km/h) entsprach. Danach wurde der Motor (wohlweislich: jeder!) in seine Bestandteile zerlegt, Teil für Teil durchgecheckt und wieder zusammengebaut. Die gleiche Prozedur vollzog sich mit dem Automatik-Getriebe. Mit dem komplett montierten Wagen gingen die Testfahrer schließlich auf einen Zwölf-Stunden-Test, bei dem 189 Positionen nochmals auf Herz und Nieren geprüft wurden. Nach diesem Praxistest ging es auf einen speziellen Prüfstand, wo nach dem kleinsten Leck Ausschau gehalten wurde: Fluoreszierende Flüssigkeit auf einer Reflexplatte brachte die kleinste Kleinigkeit ans Tageslicht. Honoriert wurde dieses Verfahren, ein Auto vor Auslieferung an die Kunden so detailliert zu prüfen, schließlich auch offiziell. Das Magazin Car Life verlieh Ford 1961 im Geburtsjahr des Lincoln Continental für den neuen Sproß den „Engineering Excellence Award". Was Ford seinerseits veranlaßte, für den Wagen eine Zweijahres-Garantie beziehungsweise 24 000-Meilen-Garantie (38 600 Kilometer) zu gewähren. Aus heutiger Sicht nicht der Rede wert. Für damals aber um so mehr. Da lag die Norm nämlich noch bei drei Monaten oder 3000 Meilen (4800 Kilometer).

Technische Daten

Motor:	OHV-V8, 7046 ccm, Bohrung x Hub 10,8 x 9,4 cm, Verdichtung 10,0:1, 2 Carter-Vergaser, 300 PS bei 4100 U/min Kraftübertragung: Dreistufen-Turbo-Overdrive-Automatik
Fahrwerk:	Einzelradaufhängung vorn mit Kugelgelenken, Schraubenfedern, Rohrstoßdämpfer, hintere Starrachse mit längsliegenden Blattfedern, Rohrstoßdämpfer
Bremsen:	Hydraulische Trommelbremsen rundum
Radstand:	3124 mm
Länge:	5395 mm
Gewicht:	Limousine 2234 kg, Convertible 2365 kg
Fahrleistungen:	0 auf 60 mph etwa 12 Sekunden, Höchstgeschwindigkeit 115 mph (185 km/h)
Produktion:	22 307 Limousinen, 2857 Convertibles (1961), 27 849 Limousinen, 3212 Convertibles (1962), 28 095 Limousinen, 3138 Convertilbles (1963) – insgesamt 87 758

18

Der AC Cobra war vornehmlich der Idee des Ex-Rennfahrers Carroll Shelby zu verdanken. Er ließ den neuen Ford-V8-Motor in den britischen AC Ace Roadster einbauen, mit dem er bald auch zu sportlichen Einsätzen kam.

Carroll Shelby gehört heute zu den Großen unter den Konstrukteuren, auch wenn seine Zeit inzwischen schon wieder in den Bereich der Geschichte gehört. Ebenso wie seine Automobile, mit denen er ein wenngleich nur kurzes, so doch aber großes Kapitel Sportwagengeschichte in den 60er Jahren schrieb. Ironie des Schicksals: Vielleicht hätte es diese gar nicht gegeben, wäre der 1923 geborene Texaner nicht wegen eines Herzfehlers zur Beendigung seiner ersten Karriere gezwungen worden. Diese hatte den ehemaligen Traktoren-Maschinisten und – eine ohnehin schon recht eigenartige Kombination – passionierten Geflügelzüchter als einen der in den 50er Jahren bekanntesten amerikanischen Rennfahrer neben seinem Landsmann Phil Hill gesehen.

1960 mußte Carroll Shelby dann, wie erwähnt, aus dem Rennwagen aussteigen, nachdem er immerhin für so renommierte Marken wie Aston Martin, Ferrari und Maserati gefahren war und sich 1959 auch in die Ewige Siegerliste der 24-Stunden von Le Mans eingetragen hatte. Aus dem Rennen selbst jedoch stieg er nicht aus. Hatte er vorher selbst Rennwagen gefahren, so baute er sie jetzt. Nun, Formel-1-Boliden waren es nicht. Aber wer in der Sportwagen-Szene das Wort „Cobra" in den Mund nimmt, bekommt zugleich Glanz in die Augen. Den gleichen Glanz, der die Cobras umgibt, die Shelby gebaut hat.

Als Shelby vorübergehend auch eine Rennfahrerschule betrieb, experimentierte er in Los Angeles in „Dean Moon's Speed Shop" auch mit seinen eigenen Ideen. Dabei stieß er auf den V8-Motor des Fairlane, der ihn auf der Stelle faszinierte – und für ihn zum Wegweiser werden sollte. Zu jener Zeit baute in England Autocarriers noch immer den AC Ace. Der Roadster fuhr zwar weiterhin sportliche Erfolge ein, angesichts der geringen Stückzahlen aber nicht das nötige Geld fürs Überleben der kleinen Firma in Thames Ditton. Der AC Ace war genau das, was Shelby suchte. Und da er um die prekäre Situation von Autocarriers wußte, reiste er prompt nach England, besuchte Derek Hurlock und eröffnete ihm seinen Plan zur Rettung des Unternehmens. Einen Plan mit drei Komponenten: Hurlocks Roadster – Fords Motoren – Shelbys „Köpfchen". Hurlock spielte – kein Wunder angesichts seiner Lage – mit. Es sei ihm gedankt! Das Ergebnis nämlich war der AC Cobra. Erst der 260 mit 4,3 Liter und 260 PS, dann der 289 mit 4,7 Liter und 271 PS und schließlich der 427 mit 7,0 Liter und 390 PS, neben dem es als 428 noch einen weiteren Typ mit ebenfalls 7 Liter und „nur" 355 PS gab. Ohne Übertreibung trat hier wieder einmal der seltene Fall ein, daß ein Auto schon zu „Lebzeiten", in diesem Falle während der Bauzeit, zur Legende wurde.

Voraussetzung dafür war Fords Zustimmung zu diesem „Unternehmen Cobra". Nach dem Führungswechsel bei Ford, Lee Iacocca hatte Bob McNamara im Chefsessel abgelöst, war Ford voll ins Rennsportgeschäft eingestiegen. Von der Rallye bis zu den 24 Stunden von Le Mans, von der Rennpiste in Indianapolis bis zu den nationalen NASCAR-Wettbewerben. Da kam Shelbys Plan genau richtig. Ford stellte sich voll hinter ihn und stellte ihm Experten wie den Ingenieur Danny Jones zur Seite, mit denen Shelby noch vor Ende 1962 den Cobra zur Serienreife entwickelt hatte. In limitierter, aber für die GT-Homologation ausreichender Stückzahl ging der Wagen in Produktion, zum etwa gleichen Preis wie ein Jaguar Mark E. Dieser Preis lag zwar über dem einer Chevrolet Corvette, der Wagen stach diese aber in jeder Hinsicht des Wettbewerbs aus.

Montiert wurde der Cobra in dem früheren kleinen Betrieb in Venice, Kalifornien, in dem vor dem Krieg einmal ein futuristisches Modell „Scarab" gebaut worden war. Diese Cobras waren weder komfortabel, noch boten sie sonderlichen Wetterschutz, „glänzten" durch spartanische Ausstattung, versprachen angesichts ihrer „spindeligen" Stoßstangen auch kaum Schutz schon beim kleinsten Rempler. Aber sie hatten eine hervorragende Luftzirkulation – die Luft blies in den Wagen und wieder hinaus …

Das alles aber wurde aufgewogen durch ein rassiges Styling und durch Leistung. Sie rannten wie der Teufel. Mit katapultartiger Beschleunigung zum Beispiel. Der 289 zum Beispiel „flog" in fünf Sekunden zur 60-Meilen-Marke, in einem Test wurden 4,8 Sekunden gemessen. Die Höchstgeschwindigkeit lag weit über 220 km/h. Dabei machte das Fahrwerk mit dem starken Rohrrahmen und Einzelradaufhängung rundum mit Blattfedern dies alles kontrollierbar mit.

Shelby wollte mehr. Wettbewerbs-Cobras nämlich. So heuerte er zwei brillante Ingenieure an: den Briten Ken Miles und den Amerikaner Pete Brock, der entscheidend an der Corvette Sting Ray mitgearbeitet hatte. Die Renn-Cobras machten ihrem Namen alle Ehre – sie hatten giftigen Biß! 370 PS, Borg-Warner-Viergang-Getriebe, Achsübersetzungen von 2,72:1 bis 4,56:1 standen für Fahrleistungen 0 auf 100 mph (160 km/h) in 13 Sekunden und Höchstgeschwindigkeiten bis 180 mph (290 km/h).

Trotzdem: Der Cobra verkaufte sich nur schleppend. Gut, die Leistungen waren beeindruckend. Aber für „sechs Riesen", sprich rund 6000 Dollar, verlangten die Kunden auch Komfort wie Kurbelfenster, entsprechende Innenausstattung und nicht zuletzt eine Klimaanlage. Das änderte sich jedoch mit Beginn des Baujahres 1965 und der Vorstellung des Cobra 427. Der überzeugte die Kunden schon nach kurzen Probefahrten. Dies war ein Wagen nicht größer als der Ford Pinto, nur wenig schwerer als eine Tonne, bestückt mit einer mächtigen Maschine.

Vergleiche überzeugen noch am meisten. Auch hier. Der Jaguar XK120 wurde in der Firmen-Werbung für seine 25 Sekunden von 0 auf 100 mph hochgelobt. Der Aston Martin erledigte das in 27 Sekunden. Und der Cobra? Der brachte selbst der Corvette mit ihren knapp vierzehn Sekunden das Nachsehen. Er brauchte diese

Der in Carroll Shelbys „Sportwagen-Schmiede" in Venice, Kalifornien, gebaute Cobra erhielt die Homologation als GT. Nur eine limitierte Stückzahl wurde gebaut und zum Preis eines Jaguar Mark E verkauft. Das war mehr, als für eine Chevrolet Corvette zu zahlen war. Dafür war der Cobra der Corvette aber im Wettbewerb in allen Belangen überlegen.

Schön war (und ist) der Cobra. Viel Schutz bot er aber weder vor dem Wetter noch angesichts der Minimal-Stoßfänger gegen selbst kleine Rempler.

Zeit zwar auch. Aber aus dem Stand auf 100 mph und wieder in den Stand. Fast 260 km/h (160 mph) „Spitze" – das war in der Tat Spitze!

Aber da ist doch etwas „aufzuklären". Der letzte Cobra ist für viele der Typ 427. Doch eine ganze Reihe dieser Serie ist letztlich mit dem 428-Motor ausgerüstet worden, der mit veränderten Zylinderköpfen bei geringfügig mehr Hubraum 35 PS weniger auf die Räder brachte. Der „echte" 427 war ein Motor für den sportlichen Einsatz, der 428 für die großen Pkw-Modelle Galaxie und Thunderbird. Im Handling verhielt sich der 427 Cobra – entgegen so mancher Meinung – außergewöhnlich gut, solange man mit ihm auch richtig umzugehen wußte. Die Karosserie erinnerte an den Cobra 289, ja sogar unverkennbar auch an das Format des Original AC Ace von 1954, mit Ausnahme der zusätzlichen Luftöffnungen, der außenliegenden Leitungen und der Radkastenschweller. Darunter sorgte ein verstärkter Rahmen für die „Verarbeitung" der höheren Fahrleistungen, wobei Schraubenfedern die alten querliegenden Blattfedern ersetzten. Um möglichst viel von der geballten Kraft auf die Straße zu bringen, rollte der Cobra 427 auch auf breiteren Reifen.

Über die PS-Zahlen des Cobra 427 gibt es unterschiedliche Angaben. Sie schwanken zwischen 390 und 425. Selbst die 425 PS sollen vom Werk niedriger angegeben worden sein, als sie es wirklich waren, um die Versicherungen zu täuschen. Sie ließen sich aber nicht täuschen und setzten Prämien fest, die den 427 kaum noch als „ziviles" Fahrzeug einstufen ließen. Auch das trug nicht zuletzt dazu bei, daß die Ära des Cobra im Dezember 1968 endete, noch forciert durch die neuen Sicherheitsbestimmungen.

Technische Daten	
Motor:	Alle Modelle mit OHV-V8-Motor von Ford – **Typ 260:** 4261 ccm, Bohrung x Hub 9,6 x 7,3 cm, 260 PS bei 5800 U/min, max. Drehmoment 364 Nm bei 4300 U/min – **Typ 289:** 4727 ccm, 10,1 x 7,3 cm, 271 PS bei 6000 U/min, max. Drehmoment 425 Nm bei 3400 U/min – **Typ 427:** 6997 ccm, 10,7 x 9,6 cm, 390 PS bei 5200 U/min, max. Drehmoment 644 Nm bei 3700 U/min – Typ 428: 7014 ccm, 10,5 x 10,1 cm, 335 PS bei 5400 U/min, max. Drehmoment 570 Nm bei 3200 U/min (PS-Angaben in SAE)
Kraftübertragung:	Viergang-Schaltgetriebe
Fahrwerk:	260/289 Einzelradaufhängung rundum, doppelte Querlenker, querliegende Blattfedern, 427/428 Einzelradaufhängung rundum mit Schraubenfedern
Bremsen:	Hydraulische Scheibenbremsen rundum
Radstand:	2286 mm
Gewicht:	952 kg bis 1147 kg (je nach Typ)
Höchstgeschwindigkeit:	222-265 km/h (je nach Typ und Motor)
Produktion:	75 (260), 51 (289), 528 (Mark II), 27 (Mark III AC 289), 348 (427/428, numerierte Chassis)

Für die Rennpisten gebaut, aber ebensogut auch für normale Straßen geeignet. Eine Legende schon zu seiner Zeit. Ein unbezahlbarer Schatz heute. Ein klassisches Beispiel von Funktionalität im Alltag wie auf der Rennbahn. Damit ist die Ausnahmestellung des Ferrari GTO wohl am besten umschrieben. Obwohl es noch eine Menge mehr zu sagen gibt. Der GTO war Ferraris letzter Gran Tourismo der frühen 60er Jahre. Obwohl er sich im Wettbewerb hervorragend schlug, war er dazu verurteilt, „in der Blüte seiner Jahre" abtreten zu müssen. Dabei war er nicht nur der letzte Renn- und Straßen-Ferrari, sondern auch der letzte für seinen eigentlichen Zweck, eben den sportlichen Einsatz, konstruierte Fabrik-Renner mit Frontmotor.

Hervorgegangen war er aus dem zweisitzigen 250 Berlinetta, der in den 50er Jahren die GT-Szene beherrschte und nach dem dreimaligen Gewinn der „Tour de France" (1956 bis 1958) entsprechend auch als „TDF" getauft wurde. Um mit einem leichteren und noch agileren Wagen noch erfolgreicher im Renngeschäft zu sein, verkürzte Enzo Ferrari den Radstand um 180 mm und präsentierte einen als 250 Berlinetta SWB (Short Wheelbase) bezeichneten Typ. Dieses 1959 vorgestellte Modell hatte das stabile Rohrrahmen-Chassis des TDF und ebenso auch dessen Dreiliter-Version des kompakten 60-Grad-V12, der von Gioacchino Colombo 1946 entwickelt worden war.

Das tänzelnde Pferd als Ferraris Firmen-Symbol ist zu einem Weltbegriff geworden. Der erste „echte" Ferrari entstand 1948. Mehr als 250 verschiedene Modelle sind seit damals entwickelt worden. Der GTO von 1962 bis 1964 zählt dabei zu den besonderen Glanzlichtern.

In Verbindung mit Pinin Farinas Styling entstand schließlich ein in jeder Hinsicht ausgewogener Wagen, der sowohl als Straßenfahrzeug „Lusso" (Luxus) als auch als abgespeckte und um etwa 45 kg leichtere Wettbewerbsversion angeboten wurde. Der Gewichtsunterschied resultierte vornehmlich aus dem Einsatz von Aluminium gegenüber Stahlblechen der Lusso-Karosserie. Gemäß der „Doppelzweck"-Funktion bei Ferrari wurden beide Versionen auf den Rennpisten gesehen. Das Werk selbst setzte 22 hochgetunte SEFAC-Modelle ein. Mit dem SWB ging die Ferrari-Ära der Straßen- und Rennwagen „in einem" zu Ende. Von jetzt an baute Ferrari seine Autos entsprechend spezialisiert.

Vorreiter dieser neuen Welle war der GTO. Den Anstoß dazu gab ein Beschluß der Fédération Internationale de l'Automobile (FIA), demzufolge die Markenweltmeisterschaft 1962 mit serienmäßigen GT-Wagen bestritten werden sollte. Das stellte Ferrari vor Probleme; denn der 250 SWB war zwar schnell, aber nicht so konzipiert, daß er die hohen Geschwindigkeiten „verkraften" konnte, die durch das neue Reglement gefahren werden konnten. Die Chancen gegen die bereits gerüstete Konkurrenz standen für Ferrari nicht gerade günstig.

Doch der clevere Enzo Ferrari fand die Lücke, die dieser FIA-Beschluß offengelassen hatte. Danach konnten auch solche Fanrzeuge homologiert werden, die als „evolutionäre Versionen der Karosserie" den Status von Serienmodellen in Anspruch nehmen durften. Der schlitzohrige Ferrari dachte gar nicht daran, die für die Zulassung verlangten 100 Wagen zu bauen. Er behauptete der FIA gegenüber ganz einfach, bereits 100 der regulären Fahrzeuge produziert zu haben, wobei er die noch in der Planung befindliche neue und aerodynamische Karosserie des SWB ins Feld führte.

Der 250 GTO war Ferraris Beitrag zur Grand-Tourismo-Welle der frühen 60er Jahre und für die Marke zugleich auch die letzte Stufe der 1954 begonnenen Serie der kompakten V12-Motoren. Aus 2953 ccm wurden 300 PS mobil gemacht.

Tatsächlich hatte er 1960 ein paar stromlinienförmige SWB-Experimentierfahrzeuge gebaut und eine davon im Jahr darauf im Renneinsatz in Le Mans getestet. Nach einigen Tuning-Arbeiten an dem nicht von Pinin Farina, sondern von Ferraris eigenen Ingenieuren unter Leitung von Giotto Bizzarrini gestylten Fastback-Coupé präsentierte Enzo seinen homologierten GT im Februar 1962. Daß daraus ein GTO wurde, war nicht mehr und nicht weniger als das O als Anhängsel für „omologato", eben homologiert. So einfach ist das manchmal, einen Namen zu einem Begriff zu machen. Und Ferraris GTO wurde ein Begriff.

28

Ferrari

1962-64 FERRARI 250 GTO

Dieser 4-Liter-GTO gehört zu einer kleinen Serie, die 1962 für den sportlichen Einsatz in der Prototypen-Klasse gebaut wurden. Typisch für diesen Wagen war die Ausbuchtung auf der Fronthaube.

Mit den alten Berlinetta-Proportionen, lange Frontpartie und kurzes Heck, war der GTO in seiner Art einzigartig. Zweckmäßig und trotzdem schön. Recht ungewöhnlich für ein Wettbewerbsfahrzeug. Von der langen flachen Nase bis zum Stummelheck wirkte der GTO schon im Stand, als warte er nur darauf, losstürmen zu dürfen. Dabei wurde der GTO auch noch zum Trendsetter in Sachen Fahrbahnhaftung. Das Stummelheck mit dem „Entenschwanz" reduzierte die Luftverwirbelungen und sorgte für besseren Abtrieb, damit zugleich für höheren Anpreßdruck der Hinterräder.

Leicht mußte er natürlich auch sein, der GTO. Und er war es. Aluminium-Karosserie. Keine Stoßstangen. Null Geräuschisolation. Plastik-Heckscheibe. Ein Kofferraum gerade groß genug für die Unterbringung des Ersatzrads. Das Cockpit war umfassend instrumentiert, zumindest für einen Renner. Wer auf dem Beifahrersitz Platz nahm, mußte diesen mit der Batterie, einer Rahmenstrebe und dem Öltank teilen, der seine Wärme großzügig abgab...

Abgesehen von einer veränderten Aufhängung der Karosserie, leichteren Rahmen der Sitze und der Ablösung der antiquierten Hebeldämpfer durch hydraulische Rohrstoßdämpfer war das Chassis des GTO einschließlich des Radstands vom SWB übernommen worden. Um den Rahmen zu verstärken, wurden jedoch mehrere Teile zusätzlich montiert. Und obwohl Bizzarrini auch hinten für Einzelradaufhängung plädiert hatte, blieb es doch bei der Starrachse, was im übrigen auch die Einstufung des GTO als „Serienfahrzeug" korrekter erscheinen ließ. Diese Hinterachse erhielt allerdings zusätzlich noch ein Watt-Gestänge.

Neu war außerdem ein vollsynchronisiertes Porsche-Fünfgang-Getriebe, mit dem die Viergang-Einheit des SWB ausgedient hatte. Mehr noch: Das neue Getriebe war mit der Trockensumpfschmierung-Rennmaschine des 250 Testa Rossa kombiniert, komplett mit Leichtmetallblock, Magnesium-Nockenwellendeckeln und nicht weniger als sechs Doppelchoke-Weber-Vergasern. Im Frühjahr 1962 zog Ferrari noch ein As aus dem Ärmel – zwei Vierliter-GTO, mit denen er in der Prototyp-Klasse mitmischen wollte.

Eigenartigerweise hatten die GTOs die merkwürdigen Seriennummern, die traditionell für die Straßenfahrzeuge reserviert waren. Das änderte nichts daran, daß es sich bei den GTOs um lupenreine Renner handelte. Sie bewiesen es auf Anhieb. Beim Debüt 1962 gab es gleich einen vierten Rang im Gesamtklassement der Targa Florio. Beim Rennen in Silverstone war im gleichen Jahr der erste Doppelsieg fällig. Die Zielflagge beim 1000-Kilometer-Rennen auf dem Nürburgring winkte auf Platz zwei einen GTO ab (einen Vierliter-Typ). Bei der britischen Tourist Trophy kam es mit GTOs auf den Plätzen eins bis drei noch besser. Und die Krone war ein fünffacher GTO-Triumph bei den 1000 Kilometern von Paris. Ferraris Neuling war natürlich auch in Le Mans am Start. Der Sieg blieb durch einen Ferrari 4,0 Spider sowieso in der Familie, aber auf Platz zwei lag dann schon der erste GTO, die anderen holten sich die Ränge drei, sechs und neun. 1963 ging das Trophäen-Sammeln munter weiter. Darunter Siege auf dem „Ring", bei der Tourist Trophy und bei der „Tour de France".

Die Konkurrenz aber schlief nicht. Im folgenden Jahr schickte Jaguar seinen leichtgewichtigen E-Typ in den Wettbewerb. Und dazu kam mit den ultraleichten AC Cobras von Carroll Shelby ein weiterer Angriff auf die „Absahner" aus Maranello. Um sich nicht ins Hintertreffen drängen zu lassen, mußte Ferrari reagieren. Enzo tat es – mit einem Serie-II-GTO. Dieser auch als GTO 64 bezeichnete Wagen hatte zwar das gleiche Chassis, aber eine neue, von Scagletti entworfene Karosserie mit flacherer Nase, neugeformtem Heck, stärker geneigter und breiterer Frontscheibe sowie einer kürzeren, mehr nach hinten versetzten Kabine und eingesetzter Heckscheibe. Das Resultat war etwas weniger Gewicht, vor allem aber ein Gewinn an Fahrkomfort durch bessere Luftzirkulation. Die Abmessungen gegenüber der Serie I hatten sich leicht verändert: 109 mm kürzer, 58 mm breiter, 53 mm niedriger.

Auch die Saison 1964 lief auf vielen Pisten ganz nach Wunsch. Zum Beispiel mit Siegen beim 2000-Kilometer-Rennen in Daytona und dem schon neunten Serien-Sieg bei der Tour de France. Trotzdem: Die Zeit des GTO war bereits abgelaufen. Ford spielte seinen Trumpf GT 40 aus. Und in Maranello selbst hatte man begonnen, sich auf die revolutionäre Veränderung zum mittschiffs eingebauten Triebwerk einzustellen, und als erstes „Anpassungs"-Produkt den 250 LM (Le Mans) gebracht, der zumindest optisch ein unverkennbar umgestalteter GTO 64 war. Die GTO-Ära war vorbei. Aber mit dieser Modellreihe hat Enzo Ferrari eine Kette erlesenster Perlen geknüpft. Dafür sprechen letztlich auch die Produktionszahlen. Marken-Experte Dean Batchelor kommt bei seinen Nachforschungen auf insgesamt 25 Typen der Serie I (darunter zwei Vierliter-Modelle) und 10 der Serie II (darunter ein Vierliter). Hinzu kommen dann noch drei „Pseudo-GTOs". Bei ihnen handelt es sich um auf ein SWB-Chassis montierte Fahrzeuge aus der Werkstatt von Piero Drogos Sports Cars in Modena. Sie existieren noch alle drei, auch der wegen seines für einen GTO völlig ungewöhnlich glatt durchgezogenen, horizontalen Dachs als „Brotwagen" bezeichnete Typ.

Logisch, daß die GTOs zu den absoluten Raritäten zählen. Für die man auch zahlen muß. Unter sechs Nullen vor dem Komma läuft da nichts. Und dann kommt es noch darauf an, welche Ziffer vor diesen Nullen steht. Eine 4 soll es auch schon gewesen sein ...

Als Triebwerk des Vierliter-GTO kam der 3967-ccm-V12 des 400 Super America zum Einsatz. Die PS-Zahl dürfte zwischen 375 und 400 gelegen haben.

Technische Daten

Motor:	DOHC-V12, 2953 ccm, Bohrung x Hub 7,3 x 5,9 cm, 295-300 PS bei 7400 U/min, max. Drehmoment 339 Nm bei 5500 U/min
Kraftübertragung:	Fünfgang-Schaltgetriebe
Fahrwerk:	Vorn Einzelradaufhängung mit ungleich langen Dreiecksquerlenkern, Schraubenfedern, Rohrstoßdämpfer, Stabilisator, hinten Starrachse an halbelliptischen Blattfedern, parallele Längslenker, Watt-Gestänge, Rohrstoßdämpfer
Bremsen:	Hydraulische Trommelbremsen rundum
Radstand:	2400 mm
Gewicht:	1133 kg
Fahrleistungen:	0 auf 60 mph 5,8 sec, Höchstgeschwindigkeit 165-170 mph (265-273 km/h)
Produktion:	Serie I 25 (1962-63, einschließlich 4-Liter-Prototypen), Serie II 10 (1964), Pseudo 3

1963-65 BUICK RIVIERA

Der Buick, der auszog, ein Cadillac zu sein. So ließe es sich nach einem Märchen formulieren. Aus der Luft gegriffen ist dieser Vergleich dabei durchaus nicht. Denn William L. „Bill" Mitchell, Styling-Chef bei General Motors und verantwortlich für das Design des Riviera, ließ keinen Zweifel daran, daß ursprünglich an eine „Wiederbelebung" des LaSalle gedacht war, den die Cadillac Division bauen sollte.

Nach Mitchells Schilderungen entwarfen die GM-Stylisten verschiedene Prototypen als Show-Cars, allesamt vier- oder fünftürige Coupés, die dann auf den Motoramas, GMs motorisiertem „Wanderzirkus", dem Publikum präsentiert wurden. Harley Earl, Mitchells Vorgänger und Ratgeber, wollte mit dieser Aktion den Herren in der Chefetage den Beweis liefern, daß das Publikum bereit war, etwas Neues und in jeder Hinsicht nicht am Hergebrachten Orientiertes zu akzeptieren. Earl wollte, so argumentierte Mitchell, ein ganz spezielles Auto präsentieren, von dem die Leute sagen würden: „Warum baut Ihr das nicht?" Es wurde gebaut. Die Corvette.

„Wir haben davon nicht viel Aufhebens gemacht", erinnert sich Mitchell. „Aber wir wußten, daß da einige Leute von Ford bei Nacht und Nebel kamen und unsere Autos vermessen haben. Und was wir dann erfuhren, war die Tatsache, daß der viertürige Thunderbird bei Ford erschien. Das brachte unsere Händler auf den Plan, die uns klarmachten, daß wir darauf eine Antwort geben müßten. Unsere Antwort war der Riviera."

„Als wir den Riviera bauten, taten wir es für Cadillac", berichtete Mitchell weiter. „Und wir nannten den neuen Wagen LaSalle. So hatte er auch mit dem Grill an den Kotflügelenden den LaSalle-Look. Bei Cadillac aber wollten sie das nicht, und sie brauchten es auch nicht. Sie konnten alles verkaufen, was sie bauten. Für Buick, Oldsmobile und Pontiac aber war der Chevrolet Impala ein Dorn im Auge. Und so wollte ‚B-O-P' den Riviera, jedenfalls einer von ihnen. Das war schließlich Buick."

Die Entscheidung fiel durch Mitchells Hartnäckigkeit, mit der er sein Werk verteidigte: „Bei Pontiac war damals DeLorean die Nummer eins. Er wollte, daß ich ihm den Wagen ‚aufmachen' sollte, um unters Blech zu sehen. Bei Olds verlangten sie verschiedene Ergänzungen. Ich habe nichts davon akzeptiert. Buick-Chef Ed Rollert hatte nur einen Kommentar: ‚Ich nehme den Wagen, wie er ist!' Und so wurde der Riviera eben ein Buick." Das war sogar gut für die Marke. Buick brauchte einen solchen Wagen, brauchte überhaupt etwas Neues. Zwischen 1955 und 1957 waren die Verkäufe mit einem Minus von mehr als siebzig Prozent in den Keller gegangen, was in der Autohersteller-Liste ebenso aussah – von Rang drei auf Rang sieben. So wurde im Oktober 1962 als ein 63er Modell das Auto, das eigentlich ein LaSalle sein sollte, als Buick Riviera vorgestellt.

Die charakteristische kantige Dachlinie war offensichtlich durch einen Blick beeinflußt, den Bill Mitchell in Claridge bei London auf einen Rolls-Royce geworfen hatte. Mit Stylist Ned Nickles entwickelte Mitchell ein Design mit niedriger Silhouette, langer Motorhaube und kurzem Heck. Das Auto hatte eine klare Linie, „schmückendes Beiwerk" wurde nur sparsam eingesetzt. Die Seitenscheiben waren rahmenlos, 1963 noch die Ausnahme. Und zum Viersitzer wurde der Riviera durch zwei vollwertige Rücksitze.

Die meisten mechanischen Komponenten steuerte der Buick Electra 225 bei, auch den Motor. In der Standard-Ausführung hatte er 6571 ccm und leistete 325 PS, womit er genau dem vergleichbaren Cadillac entsprach. Für einen Aufpreis von 50 Dollar stand auch eine auf 6972 ccm aufgebohrte Maschine mit 340 PS zur Auswahl. Serienmäßig erfolgte die Kraftübertragung durch Buicks seidenweichen Dual-Path Turbine

Der Buick Riviera, der 1963 als „Gegenwaffe" gegen Fords außergewöhnlich erfolgreichen Thunderbird ins Feld geschickt wurde, erwies sich auf Anhieb als ein stilistisch großer Wurf. Bei der Modell-Generation 1964 – ein hier abgebildetes Modell – wurde nur wenig geändert. Die klare und kantige Dachlinie sowie das gut proportionierte Verhältnis von langer Frontpartie und kurzem Heck unterstrichen das klassische Design eines modernen Automobils.

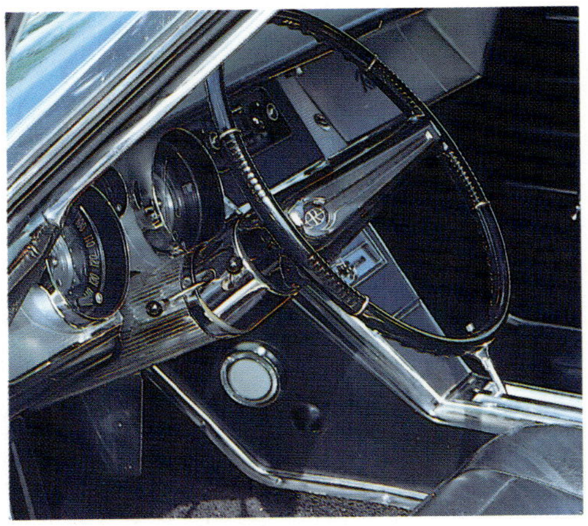

Standard-Motor im Riviera 1964 war Buicks 6972-ccm-V8 mit 340 PS, der aber auch mit 360 PS als Option zu haben war. Das Interieur strahlte Komfort und Luxus aus.

Drive, von einem Tester als „die derzeit beste Automatik" gewertet. Diese Automatik war augenscheinlich wirklich ein Meisterstück der Getriebetechnik. Denn in einem anderen Test hieß es, diese Automatik sei „nicht zu schlagen, weder in ihrer weichen Arbeitsweise noch in ihrer Leistung". Kein Wunder, daß Buick da kein handgeschaltetes Getriebe anbot. Zumindest zunächst nicht. 1964 aber stand eines zur Auswahl, mit vier Gängen. Die Standard-Achsübersetzung betrug 3,23:1, als Option gab es jedoch auch Übersetzungen von 2,78/3,36/3,58/3,91/4,45.

Zur serienmäßigen Ausstattung gehörten Servolenkung, servounterstützte Bremsen und eine Heizung. Die Optionsliste enthielt zum Beispiel eine Klimaanlage, getöntes Glas, elektrische Fensterheber und elektrisch verstellbare Sitze, Fernbedienung des Kofferraumdeckels, Höhenverstellung des Lenkrads, Scheinwerfer zur Kurvenausleuchtung, ein Radio sowie Weißwandreifen und Luxus-Radkappen. Ohne diese zum Teil wahrhaft extravaganten Extras war aber auch der Grundpreis schon vernünftig bemessen: Gegenüber den 4333 Dollar war Fords Thunderbird immerhin 112 Dollar teurer.

Das Fahrwerk war, entsprechend der Buick-Tradition, vergleichsweise weich ausgelegt, mit Schraubenfedern an allen Rädern, ganz gegen die übliche Norm also auch an der starren Hinterachse. Gerippte vordere Trommelbremsen mit einem Radius von 304 mm in Verbindung mit gußeisernen hinteren Trommelbremsen konnten es mit der Kraft des Motors jederzeit aufnehmen. So registrierte das Magazin Motor Trend bei einer Vollbremsung aus 60 mph (96 km/h) einen Bremsweg von 46 m, 2,70 m weniger als der vergleichbare Thunderbird.

Der Kreuzrahmen des Riviera war von dem des Electra abgeleitet, unterschied sich von diesem jedoch (Modell 225) durch 228 mm – er war auf 2971 mm verkürzt. Auch in der Gesamtlänge endete die Meßlatte beim Riviera mit 187 mm weniger bei 5283 mm. Mit nur 1351 mm (69 mm niedriger als der Electra) war der Riviera für seine Klasse ein ausgesprochener „Flachmann". Zudem hatte es Ingenieur Phil Bowser erreicht, daß für den Riviera auch spezielle Reifen entwickelt wurden, die den Fahrleistungen und höherer Kurvenstabilität gerecht wurden. Wobei Fahrleistungen relativ zu interpretieren sind, wenn man an die US-Tempolimits denkt. Da mußte, wie es ein Tester beschrieb, der Fahrer schon katastrophale Fehler machen, um bei der Straßenlage des Riviera in Schwierigkeiten zu geraten. Zumal auch noch die Möglichkeit bestand, das Fahrwerk durch Hochleistungsfedern und verstärkte Stoßdämpfer straffer auszulegen.

Die Fahrleistungen mußten, gemessen an Größe und Gewicht des Riviera, mit der Note hervorragend charakterisiert werden.

Mit einem 6,6-Liter-Riviera ermittelte Motor Trend zum Beispiel 16,01 Sekunden für den Spurt aus dem Stand auf die Viertelmeilen-Distanz (402 m). Die Höchstgeschwindigkeit von 115 mph (186 km/h) imponierte nicht weniger. Mit einem 304 PS Riviera erreichte Car Life 123 mph (198 km/h). Alles aber eben nur Testwerte, von denen Otto Normalverbraucher in den USA nur träumen durfte, wenn er seine Driver's License behalten wollte.

Für das Modelljahr 1964 wurden nur geringe kosmetische Korrekturen am Styling vorgenommen. Man mußte schon ein Buick-Kenner sein, um die Unterschiede zu den 63er Modellen auszumachen. Zum Standard-Motor war jetzt jedoch der 6972-ccm-Achtzylinder avanciert, der 340 PS leistete, als Option aber auch mit 360 PS zu haben war. Eine weitere Option war für 57 Dollar ein elektrisch gesteuertes Tempo-Kontroll-System. Zum Einbau kam nun auch eine neue Super Turbine Automatic, die sogar noch besser war als die erste ohnehin schon gelobte Version.

Beim Modell 1965 ging Buick wieder auf den 6571-ccm-Motor als Standard zurück, bot die größere Maschine aber weiterhin gegen zusätzliche Dollars an. Für Leistungs-Freaks gab es 1965 den Grand Sport mit einer 350-PS-Maschine und straffer ausgelegtem Fahrwerk. Nach insgesamt 112 544 Einheiten wurde der Buick Riviera 1965 vom Band genommen.

Technische Daten	
Motor:	OHV-V8, 6571 ccm, Bohrung x Hub 10,6 x 9,2 cm, Verdichtung 10,25:1, 4 Vergaser, 325 PS bei 4400 U/min, als Option 6972 ccm, 10,9 x 9,2 cm, 340 PS
Kraftübertragung:	Dual-Path Turbine Drive, Schalthebel (Automatik) auf der Mittelkonsole
Fahrwerk:	Unabhängige Radaufhängung vorn mit oberen und unteren Querlenkern, Stabilisator, direkt wirkende Rohrstoßdämpfer, starre Hinterachse, Schraubenfedern, Spurstangen, direkt wirkende Rohrstoßdämpfer
Bremsen:	Hydraulische Vierrad-Trommelbremse, gußeiserne Trommeln, vorn gerippt
Radstand:	2971 mm
Länge:	5283 mm
Gewicht:	1813 kg
Fahrleistungen:	0 auf 60 mph 8,1 sec. (7,7 mit 340-PS-Motor), Höchstgeschwindigkeit 185 km/h (198 km/h)
Produktion:	40 000 (1963), 37 958 (1964), 34 586 (1965)

Riviera-Designer Bill Mitchell wollte schon für den ersten Wagen die senkrechten Scheinwerfer hinter dem an den LaSalle erinnernden Grill in den Kotflügeln. Dieses Detail wurde aus Kostengründen abgelehnt. Beim Modell 1965 aber waren sie dann doch da, die senkrechten Frontlampen, genau, wie Mitchell sie von Anfang an haben wollte.

Wann immer über „große Autos" – groß nicht im Sinne von Abmessungen – diskutiert wird, kann unter denen, die Amerika beigesteuert hat, ein Name nicht fehlen: Chevrolets Corvette Sting Ray. Ohne Zweifel die Krönung der schon seit 1953 zum Chevy-Programm zählenden Corvetten, für Ästheten die schönste Corvette überhaupt. Eine Charakterisierung, der man zumindest bei Betrachtung der direkten und gegen den Sting Ray geradezu aufgeblasen wirkenden Nachfolger nur zustimmen kann. Inzwischen gibt es wieder eine Corvette ZR-1, die ebenso begeistern kann wie der vor dreißig (!) Jahren vorgestellte Sting Ray.

Vor der „Neuauflage" 1963 gab es in der Corvette-Geschichte schon einmal einen Stingray, der Ende der 50er Jahre von GM-Designchef Bill Mitchell auf dem Chassis des erfolglos im Corvette Super Sport Programm eingesetzten Renners gebaut wurde. Mitchell selbst war mit diesem Stingray (gegenüber dem 63er Nachfolger noch in einem Wort geschrieben) selbst privat in die vom Sports Car Club of America arrangierten C-Klasse-Wettbewerbe eingestiegen. Als Fahrer hatte er Dr. Dick Thompson für das Klassen-Championat 1959-60 engagiert. Sportlich sprang dabei, wie erwähnt, nicht viel heraus. Doch vom Erscheinungsbild her übte der Wagen eine besondere Wirkung aufs Publikum aus. Das dürfte entscheidend dazu beigetragen haben, daß damit der Grundstein für das 1959 begonnene Projekt XP-720 gelegt wurde – der Bau einer Serien-Corvette für den „zivilen" Einsatz mit mehr Platz, besserem Fahrverhalten und Handling sowie höherer Leistung.

Diese neue Corvette war in der Tat anders. Schon einmal kürzer im Radstand (um etwa 100 mm) und auch in der Gesamtlänge. Trotz eines neuen Stahl-„Käfigs" war selbst das Gewicht reduziert. Denn auf diesen Stahlunterbau wurde eine Fiberglas-Karosserie montiert. Ebenfalls zur Gewichteinsparung trug der neue Leiterrahmen bei, der leichter, aber trotzdem stärker und damit sicherer war als der frühere Kreuzrahmen. Obwohl die Motor-Getriebe-Einheit weiterhin hinter der Vorderachse saß, um eine optimale Gewichtsverteilung zu erreichen, war der Schwerpunkt des Wagens tiefer gelegt. Der Kabinenboden lag nämlich jetzt innerhalb des Rahmens und nicht mehr auf ihm.

Die revolutionärste Veränderung aber war die von Chefingenieur Zora Arkus-Duntov durchgesetzte Hinterrad-Einzelaufhängung, ein absolutes Novum für moderne US-Serienfahrzeuge. Diese Hinterradaufhängung basierte auf einer lange zuvor konzipierten Studie eines einsitzigen Rennwagens CERV1 (Chevrolet Experimental Research Vehicle). Die U-förmig verbundenen Halbachsen hatten eine querliegende Blattfeder, die an der Rückseite des auf den Rahmen montierten Differentials befestigt waren. Die Halbachsen übernahmen bei diesem System die Funktion oberer Querlenker, die unteren arbeiteten mit Längsstreben für den spurtreuen Lauf der Räder. Das ganze Prinzip war zwar relativ einfach und auch kostengünstig, zugleich aber sehr effektiv.

Die Kugelumlauflenkung mit einer auf 19,6:1 veränderten Übersetzung arbeitete schneller und vor allem auch direkter. Verbessert worden war sie auch durch einen die Lenkradvibrationen verringernden neuen Dämpfer. Und erstmals wurde auch eine Servounterstützung für die Lenkung als Option (mit Ausnahme der beiden leistungsstärksten Maschinen) angeboten. Die Bremsen blieben unverändert Trommeln, verändert allerdings vorn im Durchmesser und zudem selbstnachstellend. Sintermetall-Bremsbeläge, geriffelte Aluminiumtrommeln und – erstmals – Servounterstützung für die Bremsen waren weitere Extras. Als Komfort-Extras gab es eine Klimaanlage und Lederpolsterung.

Chevrolets motorisches Meisterstück, der kompakte V8, der bereits seit 1955 eingebaut wurde, war inzwischen aber von 4637 ccm auf 5358 ccm vergrößert. Die bisherigen vier Corvetten fanden ihre Fortsetzung

Die erste Sting-Ray-Generation hatte die unterbrochene Heckscheibe. Alle anderen hatten sie durchgehend. Einen Kofferraumdeckel hatten sie alle nicht – beladen wurde von innen.

Ein Vertreter der letzten Sting-Ray-Generation aus dem Baujahr 1967: Im Gegensatz zu den beim Ur-Sting-Ray von 1963 nur angedeuteten „Dummy"-Luftschlitzen hatte die Corvette inzwischen zu beiden Seiten der Frontpartie echte Luftöffnungen. Typisch waren auch die wuchtigen, außenliegenden Auspuffrohre.

im Sting Ray, mit den Vergaser-Motoren von 250 bis 300 PS, hydraulischen Ventilstößeln, doppelten Auslässen sowie der Verdichtung von 10,5:1. Die 340-PS-Maschine arbeitete mit festen Stößeln, größeren Vergasern, größeren Einlaßventilen und Auslaßkrümmern. Top-Motorisierung war das 360-PS-Triebwerk mit Benzineinspritzung. Das mechanische Dreigang-Getriebe und die als Option angebotene Powerglide-Automatik standen wieder zur Verfügung. Das handgeschaltete Viergang-Getriebe aber blieb für die Sting-Ray-Enthusiasten die absolute „Nummer eins".

Das Styling des Sting Ray schlug ein. Es basierte immerhin auf Mitchells geradlinigem Renner mit versenkten Klappscheinwerfern und einigen stilistischen, aber nicht funktionellen Details. Für Aufsehen sorgte auch das Fastback-Coupé mit seinem „Bootsheck", das Chevrolet zugleich mit dem allgemein erwarteten Convertible präsentierte. Um ein Styling-Detail hatte es eine heiße Debatte gegeben. Duntov lehnte die von Mitchell entworfene Heckscheibe mit dem vertikalen Steg ab. Und Mitchell seinerseits blieb hartnäckig. Der Disput zwischen beiden hat den Sammlern eine besondere Rarität beschert: Im Jahr darauf verschwand die geteilte Heckscheibe. Und das 63er Modell wurde zu einer der begehrtesten und teuersten Corvetten.

Der Sting Ray war so faszinierend anzusehen, wie er auch zu fahren war. Obwohl nicht schneller als die vergleichbaren Corvetten von 1962 mit den jeweiligen Motoren, war er ihnen doch im Vortrieb und im Handling deutlich voraus, dank der neuen Hinterradaufhängung und der gesamten Hinterachskonstruktion. Chevrolets hochdrehender kompakter V8 war zudem besser denn je zuvor. Als Ergebnis eines Tests mit einem Viergang-Modell mit Einspritzmotor bescheinigte Motor Trend dem Wagen mit der Achsübersetzung von 3,70:1 eine Beschleunigung von 0 auf 60 mph in 5,8 Sekunden sowie die Viertelmeile aus dem Stand in 14,5 Sekunden mit einer Endgeschwindigkeit bei Erreichen des Kilometers 0,402 (eben der Viertelmeile) von 102 mph (164 km/h). Angesichts solcher Fahrleistungen war auch der Kraftstoffverbrauch von 16,7 Liter auf 100 Kilometer noch relativ „commode".

Wie alle Corvetten bot auch der Sting Ray viel Auto fürs Geld. Ein Coupé mit Einspritzer und einigen Extras war bereits für 5300 Dollar zu haben. Der Preis schlug sich natürlich auch als Anreiz in den Verkaufszahlen nieder. So stieg die Produktion des Modelljahres 1963 um mehr als fünfzig Prozent gegenüber dem gesamten Kalenderjahr 1962.

Nötig war es kaum, aber irgend etwas scheint wohl immer geändert werden zu müssen, nur um es zu ändern. Das traf auch auf den Stingray 1964 zu. Gravierend war eine schon erwähnte Änderung: Der „Trennbalken" in der Heckscheibe, der die Sicht nach hinten ohne Zweifel beeinträchtigte, verschwand. Die übrigen Maßnahmen hatten mehr kosmetischen Charakter.

In der Technik waren die Bremsen von bisher festen nun auf progressive Raten verbessert, um den Fahrkomfort zu steigern. Das galt auch für die überarbeiteten und mit kleinen Freongas-Polstern versehenen Stoßdämpfer. Ruhiger ging es im Wagen nun dank zusätzlicher Geräuschdämmung zu. Dabei war natürlich auch der Motor nicht übersehen worden. Ein neuer Holley-Vergaser und eine „geliftete" Nockenwelle steigerten die Leistung des Motors mit den festen Stößeln von 340 PS auf 365 PS, beim Einspritzer auf 375 PS. In der Aufpreis-Liste fanden sich Sintermetallbremsen mit Leichtmetalltrommeln für stolze 629,50 Dollar und ein Sperrdifferential für 43,05 Dollar, das aber bei der Kundschaft ein Renner wurde – mehr als achtzig Prozent aller Sting Rays wurden damit geordert.

Über die 65er Sting Rays gab es optisch praktisch nichts zu vermelden. Auf technischem Sektor wurde aber das Angebot von Scheibenbremsen an allen vier Rädern – wenngleich gegen Aufpreis – begrüßt. Dabei handelte es sich um Vierkolben-Einheiten mit geteilten Bremssätteln und gerippten Rotoren, mit denen die Bremsfläche von 2116 cm^2 auf 2974 cm^2 vergrößert wurde.

Auf wiederholte Forderungen nach mehr Leistung reagierte Chevrolet mit dem Mitte 1965 vorgestellten Mark IV, der jedoch offiziell als „Turbo-Jet" eingestuft wurde. Es war der erste Corvette-Motor, bei dem auf den kompakten kleinen Block verzichtet worden war. Erstmals ging es im Hubraum nun auch über die 6 Liter hinaus. Die 425 PS bei einer Verdichtung von 11,0:1 waren zudem auch nicht von Pappe. Obwohl diese Maschine fast 300 kg wog, trug sie zu einer fast schon idealen Gewichtsverteilung von 51:49 Prozent bei.

Der als Option angebotene Turbo-Jet 427 V8 war in drei Versionen zu haben, in der Top-Ausführung mit Dreifach-Vergaser leistete er 435 PS.

Der Sting Ray mit diesem bulligen 6,5-Liter-Kraftwerk lieferte imposante Fahrleistungen wie den Sprint für die Viertelmeile in vierzehn Sekunden und eine Höchstgeschwindigkeit von 225 km/h. Doch die Konkurrenz hatte auch etwas zu bieten. Ford vor allen anderen den 6997-ccm-V8, den Carroll Shelby in die zweisitzigen Cobras einbaute. Chevrolet reagierte und brachte 1966 einen Sting Ray, der einen von 6489 ccm auf 6997 ccm aufgebohrten Motor hatte – exakt den gleichen Hubraum wie Fords Cobra-Maschine.

Daß jeder dieser 7-Liter-Sting Rays ein gewaltiges Kraftpaket war, versteht sich wohl von allein. Mit der kurzen Getriebeübersetzung von 4,11:1 stürmte er in unglaublichen 4,8 Sekunden aus dem Stand auf die 60-Meilen-Marke. Selbst ein Modell mit dem Verhältnis von 3,36:1 schaffte dies nach bemerkenswerten 5,4 Sekunden und die Viertelmeile in 12,8 Sekunden.

1967 sollte der Sting Ray durch eine neue Corvette abgelöst werden. Unvorhergesehene Schwierigkeiten zwangen aber dazu, diesen Plan um ein Jahr zu verschieben. So wurde noch einmal eine überarbeitete Sting-Ray-Variante präsentiert. Auch hier war – wie es so schön heißt – „für jeden etwas dabei". Eine Auswahl unter sechs Motoren (zwei 5,3-Liter mit 300 und 350 PS sowie vier 7-Liter mit 390, 400, 430 und 435 PS) für ein Modell war damals schon eine Ausnahme. Wie der Sting Ray überhaupt.

Das Cockpit der Sting Ray Corvetten war zwar ein wenig eng, vermittelte aber den gleichen faszinierenden sportlichen Eindruck wie das Styling des Wagens. Die klassischen Rundinstrumente lagen im Blickfeld des Fahrers. Man saß tief, aber dennoch komfortabel für Sportwagen-Verhältnisse.

Technische Daten	
Motor:	Alle OHV-V8. **Baujahr 1963:** 5358 mm, Bohrung x Hub 10,16 x 8, 26 cm, 340 PS bei 6000 U/min, max. Drehmoment 466 Nm bei 4000 U/min; 360 PS bei 6000 U/min, 477 Nm bei 4000 U/min **Baujahre 1963/65:** 5358 ccm, 250 PS bei 4400 U/min, 474 Nm bei 2800 U/min; 300 PS bei 5000 U/min, 488 Nm bei 3200 U/min – **Baujahre 1964-65:** 5358 ccm, 365 PS bei 6200 U/min, 474 Nm bei 4000 U/min; 375 PS bei 6200 U/min, 474 Nm bei 4400 U/min. **Baujahr 1965:** 6489 ccm, 10, 3 x 9, 5 cm, 425 PS bei 6400 U/min, 562 Nm bei 4000 U/min **Baujahr 1966:** 6997 ccm, 10, 8 x 9, 5 cm, 425 PS bei 6400 U/min, 623 Nm bei 4000 U/min **Baujahre 1966-67 :** 5358 ccm, 350 PS bei 5800 U/min, 488 Nm bei 3000 U/min – **Baujahre 1966-67:** 6997 ccm, 390 PS bei 5400 U/min, 623 Nm bei 3600 U/min – **Baujahr 1967:** 6997 ccm, 435 PS bei 5800 U/min, 623 Nm bei 4000 U/min.
Kraftübertragung:	Dreigang-Schaltgetriebe, Viergang-Schaltgetriebe und Zweistufen-Powerglide Automatik als Option für die meisten Modelle
Fahrwerk:	Einzelradaufhängung vorn an ungleich langen Dreiecksquerlenkern, Schraubenfedern, Rohrstoßdämpfer, Stabilisator, Einzelradaufhängung hinten an Halbachsen, Seitenstreben, querliegende halbelliptische Blattfedern, Rohrstoßdämpfer, Stabilisator in Verbindung mit 6,5-Liter- und 7-Liter-Triebwerken
Bremsen:	Hydraulische Vierrad-Trommelbremse, Scheibenbremsen rundum als Option 1965-67
Radstand:	2032 mm
Gewicht:	1383 bis 1483 kg (je nach Baujahr und Typ)
Fahrleistungen:	0 bis 60 mph 5,4-8,0 sec, Höchstgeschwindigkeit 169-241 km/h (je nach Motor)
Produktion:	21 513 (1963), 22 229 (1964), 23 562 (1965), 27 720 (1966), 22 940 (1967) = insgesamt 117 964

Auch Telefongespräche können Geschichte schreiben. Automobilgeschichte, um es in diesem Falle exakt zu sagen. Wie jenes Gespräch, das Studebaker-Präsident Sherwood Egbert im Januar 1961 mit Raymond Loewy führte. Dem gleichen Loewy, aus dessen Studio 1947 das Starlight Coupé und 1953 das Starliner Hardtop kamen. Sechs Jahre lang hatte zwischen Loewy und South Bend, Studebakers Stammsitz im US-Staat Indiana, „Funkstille" geherrscht. Jetzt aber wollte Egbert ein neues Auto von Loewy, das zunächst als sportliches Modell konzipiert sein sollte, aber mit einem Styling, das dem Anfang einer neuen Generation von Studebaker-Familienautos entsprach. Und Loewy sagte zu. Schon wenige Wochen später hatte er das Design-Team zusammen: Bob Andrews, Tom Kellogg und aus Loewys eigenem neuen Studio in New York John Ebstein. Dieses Quartett zog sich dann auf eine Ranch nahe Palm Springs zurück, die Loewy speziell für diesen Zweck gemietet hatte. Das Ganze sollte schließlich ein Geheimnis bleiben.

In der Abgeschiedenheit der kalifornischen Wüste begannen die vier Männer mit der Arbeit, über die Bob Andrews später berichtete: „Wir wußten selbst nicht einmal genau, um was es hier überhaupt ging, außer der Tatsache, daß es offensichtlich ‚top secret' war. Und als wir uns versammelt hatten, schloß ‚R. L.' uns regelrecht ein, schnitt uns von der Außenwelt ab. Kein abendlicher Stadtbesuch, kein Telefon, keine Frau oder Freundin. Selbst die Uhren stellte Loewy ab. Dabei haben wir dann mindestens sechzehn Stunden am Tag gearbeitet, soviel hatten wir trotz stehender Uhren im Gefühl."

Der 1963 von Studebaker vorgestellte Avanti war ein kühnes Unternehmen für einen schon auf wackeligen Rädern stehenden Automobilhersteller. Zu allem Übel wurde er in unausgereiftem Zustand in den Markt „gepuscht". Das zeigte sich bald in der mangelhaften Verarbeitung vornehmlich der Glasfiber-Karosseriebauteile. Vom Standpunkt des Designs aber war der Avanti ohne Zweifel bemerkenswert, von der Leistung nicht minder.

Was als Ergebnis dieser strengen Klausur herauskam, trug unverkennbar die professionelle Handschrift von Andrews und Kellogg, entsprach aber hundertprozentig dem von Loewy entwickelten Konzept.

Weder der Champion von 1939 noch der Starlight von 1947 oder der Starliner, Loewys frühere Studebaker-Erfolgsautos, waren so „typisch Loewy" wie der Avanti. Er war das Spiegelbild seiner eigenen Persönlichkeit, interpretiert und in die Zeit hineinkonzipiert von hochbegabten Designern. Im Gegensatz zu seinem in der Öffentlichkeit geltenden Image war Loewy später weniger Designer als Verkäufer glänzender Ideen und Konzepte. Die Automobile, die er selbst entwarf, waren eher amateurhaft. So war auch der Avanti deutlich beeinflußt vom „Loraymo", einem etwas eigenwillig von Loewy „eingekleideten" BMW 507 mit den gleichen ausgestellten Kotflügeln, einer Colaflaschen-„Taille", einer radikal „verpackten" und gewölbten Kabine sowie asymmetrisch angeordneten Motorhauben-Hutzen. Im Avanti haben es die Loewy-Stylisten geschafft, alle diese Ideen harmonisch miteinander zu verbinden. Das eben machte den Unterschied aus.

Überraschenderweise präsentierte Loewy selbst in South Bend im April 1961 ein Modell im kleinen Maßstab sowie einige Zeichnungen vom Interieur. Studebaker-Chef Egbert gefiel das Ganze auf den vielzitierten ersten Blick. Bereits wenige Monate später existierte ein von Studebakers Styling-Chef Randy Faurot und Designer Bob Doehler hergestelltes Modell im Originalmaßstab, an dem auch das Finish der Innenausstattung Gestalt annahm, ein geräumiges Cockpit mit Rundinstrumenten und roten Zeigern, übersichtlich angeordnet vor einem modernen Lenkrad mit Holzkranz. Die Schalensitze verrieten, daß da mehr als nur ein Blick in Alfa Romeos Giulietta gefallen war. Sie waren jedoch dünner als das italienische „Vorbild", um mehr Kniefreiheit im Fond zu schaffen. Auf der Mittelkonsole herrschte ein bißchen Flugzeugatmosphäre durch eine Reihe nebeneinanderliegender Kippschalter für die verschiedenen Beleuchtungseinheiten.

Die „Taufe" des neuen Wagens auf den Namen „Avanti" erfolgte erst Mitte des Jahres. Warum dieser italienische Name gewählt wurde, blieb

Avanti

Der Avanti von 1964 zeigte sich mit quadratischen, chromgefaßten Scheinwerfern und einem unter der Stoßstange plazierten Kühlergrill. Das umfangreiche Instrumentarium war übersichtlich angeordnet. Auf der Mittelkonsole fanden sich weitere Hebel und Schalter, unter anderem für Heizung und Beleuchtung.

ein Geheimnis. Richtig gewählt aber war er, weil Studebaker etwas brauchte, um über die inzwischen doch in die Jahre gekommenen und nicht mehr modernen Modelle Lark und Hawk wieder vorwärts zu blicken.

Die Entscheidung, den Avanti mit einer Fiberglas-Karosserie zu bauen, war von der Forderung bestimmt, den Wagen schnell zu bauen. Es fehlte die Zeit – und das Geld! – zur Herstellung von Preßformen für Stahlblech-Karosserien. Zwar hatte Studebaker selbst auch keine eigenen Fiberglas-Fertigungsanlagen. Aber Sherwood Egbert kam mit Molded Fiberglass Products in Ashtabula, Ohio, ins Geschäft, wo auch schon die Corvette-Karosserie gebaut wurde. Der Rahmen für den Avanti war vom Lark-Cabrio, mit einem überarbeiteten Fahrwerk. Als Novum erhielt der Avanti auch vordere Scheibenbremsen. Die Pläne einer unabhängigen Hinterradaufhängung mit innenliegenden Scheibenbremsen wurden zwar für gut, aber der Kosten wegen für nicht machbar befunden. So kam es schließlich zum Einbau einer hinteren Starrachse mit gerippten Trommelbremsen.

Eine Motorenauswahl gab es nicht. Die einzige verfügbare Ma-

Das Avanti-Hinterteil wirkt auch heute noch – oder wieder – zeitgemäß. Abgesehen von den gegenüber modernen Systemen doch recht kleinen Heckleuchten.

schine war der alte, aber bewährte und zuverlässige 4,7-Liter V8 mit gußeisernem Block. Studebakers Ingenieur Gene Hardig versah ihn für den Avanti mit einer rennerprobten Nockenwelle, Hochleistungs-Ventilen und Kurbelwellenlagern, Zweifach-Unterbrecher-Verteiler, Doppelauspuff und anderen Details. Wie Rolls Royce, schwieg sich auch Studebaker über die PS-Leistung seines „Jet-Thrust", werksintern als R1 bezeichneten Motors, aus. Schätzungen liefen auf einen Wert von etwa 240 PS hinaus, gut für etwa 10,5 Sekunden aus dem Stand auf 60 mph und eine Höchstgeschwindigkeit von mindestens 185 km/h.

Unter Mithilfe von Andy Granatelli sind vier spezielle Avanti-Triebwerke entwickelt worden. Bekanntestes von ihnen war der R2 mit Paxton-Kompressor und 290 PS, der es auf eine Spitze von rund 195 km/h brachte. Die anderen drei Maschinen waren – alle mit 4989 ccm Hubraum – durchweg Experimentier-Objekte: ein aufgeladener R3 mit einer Verdichtung von 9,6:1 und 335 PS, der „ungeladene" R4 mit Doppelvergaser, Verdichtung 12,0:1 und 280 PS, sowie der mit zwei Paxton-Kompressoren ausgerüstete R5 mit Bendix-Benzineinspritzung, Trockensumpfschmierung und speziellen Nockenwellen. 575 PS bei 7000 U/min standen in seiner Leistungs-Charakteristik – faszinierend!

Neun Avanti R3 sind nur gebaut worden. Aber mit diesem Typ hat Studebaker Furore gemacht. Ein von Granatelli pilotierter R3 brach immerhin 29 Rekorde für Serienfahrzeuge auf dem Versuchskurs von Bonneville im Frühjahr 1962. Der getunte Wagen – Insider taxierten seine Leistung auf 400 PS – mit einer niedrigen Achsübersetzung und verkleideten Radabdeckungen, ansonsten aber nur geringen Karosserieveränderungen, absolvierte die fliegende Meile (von 0 auf 1,609 Kilometer) bei Tachostand 270 km/h. Ein Jahr später machte es ihm Egbert selbst auch nach, während Granatelli eine Höchstgeschwindigkeit von 315 km/h (196 mph) als einen von anderen Rekorden herausfuhr.

Auf dem Papier schien der Avanti zu einem Gewinner zu werden. In der Praxis aber erwies er sich für Studebaker als Desaster. Die zum Teil unter Zeitdruck im Eiltempo „zusammengeschusterten" Wagen wiesen viele Verarbeitungsmängel auf, vor allem, was die Fiberglas-Bauteile betraf. Und das alles bei einem Preis von 4500 Dollar zum Beispiel für den Avanti R1, für die es auch einen Thunderbird oder Buick Riviera gab. Die Aufträge wurden zum Teil storniert. Und die Produktion schließlich eingestellt: Im Dezember 1964 rollte der letzte Avanti vom Band. Es war der letzte große Studebaker überhaupt.

Technische Daten

Motor:	Alle OHV-V8. R1: 4735 ccm, Bohrung x Hub 9,0 x 9,2 cm, Verdichtung 10,25:1, Hochleistungs-Ventile und Kurbelwellenlager, 240 PS – R2: 4735 ccm, Verdichtung 9,0:1, Paxton-Kompressor, 285-290 PS – R3: 4989 ccm, 9,2 x 9,2 cm, Verdichtung 9,75:1, Kompressor, 335 PS – R4: 4989 ccm, Verdichtung 11,0:1, Doppelvergaser, 280 PS – R5: 4989 ccm, Spezial-Nockenwelle, Magnetzündung, Benzineinspritzung, Doppelkompressor, 575 PS bei 7000 U/min (Experimental-Version)
Kraftübertragung:	4-Gang-Schaltgetriebe oder Dreistufen-Automatik
Fahrwerk:	Vorn Einzelradaufhängung, ungleiche Dreiecksquerlenker, Schraubenfedern, Rohrstoßdämpfer, Stabilisator, starre Hinterachse, längsliegende Blattfedern, Achsstreben, Rohrstoßdämpfer, Stabilisator
Bremsen:	Hydraulische Scheibenbremsen vorn, gerippte Trommelbremsen hinten
Radstand:	2786 mm
Länge:	4889 mm
Fahrleistungen:	0 auf 60 mph 10,5 sec (R1), 7,5 sek. (R2), Höchstgeschwindigkeit 115 mph / 185 km/h (R1), 120 mph / 193 km/h (R2)
Produktion:	3834 (Baujahr 1963), 809 (Baujahr 1964)

Der Pontiac GTO von 1964 gilt als der Wegbereiter für die von den Amerikanern „muscle car" genannten „hochprozentigen" Serienfahrzeuge.

Pontiac und Sport? Für Europäer von heute dürften das zwei Begriffe sein, die so zueinander passen wie Feuer und Wasser. Dennoch: Pontiac, das war zu Beginn der 60er Jahre in den USA eine Marke mit sportlichem Image. Allein in der Saison 1961 trugen sich Pontiacs bei 21 Wettbewerben der NASCAR in die Siegerliste ein. Zehn weitere folgten 1962, darunter der Erfolg beim auch hierzulande nicht unbekannten 500-Meilen-Rennen von Daytona. Sechs Weltrekorde in Indianapolis und auf dem Darlington Motor Speedway sind mit dem Namen Pontiac registriert. Bei den „Stock-Car"-Wettbewerben führte der Weg zum Erfolg nur an den Pontiacs vorbei. Wenn überhaupt.

Sporterfolg als Verkaufsförderung – das zeigte sich auch in den Pontiac-Verkaufszahlen. 1960 nahm die Marke Platz fünf in der US-Autoindustrie ein. Zwei Jahre später stand Pontiac auf Rang drei! Einer war davon offensichtlich nicht beeindruckt – GM-Präsident James Roche. Aus welchen Gründen auch immer: Er verfügte, daß Pontiac sich aus dem Rennsport zurückzuziehen habe. Keine Widerworte. Keine Ausnahme. Der große Chef hatte gesprochen. Das Spiel war aus.

Da standen nun Elliott „Pete" Estes und John Z. DeLorean, Pontiacs Generaldirektor der eine, Chefingenieur der andere, vor der schwierigen Aufgabe: Wie konnte das nicht zuletzt auf sportlichen Pisten erworbene Image als Hersteller leistungsorientierter Automobile ohne Einbußen gewahrt werden? Der Zufall half ihnen. General Motors war genau zu jener Zeit dabei, für das Modelljahr 1964 eine neue Baureihe von Mittelklasse-Fahrzeugen einzuführen.

Vom logischen Standpunkt aus betrachtet, hatte es Pontiac relativ einfach, seinen Tempest in einen echten „Renner" umzufunktionieren. Der 5342-ccm-V8 war genau genommen nichts anderes als eine weniger aufgebohrte Version des großen Pontiac-Triebwerks mit 6374 ccm. Das bedeutete, den Bonneville-V8 in den Motorraum des kleineren Wagens einzubauen, ohne irgendwelche Modifikationen vornehmen zu müssen. Das wiederum bedeutete, den kleinen Wagen für eine enorme Leistungssteigerung vorzubereiten. Aber dem stand schon wieder ein „Dekret" aus der oberen Etage gegenüber, daß das Maximum an Hubraum auf 5407 ccm begrenzte.

Doch dann scheint wohl irgend jemand bei Pontiac darüber nachgedacht zu haben, wie dieses starre Dekret zu umgehen wäre. Es könnte DeLorean selbst gewesen sein, der schon immer als Rebell gegolten hatte. Oder auch Jim Wangers, der für Pontiacs Werbeagentur arbeitete. Ebenso auch Pontiacs Ingenieur Bill Collins. Selbst die Möglichkeit war nicht auszuschließen, daß alle drei das gemeinsam „ausgeheckt" hatten. Wie auch immer – die Masche war denkbar einfach: Die große Maschine blieb im Angebot, doch nicht als Standardmotorisierung, sondern nur als Option. Aber es gab sie ab Ende 1963 als „Leistungs-Paket" zum Preis von 295 zusätzlichen Dollars für alle drei Tempest-LeMans-Modelle Coupé, Hardtop und Cabrio. Das „GTO" in der Typenbezeichnung war eine von Enzo sicher nicht ohne Zähneknirschen übernommene Anleihe bei Ferrari. Daß GTO angesichts des Ferrari nun nicht gerade die passende Bezeichnung für den Pontiac war, versteht sich schon im Vergleich beider Wagen.

Pontiacs GTO war aber mehr als nur ein Tempest mit einem Bonneville-Motor. Er beruhte zwar auf dem „Bonne", erhielt jedoch eine Hochleistungs-Nockenwelle und spezielle hydraulische Ventilstößel. Die Zylinderköpfe waren eine „Leihgabe" des großen 6898-ccm-Pontiac-Triebwerks mit größeren Ventilen und einem „siebenblättrigen" Ventilator sowie Doppel-Auspuff. Dies ergab eine Steigerung der Leistung von 303 PS im Bonneville auf 325 im GTO.

Um dieses Paket zu komplettieren, setzte Pontiac eine Hochleistungs-

Die 1965er GTOs stachen das Vorjahresmodell mit ihrem kraftstrotzenden Auftreten noch aus. Die Doppelhutze war einer einfachen gewichen, aber auch diese war nur Dekoration auf der Motorhaube. Der GTO wurde nicht als eigene Baureihe geführt und galt lediglich als optionales Leistungspaket.

Radaufhängung mit breiteren Felgen, strafferen Federn und Dämpfern und einem verstärkten Stabilisator ein. Sintermetall-Bremsbeläge und Spezialfedern als Option standen ebenfalls zur Verfügung. Zu identifizieren war der GTO durch eine Lufthutzen-Attrappe auf der Motorhaube und das GTO-Emblem.

Mit den diversen technischen Veränderungen wog der GTO fast 600 Kilo weniger als der Bonneville und war mit diesem Leistungspaket zum Vollblutpferd geworden. Wem das immer noch nicht genügte, dem bot Pontiac eine weitere Version des 6347-ccm-Motors an, die mit drei Vergasern bestückt war und dem GTO Tempest die gewaltige Kraft von 348 PS verschaffte.

Drei Getriebe standen wie bei allen anderen Tempest-Varianten zur Wahl. Standard war ein mechanisches Dreigang-System. Als Option gab es eine Zweistufen-Automatik. Für besonders „leistungsorientierte" Zeitgenossen hatte Pontiac aber noch etwas Spezielles im Angebot: ein Viergang-Schaltgetriebe, zunächst ein Warner T-10, später ein GM Muncie, beide betont sportlich abgestimmt.

Frank Bridge, Pontiacs altgedienter Verkaufschef, hielt von der ganzen Geschichte nicht viel, stimmte schließlich aber mit erheblichen Bedenken der Fertigung von 5000 Tempests mit dem GTO-Package zu. Die waren aber so schnell weggegangen wie die berühmten warmen Semmeln. Mister Bridge jedenfalls sah sich in seiner anfänglichen Skepsis

Sportliche Fünfspeichenräder, überbreite, unter Leisten verdeckte Heckleuchten und Doppelauspuff waren die markanten Merkmale des GTO 1965. Das Standard-Triebwerk war für diese Version mit veränderten Zylinderköpfen auf eine Leistung von 335 PS „hochgezüchtet" worden.

so widerlegt, daß schließlich während des Modelljahres 1964 32 450 Fahrzeuge gebaut und verkauft wurden. Es hätten noch weit mehr sein können, wäre erstens nicht der zu zaghafte Start und zweitens in der dritten Produktionsphase ein lähmender Streik gewesen.

Bei der Fachpresse kam der GTO sofort gut an. „Car and Driver“ stufte den Pontiac zumindest in einigen Punkten „besser als die meisten derzeitigen Ferraris“ ein. Und das bei einem Preis von 2757 Dollar für das Grundmodell. „Car Life“ ermittelte beim Test eines GTO-Hardtops mit der Dreifachvergaser-348-PS-Version, Viergang-Schaltung und der Standard-Achsübersetzung von 3,23:1 imponierende Fahrwerte von 6,6 Sekunden auf 60 mph und 135 mph (217 km/h) Höchstgeschwindigkeit.

In Royal Oak, Michigan, war man derzeit in Wilson's Royal Pontiac Niederlassung dabei, den GTO auf noch mehr Leistung zu trimmen. Vergaser, Gasgestänge, Zündzeitpunktvorgabe, Regulierstößel, alles wurde ein bißchen modifiziert, die Übersetzung für eine noch spritzigere Beschleunigung mit 3,90:1 optimiert. Mit einem überzeugenden Resultat! Car and Driver jedenfalls kam im Test auf eine Beschleunigungszeit aus dem Stand von 4,6 Sekunden und erreichte die Viertelmeile bei einer Höchstgeschwindigkeit von 185 km/h in 13,1 Sekunden.

Doch es ging auch beim GTO nicht ohne Kritik ab. Sie betraf zum Beispiel die zu indirekte Lenkung, die obendrein zu viele Umdrehungen im Verhältnis zu der hohen Leistung erforderte. Die Ausgewogenheit mit mehr als 56 Prozent des Gewichts von 1417 kg auf der Vorderachse stimmte auch nicht, machte den GTO kopflastig. Und das Magazin Road Test bemängelte die zu geringe Bremsfläche von 969 cm^2, weniger sogar, als der mit 1152 kg deutlich leichtere Plymouth Valiant besaß. Das

Ein ungewöhnliches, von anderen Herstellern ebenfalls angewandtes Styling-Detail waren in die segelähnlichen Ausläufer des Dachs integrierte Heckleuchten. Unter den verschiedenen GTO-Karosserieversionen erwies sich das Hardtop-Coupé am beliebtesten.

angeblich „stramme“ Fahrwerk war lediglich stramm im Vergleich zum normalen Tempest, aber zu weich für einen so leistungsorientierten Wagen wie den GTO.

Als Pontiac die Modellgeneration 1965 vorstellte, war der GTO nach wie vor ein mit dem Leistungspaket „auszubauender“ Tempest, aber keine eigene Modellreihe. Äußerlich hatte er sich durch eine einzelne statt der bisherigen Doppelhutze verändert, aber auch diese nur eine Attrappe. Immerhin wartete das 1965er Modell aber mit noch zehn PS mehr auf. Die Tri-Power-Version kostete einen Aufpreis von 115 Dollar, einschließlich einer Spezial-Nockenwelle, durch die eine Leistungssteigerung auf 360 PS bei 5200 U/min erzielt worden war. Das dürfte für die meisten Käufer dieses Hochleistungswagens schon mehr als ausreichend gewesen sein. An einige „Bleifuß-Fahrer“ aber sollen von Händlern getunte 6898-ccm-Maschinen ausgeliefert worden sein.

Frank Bridge hatte sich inzwischen zurückgezogen. Als Pensionär erlebte er nun aber, wie sehr er sich mit seinen 5000 Einheiten geirrt hatte. Die Produktion war gegenüber dem Einführungsjahr mehr als verdoppelt worden. Für das Modelljahr 1956 erhielt der GTO größere Bremsen, obwohl auch diese gegenüber der ersten Generation keine wesentlichen Vorteile offenbarten. Dank verbesserter Gewichtsverteilung wurden die Vorderräder etwas entlastet, ohne daß sich dadurch viel am Kurvenverhalten geändert hätte. 1966 erfolgte zwar die Einreihung des GTO offiziell als eine Tempest-Variante. Doch es war der Schlußpunkt hinter dem Begriff GTO. Eines aber ist er geblieben: Pontiacs erster echter „heißer Ofen“ für die Straße.

Technische Daten

(Alle Daten: Modell des Baujahres 1964)

Motor:	OHV-V8, 6374 ccm, Bohrung x Hub 10,3 x 9,5 cm, Hochleistungs-Nockenwelle, Verdichtung 10,75:1, Carter 500-ccm-Vergaser, hydraulische Ventilstößel, 325 PS bei 4800 U/min – **Tri-Power:** 3 Rochester-Vergaser, 348 PS bei 4900 U/min
Kraftübertragung:	Vollsynchronisiertes Dreigang-Schaltgetriebe, Zweistufen-Automatik, Viergang-Schaltgetriebe
Fahrwerk:	Einzelradaufhängung vorn mit ungleich langen Querlenkern, Schraubenfedern, Stabilisator, hinten Starrachse mit Schraubenfedern und zwei oberen und unteren Längslenkern
Bremsen:	Hydraulische Vierrad-Trommelbremse
Radstand:	2921 mm
Länge:	5156 mm
Spurweite vorn/hinten:	1473 / 1473 mm
Gewicht:	1451-1587 kg (je nach Version)
Fahrleistungen:	0 auf 60 mph in 6,6 sec, Höchstgeschwindigkeit 135 mph (217 km/h)
Produktion:	7384 Sport-Coupés, 18 422 Hardtop-Coupés, 6644 Convertibles (1964), 8319 Sport-Coupés, 55 722 Hardtop-Coupés, 11 311 Convertibles (1965) = insgesamt 107 802

1964- PORSCHE 911

Das hat ihm wohl niemand vorauszusagen gewagt, daß er das reife Alter von dreißig Jahren erreichen und dann noch immer gebaut werden würde. Er hat sie erreicht und sich in seiner neuesten Variante als Speedster dort präsentiert, wo er 1963 Premiere feierte. Bei seinem ersten öffentlichen Auftritt vor einem faszinierten Publikum auf der Frankfurter IAA 1963 hieß er zunächst noch 901. Aber weil Peugeot bei dreistelligen Auto-Typenbezeichnungen die Null an zweiter Position meinte gepachtet zu haben, gab es von dort einen Einspruch. Und so nannten sie ihren 356-Nachfolger eben Porsche 911. Dem Wagen und seiner Karriere hat das nichts ausgemacht.

Der neue Porsche sollte, das stand 1959 von Anfang an im Lastenheft der Konstrukteure, gegenüber dem 356 schneller, agiler und größer sein. Dabei war aber nicht an einen „vollwertigen" Viersitzer gedacht. Davon gab es schließlich genug. Der Porsche sollte ein Porsche sein und bleiben. So wurde daraus schließlich ein „2+2"-Coupé, das inzwischen aber doch zu einem ordentlichen Viersitzer geworden ist. Doch bleiben wir in der historischen Abfolge.

Sie brachte eine ganze Reihe Veränderungen, obwohl die Basis-Konstruktion weitgehend beibehalten wurde. Die Veränderungen bedingten vornehmlich einen um rund 110 mm verlängerten Radstand. Das mit Torsionsstäben konstruierte Fahrwerk erhielt statt der bisher eingebauten Kurbellenker nun die McPherson-Federbeine, die für Porsche-Puristen anfangs wohl einen Bruch mit einer Tradition bedeutet haben, sich aber letztlich auch im 911 bewährten. Neu an der Fahrwerkskonstruktion waren die tiefliegenden Querlenker und die seitlich stehenden Dämpferbeine vorn. Das wurde noch von besagten Puristen hingenommen. Nicht aber der Bruch mit der Tradition der pendelnden Hinterachshälften des 356. Jetzt kamen Doppelgelenk-Antriebswellen und Schräglenker zum Einsatz, die sich trotz anfänglicher Bedenken dann ebenfalls als richtige Entscheidung erwiesen. Mit dem 911 führte Porsche auch die Scheibenbremsen an allen vier Rädern ein, ebenso die Zahnstangenlenkung.

Mit dem Motor blieb Porsche aber seiner Tradition treu, ihn im Heck hinter der Achse einzubauen, luftgekühlt, versteht sich. Eine wesentliche Änderung aber hatte es gegeben: Aus dem Vier- war ein Sechszylinder geworden, mit kettengetriebener obenliegender Nockenwelle pro Zylinderbank. Von Ferdinand Porsches Enkel Ferdinand Piëch, dem heutigen Chef des gesamten Volkswagenkonzerns, entwickelt, arbeitete das 1991-ccm-Triebwerk mit achtfach gelagerter Kurbelwelle aus geschmiedetem Stahl in einem Aluminiumguß-Gehäuse mit Trockensumpfschmierung. Am Anfang kamen zwei Dreifach-Überlauf-Vergaser (Solex 40 PI) zum Einsatz, ab März 1966 waren es dann zwei Dreifach-Fallstromvergaser (Weber 40 IDS/40 IDA). Mit diesem Austausch der Vergasersysteme wurde eine der wenigen Kinderkrankheiten behoben. Eine andere zeigte sich in wiederholt auftretenden Ventilschäden. Abhilfe erfolgte hier durch den ab 1956 eingebauten Drehzahlbegrenzer. Das war auch nötig angesichts der eindrucksvollen Leistung von 130 PS, immerhin 40 mehr, als sie der 356 aufzuweisen hatte. Fortschritt kostet seinen Preis. Das bewies auch der Porsche 911. War die erste Ausgabe seines Vorgänger 356 im Mai 1950 als Coupé noch für 10 200 DM und als Cabrio für 12 200 DM zu haben, erfolgte der Einstieg in den ersten 911er anno 1964 mit 21 900 Mark.

„Einsteiger" registrierten im neuen Porsche sehr bald ein deutliches Untersteuern, das bei schärfer gefahrenen Kurven volle Konzentration verlangte. Darin unterschied er sich übrigens nicht vom Vorgänger 356. Helmut Bott, der spätere Leiter des Porsche-Entwicklungszentrums Weissach und damals Piëchs versierter Mitarbeiter in Sachen Fahrwerks-

Das Geheimnis des 911 und seiner nun schon drei Jahrzehnte andauernden Bauzeit sind seine von Modell zu Modell immer wieder verbesserte Technik und das unter Beibehaltung des Grundkonzepts überarbeitete Design. 1964 trat der 911 die Nachfolge des 356 an. Allerdings mit einem neuen und leistungsstärkeren Herzen, einem Sechszylinder-Boxer mit 1991 ccm Hubraum und 130 PS (von kW sprach damals noch niemand).

1966 präsentierte Porsche den ersten 911 Targa mit Überrollbügel. Porsche leitete damit eine neue Version von „Halb-Cabrios“ mit einem abnehmbaren Dach über der Kabine ein.

entwicklung, ließ mit seinem Spezialisten-Team aber nicht locker, bis auch dieses Problem gelöst war. Daß dies alles in die Praxis umgesetzt werden konnte, war vornehmlich das Verdienst von Peter Falk, damals Leiter der Fahrversuche bei Porsche und später Chef der Zuffenhausener Rennsportabteilung. Er reizte auf der mit einem überdimensionalen Radius gebauten Weissacher Kreisbahn die fahrdynamischen Eigenschaften des neuen Porsche bis in die Grenzbereiche aus, wie sie sich im Alltagsbetrieb kaum ergeben. Das Resultat waren die Fahrwerte, mit denen der 911 dann auch auf der Straße überzeugte. Und noch heute überzeugt.

Der Porsche 911 – das ist nicht nur die Typengeschichte eines Automobils. Es ist ein Beispiel dafür, wie ein Automobil sich von Stufe zu Stufe entwickelt. Dazu Reinhard Seiffert in seinem Buch „Der Elfer“:

„Die Entwicklungsgeschichte und die Chronik der Änderungen und Verbesserungen am 911 füllt Bände. Es war immer typisch für Porsche und den 911, daß Nachteile oder Probleme nicht geleugnet, sondern beim Namen genannt und beseitigt wurden. Es gibt kaum einen Teil dieses Autos, der nicht in irgendeiner Weise zum Gegenstand von Änderungen und Verbesserungen geworden ist. Die Anpassungsfähigkeit an die technische Weiterentwicklung kann als eine der wichtigsten Charaktereigenschaften der 911-Konstruktion gelten.“

Blättern wir in dieser 911-Chronik. Sie beginnt, wie erwähnt, zunächst als 901, eine Bezeichnung übrigens, die Porsche werksintern (dagegen konnte auch Peugeot nichts unternehmen) für die Motoren und andere technische Komponenten der Baureihe längere Zeit beibehielt. Über die Reihenfolge der Triebwerke gibt die Tabelle der technischen Daten Aufschluß. 1964 war also, wie notiert, 911-Premiere. Auf der Basis des „Ur-911“ folgte 1967 erstmals eine Targa-Version mit Sicherheits-Überrollbügel und umklappbarer Heckscheibe. Der Targa wurde zu einem festen Bestandteil aller künftigen 911-Generationen, parallel zum Coupé. Insofern ist zum Thema Karosserie nur eine brandaktuelle Ergänzung nötig: Es gibt wieder einen Porsche-Speedster. Doch dazu mehr am Schluß unserer 911-Story.

1965 präsentierte Porsche jenen, die gern einen Porsche fahren wollten, aber keine 21 900 Mark lockermachen konnten, mit dem 912 eine preiswerte Ausführung mit vereinfachter Ausstattung und dem vom – bekanntlich noch weitergebauten – 356 C übernommenen 1600-ccm-Motor für 16 250 DM. Muß noch erwähnt werden, daß dieser 90-PS-Porsche ein Verkaufserfolg wurde?

In den Baujahren 1967/69 erschien der 911 S. Seine Veränderungen gegenüber dem Typ zuvor waren größere Ventile, geschmiedete Kolben, zwei Weber-Dreifach-Vergaser und geschmiedete Leichtmetall-Felgen (Fuchs). Ab 1968 bot Porsche wahlweise ein halbautomatisches Sportomatic-Getriebe an. Stilistische Veränderungen waren minimal. Technisch modifiziert trat der 911 im Baujahr 1969 mit mechanischer Saugrohr-Einspritzung, 170 PS, Ölkühler im rechten Kotflügel, längerem Radstand (2268 mm) sowie innenbelüfteter Vier-Scheiben-Bremsanlage an. Beim Targa gab es jetzt eine fest eingebaute Heckscheibe mit Entlüftungsschlitzen im Überrollbügel.

1968 löste der 911 T den 912 endgültig ab, entsprach dabei im Fahrwerkaufbau wie in der Ausstattung dem 912. Das „T" stand dabei für Touring. Zunächst mit Viergang-Getriebe ausgerüstet, erhielt der 911 T ab 1969 Fünfgang-Getriebe. 1968 war auch das Jahr der Vorstellung des 911 S. Im Jahr darauf gab es erneut einen Austausch: Für den aus der Produktion genommenen 911 L kam der 911 E mit der hydropneumatischen Niveauregulierung (Komfortachse) als Novum bei Porsche. 1970/71 avancierte der 911 T 2.2 zum beliebtesten Modell in der gesamten Baureihe und leitete zugleich die zweite Hubraum-Generation mit 2195 ccm gegenüber vorher 1991 ccm ein. Mit der Einführung der dritten Hubraum-Generation wartete Porsche danach nur zwei Jahre: 1972 wurde der 911 T2.4 präsentiert. Durch Zurücknahme der Verdichtung des 2341-ccm-Triebwerks durfte jetzt an der Normal-Zapfsäule getankt werden.

Mit der Weiterentwicklung des 911 S2.4 zum RS 2.7 vollzog sich nicht nur eine weitere Vergrößerung des Volumens auf 2687 ccm. Erstmals tauchte in der Typenbezeichnung auch der Begriff „Carrera" auf. Mit diesem Carrera sammelte Porsche große Sporterfolge auf den Rennpisten der Welt. Der Nachfolger dieses Carrera RS 2.7, der Carrera RS 3.0, wurde 1974 für 65 000 Mark angeboten. 50 der insgesamt von diesem Typ gebauten 109 Einheiten sind zu Renn- oder Rallye-Fahrzeugen als „RSR 3.0" umgebaut worden. 1974 feierte der 1973 nur in limitierter Auflage gebaute Carrera RS 2.7 Wiederauferstehung und wurde in die Serienproduk-

Der Targa von 1972 (ein T-Modell) unterschied sich zwar nicht gravierend vom Modell des „Jahrgangs" 1967 (gegenüberliegende Seite), war aber an den Fünf-Speichen-Rädern zu identifizieren. Die Unterschiede der Innenausstattung zeigten sich unter anderen Details auch im Lenkrad.

Die Bezeichnung Carrera verwendete Porsche für den 911 erstmals 1973. 1984 löste der Carrera 3.2 den 911 SC ab.

Der 911 Turbo von 1991 aktiviert aus seinen 3,3 Liter Hubraum faszinierende 315 PS. Typisch für den Turbo ist der „Kuchenblech"-Heckspoiler.

tion übernommen. Einen Meilenstein setzte Porsche 1975 mit dem 911 Turbo: Es war der erste Seriensportwagen der Welt mit Abgas-Turbolader, der zugleich auch neue Maßstäbe in Leistung (2994 ccm/260 PS), Laufkultur und Ausstattung markierte. 1976 kam schließlich doch das Ende des zwei Jahre zuvor neubelebten Carrera 2.7. An seine Stelle trat nun der Carrera 3.0 mit der 200 PS starken Zweiliter-Maschine. Den stärksten aller 911er ließ Porsche 1978 vom Stapel laufen: Imponierende 300 PS baute der 3299-ccm-Motor des 911 Turbo auf.

Und ganz aktuell: Zum 30. Geburtstag des 911 läßt Porsche eine Idee aufleben, die ihrerseits schon fast vier Jahrzehnte alt ist: 1954 wurde der Porsche „Speedster" vorgestellt. Einer der renommiertesten Käufer war James Dean, eines der Idole der 50er Jahre. Nur 4822 356-Speedster wurden gebaut. Vom 911 Speedster der 80er Jahre gerade 2100. Jetzt gibt es ihn wieder, ebenfalls in limitierter Auflage. Als einen der Stars der IAA 1993. Angetrieben vom 184 kW/250 PS starken luftgekühlten 3,6-Liter-Sechszylinder-Boxer, wird er sowohl mit Fünfgang-Schaltgetriebe als auch mit der Porsche Tiptronic ausgerüstet. In seinen Fahrleistungen ist er ein echter Carrera 2: Nach 5,7 Sekunden ist die 100-km/h-Marke erreicht, bei 260 km/h die Höchstgeschwindigkeit. Wetten, daß Porsche, traditionsbewußt, wie die Marke nun einmal ist, auf der IAA einen Speedster anno 1954 neben einem des Jahres 1993 präsentiert?

Technische Daten

Motoren: Alle Sechszylinder-OHC-Boxer. **1963 (Typ 901):** 1991 ccm, Bohrung x Hub 8,0 x 6,6 cm, Verdichtung 9,0:1, 130 PS bei 6100 U/min, max. Drehmoment 156 Nm bei 4200 U/min – **1964-67 :** 1991 ccm, 8,0 x 6,6 cm, 9,0:1, 130 PS bei 6100 U/min, max. Drehm. 169 Nm bei 4200 U/min – **1965-69: (Typ 912)** 1582 ccm, 8,2 x 7,4 cm, 9,3:1, 90 PS bei 5200 U/min, max. Drehm. 117 Nm bei 3500 U/min – **1967-69: 911 S**, 1991 ccm, 8,0 x 6,6 cm, 9,8:1, 160 PS bei 6600 U/min, max. Drehm. 172 Nm bei 5200 U/min – **1968-69: 911 T**, 1991 ccm, 8,0 x 6,6 cm, 8,6:1, 110 PS bei 5800 U/min, max. Drehm. 152 Nm bei 4200 U/min – **1968: 911 S**, 1991 ccm, 8,0 x 6,6 cm, 9,9:1, 170 PS bei 6800 U/min, 175 Nm – **1969: 911 E**, 1991 ccm, 8,0 x 6,6 cm, 9,1:1, 140 PS bei 6500 U/min, max. Drehm. 169 Nm bei 4500 U/min – **1970-71: 911 T2.2**, 2195 ccm, 8,4 x 6,6 cm, 125 PS bei 5800 U/min, max. Drehm. 171 Nm bei 4200 U/min; **911 E2.2**, 2195 ccm, 8,4 x 6,6 cm, 9,1:1, 155 PS bei 6200 U/min, max. Drehm. 185 Nm bei 4500 U/min; **911 S2.2**, 2195 ccm, 8,4 x 6,6 cm, 9,8:1, 180 PS bei 6500 U/min, max . Drehm. 192 Nm bei 5200 U/min – **1972-73: 911 T2.4**, 2341 ccm, 8,4 x 7,0 cm, 7,5:1, 130 PS bei 5600 U/min, max. Drehm. 190 Nm bei 4000 U/min; **911 E2.4**, 2341 ccm, 8,4 x 7,0 cm, 8,0:1, 165 PS bei 6200 U/min, max. Drehm. 199 Nm bei 4500 U/min; **911 S2.4**, 2341 ccm, 8,4 x 7,0 cm, 8,5:1, 190 PS bei 6500 U/min, max. Drehm. 209 Nm bei 5 200 U/min
1973: 911 Carrera RS 2.7, 2687 ccm, 9,0 x 7,0 cm, 8,5:1, 210 PS bei 6300 U/min, max. Drehm. 247 Nm bei 5100 U/min – **1974: 911 Carrera RS 3.0**, 2993 ccm, 9,5 x 7,0 cm, 9,8:1, 230 PS – **1974-77: 911-2.7**, 2687 ccm, 9,0 x 7,0 cm, 8,0:1, 150 PS bei 5700 U/min, max. Drehm. 228 Nm bei 3800 U/min; **911 S2.7**, 2687 ccm, 9,0 x 7,0 cm, 8,5:1, 175 PS bei 5800 U/min, max. Drehm. 228 Nm bei 4000 U/min
1974-75: 911 Carrera 2.7, 2687 ccm, 9,0 x 7,0 cm, 8,5:1, 210 PS bei 6300 U/min, max. Drehm. 247 Nm bei 5100 U/min – **1975-77: 911 Turbo 3.0**, 2994 ccm, 9,5 x 7,0 cm, 6,5:1, 260 PS bei 5500 U/min, max. Drehm. 332 Nm bei 4000 U/min – **1975: 912 E**, 1971 ccm, 9,4 x 7,1 cm, 90 PS – **1976-77: 911 Carrera 3.0**, 2994 ccm, 9,5 x 7,0 cm, 8,5:1, 200 PS bei 6000 U/min, max. Drehm. 247 Nm bei 4200 U/min – **1978-83: 911 SC**, 2993 ccm, 9,5 x 7,0 cm, 8,5:1, 180 PS bei 5500 U/min, max. Drehm. 256 Nm bei 4200 U/min
1978: 911 Turbo 3.3, 3299 ccm, 9,7 x 7,4 cm, 300 PS bei 5500 U/min, max. Drehm. 399 Nm bei 4000 U/min – **1984: 911 Carrera 3.2**, 3164 ccm, 9,5 x 7,4 cm, 10,3:1, 231 PS bei 5900 U/min, max. Drehm. 272 Nm bei 4800 U/min – **1993: 911 Carrera 2 Speedster**, 3600 ccm, 10,0 x 7,64 cm, 11,3 :1, 184 kw/250 PS bei 6100 U/min, max. Drehm. 310 Nm bei 4800 U/min

Kraftübertragung: Viergang/Fünfgang-Schaltgetriebe, halbautomatische Sportomatic, Tiptronic-Automatik (seit 1990)

Fahrwerk: Einzelradaufhängung rundum, vorn McPherson-Federbeine, untere Dreiecksquerlenker, längsliegende Torsionsstäbe, konzentrische Schraubenfedern, ab 1989, Rohrstoßdämpfer, Stabilisator, hinten Schräglenker, querliegende Torsionsstäbe, konzentrische Schraubenfedern (ab 1989), Rohrstoßdämpfer, Stabilisator

Radstand: 2212 mm (1964-68), 2268 mm (1969-71), 2270 (1972)

Gewicht: (im Vergleich: 911/1964 und Speedster/1993): 1080 kg/1350 kg

Fahrleistungen: 0 auf 100 km/h in 5,5 bis 9,1 sec, Höchstgeschwindigkeit 183 km/h bis 265 km/h

Produktion: 235 (1964), 4865 (1965), 5381 (1966), 17 676 (1967), 9118 (1968), 14 446 (1969),10 234 (1970), 12 422 (1971), 15 061 (1972/73), 11 624 (1974), 7824 (1975), 7981 (1976), 10 308 (1977), 5183 (1978), 4067 (1979), 3715 (1980), 4096 (1981), 4780 (1982), 6095 (1983), 4554 (1984), 5980 (1985), 8084 (1986), 7889 (1987), 5842 (1988), 5713 (1989), 5465 (1990)

1965-66 CHEVROLET CORVAIR CORSA

Er sollte Chevrolets Antwort auf die vom Wettbewerb bereits angebotenen „Kompakten" werden – aber die Antwort blieb Chevy im Halse stecken: Der 1960 präsentierte erste Corvair erwies sich als Fehlschlag. Der Hauptrivale, der zwar konventionellere, aber preiswertere Ford Falcon, lief ihm mühelos den Verkaufsrang ab. Bei Chevrolet erkannte man schon bald, daß Fahrzeuge mit luftgekühltem Heckmotor keine Chance als Großserie hatten. Selbst Volkswagen mußte mit dem Modell 412 anerkennen, daß dieser nicht in das Konzept des erfolgreichen Käfers paßte und sich – nicht nur in den USA – schlecht verkaufte. In Wolfsburg war die „Wende" zum frontgetriebenen, wassergekühlten Wagen längst beschlossene Sache, als Mitte der 70er Jahre der Käfer noch immer ein Export-Schlager war.

Daß der Corvair Anfang der 60er Jahre zumindest ein vorübergehend relativer Erfolg war, lag an seinem sportlichen Image. Mehr zufällig, so wird es zumindest kolportiert, habe Chevrolet damals einen eleganten kleinen sportwagenähnlichen Typ Monza herausgebracht und dabei einen weit attraktiveren Markt entdeckt, als ihn die Schöpfer dieses Wagens erwartet hatten. Äußerlich zeigte der Monza zwar auch das „Badewannen"-Styling wie die anderen Corvairs. In der Innenausstattung aber machte Chevrolet mit Schalensitzen, eleganter Vinyl-Polsterung und Teppichboden anstelle des üblichen Billigwagen-Konzepts mit Sitzbänken und Gummibodenbelag aus dem Monza ein richtiges Auto. 1961 gab es vom Corvair selbst ein Cabrio und ein Viergang-Schaltgetriebe. Vom Monza gab es ebenfalls Stufenheck-Limousinen und Station Wagons. Aber Coupé und Cabrio waren die gängigsten Typen. In kurzer Zeit war der Monza der Renner in der gesamten Corvair-Flotte und brachte mehr Aufträge als alle anderen zusammen. Kaum zu glauben, aber Insider stehen zu dieser Meinung: Der Monza „infizierte" Fords Boss Lee Iacocca mit dem Bazillus, der sich bis zum unglaublich erfolgreichen Mustang entwickelte.

Als Bill Mitchells Designer den Corvair für das Modelljahr 1965 neu einkleideten, gelang ihnen stilistisch eines der schönsten „Dressings" der 60er Jahre überhaupt. Top-Modell der gesamten Corvair-Baureihe wurde der Corsa – ein Monza mit Power, starken Bremsen und sicherem Handling. Es war der beste je gebaute Corvair.

Zwei Herzen schlugen in seiner Brust, natürlich nicht zugleich, sondern je nach Wunsch: 140 PS mit vier Rochester-Vergasern oder 180 PS mit dem damals gerade in Mode kommenden Turbolader. Letzterer basierte auf der Technologie der von Chevrolet inszenierten Bemühungen um mehr Leistung des luftgekühlten Sechszylinder-Boxers, den Ed Cole ursprünglich für American Volkswagen entwickelt hatte. Solchen Maschinen waren leistungsmäßig Grenzen gesetzt, zumindest auf konventionellem Wege. Ein Turbolader schien nun der Weg zu sein, um dieses Problem zu lösen und interessante Möglichkeiten zu eröffnen.

Der erste Corvair mit Turbolader wurde 1961 als Sebring Spider präsentiert. Als Experimentier- und Show-Car, entworfen unter der Regie von Bill Mitchell. Dieser schlanke Zweisitzer ruhte auf einem Chassis mit kurzem Radstand und nahm nur 4114 mm Verkehrsraum in Anspruch, bei einer „Höhe" von nicht einmal einem Meter, exakt: 939 Millimeter! Sein Paxton-Lader war der gleiche wie im Studebaker Avanti. Seine Nachteile aber offenbarten sich schnell: Er war ständig „in action". Das veranlaßte Chevrolets Ingenieure, sich näher mit dem bereits in den 20er Jahren angewandten, aber dann doch weitgehend wieder in Vergessenheit geratenen Turbolader zu befassen.

Turbolader kamen, um daran zu erinnern, zunächst in schweren Nutzfahrzeug-Dieseln zum Einsatz. Ihre Hauptprobleme offenbarten sich bei Benzinern in den hohen Abgastemperaturen, denen Chevrolets

Der sportliche Corvair Corsa war eines der ersten Autos der 60er Jahre mit Turbolader. Er verlieh dem 2680-ccm-Boxermotor 180 PS.

Wie von den anderen Corvair-Typen gab es auch vom Corsa sowohl ein Hardtop-Coupé – wie hier abgebildet – als auch ein Cabrio auf dem gleichen Radstand

Experten mit besonders hitzebeständigen Legierungen glaubten begegnen zu können. Der Turbolader hatte aber auch seine Vorteile: kein mechanischer Antrieb nötig, Geräuschentwicklung und Vibrationen gleich Null, gute Raumausnutzung und nur in Arbeit, wenn er gebraucht wird. Was ihn obendrein auch wirtschaftlicher macht, allerdings dann auch abhängig von der Fahrweise. Alles in allem aber bot, das hatten J. O. Brafford und R. E. Thoreson, Chevrolets Turbomotoren-Experten, bald heraus, der Turbolader dem Fahrer für geringe Mehrkosten eine deutliche Leistungssteigerung. Der Corsa-Turbolader, den Thompson Valve Division für Chevrolet herstellte, arbeitete mit einer Schaufelblatt-Turbine mit 76 mm Durchmesser, hergestellt aus hoch hitzebeständiger Legierung auf Kobalt-Basis. Die Ableitung der Abgase begann durch die doppelten Krümmer und führte durch die Turbinenkammer schließlich in den Auspuff. Ein konventioneller Carter-HY- Flachstromvergaser mit drei Lufttrichtern entsprach dem in den Sechszylinder-Corvetten bewährten Prinzip.

Der erste Corvair mit Turbolader, der Monza Spider von 1962 bis 1964, wartete mit 150 PS auf, stolze 48 Prozent mehr als die 102-PS-Maschine, aus der er entwickelt wurde. Sogar um 64 Prozent besser war das maximale Drehmoment von 284 Newtonmeter. Noch mehr spannte der Corsa von 1964 seine Muskeln: Mit dem Luft-Kraftstoff-Gemisch, durch den Turbolader eingeatmet, stieg die Leistung auf 180 PS bei einem maximalen Drehmoment von 359 Nm. Das war das Maximum dessen, was je ein Corvair abgeliefert hat.

In den Fahrleistungen bedeutete dies für den Corsa Turbo eine Höchstgeschwindigkeit von 185 km/h und eine Beschleunigungszeit von 17 Sekunden aus dem Stand auf die Viertelmeile. Die 140-PS-Version mit ihren vier Vergasern, neuen Zylinderköpfen, größeren Ventilen und Einlaßkrümmern stand diesen Werten nur wenig nach. Natürlich waren beide Wagen auf diese hohen Fahrleistungen durch Hochleistungsfedern und -dämpfer, größer dimensionierte Bremsen und direktere Lenkung abgestimmt.

Angeboten wurden die Corsas nur als zweitürige Hardtops oder Convertibles, kombiniert mit allem, was Chevrolet an Komfortausstattung aufzubieten hatte, vom Tachometer über den Drehzahlmesser bis zu den diversen Sekundärinstrumenten wie Temperatur, Tankanzeige, Uhr und Ladedruckanzeige. Optisch machten die Corsas mit ihren (als Option angebotenen) Speichenrädern eine Menge her. Und der Preis von weniger als 3000 Dollar war nicht weniger faszinierend.

Der wichtigste Schritt in Richtung Modelljahr 1965 wurde beim Corsa wie auch bei anderen Chevy-Modellen durch die neue Hinterachskonstruktion vollzogen. Die umstrittene Schwingachse, wenngleich inzwischen verbessert, hatte nun endlich ausgedient, war durch eine unabhängige Radaufhängung mit Längslenkern und Schraubenfedern anstelle der bisherigen querliegenden Blattfeder ersetzt worden.

Der Corsa der Modellgeneration 1965-66 war die Verwirklichung der Corvair-Idee in ihrer höchsten Perfektion. Diesen Status erreichte der Corsa kurioserweise aber ausgerechnet zu dem Zeitpunkt, als General Motors sich bereits entschlossen hatte, die Produktion auslaufen zu lassen. Zugunsten des für 1967 angekündigten Camaro. Diese Entscheidung war um so unverständlicher, als sich die Investitionen für den Corsa gerade amortisiert hatten. Vorgesehen war der Stop für den Corsa zwar erst für 1969, aber nach 1966 ist keiner mehr gebaut worden.

Da gab es einen Ralph Nader, der einige Kapitel Automobilindustriegeschichte geschrieben hat. Auch das vom Ende des Corsa, an dessen Schwingachse er einiges auszusetzen hatte. Aber letztlich war es doch nicht Nader, sondern Fords Mustang, der Chevrolet in Zugzwang brachte, ein konventionelles „Ponycar“ als Anti-Mustang zu präsentieren. Das war der Camaro. Dieser Wagen erwies sich vom gesamten Konzept her als leicht zu modifizieren, zu verbessern und zu dem zu machen, was der Markt verlangte. So wie Ford den Mustang mit Einsatz von Falcon-Komponenten entwickelte, konnte es schließlich ebenso mit dem Chevy II praktiziert werden, um eine rationelle Produktion zu ermöglichen. Schließlich war es dann Ed Cole, der das Ende des Corvair verkündete. Es war das Ende eines der besten Autos der „Mittsechziger“, wie es das Magazin Car and Driver im Nachruf auf den Corvair generell und den Corsa speziell formulierte.

Einzelsitze anstelle der damals noch üblichen Sitzbänke gehörten zu den Novitäten des Corvair Corsa. Das Cockpit strahlte sportliches Flair aus, das auch der Turbolader dem Motor verlieh. Basis-Maschine war allerdings der 2,7-Liter-Boxer mit 140 PS.

Technische Daten

Motor:	Leichtmetallblock-Sechszylinder, OHV, 2680 ccm, Bohrung x Hub 8,7 x 7,5 cm, 4 Hauptlager, hydraulische Ventilstößel; Standard-Version Verdichtung 9,25:1, 4 Rochester-Vergaser, 140 PS bei 5200 U/min; Option Verdichtung 8,25:1, Turbolader, Carter-Vergaser, 180 PS bei 4000 U/min, max. Drehmoment 359 Nm
Kraftübertragung:	Viergang-Schaltgetriebe oder Zweistufen-Powerglide-Automatik
Fahrwerk:	Einzelradaufhängung rundum, vorn Querlenker, Schraubenfedern, Rohrstoßdämpfer, hinten obere Halbachsen, ungleiche untere Querlenker, Schraubenfedern, Rohrstoßdämpfer
Bremsen:	Hydraulische Vierrad-Trommelbremse
Radstand:	2473 mm
Länge:	4655 mm
Spurweite vorn/hinten:	1397 / 1437 mm
Gewicht:	Hardtop-Coupé 1122-1127 kg, Cabrio 1229-1233 kg
Fahrleistungen:	0 auf 60 mph in 10,0 sec (Turbo), Höchstgeschwindigkeit 115 mph (185 km/h), Turbo
Produktion:	20 291 Hardtop-Coupés, 8353 Cabrios (1965), 7330 Hardtop-Coupés, 3142 Cabrios (1966)

Der Mustang wurde wegen seines einzigartigen Stylings, seines niedrigen Preises und seiner ellenlangen Optionsliste zu einem regelrechten US-Autohit.

Wenn der Bel Air der Baujahre 1955 bis 1957 als der klassische Chevy charakterisiert wird, dann darf der Mustang mit Fug und Recht für sich in Anspruch nehmen, der klassische Ford zu sein. Zwar mögen beide nicht klassisch im Sinne des Classic Car Club of America sein, dessen Definition von Klassik teure und auch nur in begrenzten Stückzahlen produzierte Luxuswagen aus der Zeit zwischen 1925 und 1948 meint. Doch Klassik im eigentlichen Begriff bezeichnet ja auch signifikante Dinge von bleibendem Wert. Und so gesehen ist er eben doch ein Klassiker unter den Automobilen, der Ford Mustang.

Bei der Bewertung eines Automobils nach seiner Bedeutung auf dem Markt muß der Mustang als das ungewöhnlichste Modell der 60er Jahre betrachtet werden. So setzte er zum Beispiel jede denkbare Rekordmarke. Allein der Preis war schon sensationell. Für den am 17. April 1964 vorgestellten Mustang lag der Basispreis für das Sechszylinder-Hardtop bei 2368 Dollar. Gehofft hatte man auf den Verkauf von 100 000 Fahrzeugen im ersten Jahr. Diese 100 000 aber waren schon innerhalb von vier Monaten nach der Präsentation vergriffen. Von April 1964 bis Oktober 1965 fanden 680 992 Mustangs ihren „PS-Reiter". Eine bis dahin nicht annähernd erzielte Rekordhöhe bei einem neuen Automobil in diesem kurzen Zeitraum.

Geistiger Vater des Mustang ist, woran niemand zweifelt, Lee Iacocca, das Verkaufsgenie, das es schließlich bis zum Präsidenten der Ford Division brachte. Und ebenso sicher darf wohl behauptet werden, daß Robert F. McNamara, Iacoccas Vorgänger, eine derartige „Vision" nie gehabt hätte. Daß aus dieser Vision schließlich Wirklichkeit wurde, ist das Verdienst einer ganzen Armee von Kennern und Könnern.

Und das war er: Ein sportliches Auto mit langer Fronthaube und kurzer Heckpartie. Die vorgegebene Preisgrenze von unter 2500 Dollar wurde deutlich unterschritten. Die Liste der Extras war auch entsprechend umfangreich, so daß sich jeder Käufer nach diesen Optionen seinen ganz speziellen Mustang „zäumen" konnte.

Basistriebwerk war der 2785-ccm-Sechszylinder des Falcon, mit einem manuellen Dreigang-Getriebe. Zur Serienausstattung gehörten immerhin volle Radkappen, ein abgepolstertes Armaturenbrett, Schalensitze und Teppichboden. Alles, was dann an Ausstattung und Ausrüstung gewünscht wurde, ging nur noch über das Portemonnaie. Ein paar Beispiele aus der Extra-Liste, die besonders gefragt waren: Cruise-O-Matic, Viergang-Schaltgetriebe, Overdrive, ein größerer Sechszylinder, Sperrdifferential, „Rallye-Pack"-Instrumente, servounterstützte Bremsen, vordere Scheibenbremsen (ab Ende 1965 im Angebot), Servolenkung, Klimaanlage (mit Ausnahme der 271-PS-Triebwerke), DeLuxe Lenkrad, Vinylbezug für das Dach, Weißwandreifen. Fazit: Da waren die 2368 Dollar Grundpreis schnell vergessen und 5000 Dollar nicht im Bereich des Unerreichbaren. Zum Teil waren die Extras auch in Options-Paketen zusammengestellt und dann um einige Dollar günstiger.

Der Mustang war die Fortsetzung der Spezies von Automobilen, die – von den Amerikanern „personal car" genannt – mit dem Thunderbird begonnen hatte. Dabei überraschte es keineswegs, daß dieser Wagen besonders die Frauen „anmachte". Er war für die Amerikanerin das, was für die Deutsche der Karmann, für die Französin die Renault Floride war. Natürlich machte sich auch die Werbung diese Erkenntnis zunutze. Dabei war es durch die vielen Extras auch noch möglich, den ganz persönlichen Mustang zu fahren. So waren sich in der Tat kaum zwei Wagen ähnlich. Von der Grundkonzeption einmal abgesehen.

Das Herz, das dem Mustang vom Fairlane implantiert war, gehörte zu den klassischen V8-Triebwerken: leicht, effektiv, stark. Als überhaupt leichtester V8 mit Gußeisenblock lieferte er imponierende Leistung ab.

1965-66 FORD MUSTANG

Im Herbst 1964 stellte Ford den Modellen Hardtop und Ragtop eine weitere Version als 2+2 zur Seite. Markantestes Merkmal waren die Luftschlitze anstelle der üblichen hinteren Seitenfenster und ein umklappbarer Rücksitz. Mit allen anderen Mustangs hatte er aber das galoppierende Pferd im Kühlergrill ebenso gemeinsam wie die dreigeteilte Heckleuchte.

Der Mustang 2+2 des Baujahres 1965 kostete 2633 Dollar und lag damit preislich zwischen den Versionen Hardtop und „Softtop".

Das stärkste Triebwerk 1965/66 war der 2,9-Liter mit 271 PS und einem maximalen Drehmoment von 423 Newtonmeter, eine Maschine, um „diese Snobs in ihren englischen Sportwagen zu düpieren"– so die Amerikaner.

Vergleiche sind stets gute Argumente und Beweise. Der Standard-Mustang mit der 4,7-Liter-Maschine und 200 PS benötigte 10 Sekunden für den Spurt auf die 60-mph-Marke und hatte die Viertelmeile nach 17 Sekunden hinter sich, mit Tachostand 80 mph (129 km/h). Zum Stillstand kam die Tachonadel erst bei 110 mph (177 km/h). Das 271-PS-Kraftwerk (bei gleichem Hubraum!) erledigte das gleiche Arbeitspensum in acht bzw. 15,5 Sekunden und Tachoständen von 85 mph (137 km/h) bzw. 120 mph (193 km/h). Von Grund auf war er ein braves und gut zu zähmendes Rennpferd. Mit den als Option angebotenen Komponenten wie direktere Lenkung, straffere Feder-Dämpfer-Einheit und stärkere Stabilisatoren sowie den Niederquerschnittreifen von Firestone wurde er zu dem, was sein Name besagte – ein (wilder) Mustang! Was ihm zunächst noch fehlte, um ihn auch in dieser Version besser an der Kandare zu halten, waren festere Zügel, sprich Scheibenbremsen. Die erhielt er dann auch neun Monate nach seiner Einführung. Sie machten ihn endgültig zu einem reinen GT – aber zu einem Preis deutlich unter dem der begehrten europäischen Grand-Tourisme-Modelle.

Mit dem 271-PS-Mustang aber war „das Ende der Fahnenstange" noch nicht erreicht. Schließlich gab es da ja auch noch den Cobra, dessen Komponenten in den Regalen der Ford-Händler lagen – spezielle Nockenwellen, Zylinderköpfe und selbst Weber-Vergaser, auf die man nur zurückzugreifen brauchte. Alle diese Teile galten als Fabrik-Originale, obwohl sie nicht im Werk montiert wurden. Das aber spielte keine Rolle. Mustang-Piloten, die an Wettbewerben teilnehmen wollten, konnten damit den „Nachweis" erbringen, daß es sich bei ihren Fahrzeugen um dem Reglement entsprechende Modelle handelte.

Die Original-Mustangs als Hardtop und Cabrio waren im Ford-Design-Studio unter Joe Oros, dem späteren Executive-Direktor des Ford und Lincoln-Mercury Designs, entwickelt worden. Oros erinnerte sich später: „Wir wollten vor allem, daß dieses Auto keinerlei Ähnlichkeit mit einem anderen haben dürfte. Es sollte einzigartig sein." Zunächst planten Oros und seine Mitarbei-

Der Basis-Mustang ließ sich durch besondere Ausstattungs-Pakete am Armaturenbrett, Spezialfelgen und nicht zuletzt durch den 4,7-Liter-V8 mit der Spitzenleistung von 271 PS ganz persönlich kombinieren. Dazu gehörte auch der „Zugriff" auf Cobra-Teile aus den Lagern der Ford-Händler.

Cabrios verkauften sich generell nicht so gut wie geschlossene Coupés oder Limousinen. Auch da machte der Ford Mustang eine Ausnahme: Vom Ragtop des Baujahres 1965 sind allein 101 945 Fahrzeuge verkauft worden. Die meisten Kunden ließen sich ihren Mustang auf den Basispreis von 2789 Dollar mit Extras zwischen 500 und 1000 Dollar „ausstaffieren".

ter einen Zweisitzer, ähnlich dem Original Mustang Show-Car, der beim Watkins Glen-Rennen in New York sein Debüt hatte. Daß dieses Zweisitzer-Projekt dann „gestorben" ist, war nicht zuletzt auch auf Iacoccas Ablehnung zurückzuführen, die er damit begründete, daß Ford ein Auto brauchte, das sowohl Familien als auch Singles ansprechen mußte. Ganz am Mustang Show-Car aber wurde dann auch nicht vorbeikonstruiert. Das Design der langen Motorhaube und des kurzen Hecks stammte von ihm.

Eine dritte Karosserie-Version, ein „2+2"-Coupé, wurde im Herbst 1964 angekündigt. Im Gegensatz zum Coupé-Viersitzer und Convertible hatte dieses Modell einen umklappbaren Rücksitz. Mit diesem Styling leistete Ford Pionierarbeit: Bei umgeklapptem Rücksitz und tiefergelegtem Kofferraumboden ergab sich eine Ladefläche.

Angesichts des ungewöhnlichen Verkaufserfolgs sah Ford natürlich keinen Anlaß, am Mustang 1966 große Veränderungen vorzunehmen. Er präsentierte sich lediglich mit einem unauffälligen Facelifting. Technisch war nur von Bedeutung, daß der 3227-ccm-Sechszylinder nun zum Standardmotor wurde. Der 4,7-Liter mit 200, 225 und 271 PS blieb weiterhin im Programm.

Das Mustang-Konzept war, um ein Fazit zu ziehen, keineswegs so ganz neu. Studebaker zum Beispiel hatte etwas in dieser Art schon 1956 mit dem Hawk anzubieten. Trotz allem aber: Der Mustang ist zum Inbegriff dessen geworden, was die Amerikaner global als „Ponycar" bezeichneten. Die „muscle cars" leiteten eine Wende ein. Den Mustang aber haben auch sie nicht verdrängen können.

Technische Daten

Motor:	**1965:** OHV-Reihen-Sechszylinder, 2785 ccm, Bohrung x Hub 8,9 x 7,5 cm, Verdichtung 8,7:1, 1 Vergaser, 101 PS bei 4400 U/min; OHV-V8, 4260 ccm, 9,6 x 7,3, 8,8:1, 2 Vergaser, 164 PS bei 4400 U/min – **1965-66:** OHV-Reihen-Sechszylinder, 3277 ccm, 9,3 x 7,9, 8,7:1, 1 Vergaser, 120 PS bei 4400 U/min; OHV-V8, 4735 ccm, 10,1 x 7,3, 2 Vergaser, 200 PS bei 4400 U/min; 4735 ccm, 10,0:1, 4 Vergaser, 225 PS bei 4800 U/min; 4735 ccm, 10,5:1, 271 PS bei 6000 U/min.
Kraftübertragung:	Dreigang-Schaltgetriebe Standard, als Option Overdrive, Viergang-Schaltgetriebe, Dreistufen-Cruise-O-Matic
Fahrwerk:	Einzelradaufhängung vorn, Schraubenfedern an den oberen Dreiecksquerlenkern montiert, Rohrstoßdämpfer, starre Hinterachse, längsliegende halbelliptische Blattfedern, Rohrstoßdämpfer
Bremsen:	Hydraulische Vierrad-Trommelbremse, vordere Scheibenbremsen Option
Radstand:	2743 mm
Länge:	4612 mm
Gewicht:	1128-1271 kg (je nach Typ)
Fahrleistungen:	0 auf 60 mph in 9 sec (Version mit 225 PS), Höchstgeschwindigkeit 110 bis 115 mph (176 bis 185 km/h, 225-PS-Version)
Produktion:	501 965 Hardtop-Coupés, 101 945 Cabrios, 77 079 Fastback-Coupés (1965), 499 751 Hardtop-Coupés, 72 119 Cabrios, 35 698 Fastback-Coupés (1966) = insgesamt 1 288 557

1965-66 SHELBY GT-350

In den in der USA üblichen Stock-Car-Wettbewerben der 30er Jahre gab es nur einen Gejagten bei allen Jägern: Ford. In den meisten Fällen jedoch blieben in diesem Punkt die Jäger auf der Strecke. Nicht das Wild. Als einziger preisgünstiger V8 behielt der Ford auch in den 40er Jahren weiterhin sein Leistungs-Image. Nach dem Krieg allerdings meldete sich die Konkurrenz lautstark zu Wort. Oldsmobiles Rocket „88" zum Beispiel und der Hudson Hornet waren die neuen Champions im aufblühenden „Renn-Zirkus" der NASCAR (National Association for Stock Car Automobile Racing). Hinzu gesellte sich dann auch noch Chevrolets 225-PS-Corvette. In den frühen 60er Jahren traten schließlich auch noch einige „MoPars" von Chrysler und der heißblütige Pontiac GTO neben anderen auf den Plan. Dem Ford gehörte das Terrain des Jägers nun nicht mehr allein.

Und dann erschien Carroll Shelby. Er brachte eindrucksvolle Referenzen als Rennfahrer mit, zum Beispiel den Sieg in Le Mans 1959 auf einem Ferrari. Er hatte auch Erfolge mit seinem Cobra Roadster vorzuweisen, einer von ihm entwickelten Kombination des britischen AC Ace in Aluminium-Bauweise mit dem superheißen kompakten Ford-V8-Motor. 1963 hatte er diese kleinen Flitzer in der Fabrik in Venice gebaut, in der Lance Reventlows Scarab produziert worden war. Für rund 6000 Dollar aber – dafür gab es immerhin zwei voll ausgestattete Ford Galaxie 500 – war die Zahl der Cobras von vornherein begrenzt.

Carroll Shelbys AC Cobra mit dem Ford V8 war ein erfolgreicher Renner. Kein Wunder, daß er auch bei der Entwicklung des Shelby GT-350 Pate stand. Auf dem Mustang von 1965 basierend, war er eine gründlich überarbeitete Version, in der Leistung stärker und im „Outfit" attraktiver gemacht. Besonders beliebt war unter den Optionen der von der Motorhaube über das Dach bis zum Heck verlaufende breite blaue Doppelstreifen. Die Visitenkarte „GT-350" trug er in einem in der Unterseite der Flanke angebrachten weiß-blauen Doppelstreifen.

Schon kurz nach der Einführung des Mustang hatten einige Köpfe der Chefetage die Idee, die sich als zündend erweisen sollte. Falls eine zu einem vernünftigen Preis herstellbare Hochgeschwindigkeits-Version dieses „Ponycars" entwickelt werden könnte, müßte sich das werbekräftig für den Mustang speziell und für Ford generell auswirken. Die Verwirklichung dieser Idee war der im Frühjahr 1965 vorgestellte Mustang GT-350, der aber ebenso auch als Shelby Mustang und kurz Shelby GT-350 bezeichnet wurde. Der Produktionsablauf erfolgte auf zwei „Schienen": Teilmontierte Mustangs, ohne Rücksitze und in Wimbledon-Weiß (augenscheinlich mit Blick auf den „weißen Sport"), wurden nach Kalifornien verfrachtet und dort in Shelbys Fabrik in Venice mit dem 4,7-Liter-Ford-Motor ausgerüstet und „fahrfertig" gemacht.

Am Motor wurde noch Feinarbeit geleistet. So erhielt er einen hochglanzpolierteen Leichtmetall-Einlaßkrümmer, einen speziellen Vergaser, 43-mm-Lufttrichter und exakt „ausgewogene" Schwimmer, um eine Unterbrechung der Kraftstoffzufuhr bei scharfen Kurvenfahrten zu vermeiden. Zum Tuning gehörte außerdem eine Aluminium-Ölwanne mit nur halber Kapazität gegenüber der Stahlwanne sowie eine spezielle Auspuffanlage mit zwei unmittelbar vor der Hinterachse endenden Töpfen. Ein Leisetreter war er nicht. Wo er auftrat, sollte man ihn auch hören. Und zu hören war er! Andererseits aber sollte die Werkstatt, wenn man sie denn schon einmal in Anspruch nehmen mußte, auch wissen, „wen" sie vor sich hatte: „COBRA POWERED BY FORD" stand auf der Ventilabdeckung.

Shelby hat die Maschine bei der Überarbeitung schließlich auf 306 PS verstärkt und das rote Drehzahlfeld bei 6500 „Touren" angesetzt, obwohl 7000 U/min ohne Probleme für den Motor zu drehen waren. Mit dieser Steigerung der Leistung wurde auch eine Hochleistungs-Kupplung und eine vollsynchronisierte, eng abgestufte Viergang-Schaltung (Borg-Warner T-10M) eingebaut. Ein in Detroit entwickeltes Locker-Sperrdifferential ergänzte die Antriebseinheit.

Unumgänglich waren bei einer Steigerung der Motorleistung und der damit auch höheren Fahrleistungen die Anpassungen im Fahrwerksbereich. Dabei wurde das Chassis durch eine quer unter dem Motorraum verlaufende Stütze zur Vermeidung von Verwindungen verstärkt. Spe-

ILLINOIS
ONE OF 252
CARROLL SHELBY MOTORS

Herz des GT-350 war der überarbeitete 4,7-Liter-Motor des Mustang mit 306 PS, der auch als „COBRA POWERED BY FORD“ gekennzeichnet war. Das Cockpit unterschied sich in der Instrumentierung und durch das Holzlenkrad.

zielle Lenkzwischenhebel sorgten für ein direkteres Ansprechen der Lenkung. Der Einbau von Traktionshilfen verhinderte das Durchdrehen der Räder bei starker Beschleunigung. Für die Fahrstabilität von erheblicher Bedeutung waren auch die Koni-Stoßdämpfer. Das beim „normalen“ Mustang zeitweise registrierte Fading der Bremsen wurde beim Shelby GT-350 durch das von den Ford Station Wagons übernommene System der vorderen Kelsey-Hayes-Scheibenbremsen und der hinteren Trommelbremsen mit Sintermetall-Trommeln eliminiert. Niederquerschnittreifen Goodyear Blue Streak der Dimension 7,75 x 15 waren Garanten für optimale Fahrbahnhaftung.

Das Instrumentarium wurde gegenüber dem Standard erweitert. Und zwar um einen bis 3000 U/min markierten Drehzahlmesser sowie um eine Öldruck-Anzeige. Und damit der Fahrer auch buchstäblich wußte, was er da als Auto „in der Hand“ hatte, war beim Shelby-GT-350 das serienmäßige Lenkrad durch ein Hartholz-Lenkrad ersetzt, mit dem Cobra-Emblem, einem „aufgeblähten“ Cobra-Kopf, in der Mitte. Die Hupe war dafür aus dem Lenkrad ins Armaturenbrett gewandert und mit einem Schalter zu bedienen. Für die innere Sicherheit garantierten mit einem Schnell-Mechanismus ausgestattete Sicherheitsgurte im Flugzeugstil. Die Rückbank war herausgenommen, der dabei entstandene Raum wurde für das Ersatzrad genutzt.

Auch äußerlich zeigten sich diverse Veränderungen gegenüber dem Standard-Mustang. In der Fiberglas-Motorhaube arbeitete eine Lufthutze effektiv für die Luftzufuhr. Typisch war die Verbindung mit den NASCAR-Modifikationen auf der Motorhaube durch die „Drehverschlüsse“ zur Arretierung bzw. Öffnung der Haube. Daß der Shelby GT-350 letztlich doch ein Mustang war,

Die Modelle des Baujahres 1965 und 1966 waren ausschließlich als Fastback-Coupé zu haben. Die kleinen hinteren Seitenscheiben wurden 1966 anstelle der anfangs extrem breiten Seitenholme eingebaut.

wurde nicht verheimlicht: Er hatte das Mustang-Emblem im Frontgrill, aber nicht in der Mitte, sondern nach links verlagert.

Den GT-350 zu fahren, war zwar Autofahren pur, aber keine leichte Sache. Kupplung und Bremse durchzutreten erforderte bei deren strammer Einstellung beträchtlichen Kraftaufwand. Die Muskeln anstrengen mußte der Fahrer auch beim Bedienen der Lenkung. Servounterstützung war Wunschdenken, nur nicht Realität. Und von komfortablem Reisen konnte bei der knochenharten Fahrwerkabstimmung auch nicht die Rede sein.

Die Leistungen aber waren imponierend. In Tests wurden 14,9 Sekunden für den Sprint aus dem Stand auf die Viertelmeile bescheinigt, bei Erreichen dieser Marke ein Stand der Nadel des Geschwindigkeitsmessers auf 95 mph (153 km/h). Um die Liste der Fahrleistungen zu komplettieren: Von 0 auf 60 mph ging die „Post" in 6,5 Sekunden ab, und die Höchstgeschwindigkeit bei Erreichen von 127 mph (204 km/h) war identisch mit der Annäherung an den roten Drehzahlbereich.

Für absolut wettbewerbswilde Zeitgenossen hatte Shelby auch eine Version parat, eine Renn-Variante „R". Deren Triebwerk erhielt eine rennsportbewährte Nockenwelle, Ölkühler, einen noch leistungsfähigeren Kühler – und leistete 350 PS. Hinzu kamen weiterhin eine Frontschürze zur besseren Kühlung des Motors und der Bremsen, zusätzliche Instrumente, ein vergrößerter Tank und Luftöffnungen vor den Hinterrädern zur Kühlung der Bremsen. Mit American Racing Reifen der Dimension 15 x 7 wurde das gesamte Tuning-Paket für 1500 Dollar angeboten. Eine lohnenswerte Offerte. Trotzdem: Nur 37 GT-350 sind damit ausgerüstet worden.

Für das Modelljahr 1966 ließ sich Shelby den Einbau eines Kompressors einfallen, der für bessere Beschleunigung sorgte. Auf der Optionsliste fand sich nun auch Fords C-Automatik. Verschiedene neue Farben standen ebenfalls zur Wahl.

Inzwischen hatte sich der GT-350 auch einen Namen gemacht, zumal die Shelby Mustangs 1965 und 1966 den Klassensieg bei den nationalen Rennen des Sports Car Club of America herausgefahren hatten. Das schlug sich in den Verkaufszahlen nieder. Gegenüber 562 im ersten Jahr waren es 1966 mit 2380 mehr als viermal so viele. Darunter befanden sich sechs Cabrios und 936 GT-350H-Modelle.

Der GT-350 blieb bis 1970 im Programm, 1967 durch eine Version GT-500 ergänzt. Für Puristen aber gelten nach wie vor die – entsprechend auch meistgesuchten – Modelle der Baujahre 1965 und 1966 als die „echten" Shelby-Mustangs.

Technische Daten	
Motor:	OHV-V8, 4735 ccm, Bohrung x Hub 10,1 x 7,3 cm, Verdichtung 10,0:1, Spezial-Einlaßkrümmer, Holley-Vergaser, 306 PS bei 6000 U/min, max. Drehmoment 446 Nm bei 4200 U/min – **R-Modell:** 4735 ccm, Rennsport-Nockenwelle, Ölkühler, 350 PS – ab **1966** Paxton-Kompressor als Option
Kraftübertragung:	Vollsynchronisiertes Vier-gang-Schaltgetriebe, als Option (ab 1966) Dreistufen-C-4-Automatik
Fahrwerk:	Einzelradaufhängung vorn mit oberen Querlenkern, unteren Querlenkern und Knickstreben, Schraubenfedern, Stabilisator, Koni-Stoßdämpfer, starre Hinterachse, halbelliptische Blattfedern, Schubstangen, Koni-Stoßdämpfer
Bremsen:	287-mm-Scheibenbremsen vorn, 254-mm-Trommelbremsen hinten, keine Servounterstützung
Radstand:	2743 mm
Länge:	4597 mm
Spurweite vorn/hinten:	1447/1447 mm
Gewicht:	1157-1292 kg (je nach Typ)
Fahrleistungen:	0 auf 60 mph inn 5,7 sec, Höchstgeschwindigkeit 133 mph (213 km/h) / Werte für Shelby American
Produktion:	562 (1965), 2380 (1966, einschließlich 936 Hertz-Modellen und 6 Convertibles)

Der Ferrari Dino 206P war durch und durch der Prototyp eines reinrassigen Rennwagens. Sein Motor produzierte stolze 200 PS.

Was unterscheidet „Traumautos“ von solchen, an die man sich einfach erinnert? Zeitloses Styling, ausgewogen dynamisches Fahrverhalten. Ein renommierter Stammbaum. Vielleicht auch ein sportlicher Bekanntheitsgrad. Alles Punkte, die Ferraris Dino 206 GT der 60er Jahre und sein Nachfolger, der 246 GT/GTS für sich verbuchten. Doch über alle diese Qualitäten hinaus sind diese Ferraris von historischer Bedeutung als die ersten Fahrzeuge des Commendatore, die er mit weniger als zwölf Zylindern auf die Straße schickte. Und sie waren zugleich auch die Vorboten künftiger Mittelmotor-Ferraris.

Daran allerdings dachte wohl noch niemand, als der Dino als ein ganz spezielles Exponat auf dem Pininfarina-Stand des Pariser Autosalons 1965 präsentiert wurde. Als „Dino 206 S Speciale“ zog dieses formschöne Coupé das Interesse des Publikums nicht nur wegen der Optik auf sich, sondern gleichermaßen auch wegen der für Ferrari nun einmal ungewöhnlichen Technik: ein Zweiliter-Triebwerk mit nur sechs Zylindern, direkt hinter dem zweisitzigen Cockpit „mittschiffs“ montiert – das war für Ferrari neu. Obwohl auf ein Renn-Chassis mit der Nummer 0834 gesetzt, war es zu diesem Zeitpunkt doch nicht mehr als eine Design-Studie, noch unterstrichen durch die Tatsache, daß der Motor auch nicht betriebsbereit war. Auf dem Turiner Salon aber stand im Jahr darauf ein einsatzfähiger Wagen. Dieser „Dino Berlinetta GT“ trug bereits die Züge des Pininfarina-Stylings eines für die Serienproduktion vorgesehenen Modells, das ein Jahr später dann endgültig Realität und erneut auf dem Turiner Salon vorgestellt wurde.

Dieser Dino 206 GT kam fast einem Bruch mit einer Maranello-Tradition für Straßenfahrzeuge gleich. Was sich 1965 in Paris angedeutet hatte, war nun Tatsache – der erste V6-Ferrari mit Mittelmotor, und mit diesem auch der erste Schritt in die Zukunft von Serien-Sportwagen. Augenscheinlich aber war man sich dessen in Maranello selbst noch nicht ganz so sicher und kennzeichnete den Wagen auch nicht offiziell als Ferrari. Jedenfalls war nirgendwo die Visitenkarte von Maranello zu entdecken. Kein Ferrari-Schriftzug. Kein Ferrari-Pferd. Trotzdem identifizierten ihn Kenner schnell als eine Verbindung zu den früheren V6-Rennsport-Ferraris, die Enzo in Erinnerung an seinen früh verstorbenen Sohn Enzo auf dessen Namen getauft hatte.

Wie der Prototyp von 1966 hatte auch der nun in Serie gebaute 206 den Zweiliter-V6, der ursprünglich für den Rennsport konstruiert worden war. Gegenüber dem Prototyp war er im Typ 206 jedoch nicht längs, sondern quer eingebaut. Der Antrieb erfolgte auf die Hinterräder durch ein unter der Ölwanne plaziertes Fünfgang-Getriebegehäuse. Gerüchteweise hieß es gelegentlich, der Motor des Dino sei komplett von Fiat gebaut. Das stimmte absolut nicht. Dieser V6 war von Ferrari-Ingenieur Franco Rocchi konstruiert worden und wurde auch in Maranello zum Teil einschließlich der Ölwanne und des Transaxles sowie der Halbachsen montiert. Fiat ergänzte das Ganze lediglich noch durch den Block, die Zylinderköpfe, die Krümmer und einige andere Komponenten entsprechend den Ferrari-Spezifikationen.

Einer der Gründe dafür war zweifellos die Tatsache, daß Fiat seinen V6 für seinen eigenen Sportwagen, den 1967 vorgestellten Dino brauchte. Zudem schien die Zusammenarbeit zweier so unterschiedlich orientierter Hersteller auch recht ungewöhnlich. Zumindest bis zum Jahr 1969, als Fiat die Kontrolle über Ferrari übernahm.

Daran, daß das Chassis des Dino 206 sowohl von Ferrari entworfen als auch in Maranello hergestellt wurde, gab es nie einen Zweifel. Wie von italienischen Autos gewöhnt, war es ein Stahlrohrrahmen mit Einzelradaufhängung rundum im klassischen Stil: obere und untere Querlenker, Schraubenfedern sowie Stabilisatoren vorn und hinten. Ebenso selbstverständlich waren Scheibenbremsen an allen vier Rädern und Zahnstangenlenkung. Fakten, die man allesamt von einem „properen" Sportwagen erwartete. Wie bei vielen früheren Ferraris war auch diesmal Scaglietti der „Zulieferer" der Karosserie und gleichzeitig für die Endmontage zuständig.

Zur Freude der „Ferraristi" verkörperte der neue GT alles das, was man in Maranello zum Thema Rennsport gelernt hatte, wo jetzt nur noch – mit Ausnahme der frontgetriebenen GTBs – Mittelmotorwagen eingesetzt wurden. Dabei entsprach die Gewichtsverteilung dem Idealmaß. Dies verlieh dem Dino eine ausgezeichnete Manövrierfähigkeit selbst auf engen und kurvigen Straßen.

Aber nichts ohne Einschränkungen. Auch beim Dino kommt man nicht um diese herum. Er offenbarte die gleichen Handicaps wie andere Mittelmotorwagen. Das

war in erster Linie die – gelinde ausgedrückt – Geräuschentwicklung im Cockpit. Und der Gepäckraum, ein hinter dem Motor liegendes, gut erreichbares Fach, reichte gerade für das Handgepäck einer Zweierbeziehung aus, so daß Dino-Fahrer sich entweder nur im Nahbereich bewegten – oder aber für die Urlaubsreise das Gepäck gleich vorausschickten.

Das Dino-Styling war bereits ein Vorbote künftiger Ferraris, vor allem mit seiner fließenden Dachlinie, die in den späten 60er Jahren ihre Signale setzte und sich in den Zwölfzylinder-Berlinetta-Boxern sowie den Modellen 308-V8 der 70er Jahre wiederfand. Die Sicht nach vorn und zu den Seiten war gut, von Rundumsicht aber konnte nicht die Rede sein – die Sicht nach hinten war gleich Null! Die Dino-Piloten aber störte das nicht. Alles ist eben Gewohnheitssache. Entscheidend allein war für sie: Das war ein lupenreiner Ferrari, auch mit nur sechs Zylindern. Und er fuhr sich auch wie ein Ferrari.

Ein Dauerbrenner ist der Dino 206 nicht geworden. Bereits Ende 1969 verdrängte ihn der stärkere und überarbeitete 246 aus den Fertigungshallen. Die meisten bis dahin gebauten 206er – Kenner der Szene sprechen von etwa 100 Fahrzeugen – blieben in Europa.

Ob der Bau eines Dino mit größerer Maschine tatsächlich vom US-Markt beeinflußt wurde, darf dahingestellt bleiben. Zumindest war es wohl kaum die Tatsa-

Die Nachfolge des Dino 206 GT trat Ende 1969 der 246 GT an. Äußerlich war er vom Vorgänger praktisch nicht zu unterscheiden. „Adleraugen" waren schon erforderlich, um zu erkennen, daß der Radstand um gut fünf Zentimeter länger war. Die Innenausstattung war komfortabel, aber auch ein wenig „plüschig".

che der gewaltigen Entfernungen im riesigen Amerika gegenüber den „Katzensprüngen“ in Old Europe. Da spielten angesichts amerikanischer Tempolimits die PS-Zahlen sicher nicht die entscheidende Rolle. Wenn überhaupt, dann war es eher der Benzinverbrauch, obwohl der bei den Minimal-Preisen kaum ins Gewicht fiel. Und dann war da ja auch das trotz allem sportwagenbegeisterte Völkchen der amerikanischen Sportwagen-Freaks. Denen boten Porsche und Lotus schnuckelige Coupés. Leistungsstark obendrein. Für sie mußte ein preiswerter Ferrari doch auch ein Angebot sein. Ferrari machte es ihnen – den 1969 vorgestellten Dino 246.

Für den 246 GT wurde der V6-Motor des 206 GT auf 2,4 Liter vergrößert und in der Leistung um 15 PS auf 195 PS gesteigert. Der Motorraum wirkte aufgeräumt und leicht zugängig.

Zweimal mußte man schon hinsehen, um ihn vom 206 zu unterscheiden. Leute mit besonderem Augenmaß entdeckten vielleicht den rund fünf Zentimeter längeren Radstand und, wenn sie Platz genommen hatten, den dadurch leicht vergrößerten Fußraum. Signifikant für alle war die Namensgebung. Als 246 war der V6 mit Doppelnockenwelle durch Vergrößerung von Bohrung und Hub auf 2,4-Liter gewachsen und lieferte bei einer Verdichtung von 9,0:1 jetzt 15 PS mehr ab. Von Bedeutung war auch der nun aus Gußeisen gegenüber vorher einer Silumin-Leichtmetallegierung gefertigte Motorblock, der eine höhere Lebensdauer garantierte. Die Kraftübertragung erfolgte nach wie vor über eine Einscheibentrockenkupplung auf ein indirektes Fünfgang-Transaxle mit einer Antriebsübersetzung von 3,62:1. Ansonsten blieb alles wie zuvor. Scaglietti fungierte als Karosserie-Lieferant, Fiat als wichtigster Zulieferer von Motorkomponenten.

Zur allgemeinen Überraschung fand sich auch am 246 nirgendwo ein Hinweis auf Ferrari. Über die Gründe dafür wurde entsprechend heiß diskutiert. Einige waren der Meinung, das sei deswegen geschehen, weil der Motor nicht als reines Ferrari-Triebwerk gelten konnte. Andere sahen den Grund für diese Anonymität wieder darin, daß es sich beim Motor um einen für Ferrari atypischen Sechszylinder handelte. Zutreffend ist – vielleicht! – die Tatsache, daß es bereits einen Ferrari Dino gab, den Grand-Prix V5, den Enzo Ferrari nach seinem verstorbenen Sohn benannt hatte. Warum dieser Ferrari nicht offiziell ein Ferrari sein sollte, wird auch kein Historiker mehr ergründen. Il Commendatore hat das Geheimnis mit ins Grab genommen.

Im Laufe der Produktionszeit ist der Dino 246 GT nur wenig verändert worden. Zu den auffälligsten Modifikationen gehören immer noch die 1970 montierten Fünf-Bolzen-Alu-Felgen, mit denen auch die meisten in die USA verschifften Wagen versehen wurden. Eine Modellergänzung präsentierte Ferrari 1972 mit dem 246 GTS, wobei das S für Spider stand, ein Cabriolet im Targa-Design mit Überrollbügel über dem Cockpit. Die Ausstattung dieses Spiders war komfortabel, fast ein wenig plüschig. Das Instrumentarium entsprach weitgehend dem des zu gleicher Zeit gebauten 365 GTB/4 Daytona. Die Instrumente selbst waren etwas kleiner gehalten, um sie im oval gestylten Armaturenbrett unterbringen zu können. Die Trumpfkarte des 246 aber war seine Leistung. Mit etwas weniger als zwei Drittel des Gewichts und nur halbsovielen PS konnte er den Daytona zwar auf einer Geraden nicht abmelden, auf kurvenreicher Straße aber fast jeden Konkurrenten ausmanövrieren. Er war eben bei allen Mängeln doch einer der kleinen Großen aus Maranello.

Technische Daten

Motor:	DOHC-V6 generell. **1967-69:** 1987 ccm, Bohrung x Hub 8,6 x 5,7 cm, 180 PS bei 8000 U/min – **1969-74:** 2418 ccm, 9,25 x 6,9 cm, Verdichtung 9,0:1, 195 PS bei 7000 U/min, max. Drehmoment 216 Nm bei 5500 U/min
Kraftübertragung:	mechanisches Fünfgang-Schaltgetriebe mit hinterem Transaxle
Fahrwerk:	Einzelradaufhängung rundum, vorn und hinten ungleich lange Dreiecksquerlenker, Schraubenfedern, Rohrstoßdämpfer, Stabilisatoren
Bremsen:	Hydraulische Scheibenbremsen an allen Rädern
Radstand:	2286 mm (206 GT), 2339 mm (264 GTS)
Gewicht:	898-1270 kg (je nach Typ)
Fahrleistungen:	0 auf 60 mph 7,1-8,0 sec, Höchstgeschwindigkeit 140-142 mph (225-228 km/h), je nach Typ
Produktion:	100 206-GT (einige Quellen behaupten 150), 2800 264-GT, 1200 264-GTS (Zahlen geschätzt)

1966-71 JENSEN FF

Audi hat den Allradantrieb im Pkw hoffähig gemacht. Und das in Verbindung mit dem ABS. Die Pionierrolle der Ingolstädter bleibt unangetastet. Der Erfinder dieser Kombination von Vierradantrieb und Antiblockiersystem aber ist Audi nicht. Zumindest gab es schon rund fünfzehn Jahre vor dem ersten Audi quattro ein Automobil mit ABS und Vierradantrieb. Ein Hochleistungs-Fahrzeug mit in italienische „alta moda" verpackter Technik, zu der amerikanisches Know-how die Muskelkraft beisteuerte: Jensen. Den Namen schon einmal gehört: Jensen? Das Auto, von dem hier die Rede ist, war ein Jensen mit der zusätzlichen Typenbezeichnung FF. Heimat des Jensen FF: West Bromwich in den British Midlands.

Der FF war die Krönung der von den Brüdern Richard und Alan Jensen 1934 nach der Übernahme der West Bromwich Karosseriefabrik W. S. Smith & Sons begonnenen Autoproduktion. Wie William Lyons von Jaguar spezialisierten sich auch die Brüder Jensen bei Kunden-Fahrzeugen auf den Einsatz britischer Chassis. Der erste von ihnen in Eigenregie und auch unter dem Namen Jensen gebaute Wagen war ein eleganter Tourer auf Basis des Ford V8. Dick Jensen fungierte im Unternehmen als Chefingenieur, von dem die Automobilwelt bis dahin kaum etwas gehört hatte. Bruder Alan zeichnete für das Geschäftliche verantwortlich. Da konnte, mit Verlaub gesagt, auch nichts Weltbewegendes herauskommen. Außer ein paar Automobilen, die von einigen Gutbetuchten nur deswegen gekauft wurden, weil sie sich aus der Masse herausheben wollten.

Von einer wirklichen Automobilproduktion der Marke Jensen konnte in der Tat erst nach dem Zweiten Weltkrieg gesprochen werden. Das erste Auto, das sie dann 1949 vorstellten, war ein Interceptor Fastback-Coupé mit einem Vierliter-Austin-Sechszylinder, nachdem sie vorher noch mit Sechszylinder-Meadows-Triebwerken und Moss-Getrieben herumexperimentiert hatten. Vier Jahre nach dem Interceptor brachten die Jensens ein Modell 541 heraus, ein Stück Pionierarbeit: Es war der erste Serien-Viersitzer mit einer Fiberglas-Karosserie.

Das schien bereits eine gute Visitenkarte zu sein. Denn von diesem Zeitpunkt an machten die Jensen-Brüder ihr Geld in erster Linie als Vertragslieferant von Karosserien für den neuen Austin-Healey-Sportwagen. Zugleich arbeiteten sie weiter am 541 und präsentierten von diesem die leistungsstärkeren Versionen P und S, letzterer als eines der ersten Modelle überhaupt mit Scheibenbremsen rundum. 1982 folgte der CV8, ein facegelifteter 541 mit einem 300 PS starken 5,9-Liter V8 von Chrysler, in Verbindung mit der ebenfalls von Chrysler übernommenen Dreistufen-TorqueFlite-Automatik.

Eine Schönheit war er nicht gerade, der CV8. Aber er verkaufte sich gut als ein exklusives Auto mit hoher Leistung und für einen vernünftigen Preis. Die Leistung wurde 1964 mit der Übernahme des Chrysler-383-V8 noch gesteigert. Seine 330 PS waren gut für 130 mph (210 km/h). Der Name Jensen begann sich zusehends zu etablieren, nachdem inzwischen auch Healeys und selbst Volvos neues P 1800-Coupé in West Bromwich für den englischen Markt montiert wurden. Angesichts einer sich ausgesprochen rosig abzuzeichnenden Zukunft begann die Firma sich mit der Planung eines brandneuen Interceptor für 1965 zu befassen, zumal der CV8 auch „in die Jahre" gekommen war. Nach besonders ehrgeizigen Ambitionen sollte auch ein vom 541 abgeleitetes Modell mit der „Ferguson-Formel" entstehen. Diese Formel war nichts anderes als der von Harry Ferguson bereits in den 50er Jahren entwickelte permanente Vierradantrieb. Das erste Modell dieser Art stellte Jensen als CV8-Cabrio auf der Londoner Earl Court Motor Show 1965 vor.

Während es einerseits keinerlei Zweifel darüber gab, daß das neue

Der Allrad- und ABS-Pionier Jensen FF war seiner Zeit voraus, so daß es ihm wie so manchem Künstler erging: Seine Bedeutung für die Automobilgeschichte wurde erst nach seinem Ende richtig erkannt. Vom Bruder Interceptor unterschied er sich äußerlich durch die doppelten Luftschlitze an den vorderen Kotflügeln.

die von anderen erst einmal überboten werden mußte! Und um dem Ganzen die Krone aufzusetzen, hatte dieser Wagen auch noch – ebenfalls ein absolutes Novum! – das von Dunlop entwickelte „Maxaret"-Antiblockier-Brems-System, das später in den Ferguson Formula eingebaut wurde.

Heute nichts Ungewöhnliches mehr, war das Antriebssystem des FF für ein Serienfahrzeug Ende der 60er Jahre schon eine Überraschung. Sein Herz war ein spezielles zentrales Differential mit Hauptvorgelege, verbunden mit der TorqueFlite-Automatik. Von hier aus wurde die Kraft wie beim normalen Antrieb auf die Hinterräder übertragen, zugleich aber über eine zweite Kardanwelle, vom Differential per Kette angetrieben, auch an die Vorderräder geleitet. Die Drehmomentverteilung erfolgte im Verhältnis von 37:63 Prozent auf die Vorder- beziehungsweise Hinterachse, um damit das Handling eines normalen Heckantriebs-Fahrzeugs zu bewirken.

Das vordere Differential war über doppelte Gelenkwellen mit dem Chassis verbunden. Dabei garantierte die Mehrscheibenkupplung sichere Traktion bei unterschiedlichen Fahrbahnbeschaffenheiten: Die Vorderräder „über-

Die absolute Rarität unter den insgesamt nur 320 Einheiten war der Mark III. Er bestach wie der FF generell durch die luxuriöse Ausstattung.

Modell das Basis-Chassis des CV8 haben würde, gab es über das Styling doch heiße Debatten. Zunächst wurde für ein im Hause entwickeltes und eigentlich nur als Studie gedachtes Convertible „P66" plädiert. Dessen Design aber fand nicht die Zustimmung von Chefingenieur Kevin Beattie, der für ein Jensen-Modell eintrat, das italienisches Flair brauchte, um mit diesen Exoten und Aston Martin konkurrieren zu können. Beattie entschied sich nach Kontakten mit Ghia und Vignale schließlich für ein Angebot von Carrozzeria Touring – ein formschönes Fastback-Coupé mit relativ kantigem Design, abgesehen vom eher rundlich geformten „Hinterteil". Touring war jedoch nicht in der Lage, dieses Design auch zu vollenden, so daß schließlich doch noch Vignale beauftragt wurde, sowohl für den Prototyp als auch für das Serienmodell die Karosserie zu liefern, die aus Stahl gefertigt wurden.

Nach achtzehn hektischen Monaten stand das fertige Auto dann im Oktober 1966 auf der Londoner Auto-Show. Der Interceptor allein wäre schon eine Empfehlung für eine so kleine Autofirma gewesen. Der Jensen FF aber war eine Sensation. Das erste Serien-Auto der Welt mit permanentem Allradantrieb, und das mit einer Leistung,

Der FF Mark III, Jensens letzter Versuch 1971, war mit dem Chrysler-V8 und der Dreistufen-TorqueFlite-Automatik bestückt. ABS war serienmäßig.

holten" die Hinterräder um 16,5 Prozent, die Hinterräder die Vorderräder um 5,5 Prozent. Im Klartext: Bevor die Räder einer Achse durchdrehten, wurde die überschüssige Kraft auf die andere Achse übertragen. Ein System, das später von Audi und anderen Firmen perfektioniert wurde.

Von allen Testern wurde dem Jensen verständlicherweise angesichts dieser revolutionären Antriebstechnik in höchsten Tönen ein Loblied gesungen: „Nahezu hundertprozentige Traktion mit Sicherheitsreserven selbst auf trockener Fahrbahn" war dabei noch zurückhaltend. Das britische Magazin The Autocar demonstrierte die überzeugenden Vorteile des Allradantriebs mit einer Fahrt auf tiefverschneiten Bergstraßen mit gewöhnlichen Diagonalreifen:

„Nach den Gesetzen der Physik ließ sich der FF bei diesen glatten Fahrbahnverhältnissen schließlich auch ins Schleudern bringen, aber erstens viel später als Autos mit normalem Antrieb, und zweitens erst bei wesentlich höherer Geschwindigkeit. Selbst dabei ließ er sich dank Vierradantrieb noch sicher abfangen. Unter normalen Bedingungen verhält sich der FF wie ein gut ausgewogener Wagen mit Heckantrieb, bei leichten Untersteuerungstendenzen, die sich in ein problemlos kontrollierbares Übersteuern durch sanftes Gasgeben und leichte Lenkkorrekturen umwandeln lassen und den FF damit wieder sicher in den Griff bringen."

Obwohl der Allradantrieb das Durchdrehen der Räder bei scharfer Beschleunigung verhinderte, erwies sich der FF als fast ebenso schnell wie der neue Interceptor. Und das, obwohl er rund 350 Kilo mehr auf die Waage brachte. So bescheinigte ihm The Autocar eine Beschleunigung von 0 auf 60 mph in 8,4 Sekunden, ein anderes Magazin (Motor) blieb mit 8,1 Sekunden noch darunter.

Daß die Fachmagazine sich ganz besonders mit dem Novum des Antiblockier-Bremssystems befaßten, versteht sich. Die Bewertungen fielen dabei gemischt aus. Von elektronischem ABS war damals noch nicht die Rede. Das mechanische Maxaret-System hatte dementsprechend bei nur dreimaligem Ansprechen pro Sekunde noch die extreme „Antwort" an den Bremsfuß des Fahrers. Das Magazin The Autocar fühlte sich sogar genervt bei dem Gedanken, „bei Notbremsungen ohne eigenes Zutun diesem System ausgeliefert" zu sein. Und das Magazin Motor hatte das Gefühl, daß der ganze Wagen bei Einsetzen des ABS in die Federn gepreßt werde, es ihn „unter bestimmten Umständen sogar aus dem Gleichgewicht" bringe.

Ungeachtet dieser Kritiken repräsentierte der Jensen FF aber unbestritten einen gewaltigen Fortschritt in der Verbindung von Leistung und Sicherheit. Im Magazin Autosport wurde der FF gar als „das sicherste Auto der Welt" bezeichnet. Diese Sicherheit – und das gilt auch heute noch – kostete ihren Preis: 15 000 Dollar waren rund 35 Prozent mehr, als für den Interceptor zu zahlen waren. Das zeigte sich auch in den Verkaufszahlen: Zehn Interceptor-Modellen stand nur ein FF gegenüber.

1969 brachte die Firma noch den Mark II, 1971 den Mark III als letzte Hoffnung auf den Markt. Die Signale standen aber längst auf „Halt". 1971 verschwand der FF ohne viel Aufhebens. Und 1977 war auch die Marke nicht mehr auf dem Markt.

Technische Daten

Motor (1971/Mark III):	Chrysler-OHV-V8, 6276 ccm, Bohrung x Hub 10,7 x 8,6 cm, Verdichtung 10,0:1, 5 Hauptlager, hydraulische Ventilstößel, Carter-Vergaser, 325 PS (SAE) bei 4500 U/min, max. Drehmoment 576 Nm bei 2800 U/min
Kraftübertragung:	Chrysler-TorqueFlite-Automatik (drei Stufen)
Fahrwerk:	Einzelradaufhängung vorn, obere und untere Querlenker, Schraubenfedern, Rohrstoßdämpfer, starre Hinterachse, halbelliptische Blattfedern, Panhardstab, Rohrstoßdämpfer (System Armstrong Selectraride)
Bremsen:	Scheibenbremsen rundum mit Dunlop-Maxaret-ABS (mechanisch)
Radstand:	2768 mm
Gewicht:	1827 kg
Fahrleistungen:	0 auf 60 mph in 7,7 bis 8,1 Sekunden, Höchstgeschwindigkeit 130 mph (209 km/h)
Produktion:	196 Mk I (1967-69), 109 Mk II (1969-71), 15 Mk III (1971)

1966-67 OLDSMOBILE TORONADO

Amerikas Automobilgeschichte ist fast zu allen Zeiten von irgendwelchen Marken geprägt worden, die speziell ihrer Ära den Stempel aufdrückten. In den späten 40er Jahren war dies zum Beispiel Studebaker unter der Ägide von Raymond Boewy. Virgil Exners „Blick voraus" setzte mit der Chrysler Corporation in den späten 50er Jahren die Akzente. Und danach diktierte General Motors das Geschehen. Als für Amerikas Autos das Zeitalter der Heckflossen und des Chroms endete, zeigte GM den neuen Weg, den es langgehen würde. 1966 gab es praktisch kein GM-Modell, das nicht auf irgendeine Weise den Begriff von Design und Styling dieser Zeit interpretierte und präsentierte. Unter diesen aber befanden sich einige, die besondere Aufmerksamkeit ernteten. Zum Beispiel der Oldsmobile Toronado.

Vergessen wir zunächst einmal die innovative Technik des „Toro", die ihn immerhin zum ersten amerikanischen Wagen seiner Größenordnung mit Frontantrieb nach dem Kriege machte. Beschäftigen wir uns dagegen zuerst mit dem Styling. Das war eine klare Linie, durchdacht und durchgestylt von vorn bis hinten. „Logisch, beeindruckend und einmalig", so charakterisierte es ein Fachmagazin.

Dieses Styling-Lob gebührte vornehmlich David North, einem jungen Designer aus dem Oldsmobile-Studio von Stanley Wilen, der GM-Designchef Bill Mitchell direkt unterstand.

Jenem Mitchell, der GM mit seinen Ideen nach den stagnierenden späten 50er Jahren wieder in die führende Rolle des Automobil-Stylings gebracht hatte. Daß David North mit seinem Toronado-Design Erfolg hatte und damit den endgültigen Anzug für den neuen Olds schneiderte, war typisch für Mitchells Ära. Er hatte etwas übrig für talentierte junge Designer, die auch etwas Unkonventionelles zu schaffen in der Lage waren. Und er hatte das Sagen. Während bei anderen Gesellschaften viele Köche im Brei herumrührten, von der Produktplanung über die ausführende Technik und das Marketing bis zum Verkauf, entschied bei GM Bill Mitchell, was gut war. That's it.

Das von North kreierte Design ging zurück auf ein Konzeptcar, von der Farbe her allein schon ungewöhnlich – scharlachrot vor schwarzem Hintergrund, deswegen auch als „flame red job" (frei übersetzt „das feuerrote Ding") bezeichnet. Es war ein Coupé mit kompakten Proportionen. Die Dachlinie ging über die Heckscheibe stufenlos bis zur Hinterkante des Kofferraums über, mit einem eleganten, von der Seitenlinie betonten Bogen. Das klare Styling wurde zusätzlich durch die ausgestellten Kotflügel und den sie verbindenden Knick unterstrichen.

Eindrucksvolle Autos zu entwerfen, ist einfacher, als sie dann auch zu bauen. Wilen und Mitchell aber waren auf Anhieb von diesem Design begeistert und beauftragten North, es an GMs neuen E-bodys, sprich den neuen Abmessungen der GM Modelle, zu orientieren. Das bedeutete, der neue Olds sollte dem Buick Riviera entsprechen, mit langer Fronthaube und kurzem Heck, sich von diesem aber trotzdem in der Karosserie unterscheiden. Und nicht zuletzt auch in der Technik: Heckantrieb war die Vorgabe. North setzte es in die Tat um. Er packte unter seinen Viersitzer ein Chassis mit dem Mammut-Radstand von 3022 mm. Entsprechend gigantisch war dann auch die Karosserie: 5359 mm lang und 2032 mm breit. Genau so wurde der Wagen dann auch ohne Änderung seines Designs gebaut. Wie eingangs erwähnt: Was Mitchell sagte, geschah.

Dieses Auto, der Toronado, wirkte irgendwie vom klassischen Cord 810/812 Ende der 30er Jahre beeinflußt. Die Räder kamen einer Kopie nahe. Die klare Frontpartie mit dem modernen Kühlergrill querliegender Rippen war eine neue Interpretation des „Sargnasen"-Grills vom Cord. Als bloße Kopie des Cord konnte der Toronado jedoch keines-

Der Oldsmobile Toronado von 1966 war eine deutliche Antwort auf Fords erfolgreichen viersitzigen Thunderbird und Buicks Riviera. Obwohl auf dem gleichen Niveau wie der Riviera mit langer Fronthaube und kurzer Heckpartie basierend, war das Styling des neuen Olds beileibe kein „Abklatsch" anderer Fahrzeuge, im Gegenteil: Der Toronado hatte ein unvergleichliches Eigen-Image. Unter den Modellen von 1966-67 nimmt der „Toro" die Sonderstellung eines Meilensteins in der General-Motors-Historie ein.

KN 339

Nicht nur das schlanke und durch ausgestellte Radkästen betonte Styling hob den Toronado aus der Masse heraus. Er war nach dem Cord Ende der 30er Jahre der erste Nachkriegs-Großserienwagen der USA mit Frontantrieb. Bei Oldsmobile war diese Entscheidung nicht zuletzt vom Bemühen bestimmt, den europäischen GTs mit einem gleichwertigen „heimischen" Fahrzeug Paroli zu bieten.

wegs abqualifiziert werden. Auch nicht wegen der Tasache, daß er nach dem Cord seit mehr als drei Jahrzehnten erstmals wieder als US-„Kreuzer" mit Frontantrieb aufwartete.

Überhaupt: Die Technik des Toronado war ebenso beeindruckend wie sein Styling. GM, genauer gesagt Oldsmobile wollte eine Fahrwerk-Antriebs-Einheit, die an beste amerikanische Traditionen von hoher Leistung erinnern und zugleich mit dem überragenden Handling und Fahrverhalten der besten europäischen GTs konkurrieren konnte.

Die Arbeit war überwiegend eine „interne" Angelegenheit von Oldsmobiles eigenem Techniker-Stab. Seit Olds Ende der 30er Jahre die Hydra-Matic entwickelt hatte, galt die Marke als GMs Experimentier-Abteilung. Der Frontantrieb von Oldsmobile war für den neuen Wagen mit einem 6964-ccm-V8 (385 PS) kombiniert. Die Getriebeeinheit arbeitete zweigeteilt: Der Drehmomentwandler war vom Getriebegehäuse getrennt, wobei die Verbindung über eine Antriebskette mit Zahnrad erfolgte. Schlüssel zu diesem Prinzip war die Zahnkette, entwickelt von Hydra-Matic und Borg-Warner, ermöglichte sie – kostengünstig herzustellen – eine kompakte Motor-Getriebe-Einheit auf dem Wege über den gesplitteten Antrieb. Der Drehmomentwandler hatte seinen angestammten Platz hinter dem V8, das Getriebegehäuse aber war unter der linken Zylinderbank plaziert. Die Kette war bereits vor dem Einbau vorgespannt, so daß sie keiner Wartung zum Nachstellen bedurfte. Das ganze Konzept war überhaupt genial. Während bei anderen Frontantriebs-Einheiten die Maschine hinter der Achse eingebaut wurde, montierte Olds die gesamte Anlage über der Vorderachse und erreichte damit eine respektable Gewichtsverteilung von 54 zu 46.

Bei diesem System war der Toronado natürlich ein Untersteuerer. Dies jedoch nicht über Gebühr, und zudem kündigte er das stets so rechtzeitig an, daß der Fahrer noch Zeit zum Korrigieren hatte. Für das Handling gaben die Tester dem neuen Olds durchweg gute Noten und bescheinigten ihm eine bemerkenswerte Laufruhe. Die Höchstgeschwindigkeit

Der Toronado war mit Oldsmobiles gewaltigem Siebenliter-V8 ausgerüstet, der 385 PS auf die Räder brachte und mit einem imponierenden Drehmoment von 644 Newtonmeter aufwartete. Drehmomentwandler und Getriebegehäuse der Dreistufen-Hydra-Matic waren getrennt untergebracht.

von 135 mph (217 km/h) gehörte in den Bereich der Spitzenfahrzeuge. Mit der Automatik mußte und konnte man leben. Ein handgeschaltetes Getriebe galt bei einem Wagen dieser Klasse speziell in Amerika ohnehin als Anachronismus. Alles in allem gehörte der Oldsmobile Toronado in den Kreis der großen, schnellen, leistungsstarken, komfortablen und luxuriösen Grand-Tourer. Und unter denen der 60er Jahre obendrein zu den außergewöhnlichen Automobilen seiner Spezies.

Kühlergrill, versenkbare Scheinwerfer und die Räder offenbarten Styling-Einflüsse vom „Sargnasen"-Cord des Baujahrs 1936. Die Innenausstattung war betont auf Luxus und Komfort ausgelegt, um das Preis-Leistungs-Verhältnis bei 4311 Dollar auch in der Waage zu halten.

Technische Daten

Motor:	OHV -V8, 6964 ccm, Bohrung x Hub 10,4 x 10,0 cm, Verdichtung 10,5:1, 5 Hauptlager, hydraulische Ventilstößel, Rochester-Vergaser, 385 PS bei 4800 U/min, max. Drehmoment 644 Nm
Kraftübertragung:	Dreistufen-Turbo Hydra-Matic
Fahrwerk:	Einzelradaufhängung vorn mit Torsionsstäben, Querlenkern, Stabilisator, Rohrstoßdämpfer, feststehende Hinterachse, längsliegende Blattfeder, gewinkelte Stoßdämpfer (zwei je Seite)
Bremsen:	Hydraulische Vierrad-Trommelbremse
Radstand:	3022 mm
Länge:	5359 mm
Gewicht:	1955-1980 kg (je nach Ausstattung und Typ)
Fahrleistungen:	0 auf 60 mph in 8,5 sec, Höchstgeschwindigkeit 135 mph (217 km/h)
Produktion:	6333 Hardtop-Coupés, 34 630 Hardtop-Coupés Deluxe (1966); 1770 Hardtop-Coupés, 20 020 Hardtop-Coupés DeLuxe (1967) = insgesamt 62 753

„Eines jener seltenen und traumhaften Superautos, die kaum jemanden kalt lassen" – so charakterisierte der britische Journalist Graham Robson den Lamborghini Miura. Das Auto, das in den erhabenen Königreichen von Ferrari, Porsche und Jaguar an den Thronen zu sägen begann. Schon der als „nacktes" Chassis auf dem Turiner Salon 1965 präsentierte Prototyp dessen, was einmal ein ganzer Miura werden sollte, überraschte und faszinierte die Fachwelt. Ein „mittschiffs" eingebauter V12 war allein schon sensationell. Aber auch noch quer – das war unglaublich. Und das sollte ein Straßenfahrzeug sein beziehungsweise werden? Kein Gedanke daran.

Doch war das wirklich so überraschend? Dahinter steckte schließlich der Mann, der als Sohn einer Bauernfamilie zu einem der Top-Autobauer Italiens werden sollte und die ersten Signale 1964 mit dem 350 GT gesetzt hatte: Ferruccio Lamborghini. Die Faszination des Automobils hatte den jungen Bauernsohn schon früh gepackt. Durch die nicht selbstverständliche Tatsache, daß Papa Lamborghini die technischen Ambitionen seines Sohnes nicht nur erkannte, sondern auch unterstützte, war anno 1916 der Welt ein automobiles Genie geboren worden. Ferruccio erwarb in der Industriegroßstadt Bologna das Diplom eines Industrie-Designers, trat danach eine Lehre in einem führenden Betrieb der Maschinenindustrie an. Dann arbeitete er im Krieg für die italienische Armee, zuletzt auf Rhodos. Und dort, nachdem die Briten die Insel erobert hatten, für die neuen Herren. Wohlweislich: Jeweils als bald – auch von den englischen Besatzern – anerkannter „Spezialist" in automobilen Angelegenheiten, sprich Reparaturen und Umbauten. 1946 war er wieder in seiner Heimat in der Po-Tiefebene. Hier vollzog er, was später zu einem oft falsch interpretierten politischen Schlagwort wurde: Ferruccio Lamborghini eröffnete eine Traktorenfabrik und „verbaute" dabei auch ehemalige Militärfahrzeuge. Ende der 50er Jahre war Lamborghini einer der größten italienischen Traktorenbauer. Das brachte ihm so honorige Titel wie den Cavaliere de Lavoro („Ritter der Arbeit") und den Commendatore ein, von denen er den Cavaliere bevorzugte. Denn es gab da noch einen unter den Auto-Zaren, mit dem Lamborghini nicht gerade das verband, was man eine Freundschaft nennt: Enzo Ferrari. Wenn die zumindest von Lamborghini nie dementierte Geschichte stimmt, die die beiden zu Erzrivalen machte, dann ist es dem Commendatore Ferrari zu verdanken, daß der Commendatore Lamborghini überhaupt seine automobilen Meister- und Wunderwerke geschaffen hat. Ferrari nämlich soll den „Traktorbauern" Lamborghini regelrecht abgewimmelt haben, als dieser mit seinem Ferrari nach Maranello kam, um dort einen Mangel beheben zu lassen. Was Lamborghini dazu anstachelte, dann eben seine eigenen Superautos zu bauen, mit denen er die Wagen des mit seinem springenden Pferd selbst auf dem hohen Roß sitzenden Ferrari zu übertreffen gedachte.

Il Cavaliere, der im Zeichen des Stieres Geborene, packte den Stier gleich bei den Hörnern und verpflichtete ein Team talentierter junger Ingenieure, die er sich zum Teil von Ferrari direkt holte: Giampaolo Dallara und Giotto Bizzarini, der – das muß dann fürwahr ein verlockendes Angebot gewesen sein! – seinen hochdotierten Posten als Projektleiter bei Ferrari aufgab und zu Lamborghini ging. Komplettiert wurde das Team von Bob Wallace, Lamborghinis künftigem Testchef, und Paolo Stanzani, der von Maserati kam. Zweifellos: Lamborghini hatte sich vier Trumpf-Asse im Spiel gegen Ferrari gesichert. Eine Trumpfkarte brachte Bizzarrini gleich mit, den von ihm entwickelten 3,5-Liter-V12, den er aus einem 1,5-Liter-Formel-1-Triebwerk gezaubert hatte. Dieser Motor kam auch gleich im ersten Lamborghini-Prototyp zum Einsatz, einem 2+2-Sitzer mit weitgehend konventioneller Technik, aber relativ unkonven-

Mit dem Miura begründete Ferruccio Lamborghini seinen Namen als renommierter Sportwagenbauer mit dem neuen Mittelmotor-Konzept.

Zweckmäßiges Styling und der „mittschiffs" quer eingebaute V12 charakterisierten den Miura als Rennsportwagen, der von Lamborghini aber als d a s straßengängige Serienfahrzeug schlechthin betrachtet wurde. Optisch jedenfalls war er beides.

tionellem Design, das Franco Scaglione, ein Ex-Mitarbeiter von Bertone, entworfen hatte.

Dieser Prototyp, der 350 GTV, feierte bei seinem Debüt auf dem Turiner Salon 1963 einen so guten Einstand, daß sich Lamborghini entschied, in Sant'Agata – fast vor Ferraris Nase in Modena – eine neue Fabrik zu bauen und dort die Serienproduktion des noch zu modifizierenden Prototyps aufzunehmen. Das Ergebnis, der 350 GT, wurde im Frühjahr 1964 auf dem Genfer Salon präsentiert. Mit durchschlagendem Erfolg: 280 PS, „Spitze" 241 km/h, und dazu ein exzellentes Handling – das faszinierte die Fachwelt! Die Nachfrage stieg von dem Augenblick an, als die Kunde von dem neuen Lamborghini die Runde machte. Und Ferruccio reagierte auf seine Weise, indem er gleich eine noch stärkere Version nachschob, den 320 PS abliefernden 400 GT, der bis auf fast 260 km/h davonstürmte und zudem mit einem klareren Styling aufwartete. Als diese Modellreihe 1968 auslief, nachdem 393 Wagen gebaut waren, hatte Automobili Ferruccio Lamborghini S.p.A. Ferrari im Prestige überholt, ohne die Ferraris bei einem Wettbewerb auf der Piste irgendeines Rennens jemals überrundet zu haben.

Den Löwenanteil an diesem unglaublichen Prestigeerfolg hatte der 1966 in Genf vorgestellte spektakuläre Miura bei seiner zweiten „Premiere", jetzt als komplette Karosserie, aber noch immer nicht im absoluten Finish.

Die Meriten für dieses Meisterstück gebührten Marcello Gandini aus Bertones Künstlerwerkstatt. Eines der schönsten Stylings aus Bella Italia, wie vielfach resümiert wurde: sexy, ebenso maskulin wie feminin, ein Auto, das mehr als nur einen Hauch von Futuristik ausstrahlte. Der V12 schien gleichermaßen zukunftsweisend, war aber allein schon wegen des adäquaten Innenraums angesichts des kurzen Radstands erforderlich.

Von der Karosserie und dem Antriebsstrang einmal abgesehen, war der Miura ein typisches italienisches Superauto der „Mittsechziger". Sein Chassis, ein Stahlblech-Monocoque aus kleinen Einzelelementen mit angeschweißten Gelenkverbindungen, war zwar etwas straff, aber auf alle Fälle effektiv. Die Fahrwerkkonstruktion entsprach dem klassischen Prinzip von doppelten Querlenkern und Schraubenfedern an allen vier Rädern, mit den bei diesem Wagen erwarteten Scheibenbremsen rundum und Zahnstangenlenkung, beide Einheiten jedoch nicht servounterstützt. Neu waren auch nicht die Aluminiumteile der Außenhaut, wie sie schon bei den jüngsten Langstrecken-Rennwagen zum

Unter der Haube dieses Miura P400 aus dem Jahre 1969 hatte ein 3929-ccm-Zwölfzylinder mit 350 PS Platz genommen. Mit zwei obenliegenden Nockenwellen kam er auf ein maximales Drehmoment von 336 Newtonmeter bei 5000 „Touren". Der V12 war mit einem Fünfgang-Getriebe kombiniert.

Einsatz gekommen waren. Trotz seines Rennwagen-Charakters gehörte der Miura in die Kategorie der perfekten „Alltagsautos" mit erstaunlich gutem Fahrverhalten und bemerkenswerter Elastizität der Maschine. Doch sein „Feeling" bei jeder Fahrbahnbeschaffenheit und der Aufbau seiner Höchstgeschwindigkeit waren die von ihm erwarteten Kräfte, mit denen er den Fahrer auch nie enttäuschte. Daran änderte auch die Tatsache nichts, daß anstelle der ursprünglich avisierten 350 PS „nur" etwa 320 zur Verfügung standen. Aber das spielte bei einem Sprint von 0 auf 60 mph in gerade fünfeinhalb Sekunden, der „stehenden" Viertelmeile in vierzehn Sekunden bei einer dann auf dem Tacho abzulesenden Marke von 100 Meilen (160 km/h) und einer Höchstgeschwindigkeit von annähernd 270 km/h ja wohl auch keine Rolle mehr.

Doch so super dieses Auto auch war, es hatte auch seine Mucken und Macken. Das größte Problem war das bei hohen Geschwindigkeiten angesichts der nicht sonderlich günstigen Aerodynamik auftretende Abheben der Frontpartie. In der Kabine ging es ebenso eng wie lautstark zu. Das Schalten wurde für den Fahrer zur Schwerarbeit. Der Gepäckraum war eher ein Räumchen. Von „guter Aussicht" konnte ebenfalls nicht die Rede sein. An der Verarbeitung gab es auch eine Menge auszusetzen. Den Miura-Besitzern aber machte das wenig aus. Sie konnten sich dieses kostspielige Superauto leisten. Und der Neid derer, die das nicht konnten, wog alle Mängel des Miura für sie mehr als auf.

Für Ferruccio Lamborghini aber war der Miura der ersten „Generation" noch längst nicht das Nonplusultra. Vor allem nicht hinsichtlich der Leistung. So wurde der Original-Miura P400 – P stand für posteriore = Mittelmotor – 1970 durch den P400S abgelöst, der durch eine veränderte Nockenwelle sowie größere Vergaser und Saugrohre 370 PS leistete. Das setzte, um diese Leistung auch sicher auf die Fahrbahn zu bringen, auch eine Überarbeitung des Fahrwerks mit verbesserter hinterer Radaufhängung, breiteren Reifen, belüfteten Bremsen und einigen anderen Modifikationen voraus. Beim P400S, gebaut von 1971 bis 1973, bedeutete das zugleich eine straffere Auslegung des Fahrwerks, ausgestellte Kotflügel, den Wegfall der „Vordächer" über den Frontlampen und eine ansteigende Heckpartie, die entscheidend zur Optimierung der Fahrbahnhaftung beitrug. Obwohl diese S-Version in der Leistung gegenüber dem P400 nochmals um 15 PS zugelegt hatte, war er aufgrund seines höheren Gewichts – wenn überhaupt – nur unwesentlich schneller als frühere Miura.

Der Miura unter den Miuras war der P400S (hier ein Modell von 1972) mit 385 PS bei 7850 U/min und einem maximalen Drehmoment von 399 Newtonmeter bei 5750 U/min.

Außer den „fabrikechten" Serien-Miuras gab es auch einige – sagen wir – Spezial-Versionen. Zum Beispiel den von Bertone für die International Lead-Zinc Research Organisation (ILZRO) entwickelten Targa-Spider, ein ausgesprochenes Unikat. Einige private Miura-Cabrios sind ebenfalls bekannt geworden, im Auftrag ihrer Besitzer von Spezialwerkstätten „aufgeschnitten". Und schließlich entstand auch noch der Jota, ein leichtgewichtiges „hobby car", von Wallace auf Miura-Basis in Auftrag gegeben. 440 PS stark. Und 300 km/h schnell. In dieser Hinsicht der Miura unter den Miuras ...

Technische Daten	
Motor:	DOHC-V12, 3929 ccm, Bohrung x Hub 8,2 x 6,2 cm – **Miura** (1967-1970) 350 PS bei 7000 U/min, max. Drehmoment 389 Nm bei 5000 U/min – **Miura S** (1970-1971): 370 PS bei 7700 U/min, 387 Nm bei 5750 U/min – **Miura SV** (1971-1973): 385 PS bei 7850 U/min, 398 Nm bei 5750 U/min
Kraftübertragung:	Dreigang-Schaltgetriebe mit hinterem Transaxle
Fahrwerk:	Einzelradaufhängung rundum, vorn und hinten obere und untere Dreiecksquerlenker, Schraubenfedern, Rohrstoßdämpfer, Stabilisator
Bremsen:	Hydraulische Scheibenbremsen rundum
Radstand:	2499 mm
Gewicht:	1292 kg
Fahrleistungen:	0 auf 100 km/h 5,6 sec bis 6,8 sec (je nach Motor), Höchstgeschwindigkeit 273-281 km/h (je nach Motor)
Produktion:	475 Miura P400, 140 P400S, 150 P400SV

Die Internationale Automobil-Ausstellung (IAA) in Frankfurt hat schon viele Premieren erlebt. Eine der bemerkenswertesten dürfte im September 1967 stattgefunden haben. Dort präsentierte sich der staunenden Fachwelt ein mit Neckarwasser auf den – zumindest damals – nichtssagenden Namen NSU Ro 80 getauftes Automobil. Ungewöhnlich, um nicht zu sagen, sensationell in jeder Hinsicht. Ungewöhnlich schon im eigenwilligen Styling, das Resultat zahlloser Versuche im damals noch kaum „zu Rate" gezogenen Windkanal. Revolutionär jedoch im Motorenbau: Der Ro 80 leitete die vermeintliche neue Ära im Motorenbau ein. Ro – das war die Abkürzung für Rotationskolbenmotor, nach seinem Erfinder Wankelmotor genannt. Vor dem Ro 80 hatte es bereits eine kleine Serie von offenen Zweisitzern als „Wankel-Spider" gegeben, denen jedoch nicht mehr als eine Art Vorreiter-Rolle zukam. Den Wankelmotor erst richtig als zukunftsweisendes Motorenkonzept bekanntgemacht hat ohne Zweifel der Ro 80. Die große Zukunft, die man sich von ihm versprach, aber ist längst wieder Vergangenheit.

NSU war bereits in den zwanziger Jahren eine bekannte Automobilmarke. 1929 wurde die Pkw-Produktion jedoch wieder eingestellt. NSU konzentrierte sich voll auf den Bau von Motorrädern und wurde hier zu einer wahrlich „großen Nummer". Mit motorisierten Zweirädern ging es nach dem Krieg auch wieder weiter. Das Geschäft boomte: Bis zum Rekordjahr 1955. Von da an erhielt die Erfolgskurve einen Knick, der keinen Zweifel mehr ließ: Die große Zeit des Motorrads war vorbei. NSU-Vorstandschef Dr. Gerd Stieler von Heydekampf erkannte die Zeichen der Zeit. Und handelte.

Ro 80 – das war eine völlig neue Visitenkarte auf dem Automarkt. Mit dem Wankelmotor, der seine Premiere im Spider erlebt hatte, zeigte NSU einen völlig neuen Weg der Motorentechnik auf. Das Styling des Wagens war unter Berücksichtigung aerodynamischer Gesichtspunkte seiner Zeit voraus und wurde im cW-Wert lediglich noch vom Citroën DS unterboten.

1957 stand wieder ein Modell der Marke auf vier Rädern. Ein Auto, das sich an der Zeit orientierte: klein und zu einem Preis, der den Umstieg vom Motorrad auf den Personenwagen leicht machte. Sein Name wurde ein Markenzeichen, auch auf den sportlichen Pisten: NSU Prinz. Sein Prinzip hatte ein Vorbild – den Volkswagen Käfer. Genau wie dieser wurde der Prinz von einem luftgekühlten Heckmotor angetrieben. Mehr als ein Jahrzehnt ist der kleine schnuckelige und obendrein als TT und TTS sogar sportlich außerordentlich erfolgreiche kleine Neckarsulmer produziert worden.

Noch während der Bauzeit des Prinzen aber begann bei NSU die Geschichte eines der bemerkenswertesten deutschen Nachkriegs-Automobile. Da experimentierte nämlich ein Motoren-Genie namens Dr. Felix Wankel an einem neuen Triebwerk-Konzept, das sich völlig von dem der Herren Otto und Diesel entfernte. Wankels Maschine arbeitete nicht mehr mit den bisher üblichen Hubkolben, sondern mit Kreiskolbenmotoren. Wohl selten ist die „Nummer eins" eines Automobilherstellers vom Werk eines seiner Ingenieure so auf Anhieb überzeugt gewesen, wie Dr. Gerd Stieler von Heydekampf von dem des Dr. Felix Wankel.

Der 1. Februar 1957 wurde zu einem Markstein der Automobilgeschichte: Auf dem Prüfstand der NSU-Forschungsabteilung begann sich der erste Rotationskolbenmotor der Welt zu drehen. Dies war der Beginn einer neuen automobilen Epoche, davon waren alle Augen- und Ohrenzeugen dieses historischen Moments überzeugt. Den Grundstein für dieses revolutionäre Antriebskonzept hatte Felix Wankel bereits 1954 mit einem Drehkolben-Viertakter gelegt. Dabei rotierten das Gehäuse und der dreieckige Drehkolben um eigene Achsen. Das System wurde von NSU sofort in seiner richtungweisenden Bedeutung erkannt, erschien den Motorenspezialisten in Neckarsulm jedoch zu kompliziert, um eine kurzfristige Anwendung im Automobilantrieb zu ermöglichen. So wurde beschlossen, Wankels System für den Pkw-Einbau zu vereinfachen. Durch kinematische Umkehr des Drehkolbenmotors entstand der Kreiskolbenmotor.

Der Ro 80 war das erste deutsche Modell, das (1967) als „Auto des Jahres" ausgezeichnet wurde. Das Cabrio (vorn) ist eine Spezialanfertigung aus dem Jahre 1977.

Als das ideale „Versuchskaninchen" zur Erprobung des neuen Motors erwies sich für NSU der zu dieser Zeit auf einer hohen Erfolgswelle schwimmende kleine Prinz. So kam es zum Wankel-Spider, einem von Carrozzeria Bertone entworfenen offenen Zweisitzer, in den ein 50-PS-Kreiskolbenmotor eingebaut wurde. Rund 5000 Einheiten sind von diesem zu einer Rarität gewordenen Wagen von 1964 bis 1966 gebaut worden. Inzwischen war v. Heydekampf und seinen übrigen „hohen Herren" klar, daß auch NSU einen größeren Wagen in der wachsenden Mittelklasse brauchte. Und v. Heydekampf entschied: Ein neuer und „großer" NSU mußte her, auf jeden Fall auch mit einem Wankelmotor ausgerüstet.

Sowohl der NSU-Chef als auch sein Chefingenieur waren zunächst der Meinung, es genüge, wenn der neue Wagen zwei Nummern größer wäre als der Prinz. Von der Leistung hatten beide auch eine feste Vorstellung: 80 PS. Welche Bedeutung v. Heydekampf dabei dem Wankelmotor beimaß, hatte er bereits 1962 mit den klassischen Worten formuliert: „Wir glauben ein Goldfeld angekratzt zu haben. Aber wie immer ist nie vorher klar, wie groß ein Goldfeld sein wird ..."

Die Zukunft sah vielversprechend aus. Selbst bei harten Sporteinsätzen zeigte der Wankelmotor, was in ihm steckte: 1966 hießen die Champions der Deutschen GT-Rallye-Meisterschaft Karl-Heinz Panowitz/Rainer Strunz – auf einem NSU-Spider. Auf der IAA des gleichen Jahres – sie findet heute nur noch in ungeraden Jahren statt – hatte die Fachpresse ihr Thema: NSU präsentierte als nächste Stufe der Wankel-Entwicklung einen Doppel-Kreiskolbenmotor mit zweimal 500 ccm Kammervolumen und 110 PS. Und was der NSU-Vorstandsvorsitzende verkündet hatte, übernahm nun auch die Presse euphorisch: Dieser Motor wurde als „die Antriebsmaschine der Zukunft" gefeiert. Und das mit Spekulationen, die bis in utopische Bereiche von 500-PS-Wankelmotoren „vorstießen".

Keine Spekulation war, was die Spatzen längst von den Dächern pfiffen: NSU bringt zur IAA 1967 eine große Limousine mit Kreiskolbenmotor. NSU brachte ihn. Er hieß Ro 80.

Frankfurt hatte seine Sensation. Die elegante Reiselimousine wartete mit einem Styling auf, dessen aerodynamische Linie ebenso avantgardistisch wie futuristisch war. Von den ursprünglichen Vorstellungen v. Heydekampfs und seines Chefingenieurs Ewald Praxl war dieser Ro 80 weit entfernt. Nicht mehr zwei, sondern mindestens fünf Nummern

Der Wankelmotor mit seinen beiden 500-ccm-Brennkammern war die wahre Überraschung an diesem fortschrittlichen Automobil. Leider traten jedoch diverse Kinderkrankheiten auf, die – wenn auch später zumindest weitgehend behoben – dem Fahrzeug ständig anhingen. Auch der hohe Benzin- und Ölverbrauch der ersten Generation 1967 wurde ihm angekreidet.

größer als der Prinz. Nicht mehr an den typischen „Familienkutschen“ jener Jahre von Ford und Opel, sondern an BMW und Mercedes orientiert. Und in der Technik? Da wurde dem Ro 80, von Experten „der Wagen der Ingenieure“ bezeichnet, wegen seiner wegweisenden Technik bescheinigt, in die Klasse exklusiver Autos vorgestoßen zu sein. Sein Herz war ein NSU-Winkel-Doppelkreiskolbenmotor mit zweimal 500 ccm Kammervolumen und einer Leistung von 115 PS. Der Antrieb erfolgte auf die Vorderachse über eine Halbautomatik. Der internationalen Präsentation im September folgte schon einen Monat später der Beginn der Serienproduktion. Was ebenfalls folgte, war die beileibe nicht überraschende Wahl des Ro 80 zum „Auto des Jahres 1967“ – als erstes deutsches Auto mit diesem begehrten Titel dekoriert!

Gelobt wurde am Ro 80 letztlich alles. Der cW-Wert von 0,36 zum Beispiel, der in dieser Wagenklasse nur noch von Citroëns DS unterboten wurde. Und der Autor selbst erinnert sich an seinen Fahrbericht über den „Newcomer“ aus Neckarsulm: „Frappierend ist die Laufruhe des Zweischeiben-Kreiskolbenmotors. Je schneller, desto leiser, ist hier die Devise. In der Endphase von rund 190 km/h erreicht das Motorgeräusch das Singen einer Düse. Jet-Flug auf der Straße. Allerdings ohne das Gefühl, der Wagen könnte im nächsten Moment abheben. Das aufwendige Fahrwerk läßt selbst in engen Kurven noch Geschwindigkeiten zu, die man bei anderen ‚Großen‘ geradeaus fährt.“

Dabei bewies der Ro 80 schon zu seiner Zeit, daß Automatik – wenngleich hier nur eine „halbe“ – und sportliches Fahren sich keineswegs ausschließen müssen. Ewald Praxl hatte diese „selektive Automatik“ entwickelt, die von Fichtel & Sachs gebaut wurde.

Der Ro 80 startete mit einer Reihe von Kinderkrankheiten.

Der Ro 80 stand für das Zukunftsdenken von NSU – und wurde der renommierten Marke dennoch zum Verhängnis. Als VW 1969 NSU übernahm, stand ein 1,6-Liter-Modell mit traditionellem Hubkolbenmotor bei NSU im Programm. Der „K 70“ erschien dann schon nicht mehr als NSU, sondern als Volkswagen.

Dazu gehörte der relativ hohe Kraftstoffverbrauch von rund fünfzehn Liter auf 100 Kilometer ebenso wie der ungewöhnlich hohe Bedarf an Öl (rund ein Liter auf 1000 Kilometer und damit bei jedem Tankstop zumindest auch die Ölkontrolle!). Nach zwei Jahren entfiel dann aber der zuvor notwendige Ölwechsel alle 20 000 Kilometer.

Zum größten Problem wurden Schwierigkeiten mit dem Motor, das heißt den Rotoren, die sich vornehmlich in Öl-Lecks und Verwindungen der Brennkammern bemerkbar machten. Das führte teilweise zum Austausch des Motors bei weniger als 30 000 Kilometern Laufleistung. Das Image des Ro 80 war angekratzt. Da half selbst die Tatsache nicht, daß NSU mit seinen hohen Garantieleistungen die Triebwerke weit unterhalb der Garantiegrenze kostenlos austauschte. Auch Hinweise und Beweise, daß die gravierenden Mängel ausgemerzt waren, änderten nichts daran. Der Ro 80 ist nur zehn Jahre lang gebaut worden. Wobei viele Experten der Meinung waren, er sei auf den Markt „geworfen“ worden, als er noch nicht völlig ausgereift war. Daß der Kreiskolben-, sprich Wankelmotor trotz allem ein Triebwerk der Zukunft war, beweist Mazda, wo er – doch dazu im entsprechenden Kapitel – noch heute in den RX 7 eingebaut wird.

Technische Daten	(Modell 1967)
Motor:	Zweischeiben-Wankel-Kreiskolbenmotor, 2 Kammern mit je 497,5 ccm, 85 kW/115 PS bei 5500 U/min, max. Drehmoment 152 Nm bei 4000 U/min, 2 Flachstrom-Registervergaser (Solex 18/32 HHD), ab März 1972 1 Doppel-Fallstromvergaser (Solex 32 DDITS)
Kraftübertragung:	Selektive Halbautomatik, automatisch betätigte Einscheibentrockenkupplung und hydraulischer Drehmomentwandler, drei Fahrstufen
Fahrwerk:	Einzelradaufhängung rundum, vorn McPherson-Federbeine, Querlenker, Schraubenfedern, Querstabilisator, hinten Schräglenker, Schraubenfedern, Gummizusatzfedern vorn und hinten, servounterstützte Zahnstangenlenkung
Bremsen:	Servounterstützte Scheibenbremsen rundum
Radstand:	2860 mm
Länge:	4780 mm
Spurweite vorn/hinten:	1480/1434 mm
Gewicht:	1250-1290 kg (nach Baujahren)
Fahrleistungen:	0 auf 100 km/h in 14 sec Höchstgeschwindigkeit 181 km/h bis 189 km,
Produktion:	47 400 (1967 bis 1977)

Der Schriftzug verriet dem Kenner: Unter der Motorhaube des 2002 ti arbeitet ein 120 PS starker Zweiliter mit zwei Doppel-Flachstromvergasern.

Auto-Zaren gibt es eine ganze Reihe. Solche, die Autos gebaut haben oder noch bauen. Und auch solche, die diese Autos verkauft haben oder noch verkaufen. Unter letzteren gab es einen dieser illustren Männer, die Automobilgeschichte schrieben, obwohl sie nie ein Auto gebaut haben. Die Rede ist von Max Hoffman, dem gebürtigen Österreicher, der in New Yorks berühmter Park Avenue ein nicht minder berühmtes Geschäft betrieb – Hoffman Motors. Max Hoffman dürfte mehr europäische Top-Autos in die USA importiert und dabei auch im Design beeinflußt haben als jeder andere „Einzelhändler", das heißt Privat-Importeur, der nicht an eine Marke gebunden war. Alfa Romeo, Allard, BMW, Cisitalia, Delahaye, Facel-Vega, Healey, Jaguar, Lagonda, Mercedes, Porsche – alle sind sie auf dem Wege zu ihren amerikanischen Besitzern durch seine Hände gegangen.

Für eine Marke war er bis in seine letzten Lebensjahre d e r Importeur auf dem US-Markt: BMW. Erst kurz vor seinem Tod hat er die Vertretung für die Münchner Nobelmarke an eine BMW-Niederlassung verkauft und dafür Millionen Dollar kassiert. Sein Verdienst war es ohne Zweifel, BMW von einem Exoten und Anbieter von Außenseitern zu einer der renommiertesten Importmarken in den Staaten gemacht zu haben. Mit Automobilen wie dem Modell 2002 und den verschiedenen Versionen dieser auch in Deutschland zu besonderem Ruf gelangten Baureihe. Der 2002 war auf der Basis des 1600 entwickelt worden. Von diesem waren – als Nachfolger des zunächst wieder als „richtiger" BMW 1962 vorgestellten und mit Spannung aufgenommenen, aber mit vielen Mängeln belasteten 1500 – zwischen März 1964 und April 1966 nicht gerade überwältigende 9728 Einheiten gebaut worden. Der 1600 kostete bei Baubeginn 9485 Mark und war bei Auslauf der Produktion nur um 200 Mark im Preis gestiegen. Daß dieser Wagen auch in den USA ein ausgesprochener Renner war, hatte ebenfalls – abgesehen vom Marken-Renommee – mit dem Preis zu tun: Für das gleiche Geld gab es einen Chevrolet Nova, aber den BMW – wie es die Fachpresse sah – „mit der Qualität eines Mercedes und der Leistung eines Mustang".

Und dann rollte der 2002 an. Als er erst einmal auf dem Markt war, importierten Hoffman Motors und die Nachfolge-Gesellschaft BMW of North America, was überhaupt zu verkraften war. Wesentlichen Anteil daran, daß der 1600 so schnell „abgehalftert" wurde, waren die neuen US-Bestimmungen in Richtung Emissions-Grenzen. Hoffman hatte BMW den Einbau eines Zweiliter-Vierzylinders in den 1600 vorgeschlagen, um so den Hubraum um 25 Prozent zu erhöhen und damit den neuen Emissions-Regeln zu entsprechen, ohne die Leistung zu reduzieren. Der daraus resultierende BMW 2002 war ein kleines – und trotzdem großes Automobil, das seinen Platz in diesem Buch über große Autos unseres Jahrhunderts vollauf verdient. Und nicht nur in den USA wurde – zumindest anfangs, als man den Wechsel noch nicht richtig einzuordnen verstanden hatte – die Ablösung des 2002 durch die erste 3er Reihe bedauert. Wenn Experten dem 2002 bescheinigten, daß er – speziell auf dem US-Markt – Autos wie dem Studebaker Lark und dem Austin Healey das Wasser reichen konnte, dem einen im Styling, dem anderen in der Leistung, dann bedeutete dies letztlich: Der BMW war seiner gesamten Klassen-Konkurrenz in allen Belangen überlegen. Vor allem war er eines: flexibel, das heißt, er verlangte vom Fahrer keinerlei Problembewältigung im Alltagsbetrieb. Er meisterte Situationen, in denen ein TR4 oder ein MGB bereits einen ungewollten Ausflug in die Landschaft neben der Straße machten. Bemerkenswert, daß auch der mit ZF-Automatik angebotene 2002A in der Leistung mit dem handgeschalteten Modell hinsichtlich der Fahrleistungen mithalten konnte. In der Beschleunigung aus dem Stand auf die Viertelmeile bescheinigten ihm amerika-

Mit „Rallye-Bemalung" (den gleichen Farben, die heute noch den BMW-M Style dokumentieren) präsentierte sich 1973 der 2002 turbo. Der Zweiliter-Einspritzmotor leistete 170 PS dank Abgasturbolader. Die Fahrleistungen gehörten in dieser Klasse zur absoluten Spitze bei Serienfahrzeugen. In acht Sekunden beschleunigte der 2002 turbo aus dem Stand auf 100 km/h und erreichte eine Höchstgeschwindigkeit von 211 km/h. Diese Fahrleistungen ließ er sich allerdings auch bezahlen: Der Durchschnittsverbrauch lag bei 14,5 Liter Superbenzin. Daß dieser BMW auch besondere Ansprüche erfüllte, zeigte nicht zuletzt die sportliche Innenausstattung mit Leder-Schalensitzen, Leder-Lenkrad und sportlich gestalteten Armaturen und Instrumenten.

nische Tester gegenüber dem Wagen mit mechanischem Getriebe lediglich 0,3 Sekunden mehr „Zeitaufwand" für diese Aufgabe. Bereits zehn Monate nach dem 2002 präsentierte BMW eine neue Version, den 2002 ti mit zwei Vergasern und 120 PS. Da dieser jedoch den strengen US-Bestimmungen nicht gerecht wurde, reagierte BMW mit dem 2002 tii mit Benzin-Einspritzung und 130 PS, um mit der 2er Reihe auf dem US-Markt präsent zu bleiben. In Deutschland wurde der 2002 tii ab April 1971 zum Preis von 12 765 DM angeboten, gegenüber dem 2002 ti um 1885 DM teurer.

Was dem 1600 recht war, sollte dem 2002 ebenfalls recht, weil nicht billig, sein. Auch vom 2002 wurde den BMW-Frischluft-Fans ein Cabriolet angeboten.

Kein lupenreines Cabrio allerdings, sondern ein Modell im Targa-Stil. Das von der Karosseriefabrik Baur in Stuttgart gebaute Fahrzeug wirkte dabei doch etwas merkwürdig. Der Überrollbügel war so breit geraten, daß in ihm sogar noch kleine Seitenfenster untergebracht werden konnten. Durch die dadurch fast „mittig" zwischen Front- und Heckpartie liegende Kabine ergab sich aber auch eine gut ausgewogene Gewichtsverteilung. Technisch war das Cabrio gegenüber der 2002 Limousine nicht verändert. Auch hier waren neben dem serienmäßigen Viergang-Getriebe eine Fünfgang-Einheit sowie eine Automatik als Sonderausstattung zu haben. Von diesem Targa-Cabrio – es sind auch einige „echte" Wagen ohne den Überrollbügel

hergestellt worden – hat die Firma Baur etwa 4000 Einheiten gebaut. Deutlich unter dieser Zahl blieb noch ein auf der IAA im September 1973 präsentierter BMW 2002 turbo. Optisch war er in seinem poppigen „Outfit“ ein Blickfang. Von der Leistung her konnte er sich mit 170 PS ebenfalls sehen lassen. In die Quere aber kam ihm, was bei seiner Planung und Entwicklung natürlich niemand ahnen konnte – die Ölkrise und die Wirtschaftskrise. Da war für ein Auto dieser Spezies kein Platz. Schon ein Jahr später fand sich der 2002 turbo nicht mehr im BMW-Angebot. Dazu erwies sich der Touring, ein für BMW-Puristen zunächst zweifellos unakzeptables Fahrzeug, auch nicht gerade als Erfolg. Bis 1972 als 1600, 1800 und 2000 deklariert, lief diese Kombilimousine dann als 1602, 1802, 2002 und 2002 ti. Ebenso wie der Turbo lief auch der Touring 1974 aus. Weniger als 30 000 Einheiten in einer Bauzeit von fünf Jahren haben die Werkstore passiert. Insgesamt sind von der 02-Baureihe von 1968 bis 1975 rund 750 000 Wagen gebaut worden.

Technische Daten

Motoren:	Sämtlich OHC-Vierzylinder Reihenmotor mit 1990 ccm. **2002:** Bohrung x Hub 8,9 x 8,0 cm, Verdichtung 8,5:1, 1 Fallstromvergaser Solex 40 PDSI, 100 PS bei 5500 U/min, max. Drehmoment 146 Nm bei 3500 U/min. **2002 ti:** 8,9 x 8,0 cm, 9,3:1, 2 Doppel-Flachstromvergaser Solex 40 PHH, 120 PS bei 5500 U/min, 161,5 Nm bei 3 600 U/min – **2002 tii:** 8,9 x 8,0 cm, 9,5:1, Kugelfischer Einspritzpumpe PL 04, 130 PS bei 5800 U/min, 172 Nm bei 4500 U/min. – **2002 turbo:** 8,0 x 8,0 cm, 6,9:1, Kugelfischer Einspritzpumpe, Turbolader KKK BLD, 170 PS bei 5800 U/min, 273 Nm bei 4000 U/min.
Kraftübertragung:	Viergang-Getriebe, Fünfgang und Automatik-ZF Dreistufen-Automatik als Option, Antrieb auf Hinterachse
Fahrwerk:	Einzelradaufhängung rundum, vorn McPherson-Federbeine, hinten Schräglenker, Schraubenfedern und Drehstab-Stabilisator vorn und hinten, Schneckenlenkung
Bremsen:	Scheibenbremsen vorn, Trommel hinten
Radstand:	2500 mm
Spurweite vorn/hinten:	1330/1330 mm (2002), 1342/1342 mm (2002 ti und tii, ab Sept. 1973 auch 2002), 1375/1 362 mm (2002 turbo)
Gewicht:	990 kg (2002-1040 kg Cabrio), 990 kg (2002 ti), 1010 kg (2002 tii), 1080 kg (2002 turbo)
Fahrleistungen:	0 auf 100 km/h in 11 sec (2002), 10 sec (2002 ti und 2002 tii), 8 sec (2002 turbo), Höchstgeschwindigkeit 173 km/h (2002), 185 km/h (2002 ti), 190 km/h (2002 tii), 211 km/h (2002 turbo)
Produktion:	339 084 Limousinen 2002, (1968-76), 4199 Cabrios (1971-75), 5705 Touring (1971-74), 16 448 Lim. 2002 ti (1968-71), 38 702 Mod. 2002 tii (1971-75) und 5783 Touring (1971-74).

Ein Kraftwerk unter der Haube und Rallye-Streifen sowie ausgestellte Radkästen – der 2002 turbo war das Topmodell der BMW-Baureihe 02.

Als letzter lupenreiner Ferrari-GT-Zweisitzer mit Frontantrieb in einer Zeit, in der Mittelmotorwagen groß in Mode kamen, stellte sich auf dem Pariser Salon 1968 der 365 GTB/4 Daytona vor. Das Konzept mit kurzem Heck und langer Fronthaube mit darunter montiertem Triebwerk verkörperte Enzo Ferraris Devise: „Das Pferd zieht den Wagen, es schiebt ihn nicht."

Mit Automobilen ist es wie mit Briefmarken. Unter den begehrten Ausgaben gibt es auch die absoluten Raritäten. Auf Ferrari bezogen: Abgesehen vom 250 GTO der späten 60er Jahre und dem Berlinetta Lusso sowie dem aktuellen F 40 gilt der 365 GTB/4, im allgemeinen als „Daytona" bekannt, als der begehrteste Ferrari, seit Automobile dieser Marke gebaut werden. Auf dem Pariser Salon 1968 vorgestellt, war er nicht nur der teuerste bis dahin produzierte Ferrari, sondern auch der schnellste. In Zahlen ausgedrückt: Für knapp unter 20000 Dollar wurde er angeboten. Und nach US-Messungen legte er die Viertelmeile (rund 402 Meter) in 13,8 Sekunden zurück, schraubte bis zu dieser Marke die Temponadel auf 173 km/h und trieb sie in der Endgeschwindigkeit auf fast 280 Kilometer pro Stunde. Der Daytona war ein in bestes italienisches Design verpacktes Kraftpaket. Als Nachfolger des 275 GTB/4 hatte er ein diesem ähnliches Chassis, mit dem gleichen Radstand und dem hinteren Transaxle-System. Sein Herz dagegen schlug in einem anderen Rhythmus. Es war die Weiterentwicklung des bewährten „Columbo"-V12 mit auf 4,4 Liter vergrößertem Hubraum. Zwei obenliegende Nockenwellen, nicht weniger als sechs Weber-Doppelvergaser, eine für damalige Verhältnisse sehr hohe Verdichtung von 8,8:1 und 352 „Vollblutpferde" bei 7500 Kurbelwellenumdrehungen pro Minute waren faszinierende Angaben im Steckbrief des von Ferrari als „Tipo" deklarierten Wagens. Wie beim 275 erfolgte der Antrieb durch eine Einscheiben-Trockenkupplung über ein Verdrehrohr und ein Fünfgang-Transaxle.

Die Entwicklung des Daytona hatte 1966 begonnen, als Pininfarina, Maranellos langjährige Nummer eins unter den Designern, die ersten Entwürfe für einen neuen „deluxe" Zweisitzer-Berlinetta auf der Basis des vorhandenen 330/356 GTC-Chassis ausarbeitete. Auch wenn aus heutiger Sicht kaum zu verstehen, löste das Ergebnis ein unterschiedliches Echo zwischen Ferrari-Fans und der Motorpresse aus. Inzwischen sind sich aber wohl alle einig: Dieses Auto war ebenso von aggressiver Eleganz wie von einflußreicher Wirkung auf eine ganze Reihe kleinerer Wagen. In welche Richtung der Daytona zielte, stand eigentlich außer Zweifel. Pete Lyons zieht in seinem Buch „Ferrari: The Man and His Machines" das Fazit, daß dieses Fahrzeug mit seinen überbetonten Proportionen von langer Front- und kurzer Heckpartie eine unmißverständliche Bestätigung für Ferraris Festhalten am angestammten Styling auch beim neuen Flaggschiff war. Und keineswegs zufällig war es ein Schlag ins Gesicht seines Rivalen Lamborghini, dessen kurz zuvor präsentierter Miura nach Lamborghinis eigener Definition „die Verkörperung des Renngedankens in einem straßengängigen V12-Mittelmotorwagen" darstellte und obendrein auch noch so aussah.

Lyons resümierte, daß die auffälligsten Merkmale des Daytona die messerscharfe Nase mit der sich über die gesamte Front hinziehenden Plastikabdeckung und den darunter plazierten Leuchteinheiten waren. Die Plastikabdeckung, von europäischen Herstellern teilweise bis ins Extrem gesteigert, war in dieser Form in den USA verboten. So entstanden in diesem Zusammenhang dann auch zwei Alternativen für den amerikanischen Markt, eine häßlicher als die andere. Erfreulicherweise wurde aber auch keine von beiden realisiert. Die endgültige Lösung war schließlich ebenso einfach wie elegant: Klappscheinwerfer, die zumindest im versenkten Zustand dem Original-Frontdesign entsprachen, wenngleich ohne Plastik. .

In Produktion ging der Daytona erst 1969, mehr als ein Jahr nach seiner Vorstellung auf dem Pariser Salon, wo ja auch nur ein Prototyp gestanden hatte. Daß aus dem von Ferrari zunächst als Tipo bezeichneten Wagen der Daytona wurde, war einigen Journalisten zu verdanken. In Maranello erhoben sich auch keinerlei Proteste. Schließlich trug der bis

Pininfarina zauberte mit dem abgeschnittenen Dach aus dem Daytona-Coupé ein unbestritten bildschönes Cabriolet, innen wie außen.

dahin schnellste aller Ferraris damit ja auch den Namen jener amerikanischen Rennstrecke an der Küste von Florida, die sich im schönsten Selbstverständnis als „die Heimat der Geschwindigkeit" betrachtet.

Das Chassis des Daytona entsprach dem Ferrari-Standard: ein solider Rahmen mit runden und quadratischen Trägern sowie ovalen Sektions-Rohren. Doch es gab einen Unterschied – die Konstruktion, die wegweisend bis in die neunziger Jahre sein sollte: Fiberglas-Karosserieteile, mit dem „Skelett" des Karosserieaufbaus zur Kabine verbunden. Und obwohl die Außenhaut überwiegend aus Stahlblech bestand, wurde bei Türen, Motorhaube und Kofferraumdeckel Aluminium eingesetzt. Das alles bewirkte ein respektables Gewicht von 1632 Kilogramm, so daß bei diesem Gewicht das maximale Drehmoment von 427 Newtonmeter bei einem breiten Drehzahlband bis 5500 Touren genau richtig „dosiert" war.

Es war auch exakt diese Drehzahl-Bandbreite, die mehr als die Höchstgeschwindigkeit vor allem bei der Durchzugskraft ins Gewicht fiel und für hohe Beschleunigungskräfte auch aus dem „Drehzahlkeller" sorgte. Und obwohl der Wagen zu den „Schwergewichten" gehörte, brachte er dieses Gewicht geradezu ideal verteilt auf die Waage – je fünfzig Prozent vorn und hinten. Das führte zu einer optimalen Stabilität bei hohen Geschwindigkeiten und im Fahrverhalten generell. Wobei das Magazin „Road & Track" dem Daytona eine im Test erreichte Höchstgeschwindigkeit von 278 km/h bescheinigte. Der Autor des entsprechenden Testberichts will dabei sogar noch im Moment, da der Geschwindigkeitsmesser dieses Tempo markierte, mit einer Hand ein Foto als „Dokument" und Beweis seiner Behauptung gemacht haben...

Wenn der Daytona, wie er in einem anderen Test charakterisiert wurde, wirklich eine Rakete war beziehungsweise ist, dann aber eine „unter gewissen Umständen schwerfällig wie ein Truck". Zitat aus dem Testbericht: „Während der 275 jeden durch sein leichtes Handling beeindruckte, war der 365 das ganze Gegenteil. Das Bedienen von Gas- und Kupplungspedal bedurfte eines hohen Kraftaufwands, die Bremsen reagierten einerseits zu hart, offenbarten andererseits bei scharfem Abbremsen aus hohen Geschwindigkeiten deutliches Fading, bedingt durch das Gewicht des Wagens und seine Schubkraft."

Er war zweifellos gewöhnungsbedürftig, der Daytona. Hatte ihn der Fahrer aber im Griff, bereitete er uneingeschränkten Fahrspaß auf schnellen Geraden ebenso wie auf kurvenreichen Strecken. Typisch für Fahrzeuge dieses Genres war die auch im Buch „Daytona" registrierte Tatsache, daß der Wagen bei niedrigeren Geschwindigkeiten holperig wirkte, ab Tempo 125 aber in sein Element geriet und dies dann bis in Bereiche von 280 km/h ausdehnte. Dann zeigte sich erst die wahre Qualität des Fahrwerks und der Lenkung. Parklücken anzufahren war angesichts des Wendekreises von 11,9 Metern schon schwierig genug, wegen der dann sehr schwergängigen Lenkung und der breiten Reifen ein wahres Stück Schwerarbeit.

Alles ist Ansichtssache. Auch das, was die Amerikaner „trucky" nennen, eben die Beweglichkeit eines Trucks. Paul Frère, belgischer Rennfahrer und renommierter Motorjournalist, jedenfalls bescheinigte dem Daytona: „Auf seinen breiten Reifen flog der Daytona förmlich um die Kurven, selbst bei nur mittelmäßiger Fahrbahnqualität. Er fuhr sich keineswegs wie ein übergewichtiger Wagen, die Agilität widerlegte sein Gewicht. Das Kurvenverhalten war leicht untersteuernd. Von Karosserie-Rollbewegungen ist keine Spur zu notieren. Und die angenehm leichte Lenkung ist sehr präzise."

Ein Leisetreter war der Daytona ebensowenig wie alle Ferraris überhaupt. Das allerdings ist dem Wagen von keinem Besitzer oder Tester je angekreidet worden. Schließlich lieferte der Zwölfzylinder „die schönste Musik, die man in einem komfortabel gefederten Wagen mit solchen Annehmlichkeiten wie elektrischen Fensterhebern, Klimaanlage und einem respektablen abschließbaren GT par excellence genießen konnte".

Der 4,4-Liter-Zwölfzylinder, ausgerüstet mit sechs Weber-Doppelvergasern, leistete stolze 352 PS.

Ferrari hat gut daran getan, den Daytona während der sechsjährigen Bauzeit außer der Änderung der Lampen so zu lassen, wie er von Anfang an war. Als Änderung war schließlich auch der auf der IAA 1969 in Frankfurt präsentierte Spider nicht zu sehen, sondern als absolut eigenständige Daytona-Variante. Nur 127 Einheiten unter insgesamt 1300 Daytonas machen den Spider zu einer besonderen Ferrari-Rarität.

Getreu der Haus-Tradition ließ Ferrari auch fünfzehn leichtgewichtige Spezial-Coupés des Daytona für den sportlichen Einsatz bauen, vergab diese Aufträge aber, wie üblich, „außer Haus". Diese Wagen wurden entsprechend ausgestattet: „Abgespecktes" Interieur, Überrollkäfig und andere notwendige Maßnahmen bezogen sich auf die Karosserie. Die Motoren wurden bis auf 450 PS hochgezüchtet und standen schließlich für Geschwindigkeiten bis zu 320 Kilometer pro Stunde! Natürlich blieben auch die Erfolge nicht aus.

Hier stehen vornehmlich die Klassensiege in Watkins Glen 1972, in Le Mans bei den 24 Stunden sowohl 1972 als auch 1973 und 1974 (ein richtiger „Hat-Trick"!) sowie – Nomen est Omen – 1973, 1975 und 1979 auch in Daytona Beach.

Der Daytona war Ferraris letzter Zweisitzer-GT im klassischen Sinne, jedoch nicht der letzte Wagen mit Frontantrieb zu einer Zeit, als die Mittelmotoren auf den Plan traten. Auch der 365 2+2 und seine Nachfolger 400/412 sowie 512 America hatten das Triebwerk noch unter der Fronthaube. Doch bei ihnen handelte es sich schon eher um Limousinen. So gesehen, endete mit dem Daytona eine Ferrari-Ära.

Dieser 365 GTC Speciale war mit dem Renn-Getriebe des 365 GTB/4 ausgerüstet. Das Unikat wurde für ein Mitglied der niederländischen Königsfamilie gebaut.

Technische Daten

Motor:	DOHC-V12, 4390 ccm, Bohrung x Hub 8,1 x 7,13 cm, 7 Hauptlager, Verdichtung 8,8:1, 6 Weber-Doppelfallstromvergaser, 352 PS bei 7500 U/min, max. Drehmoment 427 Nm bei 5500 U/min; Wettbewerbsmodelle kamen bis auf 450 PS
Kraftübertragung:	Fünfgang-Schaltgetriebe mit hinterem Transaxle
Fahrwerk:	Einzelradaufhängung rundum, ungleich lange Dreiecks-Querlenker, Schraubenfedern, Rohrstoßdämpfer, Stabilisator (gleiche Daten vorn und hinten)
Bremsen:	Hydraulische Scheibenbremsen rundum
Radstand:	2397 mm
Länge:	4424 mm
Spurweite vorn/hinten:	1437/1424 mm
Gewicht:	1632 kg (nicht exakt genannt)
Fahrleistungen:	0 auf 100 km/h in 5,1 bis 5,9 sek.,
Höchstgeschwindigkeit :	ca. 280 km/h (Wettbewerbsfahrzeuge bis 320 km/h)
Produktion:	Berlinetta (einschließlich 15 Wettbewerbsmodelle) etwa 1285, Spider 127

PLYMOUTH
Plymouth

Auf die Idee, ein Auto Donald (wenn überhaupt, dann schon Dagobert) Duck oder gar Goofy, sprich Blödmann, zu nennen, wird wohl so schnell niemand kommen. Da lassen sich doch ganz andere Comic-Figuren entdecken, die würdig sind, einem Topauto ihren Namen zu leihen. Road Runner zum Beispiel. Dieser geflügelte Straßenflitzer mit seinem unnachahmlichen „beep-beep" war in den späten 60er Jahren eine der bekanntesten und beliebtesten Figuren in den US-Cartoons. Als Plymouth sein Konterfei dem neuen GTX mit auf den Weg gab, war aus dem GTX der Road Runner geworden.

Mit diesem 335-PS-V8 und der als Option lieferbaren 425-PS-Version stieß Plymouth jedoch keineswegs ins Neuland der Hochleistungsfahrzeuge vor. Auf diesem Gebiet war die Marke erstmals schon 1956 mit dem Fury vertreten. Und in den frühen 60er Jahren waren die Plymouths überall in den USA ernstzunehmende Konkurrenten in allen sportlichen Wettbewerben. Die 1962 werksseitig stärkste angebotene Variante kam von Chrysler – eine 305-PS-Version des 5,9-Liter-V8. Wer mehr wollte, bekam es auch, die beiden Chrysler-Maschinen mit 6276 ccm und 6768 ccm, beide jedoch nur auf Bestellung bei den Händlern. Das Super-Kraftwerk wurde aber erst 1964 als Stage II eingebaut, 425 PS stark und mit dem sagenhaften Drehmoment von 664 Newtonmeter bei 4000 „Touren". Im Februar holte Plymouth dann bereits zum großen Schlag aus: Nach zehn hintereinander folgenden Siegen bei den verschiedenen NASCAR-Rennen endete diese einmalige Serie für Ford in Daytona. Die Plätze eins bis drei gehörten diesmal Plymouth. Und dies obendrein noch durch Richard Petty auf einem Plymouth mit einem neuen 500-Meilen-Rekord für stock-cars bei einer erreichten Höchstgeschwindigkeit von 153,34 mph (246,7 km/h).

Trotz dieser Erfolge aber war man bei Plymouth gar nicht so am „Muskelspiel" interessiert – bis 1967, drei Jahre, nachdem Pontiac mit dem GTO eben dieses Spiel eröffnet hatte, auch Plymouth eine neue Karte auf den Tisch legte. Sie hieß GTX und war eine leistungsstärkere Version des zur – nach amerikanischem Verständnis – Mittelklasse zählenden Belvedere. Chryslers 7,2-Liter-Triebwerk mit 375 PS war Plymouth gerade richtig für diesen Wagen.

Wohlweislich: richtig aus Sicht des Werks. Als Option stand, wie schon erwähnt, für Leute mit ganz heißen Sohlen auch der 6980-ccm-V8 mit fünfzig „Pferden" mehr zur Verfügung. Wobei dieses stärkere Gespann auch mehr kostete. Logisch. Offiziell hatte sich Plymouth 1967 aus dem Renngeschäft zurückgezogen, sponsorte aber verschiedene Wagen, sprich Fahrer, die sich dafür durch exzellente Erfolge auf den NASCAR-Pisten „erkenntlich" zeigten.

Das Ganze aber war nur ein Vorspiel zu dem, was kommen sollte. Denn 1968 präsentierte Plymouth ein sensationell neues Styling. Aus war es mit dem kantigen Design der früheren Jahre. Das „Cola-Flaschen-Styling" war die neue Mode. Weiche Linien, schlank und – na ja, „sexy". Das Echo war enthusiastisch. Die Verkaufszahlen des Belvedere und seiner „Abkömmlinge" boomten auf eindrucksvolle 63 Prozent.

In diesem neuen Anzug erwies sich der GTX populärer als je zuvor. Aber es gab ihn nun ja auch in einer Hochleistungsversion, eben dem Road Runner, dem ersten „muscle car" zu einem erschwinglichen Preis. Die Plymouth-Bosse hatten eine clevere Entscheidung getroffen und ihren Konstrukteuren ein simples Rezept vorgezeichnet: Man nehme das preisgünstigste Coupé des gesamten Modellprogramms, eben den Belvedere, „El Cheapo" (den Billigen), wenn man es so ketzerisch formulieren will. Statte ihn mit ausreichend Standard-Kraft aus. Und begeistere damit jeden x-beliebigen Bleifuß-Fahrer. Dann setze man dem noch eins drauf und würze das Ganze mit einem aufgeklebten Road-

Auch wenn Pontiac zugeschrieben wird, das „muscle car" 1964 kreiert zu haben, steht Plymouth das Verdienst zu, 1968 mit dem Road Runner diese neue Spezies der Automobile auch zu einem erschwinglichen Preis angeboten zu haben. Basispreis für das Coupé waren im ersten Jahr 2870 Dollar. Das hier abgebildete Coupé von 1969 kostete 2945 Dollar. Markenzeichen und zugleich auch Taufpate des neuen Plymouth war eine der damals in den USA populärsten Comic-Figuren, eben der Road Runner, mit dessen Konterfei das Auto natürlich auch dekoriert wurde.

Plymouth ergänzte die Road Runner-Modellreihe 1969 um ein Convertible zum Preis von 3313 Dollar. Obwohl mit 1719 kg rund 160 kg schwerer als das Coupé, war diese Version das schnellste Modell seiner Klasse überhaupt.

Runner-Bildchen und wähle statt des üblichen Hup-Signals das den Ohren jedes TV-geübten Amerikaners bekannte „beep-beep". Und fertig ist das neue Plymouth-Menü „Road Runner".

Die entscheidende Zutat war Chryslers nicht ohne Grund berühmter „383", ausgerüstet mit den Zylinderköpfen und der Nockenwelle des „440 Super Commando"-V8, versorgt durch einen großen 4-bbl-Vergaser und einen speziellen Ansaugkrümmer.

Ein besonders leistungsstarkes Kühlsystem und ein viskos-angetriebener Ventilator zählten ebenso zur Ausstattung wie ein ungedämpfter Luftfilter und Doppel-Auspuffrohre. Standard war ein manuelles Viergang-Getriebe, während für den ungewöhnlich günstigen Aufpreis von nur 39 Dollar der Komfort einer exzellenten TorqueFlite-Automatik offeriert wurde. Auch nur eine Handvoll Dollar kosteten vordere Scheibenbremsen. Tiefer ging der Griff in die Tasche für die sogenannte „Sure-Grip" axle, eine Sicherheitsachse, die ihr Geld (146 Dollar) aber auch wert war. In der Liste der Extras fanden sich außerdem auch eine Servolenkung und Servobremsen.

Abgesehen von der Leistung war dieser Wagen nicht unbedingt in der Oberklasse anzusiedeln. Darüber konnten weder der Road-Runner-Aufkleber noch das genau genommen alberne „beep-beep"-Signal hinwegtäuschen. Die Polsterung entsprach der eines „Taxis aus vergangenen Tagen". Am Chrom-Dekor war auch reichlich gespart worden.

Im September 1967 mit dem Rest des Plymouth-Modellprogramms vorgestellt, zeigte sich der Road Runner zunächst als geschlossenes Coupé, zu dem sich

Mitte des Jahres (1968) noch ein Hardtop und 1969 ein Cabrio gesellten.

Was den Road Runner zu einem wahren Renner machte, war letztlich sein Preis: 2870 Dollar kostete das Coupé, 3034 Dollar das Hardtop. Was das Magazin „Car Life" veranlaßte, ihn als „eine Art schottisches Superauto" einzustufen. Da überraschte es kaum, daß in den Plymouth-Verkaufsstatistiken das Verhältnis des Road Runner zum GTX mehr als 2:1 stand. Für 3416 Dollar aber bot der GTX auch weit mehr Luxus und Komfort.

Auf die Straße rannte der neue Plymouth von Anfang an auch als Option mit dem 425 PS starken 6980-ccm-Triebwerk, für das ein Aufpreis von rund 813 Dollar fällig war. Im Frühjahr 1969 wurde die Liste noch um eine weitere Variante erweitert, das „440 Six-Pack", hinter dem sich Chryslers 7,2-Liter-V8 mit leistungsmäßig auf 290 PS reduzierter Kraft verbarg. Dieses Angebot war mit einem Mehrpreis von 250 Dollar gegenüber dem 425-PS-Modell wesentlich günstiger. Stichwort

Verglichen mit den 33 743 Coupés und 2128 Convertibles war das Hardtop mit 48 549 Einheiten der meistverkaufte Road Runner des Baujahres 1969. Wenn andere mit akustischem Signal auf den herannahenden Wagen aufmerksam gemacht wurden, wußten sie sofort, daß dies ein Road Runner war – statt des üblichen Horn- oder Hupsignals meldete er sich mit dem von der Comic-Figur übernommenen „beep-beep". Standard-Motor des Road Runner war ein 335 PS leistender 6,3-Liter-V8.

Mit dem Road Runner Superbird präsentierte Plymouth das Topmodell der Baureihe, selbstverständlich außer der starken 375-PS-Maschine auch optisch „aufgemotzt". Lufthutzen auf den Kotflügeln, spezielle Räder, Griffe zum Öffnen der Motorhaube und die „Dekoration" mit dem Road Runner hoben ihn heraus. Schalensitze gab es als Option.

günstig: Das war der Road Runner generell, auch nach der leichten Preiserhöhung 1969: Das Coupé kostete jetzt 2945 Dollar, das Hardtop 3083 Dollar. Für 3313 Dollar war das neu ins Programm genommene Ragtop mit Kunststoffdach zu haben, auch für diesen Preis noch ein „Schnäppchen". Wie das Preis-Leistungs-Verhältnis stimmte, bewies auch die Wahl des Road Runner zum „Auto des Jahres" durch das Magazin „Motor Trend" mit folgender Begründung: „Dieses Fahrzeug bietet im Vergleich mit allen Fahrzeugen der amerikanischen Hersteller den höchsten Gegenwert an Fahrvergnügen und Ausstattung. Der Road Runner ist kein ‚heißer Ofen', aber er vermittelt zumindest einiges davon, wenn er dazu herausgefordert wird. Er fährt sich bei hohen Geschwindigkeiten auf allen Straßen jederzeit sicher, beweist ausgezeichnete Kurvenstabilität, besitzt genug Kraftreserven für Überholvorgänge und verfügt über Bremsen, die seiner Kraft absolut gewachsen sind."

Der Road Runner war schon im Jahr nach seiner Vorstellung ein Verkaufsrenner. Gegenüber 1968 wurde die Produktion nahezu verdoppelt. Das sollte aber zugleich der Höhepunkt sein. 1970 zeigte die Kurve wieder stark nach unten. Mit der Hälfte von 1969 war der Ausgangspunkt des ersten Jahres wieder erreicht. Das aber lag nicht am Road Runner selbst, sondern am Rückgang des Absatzes der „muscle cars" generell. Und 1971 hatte der Markt dieser Fahrzeug-Spezies seinen Boden völlig verloren. Entscheidend beeinflußt auch durch die neuen Sicherheits und Abgasgesetze sowie die erhöhten Versicherungsprämien, speziell für junge und von soviel Kraft zumeist auch überforderte Fahrer. Zu den Opfern dieser neuen Situation gehörte auch der Road Runner.

Aerodynamisch geformte Nase, ein verwegen aussehender Heckflügel, übergroßer Plymouth-Schriftzug – so war der Superbird wahrhaftig nicht zu übersehen.

Technische Daten	
Motor:	OHV-V8, 6276 ccm, Bohrung x Hub 10,7 x 8,6 cm, Verdichtung 10,0:1, 5 Hauptlager, hydraulische Ventilstößel, Carter-Vergaser, 335 PS bei 5200 U/min, max. Drehmoment 576 Nm bei 3400 U/min – Hemi (Modell mit halbkugeligen Brennkammern): 6980 ccm, 10,7 x 9,5, 10,25:1, 2 Vergaser, 425 PS bei 5000 U/min, 664 Nm bei 4000 U/min
Kraftübertragung:	Viergang-Getriebe, manuell, als Option Dreistufen-Torque-Flite-Automatik
Fahrwerk:	Einzelradaufhängung vorn, Torsionsstäbe, Stabilisator, Rohrstoßdämpfer, starre Hinterachse, verstärkte halbelliptische Blattfedern, Rohrstoßdämpfer
Bremsen:	Hydraulische Trommeln vorn und hinten, Scheibenbremsen vorn als Option
Radstand:	2946 mm
Gewicht:	1332 kg
Fahrleistungen:	0 auf 60 mph 7,3 sek.
Höchstgeschwindigkeit	122 mph (196 km/h)
Produktion:	Coupé 29 240, Hardtop-Coupé 15 359 (1968), Coupé 33 743, Hardtop-Coupé 48 549, Convertible/Cabrio 2128 (1969), Coupé 15 716, Hardtop-Coupé 24 944, Convertible 824, Superbird 1920 (1970)

Der Datsun 240 eroberte sich seinen Platz durch sein gelungenes Styling, seine Leistung, sein exzellentes Handling – und seinen Preis.

Am Anfang wurden sie, in Europa wie in Amerika, eher belächelt als ernstgenommen, die Autos made in Japan. Als ihr Stern am Autohimmel aber ebenso zu leuchten begann, wie sich Japan selbst das Land der aufgehenden Sonne nennt, da bekam die Konkurrenz schließlich doch kalte Füße. Alles Lamentieren aber änderte nichts an der Tatsache, daß alle Kritik an Japans Ex- und Importregeln im Interesse der eigenen Industrie nur zum Teil berechtigt war, um damit den Japan-Autoboom außerhalb Nippons zu begründen. Zum geringsten Teil, um es klar zu sagen. Tatsache war ganz einfach, daß „die Japaner" sehr schnell gelernt hatten, gute Autos zu bauen, die sich auch außerhalb des Inselreichs verkaufen ließen.

Eines der bemerkenswertesten Beispiele schon aus der Anfangsphase war der Datsun 240 Z. Sein Vorgänger, von 1961 bis 1969 als Baureihe Datsun Sport 1500/1600/2000 gebaut, hatte bereits für Aufsehen gesorgt. Als „Fairlady" bezeichnet, wies er unübersehbare Ähnlichkeiten mit dem MGB auf und wurde daher auch vielfach als ein „Abklatsch" des britischen Sportwagens abqualifiziert – ein Vorwurf, der völlig unberechtigt war. Denn der Japaner war etwa ein Jahr vor dem Engländer auf dem Markt. Nicht der einzige Fall, daß – weit auseinander entfernt – zwei das gleiche tun und nichts voneinander wissen!

Was Datsun dann aber 1969 in Japan auf den Markt brachte, ließ die natürlich neugierige und anwesende Konkurrenz nur ungläubig feststellen: Das sollte „ein Japaner" sein? Ein Fastback-Coupé, technisch hochentwickelt, und mit einem Styling, das europäischer aussah als mancher der doch für den Sportwagenmarkt als Musterbeispiele geltenden europäischen Sportwagen.

In Amerika traf der in Japan als Fairlady Z, im Ausland, also auch in den USA, als 240 Z bezeichnete Wagen auf Konkurrenten wie den Thunderbird, den Riviera und den Avanti. Er wurde ein Volltreffer. Für umgerechnet rund 10 000 Mark bot der Markt nichts annähernd Vergleichbares. Das führte zu derlei Kuriositäten, daß einige Händler gegen entsprechendes „Salär" versprachen, den Wagen früher auszuliefern, während andererseits von Interessenten ihrerseits bis zu 1000 Dollar geboten wurden, um auf der Warteliste ein paar Plätze nach oben zu rutschen. Bob Sharp Datsun aus Wilton, Connecticut, erinnert sich: „Die Leute fragten uns direkt, was dieses Privileg kosten würde. Und sie waren völlig überrascht, daß wir ihnen sagten, an dieser Art von Geschäft nicht interessiert zu sein." Nun gut, nötig hatte man das bei Datsun angesichts des Ansturms auf den neuen Japan-Sportler auch nicht.

Das lupenreine Sportwagen-Design mit langer Motorhaube und kurzem Heck trug die Handschrift des gleichen Grafen Albrecht Goertz, der auch für den BMW 507 verantwortlich gezeichnet hatte. In das rassige Styling verpackt waren der 2,4-Liter-Motor (daher die Bezeichnung 240) und das Fünfgang-Overdrive-Getriebe (übernommen vom 2000 Roadster der Vorgänger-Baureihe) als vorhandene Komponenten. Ansonsten aber war auch die Technik neu. Gegenüber der Serie 1500 Sport/1600/2000 wies das Fahrwerk nach gründlicher Überarbeitung unverkennbare Verbesserungen auf, nicht zuletzt durch die nun bei allen vier Rädern eingesetzte Einzelaufhängung mit entsprechenden Komponenten. Die direkte Zahnstangenlenkung gab dem Fahrer den 240 Z ebenso sicher in die Hände wie mit den vorderen Scheiben- und hinteren Trommelbremsen unter die Füße.

Daß Datsuns Chefetage, damals noch nicht so klar europaorientiert, die Innenausstattung nach amerikanischem Geschmack wünschte, versteht sich: Auf dem US-Markt sollte ja gerade dieser Sportwagen der Marke zum Durchbruch verhelfen. So ließ sich speziell im Cockpit so manche Ähnlichkeit mit dem Corvette-Design nicht leugnen. Was als

Serie geboten wurde, setzte aber neue Maßstäbe, die später in Europa auch den Begriff vom Komplett-Auto prägten. Auch Extras wie Klimaanlage und Automatik gab es längst nicht bei allen US-Marken als Option. Und schon gar nicht für die von den Amerikanern besonders begehrten europäischen Sportwagen wie BMC, Triumph, Healey oder TR. Vor dem Fahrer baute sich ein komplettes Instrumentarium auf. Teppichboden und ein funktionales Heizungs-Lüftungssystem sorgten für wohnlich-komfortables Ambiente, ein ebenso serienmäßiges Radio für gute Unterhaltung.

Imponierend lesen sich auch heute noch die Fahrleistungen dieses Wagens: Acht Sekunden brauchte er für den Sprint aus dem Stand auf die 100-Marke und stürmte bis auf 200 km/h. Zur Erinnerung: Daten aus dem Jahre 1969! Bescheinigt haben dem 240 Z alle Tester, die praktisch nur individuell betrachtete Details kritisierten, ausgeglichenes Fahrverhalten unter allen Bedingungen, gutes Handling und für einen Sportwagen ausgewogenen Fahrkomfort. Das allerdings überraschte nicht einmal unbedingt: Der 240 verstand sich nicht als kompromißloser Sportwagen, war eher – wie auch alle seine Nachfolger – ein bei aller sportlichen Hochleistung komfortabler GT. Dabei fiel vor allem ins Gewicht, was der Japaner vornehmlich der Konkurrenz aus England um Längen voraus hatte – die saubere Verarbeitung und die hohe Zuverlässigkeit. Zusätzliche Verkaufsargumente, die den 240 Z zu einem Renner auch in dieser Hinsicht machten. Ein besonderer Faktor war natürlich auch der Preis. Als die ersten 240 Z auf den US-Markt rollten, wechselten sie vom Händler zum Besitzer für 3526 Dollar. Wer sich dagegen für einen Jaguar Mark E oder eine

Motor des 240 Z war ein 2393-ccm-Reihen-Sechszylinder mit obenliegender Nockenwelle und Doppelvergaser. Die 151 PS brachten die 1015 kg Auto in acht bis neun Sekunden auf 100 km/h und auf eine Höchstgeschwindigkeit von 200 km/h. Mit dem 240 Z leitete Datsun die Geschichte des meistverkauften Sportwagens der Welt ein. Bis zum aktuellen 300 ZX Twin Turbo sind bislang weit über eine Million dieser mit dem 240 Z begründeten Baureihe produziert worden.

Corvette entschied, mußte dafür dann auch zweieinhalbtausend Dollar mehr mitbringen oder vom Konto abräumen...

Daß die Medien voll vom neuen Datsun waren, versteht sich. Schließlich war er einer der Bahnbrecher für die Nippon-Autos auf dem US-Markt, nur kurze Zeit später ja auch in Europa mit den erwähnten Nachfolgern. Ron Wakefield zum Beispiel schrieb in Road & Track: „Wir sind der Meinung, mit diesem Auto hat Datsun einen Gewinner!" Car and Driver wählte den 240 Z zum Auto des Jahres 1971. Und das Magazin „Motor Trend" resümierte: „Datsun hat einen echten Sport-GT geschaffen, der wohl auf lange Zeit im Rennen bleiben wird. Dabei könnte er durchaus 1000 Dollar mehr kosten und würde trotzdem noch sehr viel Auto für seinen Preis bieten."

Ein abschließender Sprung aus dem Jahre 1970 in die Gegenwart ist schon deswegen unumgänglich, weil mit dem Datsun 240 Z der Grundstein für die meistverkaufte Sportwagen-Serie der Welt gelegt wurde. Die derzeitige Krönung ist der 1989 auf der IAA in Frankfurt präsentierte 300 ZX Twin Turbo. Zwischen damals und heute liegen mehr als zwei

Datsun bot den 240 Z ausschließlich als Coupé an. Für das sportliche Design zeichnete Graf Albrecht Goertz verantwortlich, der schon mit dem BMW 507 ein stilistisches Meisterwerk geschaffen hatte.

Jahrzehnte. Zwischen beiden Fahrzeugen liegen automobile Welten. Der inzwischen ja auch als Nissan firmierende 300 ZX TT wartet bei drei Liter Hubraum mit zwei obenliegenden Nockenwellen, Vierventiltechnik, 205 kW/ 280 PS und zwei Turboladern auf. Seine Fahrleistungen von 0 auf 100 km/h in sechs Sekunden und seine Höchstgeschwindigkeit von 250 km/h sind denen des Stammvaters deutlich überlegen.

Aber wer weiß, ob es einen Nissan 300 ZX Twin Turbo ohne einen Datsun 240 Z überhaupt geben würde...

Technische Daten

Motor:	OHC-Reihen-Sechszylinder, 2393 ccm, Bohrung x Hub 8,3 x 7,4 cm, Verdichtung 9,0:1, Doppelvergaser, 151 PS bei 5600 U/min, max. Drehmoment 198 Nm bei 4400 U/min
Kraftübertragung:	Viergang-Schaltgetriebe, Dreistufen-Automatik als Option
Fahrwerk:	Einzelradaufhängung rundum, vorn McPherson-Federbeine, untere Querlenker, Schraubenfedern, Stabilisator, hinten Chapman-Stoßdämpfer, untere Querlenker, Schraubenfedern, Stabilisator
Bremsen:	Hydraulische Scheibenbremsen vorn, Trommelbremsen hinten, servounterstützt
Radstand:	2303 mm
Länge:	4135 mm
Spurweite vorn/hinten:	1353/1346 mm
Gewicht:	1015 kg
Fahrleistungen:	0 auf 100 km/h 8 sek.
Höchstgeschwindigkeit	über 200 km/h
Produktion:	130 000 (1970-1973 / gesamte Baureihe 260/280/300 mehr als eine Million)

1970- DeTOMASO PANTERA

Die Meinungen gehen immer einmal auseinander. So auch beim DeTomaso Pantera. Darf er nun den „Traumautos" unseres Jahrhunderts zugerechnet werden oder darf er nicht? Wir sind der Meinung, daß er darf. Schließlich ist ihm zuzugestehen, der erste auch für nicht zur High Society gehörende Zeitgenossen erschwingliche Mittelmotor-Exot gewesen zu sein. Ein Massenprodukt ist er mit inzwischen rund 10 000 gebauten Einheiten fürwahr nicht. Und daß er noch immer – gegenüber dem Stammvater natürlich grundlegend verändert – gebaut wird, qualifiziert ihn letztlich eben doch als einen der „Großen".

Für Insider ist es kein Geheimnis, daß der Pantera zwei Geburtsstätten hat. In Dearborn im US-Bundesstaat Michigan saß Lee Iacocca, der kommende Präsident der Ford Motor Company, unter dessen Ägide bei der Ford Division eine ganze Reihe erfolgreicher Modelle entstanden war, das absolute As darunter der Mustang. Und weit weg, im italienischen Modena, versuchte ein ehemaliger argentinischer Rennfahrer und Rennwagenbauer namens Alejandro DeTomaso, sich als Schöpfer von Hochleistungsfahrzeugen à la Ferrari, Maserati und Lamborghini zu etablieren. Einen ersten Erfolg hatte er schon gelandet, den Mangusta (Mungo), dessen Vorgänger Vallelunga nicht ganz so eingeschlagen hatte. Der Mangusta jedoch war Iacocca „zu Ohren gekommen". Dieser 1966 angekündigte und 1967 dann auch vorgestellte Wagen besaß ein Kastenrahmen-Chassis, das hinsichtlich seiner „Abstammung" nicht unumstritten war und tatsächlich auch an das des Lotus von Giotto Bizzarrini erinnerte. Ohne Zweifel aber war es auf der Basis des schon vorher gebauten Vallelunga entwickelt worden. Für den Entwurf der Karosserie hatte DeTomaso den talentierten Giorgio Giugiaro von Ghia engagiert. Was Iacocca besonders beeindruckte, war der Motor – ein kompakter 289-Ford-V8, der hinter dem zweisitzigen Cockpit unter einer großen „Flügeltür" plaziert war, auf die gleiche Leistung getunt, wie sie Carroll Shelbys heißer GT-350 Mustang vorweisen konnte.

Was Iacocca vorschwebte, war der Ersatz für den nur in limitierter Stückzahl gebauten und in Europa verkauften GT 40 sowie ein „image car" für die Händler des US Lincoln-Mercury als Pendant zu den importierten Capris. Der Mangusta aber offenbarte unübersehbare Probleme mit der Fahrwerk-Stabilität und erwies sich für den amerikanischen Alltagsverkehr als weitgehend unpraktisch. Selbst die von Ford als neuer „Shelby Cobra" in die Überlegungen einbezogene Version blieb im Gedankenstadium stecken. So kam es schließlich zu Iacoccas Auftrag an DeTomaso, ihm etwas Besseres zu liefern, und dies in einer für einen kleinen italienischen Hersteller ungewöhnlich großen Stückzahlen von 2500 Fahrzeugen jährlich.

DeTomaso versicherte Iacocca, das zu schaffen. Sein Schwager, Direktor der amerikanischen Firma Rowan Controls, wurde von ihm dazu überredet, daß Rowan nicht nur DeTomasos Fabrik, sondern Ghia und Vignale gleich mit aufkaufte. Da er bis 1970 trotz aller Mängel rund 300 Mangustas in Europa abgesetzt hatte, besaß DeTomaso auch die nötigen Mittel, Iacoccas Wagen zu bauen. Es war der Pantera.

Die Enthüllung fand auf der New York Auto Show im März 1970 statt. Dieser Prototyp hatte zunächst noch das später ausgetauschte Mangusta-Chassis und eine Ganzstahlstruktur, die den „Restauratoren" von Pantera-„Oldies" noch einige Kopfschmerzen bereiten sollten. Das Konzept dafür stammte von Gianpaolo Dallara – nicht jeder Wurf eines Könners muß eben auch immer ein großer Wurf sein.

Die Abmessungen des Pantera wiesen gegenüber denen des Mangusta keine gravierenden Unterschiede auf. Die Gewichtsverteilung hatte sich zu 58 Prozent auf die Hinterachse verlagert. Beibehalten blieben die un-

Auf der Auto Show in New York hatte der Pantera 1970 Premiere. Allerdings noch nicht mit dem die messerscharfe Frontpartie verunstaltenden, von den US-Regeln vorgeschriebenen Stoßfänger. Pantera-Schöpfer Tom Tjaarda wird's mit Grausen gesehen haben.

Den Zugang zum Mittelmotor, einem Ford V8, ermöglichte eine große Heckklappe. Der 5,7-Liter wurde zunächst bei Ford USA, später auch bei Ford Australien gebaut. 1991 kam dann der gleiche 4,9-Liter wie im Ford Mustang mit 225 PS zum Einsatz.

gleichen Reifendimensionen von 185/70-15 vorn und 215/70-15 hinten. Dearborn verlangte besondere Servicefreundlichkeit und höhere Zuverlässigkeit und dementsprechend auch mehr Standard-Komponenten aus den Ford-Regalen, als sie beim Mangusta vorhanden waren. Zu diesen Ford-Komponenten zählte die „HO"(high-output)-Version des neuen 5752-ccm-„Cleveland"-V8 in Verbindung mit dem üblichen Fünfgang-ZF-Transaxle. In der US-Version leistete der Achtzylinder 310 PS, in der Europa-Version 330. Die Abgasgesetze in den USA zwangen schließlich sogar zur Senkung der Leistung auf 250 PS.

Wenngleich an absoluten Standards gemessen nicht gerade ein Raumwunder, bot der Pantera den Insassen aber doch etwas mehr Platz als der Mangusta. Der Pantera wirkte in der Technik durchdachter und professioneller, in der Instrumentierung auch vollständiger. Selbst die Klimaanlage gehörte zum Standard, ungewöhnlich zwar für italienische Verhältnisse, notwendig jedoch für amerikanische Ansprüche. Der gewünschten Servicefreundlichkeit entsprach zum Beispiel die einzelne große und weit öffnende Motorhaube. Wie nicht anders erwartet, lieferte Vignale aus Turin die Karosserie, die Endmontage erfolgte dann bei DeTomaso in Modena. Mit dem Styling war – auch nicht überraschend – Ghia beauftragt worden. Ausgeführt wurde es dort aber von einem Amerikaner, der damit zugleich bewies, daß er sein Handwerk verstand: Tom Tjaarda.

Die Eile, mit der der Pantera in der Anfangsphase gebaut wurde, entsprach dem, was man „mit der heißen Nadel genäht" nennt. So wiesen die etwa dreihundert ersten fertigen Exemplare bei der Endkontrolle so viele Mängel auf, daß sie noch einmal überarbeitet werden mußten, bevor sie in den Verkauf gehen konnten. Als Folge davon verzögerte sich die Belieferung des US-Marktes bis 1972. Der Sache und dem Interesse an diesem neuen Wagen tat das keinen Abbruch. Schon gar nicht angesichts des Preises von rund 10 000 Dollar, weit unter dem für andere „Italiener" der Hochleistungs-Kategorie. Von besonderer verkaufsfördernder Bedeutung war die Gewißheit für die Kunden, daß der bewährte Ford-Motor im Falle des Falles praktisch in jeder Werkstatt repariert werden konnte, und dies mit der üblichen Ford-Garantie.

Seine Ambitionen, sich als Sportwagen und nicht als Reise-Komfortlimousine einordnen zu lassen, meldete der Pantera schnell an. Vornehmlich mit Problemen bei der Kühlung des Motorraums und entsprechender Aufheizung der direkt davorliegenden Kabine. Und dann war da ja auch noch das Thema Leistung. Die Europäer konnten das Pantera-Gaspedal – zumindest theoretisch, und hier in erster Linie in Deutschland auf freien Autobahnen – bis zur Höchstmarke von 257 km/h durchtreten. Die US-Panteras waren nicht annähernd so schnell. Das mußten sie aus bekannten Gründen auch nicht sein. Aber das Gefühl, daß man könnte, wenn man dürfte, hat ja auch etwas für sich...

Ein Vergleich zwischen dem Pantera und den italienischen Sportwagen konnte natürlich auch nicht ausbleiben. Das Ford-Triebwerk des Pantera war robust, aber eben doch konventionell, konnte auch mit solchen technischen Highlights wie Aluminiumblock mit obenliegenden Nockenwellen nicht aufwarten. Den US-Emissionsregeln entsprach es aber auch nicht. Das führte 1975 zu einer Überarbeitung nicht nur des Triebwerks, sondern auch des Stylings. Denn den strengen, eher sogar kuriosen Sicherheitsbestimmungen wurde der Pantera auch im Styling nicht gerecht. Als diese schließlich erfüllt waren, präsentierte sich der Italo-Sportler mit dem robusten US-Herzen mit die Frontpartie regelrecht verunstaltenden klobigen schwarzen Gummi-Stoßfängern, während die hinteren noch zu ertragen waren.

Daß solche Maßnahmen hohe Kosten verursachen, versteht sich. Für Fords kühle Rechner waren sie zu hoch. Das Ende vom Lied hörte sich dann so an: Die Importe wurden angesichts der sinkenden Absatzzahlen, nicht zuletzt auch beeinflußt durch die Ölkrise, zunächst auf die Hälfte reduziert und schließlich ganz eingestellt. Recht unterschiedlich lesen sich die Produktions-Ergebnisse. Lincoln-Mercury meldete nach vierjähriger Bauzeit beim Produktionsstop 6091 verkaufte Panteras. Andere halten diese Zahl für zu hoch gegriffen, wobei eine Quelle von nur 5629 spricht.

Doch nach 1974 ist er weiterhin gebaut worden, aber speziell für Europa, wo er besonders in Deutschland sehr beliebt war. Bis 1990 sind dann auch nur wenige Änderungen an Design und Technik vorgenommen worden. Zu bemerken dabei ist, daß Ford Australien einen dort produzierten Motor in nicht sehr hoher Stückzahl nach Dearborn lieferte.

Hoch waren die Stückzahlen des Pantera ohnedies nicht mehr. Ausschließlich auf private Bestellung lag die Fertigung bei jährlich etwa fünfzig bis hundert Fahrzeugen. Mitte der 70er Jahre tauchte eine stärkere Version auf, der GTS mit 350 PS, der 1980 von einem mit Spoilern und Schürzen reichlich „bekleideten" GT 5 abgelöst wurde, offensichtlich eine Antwort auf Lamborghinis Countach. 1983 ist dieser GT 5 auf 330 PS aufgestockt und als GT 5/S deklariert worden. Die inzwischen aber auch in Europa strengeren Abgasgesetze führten am Pantera ebenfalls nicht vorbei: Das Grundmodell L büßte mit jetzt 212 PS ebenso von seiner ursprünglichen Kraft einiges ein wie der GT 5 S.

Der Pantera wird noch immer gebaut, unter den wachsamen Augen von Alejandros Sohn Santiago DeTomaso, bei der DeTomaso Modena S.p.A. Automobili. Triebwerk ist nach wie vor ein mittschiffs eingebauter 4,9-Liter Ford-V8. Er steht in zwei Versionen zur Verfügung: 182 kW/247 PS oder 224 kW/305 PS. Zu haben ist er als Coupé oder als Targa-Variante. Ein Ende der Bauzeit ist nicht abzusehen – der Pantera ist auch nach mehr als zwanzig Jahren ein Auto für das Jahr 2000.

Technische Daten	
Motor:	OHV-V8-Ford-Motor, (1971 bis 1980 in den USA, 1980 bis 1990 in Australien, seit 1991 wieder in den USA gebaut). 5763 ccm, Bohrung x Hub 10,16 cm x 8,89 cm, 250 bis 350 PS (SAE) bei 5400-6000 U/min, max. Drehmoment 440-447 Nm bei 3600-3800 U/min (1970-1990) – OHV V8, 4942 ccm, 10,16 x 7,62 cm, 305 PS (SAE) bei 5800 U/min, max. Drehmoment 451 Nm bei 3700 U/min
Kraftübertragung:	ZF-Fünfgang-Schaltgetriebe mit hinterem Transaxle
Fahrwerk:	Einzelradaufhängung rundum, vorn und hinten an oberen und unteren Querlenkern, Schraubenfedern, Rohrstoßdämpfer, Stabilisator
Bremsen:	Scheibenbremsen (hydraulisch) rundum
Radstand:	2514 mm
Gewicht:	1406-1496 kg (je nach Modell)
Fahrleistungen:	0 auf 60 mph 5,2-7,5 sek.
Höchstgeschwindigkeit	140-167 mph (225-268 km/h)
Produktion:	Etwa 10 000 (noch in Produktion)

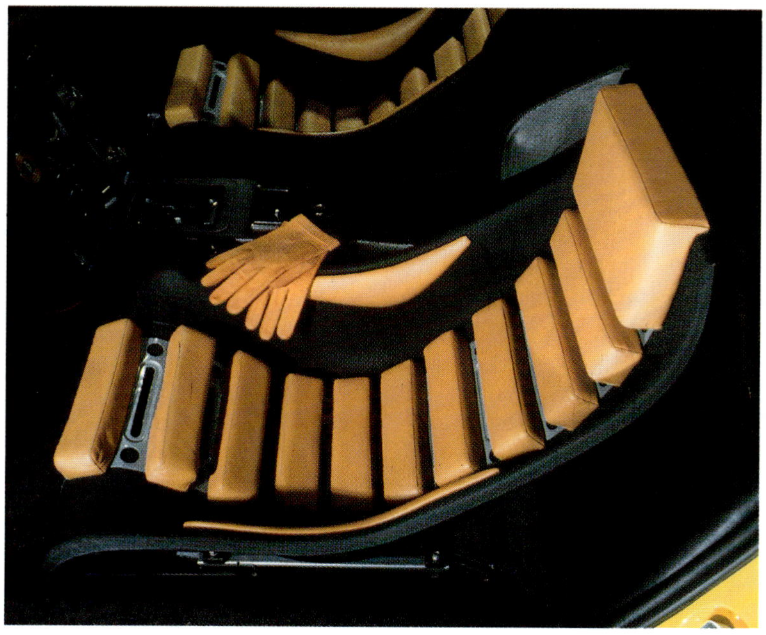

Eng ging es im Pantera von Anfang an zu. Die Ausstattung aber hatte hohen Standard mit komplettem Instrumentarium, besonderen Sportsitzen und – ausschließlich für den US-Markt – auch Klimaanlage. Gebaut wird der Pantera auch heute noch in geringen jährlichen Stückzahlen bei DeTomaso Automobili in Modena als Coupé und Targa.

Der Lamborghini Countach – hier ein Modell LP 400 aus dem Baujahr 1975 – war konzipiert als das absolute Superauto mit dem Erbe des Miura. Er wurde es. Ein Tester beschrieb ihn als „außergewöhnlich, unwirklich, außerirdisch". Auch das war nicht übertrieben, weder hinsichtlich des Stylings noch des leistungsstarken DOHC-V12-Motors mit 375 PS.

Geschrieben worden ist über den Lamborghini Countach während seiner mehr als sechzehnjährigen Bauzeit soviel, daß es kaum möglich ist, ein wahres Bild dieses Superautos zu zeichnen. Eines der vielleicht klarsten Bilder hat Pete Lyons, Autor des „Complete Book of Lamborghini", geschaffen. Ein kleines Werk der Formulierkunst: „Exotisch. Unwirklich. Außerirdisch. So haben die meisten Zeitgenossen den Countach gesehen. Als einen Ausdruck der Design-Kunst. Dieses Ultraauto war ein Triumph." Nicht ganz so euphorisch urteilten jene, nach deren Meinung der Countach lediglich alles das verkörperte, was ein Auto an Styling-Fantasie und Leistungskraft eben braucht, um Faszination und Bewunderung auszulösen.

Er war ohne Zweifel dazu bestimmt, das Erbe des Miura anzutreten, als der Inbegriff des Superautos. Als solches wurde von ihm erwartet, daß er dann auch die gravierendsten Fehler und Mängel des Miura „aufs Korn" nehmen und abstellen würde, nämlich dessen Unart, bei hohen Geschwindigkeiten vorn „abzuheben", in Kurven stark zu untersteuern, Ermüdungserscheinungen in der Schaltung zu offenbaren und die Insassenkabine mit Hitze ebenso zu „erfüllen" wie mit Lärm. Doch alles, was ihm bei der Präsentation auf dem Genfer Salon 1971 gutgeschrieben wurde, faßte dies auch zusammen: Verbessert und praktischer – mehr nicht. Die Meinungen entsprachen dabei letztlich auch dem Namen Countach (sprich „Kuhntaasch"), was frei übersetzt soviel bedeutet wie „Großer Gott!" Und das läßt sich vielfältig interpretieren...

Außer der Tatsache, wieder ein zweisitziges Mittelmotor-Coupé mit dem Vier-Nockenwellen-V12 zu sein, unterschied sich der Countach vom Miura wie Chianti von Bordeaux. Ingenieur Paolo Stanzani hatte als eine entscheidende Maßnahme das Ganzstahl-Chassis des Miura durch eine komplexe-Multirohrrahmen-Konstruktion ersetzt. Eine nicht zuletzt von rationellen Gründen getragene Lösung. Erstens war dieses Chassis für ein kleines Unternehmen wie Lamborghini leichter herzustellen, und zweitens erwies es sich angesichts der von Lamborghini geplanten limitierten Stückzahl in nicht allzulanger Bauzeit als sinnvoller. Daß es in mehr als fünfzehn Jahren schließlich doch fast zweitausend Wagen wurden, dürfte für die Herren in Sant'Agata, einschließlich des Cavaliere selbst, eine Überraschung gewesen sein.

Die wichtigste Veränderung des Countach im Vergleich zum Miura war der Einbau des Motors in „Nord-Süd-Richtung", also längs zur Fahrtrichtung. Die Getriebeeinheit war dabei bis unter das Cockpit gezogen, wodurch sich eine kurze und direkte Verbindung mit entsprechend kurzen Gangwechseln ergab. Positiver Zusatzeffekt war eine leichte Verbesserung des Wagenschwerpunkts. Der um etwa fünf Zentimeter verkürzte Radstand jedoch ging zu Lasten des Fußraums, von dem die Vorderräder nun einiges beanspruchten. In dieser Hinsicht hatte der Miura – buchstäblich – mehr zu bieten. Die Verteilung der Massen gestaltete sich insgesamt dadurch jedoch ausgewogener. Auch an der Lärm- und Hitzeisolierung hatten die Lambo-Techniker etwas verbessern können.

Was natürlich jeder Beobachter des neuen Lamborghini zur Kenntnis nahm, war das ungewöhnliche Styling des Countach. Das hatte die Welt noch nicht gesehen. Mit dieser scharfkantigen, fast pyramidenförmigen Karosserie lieferte Bertones Künstler Marcello Gandini einen weiteren Beweis seines Könnens. Die aus einem wohlproportionierten Wagen vorn, in der Mitte und hinten hochschwingenden Türen und Klappen ließen den Lambo – waren sie alle „geliftet" – wie einen überdimensionalen Science-Fiction-Käfer aussehen. Kenner registrierten sogleich: Diese Stilelemente hatte man schon einmal gesehen – bei Bertones auf dem Chassis des Alfa Tipo 33 geschaffener Studie „Carabo" von 1968.

Wer beim Countach Maß nehmen wollte, ging so vor: Kofferraum? Fehlanzeige. Rundumsicht? Schwierig ist noch ein Kompliment bei superflacher Frontscheibe, ultraniedriger Sitzposition und einem von den Seitenflügeln gebildeten Tunnel mit totem Winkel. Aber wen störte das? Einen Countach anzusehen war gleichbedeutend damit, ihn auf der Stelle auch fahren zu wollen – und in ihm gesehen zu werden.

Zum Countach lieferte Bertone die Aluminium-Karosserie, aber diesmal knapp einen Millimeter stark. Montage, Lackierung und Finish erfolgten in Sant'Agata selbst. Obwohl der Prototyp mit einem auf fünf Liter aufgebohrten V12 präsentiert worden war, ging der Countach dann mit dem bereits bekannten Vierliter-Triebwerk und 375 DIN-PS als LP 400 in Serie. „LP" stand dabei für „longitudinal posterior" als Hinweis auf die längs eingebaute Maschine. Eine ganze Reihe von Veränderungen gegenüber dem Prototyp dokumentierte, daß zwischen diesem Ur-Countach von Genf des Jahres 1971 und dem serienreifen Fahrzeug drei Jahre „Überarbeitungszeit" vergangen waren.

Unterbau des Countach war nun eine vom Rennsport abgeleitete Stahlrohr-Aufhängung unter Beibehaltung der Fahrwerk-Geometrie des Miura. Die Frontpartie garantierte, jetzt aerodynamisch günstiger gestaltet, höheren Anpreßdruck auf die Vorderachse beziehungsweise reduzierten Auftrieb. Durch die etwas höhere Dachlinie stand den Insassen nun auch etwas mehr Kopffreiheit zur Verfügung. Zur Steigerung der Leistungsfähigkeit der seitlich montierten Kühler „thronten" auf beiden hinteren Kotflügeln zwei groß dimensionierte Luftkästen, dem gleichen Zweck dienten auch die beiden Einlaßöffnungen in den Flanken.

Nach zwei weiteren Prototypen, von denen der zweite 1973 auf dem Genfer Salon als der kommende Countach vorgestellt wurde, begann der Verkauf des neuen Lambos schließlich im Frühjahr 1974. Sage und schreibe 23 Wagen sind in diesem ersten Jahr ausgeliefert worden, alle aber ausgesprochene Renner: Von 0 auf 100 km/h waren weniger als sieben Sekunden vergangen, die Spitze reichte bis über die 200-km/h-Marke hinaus. Logisch, daß sie da auch Könner hinter dem Lenkrad verlangten, denen sie im gesamten Handling schon Rennfahrer-Qualitäten abforderten.

An eine limitierte Produktionszahl und -zeit hatte man in Sant'Agata gedacht. Inzwischen aber auch umgedacht. Im vierten Jahr seiner Laufbahn gab es den Countach immer noch, als neue Version LP 400 S. Giampaolo Dallara war aus seiner erfolgreichen Tätigkeit als „Freiberufler" zurückgekehrt, um die weitere Entwicklung des Countach unter seine Fittiche zu nehmen. Dazu gehörte die Überarbeitung der Fahrwerk-Geometrie, der Einsatz breiterer Fünfloch-Räder wie beim V8 „Silhouette" für die superbreiten Pirelli P7-Reifen, im Zusammenhang damit eine Verbreiterung der Radkästen und ein Frontspoiler. Auf der Optionsliste fand sich ein Utensil, mit dem die meisten S-Modelle und viele spätere Countachs zu einer Art automobiler Boden-Rakete (zumindest optisch) umfunktioniert wurden – ein riesiger Heckflügel auf zwei Streben, ähnlich dem, wie man ihn auch vom „Superbird" des Plymouth Road Runner kannte und später beim Ferrari F40 kennenlernen sollte. Eine Veränderung erfuhr das Instrumentarium schließlich bei einer 1980 vorgestellten Baureihe S2.

Inzwischen zeichneten sich auch in Europa strengere Abgasgesetze und in deren Gefolge auch höhere PS-Steuern ab. In Sant'Agata wurde bei der Vorstellung eines „größeren" Countach klug reagiert: Der Hubraum stieg

Wie ein überdimensionaler Science-Fiction-Käfer wirkte der Countach, wenn alles an ihm hochgeklappt war, was sich hochklappen ließ, einschließlich der Flügeltüren.

zwar auf 4,75 Liter, die PS-Zahl von 375 aber blieb bei niedrigerer Verdichtung unverändert. 1985 allerdings schien das PS-Thema auch für Lamborghini wieder nur ein Fall für die unterste Schublade zu sein. Der Countach des neuen Baujahres, das Modell 5000 S Quattrovalvole, klotzte mit 455 PS aus einem Hubraum von 5167 ccm. Mit der Zusatzbezeichnung war Lamborghinis Antwort auf Ferraris 308 gegeben: Auch in Sant'Agata kann man Motoren mit Vierventiltechnik bauen. Und mit über 290 km/h war der Countach wieder der „king of the road". Zumindest aber einer der Könige. Denn der Ruf des schnellsten Serienautos der Welt stand angesichts unterschiedlicher Testresultate von der Presse heiß diskutiert auf etwas wackeligen Rädern.

1988 feierte Lamborghini das Silberjubiläum als Automobilhersteller. Wie Erzrivale Enzo Ferrari präsentierte natürlich auch Ferruccio Lamborghini ein Jubiläumsmodell, einen sowohl außen als auch innen modifizierten und aufgewerteten Countach. Veränderte Lufteinlässe, eine neue Abdeckung des Motorraums und integrierte Kühlereinheiten anstelle der aufgesetzten Kästen machten die Countach-Linie nicht nur schlanker, sondern verbesserten auch die Motorkühlung.

Der Motor blieb unverändert, wirkte jedoch akustisch für die Insassen, als wäre er ruhiger. Das

Im Countach-Cockpit imponierte vor allem der auf 320 km/h (200 mph) ausgelegte Geschwindigkeitsmesser.

lag aber nicht am Triebwerk selbst, sondern an der verstärkten Isolation des Motorraums.

Einen Countach fahren, das ist wie ein Ausflug in eine andere (automobile) Welt. Knochenhartes Fahrwerk. Höllenlärm im Rücken. Eine Position, die eigentlich nur Dummies, jenen Sicherheitstest-Kunststoff-Menschen zuzumuten ist. Ein Handling, das zu meistern man schon die Muskeln eines Arnold Schwarzenegger braucht. Aber wer den Countach erst einmal im Griff hat, wird mit dem britischen Journalisten Doug Blain einer Meinung sein: „Dieses Auto verkörpert die Perfektion von Leistung und Fahrverhalten. Du mußt einsteigen und diesem Ding deinen Willen aufzwingen, mit Muskeln, aber nicht mit roher Kraft."

Wie sagten wir eingangs: Es ist kaum möglich, ein wahres Bild dieses Autos zu zeichnen. Auch der in diesem Buch zur Verfügung stehende Platz kann nicht mehr vermitteln als ein Streiflicht über eines der größten Autos dieses Jahrhunderts. Vielleicht ist ja das ein allgemeingültiges Urteil, zu dem Road & Track bei einem Test 1985 über den damals gerade präsentierten Quattrovalvole kam:

„Der Countach ist größer als seine Leistungsdaten, größer als die Summe aller seiner automobilen und automotiven Qualitäten. Die einzige Begründung für die Daseinsberechtigung dieses Autos ist die, daß es irgendwie – entsprechend irgendwelchen geheimen magischen Formeln – größer ist als das Leben. Es ist, wenn man darüber nachdenkt, schon so etwas wie ein Wunder."

Philosophie über ein Automobil, das alle jene für überflüssig halten mögen und werden, denen der Sinn für derlei Philosophie fehlt. Dieser Countach selbst ist Philosophie. Wenn es ihn nicht gäbe, müßte er erfunden werden.

Technische Daten

Motor:	Alle Modelle DOHC-V12 – Baujahre 1974-1982 (LP 400/LP 400 S): 3929 ccm, Bohrung x Hub 8,2 x 6,2 cm, 375 DIN-PS bei 8000 U/min, max. Drehmoment 387 Nm bei 5000 U/min – Baujahre 1982-1985 (LP 500 S): 4754 ccm, 8,55 x 6,9 cm, 375 PS bei 7000 U/min, 409 Nm bei 4500 U/min; US-Version: 325 SAE-PS bei 7500 U/min, 325 Nm bei 5500 U/min – LP 5000 S Quattrovalvole (1985-1989) und Jubiläumsmodell zum 25jährigen Bestehen der Automobilproduktion (1988): 5167 ccm, 8,55 x 7,5 cm, 455 DIN-PS bei 7000 U/min, max. Drehmoment 500 Nm bei 5200 U/min; US-Version 420 SAE-PS bei 7000 U/min, 462 Nm bei 5000 U/min.
Kraftübertragung:	Fünfgang-Schaltgetriebe mit hinterem Transaxle
Fahrwerk:	Einzelradaufhängung rundum, vorn ungleich lange Dreiecksquerlenker, Schraubenfedern, hinten Querstreben (oben) und Dreiecksquerlenker (unten), obere und untere Längslenker, doppelte Schraubenfedern, Rohrdämpfer und Stabilisator vorn und hinten
Bremsen:	Hydraulische Scheibenbremsen rundum
Radstand:	2451 mm
Gewicht:	1322-1490 kg
Fahrleistungen:	0 auf 100 km/h 5,0 bis 7,0 sek.
Höchstgeschwindigkeit	276-309 km/h
Produktion:	150 LP 400, 235 LP 400 S, 323 LP 500 S, 610 LP 5000 S Quattrovalvole, 650 Edition (Jubiläumsmodell) von 1988 bis 1990

Ein Raumwunder war er nicht gerade, der Countach. Von guter Rundumsicht konnte auch nicht die Rede sein. Aber von Supersportwagen-Feeling in jeder Hinsicht.

Die Ära der Ferraris mit Mittelmotor begann Ende 1975 mit dem 308 GTB. Dieses hier abgebildete Modell ist allerdings der erst später vorgestellte Vierventiler „Quattrovalvole". Das Styling stammte, alles andere als überraschend, auch wieder von Pininfarina. Die Luftöffnungen an beiden Flanken waren ein Stylingelement, das für spätere Ferraris typisch wurde. Beim 308 wurde die erstmals im großen Daytona eingebaute Cockpit-„Wanne" aus Fiberglas übernommen.

Die Mittelmotor-V8-Ferraris, angefangen vom 308 GTB, vorgestellt Ende 1975, würden wohl bei jedem Zeitgenossen unabwendbar dabei sein, wenn er eine Liste der „Traumautos" zusammenstellen sollte. Und sei es nur, weil sie Ferraris sind. Denn sie gehören nun einmal zu den bemerkenswertesten Automobilen der Welt, nicht zuletzt dank des faszinierenden Stylings von Pininfarina. Dieser Serie voraus ging die berühmte Baureihe 250 GTO der frühen 60er Jahre, die aber ebenso der Gesamtfamilie zuzuordnen ist wie die heutigen 348 TB-Modelle, die ihrerseits die Nachfolge des 328 antraten und damit die Vollblut-Ferraris in die 90er Jahre geführt haben.

Begonnen hatte die 3er Serie Ende 1973 nicht gerade vielversprechend mit dem Dino 308 GT4, der zu spät das Erbe der beliebten Zweisitzer 206/246 angetreten hatte. Obwohl mit einem ähnlichen Chassis wie die 2er Modelle und einem neuen V8 – dem ersten in einem Serien-Ferrari überhaupt! – ausgerüstet, wurde er als 2+2-Version von Puristen glatt abgelehnt und gilt noch heute als der Ferrari mit der geringsten Ausstrahlung. Außen schlecht proportioniert und innen eng, war der GT4 einer der wenigen nicht von Pininfarina für Ferrari entworfenen Serienwagen und kam von dem ansonsten ebenfalls renommierten Haus Bertone. Trotz allem erreichte der sieben Jahre lang gebaute GT4 die noch immer respektable Zahl von 7500 gebauten und verkauften Einheiten. Daran änderte nicht einmal seine zum Teil mangelhafte Verarbeitung etwas, ebensowenig der unverhältnismäßig hohe Kraftstoffverbrauch.

Der 308 GTB, ein auf der Basis des GT4 weiterentwickelter Zweisitzer mit kurzem Radstand, zeigte sich da schon von besserer Qualität. Das Design war nun wieder Pininfarinas Werk. Und das hieß: Faszinierend, eben wieder ein richtiger Ferrari. Kraftverheißend, aber dennoch weich in den Linien und ansprechend. Mitgewirkt an dem aerodynamischen Styling hatte der Windkanal zur Optimierung des cW-Wertes und der Stabilität bei Hochgeschwindigkeiten. Maranellos Fans waren begeistert, daß an diesem Wagen zu Recht wieder Ferraris Signum und das Emblem des tänzelnden Pferdes prangten.

Ein leichter Hauch vom V6-Dino 246 strich zwar über die Dachlinie des GTB. Alles andere aber war neu, von der scharfkantigen breiten Nase bis zum Heck. Die Seitenlinie wurde an beiden Flanken durch eine konkave und in die hinteren Kotflügel übergehende Luftöffnung betont. Ein Styling-Element, das für künftige Ferraris, wenngleich in abgewandelter Form, typisch werden sollte. Er war durch und durch modern, aber ohne dabei in irgendein Extrem zu fallen. Wenn überhaupt extrem, dann galt dies für die ersten Ferraris mit fast ausschließlich aus Fiberglas gefertigter Karosserie bei einem Serienmodell. Das Finish war auch bei dieser Konstruktion exzellent. Nach kurzer Zeit schaltete Ferrari jedoch wieder auf die konventionelle Stahlblechkarosse um. Mit Qualitäts- oder Verarbeitungsmängeln hatte das nichts zu tun. Sondern lediglich damit, daß die Ferrari-Kunden kein „Plastikauto" haben wollten. Die Cockpit-„Wanne" blieb jedoch aus Fiberglas.

Wie beim GT4, gab auch beim GTB die Bezeichnung „308" technische Aufschlüsse, nämlich über den Motor: 30 charakterisierte den Dreiliter-Hubraum (3.0), 8 den Achtzylinder V8. Bezüglich der Zylinderdimensionen und in einigen anderen Komponenten war dieser Motor „Zweidrittel des aktuellen 365 V12", wie es Ferrari-Kenner Pete Lyons formulierte. Ebenfalls quer vor der Hinterachse montiert, handelte es sich um ein Triebwerk mit vier obenliegenden Nockenwellen, jedoch über einen Zahnriemen statt mittels Kette angetrieben. Mit vier Weber-Doppelvergasern und einer Verdichtung von 8,8:1 brachte es diese Maschine auf 205 PS bei 6600 U/min. Der Antrieb erfolgte auch hier über eine Einscheibenkupplung auf ein vollsynchronisiertes Fünfgang-Transaxle mit einer Übersetzung von 4,06:1. Das Chassis entsprach weitgehend dem der 246er Modelle.

Im Gegensatz zum GT4 fand der GTB spontane Zustimmung von allen Seiten. Auch bei der Presse. Obwohl der Wagen deutlich untersteuerte, stand Kraft genug zur Verfügung, um mit dem Gaspedal auch in engen Kurven das GTB-Hinterteil wieder mit der Wagenfront auf einen Kurs zu bringen. Exzellent war auch die Spurgenauigkeit bei hohen Geschwindigkeiten. Die Leistung war erstklassig – 6,5 Sekunden für den Sprint auf 100 km/h und „Spitze" 247 Kilometer pro Stunde. Die Tester von Road & Track waren beeindruckt vom „blendend ausgewogenen Styling, der Leistung, dem Komfort, dem Fahrverhalten und dem Handling, wie es nur wenige Autos bieten können. Eine Verbindung von Mensch und Maschine, die beide zu einer Einheit macht. Das ist es letztlich, was ein großes Auto ausmacht."

Ein offener GTB mußte so sicher kommen wie das Amen in der Kirche. Und er kam. Präsentiert auf einer der renommiertesten Premierenbühnen der Welt – der Frankfurter IAA 1977. Ferrari nannte ihn 308 GTS. Mit dem herausnehmbaren Dachteil wandelte er im Styling auf den Spuren des 246. Inzwischen hatte sich Ferrari entschlossen, 208-Modelle mit geringerem Hubraum speziell für den italienischen Markt auszurüsten, wo für Fahrzeuge mit mehr als zwei Liter Hubraum jetzt höhere Steuern erhoben wurden.

Die nächste gravierende Änderung war 1981 fällig, aus Gründen des jetzt immer stärker berücksichtigten Umweltschutzes. In diesem Falle geschah dies durch den Einsatz einer Bosch K-Jetronic-Benzineinspritzung anstelle der bisherigen Vergasertechnik. Mit dem „i" für „iniezione" (Einspritzung) wurde dies auch in der Typenbezeichnung dokumentiert. Das US-Magazin Road & Track interpretierte dieses „i" auf seine zwar auch den Tatsachen entsprechende, aber eben doch nicht offizielle Lesart als „improved", also verbessert. Nun, das war er ja auch mit den 7,9 Sekunden für die 0 auf 60 mph-Beschleunigung und die vom Magazin gemessene Höchstgeschwindigkeit von 145 mph (233 km/h).

Die gesamte Baureihe 308/328/348 war mit einem 90-Grad-Leichtmetall-V8 motorisiert. Die Leistung stieg im Laufe der Bauzeit von zunächst 205 bis schließlich 394 PS. Der 328 GTS – unten – erhielt einen vergrößerten 3185-ccm-Achtzylinder und beschleunigte aus dem Stand auf 100 km/h in knapp sechs Sekunden.

Das Jahr 1982 brachte einen überarbeiteten Quattrovalvole V8 mit dem Einstieg in die Vierventiltechnik. Den serienmäßigen 240 PS wurden für die US-Modelle 10 PS „abgezogen". Stilistisch ließen sich nur einige Elemente wie ein kleiner Spoiler und in Wagenfarbe lackierte Stoßfänger ausmachen.

Gemäß der Produktions-Disziplin gegenüber „Mutter" Fiat entwickelte Ferrari seine Modelle nun mit ähnlicher Kontinuität wie Porsche. Der erste Schritt in diese Richtung war der 1985 vorgestellte GTB/GTS mit einem sowohl in der Leistung als auch im Drehmoment gesteigerten 3,2-Liter-V8. Die Benzineinspritzung wurde übernommen, die elektronische Marelli Digiplax-Zündung aber durch das neue Multiplex-System ersetzt. Die Leistung war besser als je zuvor. Car and Driver zum Beispiel ermittelte im Test einen Beschleunigungswert von 5,6 Sekunden auf 60 mph und eine Höchstgeschwindigkeit von 153 mph (246 km/h). Auf schlechten Fahrbahnen registrierte das Magazin jedoch Mängel im Kontakt zum „Untergrund" und mehr

Der 348 – Abbildung: ein 348tb von 1991 – kam im Styling dem Zwölfzylinder-Testarossa sehr nahe. Seine Leistung ging bis zu 296 PS.

Neigung zum Übersteuern als der 308. Kritikloser dagegen beurteilte ein anderer Tester den GTS als ein Auto, „das das Emblem mit dem tänzelnden Pferd voller Stolz als das beste Zwölfzylinder-Modell" tragen dürfe.

Das Debüt des 328 wurde etwas von der Ankündigung eines neuen GTO überschattet. Dieser erwies sich 1984 zwar nicht als „Neuausgabe" des bei Ferrari-Fans fast schon mit einem Heiligenschein umgebenen Original-GTO, aber allemal als eine aus dem 308/328 GTB entwickelte spezielle Version. Im Erscheinungsbild und in den Chassis-Spezifikationen diesen beiden Typen weitgehend ähnlich, benötigte der neue 288 GTO jedoch einen längeren Radstand (2451 mm), weil bei ihm die Maschine nun wieder längs eingebaut war. Der V8 mit vier Nockenwellen wartete mit einigen wesentlichen Veränderungen auf. Im Hubraum auf 2855 ccm reduziert, besaß er zwei Turbolader, beide mit Intercooler ausgestattet, der für ein dichteres Luft-Benzin-Gemisch durch die Weber-Marelli-Port-Elektronik-Einspritzung sorgte. Die Leistung von 394 PS wurde über eine Zweischeiben-Kupplung auf das übliche Fünfgang-Transaxle übertragen. Im lang ausgelegten fünften Gang erreichte der Wagen eine Höchstgeschwindigkeit von mehr als 300 Kilometer pro Stunde.

Programmiert war der 288 für die FISA-Gruppe B, die eine Mindestproduktion von zweihundert Wagen zur Homologation voraussetzte. Ferrari baute genau diese zweihundert – basta! Obwohl die Gruppe 8 schon wieder abgeschafft worden war, bevor sie richtig „ins Laufen kam", beeinflußte der rennsportorientierte 288 doch auch seine Produktions-Geschwister. Sie hatten von Anfang an auch die Bodengruppe des 288, wobei aber Kosten und Zeitgründe die entscheidenden Faktoren waren. Noch wichtiger war dann die Rolle, die der 288 bei der nächsten Generation der Serien-V8-Ferraris spielte – beim 348tb von 1990. Mit ähnlichen Stylingelementen wie der zur gleichen Zeit produzierte Zwölfzylinder-Boxer-Testarossa, hatte der 348 den Radstand des GTO und das längs eingebaute Triebwerk. Er bediente das Transaxle jedoch kreuzweise unterhalb der Maschine verlaufend, um auf diese Art den Antriebsstrang und damit zugleich auch den Schwerpunkt des Wagens tieferzulegen. Bei vergrößertem Hubraum war auch die Leistung durch ein effektiveres Bosch Motronic Motormanagement gesteigert worden, auf 296 PS insgesamt in der Version ohne Katalysator. Der 348 war und ist einer der „kleinen" Ferraris. Aber er gehört wie alle anderen in die Familie der Traumautos mit dem gemeinsamen Familienwappen, dem wohl berühmtesten Pferd der Welt.

Technische Daten	
Motor:	Alle Modelle DOHC-V8 – 308 GTB/GTS (Baujahre 1975-80): 2927 ccm, Bohrung x Hub 8,1 x 7,1 cm, 205 bis 255 PS bei 6600-7700 U/min, max. Drehmoment 245 Nm bei 5000 U/min – 308 GTBi/GTSi (1981-82): wie 308 GTB/GTS – Quattrovalvole (1982-84): 230/240 PS bei 6800 U/min, 254 Nm bei 5500 U/min – 328 GTB/GTS (1975-89): 3185 ccm, 8,3 x 7, 36 cm, 260/270 PS bei 7000 U/min, 288/303 Nm bei 5500 U/min – 348tb (ab 1990): 3405 ccm, 8,5 x 7,5 cm, 296/288 PS bei 7 200 U/min, 322 Nm bei 4200 U/min – 288 GTO (1984): 2855 ccm, 8,0 x 7,1 cm, 394 PS bei 7000 U/min, 496 Nm bei 3800 U/min
Kraftübertragung:	Fünfgang-Schaltgetriebe, Antrieb auf hinteres Transaxle
Fahrwerk:	Einzelradaufhängung rundum, vorn und hinten ungleich lange Dreiecksquerlenker, Schraubenfedern, Rohrstoßdämpfer, Stabilisator
Bremsen:	Hydraulische Scheibenbremsen rundum
Radstand:	2339 mm (308-Modelle), 2349 mm (328), 2451 mm (348 und GTO)
Gewicht:	1158-1519 kg (je nach Modell)
Fahrleistungen:	0 auf 100 km/h 5,0 bis 9,5 Sekunden
Höchstgeschwindigkeit	209-305 km/h (je nach Typ)
Produktion:	308 (1975-80) 3665 (einschließlich 208); 308i, 308 QV, 328, 348 keine Angaben; 288 GTO (1984) 200

Der Prophet gilt nichts im eigenen Lande. Da ist zum Beispiel der geniale deutsche Erfinder Felix Wankel. Er hat zu seinen Lebzeiten kein gutes Haar am konventionellen Hubkolbenmotor gelassen, der für ihn nichts weiter war als ein „Schüttelhuber". Und so erfand er den nach ihm benannten Kreiskolbenmotor. In Deutschland zunächst im NSU Sport-Prinz erprobt, wurde der Wankelmotor 1967 offiziell auf der IAA in Frankfurt präsentiert – im an anderer Stelle dieses Buchs ausführlich behandelten Ro 80. Ein durchschlagender Dauererfolg wurde er nicht. Mit der Einstellung des Ro 80 war auch das Schicksal des Wankelmotors besiegelt. So zumindest schien es. Aber es waren wieder einmal „die Japaner", in diesem Falle Toyo Kogyo, die dort anknüpften und weiterentwickelten, wo andere schon aufgegeben hatten.

Toyo Kogyo, heute als Mazda ein Begriff für automobile Innovationen, hatte sich die Lizenz für Wankels Rotationskolbenmotor gesichert und dort angesetzt, wo sich in Deutschland offensichtlich unlösbare Probleme mit der Zuverlässigkeit und Lebensdauer stellten. Das Hauptaugenmerk widmeten Toyo Kogyos Motorentechniker dabei der anfälligen Versiegelung des Rotors. Besonders die Mängel in der Oberflächengestaltung des Rotors waren dem Ro 80 zum Verhängnis geworden. Die Lösung fand sich in der Verwendung einer auf widerstandsfähigerer Metall-Legierung basierenden Versiegelung anstelle des von NSU verwandten Kohlebasis-Materials.

Von der ersten Baureihe des Mazda RX-7 unterschieden sich die Modelle der Baujahre 1978 bis 1985 nur im Detail, wie auch am Foto eines Modells der Baujahre 1981-85 (gegenüberliegende Seite) zu erkennen ist. Mazda bot den RX-7 der ersten Generation mit zwei Motoren von 1146 ccm und 100 PS oder 1308 ccm und 1[illegible]5 PS an. In den USA wurde der RX-7 anfangs für knapp 7000 Dollar offeriert, ein Preis, der den Wagen auf Anhieb zu einem Renner machte.

Mazda – bleiben wir bei diesem Namen – nahm aber eine ganze Reihe weiterer Verbesserungen vor. So wurde die Oberfläche des Rotorgehäuses aus einer Leichtmetallguß-Legierung mit dem Metall verbunden. Eine poröse Rotor-Verkleidung sorgte für bessere Öl-Adhäsion und entsprechend verbesserte Haftung. Als Zusatzeffekt ergab sich dadurch auch eine effektivere Ölausnutzung. Während der Motor einerseits nur einen geringen Ölbedarf für die innere Schmierung benötigte, war der Ölverbrauch insgesamt gegenüber Hubkolbenmaschinen doch relativ hoch. Um Wankel-Fahrer nicht buchstäblich in Probleme hineinfahren zu lassen, baute Mazda eine Ölstands-Anzeige mit Warnlicht ein.

Auch der Kraftstoffkonsum des Wankelmotors blieb vergleichsweise hoch. Zumindest schien das so bei den ersten Limousinen, in die Mazda den Kreiskolbenmotor einbaute. Und das hätte Toyo Kogyo fast ebenso wie NSU in dicke rote Zahlen getrieben. Problem Nummer eins war das Image. Obwohl leistungsstärker als vergleichbare Hubkolbenmotoren mit gleichem Hubraum, war – und ist – der Rotationskolbenmotor weniger wirtschaftlich. Diese Eigenschaft fiel bei der ersten Energiekrise dann auch entsprechend ins Gewicht. 1975 war Mazda fast am Boden und zog die Konsequenzen: Abschied vom Auto mit Wankelmotor und Hinwendung zum konventionellen Hubkolbentriebwerk wie dem des einfachen kleinen Modells 323 GLC.

Kenichi Yamamoto, der später Mazda-Präsident werden sollte, aber gab so schnell nicht auf. Er setzte weiterhin auf den Kreiskolbenmotor. Nur mit der gedanklichen Konsequenz: Wenn dieser Motor für Limousinen nicht geeignet war, warum dann nicht für Sportwagen? Zudem gab es ja bereits einen dafür geeigneten Wagen. Acht Jahre nach der Premiere des Wankelmotors in Deutschland hatte Mazda mit dem Bau des Cosmo 110 S Sportcoupés begonnen, das zwar ein beachtliches Echo bei der Presse auslöste, aber nicht beim Publikum. Die Marketing-Strategen hatten eine große Nachfrage nach einem preislich erschwinglichen Sportwagen mit Rotationskolbenmotor ermittelt. Auf diese Ergebnisse baute Kenichi Yamamoto und ließ das Projekt X605 entwickeln, das nach dem Beginn 1974 zwei Jahre später als RX-7 die Serienreife erreichte. Bis zum Verkauf der ersten Modelle in Japan dauerte es allerdings noch bis zum Frühjahr 1978.

Der Kofferraum bot ausreichend Platz für das Gepäck einer Urlaubsreise zu zweit. Der Innenraum war jedoch für die Insassen etwas knapp bemessen.

Abgesehen vom auch zu dieser Zeit noch immer revolutionären Motor präsentierte sich der RX-7 als konventionell und modern zugleich. Als schnittiges Hatchback-Coupé in der erwarteten Einheit von Karosserie und Chassis wies der Wagen in der Tat reichlich fortschrittliche Konstruktions-Komponenten auf: Schraubenfedern an beiden Achsen, vorn McPherson-Federbeine, starre Hinterachse mit Längslenkern und einem Watt-Gestänge.

Bei der Lenkung hatten sich Mazdas Konstrukteure für das Kugelumlauf-System entschieden. Vorn kamen vakuumunterstützte Scheibenbremsen zum Einsatz, hinten Trommeln. Das Styling war orthodox – eine Mischung verschiedener Stilelemente anderer „zeitgenössischer" Sportwagen, ohne jedoch einem von ihnen ähnlich zu sein.

Mazdas Doppelrotor-Maschine, werkseitig als 12A bezeichnet, war aus der des früheren RX-3 weiterentwickelt worden und so kompakt, daß sie hinter der Vorderachse Platz fand, was den RX-7 zu einer Art Front-Mittelmotor-Wagen machte, ähnlich Datsuns 240 Z und Chevrolets Corvette. Mit diesen gemeinsam hatte er auch die fast ideale Gewichtsverteilung von 53:47 Prozent.

Typisch für den Wankelmotor, holte auch das Herz des RX-7 aus relativ kleinem Hubraum (1146 ccm) viel Kraft: 100 PS zum Beispiel in der US-Version. Typisch war aber auch das schwache Drehmoment, besonders bei niedrigeren Drehzahlen. Kein Wunder, daß da die beiden Schaltgetriebe mit vier und (als Option) fünf Gängen der Vierstufenautomatik vorgezogen wurden, die das Leistungspotential noch reduzierte.

Keine Diskussionen gab es über die Serienausstattung. Deren Liste war bemerkenswert umfangreich, um nicht zu sagen luxuriös: Teppichboden durchgehend, Stereo-Radio, Heckscheibenheizung (damals längst nicht Standard),

Quarzuhr, dunkel getöntes Glas, Klappscheinwerfer schon in der Basis-Version. Das 500-Dollar-Aufpreis-Paket umfaßte bei der GS-Version dann auch noch das Fünfgang-Getriebe, breitere Reifen (185/70s), gepolstertes Lenkrad, höherwertige Innenausstattung und hinteren Stabilisator. In der knappen Liste der werkseitig angebotenen Optionen fand sich eine Klimaanlage, ein herausnehmbares Dach (das bei einigen Versionen später zur Serienausstattung wurde) und ein „Entenschwanz"-Spoiler im Porsche-Stil.

Der RX-7 wurde mit Enthusiasmus begrüßt. Ein US-Magazin feierte ihn als einen „Durchbruch für Enthusiasten". Nun, perfekt war er auch nicht, im Fahrverhalten etwas zu rauh, in der Kabine für größer geratene Insassen etwas zu eng. Auch im Fahrverhalten ließen sich nicht nur Bestnoten verteilen. Und das Ausnutzen des Drehzahlbandes bis in die Grenzbereiche entsprach auch nicht dem, was die Amerikaner von ihren großen V8-„Schlitten" gewohnt waren. Doch das waren alles nur Kleinigkeiten, wie es schien. Der RX-7 verkaufte sich wie die berühmten „warmen Semmeln".

So blieb es auch in den folgenden sechs Jahren trotz aller Probleme eines oft schwierigen Absatzmarktes. In dieser Zeit brachte jedes Jahr weitere Innovationen. 1979 zum Beispiel Transistorzündung und einen größeren Bremskraftverstärker. Mehr kosmetischer Natur waren die Veränderungen der Modellgeneration 1981: überarbeitetes Armaturenbrett, eine klarer gestylte Frontpartie, über die gesamte Breite verlaufende Heckleuchteneinheit, ein größerer Tank und einige speziell auf die neuen Emissions-Gesetze zugeschnittene Maßnahmen, darunter auch ein Katalysator.

Inzwischen waren auch Wünsche nach mehr Leistung erfüllt worden, durch den Motor 13B mit 135 PS, eingeführt 1984 für das Modell GSL-LE, das damit in der Beschleunigung von 0 auf 60 mph (96 km/h) unter acht Sekunden blieb. Ein Wunsch konnte bei diesem Wagen auf Dauer nicht ausbleiben – der Wunsch nach einem Cabrio. Mazda hat ihn erfüllt. Für die Mazda-Konstrukteure war es letztlich auch die logische Konsequenz, dem Sport-Coupé ein Cabrio an die Seite zu stellen. Diese Aufgabe wurde im Hause selbst durch ein eigenständiges Cabrio-Konzept gelöst, bei dem es mit dem Aufschneiden des Daches nicht getan war. So entwickelten die Mazda-Techniker einen speziellen „Windblocker", der die Luftverwirbelung auf ein Minimum reduziert. Hinzu kam die Verfeinerung des Triebwerks und die Aufstockung des seidenweich laufenden Triebwerks in der Leistung. Die bewährte Zweischeiben-Maschine mit Turbolader liefert jetzt 146 kW/200 PS ab. Basierend auf der RX-7-Modellreihe generell hat dieses Cabrio ein sportiv-komfortabel ausgelegtes Fahrwerk mit Einzelradaufhängung rundum an Schraubenfedern. Bei den Bremsen kommt ein Zweikreis-System zum Einsatz, mit innenbelüfteten Scheiben an allen vier Rädern. Im Gegensatz zur Kugelumlauflenkung des „Ur"-RX-7 wird beim Cabrio jetzt eine drehzahlabhängig servounterstützte Zahnstangenlenkung eingebaut.

Die Zuverlässigkeit des RX-7-Wankelmotors war der des deutschen Ro 80 deutlich voraus. Der Motor mußte aber mit hohen Drehzahlen gefahren werden, da das Drehmoment bei niedrigen „Touren" zu gering war und in den Fahrleistungen zu wünschen übrig ließ.

Mazdas Standpunkt zum Wankelmotor formuliert Michael Dithmer, Chef der Öffentlichkeitsarbeit von Mazda Deutschland, so: „Bei nahezu zwei Millionen gebauten Kreiskolbenmotoren haben unsere Mazda-Konstrukteure das Recht zu fragen: ‚Wenn nicht wir – wer dann?' Mazda gilt nicht nur als Träger der Wankel-Idee. Unsere Ingenieure gelten heute als die Vervollkommner dieser Technik."

Technische Daten

Motor:	Zweischeiben-Kreiskolbenmotor, Kammervolumen 1146 ccm, 100 PS bei 6000 U/min., max. Drehmoment 142 Nm bei 4000 U/min – GSL-SE (1984-85): 1308 ccm, 135 PS bei 6 000 U/min, 180 Nm bei 2750 U/min – Cabrio (Baujahr 1993): 1308 ccm, 147 PS bei 6500 U/min, 265 Nm bei 3500 U/min
Kraftübertragung:	Viergang- und Fünfgang-Schaltgetriebe, Drei- und Vierstufen-Automatik
Fahrwerk:	Einzelradaufhängung vorn mit McPherson-Federbeinen, hintere Starrachse, rundum Schraubenfedern, Stabilisator und Teleskopdämpfer – Cabrio 1993: Einzelradaufhängung rundum, Schraubenfedern mit doppelt wirkenden Teleskopstoßdämpfern zu Federbeinen kombiniert an allen vier Rädern
Bremsen:	Hydraulische Scheibenbremsen vorn, Trommeln hinten; GSL/GSL-SE/Cabrio Scheibenbremsen vorn und hinten
Radstand:	2420/2430 mm
Gewicht:	1106-1380 kg (Cabrio 1993)
Fahrleistungen:	0 auf 100 km/h 6,7 (Cabrio 1993) bis 9,9 sek.
Höchstgeschwindigkeit:	185 bis 230 km/h (Cabrio)
Produktion:	noch im Gange, bisher mehr als eine Million einschließlich Cabrio

Größe läßt sich in allen Formen und Formaten messen und interpretieren. Beides bringen Chryslers Minivans, in unseren Landen eher als Multivans charakterisiert, auf die Räder – der Dodge Caravan und der Plymouth Voyager. Sie stehen als Vertreter dieser besonderen Spezies unter den Automobilen quasi für alle in diesem Buch. Ende der 80er Jahre in der Anfangsphase einer sich abzeichnenden Kraftstoffknappheit vorgestellt, erwiesen sich diese beiden von Chrysler intern als T 115 eingeordneten Modelle als wahre Verkaufsschlager. Der Kundenkreis erstreckte sich dabei von kostenbewußten Kunden über Leute, die der üblichen Vans überdrüssig waren, bis zu Familien, die eine Alternative zu den konventionellen Station Wagons suchten. Welche Volltreffer Chrysler mit dem Dodge Caravan/Plymouth Voyager gelandet hatte, bewiesen die Auftragsbücher: In den ersten drei Jahren wurde eine runde Million dieser beiden Modelle abgesetzt, nach sechs Jahren waren es bereits zwei Millionen. Caravan und Voyager hatten einen in Schwierigkeiten geratenen Hersteller von „08/15"-Automobilen für Otto Normalverbraucher zu einem Neuerer gemacht.

Aber wenngleich der T-115 als revolutionär gepriesen wurde, verkörperte er doch nicht unbedingt eine von Grund auf neue Idee. Volkswagen zum Beispiel hatte schon Mitte der 50er Jahre einen auf dem Käfer basierenden Van, den Typ 2 Microbus – so bezeichnet in den USA – im Programm. Chevrolet verfügte über in den Abmessungen leicht vergrößerte Versionen der Corvair-Modelle aus den Baujahren 1961 bis 1965. Und Fords Antwort auf diese Chevys war der erste Econolyne, im Gegensatz zum Corvair jedoch mit vorn eingebautem Motor. Was die beiden Chrysler-Vans von der Konkurrenz entscheidend absetzte, war einmal ihr – weltweit erstmals eingesetzter – Frontantrieb. Seine deutlich am Pkw orientierten Eigenschaften waren ein unübersehbarer Fortschritt gegenüber den früheren kleinen Vans. Sonderlich überraschen konnte dies aber auch wieder nicht. Schließlich war der Caravan/Voyager ja auch aus einem Pkw entwickelt worden, Chryslers neuem K-body.

Dieser für Chrysler überlebenswichtige Kompaktwagen hatte als „Geburtshelfer" vornehmlich den neuen Konzernchef Lee Iacocca, der kurz zuvor bei Ford ausgestiegen war, wo man ihm in erster Linie den ungewöhnlich populären und erfolgreichen Mustang verdankte. Unter Iacoccas Ägide war in den frühen 70er Jahren auch ein „garagengeeigneter", sprich kompakter Van konzipiert worden, aber nicht über das Modell-Stadium hinausgekommen. Nach Meinung der Marketing-Strategen war die Zeit für ein Fahrzeug dieser Art noch nicht reif. Lee Iacocca aber erinnerte sich an dieses Projekt, als er nach dem Wechsel von Dearborn (Ford) nach Highland Park (Chrysler) 1978 die Industrie als Retter von Chrysler verblüffte. Chrysler hatte zu dieser Zeit gerade genug Mittel, um das Konzept der K-Modelle zu finanzieren. Für einen Minivan blieb da nichts mehr übrig. Zumindest nicht zu diesem Zeitpunkt. Vom Tisch verschwanden die Pläne dafür aber keineswegs, nur vorübergehend in den Schubladen. 1984 wurden sie dann wieder herausgeholt: Zwei Jahre nach Iacoccas Dienstantritt bei Chrysler hatten die K-Modelle soviel Geld eingefahren, daß der Plan T-115 wieder auf den Tisch kam. Und realisiert wurde: Es begann der Ausbau des Werks in Windsor, Ohio, mit den für die T-115-Fertigung erforderlichen Produktionsanlagen. Der überwiegende Anteil der dafür kalkulierten 660 Millionen Dollar wurde auch in diese vollautomatisierten Maschinen investiert. Es waren Investitionen, die sich mehr als auszahlen sollten! In Windsor konnten gar nicht so viele Autos produziert werden, wie verlangt wurden. Bei den K-Modellen gab es auch eine Station-Wagon-Version, als deren großer Bruder der T-115 wohl am treffendsten charakterisiert ist. Bei gleichem platzsparendem Quereinbau des Antriebsstrangs wartete der neue Mi-

Den Chrysler-Stern hatten die Großraumlimousinen-Pioniere Plymouth Voyager (dieses Foto) und Dodge Caravan gemeinsam über der Frontpartie.

Die Frontpartie des Dodge Caravan wurde 1987 geändert, um die neuen Leuchteinheiten richtig zu integrieren. Im gleichen Jahr kam auch eine Langversion mit um 177 mm verlängertem Radstand unter einer um 371 mm gestreckten Karosserie. Das Ladevolumen stieg damit auf 4,38 Kubikmeter.

nivan allerdings auch mit 279 mm Zuwachs in der Höhe und 38 mm in der Breite auf. An der Gesamtlänge hatte sich trotz eines um 305 mm gestreckten Radstands dagegen nichts geändert. Dafür aber um so mehr an der Federung: Der T-115 erhielt an der Hinterachse statt der Schraubenfedern angesichts der gegenüber dem K-Wagon höheren Belastbarkeit entsprechend Blattfedern.

Entsprechend dem Van-Konzept gab es auf der linken Wagenseite nur die Fahrertür, rechts hinter der Beifahrertür eine Schiebetür für die Fond-Passagiere. Der Zugang zum Laderaum war als hochklappende Hecktür gestaltet. Von Vans nicht gewohnt, war der Caravan/Voyager ein attraktives Fahrzeug, dessen Design von Roy Axe, dem späteren Chefdesigner der britischen Rover Group, stammte. Axe hatte dabei den aerodynamischen Aspekten besonderen Wert beigemessen und den für einen Van ungewöhnlichen niedrigen cW-Wert von 0,43 erzielt.

Caravan hieß der Dodge, Voyager der Plymouth. Abgesehen von den beiden Namen sind mit den anders gestalteten Frontpartien und minimalen Änderungen der Ausstattung die Unterschiede aber auch schon aufgezählt. Auch im Preis waren beide Modelle gleich. Zu haben waren Caravan und Voyager in den drei Versionen Basis, SE (Special Edition) und LE (Luxury Edition), wobei die Luxus-Variante an der Verkleidung der Flanken mit Holzimitation zu erkennen war. Serienmäßig boten beide Modelle Platz für fünf Passagiere, zwei vorn und drei auf der Rückbank. Als Option ließ sich aus den Fahrzeugen auch ein Siebensitzer machen. Der Dodge ist 1987 dann noch um eine zunächst als Mini Ram, später als Caravan C/V angebotene und speziell für den kommerziellen Einsatz konzipierte Version erweitert worden. Die Innenausstattung war spartanischer, hintere Seitenfenster wurden nicht eingebaut, das Ganze präsentierte sich als praktischer Lieferwagen für Handwerker und Serviceunternehmen.

Die Großraumlimousinen – wie die Minivans und Multivans in deutschen Landen bezeichnet werden – waren von Chryslers Konstrukteuren in der Innenausstattung mit Ideenreichtum entworfen. So ließen sich die Sitze mit wenigen Handgriffen aus der Bodenverankerung lösen. Umklapp- und verschiebbare Sitze und Lehnen der Rückbänke ermöglichten eine vielfach variable Nutzung des Innenraums bis zur Umwandlung in einen Kleintransporter. Der Platzoptimierung diente auch die Unterbringung des Ersatzrads unterhalb des Wagens, von wo es im Falle des Falles hochgekurbelt wurde.

Die gesamte Antriebseinheit bestand aus bewährten Komponenten. Anfangs erfolgte der Einbau des 2,2-Liter Chrysler „Trans-4“ aus den K-Modellen über ein serienmäßiges Fünfgang-Schaltgetriebe oder eine als Option angebotene Dreistufen-TorqueFlite-Automatik. Zur Auswahl stand außerdem, ebenfalls als Option, ein mit besserem Drehmoment aufwartender 2,6-Liter-Motor von Mitsubishi. Dieses Triebwerk war dem kleinen Chrysler-Vierzylinder auf alle Fälle vorzuziehen, der sich für den Van zumindest in beladenem Zustand als zu schwach erwies. Speziell dieser Schwach-

Dieser Dodge Caravan des Baujahres 1989, eine LE-Version mit kurzem Radstand, war mit dem ES-Paket ausgestattet. Dies schloß den 2,5-Liter-Turbovierzylinder mit 150 PS ebenso ein wie den Platz für sieben Passagiere, Allwetter-Reifen der Dimension 205/70R 15 und eine spezielle Innenausstattung.

Der Chrysler Town & Country von 1991 gilt als der „Cadillac der Minivans". Für 23 905 Dollar bietet er neben dem speziellen „outfit" in der Innenausstattung Luxus bis zum Leder.

punkt wurde dem T-115 auch in den Tests angelastet.

Ohne Zweifel waren die Vans von Dodge und Plymouth dem Kreis der Pkw zuzuordnen, weit entfernt von einer Lkw-Charakteristik. Und dies in allen Belangen, vom Fahrverhalten bis zur Manövrierfähigkeit. Unvermeidlich blieben trotz des erwähnten guten cW-Werts die angesichts dieser Kastenform vorprogrammierte Seitenwindempfindlichkeit und die Rollbewegungen. Die hohe Sitzposition machte den Insassen zwar deutlich, nicht in einem normalen Pkw zu sitzen, gab dem Fahrer aber zugleich auch einen besseren Überblick auf das Verkehrsgeschehen vor ihm. Die variable Gestaltung des Innenraums und der Frontantrieb gehörten zu den weiteren verkaufsfördernden Aktivposten.

Erfolg ermuntert andere zur Nachahmung. Auch Detroit macht da keine Ausnahme. So war auch niemand überrascht, als Chevrolet 1985 plötzlich ein ähnliches Angebot mit dem Astro im Programm hatte und Ford ein Jahr später den aerodynamisch gestylten Aerostar präsentierte. Beide hatten jedoch Hinterradantrieb, aber auch stärkere Motoren, die allerdings auch entsprechend mehr Kraftstoff verbrauchten. Weder die inneramerikanische noch die bald auch importierende Konkurrenz schaffte es letztlich, Chrysler die führende Rolle in diesem neuen Wettbewerbsfeld der Minivans/Großraumlimousinen ernsthaft streitig zu machen. Und Lee Iacocca triumphierte: „Obwohl wir ihnen gezeigt haben, wie man es macht, haben sie unsere ‚Botschaft' nicht verstanden."

Eine Botschaft aber mußte sich Chrysler zunächst noch selbst übermitteln – und die hieß bessere Verarbeitung gegenüber der ersten Serie. Die Botschaft aus dem eigenen Hause kam an. Auch bezüglich mehr Leistung und mehr Laufkultur des Motors. Das führte zum Einbau eines 2,5-Liter-Vierzylinders aus eigener Produktion und zum Einsatz eines laufruhigen V6 von Mitsubishi anstelle des bisherigen Vierzylinders. 1988 bot Chrysler die 1987 ins Programm genommenen Grand LEs bereits serienmäßig mit dem V6. Und es ging weiter mit der kontinuierlichen Aufwertung der Vans. 1989 kam ein 2,5-Liter-Turbomotor, zugleich auch eine für ein Fahrzeug dieser Kategorie ideale „Ultradrive"-Vierstufen-Automatik für die V6-Modelle. Im Jahr darauf gab es mit dem 3,3-Liter-V5, einer Eigenkonstruktion von Chrysler, erneut Familienzuwachs. Die Modifizierungen beschränkten sich jedoch nicht allein auf den Motorenbereich. Am ABS – für einige Versionen-Standard, für andere als Extra – konstruierte auch Chrysler nicht vorbei. Und ein Allrad-Modell gehört inzwischen ebenso zum Programm wie der 1991 erstmals angebotene Airbag auf Fahrerseite.

Limousine. Kleinbus. Transporter. Der Chrysler Voyager ist nicht eines davon, sondern alles. Wenn man so will, also ein Limousinen-Kleinbus-Transporter. Es gibt inzwischen eine ganze Reihe solcher Fahrzeuge. Aber keines davon dürfte für sich in Anspruch nehmen können, zum Retter eines Unternehmens geworden zu sein. Keines – außer dem T-115.

Technische Daten	
Motor:	1984-87: OHC-Reihen-Vierzylinder, 2212 ccm, Bohrung Hub 8,73 x 9,19 cm, 101 PS bei 5600 U/min; 2556 ccm, 9,12 x 9,8 cm, 104 PS bei 4800 U/min – 1987-91: 2507 ccm, 8,73 x 10,4 cm, 100 PS bei 4800 U/min – 1989-90: 2507 ccm, Turbolader, 150 PS bei 4800 U/min – 1987-91: OHC-V6, 2972 ccm, 9,12 x 7,59 cm, 141 PS bei 5000 U/min – 1990-91: OHV-V6, 3301 ccm, 9,3 x 8,1 cm, 150 PS bei 4800 U/min – 1992: Turbodiesel, 2499 ccm, 9,2 x 9,4 cm, 87 kW/118 PS bei 4200 U/min, max. Drehmoment 250 Nm bei 2200 U/min
Kraftübertragung:	Fünfgang-Overdrive (manuell), Dreistufen und Vierstufen-Automatik
Fahrwerk:	Einzelradaufhängung vorn, McPherson-Federbeine, unterer Dreiecksquerlenker, Schraubenfedern, Rohrstoßdämpfer, Stabilisator, hintere Starrachse an parallel liegenden Blattfedern, Querlenker, Rohrstoßdämpfer
Bremsen:	Hydraulische Scheibenbremsen vorn, Trommelbremsen hinten
Radstand:	2857-3030 mm (Grand-Modelle)
Länge:	4467-4826 mm (Grand)
Gewicht:	1320-1723 kg, TD 1685-1735 kg
Fahrleistungen:	0 auf 100 km/h 11,0-14,0 sek. (je nach Modell und Motor), Höchstgeschwindigkeit 151-180 km/h
Produktion:	Mehr als 2 000 000 (Produktion noch im Gange)

Motor Trend nannte den Porsche 959 das schnellste und in der Technologie fortschrittlichste Automobil der Geschichte. Dem ist nichts hinzuzufügen.

Die wahren Automobil-„Freaks" haben schon immer vom totalen Auto geträumt. Von dem, das alles hat. Mit dem Porsche 959 ist dieser Traum Wirklichkeit geworden. Und seit es ihn gibt, schwelgt die Presse in Superlativen. Auch jenseits des Großen Teichs, wo Porsche ohnehin zum Inbegriff des Sportwagens schlechthin geworden ist. Zwei internationale Zitate mögen einleitend genügen. Motor Trend nennt den 959 „das schnellste und technologisch fortschrittlichste Sportauto der Geschichte". Car and Driver: „Der 959 verkörpert jede automobile Mission so eindrucksvoll, daß selbst seine Einstufung als perfekt noch kein Overstatement ist."

Den Anstoß für die Entwicklung des 959 gab die 1980 im Automobilsport eingeführte Reglements-Gruppe B. Sie schrieb für die Homologation von Wettbewerbsfahrzeugen eine Mindestproduktion von 200 Wagen vor. Für Porsche stellte sich dabei das Ziel, anders als bei den teuren Einzelstücken der Gruppe C, ein seriennahes Fahrzeug zu bauen, das für Rallyes und Rennen ebenso geeignet sein sollte wie für den Straßenbetrieb. „200 Wagen können wir schließlich nicht nur an aktive Sportfahrer verkaufen", erklärte dazu Helmut Bott, Entwicklungschef der Stuttgarter Nobelsportwagen-Schmiede. „So fiel auch frühzeitig die Entscheidung, kein teures Spezialfahrzeug zu bauen, sondern den Gruppe-B-Wagen an eine vorhandene Modellreihe anzulehnen."

Und was bot sich da besser an als der 911, im Straßenbetrieb längst ebenso bewährt wie bei zahlreichen erfolgreich gefahrenen Rallyes und Grundlage der Rennsportwagen der früheren Gruppen 4 und 5. Das Heckmotor-Konzept erhielt dabei den Vorzug. Für Fronttriebler bestand in der Gruppe B, in der auch die Rallye-WM ausgetragen wird, nach Ansicht der Porsche-Konstrukteure keine Chance. Ein Hecktriebler aber wurde der neue Super-Porsche nicht. Die Rallye-Erfahrungen hatten auch die Zuffenhausener Experten gelehrt, daß nur noch allradgetriebene Wagen im Wettbewerb konkurrenzfähig waren.

Anders als bei den vorausgegangenen 911-Rennversionen 934 und 935 zielte die Entwicklung jetzt auf ein Fahrzeug ab, das über seine Straßeneignung hinaus zum Träger neuer Technologien werden konnte. Porsche entschloß sich, das neue Modell mit technischen Systemen anzureichern, die mehr bieten als alles bisher Bekannte. Das Projekt stand 1983 als Studie „Gruppe B" auf der IAA in Frankfurt. Porsche wollte dort das Publikums-Echo ausloten. Dieses Echo erwies sich als unüberhörbar und veranlaßte Porsche, die Arbeiten nun intensiv fortzusetzen. Schon 1984 konnte dann der Allrad-911 in der Rallye Paris-Dakar an den Start gehen. Der Porsche gewann überraschend – und zugleich auch überzeugend. So erfolgte 1985 ein weiterer Versuch bei dieser Rallye, jetzt bereits mit 959-Prototypen. Ein Sieg sprang diesmal nicht heraus, dafür aber eine Reihe Felsbrocken, mit denen die 959er nach unsanften Kontakten ihre Hoffnungen in der Wüste begraben mußten. 1986 aber hieß der Sieger wieder Porsche.

Parallel zu dieser harten Geländeerprobung lief die Entwicklung für den Straßenbetrieb einschließlich der Versuche im Windkanal und der Erforschung neuer Werkstoffkombinationen aus verzinktem Stahlblech, Aluminium und Kunststoff. Durch diese Mischbauweise ließ sich vor allem das Karosseriegewicht so niedrig wie möglich halten, um einerseits höhere Fahrleistungen und andererseits günstigeren Kraftstoffverbrauch zu erreichen. Bei der Karosseriegestaltung kam Porsche sogar ohne separate Spoiler aus: Die Gestaltung von Bug und Wagenunterseite sowie der in die Karosserieform integrierte Heckflügel bestimmen Aerodynamik und Optik des mit einem cW-Wert von 0,32 aufwartenden 959.

Im Unterschied zum Paris-Dakar-Wagen ist das Antriebssystem des 959 modifiziert worden. Die Antriebskraft wird nicht konstant gleichmäßig 50:50 auf die beiden Achsen verteilt, sie kann unterschiedlich gewählt werden, je nach Fahrbedingungen. Mit dieser variablen Momentenverteilung kann die Manövrierfähigkeit in schwierigen Situationen erheblich verbessert werden. Eine Automatik sorgt außerdem dafür, daß sich, abhängig von den dynamischen Achslasten, also den Änderungen beim Beschleunigen oder Bremsen, stets eine optimierte Antriebsmomentenverteilung ergibt.

Der 959 ist mit einem geschwindigkeitsabhängigen Niveauregulierungssystem ausgerüstet. Es senkt das Fahrzeug bei hohen Geschwindigkeiten automatisch auf den sichersten Wert ab, bei niedrigem Tempo kann der Fahrer die Bodenfreiheit selbst bestimmen. Eine zusätzliche höchste Stellung ist für besondere Situationen zum Beispiel bei schlechtem Untergrund eingebaut. Gesteuert wird die Niveauregulierung über ein elektronisches Hydraulik-System. Ähnlich wie bei der Niveauregulierung hat der Fahrer auch die Möglichkeit, in das regelbare Dämpfungssystem bei langsamer Fahrt selbst einzugreifen, während die optimale Einstellung bei hohem Tempo automatisch erfolgt. Dieses System ist von Porsche gemeinsam mit den Stoßdämpfer-Spezialisten von Bilstein entwickelt worden.

Die Bremsanlage des 959 mit innenbelüfteten Vierkolben-Scheibenbremsen entspricht der Porsche-Renntechnik, wurde aber auf die besonderen Eigenschaften des Allradantriebs abgestimmt. So bildet das Antiblockier-Bremssystem einen wirksamen Ausgleich zu den Möglichkeiten des Vierradantriebs im Beschleunigungs- und Bergsteigebereich. Es ist so ausgelegt, daß es auch bei eingelegter Differentialsperre wirksam bleiben kann.

Aus der Rennwagen-Sicherheitstechnik stammen auch die Magnesiumräder mit Zentralverschluß. Sie sind als Hohlspeichenräder ausgebildet, deren Hohlräume mit dem Luftraum der Reifen in Verbindung stehen. Mit Bosch hat Porsche hier ein Sicherheitswarnsystem entwickelt, das dem Fahrer über eine Warnleuchte sofort signalisiert, wenn Reifendefekte und sogar Felgenschäden auftreten.

Die Technik der Turbo-Rennmotoren bot sich fast von selbst für die Übertragung auf den Straßenbetrieb an. Für den 959 wurde sie sogar um noch eine Stufe verbessert, die schon bei niedriger Drehzahl eine überdurchschnittliche Elastizität und Durchzugskraft garantiert. Der 450 PS starke 2,8-Liter-Sechszylinder mit Vierventil-Zylinderköpfen und vier Nockenwellen läuft mit hydraulischem Ventilspiel-Ausgleich mechanisch leise wie ein Tourenwagentriebwerk.

Dieser Motor ist ein Meisterstück der Technik, entwickelt aus dem 3,3-Liter-Boxer des 911 und ausgelegt als Kurzhuber. Neben den schon erwähnten Komponenten weist er gewichtsreduzierende Titan-Pleuelstangen, zwei KKK-Turbolader und Bypassventile auf. Im Sport entsprechen 2,85 Liter Hubraum aufgrund des Turbo-Handicap-Faktors einem Saugmotor-Volumen von vier Litern. Im Leistungsverhalten hat der 959-Motor in der Tat auch Ähnlichkeit mit großvolumigen Saugmotoren. Er kennt kein „Turboloch" und so auch keinen ruckartigen Einsatz der Turbokraft. Schon bei niedrigen Drehzahlen wird ein gleichmäßig zunehmendes Durchzugsvermögen aufgebaut. Mit einer Beschleunigung von 0 auf 100 km/h in weniger als fünf Sekunden liegt der 959 außerhalb der üblichen Maßstäbe. In der Endgeschwindigkeit mit über 310 km/h ebenfalls. Die Aufladung durch zwei Turbos mit elektronischer Ladedruckregelung ist im übrigen eine Porsche-Eigenentwicklung. Die elektronische Zündung und Einspritzung mit Bosch-Motronic wurde in den Porsche-Rennfahrzeugen erfolgreich eingesetzt. Die Aufgabe des 959 als Träger für Sicherheitsentwicklungen im Hochgeschwindigkeitsbereich kommt in der

Im Styling ist der Porsche 959 unverkennbar vom 911 abgeleitet. Aber alles andere als nur eine 911-Version. Der einzige Spoiler ist in die Heckpartie integriert.

Die breiten Frontschlitze und die Luftöffnungen in den hinteren Kotflügeln unterstreichen das kraftstrotzende Image des schnellsten Serien-Porsche aller Zeiten. Unter der Karosserie aus Aluminium, Kunststoff und Polyurethan ist Rennwagentechnik in die Fahrsicherheit eines Straßenfahrzeugs umgesetzt, das wiederum mit sportlichen Spitzenfahrleistungen von weit über 300 km/h aufwarten kann.

Straßenversion besonders deutlich zum Ausdruck. Es war von vornherein geplant, neben dem Einsatz im Sport einen möglichst „großen" Teil – wenn man bei 200 limitierten Exemplaren hier überhaupt von groß sprechen kann – privaten Fahrern anzubieten, die Freude an einem ungewöhnlichen Automobil haben. Dementsprechend präsentieren sich Design und Ausstattung. Die Außenhaut der Karosserie besteht aus in Autoklav-Technik hergestelltem Kunststoff (ARAMID-Faserverbundstoff). Die Bugschürze ist aus Polyurethan hergestellt. Bughaube und Türen sind aus Aluminium. Darunter liegt die aus feuerverzinktem Stahlblech gefertigte Karosserie-Struktur.

Geräuschdämpfung und ausgefeilte Bedienungstechnik sichern im 959 einen angenehmen Langstreckenkomfort. Die Serienausstattung ist dem hohen Anspruch dieses Wagens angemessen. Im Design sind alle Flächen des Innenraums sorgfältig aufeinander abgestimmt. Wertvolle Materialien wie zur Außenfarbe passendes Leder werden ausschließlich in Handarbeit verarbeitet. Dazu noch einmal Entwicklungschef Helmut Bott: „Die hier verwirklichten technischen und stilistischen Entwicklungen werden künftig auch anderen Porsche-Produkten zugute kommen."

Zum Leidwesen der handverlesenen Kunden, denen die Würde zugestanden wurde, einen 959 fahren zu dürfen, verzögerte sich die Auslieferung um mehr als ein Jahr. Verantwortlich dafür waren anfängliche Probleme mit dem Antriebssystem und dem ABS. Daß Porsche einen 959 erst als absolut mängelfreies Superauto freigeben würde, versteht sich von selbst. Ebenso auch, daß kein anderer als Dr. Wolfgang Porsche den ersten 959 für sich reserviert hatte. Wie handverlesen die begnadeten 959-Besitzer waren, mußte selbst Tennis-Star Boris Becker erfahren. Er bekam keinen. Knallharte Begründung: Zu jung und zu unerfahren. Recht hatten sie damit, die Porsche-Leute. Nicht verweigert wurde der 959 dagegen Martina Navratilova, dem 500-Meilen-Sieger von Indianapolis, Danny Sullivan, und Herbert von Karajan. Einen Porsche 959 fahren zu dürfen, verlangt letztlich auch einen Hauch von Unsterblichkeit.

Technische Daten

Motor:	Sechszylinder-Boxer, 2850 ccm, Bohrung x Hub 9,5 x 6,7 cm, 4 Ventile pro Zylinder, Verdichtung 8,0:1, 2 Turbolader, 331 kW/450 PS bei 6500 U/min, max. Drehmoment 500 Nm bei 5500 U/min
Kraftübertragung:	Allradantrieb mit Programmschalter, Transaxle, 6-Gang-Getriebe, elektronisch geregelte Hinterachsquersperre
Fahrwerk:	Magnesium-Hohlspeichenräder mit Zentralverschluß, Einzelradaufhängung vorn und hinten mit Doppelquerlenkern und Doppeldämpfern, vom Fahrersitz aus verstellbare Dämpferhärte
Bremsen:	4-Kolben-Bremszange mit Scheibenbremsen rundum, hydraulische Bremsunterstützung und ABS (Porsche Wabco)
Radstand:	2270 mm
Gewicht:	1350-1400 kg
Fahrleistungen:	0 auf 100 km/h in 3,8 Sekunden, Höchstgeschwindigkeit mehr als 310 km/h
Produktion:	200, plus Prototypen und Wettbewerbsmodelle

Es war ein rundes Jubiläum: Ferrari SEFAC (Societa per azioni Escerizio Fabbriche Automobili e Corse) wurde 1987 vierzig Jahre alt. Im gleichen Jahr beging Enzo Ferrari, der Firmengründer, seinen 89. Geburtstag. Es sollte das Jahr werden, in dem der große Commendatore sein letztes Auto vorstellte. Und er nannte es ganz einfach F40. Die 40 für eben diese vierzig Firmenjahre, das F wohl für Ferrari. Es war ein kompromißloser Renn- und Straßen-Sportwagen in der Tradition des GTO. Und es war – wie gesagt – auch das letzte Glied in einer langen Kette strahlender automobiler Perlen, die dieser Enzo Ferrari der Welt vermacht hat. Gut ein Jahr später, am 14. August 1988, starb er.

An jenem 21. Juli 1987 verkündete er den Journalisten in Maranello, daß die Idee des F40 erst gut ein Jahr zuvor geboren wurde: „Am 6. Juni 1986 habe ich meinem Exekutiv-Komitee den Wunsch unterbreitet, einen Wagen zu bauen, der an den Original-250-LM erinnert. Managing Director Ing. Giovanni Razelli und seine Mitarbeiter griffen den Plan auf, den auch Fiat-Chef Gidella bereits unterstützt hatte." Eine Zielvorgabe war laut Pininfarinas General Manager Leonardo Fioravanti „die Wiederentdeckung des Geistes früherer Ferraris, das heißt, unseren Kunden die Möglichkeit zu geben, auf normalen Straßen auch rennwagenähnliche Automobile zu fahren." Enzo Ferrari sah das noch enger, als er den Journalisten gegenüber erklärte, daß er „das beste Auto der Welt" haben wollte. Ob es das nun de facto ist, bleibe dahingestellt. Fest steht: Ferraris Design-Team schuf einen Ferrari von besonderer Einmaligkeit. Was wiederum aber auch nichts daran änderte, daß viele der „Alten" von Maranello die Definition F40 mieden und lieber vom LM oder vom Le Mans sprachen.

Ferraris Antwort auf Porsches 959 war der F40. Und beide stehen in ihrer unerreichten Klasse jeder für eine eigene automobile Spezies, sind bei aller Ähnlichkeit in einigen Belangen letztlich doch grundverschieden. Der Porsche verkörpert den Inbegriff dessen, was man heute High Tech nennt. Der Ferrari dagegen spricht jene an, die einen „Muskelprotz" haben wollen und dabei auf Dinge wie Servounterstützung oder jeglichen besonderen Fahrkomfort verzichten.

Tatsächlich war der F40 nichts anderes als eine „straßengängige" Version des GTO Evoluzione, der Weiterentwicklung des früheren 288 GTO. Der F40 galt zugleich auch als Ferraris Antwort auf Porsches Herausforderung durch den ebenfalls als Gruppe-B-Fahrzeug konzipierten 959. Und eine Prestigefrage ließ es letztlich auch nicht zu, daß die Italiener den Deutschen den Ruf und Ruhm zugestehen würden, d e n Sportwagen schlechthin zu bauen – obendrein nur für einen erlesenen Kreis von Käufern beziehungsweise Fahrern.

Obwohl bei oberflächlicher Betrachtung gewissen Ähnlichkeiten sowohl mit dem Evoluzione als auch mit dem 288 GTO und dem 308/328 nicht widersprochen werden konnte, war der F40 letztlich in vielerlei Hinsicht eben doch ein anderes Auto. Das Styling verriet erwartungsgemäß die typische Pininfarina-Handschrift, die keinen Zweifel am Treibhaus-Effekt der Kabine offenließ, und auch mit der allen diesen Wagen weitgehend gemeinsamen Heckscheibe aus isoliertem Glas. In gewisser Hinsicht waren sogar einige „verwandte Züge" mit dem breiten und tiefergelegten Styling des Porsche 959 nicht zu übersehen. Dazu zählten auch der beim Ferrari allerdings deutlich höhergezogene Heckspoiler und eine Ansammlung von Luftöffnungen, Einbuchtungen und Gittern, ebenso wie Räder und Reifen von Rennwagen-Dimensionen. Trotz eingehender Tests im Windkanal von Pininfarina kam ein für einen Pkw unakzeptabler cW-Wert von nur 0,34 heraus. Das allerdings war auch ein Preis für die superbreiten „Walzen" und die dem großen Zwölfzylinder-Boxer-Testarossa nahen physikalischen Dimensionen. In der Gesamtlänge fehlten dem F40 gegenüber dem Testarossa gerade 56 Millimeter bei insgesamt 4429 mm. Der Radstand war identisch mit dem des 288, die Höhe von beachtlichen 1130 mm mit der des Testarossa. Als eine Art „Halbrennwagen" durfte der F40 auch so wenig Gewicht wie möglich auf die Waage bringen. Mit 1100 Kilo und damit um eine halbe Tonne leichter als der bullige Testarossa erfüllte er diese Voraussetzung hervorragend.

1987- FERRARI F40

Nüchtern, sachlich, schnörkellos – und doch eindrucksvoll: So ist der F40 wohl treffend beschrieben. Nüchtern in der Ausstattung, bei der selbst die Pedale nur blankes Metall ohne Gummibelag zeigen. Eindrucksvoll in der fast aggressiven Gesamtlinie mit dem gewaltigen Heckspoiler – und in der Leistung der 478 PS.

Unvermeidlich, daß da einige Konzessionen an den Komfort verlangt wurden. Viel war das jedoch nicht. Selbst die Klimaanlage war nur unzureichend. Unter „Fehlanzeige“ fanden sich Punkte wie Teppichboden, Lärmdämmung, Kurbelfenster oder „echte“ Türgriffe innen, an deren Stelle lediglich Zugschnüre. Da lagen zwischen dem F40 und dem angeblichen Konkurrenten Porsche 959 schon Welten. Und liegen natürlich auch. Die Rennwagen-Aura des Italieners wird noch unterstrichen durch verstärkte Schalensitze mit feuerresistenten Nomex-Bezügen, angeboten in drei Formaten, um der Tatsache Rechnung zu tragen, daß die Menschen nun einmal verschieden sind, auch in der Länge und Breite...

Beim Chassis haben Ferraris Ingenieure auf Renn-Komponenten zurückgegriffen, wenngleich auf recht konventionelle bei einem Wagen aus Maranello. Die Stahlrohrrahmen-Konstruktion ist mit der klassischen Einzelradaufhängung rundum an doppelten Querlenkern und Schraubenfeder-Dämpfer-Einheit verbunden. Die weitere Basis-Struktur besteht aus Kevlar und gegossenem Kohle-Fiberglas-Material in verschiedenen Mischungen, ein „Baustoff“, dem die dreifache Festigkeit und zugleich ein um zwanzig Prozent niedrigeres Gewicht gegenüber der konventionellen Konstruktion nachgesagt wird. Ähnliche Komponenten finden sich auch in der Außenhaut der Karosserie.

Am Rennwagen-Prinzip orientiert sind auch Konstruktionsdetails in der Aufhängung von Fronthaube und Heckklappe, was – wie auf der Rennpiste beziehungsweise an den Boxen erforderlich – blitzschnellen Service ermöglicht. Ein High-Tech-Detail ist die in drei Positionen einstell- beziehungsweise regulierbare Bodenfreiheit. Bei hohen Geschwindigkeiten auf entsprechenden Fahrbahnen senkt sich die Karosserie automatisch zur Reduzierung des Luftwiderstands um 20 Millimeter. Bei schlechter Fahrbahn kann der Fahrer diese 20 mm manuell wieder erhöhen und noch um 20 mm über den Neutral-Stand liften, ein System, das der Niveauregulierung des Porsche 959 nahekommt.

Dem Ferrari aber geht ab, was der Porsche hat: Servounterstützung von Lenkung und Bremsen. Angekreidet wurde dem F40 bei seinem Erscheinen auch, daß er nicht mit einem Antiblockier-Bremssystem ausgerüstet ist. Auch das wieder als Nachteil gegenüber dem Porsche. Dafür aber setzt Ferrari Rennbremsen ein, wie sie in der Gruppe C typisch sind – belüftete 13-Zoll-Scheiben, Aluminium im Zentrum, Gußeisen außen. Diese Superbremsen wurden von den Ferrari-Technikern für geeignet befunden, weil sie auch bei Rädern und Reifen in

Überdimensionen dachten. Auf Fünfspeichen-Rädern mit 17 Zoll Durchmesser und Felgen von 10 Zoll vorn und 13 Zoll Breite hinten werden Hochleistungsreifen Pirelli P-Zero 245/335 vorn/hinten montiert.

Exotisch wie der F40 generell ist auch sein Herz. Es handelt sich um eine veränderte Version des V8 aus dem Evoluzione, der seinerseits wiederum eine aufgebohrte kurzhubige Ableitung vom Vierventiler mit Doppelnockenwelle aus dem 288 GTO ist. Zwei Behr-Intercooler mit doppelten IHI-Abgasturboladern und zwei Einspritzventilen pro Zylinder werden elektronisch von einem Weber-Marelli-IAW-Motormanagement kontrolliert. Die Verdichtung von 7,8:1 sowie der maximale Ladedruck bauen eine Leistung von 478 PS auf. Wer noch mehr haben wollte, konnte es vom Zeitpunkt der F40-Vorstellung an auch haben – ein Leistungspaket mit unterschiedlichen Turboladern und Nockenwellen. Mit dem Effekt von – zumindest vermutlich – 200 PS mehr! Die Kraftübertragung erfolgt über ein im GTO bewährtes Fünfgang-Transaxle, jedoch mit einer Achsübersetzung von 2,73:1 gegenüber 2,90:1.

Hinsichtlich Produktion und Preis des F40 herrscht noch immer einige Verwirrung. Ferrari kündigte zunächst an, nur 400 Exemplare im Zeitraum von zwei Jahren ab 1988 zu bauen. Doch dann war plötzlich die Rede von 700 bis 800 und schließlich sogar von 1000 Einheiten. Mit dem Preis verhielt es sich nicht anders. Er sollte ursprünglich 260 000 Dollar betragen, womit ebenso wie beim Porsche 959 eine „Preissperre" eingebaut schien, die den F40 lediglich für einen elitären Kreis erschwinglich machen würde.

Elitär heißt beim F40 zugleich aber auch: Wer dieses Auto fahren will, muß es fahren können. Wobei der Ton auf *können* liegt. Verlangt wird ein Könner hinter dem Lenkrad. Selbst Ferrari war wohl dieser Meinung, und so kamen auch erst knapp ein Jahr nach der Enthüllung dieses Denkmals die ersten Journalisten in den Genuß, einen F40 testen zu dürfen. Sie waren – wie Road & Track – ebenso überrascht wie fasziniert davon, „wie schnell man sich mit diesem in der Leistung überzeugenden F40 anfreunden" kann. Der Tester des britischen Magazins CAR bescheinigte dem F40, „das begeisterndste Auto in 35 Jahren" gefahren zu haben. Aber: einen F40 zu fahren, ist auch Arbeit. Harte Arbeit. Die Bedienung des Schaltknüppels verlangt ebensolchen Kraftaufwand wie der Tritt aufs Kupplungspedal. Von Luftzirkulation in der heißen Kabine kann ebensowenig die Rede sein wie von Geräuschdämmung. Aber da stehen auch die Leistungen. Vier Sekunden – und die Tachonadel steht auf 100. Nach nicht einmal 20 Sekunden katapultieren die 478 PS den F40 auf 250 km/h. Und die „Spitze" von 324 Kilometer pro Stunde gebietet Ehrfurcht. Der F40 ist Enzo Ferraris letzte automobile Schöpfung gewesen. Er hat sich sein eigenes Denkmal errichtet.

Wie bei jedem Ferrari, ist auch das Herz des F40 das eines Supersportlers. Der V8 mit zwei obenliegenden Nockenwellen entwickelt dank Doppel-Turbolader mit Vierventiltechnik aus 2963 ccm mitreißende 478 „Pferdestärken" bei 7000 Umdrehungen der Kurbelwelle pro Minute. Der Blick auf dieses Kraftwerk nötigt jedem Automobilfan Respekt ab. Durch die weit öffnende Heckklappe ist der „Zugriff" zum Triebwerk servicefreundlich.

Technische Daten	
Motor:	DOHC-V8, hinten zentral längsliegend eingebaut, 2963 ccm, Bohrung x Hub 8,2 x 6,95 cm, 4 Ventile pro Zylinder, 2 Abgas-Turbolader mit Wärmeaustauscher (Intercooler), Verdichtung 7,8:1, 351 kW/478 PS bei 7000 U/min, max. Drehmoment 577 Nm bei 4000 U/min
Kraftübertragung:	5-Gang-Getriebe, Transaxle
Fahrwerk:	Vorn und hinten Einzelradaufhängung an ungleich langen oberen und unteren Dreiecksquerlenkern, koaxiale Schraubenfedern und Stabilisatoren, hydraulische Koni-Stoßdämpfer
Bremsen:	Innenbelüftete Scheibenbremsen rundum
Radstand:	2450 mm
Länge/Breite/Höhe:	4358/1970/1124 mm
Gewicht:	1100 kg
Fahrleistungen:	0 auf 100 km/h in 4 Sekunden, Höchstgeschwindigkeit 324 km/h
Produktion:	1000

Corvette ZR-1 anno 1990 und Corvette-„Urahn" anno 1953. Zwei Autos – zwei Welten. Und trotzdem lassen sich zwischen beiden gewisse Parallelen ziehen. Beide wurden übereilt angekündigt, als sie noch gar nicht fertig waren. Beide standen beim Verkaufsstart nicht annähernd in genügender Anzahl zur Verfügung. Und beide warteten mit einigen Details auf, die von Puristen rundweg abgelehnt wurden.

Dennoch: Diese Vergleiche dürfen auch nicht überbewertet werden. Der erste Chevrolet-Sportwagen und der ZR-1 sind soweit voneinander entfernt, wie Jahre zwischen ihnen liegen. Die auffallendsten „Ähnlichkeiten" sind die, daß beide vier Räder und zwei Sitze haben, der Motor vorn eingebaut ist und die Karosserie aus Kunststoff besteht. Eine Tradition setzt darüber hinaus der ZR-1 fort, die bereits von den Corvetten der 50er Jahre begründet wurde: viel Leistung speziell und Gegenleistung generell für jeden Dollar.

Genau genommen ist der ZR-1 ein mit einem als Option angebotenen Technik-Paket spezielles Modell der sechsten Generation des Corvette-Coupés (RPO ZR1). Dieses 1983 als Teil des Modelljahres 1984 vorgestellte Fahrzeug war irgendwie klarer, aber auch weniger auffällig als die Baureihen von 1968 bis 1982, dennoch unverkennbar eine Corvette im gesamten Erscheinungsbild und in der Chassis-Konstruktion. Die Veränderungen konzentrierten sich speziell beim Chassis vornehmlich auf fiberglasverstärkte querliegende vordere Blattfedern anstelle der Schraubenfedern, verfeinerte Fünfgelenk-Geometrie der Hinterachse gegenüber dem 1963 mit dem Sting Ray eingeführten Dreigelenk-System und eine Art „Rückgrat"-Konstruktion ähnlich dem britischen Lotus-Chassis. Dieses Chassis war mit einem Ganzstahl-Käfig verbunden, dem schließlich die Außenhaut „angeheftet" wurde. Die Karosserie erwies sich einerseits als praktischer und bot mit der Fließheck-Konstruktion auch mehr Innenraum. Ähnlich wie beim Jaguar E-Typ war die Fronthaube vorn aufgehängt.

Quadratisch geformte Heckleuchten, in ein konvexes Band eingefaßt, und ausgestellte hintere Radkästen kennzeichnen die Rückfront des ZR-1. Die Frontpartie hat dagegen deutlich verwandte Züge mit einer „Alltags"-Corvette. Hier hätten sich Chevrolets Designer etwas mehr einfallen lassen müssen, um dem Wunsch nach Individualität eines ZR-1-Fahrers zu entsprechen. Dieses Foto und die Großaufnahme auf der gegenüberliegenden Seite zeigen einen ZR-1 des Baujahres 1991. Besondere Kennzeichen sind die weit herumgezogenen Leuchtbänder mit Nebellampen und Blinkern. Die Hauptscheinwerfer unterstreichen in versenktem Zustand die sportliche Linie des Wagens.

Dieses Basis-Paket ist dann im Laufe der Jahre immer wieder verändert und verfeinert worden, bis alles 1990 im ZR-1 seinen – bisherigen – Höhepunkt fand. Eine Schlüsselstellung nimmt dabei der Wechsel von der bisherigen Doppel-Drosselklappen-Einspritzung des fast schon in Ehren ergrauten 5,7-Liter-V8 zum Multiport-Prinzip ein. Dieser Schritt brachte auf Anhieb noch einmal 25 PS mehr an Leistung. Mit einem Ölkühler und Gasdruckstoßdämpfern stockte Chevrolet im gleichen Jahr 1985 die Serienausstattung weiter auf. Ohne den Preis zu erhöhen, wurde 1986 auch das ABS von Bosch eingebaut. Und es kam, lebhaft begrüßt, seit 1975 endlich auch wieder ein Corvette-Cabriolet. Mit Rollen-Ventilstößeln und höherer Verdichtung vergrößerten die Motorenspezialisten die „Pferdeherde" auf nun schon 240 flotte Renner (1987). Im folgenden Jahr steigerte sich das Gedränge unter der Motorhaube um weitere fünf, für die der Platz durch Feinarbeit an der Nockenwelle und den Zylinderköpfen geschaffen wurde. Als Option standen nun anstelle der Standard-Version mit 16-Zoll-Sohlen superbreite Reifen der Dimension P255/50ZR17 zur Verfügung. Und 1990 waren schließlich auch die Tage des nie so richtig akzeptierten „4+3"-Overdrive-Getriebes gezählt: Ein deutsches ZF-Getriebe mit sechs Vorwärtsgängen hatte es ersetzt. Was jedoch nichts daran änderte, daß die meisten Corvetten nach wie vor mit der Vierstufen-Turbo-Hydramatic ausgeliefert wurden.

In dieser Zeit hatte das Corvette-Ingenieur-Team unter Dave McLellan nach Wegen gesucht, um in die Leistungs-Phalanx von Lamborghinis Countach, Ferraris Testarossa und all der anderen Exoten einzudringen. Ins Kalkül gezogen und wieder verworfen wurden V6- und V8-Maschinen mit Doppel-Turbo. Und just zu dem Zeitpunkt, als General Motors sich anschickte, die Lotus-Gruppe, jene berühmte britische Sportwagen-

CORVETTE

Das 1990 überarbeitete Cockpit wurde in dieser Form auch für das Modelljahr 1991 beibehalten. Mit Ausnahme des Geschwindigkeitsmessers erhielten nun wieder die Analoginstrumente den Vorzug.

und Formel-1-Schmiede zu übernehmen, stieg Chevrolet dort ein. Das Resultat dieser Liaison war ein von Grund auf neuer, normal „beatmeter" Aluminium-V8, werksintern als LT5 bezeichnet. Er war so konstruiert, daß er eingebaut werden konnte, ohne irgendwelche Änderungen im Motorraum vornehmen zu müssen.

Vom technischen Innenleben her als auch fürs Auge war dieser LT5 ein bemerkenswertes Triebwerk. Jede der beiden Zylinderbänke verfügte über zwei kettengetriebene obenliegende Nockenwellen mit vier Ventilen pro Zylinder. Integrierte Vier- und Sechsbolzen-Hauptlagerkappen aus widerstandsfähigem Gußeisen unterstützten eine Kurbelwelle aus geschmiedetem Stahl. Die Verdichtung von 11,0:1 war relativ hoch. Das technische Highlight des Motors aber leuchtete im Induktionssystem: 16 kunstvoll geformte Kanäle, zwei Einspritzdüsen für jeden Zylinder und ein neuartiges Dreiventil-Drosselklappengehäuse mit einer kleinen und zwei größeren Drosselklappen. Bei leichtem Drosseln führte die Elektronik das entsprechende Gemisch durch das erste Ventil und einen „Satz" der Einspritzdüsen und Einlaßventile. Bei mehr als Halbgas, etwa bei 3500 „Touren", wurden die größeren Drosselklappen und Ventile ebenso wie die zweite „Abteilung" der Einspritzdüsen für volle Leistung geöffnet – und das waren 380 PS (1991 dann fünf weniger), stolze 135 PS über denen des L98-Motors.

Um diese Kraft sicher auf die Straße zu bringen, veränderte Stylist Jerry Palmer seine Original-Karosserie dergestalt, daß er Platz für die buchstäblich aufgeblasenen Walzen der Dimension P315/35ZR17 auf 11-Zoll-Felgen auf der Hinterachse schuf. Vorn blieb es bei den 9,5-Zoll-Felgen mit P275/40ZR17 wie bei der Standard-Ausstattung der Corvetten. Ansonsten waren die Unterschiede nicht in jeder Hinsicht auf Anhieb zu erkennen. Am deutlichsten zeigten sie sich stilistisch in der Heckpartie mit einer quadratischen Leuchteinheit, konvex eingefaßt, im Gegensatz zu den von der Corvette sonst gewohnten runden Leuchten mit konkavem Rahmen.

Für besseres Handling war der neuen Corvette ein stärkerer hin-

Der Motor des ZR-1 ist entsprechend amerikanischer Tradition ein V8, jedoch mit moderner Technologie von zwei kettengetriebenen obenliegenden Nockenwellen bis zur Vierventiltechnik, auf dem Motorblock auch mit „4 CAM 32 VALVE" vermerkt.

Der ZR-1 im Detail: Superbreite Hinterreifen, vier Luftschlitze hinter den Vorderrädern und ausgefahrene Scheinwerfer, die der Aerodynamik nicht gerade dienlich sind.

terer Stabilisator mit auf den Weg gegeben worden, ebenso ein FX3-Selektiv-Dämpfer-System, entwickelt von Celco und Bilstein, das als Option angeboten wurde. Dieses System lieferte dem Fahrer sage und schreibe vierzehn Möglichkeiten zur Einstellung einer elektronisch kontrollierten Dämpfer-Einheit, von „Touring" als weichster Positionierung bei besonders schlechten Fahrbahnen bis „Sport" für sicheren Fahrbahnkontakt auf schnellen Straßen.

Das Handling der neuen Corvette brachte in den Tests nur Bestnoten ein, die in der Bewertung zumeist über den vergleichbaren Daten europäischer Exoten lagen. Mit diesem Wagen kamen und kommen auch Fahrer zurecht, die nicht unbedingt zu denen gehören, die schon durch eine „Hochleistungsschule", sprich langjährige Fahrpraxis mit solchen Fahrzeugen gegangen sind. Ohne den Fahrkomfort und das untadelige FX3-Fahrwerk wäre – so Car and Driver – „der ZR-1 nicht der GT, der er eben doch ist."

Rund viereinhalb Kilogramm pro PS – das ist ein beeindruckendes Verhältnis von Gewicht und Leistung. Obwohl im Gegensatz zu der von Chevrolet genannten Beschleunigung von 0 auf 60 mph (96 km/h) in 4,3 Sekunden die meisten Tests eine halbe Sekunde darüber lagen, wird sich darüber wohl kein ZR-1-Besitzer graue Haare zugelegt haben. Beeindruckend ist in allen Tests dagegen das breite Drehzahlband bewertet worden, das schon bei 1500 U/min hohe Durchzugskraft bringt und ein maximales Drehmoment von 370 Newtonmeter bei 4800 U/min zur Verfügung stellt. „Schaltfaules Fahren wird von diesem Motor nicht verübelt, viel Schaltarbeit nicht verlangt. Es sei denn beim Überholen – dann steht hohe Sicherheit parat" bescheinigt Road & Track. Das gleiche Magazin ermittelte aus dem Stand auf 150 mph (241 km/h) und zurück auf 0 nicht einmal dreißig Sekunden – und das spricht für die bullige Kraft der Maschine ebenso wie für die zupackende Kraft der Bremsen.

Nicht alles aber war und ist „Glanz und Gloria" am ZR-1. So wurde er vom Start an ausschließlich mit dem mechanischen Sechsgang-Getriebe ausgerüstet. Und damit „erbte" er CAGS (Computer Aided Gear Selection), ein Schaltsystem, bei dem vom ersten direkt in den vierten Gang bei leichterer Drosselöffnung geschaltet werden mußte. Für den Fahrer alles andere als ein Vergnügen. Hinzu kamen Klagen wegen Überhitzung des Motors, von Chevrolet allerdings bestritten und auch – soweit sie zutrafen – bald behoben, so daß der LT5 tatsächlich nicht mehr die Kühlungsprobleme hatte, wie sie dem L98 berechtigt angekreidet worden waren.

Das größte Manko des ZR-1 aber dürfte die Neigung zu Kleintiergeräuschen vom Quietschen bis zum Rütteln gewesen sein, ebenso das „Mäusekino" der Digital-Instrumente, seit 1984 bei den Corvetten ein immer wieder unterstrichener Kritikpunkt. Als der ZR-1 1990 endlich – mit rund einem Jahr nach der Präsentation auf dem Genfer Salon 1989 verspätet – bei den Händlern stand, war er mit einem neuen Armaturenbrett ausgestattet. Es war nicht weniger futuristisch gestaltet, hatte mit Ausnahme der weiterhin digitalen Geschwindigkeitsanzeige nun aber für alle übrigen Instrumente das klassische Rund-Design.

Nicht ganz begreiflich war Chevrolets Entscheidung, das Heck-Styling des ZR-1 auch allen übrigen Corvette-Versionen zu „genehmigen". Das ging eindeutig zu Lasten der Exklusivität des ZR-1. Ansonsten gab es am TopModell selbst wenig Änderungen, die es sich ebenfalls mit den anderen Corvetten teilen mußte. Unter diesen Aspekten haben Experten dem ZR-1 sogar schon vorausgesagt, daß er in dieser Form nicht lange überleben wird.

Technische Daten

Motor:	DOHC-V8, 5735 ccm, Bohrung x Hub 9,9 x 9,3 cm, 4 Ventile pro Zylinder, 375 PS bei 5800 U/min, max. Drehmoment 501 Nm bei 4800 U/min
Kraftübertragung:	GETRAG 6-Gang-Getriebe mit Overdrive
Fahrwerk:	Einzelradaufhängung rundum, vorn obere und untere Dreiecksquerlenker an querliegender Fiberglas-Blattfeder, Rohrstoßdämpfer, Stabilisator, hinten mit 5 Gelenken an querliegender Fiberglas-Blattfeder, Spurstangen, Rohrstoßdämpfer, Stabilisator
Bremsen:	Hydraulische Scheibenbremsen rundum
Radstand:	2443 mm
Länge:	4536 mm
Gewicht:	1571 kg
Fahrleistungen:	0 auf 60 mph 4,9 sek., Höchstgeschwindigkeit über 170 mph (275 km/h)
Produktion:	Keine Angaben, noch im Gange

mazda

Ein Roadster im klassischen Sinne ist der Mazda MX-5 von der vorderen bis zur hinteren Stoßstange. Stilistisch ist dem Team amerikanischer und japanischer Konstrukteure und Designer dabei ein wahrhaft großer Wurf gelungen. Auszeichnungen wie „Auto des Jahres" durch das Magazin „Automobile" und eines der zehn besten Autos der Welt dokumentieren dies auch im Presse-Echo.

„Cabrio fahren ist Poesie. Prosa gibt es unter den Automobilen schon genug!" Ein automobiler Sonnenanbeter hat das einmal so formuliert. In diesem Buch ist schon vieles von dieser Poesie auf vier Rädern zu lesen gewesen. So sei nun auch noch ein letztes Kapitel dieser Spezies der Nachfolger der Erfindung von Daimler und Benz aufgeschlagen. Ein japanisch-amerikanisches Gemeinschaftswerk. Ein automobiles Gedicht. Ausgedacht und verfaßt unter dem Titel „Mazda MX-5". Da dies aber den Autoren wohl doch etwas zu banal klang, ergänzten sie die Buchstaben-Zahl-Kombination noch mit dem für einen Gedicht-Titel wohlklingenden Namen „Miata".

Wie jedes Auto hat auch der MX-5 seine eigene Geschichte. Sie beginnt genau genommen bereits 1979. Da diskutierten der damalige Mazda-Entwicklungschef Kenichi Yamamoto und der US-Journalist Bob Hall über die Frage, welche Art von Autos Mazda eigentlich bauen sollte. Zum Beispiel auch ein imagefördernedes Sportauto. Es mußte ja nicht gleich ein Ferrari oder Porsche sein. Und Hall skizzierte „nur mal so" mit einigen Kreidestrichen einen kleinen Sportwagen. Das war's dann. Zumindest schien es so. Bei Yamamoto aber hatte es irgendwo „Klick" gemacht. Der Mann, der den in Deutschland erfundenen, aber hier letztlich erfolglosen Kreiskolbenmotor von Felix Wankel in Japan erst richtig lebensfähig machte (siehe Mazda RX-7!), war von der Idee eines kleinen Roadsters gepackt. Und er packte die Sache auch an.

Ein Team von japanischen und amerikanischen Designern und Technikern wurde eingespannt. Die Zahl der Entwürfe und Konzepte endete schließlich mit der Entscheidung: Bau eines kompromißlosen zweisitzigen Roadsters im klassischen Sinne mit Frontmotor und Heckantrieb. Eines allerdings sollte der Neue über das Cabrio-Verdeck hinaus auch haben – ein montierbares Hardtop für den Einsatz auch bei Anti-Cabrio-Wetter.

Was schließlich 1989 in Chicago präsentiert wurde, löste eine Welle der Begeisterung aus. Vom Winde, nein: vom Ansturm auf den MX-5 verweht waren im Handumdrehen und beim Blick in die Auftragsbücher alle Bedenken, ein solches Auto sei zwar eine nette Spielerei, aber nichts für den Profit eines Unternehmens. Die Welt hatte wieder einen kompromißlosen Roadster. Aber was heißt da kompromißlos? Lupenrein klingt viel besser. Wer zum Beispiel spricht denn von kompromißlosen Diamanten? Lupenrein müssen sie sein. So lupenrein, wie der Mazda MX-5 ein Roadster ist. Und das heißt in der klassischen Definition: lange Nase für den Einbau des kompakten Motors in Längsrichtung. Platz für zwei Insassen. Dahinter dann bereits das Heck mit dem, was man bei Autos allgemein als Kofferraum bezeichnet, bei einem Roadster eher als vergrößertes Handschuhfach.

Auch das ist Roadster in Reinkultur: Mazdas Konstrukteure blieben dem klassischen Antriebskonzept dieser von britischer Tradition (nur ein paar Namen: Allard, Aston Martin, Austin Healey, Bristol, Triumph) und deutscher Eleganz (BMW, Mercedes) geprägten Linie treu. Die Kraft geht auf die Hinterräder. Geliefert wird sie von einem Reihen-Vierzylinder mit zwei obenliegenden Nockenwellen (DOHC-Prinzip) und moderner Vierventiltechnik. Dieser Motor hat zwar seine Basis in einem Aggregat der 323-Baureihe, unterscheidet sich von ihm jedoch in vielen Komponenten. Zum Beispiel durch die konsequente Leichtbauweise, ein elektronisches Motormanagement, das dem im RX-7 ähnelt, und einen Fächerkrümmer aus Edelstahl.

Auch dieser Motor ist Poesie. Besser gesagt: Musik. Er hört sich an wie eine Komposition als Potpurri von Mozart und Beethoven. Wie eine Mozart-Sonate, wenn sich die 115 PS des 1,6-Liters heiter-beschwingt beim Start melden. Und wie ein Beethoven-Crescendo im oberen Drehzahlbe-

In wenigen Sekunden ist der MX-5 für das Frischluft-Fahrvergnügen präpariert. Klar und funktional gestaltet ist der Motorraum. Fürs Gepäck steht nur ein Mini-Laderaum zur Verfügung.

reich über 6000. Aber auch wie eine Mischung aus beidem bei mittleren Drehzahlen mit einem sonoren Sound, der das automobile Frischluftvergnügen auch zum akustischen Genuß macht. Mazda nennt eine Höchstgeschwindigkeit von 195 Kilometer pro Stunde. Aber wird ein Roadster überhaupt daran gemessen? Das sind Werte, die für den wahren Cabrio-Fan lediglich statistische Bedeutung haben.

Für alle Fälle aber bietet Mazda – wie erwähnt – auch ein Hardtop gegen Aufpreis an. Eine Ausgabe, die sich voll auszahlt, weil der MX-5 damit zum Ganzjahresauto wird und auch im Winter absolut dicht – und warm! – voll nutzbar bleibt. Das fest installierte Verdeck liegt dann geschützt vor Wind und Wetter sicher unter dem aufgesetzten Hardtop. Übrigens Verdeck: Die Umwandlung des MX-5 für das Obenohne-Plaisir funktioniert mit wenigen Handgriffen. Auch für zarte Hände, deren gepflegte Fingernägel nicht auf dem Altar des Frischluftvergnügens geopfert werden müssen.

Platz da im Mazda. Hier geht es keineswegs mit (Zitat Goethe) „qualvoll fürchterlicher Enge“ zu. Die beiden Passagiere finden ein – Zwei-Meter-Zeitgenossen allerdings ausgenommen – angemessenes Platzangebot vor. Und der Fahrer ein Cockpit, das ihn auf Anhieb mit diesem kleinen schnuckeligen Sportler Freundschaft schließen läßt. Der Motor hängt so aufnahmebereit am Gaspedal, daß bei allzu forscher Kurventechnik auch schon mal der Blick auf das – wie der ganze Wagen – wohlgerundete Heck im Rückspiegel freigegeben wird. Probleme bereitet der MX-5 dabei jedoch nicht. Insgesamt verdient das 955-Kilo-Leichtgewicht für sein Fahrverhalten sowohl im Geradeauslauf als auch in Kurven eine Bestnote.

Wesentlichen Anteil daran hat natürlich das Fahrwerk. Bei dessen Entwicklung konnten die Mazda-Ingenieure nicht auf Komponenten aus der Serienfertigung anderer Modelle zurückgreifen. Es wurde von Grund auf neu entwickelt. Auffallendstes Merkmal ist die sonst nur vom Motorsport bekannte und nur in wenigen Serienfahrzeugen eingesetzte Einzelradaufhängung an jeweils zwei Dreiecksquerlenkern, die einen optimalen Kontakt zwischen Reifen und Fahrbahn garantiert. Typisch für diese aufwendige Aufhängung ist der Verzicht der Radführungsfunktion der Feder-Dämpfer-Einheiten. Die Querlenker sind sowohl vorn als auch hinten auf stabilen Teilrahmen montiert, die wiederum durch Längsträger verbunden sind. Dieses Konstruktionsprinzip, so betonen die Mazda-Ingenieure, gewährleiste eine optimale Straßenlage, ein äußerst präzises Handling und eine für einen offenen Zweisitzer ungewöhnliche Stabilität.

Lob erntet auch das Fünfgang-Getriebe. Das deutsche Magazin CARS resümierte: „Das Getriebe ist typisch japanisch: Exakt ge-

Versenkte Scheinwerfer zeigen die klare Roadster-Linie des MX-5, der in Deutschland nicht mit dem „Miata"-Schriftzug dekoriert wird.

führt, kurze Schaltwege, kein Hakeln, mit einem besonderen (gewollten) ‚Klack', wenn der kompakte Schalthebel auf kurzen Wegen in die ihm zugewiesene Position einrastet. Dabei mag es der 1,6-Liter schaltfreudig. Was jedoch nicht bedeutet, daß er sich bei niedertouriger Fahrweise auch gleich bockig verhält. Die Maschine ist elastisch genug, um auch aus unteren Drehzahlen wieder mühelos zur Sache zu kommen. Bockig ist der MX-5 auch nicht auf unebenen Fahrbahnen. Er signalisiert sie zwar, aber zumindest mit vornehmer Zurückhaltung ans Sitzfleisch der Insassen. Da gilt nicht einmal ‚Gelobt sei, was hart macht!' als alte Sportwagenweisheit. Im Gegenteil: Dieses Auto kann einen schon auf Anhieb weichmachen..."

Angepaßt an die Agilität des MX-5 sind auch die entsprechend dimensionierten Lenk- und Bremsaggregate. Mit der servounterstützten Zahnstangenlenkung bleibt der Fahrer jederzeit Herr der Lage. Einparken ist angesichts der kompakten und übersichtlichen Abmessungen ohnehin kein Problem. Scheibenbremsen an allen vier Rädern, die vorderen innenbelüftet, haben die 115 „Pferde" sicher am Zügel. Ein ABS, beim Start des MX-5 noch nicht verfügbar, steht jetzt als Option in der Angebotsliste. Auf dieser finden sich außerdem eine Klimaanlage, Sperrdifferential, CD-Player und das schon erwähnte Hardtop. Nicht auf allen Märkten – das gilt auch für die vorstehend genannten Extras – bietet Mazda weiterhin zwei Ausstattungspakete „A" und „B" an. Das eine mit Servolenkung, Alu-Rädern, Leder-Lenkrad und Stereo-Kassetten-Radio, das andere mit zusätzlich elektrischen Fensterhebern, „cruise control" und Lautsprechern in den Kopfstützen.

Das mögen Details sein, die einen Roadster-Puristen vielleicht schockieren. Aber, wie an anderer Stelle schon gesagt: Roadster-Fahren muß nicht knochenharte Suche nach jedem Schlagloch sein. Sondern aktives Fahrvergnügen. Diese Voraussetzung erfüllt der Mazda MX-5 in allen Belangen. Das Auto, von dem Mark Jordan, stellvertretender Chefdesigner der Mazda Research and Development of North America Inc., neben Shigenori Fukuda, Chef der Mazda-Design-Division, einer der Väter des MX-5, sagte: „Wir glauben, daß der Miata alle Attribute aufweist, die wir als gefühlsmäßige Begeisterung definieren. Wenn man ein Auto, das man auf der Straße gesehen hat, nicht vergessen kann. Wenn man es sich im Laden ansieht und es immer noch toll findet. Wenn man es kauft und fährt und wenn sich dabei eine starke emotionale Bindung entwickelt. Der Miata wurde von einer Gruppe hartgesottener Enthusiasten mit Liebe gebaut. In den USA für den amerikanischen Markt konstruiert. In Japan verfeinert, durchkonstruiert und verbessert. Und das Schönste daran ist, daß es überhaupt gemacht wurde." Wer möchte da wohl widersprechen...

Technische Daten	
Motor:	Vierzylinder-DOHC, 1598 ccm, Bohrung x Hub 7,8 x 8,36 cm, 4 Ventile pro Zylinder, Verdichtung 9,4:1, 85 kW/115 PS bei 5600 U/min, max. Drehmoment 135 Nm bei 5500 U/min
Kraftübertragung:	5-Gang-Getriebe (in einigen Ländern: 4-Stufen-Automatik mit Overdrive als Option)
Fahrwerk:	Vorn und hinten Einzelradaufhängung an jeweils zwei Dreiecksquerlenkern geführt, Feder-Stoßdämpfereinheit ohne Radführungsfunktion, Drehstabstabilisator
Bremsen:	Hydraulische Schwimmsattelscheibenbremsen rundum, vorn innenbelüftet
Radstand:	2265 mm
Länge:	3975 mm
Gewicht:	955 kg
Fahrleistungen:	0 auf 100 km/h 8,7 sek., Höchstgeschwindigkeit 195 km/h
Produktion:	257 000 (bis Ende 1992), Produktion noch im Gange

1991- HONDA/ACURA NS-X

Als Honda 1984 das NSX-Projekt startete, war die Zielvorgabe für das Techniker- und Designerteam klar abgesteckt: Ein moderner Sportwagen sollte es werden, dessen Fahrleistungen denen traditioneller Spitzenfahrzeuge dieser Klasse entsprechen mußten. Dabei hatte die Benutzerfreundlichkeit im Mittelpunkt zu stehen. Das heißt: Sportwagentypische Höchstleistungen sollten mit zeitgemäßer Alltagstauglichkeit kombiniert werden. Das ganz große Ziel aber war, wie ein Honda-Ingenieur bemerkte (oder zumindest bemerkt haben soll), ein Fahrzeug von BMW-Niveau mit hoher Leistung und Spitzenverarbeitung entsprechend der deutschen Nobelmarke zu bauen, aber zum halben Preis.

Das hörte sich schon wie eine Herausforderung an, wenn man bedenkt, daß Honda zu diesem Zeitpunkt zu Beginn der 80er Jahre noch nicht einmal 25 Jahre Autos produzierte. Um es exakt zu sagen: Autos für Normalverbraucher. Im Grand-Prix-Sport hatte die Honda Motor Company schon in den 60er Jahren mit Erfolg auf sich aufmerksam gemacht. Als der NSX vorgestellt wurde, schickte sich die Marke gerade an, den dritten Sieg in der Formel-1-Marken-WM hintereinander einzustreichen. Da kam ein Auto wie der Sportwagen für die Straße genau zum richtigen Zeitpunkt. In fünfjähriger Entwicklungsarbeit hatten auch Hondas Ingenieure und Designer einen weiteren Beweis dafür angetreten, daß „die Japaner" durchaus in der Lage waren, Fahrzeuge zu bauen, die in jeder Hinsicht mit der Konkurrenz in aller Welt mithalten können. Auch wenn in Hamamatsu nie zuvor ein Mittelmotorwagen für den „zivilen" Einsatz auf der Straße gebaut worden war, zog Car and Driver nach seinen Tests die Bilanz, daß dieses Auto den Eindruck hinterlassen habe, als handele sich um ein bekanntes, aber im Laufe der Jahre immer weiter bis zur Perfektion verbessertes Modell. Und das traf irgendwie sogar zu. Denn der NSX („New Sportscar Xperimental") verkörperte auch das Ergebnis dessen, was Honda bis dahin an Entwicklungsarbeit mit seinen Modellen Civic, Accord, Prelude und dem V6-Legend geleistet hatte. Der NSX hatte insofern beileibe nicht mehr den Charakter eines „Xperimentier"-Fahrzeugs. Er trat voll ausgereift auf den Plan.

Mit dem NSX hat Honda einen Sportwagen auf die Räder gestellt, der es im Styling und in der Technik mit jedem Konkurrenten aufnehmen kann. Für den NSX ist in Kochigi speziell ein eigenes Werk errichtet worden, in dem Honda auch in Zukunft Fahrzeuge in Kleinserien bauen will. Das läßt einiges erwarten. Zumal dieses Werk auch als Planungs- und Prüfzentrum für neue Fertigungstechniken genutzt wird.

Eines war von vornherein festgelegt: Der NSX mußte angesichts der angestrebten hohen Fahrleistungen und ausgezeichneten Handlingeigenschaften ein Mittelmotorwagen werden. Zugleich sollte aber ein Problem gelöst werden, mit dem sich die Konstrukteure von Mittelmotorwagen dieser Klasse ständig herumplagen – ein angemessenes Platzangebot und besonders eine ungetrübte Rundumsicht. Das Thema Raumangebot wurde in Verbindung mit dem Design der niedrigen und breiten Karosserie gelöst. Damit wurde die Voraussetzung dafür geschaffen, den Fahrgastraum so zu dimensionieren, daß er beiden Passagieren eine ergonomische und komfortable Sitzposition ermöglicht. Der NSX erfüllt auf diese Weise den Grundsatz des minimalen Raumbedarfs der Technik und des maximal möglichen Raumangebots für den Menschen. Dabei ist die Passagierkabine sehr weit nach vorn gerückt, was bei dem langen Radstand einen geräumigen und komfortablen Innenraum schafft.

Das Innenraumdesign leitet sich ebenfalls direkt aus dem für einen Sportwagen dieser Spezies nicht die Norm darstellenden Raumkonzept ab. Fahrer- und Beifahrerplatz bilden jeweils eine Einheit in einem dynamischen Cockpit. Besonders die Sitzposition des Fahrers macht deutlich, daß sich Komfort und Sport auch in einem Hochleistungssportwagen nicht gegenseitig ausschließen müssen. Die Instrumententafel ist mit leicht ablesbaren, analogen Anzeigen ausgestattet. Für Top-Sportwagen nicht unbedingt die Norm ist das in der Höhe und in der Distanz zum Fahrer verstellbare Lenkrad, mit dem sich der Fahrer den Arbeits-

Um das Gewicht und damit die Leistungsfähigkeit des NSX so niedrig wie möglich zu halten, wurde beim Bau der Karosserie und des „Innenlebens" reichlich Aluminium verarbeitet.

platz individuell optimal einrichten kann.

Hohe Stabilität und ein niedriges Gewicht sowie kompromißlose Qualität standen ganz oben auf der Prioritätenliste der Karosseriekonstrukteure. Um eine konsequente Gewichtsreduzierung aller Komponenten zu realisieren, nahmen Hondas Spezialisten verschiedene Kunststoffe, Stahl und Aluminium genau unter die Lupe. Dabei verdichtete sich die Erkenntnis, daß Aluminiumlegierungen die geeignetste Materialbasis sein würden. Das Ergebnis waren schließlich vier konstruktiv verschiedene Aluminiumarten für die jeweiligen Komponenten. Bis auf eine unter der Armaturentafel über die gesamte Innenbreite verlaufende Stahltraverse besteht das komplette Monocoque des NSX aus Aluminium. Er ist damit eines der wenigen Serienfahrzeuge, die konsequent aus Leichtmetall gefertigt sind. Beim NSX bedeutet das 210 kg Gesamtgewicht des Monocoque einschließlich Türen und Hauben, was einer Einsparung von rund vierzig Prozent gegenüber einer vergleichbaren Stahlkonstruktion entspricht!

Die konzeptionellen Zielvorgaben des NSX stellten auch an die Motorenentwicklung hohe Anforderungen. Der Honda-Sportler sollte über ein drehfreudiges und kraftvolles Aggregat mit spontaner Reaktion auf den leisesten Gasbefehl verfügen. Es mußte angesichts der Forderung nach hoher Leistung bei niedrigem Gewicht ein leichter Motor mit hoher Literleistung sein. Und die Mittelmotorkonstruktion erforderte darüber hinaus ein ausgesprochen kompaktes Triebwerk. Das Ergebnis war der Dreiliter-Hochleistungs-Motor, ein Sechszylinder mit normaler „Atmung" ohne Turbolader im Stil des Legend-V6. Vier obenliegende Nockenwellen. Vier Ventile pro Zylinder mit variabler Ventilsteuerung VTEC. In der Formel 1 erprobte Materialien wie zum Beispiel Titanpleuel. 201 kW/274 PS bei 7300 U/min, ein maximales Drehmoment von 284 Newtonmeter bei 5400 U/min und eine Maximaldrehzahl von 8000 „Touren" flößten vom ersten

Die Sitze des NSX sind ergonomisch hervorragend geformte Schalensitze mit einem Aluminiumgestell und Schaumstoffpolsterung. Die Lederbezüge unterstreichen den sportlich-luxuriösen Charakter des Cockpits.

Tage an ebenfalls Respekt ein. Bei dem niedrigen Leergewicht von 1370 kg (Gesamtgewicht 1610 kg) zeichnet sich der NSX mit Fünfgang-Getriebe durch ein exzellentes Gewichts/Leistungsverhältnis von 5 kg/PS aus, das ihm auch zu seinen hohen Fahrleistungs- und Handlingwerten verhilft.

Bei der Entwicklung des 5-Gang-Getriebes verfolgten die Honda-Ingenieure das Ziel, dem Fahrer eine leichtgängige Schaltung mit kurzen Schaltwegen zu liefern. Sie haben es erreicht. Nur 40 Millimeter lang, besser gesagt kurz sind die Schaltwege mit dem präzise geführten Hebel. Die hydraulisch betätigte Zweischeibenkupplung verlangt trotz der hohen Leistungs- und Drehmomentwerte nur einen spürbar geringen Pedaldruck. Honda widerlegt mit dem NSX ein immer wieder noch auftauchendes Vorurteil, daß Automatik und sportliches Fahren nicht zusammenpassen. Honda baut in den NSX ein automatisches Getriebe ein, dessen Elektronik so programmiert ist, daß bei voller Beschleunigung die vier Fahrstufen fast bis zur Höchstdrehzahl ausgefahren werden können. Und das, wenn der Fahrer will, auch von Hand geschaltet. Während der automatischen Schaltvorgänge verringert eine Zündverzögerung kurzzeitig die Motorleistung und sorgt damit für praktisch ruckfreie Arbeit des Automaten.

Die Fahrwerkskonfiguration des NSX beruht auf der aus der Formel 1 bekannten Einzelradaufhängung mit „Double-Wishbones" (doppelten Dreiecksquerlenkern) mit Querstabilisatoren vorn und hinten. Die vorderen und hinteren Achsschenkel sowie die hinteren Achsträger sind aus geschmiedetem Aluminium. Die Double-Wishbone-Vorderradaufhängung besteht aus einem oberen und unteren Querlenker, einem Führungszapfen, der als Befestigungspunkt für die vorderen Drehachsen des oberen und

Herz des NSX ist ein V8 mit VTEC (Variable Valve Timing and Lift Electronic Control / Variable elektronische Steuerung des Ventilhubs und der Ventilsteuerzeiten).

unteren Querlenkers dient, einem Querstabilisator und einem Dämpfer/Federelement mit Gasdruckstoßdämpfer. Die Double-Wishbone-Hinterradaufhängung wiederum ist auf einem Hilfsrahmen aus Aluminiumguß befestigt, der am Monocoque montiert ist. Dieses Fahrwerk macht den NSX in allen Details zu einem Sportwagen, der sich auch noch im Grenzbereich durch sein neutrales Fahrverhalten auszeichnet, kein Übersteuern bei plötzlichem Gaswegnehmen „Lastwechsel" zeigt und leicht beherrschbar bleibt.

Daß Honda seinen NSX rundum mit Scheibenbremsen und einem Vierkanal-Antiblockier-Bremssystem auf den Weg zum Kunden schickt, versteht sich. Ebenso wie die Tatsache, daß auch die Servolenkung zur Serienausstattung gehört. Diese allerdings ist auch – speziell beim Rangieren und Einparken – angebracht, um den Widerstand der Aufstandsfläche von Reifen der Dimension 205/50ZR15 vorn zu meistern. Die hinteren Walzen stehen mit 225/50ZR16 auf der Straße.

Speziell für den NSX hat Honda in Kochigi eine neue Produktionsstätte errichtet, das kleinste Werk des Unternehmens überhaupt. Und wenn andere sich ihrer besonders schnellen Fertigungsmethoden rühmen, sind die Leute in Kochigi stolz darauf, die langsamste Fertigungsstraße zu besitzen. 200 „handverlesene" Mitarbeiter montieren hier pro Tag sage und schreibe maximal 25 Fahrzeuge. Das Werk hat keine automatische Montagestraße, jedes Fahrzeug wird auf einer Plattform zusammengebaut und von Hand zur nächsten Arbeitsstation weitergeschoben. Dabei ist jedes Team in seinem Bereich für die Qualität der an der „eigenen" Station geleisteten Arbeit verantwortlich. Auch das ist ein Faktor, der die Exklusivität des Honda NSX unterstreicht. Gebaut wird er übrigens in einem Werk, das als Pilotbetrieb für zukünftige Honda-Kleinserienproduktionen dient. Es ist zugleich Planungs- und Prüfzentrum für neue Fertigungstechniken. Das läßt von Honda für die Zukunft sicher noch einiges erwarten...

Technische Daten

Motor:	DOHC-V6 mit VTEC, 2977 ccm, 4 Ventile pro Zylinder, Bohrung x Hub 9,0 x 7,8 cm, programmierte sequentielle Kraftstoffeinspritzung, Verdichtung 10,2:1, 201 kW/274 PS bei 7300 U/min. (5-Gang), 188 kW/255 PS bei 6800 U/min (Automatik), max. Drehmoment 284 Nm bei 5400 U/min
Kraftübertragung:	5-Gang-Schaltgetriebe, elektronisch gesteuerte 4-Stufen-Automatik mit Wandlerüberbrückungskupplung
Fahrwerk:	Einzelradaufhängung vorn und hinten mit Aluminium-Double-Wishbone (Dreiecks-Querlenker), Schraubenfedern und Querstabilisator, vorn mit Führungszapfen, Servolenkung
Bremsen:	Vierkanal-ABS mit innenbelüfteten Scheibenbremsen rundum
Radstand:	2530 mm
Länge:	4405 mm
Gewicht:	1370 kg (Automatik: 1410 kg)
Fahrleistungen:	0 auf 100 km/h 5,9 sek., Höchstgeschwindigkeit 270 km/h (Automatik 260 km/h)
Produktion:	Noch im Gange, lt. Werksangaben jährlich rund 5000